Apress®

Pro AngularJS 完整開發指南

學習如何在你的應用程式裡
充分駕馭現代網頁瀏覽器之威力

Adam Freeman 著
張桐、張錚錚 譯
博碩文化 審校

作　　者：Adam Freeman
譯　　者：張桐、張錚錚
審　　校：博碩文化
責任編輯：沈睿哖、魏聲圩

董 事 長：蔡金崑
總 經 理：古成泉
總 編 輯：陳錦輝

出　　版：博碩文化股份有限公司
地　　址：(221) 新北市汐止區新台五路一段 112 號 10 樓 A 棟
電話 (02) 2696-2869　傳真 (02) 2696-2867

發　　行：博碩文化股份有限公司
郵撥帳號：17484299
戶　　名：博碩文化股份有限公司
博碩網站：http://www.drmaster.com.tw
服務信箱：DrService@drmaster.com.tw
服務專線：(02) 2696-2869 分機 216、238
（週一至週五 09:30 ～ 12:00；13:30 ～ 17:00）

版　　次：2018 年 2 月初版一刷

建議零售價：新台幣 690 元
I S B N：978-986-434-118-4
律師顧問：鳴權法律事務所 陳曉鳴

本書如有破損或裝訂錯誤，請寄回本公司更換

國家圖書館出版品預行編目資料

Pro AngularJS 完整開發指南 / Adam Freeman 著；張桐，張錚錚譯 . -- 初版 . -- 新北市：博碩文化，2018.02
面；　公分
譯自：Pro AngularJS
ISBN 978-986-434-118-4(平裝)

1. 軟體研發 2. 網頁設計
3.Java Script(電腦程式語言)

312.2　　105007650

Printed in Taiwan

博碩粉絲團

歡迎團體訂購，另有優惠，請洽服務專線
(02) 2696-2869 分機 216、238

商標聲明

本書中所引用之商標、產品名稱分屬各公司所有，本書引用純屬介紹之用，並無任何侵害之意。

有限擔保責任聲明

雖然作者與出版社已全力編輯與製作本書，唯不擔保本書及其所附媒體無任何瑕疵；亦不為使用本書而引起之衍生利益損失或意外損毀之損失擔保責任。即使本公司先前已被告知前述損毀之發生。本公司依本書所負之責任，僅限於台端對本書所付之實際價款。

著作權聲明

作者簡介

Adam Freeman 是經驗豐富的 IT 專家，曾在多間公司裡擔任資深職務，最近一次是在跨國銀行裡擔任技術長和營運長。目前他是一名退休人士，並將時間運用在寫作和跑步上。

技術審閱者簡介

Fabio Claudio Ferracchiati 是擅長於 Microsoft 相關技術的資深顧問、分析師及開發者，任職於 Brain Force（www.brainforce.com）的義大利分公司。Fabio 是擁有 Microsoft 多項認證（Microsoft Certified Solutions Developer、Microsoft Certified Application Developer、以及 Microsoft Certified Professional）的.NET 專家，也是一名多產的作家和技術審閱者。在過去 10 年間，他分別為義大利本地和國際性的雜誌撰寫過多篇文章，並且也是許多電腦相關主題書籍的合著者。

目錄

第 1 部份

先期準備

第 1 章

事前準備

AngularJS 吸收了一些伺服器端開發技術的最佳部份，它可用於強化瀏覽器中的HTML，使複雜的應用程式變得更加簡單且容易建構。AngularJS 應用程式是基於模型-檢視-控制器（MVC）設計模式，這類應用程式著重於以下特性：

- 可擴充：在瞭解了基礎知識後，很容易就能夠理解複雜的 AngularJS 應用程式。這表示你可以輕易地增強應用程式，為使用者建立有用的新功能。
- 可維護：AngularJS 應用程式易於除錯和修正，這表示長期的維護工作能夠被簡化。
- 可測試：AngularJS 對於單元測試和端對端測試有良好的支援，這表示你可以在使用者發覺到問題之前就先找出並加以修復。
- 標準化：AngularJS 是建構在網頁瀏覽器的固有特性上，因此不會對你造成阻礙。使你可以建立出合乎標準的 Web 應用程式，並能夠利用最新的功能（例如 HTML5 API）以及流行的工具及框架。

AngularJS 是一款由 Google 贊助及維護的開放原始碼 JavaScript 函式庫。它已經被應用於一些大型且複雜的 Web 應用程式中。我將透過本書為你示範，如何在專案中具體運用 AngularJS 的各項優勢。

1.1 你需要知道哪些知識

在閱讀本書前，你應該先熟悉 Web 開發的基礎知識，瞭解 HTML 及 CSS 是如何運作的，此外如果也熟悉 JavaScript 就更理想了。如果你對當中的部份細節有些記憶模糊，我將在第 4 章和第 5 章，說明本書所涉及到的 HTML、CSS 和 JavaScript 知識。但不會對 HTML 元素和 CSS 屬性做大全式的補遺，因為這已經超出一部 AngularJS 著作所應教授的範圍。如果你需要一份關於 HTML 和 CSS 的完整參考資料，建議參考我的另一部著作《The Definitive Guide to HTML5》，也是由 Apress 出版的。

1.2 本書的組織結構

本書分為 3 部份，每個部份都涵蓋一系列的相關主題。

第 1 部份：先期準備

本書第 1 部份會提供學習本書其餘內容所需的一切基礎，除了本章以外，後續還有關於 HTML、CSS 和 JavaScript 的入門及複習知識。我將示範如何建置你的第一個 AngularJS 程式，並帶領你建置出一個更加真實的應用程式，名為 SportsStore。

第 2 部份：使用 AngularJS

本書第 2 部份將引導你熟悉 AngularJS 函式庫的各項功能，介紹 AngularJS 應用程式中的各種元件，然後一一使用它們。AngularJS 包括了許多內建功能，我將逐一深入介紹，並提供詳盡的自訂選項及示範。

第 3 部份：AngularJS 模組和服務

本書第 3 部份將說明 AngularJS 的兩種重要元件：模組和服務。我將為你示範建立這類元件的多種不同方式，以及 AngularJS 所提供的諸多內建服務。其中包括簡化的單一頁面應用程式開發、Ajax 和 RESTful API、以及單元測試的支援。

1.3 會有許多範例嗎

本書會有大量的範例。學習 AngularJS 的最佳方式就是透過範例，因此我盡可能加入了許多的範例。為了盡量在有限的篇幅裡增加範例，我採用了一套簡單的描述慣例，如此一來就無須重複地列舉檔案內容。在第一次談到某個檔案時，我將列出其完整內容，就像列表 1-1 這樣。

列表 1-1　一個完整的範例文件

```
<!DOCTYPE html>
<html ng-app="todoApp">
<head>
    <title>TO DO List</title>
    <link href="bootstrap.css" rel="stylesheet" />
    <link href="bootstrap-theme.css" rel="stylesheet" />
    <script src="angular.js"></script>
    <script>
        var model = {
            user: "Adam",
            items: [{ action: "Buy Flowers", done: false },
                        { action: "Get Shoes", done: false },
                        { action: "Collect Tickets", done: true },
                        { action: "Call Joe", done: false }]
        };

        var todoApp = angular.module("todoApp", []);
```

```
        todoApp.controller("ToDoCtrl", function ($scope) {
            $scope.todo = model;
        });

    </script>
</head>
<body ng-controller="ToDoCtrl">
    <div class="page-header">
        <h1>To Do List</h1>
    </div>
    <div class="panel">
        <div class="input-group">
            <input class="form-control" />
            <span class="input-group-btn">
                <button class="btn btn-default">Add</button>
            </span>
        </div>
        <table class="table table-striped">
            <thead>
                <tr>
                    <th>Description</th>
                    <th>Done</th>
                </tr>
            </thead>
            <tbody></tbody>
        </table>
    </div>
</body>
</html>
```

這份列表來自第 2 章，但目前無須思考它的內容。在相同檔案的後續範例裡，我僅會再陳列一個局部列表，並突顯修改過的元素。局部列表會以刪節號（...）起始和結束，如列表 1-2 所示。

列表 1-2　一個局部列表

```
...
<body ng-controller="ToDoCtrl">
    <div class="page-header">
        <h1>
            {{todo.user}}'s To Do List
            <span class="label">{{todo.items.length}}</span>
        </h1>
    </div>
    <div class="panel">
        <div class="input-group">
            <input class="form-control" />
            <span class="input-group-btn">
                <button class="btn btn-default">Add</button>
            </span>
        </div>
```

```
        <table class="table table-striped">
            <thead>
                <tr>
                    <th>Description</th>
                    <th>Done</th>
                </tr>
            </thead>
            <tbody>
                <tr ng-repeat="item in todo.items">
                    <td>{{item.action}}</td>
                    <td>{{item.done}}</td>
                </tr>
            </tbody>
        </table>
    </div>
</body>
...
```

這同樣是來自第 2 章的一個列表。可以看到這裡只有 body 元素及其內容，並且突顯了幾條述句。這是為了使讀者關注它們，也就是當前所要留意的功能或技術示範之處。這類局部列表只會陳列與完整列表的不同之處。此外在某些情況下，我會需要對相同檔案的不同部份進行修改，而為了簡潔起見，我會直接剔除掉某些元素或述句，如列表 1-3 所示。

列表 1-3　為了簡潔起見剔除某些元素

```
<!DOCTYPE html>
<html ng-app="todoApp">
<head>
    <title>TO DO List</title>
    <link href="bootstrap.css" rel="stylesheet" />
    <script src="angular.js"></script>
    <script>

        var model = {
            user: "Adam",
            items: [{ action: "Buy Flowers", done: false },
                        { action: "Get Shoes", done: false },
                        { action: "Collect Tickets", done: true },
                        { action: "Call Joe", done: false }]
        };

        var todoApp = angular.module("todoApp", []);

        todoApp.controller("ToDoCtrl", function ($scope) {
            $scope.todo = model;
        });

    </script>
</head>
```

```
<body ng-controller="ToDoCtrl">

    <!-- ...elements omitted for brevity... -->

    <div class="panel">
        <div class="input-group">
            <input class="form-control" />
            <span class="input-group-btn">
                <button class="btn btn-default">Add</button>
            </span>
        </div>
        <table class="table table-striped">
            <thead>
                <tr>
                    <th>Description</th>
                    <th>Done</th>
                </tr>
            </thead>
            <tbody></tbody>
        </table>
    </div>
</body>
</html>
```

此種表述方式能夠讓我加入更多範例，但同時也表示要找出某段程式碼也會稍加困難。因此，本書後續的多數篇章都會先提供一個摘要表格，用於描述各章所涵蓋的技術，並指出這些技術範例的確切列表編號。

1.4 如何取得範例程式碼

你可以從 www.apress.com 網站下載本書的所有範例。這些範例都是可免費下載的，你能夠輕易地讓這些範例運作起來，而無須自行輸入程式碼。下載範例程式碼並非是必要性的，但卻是體驗這些範例，以及複製貼上到自己專案中的最快捷方法。

1.5 如何設定你的開發環境

只需一款瀏覽器、一款文字編輯器和一部 Web 伺服器就可以開啟你的 AngularJS 開發之旅。開發客戶端 Web 應用程式的其中一項優勢，就是有豐富的開發工具可供選擇，你可以從中組織出適合個人工作風格和實踐方式的環境。在接下來的各個小節中，我將描述我所使用的環境，使你瞭解如何在自己的工作站上重建相同的環境。（你不必然需要使用我所用的工具，但此舉可以確保本書範例皆能如常執行。如果你決定使用其他的工具，那麼請跳至本章後面部份的第 1.5.7 節，確認工作環境是否可正常運作。）

提示：Yeoman(http://yeoman.io)是其中一款常見的開發工具，它為客戶端開發工作提供了緊密整合的開發流程。但我個人並未使用 Yeoman，因為它在 Windows 上有些問題（而我多數的開發工作是在 Windows 上完成的），此外我也覺得它的運作方式有一點僵化。不過即便如此，它還是有一些不錯的功能，也許正適合你使用。

1.5.1 選擇網頁瀏覽器

AngularJS 可以在任何現代瀏覽器上運作，你應該在所有使用者可能會採用的瀏覽器上測試你的應用程式。然而，你還是需要選擇單一的瀏覽器作為開發基礎，用於常態性測試並檢驗應用程式的當前狀況。

本書是使用 Google Chrome 瀏覽器，而我也建議你使用它。不僅是因為 Chrome 是一款可靠的瀏覽器，也是因為它遵循了最新的 W3C 標準，並且有著優秀的 F12 開發者工具（稱之為 F12 是因為得按下 F12 鍵來開啟該工具）。

採用 Chrome 的最強而有力原因是 Google 提供了一個 Chrome 擴充套件，為 F12 工具增添了 AngularJS 的支援。雖然這個工具有些粗糙卻很有用，值得你安裝起來。相關的 URL 相當長，所以在此不予列出，但只要搜尋一下 Batarang AngularJS 就能輕易地找到它的 URL 並進行安裝。

注意：如同大多數的 JavaScript 函式庫，AngularJS 對於舊版的 Internet Explorer 也存在一些相容性問題。在有關的章節中我將為你示範如何解決這些常見問題，不過在 http://docs.angularjs.org/guide/ie 中你也可以看到關於這類問題的彙整及處理方式。

1.5.2 選擇程式碼編輯器

任何的文字編輯器都可用於 AngularJS 開發工作。有兩種常見的選項分別是 WebStorm（www.jetbrains.com/webstorm）和 Sublime Text（www.sublimetext.com）。這兩款編輯器都是付費產品，並且可在 Windows、Linux 和 Mac OS 上使用。這兩款編輯器所提供的功能都比一般的編輯器還要好，能夠讓 AngularJS 的開發工作變得更加容易。

沒有什麼事物能像程式碼編輯器那樣讓開發者如此意見分歧，我發現我無法使用 WebStorm 或 Sublimit Text 高效地工作，這兩者都經常令我感到困擾。相反地，我是使用 Microsoft 的 Visual Studio Express 2013 for Web，它是免費的，而且內建對於 AngularJS 的支援（詳情見 www.microsoft.com/visualstudio/express，並確認你選用的是 Express for Web 版）。當然，Visual Studio 只能在 Windows 上執行，不過它仍是一款優秀的 IDE，而且擁有一流的程式碼編輯器。

提示：你可以選用任何編輯器來操作本書範例。只要你所偏好的編輯器能夠撰寫 HTML 和 JavaScript 檔案（這兩種檔案都是純文字的），就能夠毫無困難地進行。

1.5.3 安裝 Node.js

許多常見的客戶端 Web 應用程式開發工具都是用 JavaScript 撰寫的，並依賴 Node.js 來執行。Node.js 是基於 Google Chrome 瀏覽器所使用的 JavaScript 引擎，但卻已被修改為可適用於瀏覽器以外的工作，為撰寫 JavaScript 應用程式提供了一種通用的框架。

請前往 http://nodejs.org 下載及安裝適用於你所用平台的 Node.js 安裝套件(針對 Windows、Linux 和 Mac OS 都有相應的版本)。請確認套件管理器已順利安裝，並且安裝目錄已新增至你的路徑中。

要測試 Node.js 安裝是否成功，開啟命令行工具並輸入 node，接著再輸入以下資訊（在同一行中）：

```
function testNode() {return "Node is working"}; testNode();
```

在以互動式介面使用時，Node.js 會將輸入內容作為 JavaScript 程式碼執行，如果安裝成功，你將看到如下輸出：

```
'Node is working'
```

注意：有多種方式可以設定 Node.js 並建置一個 Web 伺服器。我打算使用最簡單也最可靠的一種方式，即在 Node.js 的安裝目錄下安裝本地所需的附加模組。
其他設定選項請見 http://Nodejs.org。

1.5.4 安裝 Web 伺服器

一個簡單的 Web 伺服器便足以應付開發工作，我使用一個名為 Connect 的 Node.js 模組來建立 Web 伺服器。在 Node.js 的安裝目錄下，執行如下命令：

```
npm install connect
```

NPM 是 node 的套件安裝工具，將會拉取 Connect 模組所需的檔案。接下來，建立一個名為 server.js 的新檔案（仍然是在 Node.js 的安裝目錄下），並寫入如列表 1-4 所示的內容。

列表 1-4 server.js 檔案的內容

```
var connect = require('connect');

connect.createServer(
    connect.static("../angularjs")

).listen(5000);
```

這個簡單的檔案建立了一個基本的 Web 伺服器，將會在連接埠 5000 上回應請求，供應 angularjs 資料夾下的各個檔案，該資料夾與磁碟上的 Node.js 安裝目錄位於同一層。

1.5.5 安裝測試系統

AngularJS 最重要的特點之一是對單元測試的支援。在本書中，我將使用 Karma 測試執行器和 Jasmine 測試框架，兩者都是廣為應用且容易使用的。在 Node.js 的安裝資料夾下，執行下列命令：

```
npm install -g karma
```

NPM 將會下載並安裝 Karma 所需的所有檔案。在本章無須更多設定了，在第 25 章我將繼續介紹 Karma。

1.5.6 建立 AngularJS 資料夾

下個步驟是建立一個資料夾，該資料夾將用於收納你的 AngularJS 應用程式，使你易於檢查程式碼撰寫進度及組織檔案。在與 Node.js 安裝資料夾的同一層下建立一個名為 angularjs 的資料夾。（你可以使用不同的位置，但記得要修改 server.js 檔案的內容以符合你所選擇的路徑。）

1．取得 AngularJS 函式庫

下個步驟是從 http://angularjs.org 下載 AngularJS 的最新穩定版。在主頁上點擊 Download 連結，並選取 Stable 和 Uncompressed 選項，如圖 1-1 所示。如圖中所示，你可以選擇非穩定（預發佈）版本、取得壓縮版，或者利用內容分發網路（CDN），但在本書中我是使用未壓縮函式庫的一份本地拷貝。所以，將該檔案另存為 angular.js 到 angularjs 資料夾中。

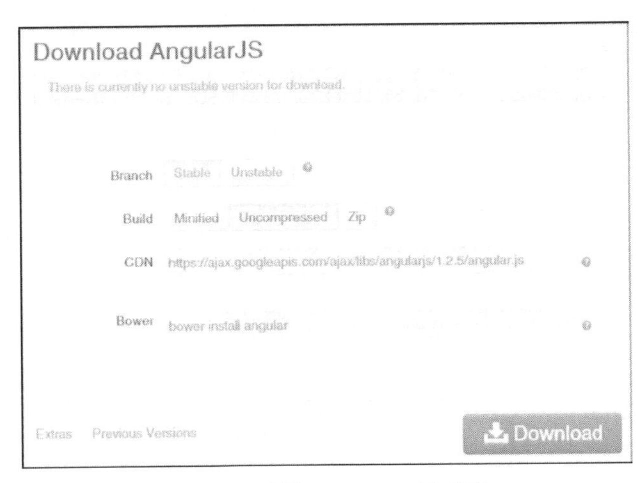

圖 1-1　下載 AngularJS 函式庫

在我撰寫本書時，AngularJS 的當前穩定版本是 1.2.5，我將在全書中使用該版本。若考量到本書的編輯及出版期程，則你在讀到這裡時勢必已經有更新的可用版本了。儘管如此，穩定版本的 AngularJS API 不會有太多變化，所以即便你是使用較新的版本也應該不會遇到什麼問題。

提示：在下載選單中有一個 Previous Versions 連結，你能夠藉此取得與這些範例完全相符的 AngularJS 函式庫版本。

2．取得 AngularJS 的附加物

若仔細檢視圖 1-1，會看到左下角有一個 Extras 連結。這個連結提供了一些附加檔案，可用於擴充 AngularJS 核心函式庫的功能。在後續的章節中我將部份利用到這些檔案，在表 1-1 中你可以看到這些附加檔案的完整列表，以及它們各是在哪些章節使用的。

表 1-1　額外的 AngularJS 程式

文　件	說　明	在哪些章節使用
angular-touch.js	提供對觸控螢幕事件的支援	23
angular-animate.js	當內容變化時提供動畫	23
angular-mocks.js	為單元測試提供模擬的物件	27
angular-route.js	提供 URL 路由	21
angular-sanitize.js	為不安全的內容提供跳脫	19
angular-locale-fr-fr.js	提供針對法國地區的法文本地化功能。這是在 i18n 資料夾下一系列本地化檔案中的其中一個	14

3．取得 Bootstrap

我將使用 Bootstrap CSS 框架來為全書範例中的內容增添樣式。Bootstrap 並不是使用 AngularJS 時所必需的，兩者之間也沒有直接關係。然而 Bootstrap 有一系列漂亮的 CSS 樣式，能讓我無須定義或重複定義自訂的 CSS 樣式，就能夠建立出清晰的內容佈局。

請前往 http://getbootstrap.com 並點擊 Download Bootstrap 按鈕。你將取得一份包含 JavaScript 和 CSS 檔案的壓縮包。將下列檔案複製到 angularjs 資料夾下，與 angularjs 檔案處在同一處：

- bootstrap-3.0.3/dist/css/bootstrap.css
- bootstrap-3.0.3/dist/css/bootstrap-theme.css

不用重建這些檔案原先的目錄結構——直接把檔案複製到 angularjs 資料夾下就可以了。我將在第 4 章適時地介紹 Bootstrap。（正如檔名所示，在我撰寫本書時，Bootstrap 當前版本為 3.0.3。）

提示：Bootstrap 是由許多 CSS 檔案和一個 JavaScript 檔案所組成。本書的所有範例都會使用到這些 CSS 檔案，但完全不會使用到這個 JavaScript 檔案的功能，因為這並不是在示範 AngularJS 時所必需的。

選擇性的：LiveReload

AngularJS 應用程式的開發很容易會出現反覆修改，因此時常需要在瀏覽器中加以檢視。我是使用一款名為 LiveReload(http://livereload.com)的工具來監控資料夾中的檔案，並在檢測到檔案出現變更時，自動重新載入到瀏覽器。這可能看起來只是件小事情，但卻能節省很多時間，特別是在你有多個瀏覽器，並且需要同步更新各個瀏覽器視窗時。在本書撰寫之時，這個工具的 Windows 版本還是 Alpha 版，但已運作良好。Mac OS 的版本則更成熟一些，售價為$9.99。（先聲明一下，我與任何軟體公司都沒有任何關係。本書中所使用的所有工具皆由 Apress 提供，或者是由我自行購買的。當我推薦某款工具時，是因為我喜歡它，而不是因為收到任何補貼或者任何類型的特殊待遇。）

4．取得 Deployd

自第 6 章起，我將開始建立一個實際的範例程式，因此我會需要一個伺服器來向其發送 HTTP 查詢以取得資料。在第 3 部份中也同樣會需要伺服器，藉此說明 AngularJS 功能如何用於 Ajax 和 RESTful Web 服務。

對此，我選擇一款名為 Deployd 的伺服器，可以從 Deployd.com 取得。Deployd 是對 Web 應用程式 API 建模的優秀跨平台工具。它是基於 Node.js 和 MongoDB，能夠以 JSON 形式儲存資料（實際上是與 JSON 相近的一種衍生物，不過其中的差別並不會對本書造成影響），並且伺服器端的行為是以 JavaScript 撰寫的。

遺憾的是，Deployd 的前景看起來並不明朗。該專案背後的業務模型是試圖讓後端服務在雲端上的部署程序變得更為簡單，但這看來並未引起太多關注。在我撰寫本書時，該專案已經有一段時間沒有活躍開發了，開發者可能已經轉移到了其他專案上。Deployd 工具仍然能夠下載和安裝於本地，也能夠部署於任何支援 Node.js 和 MongoDB 的雲端上。雖然 Deployd 的開發工作可能已經停滯，但該專案是開放原始碼的。所有的原始碼、安裝套件和文件都可自 https://github.com/deployd/deployd 及 http://deployd.com 上取得。而本書隨附的原始碼下載包中也包括了 Deployd 的 Windows 和 Mac 安裝程式，可以從 www.apress.com 上取得。請針對你所用的平台下載並安裝 Deployd，安裝完成後，目前還不需要其他的步驟，在第 6 章將為你示範如何使用 Deployd。

1.5.7 執行一項簡單的測試

為確認所需套件皆已安裝好並可供使用，請在 angularjs 資料夾下建立一個名為 test.html 的新 HTML 檔案，並將其修改為列表 1-5 所示的內容。

列表 1-5　在 test.html 檔案中測試 AngularJS 和 Bootstrap

```
<!DOCTYPE html>
<html ng-app>
<head>
    <title>First Test</title>
    <script src="angular.js"></script>
```

```
    <link href="bootstrap.css" rel="stylesheet" />
    <link href="bootstrap-theme.css" rel="stylesheet" />
</head>
<body>
    <div class="btn btn-default">{{"AngularJS"}}</div>
    <div class="btn btn-success">Bootstrap</div>
</body>
</html>
```

這個檔案中的某些內容可能是你從未見過的：在 html 元素上的 ng-app 屬性，以及 body 元素中的{{AngularJS}}，這些都是來自於 AngularJS；至於 btn、btn-default 及 btn-success 等 CSS 類別則是來自於 Bootstrap。目前無須在意這些事物的意義與作用——這份 HTML 文件的目的在於檢查開發環境是否已經設定好且能夠運作。我將在第 4 章說明 Bootstrap 是如何運作的，此外，本書的其餘部份也理所當然的會說明關於 AngularJS 的一切事物。

1．啓動 Web 伺服器

要啟動 Web 伺服器，請從 Node.js 的安裝目錄下執行下列命令：

```
node server.js
```

這將載入本章先前建立的 server.js，並在連接埠 5000 上開始監聽 HTTP 請求。

2．載入測試檔案

啟動 Chrome 並前往此 URL：http://localhost:5000/test.html。應該能看到圖 1-2 中的結果。

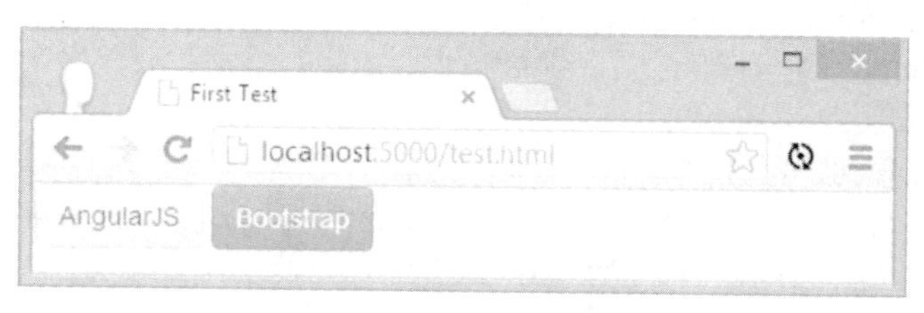

圖 1-2　測試開發環境

在圖 1-3 中，則可以看到如果 AngularJS 或 Bootstrap 未正常運作時會發生什麼事。你會在這項 AngularJS 測試中看到一對大括號（{和}），而且沒有以按鈕形式呈現內容（這是由 Bootstrap 提供的功能）。若出現前述結果，請檢查你的 Web 伺服器設定，並檢查 angularjs 資料夾下是否已放入了正確的檔案，然後再試一次。

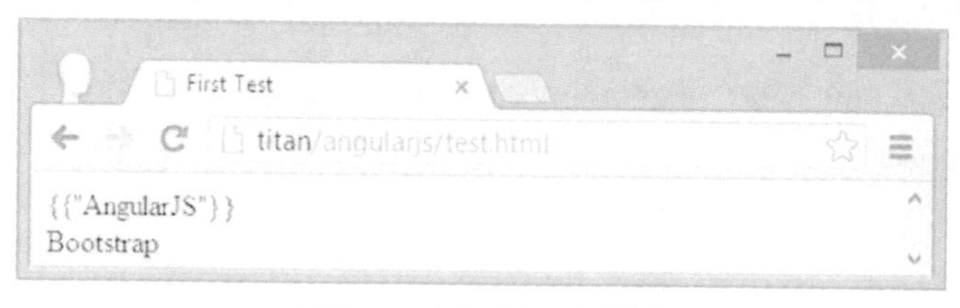

圖 1-3　未通過基本測試

1.6 小結

本章大致描述了本書的內容及結構，以及 AngularJS Web 開發所需要的軟體。如同先前已提及的，學習 AngularJS 開發的最佳方式就是透過範例，所以在第 2 章我將直接開始示範如何建立你的第一個 AngularJS 應用程式。

第 2 章

你的第一個 AngularJS 應用程式準備

AngularJS 的最佳入門途徑就是潛心鑽研進去，開始建立出一個 Web 應用程式。本章將帶領你經歷一段簡單的開發過程，以應用程式的靜態模型為基礎，利用 AngularJS 功能來打造出一個簡單但卻是動態的 Web 應用程式。在第 6～8 章，我將向你示範如何建立出更複雜、合乎現實狀況的 AngularJS 應用程式，不過目前一個簡單的範例就足以示範 AngularJS 應用程式的主要元件，並為本書這部份的其他章節做好準備。

2.1 準備專案

第 1 章已示範如何建置和測試本書所使用的開發環境。如果你想要操作接下來的範例，那麼現在就正是時候將開發環境啟動起來。

本章會從目標程式的靜態 HTML 模型開始，這是一個簡單的待辦事項應用程式。我在 angularjs 資料夾下新建了一個名為 todo.html 的 HTML 檔案。在列表 2-1 中你可以看到這個新檔案的內容。

列表 2-1　todo.html 檔案的初始內容

```
<!DOCTYPE html>
<html data-ng-app>
<head>
    <title>TO DO List</title>
    <link href="bootstrap.css" rel="stylesheet" />
    <link href="bootstrap-theme.css" rel="stylesheet" />
</head>
<body>
    <div class="page-header">
        <h1>Adam's To Do List</h1>
    </div>
    <div class="panel">
        <div class="input-group">
            <input class="form-control" />
            <span class="input-group-btn">
                <button class="btn btn-default">Add</button>
            </span>
        </div>
```

```
        <table class="table table-striped">
            <thead>
                <tr>
                    <th>Description</th>
                    <th>Done</th>
                </tr>
            </thead>
            <tbody>
                <tr><td>Buy Flowers</td><td>No</td></tr>
                <tr><td>Get Shoes</td><td>No</td></tr>
                <tr><td>Collect Tickets</td><td>Yes</td></tr>
                <tr><td>Call Joe</td><td>No</td></tr>
            </tbody>
        </table>
    </div>
</body>
</html>
```

提示：從現在開始，除非我有特別指明，否則所有的檔案都是放置到前一章所建立的 angularjs 資料夾裡。你無須自行重建這些範例，相反地，你可以從 Apress.com 上免費下載這些範例。這些都是完整範例，並按照章節順序組織，並包含所有用於建置和測試範例的所需檔案。

這個檔案還沒有使用到 AngularJS，目前甚至還沒有任何的 script 元素來匯入 angular.js 檔案。我很快就會新增 JavaScript 檔案並開始使用 AngularJS 功能，不過在此之前，目前這個 todo.html 檔案只包括了一些靜態 HTML 元素，呈現出待辦事項應用程式的基礎結構，也就是位於頁面頂部的標題以及一個包括待辦事項項目的表格。要查看所建立出來的效果，請使用瀏覽器開啟 todo.html 檔案，如圖 2-1 所示。

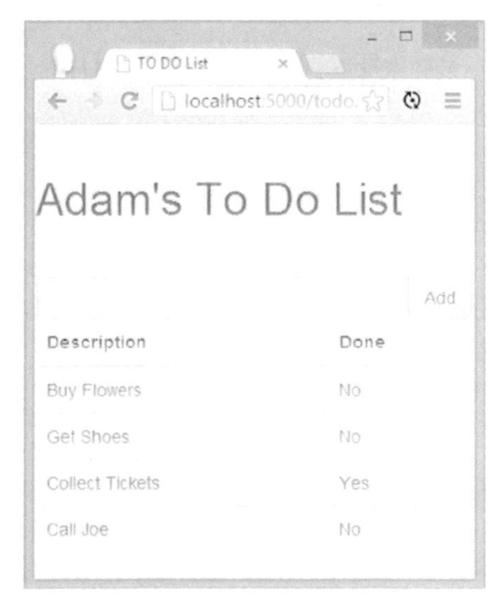

圖 2-1　todo.html 檔案的初始內容

注意：為了保持本章範例的簡潔，我會在 todo.html 檔案中做所有事情。正式的 AngularJS 應用程式通常會擁有精心佈置的檔案結構，不過目前我並不打算讓事情變得複雜以致產生問題。在第 6 章，我會開始建置一個更為複雜的 AngularJS 應用程式，那時就會更多涉及檔案結構的議題。

2.2 使用 AngularJS

todo.html 檔案中的靜態 HTML 是準備要被套用 AngularJS 基本功能的內容。使用者應該能看到待辦事項的列表，勾選掉已完成的事項，並建立新事項。在下面各節中，我會加入 AngularJS，並套用一些基本功能，讓我的待辦事項應用程式生龍活虎起來。為簡單起見，這裡假定只有一名使用者，因此不用考量到如何保留應用程式中的資料狀態。

2.2.1 將 AngularJS 套用到 HTML 檔案

將 AngularJS 加入到 HTML 檔案中是挺簡單的，只需簡單新增一個 script 元素來匯入 angular.js 檔案，接著建立一個 AngularJS 模組，並對 html 元素套用一個屬性即可，如列表 2-2 所示。

列表 2-2　在 todo.html 檔案中建立並使用一個 AngularJS 模組

```
<!DOCTYPE html>
<html ng-app="todoApp">
<head>
    <title>TO DO List</title>
    <link href="bootstrap.css" rel="stylesheet" />
    <link href="bootstrap-theme.css" rel="stylesheet" />
    <script src="angular.js"></script>
    <script>
        var todoApp = angular.module("todoApp", []);
    </script>
</head>
<body>
    <div class="page-header">
        <h1>Adam's To Do List</h1>
    </div>
    <div class="panel">
        <div class="input-group">
            <input class="form-control" />
            <span class="input-group-btn">
                <button class="btn btn-default">Add</button>
            </span>
        </div>
        <table class="table table-striped">
            <thead>
                <tr>
```

```
                    <th>Description</th>
                    <th>Done</th>
                </tr>
            </thead>
            <tbody>
                <tr><td>Buy Flowers</td><td>No</td></tr>
                <tr><td>Get Shoes</td><td>No</td></tr>
                <tr><td>Collect Tickets</td><td>Yes</td></tr>
                <tr><td>Call Joe</td><td>No</td></tr>
            </tbody>
        </table>
    </div>
</body>
</html>
```

AngularJS 應用程式是由一個或多個模組所組成，而模組則是透過呼叫 angular.module 方法建立的，如下所示：

```
...
var todoApp = angular.module("todoApp", []);
...
```

我將在第 9 章及第 18 章對模組有更多的介紹，不過目前你已經可以從列表 2-2 裡看到模組的建立與套用方式。傳遞給 angular.module 方法的參數是模組名稱以及其他所需模組的陣列集合。我在這裡建立了一個名為 todoApp 的模組，此種命名方式雖然有些令人困惑卻很常用，並藉由將空陣列傳遞給第二個參數來告訴 AngularJS 不再需要其他模組。（某些 AngularJS 功能是由其他模組提供的，此外我也將在第 18 章示範如何自行建立模組。）

警告：一個常見的錯誤是忽略了依賴參數，此舉將會導致錯誤。你一定要提供一個依賴參數，如果沒有依賴就使用一個空陣列。在第 18 章將說明如何使用依賴。

我透過 ng-app 屬性告訴 AngularJS 如何使用這個模組。AngularJS 藉由增加新元素、屬性、CSS 類別和特殊註解（雖然鮮有使用）的方法來擴充 HTML。AngularJS 函式庫會動態地編譯文件中的 HTML，以定位及處理這些附加品，並建立出應用程式。你可以利用 JavaScript 程式碼對內建功能進行擴充、自訂應用程式的行為，以及定義出自己的 HTML 附加品。

注意：AngularJS 編譯不同於 C#或 Java 這類專案，在這類專案裡，編譯器必須處理原始碼，才能產生可執行的結果。反之，更準確的說法是，AngularJS 函式庫是在瀏覽器載入內容後對 HTML 元素進行計算求值，並使用標準 DOM API 和 JavaScript 功能來新增或移除元素、以及設定事件處置器等等。故此，在 AngularJS 開發中並沒有傳統定義上的編譯步驟，只需要修改你的 HTML 和 JavaScript 檔案並將其載入到瀏覽器中。

AngularJS 對 HTML 最重要的附加品是 ng-app 屬性，該屬性說明列表中的 html 元素包含一個應當被 AngularJS 編譯及處理的模組。當 AngularJS 是唯一被使用的 JavaScript 框架時，常見作法是直接對 html 元素套用 ng-app 屬性，就像我在列表 2-2 中所做的那樣。

不過如果你除了使用 AngularJS 外，也使用了其他技術（例如 jQuery），則可以將 ng-app 屬性套用到文件裡更細部的元素來縮減 AngularJS 應用程式的作用範圍。

對 HTML 套用 AngularJS

對 HTML 文件新增非標準的屬性和元素可能會看起來有些奇怪，特別是當你已經寫了一段時間的 Web 應用程式，並且已經習慣遵守 HTML 標準。如果真的不習慣 ng-app 這類的屬性用法，有一種替代方法是使用 data 屬性，也就是為任一 AngularJS 指令加上 data-前綴。我將在本書第 2 部份詳細介紹 AngularJS 指令，不過目前只需要知道 ng-app 正是一個 AngularJS 指令，並且也可以按照如下方式使用：

```
...
<html data-ng-app="todoApp">
...
```

我會採取 AngularJS 推薦的慣用方式，來使用 ng-app 屬性及其他可用的 HTML 增強功能。雖然我也建議你跟我用同樣的方式，不過你也仍然可以使用其他方式——無論是出於偏好，或者是因為你的開發工具集無法處理非標準的 HTML 元素和屬性。

2.2.2 建立資料模型

AngularJS 支援模型-檢視-控制器（MVC）模式，我將在第 3 章加以介紹。簡而言之，為遵循 MVC 模式，你需要將應用程式分成三個區域：程式中的資料（模型）、對資料進行操作的邏輯（控制器），以及顯示資料的邏輯（檢視）。

目前這個待辦事項程式中的資料是分散在不同的 HTML 元素裡。使用者名稱是位於標題裡，如下：

```
...
<h1>Adam's To Do List</h1>
...
```

至於待辦事項項目則位在表格中的 td 元素裡，如下：

```
...
<tr><td>Buy Flowers</td><td>No</td></tr>
...
```

我的第一項任務就是將這些資料從 HTML 元素中分離出來，並加以組織，來建立出一個模型。將資料從顯示層次分離出來是 MVC 模式的一項重要觀念，對此我將在第 3 章做更多說明。由於 AngularJS 程式是存在於瀏覽器中，因此我需要在 script 元素裡使用 JavaScript 來定義我的資料模型，如列表 2-3 所示。

列表 2-3 在 todo.html 檔案中建立一個資料模型

```
<!DOCTYPE html>
<html ng-app="todoApp">
```

```
<head>
    <title>TO DO List</title>
    <link href="bootstrap.css" rel="stylesheet" />
    <link href="bootstrap-theme.css" rel="stylesheet" />
    <script src="angular.js"></script>
    <script>

        var model = {
            user: "Adam",
            items: [{ action: "Buy Flowers", done: false },
                        { action: "Get Shoes", done: false },
                        { action: "Collect Tickets", done: true },
                        { action: "Call Joe", done: false }]
        };

        var todoApp = angular.module("todoApp", []);

    </script>
</head>
<body>
    <div class="page-header">
        <h1>To Do List</h1>
    </div>
    <div class="panel">
        <div class="input-group">
            <input class="form-control" />
            <span class="input-group-btn">
                <button class="btn btn-default">Add</button>
            </span>
        </div>
        <table class="table table-striped">
            <thead>
                <tr>
                    <th>Description</th>
                    <th>Done</th>
                </tr>
            </thead>
            <tbody>
            </tbody>
        </table>
    </div>
</body>
</html>
```

提示：我在這裡做了一些簡化，讓這個模型也能夠包含建立、載入、儲存和修改資料物件所需的邏輯。不過在一個常規的 AngularJS 應用程式裡，這些邏輯經常是位於伺服器端，並透過 Web 伺服器存取。更多詳情請見第 3 章。

我定義了一個名為 model 的 JavaScript 物件，其所收納的屬性即包含了先前那些分散在多個 HTML 元素裡的資料。其中 user 屬性定義了使用者名稱，而 items 屬性則定義了一個物件陣列，內含各個待辦事項。

通常我們不會只定義 MVC 模式的單一部份，但這裡是出於示範目的來呈現一個極簡單的 AngularJS 程式。在圖 2-2 中可以看到這項修改所帶來的變化。

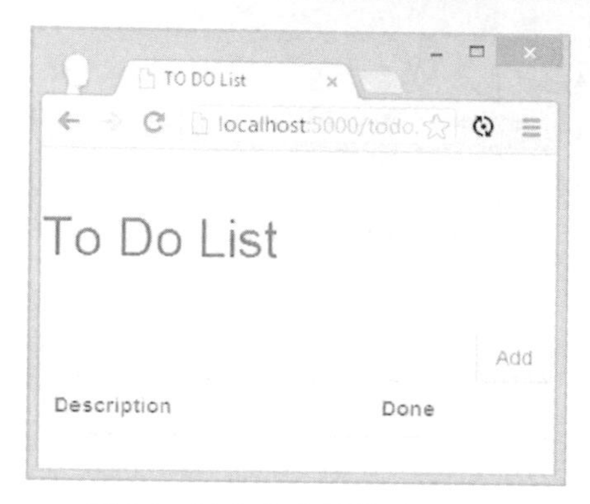

圖 2-2　建立出資料模型的效果

提示：在每一個 AngularJS 開發專案裡，總會有一個時間點是需要定義出 MVC 模式的各個主要部份並整合在一起。這類工程可能會讓人頓時有進度倒退的錯覺，特別是像本章所示範的改造流程，從一個完整的靜態內容加以改造時更是如此。但我保證這種初期投資一定會在最終得到回報。你將在第 6 章看到一項更大型的範例，也就是一個更加複雜也更真實的 AngularJS 應用程式。雖然需要不少初始設定，但很快就能使各種功能就位。

2.2.3 建立控制器

控制器定義了檢視所需的業務邏輯，儘管業務邏輯這個術語並不是很好懂。描述控制器的最佳方式是清楚說明它應包含哪些邏輯，以及不應包含哪些邏輯。

儲存或讀取資料的邏輯是模型的一部份，將資料格式化並顯示給使用者的邏輯則是檢視的一部份，至於控制器便是位於模型和檢視之間的連接者。控制器對使用者互動做出回應，更新模型中的資料並向檢視提供所需的資料。

如果此時還沒有弄清楚，也沒有關係。藉由本書歷程，遲早你會完全適應 MVC 模式，並瞭解如何將其應用到 AngularJS。從第 3 章開始我會深入探索 MVC 模式的細節，接著在第 6 章則會透過一個更加真實的 AngularJS Web 應用程式，使你清楚認識到各個元件的分野。

提示：如果你不是熱衷於依循「模式」的人，也不用擔心。MVC 模式很大程度上是一種常識般的概念，本書對此的應用也相當寬鬆。所謂的模式不過是用於協助開發者的工具，你可以自由地根據自己的需要來應用它們。一旦你克服了與 MVC 相關的各式術語，就可以選擇適合自己需求的部份，將 MVC 和 AngularJS 納入到自己的專案和偏好的開發方式之中。

呼叫 angular.module 會回傳一個 Module 物件，接著在該物件上呼叫 controller 方法便能夠建立出控制器。傳遞給 controller 方法的參數是新控制器的名稱以及一個將會被呼叫的函式，用於定義控制器功能，如列表 2-4 所示。

列表 2-4　在 todo.html 檔案中建立一個控制器

```
<!DOCTYPE html>
<html ng-app="todoApp">
<head>
    <title>TO DO List</title>
    <link href="bootstrap.css" rel="stylesheet" />
    <link href="bootstrap-theme.css" rel="stylesheet" />
    <script src="angular.js"></script>
    <script>

        var model = {
            user: "Adam",
            items: [{ action: "Buy Flowers", done: false },
                        { action: "Get Shoes", done: false },
                        { action: "Collect Tickets", done: true },
                        { action: "Call Joe", done: false }]
        };
        var todoApp = angular.module("todoApp", []);

        todoApp.controller("ToDoCtrl", function ($scope) {
            $scope.todo = model;
        });

    </script>
</head>
<body ng-controller="ToDoCtrl">
    <div class="page-header">
        <h1>To Do List</h1>
    </div>
    <div class="panel">
        <div class="input-group">
            <input class="form-control" />
            <span class="input-group-btn">
                <button class="btn btn-default">Add</button>
            </span>
        </div>
        <table class="table table-striped">
            <thead>
                <tr>
                    <th>Description</th>
                    <th>Done</th>
                </tr>
            </thead>
```

```
                <tbody></tbody>
            </table>
        </div>
    </body>
    </html>
```

一般慣例是將控制器命名為<Name>Ctrl，而<Name>是用於辨認該控制器於應用程式中的職責。真實的應用程式通常會存在多個控制器，不過本例僅需要一個，命名為 ToDoCtrl。

提示：這類控制器命名方式僅僅是一種習慣，你可以自由選擇任何喜歡的名稱。遵循廣泛使用的慣例是為了使熟悉 AngularJS 的程式設計師能快速瞭解你的專案結構。

我承認這個控制器看起來很平凡，但這是因為我所建立的是一個最簡單的控制器。控制器的主要目的之一是為了向檢視提供所需的資料。你不會希望檢視總是能夠存取存取整個模型，所以需要使用控制器明確地選取可用的資料部份，也就是作用範圍。

傳遞至這個控制器函式的參數名為$scope——也就是$符號加上 scope（作用範圍）一字。在一個 AngularJS 應用程式中，$開頭的變數名稱代表是 AngularJS 提供的內建功能。當你看到這個$符號時，通常即代表是一個內建服務，也就是一種自給式的元件，能夠對多個控制器提供功能。然而$scope 比較特殊，是用於向檢視揭示資料和功能。我將在第 13 章介紹作用範圍，以及在第 18～25 章介紹內建服務。

對於這個應用程式，我想讓檢視可以使用整個模型，所以我在$scope 服務物件上定義了一個名為 todo 的屬性，並將完整模型指派給它，如下：

```
...
$scope.todo = model;
...
```

這是在檢視中使用模型資料的先期準備，我很快就會做進一步的示範。目前我還得先指定控制器所負責的 HTML 文件區域，這是透過 ng-controller 屬性來完成的。由於我只有一個控制器（因為這真的是一個非常簡單的應用程式），所以我就對 body 元素使用了 ng-controller 屬性，如下：

```
...
<body ng-controller="ToDoCtrl">
...
```

ng-controller 屬性的值被設定為控制器的名稱，在本例中即是 ToDoCtrl。我將在第 13 章重回關於控制器的主題。

2.2.4 建立檢視

將控制器所提供的資料與 HTML 元素的基礎結構相結合，即能夠產生出檢視。在列表 2-5 中，你可以看到我是如何使用一種稱為資料綁定的標註，將模型資料填入至 HTML 文件。

列表 2-5　在 todo.html 檔案中藉由檢視顯示模型資料

```
...
<body ng-controller="ToDoCtrl">
    <div class="page-header">
        <h1>
            {{todo.user}}'s To Do List
            <span class="label label-default">{{todo.items.length}}</span>
        </h1>
    </div>
    <div class="panel">
        <div class="input-group">
            <input class="form-control" />
            <span class="input-group-btn">
                <button class="btn btn-default">Add</button>
            </span>
        </div>
        <table class="table table-striped">
            <thead>
                <tr>
                    <th>Description</th>
                    <th>Done</th>
                </tr>
            </thead>
            <tbody>
                <tr ng-repeat="item in todo.items">
                    <td>{{item.action}}</td>
                    <td>{{item.done}}</td>
                </tr>
            </tbody>
        </table>
    </div>
</body>
...
```

你可以使用瀏覽器載入 todo.html 檔案，進而看到將模型、控制器及檢視結合在一起的效果，如圖 2-3 所示。我將在後面各節中說明這個 HTML 是如何產生的。

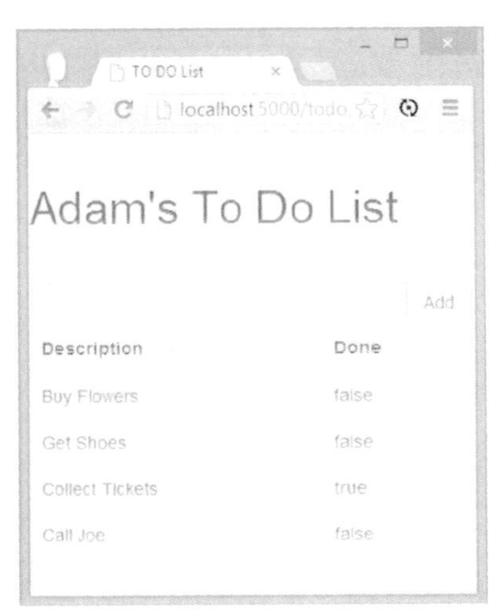

圖 2-3　在 todo.html 檔案中使用檢視的效果

1．插入模型值

AngularJS 使用兩對大括號（{{和}}）表示一個資料綁定表達式。表達式的內容會被視為 JavaScript 計算，其中可用的資料和函式是由控制器指派給作用範圍。在本例中，我只能存取在定義控制器時指派給$scope 物件的部份模型，並透過$scope 物件上建立的屬性名稱進行存取。

這表示，如果我想存取 model.user 屬性，便需要定義一個參照 todo.user 的資料綁定表達式，因為模型物件是指派給$scope.todo 屬性。

AngularJS 會編譯文件中的 HTML，在發現到 ng-controller 屬性後，便會呼叫 ToDoCtrl 函式，設定將要用於建立檢視的作用範圍。在遇到各個資料綁定表達式時，AngularJS 會尋找$scope 物件上的相符值，並在 HTML 文件裡插入該值。例如這個表達式：

```
...
{{todo.user}}'s To Do List
...
```

會被處理及轉換成如下字串：

```
Adam's To Do List
```

這便是所謂的資料綁定或模型綁定，即模型中的值與某個 HTML 元素內容相綁定。資料綁定的方式有好幾種，我將在第 10 章加以說明。

2．計算表達式

資料綁定表達式的內容可以是任何有效的 JavaScript 述句，也就是說你可以藉此新增模型資料。在列表 2-5 中，我使用這項功能來顯示待辦事項列表的項目數，如下：

```
...
<div class="page-header">
    {{todo.user}}'s To Do List<span class="label label-default">{{todo.items.length}}</span>
</div>
...
```

AngularJS 會計算這個表達式，顯示陣列中的項目數，讓使用者能夠得知待辦事項列表中的數目。我將其顯示在 HTML 文件的標題旁（以 Bootstrap 的 label 類別做格式化）。

提示：表達式應該只用於執行簡單的操作，僅針對欲顯示的資料值做處理。不要使用資料綁定來執行複雜的邏輯或是模型的變更，那是控制器的工作。你很容易就會遇到一些邏輯是難以區分的，不知要將它歸類為檢視還是控制器，也難以弄清楚應該怎麼做。我的建議是不用為之擔心，先按當下的判斷繼續進行開發工作，之後如有需要再移動這些邏輯。如果你真的無法做出決定，就將邏輯放置到控制器中，這在大約 60%的情況裡都是正確的決定。

3．使用指令

表達式也經常和指令一同使用，用於指示 AngularJS 應如何處理內容。這份列表使用了 ng-repeat 屬性，它就是一個指令，用於指示 AngularJS 從某個集合中取得所需的元素及內容，如下：

```
...
<tr ng-repeat="item in todo.items">
    <td>{{item.action}}</td><td>{{item.done}}</td>
```

```
</tr>
...
```

ng-repeat 屬性值的格式為<name> in <collection>，我將其設為 item in todo.items。前述列表首先會產生一個 tr 元素，並將 todo.items 陣列中的物件逐一指派給一個名為 item 的變數，以進一步產生多個 td 元素。

使用變數 item，我就能夠為陣列中各個物件的屬性定義綁定表達式，產生如下的 HTML。

```
...
<tr ng-repeat="item in todo.items" class="ng-scope">
    <td class="ng-binding">Buy Flowers</td>
    <td class="ng-binding">false</td>
</tr>
<tr ng-repeat="item in todo.items" class="ng-scope">
    <td class="ng-binding">Get Shoes</td>
    <td class="ng-binding">false</td>
</tr>
<tr ng-repeat="item in todo.items" class="ng-scope">
    <td class="ng-binding">Collect Tickets</td>
    <td class="ng-binding">true</td>
</tr>
<tr ng-repeat="item in todo.items" class="ng-scope">
    <td class="ng-binding">Call Joe</td>
    <td class="ng-binding">false</td>
</tr>
...
```

正如你將在稍後的章節中學到的，指令是 AngularJS 運作機制的核心，而這個 ng-repeat 指令也將會被經常使用到。

2.3 跨越基礎

我已定義了基本的 MVC 建構組塊，為本章一開始的靜態網頁新增動態機制。現在我可以在此基礎上，使用一些更進階的技術來增添功能，建立出一個更為完善的應用程式。在以下各節中，我將對這個待辦事項應用程式使用多種 AngularJS 功能，同時說明這些功能在本書哪些地方會有更詳細的介紹。

2.3.1 使用雙向模型綁定

前一節所使用的綁定被稱為單向綁定，其值是從模型中取得的，並用於產生範本中的元素。這在 Web 應用程式開發中是相當標準且廣泛應用的作法。例如，在使用 jQuery 時我經常利用 Handlebars 範本套件，它即提供這類綁定，以便從資料物件中產生 HTML 內容。

不過 AngularJS 更進一步，提供了雙向綁定，使模型不僅可用於產生元素，也能夠透過元素變更模型的內容。為了示範雙向綁定是如何實作的，我修改了 todo.html 檔案，用複選方塊表示各個任務的狀態，如列表 2-6 所示。

列表 2-6 在 todo.html 檔案裡增添複選方塊

```
...
<tr ng-repeat="item in todo.items">
    <td>{{item.action}}</td>
    <td><input type="checkbox" ng-model="item.done" /></td>
    <td>{{item.done}}</td>
</tr>
...
```

我新增了一個 td 元素，其內包含一個複選方塊類型的 input 元素。不過重點在於後面的 ng-model 屬性，用於指示 AngularJS 在 input 元素和相應資料物件（在產生元素時由 ng-repeat 指令指派給 item 的物件）的 done 屬性之間建立一個雙向綁定。

當 HTML 初次編譯時，AngularJS 將使用 done 屬性值來設定 input 元素的值。由於是使用複選方塊，所以值為 true 時複選方塊就會被勾選，值為 false 時則使複選方塊取消勾選。你可以使用瀏覽器載入 todo.html 檔案來觀察其效果，如圖 2-4 所示。你可以看到複選方塊的狀態與後方顯示的 true/false 值相符，之所以特意在表格中顯示此值就是為了示範這項綁定功能。

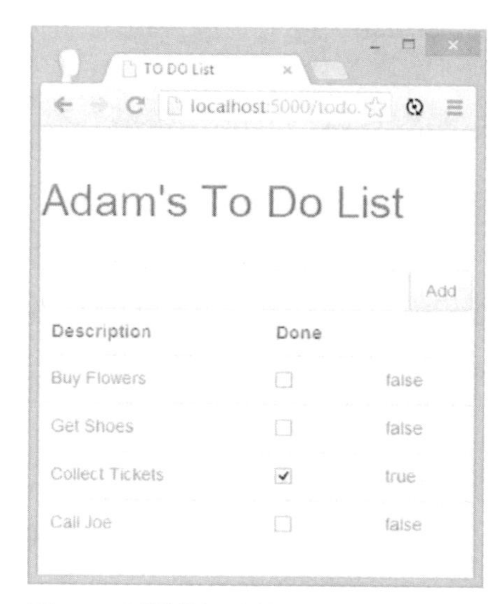

圖 2-4 新增複選方塊類型的 input 元素

當你勾選或取消勾選列表中第一個項目的複選方塊，雙向綁定的機制就顯露出來了，你會注意到下一欄的文字值也會跟著變化。AngularJS 的綁定是動態且雙向的，正如我對 input 元素所做的那樣，在更新模型時，其他具有相關資料綁定的元素也會跟著更新。在本例中，input 元素和最右邊的欄位能夠無縫地保持同步，如圖 2-5 所示。

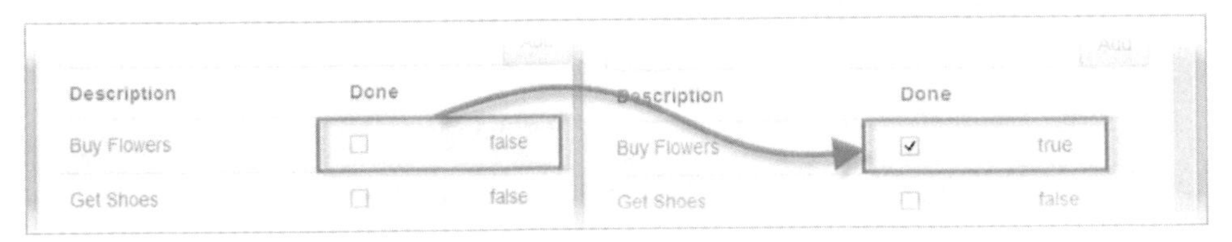

圖 2-5　使用雙向綁定

雙向綁定可被應用在接收使用者輸入的元素上，一般來說即是與 HTML 表單繫結的元素，我將在第 12 章深入說明該主題。正是這種即時且動態的模型使 AngularJS 能夠輕易地建立出複雜的應用程式，你將在本書看到更多關於 AngularJS 動態性的範例。

提示：放置一欄 true/false 值的目的是為了容易看到雙向資料綁定的效果，但在真實的專案裡通常不會這麼做。我們可以借助 Google Chrome 的 Batarang 擴充套件，輕易地瀏覽及監控模型資料（以及一些其他的 AngularJS 功能）。關於 Batarang 擴充套件的細節可參見第 1 章。

2.3.2　建立及使用控制器行為

控制器會在作用範圍中定義行為。所謂的行為是對模型資料進行操作的函式，以實作應用程式中的業務邏輯。控制器所定義的行為會向檢視提供資料以顯示給使用者，並且根據使用者互動來更新模型。

為了示範一個簡單的行為，我要在 todo.html 裡修改於標題右側顯示的標籤，使其僅顯示未完成待辦事項的數目。你可以在列表 2-7 中看到所需的修改。（此外我還移除了 true 和 false 值的欄，該欄只是為了證明資料綁定能夠反映出資料模型的變化。）

列表 2-7　在 todo.html 檔案中定義及使用控制器行為

```
<!DOCTYPE html>
<html ng-app="todoApp">
<head>
    <title>TO DO List</title>
    <link href="bootstrap.css" rel="stylesheet" />
    <link href="bootstrap-theme.css" rel="stylesheet" />
    <script src="angular.js"></script>
    <script>
        var model = {
            user: "Adam",
            items: [{ action: "Buy Flowers", done: false },
                        { action: "Get Shoes", done: false },
                        { action: "Collect Tickets", done: true },
                        { action: "Call Joe", done: false }]
        };

        var todoApp = angular.module("todoApp", []);
```

```
        todoApp.controller("ToDoCtrl", function ($scope) {
            $scope.todo = model;

            $scope.incompleteCount = function () {
                var count = 0;
                angular.forEach($scope.todo.items, function (item) {
                    if (!item.done) { count++ }
                });
                return count;
            }
        });

    </script>
</head>
<body ng-controller="ToDoCtrl">
    <div class="page-header">
        <h1>
            {{todo.user}}'s To Do List
            <span class="label label-default" ng-hide="incompleteCount() == 0">
                {{incompleteCount()}}
            </span>
        </h1>
    </div>
    <div class="panel">

        <div class="input-group">
            <input class="form-control" />
            <span class="input-group-btn">
                <button class="btn btn-default">Add</button>
            </span>
        </div>
        <table class="table table-striped">
            <thead>
                <tr>
                    <th>Description</th>
                    <th>Done</th>
                </tr>
            </thead>
            <tbody>
                <tr ng-repeat="item in todo.items">
                    <td>{{item.action}}</td>
                    <td><input type="checkbox" ng-model="item.done" /></td>
                </tr>
            </tbody>
        </table>
    </div>
</body>
</html>
```

在傳入給控制器函式的$scope 物件上新增函式，便是在定義新的行為。在這份列表中，我定義了一個函式用於回傳未完成項目的數目，這個數字是藉由列舉$scope.todo.items陣列中的物件，並計算 done 屬性為 false 的物件數而得到的。

提示：我使用 angular.forEach 方法來列舉資料陣列中的內容。AngularJS 收納了一些有用的工具方法，能充分補強 JavaScript 語言的功能。我將在第 5 章進一步說明這些工具方法。

用於為$scope 物件附加函式的屬性名稱，同時就是所謂的行為名稱。這個行為名為 incompleteCount，我可以在 ng-controller 屬性的作用範圍裡呼叫它，而 ng-controller 屬性則會將控制器套用到構成檢視的 HTML 元素上。

在列表 2-7 中我使用了兩次 incompleteCount 行為。第一次是作為一個簡單的資料綁定，用於顯示項目數，如下：

```
...
<span class="label label-default" ng-hide="incompleteCount() == 0">
    {{incompleteCount()}}
</span>
...
```

這裡可以注意到我在呼叫該行為時使用了圓括號，你可以將物件作為參數傳遞給行為。這表示你可以建立出一種通用的行為，並傳入不同的資料物件。不過由於我的應用程式相當簡單，所以我並未傳入任何參數，而是直接從控制器的$scope 物件取得所需的資料。

另一次使用還結合了一個指令，如下：

```
...
<span class="label default" ng-hide="incompleteCount() == 0">
    {{incompleteCount()}}
</span>
...
```

如果指派給屬性值的表達式計算結果為 true，則套用了 ng-hide 指令的元素（及子元素）將會被隱藏。我呼叫了 incompleteCount 行為，來檢查未完成項目數是否為零。如果是的話，列表中顯示項目數的標籤將會對使用者隱藏。

提示：有許多指令可以根據 AngularJS 模型的狀態，自動地操控瀏覽器文件物件模型（DOM），而這裡的 ng-hide 指令只是其中的一個。我將在第 11 章深入介紹這些指令，並在第 15～17 章說明如何建立自己的指令。

如圖 2-6 所示，可以使用瀏覽器載入 todo.html 檔案，來察看這個行為的效果。在列表中勾選和取消勾選項目，將會改變計數器標籤所顯示的項目數，若選取所有項目則會使計數器標籤被隱藏。

2.3.3 使用依賴於其他行為的行為

始終貫穿於 AngularJS 的一項議題，便是如何自然地將 HTML、CSS 及 JavaScript 等基礎技術整合到一個 Web 應用程式裡。舉例來說，你可以在相同控制器下，透過 JavaScript

函式建立多個行為，並讓其中某個行為依賴於其他行為的結果。在列表 2-8 中，我建立了一個行為，會根據待辦事項列表中的未完成項目數來選擇 CSS 類別。

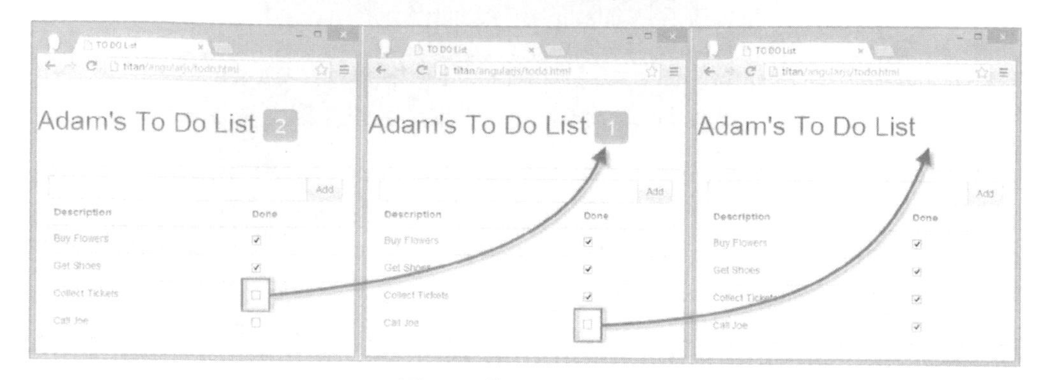

圖 2-6　使用控制器行為

列表 2-8　在 todo.html 檔案中建立更多行為

```
<!DOCTYPE html>
<html ng-app="todoApp">
<head>
    <title>TO DO List</title>
    <link href="bootstrap.css" rel="stylesheet" />
    <link href="bootstrap-theme.css" rel="stylesheet" />
    <script src="angular.js"></script>
    <script>

        var model = {
            user: "Adam",
            items: [{ action: "Buy Flowers", done: false },
                        { action: "Get Shoes", done: false },
                        { action: "Collect Tickets", done: true },
                        { action: "Call Joe", done: false }]
        };

        var todoApp = angular.module("todoApp", []);
        todoApp.controller("ToDoCtrl", function ($scope) {
            $scope.todo = model;

            $scope.incompleteCount = function () {
                var count = 0;
                angular.forEach($scope.todo.items, function (item) {
                    if (!item.done) { count++ }
                });
                return count;
            }

            $scope.warningLevel = function () {
                return $scope.incompleteCount() < 3 ? "label-success" : "label-warning";
```

```
            }
        });

    </script>
</head>
<body ng-controller="ToDoCtrl">
    <div class="page-header">
        <h1>
            {{todo.user}}'s To Do List
            <span class="label label-default" ng-class="warningLevel()"
                  ng-hide="incompleteCount() == 0">
                {{incompleteCount()}}
            </span>
        </h1>
    </div>

    <!-- ...elements omitted for brevity... -->

</body>
</html>
```

我定義了一個名為 warningLevel 的新行為，該行為會根據未完成事項的數目回傳特定的 Bootstrap CSS 類別，而這個數目是透過呼叫 incompleteCount 行為來取得。此種方式減少了控制器中的重複邏輯，而且如同你將在第 25 章看到的，此舉也有助於簡化單元測試程序。

我使用 ng-class 指令來套用 warningLevel 行為，如下：

```
...
<span class="label" ng-class="warningLevel()" ng-hide="incompleteCount() == 0">
...
```

這個指令套用了由行為所回傳的 CSS 類別，具有改變標籤顏色的效果，如圖 2-7 所示。（在本書第 2 部份中我將完整介紹 AngularJS 指令，並在第 15～17 章示範如何建立自己的指令。）

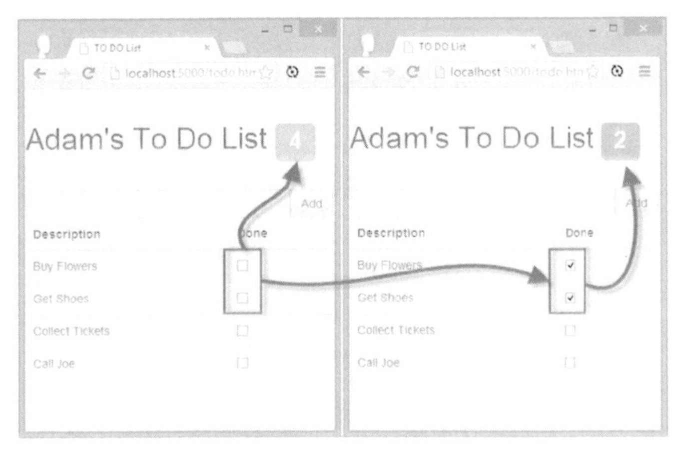

圖 2-7　透過指令將類別套用到元素上

提示：注意這個 span 元素有兩個指令，每一個都依賴於不同的行為。你可以自由地將行為和指令組合起來，以實現應用程式所需的各式效果。

雖然從書本上看不出來，但上圖的標籤會在未完成項目數小於或等於 3 時顯示為綠色，而多於 3 時則顯示為橘色。

2.3.4 回應使用者互動

你已經見到行為和指令是如何結合在一起，以提供應用程式功能，也正是這樣的組合形塑出 AngularJS 應用程式的豐富功能。其中，最強大的一種組合便是藉由指令和行為來回應使用者互動。在列表 2-9 中，你可以看到我對 todo.html 檔案新增的內容，讓使用者能夠建立新的待辦事項項目。

列表 2-9 在 todo.html 檔案中回應使用者輸入

```
<!DOCTYPE html>
<html ng-app="todoApp">
<head>
    <title>TO DO List</title>
    <link href="bootstrap.css" rel="stylesheet" />
    <link href="bootstrap-theme.css" rel="stylesheet" />
    <script src="angular.js"></script>
    <script>
   var model = {
       user: "Adam",
       items: [{ action: "Buy Flowers", done: false },
                   { action: "Get Shoes", done: false },
                   { action: "Collect Tickets", done: true },
                   { action: "Call Joe", done: false }]
   };

   var todoApp = angular.module("todoApp", []);

   todoApp.controller("ToDoCtrl", function ($scope) {
       $scope.todo = model;

       $scope.incompleteCount = function () {
           var count = 0;
           angular.forEach($scope.todo.items, function (item) {
               if (!item.done) { count++ }
           });
           return count;
       }

       $scope.warningLevel = function () {
           return $scope.incompleteCount() < 3 ? "label-success" : "label-warning";
       }
```

```
            $scope.addNewItem = function (actionText) {
                $scope.todo.items.push({ action: actionText, done: false });
            }
        });

    </script>
</head>
<body ng-controller="ToDoCtrl">
    <div class="page-header">
        <h1>
            {{todo.user}}'s To Do List
            <span class="label label-default" ng-class="warningLevel()"
                  ng-hide="incompleteCount() == 0">
                {{incompleteCount()}}
            </span>
        </h1>
    </div>
    <div class="panel">
        <div class="input-group">
            <input class="form-control" ng-model="actionText" />
            <span class="input-group-btn">
                <button class="btn btn-default"
                        ng-click="addNewItem(actionText)">Add</button>
            </span>
        </div>
        <table class="table table-striped">
            <thead>
                <tr>
                    <th>Description</th>
                    <th>Done</th>
                </tr>
            </thead>
            <tbody>
                <tr ng-repeat="item in todo.items">
                    <td>{{item.action}}</td>
                    <td><input type="checkbox" ng-model="item.done" /></td>
                </tr>
            </tbody>
        </table>
    </div>
</body>
</html>
```

我新增了一個名為 addNewItem 的行為，它會接收新待辦事項的文字，並新增一個物件至資料模型。其中，接收的文字會指派給 action 屬性，同時也將 done 屬性設為 false，如下所示：

```
...
$scope.addNewItem = function(actionText) {
    $scope.todo.items.push({ action: actionText, done: false});
}
...
```

這是你第一次看到會對模型進行修改的行為，不過在實際專案裡通常會再做進一步的劃分，區隔出取得及準備資料供檢視的行為，以及回應使用者互動並更新模型的行為。注意這個行為仍然是標準的 JavaScript 函式，因此可以使用 JavaScript 陣列的 push 方法來更新模型。

本例的神奇之處在於指令的使用。這裡是第一處：

```
...
<input class="form-control" ng-model="actionText" />
...
```

先前用於設定複選方塊的 ng-model 指令又再度出現了，因為這個指令經常會運用在表單元素的處理上。這裡應注意到我為指令指定了一個欲更新的屬性名稱，但這個屬性名稱並不存在於目前的模型中。ng-model 指令將會在控制器的作用範圍裡動態地建立這個屬性，也就能夠為使用者輸入建立動態的模型屬性。我在本例增添的第二處指令裡便使用了這個動態屬性：

```
...
<button class="btn btn-default" ng-click="addNewItem(actionText)">Add</button>
...
```

ng-click 指令設定了一個處置器，會在 click 事件被觸發時計算一個表達式。該表達式將會呼叫 addNewItem 行為，傳入動態的 actionText 屬性作為參數。此舉能夠新增一個待辦事項項目，內含使用者輸入到 input 元素中的文字，如圖 2-8 所示。

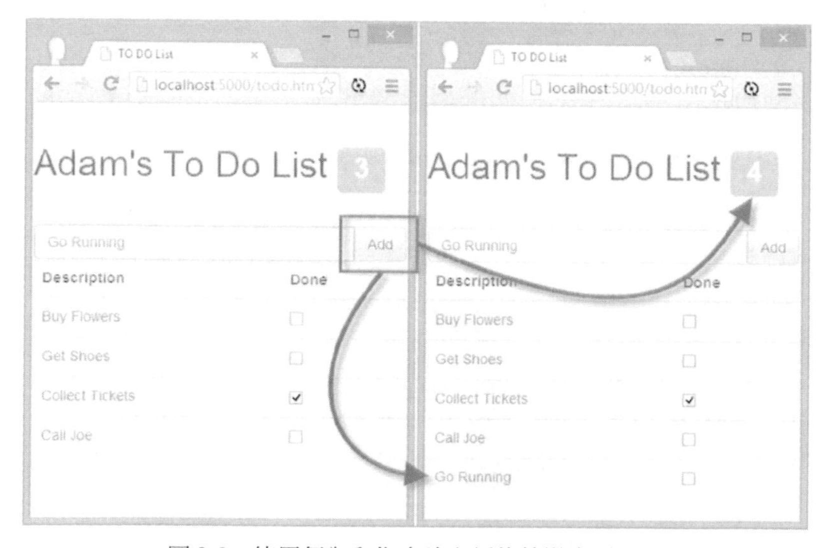

圖 2-8　使用行為和指令建立新的待辦事項項目

提示：你很可能已經被教導過，不要為個別元素加入事件處理的程式碼，所以若將 ng-click 指令套用在 button 元素上可能會被認為不甚妥當。但不用擔心——當 AngularJS 在實際編譯 HTML 檔案時，它會產生合乎前述考量的處置器，讓事件處置器的程式碼與元素分隔開來。你需要認知到，眼前所見的 AngularJS 指令，與實際編譯後產生的 HTML 和 JavaScript 是不太一樣的。

你會注意到，當列表新增一個項目時，顯示未完成待辦事項數目的標籤將會自動更新。即時模型能夠使 AngularJS 應用程式，透過綁定和行為建立出讓多項功能協同工作的基礎。

2.3.5 模型資料的過濾和排序

在第 14 章，我將會介紹 AngularJS 的過濾器功能，該功能很適合用於準備模型資料，再提供給檢視做顯示，而無須建立額外的行為。利用行為來實現並沒有什麼問題，然而過濾器能夠實現出更加通用的功能，使其能夠被應用程式多次重複使用。列表 2-10 展示了對 todo.html 檔案所做的修改，以示範過濾器功能。

列表 2-10　在 todo.html 檔案中增加過濾器功能

```
...
<tbody>
    <tr ng-repeat="item in todo.items | filter:{done: false} | orderBy:'action'">
        <td>{{item.action}}</td>
        <td><input type="checkbox" ng-model="item.done" /></td>
    </tr>
</tbody>
...
```

過濾器可被套用在資料模型的任一部份，你可以看到我在這裡使用了過濾器來控制 ng-repeat 指令的資料，並將待辦事項填入至 table 元素裡。這裡使用了兩個過濾器：filter 過濾器和 orderBy 過濾器。

filter 過濾器會根據條件來篩選物件。我使用 filter 選出那些 done 屬性為 false 的項目，如此一來，任何已完成的項目都不會被顯示出來。orderBy 過濾器則是對資料項目進行排序，我在這裡是按 action 屬性值做排序。第 14 章將詳細說明過濾器，然而目前你已經可以在瀏覽器中載入 todo.html 檔案來查看其效果，新增一個項目，然後選取 Done 複選方塊，如圖 2-9 所示。

提示：在使用 orderBy 過濾器進行排序時，我所指定的條件屬性是一個由單引號包裹起來的字串實值。若沒有加上引號，則 AngularJS 會假定這是一個由作用範圍所定義的屬性，名為 action。除非這確實是你的意圖，否則便要記得加上引號。

當你新增一個項目時，將會依字母順序其插入到列表中。接著在勾選了複選方塊後，該項目就會被隱藏。（模型中的資料並未被排序，排序操作是由 ng-repeat 指令在建立表格列時一同執行的。）

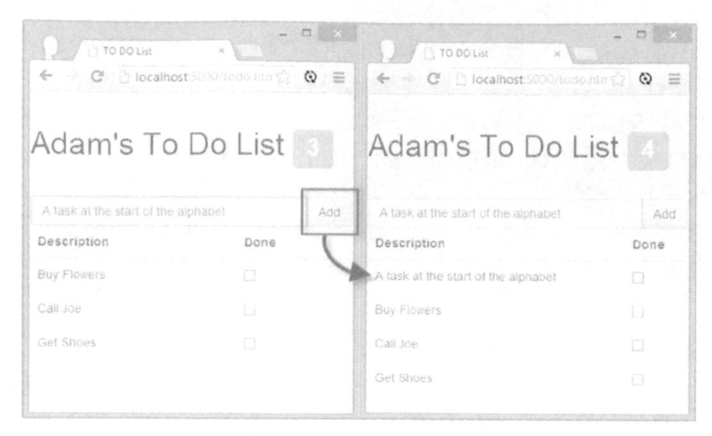

圖 2-9 使用過濾和排序

改進過濾器

先前的範例示範了過濾器功能是如何運作的，但結果卻有明顯的後遺症，因為被勾選的項目會永遠隱藏起來。所幸我們只需建立一個簡單的自訂過濾器就能解決此問題，如列表 2-11 所示。

列表 2-11 在 todo.html 檔案中建立自訂過濾器

```
...
<script>
    var model = {
        user: "Adam",
        items: [{ action: "Buy Flowers", done: false },
                    { action: "Get Shoes", done: false },
                    { action: "Collect Tickets", done: true },
                    { action: "Call Joe", done: false }],

    };

    var todoApp = angular.module("todoApp", []);

    todoApp.filter("checkedItems", function () {
        return function (items, showComplete) {
            var resultArr = [];
            angular.forEach(items, function (item) {
                if (item.done == false || showComplete == true) {
                    resultArr.push(item);
                }
            });
            return resultArr;
        }
    });
```

```
    todoApp.controller("ToDoCtrl", function ($scope) {
        $scope.todo = model;

        // ...statements omitted for brevity...
    });
</script>
...
```

AngularJS 模組物件所定義的 filter 方法可用於建立一個過濾器工廠，該工廠會回傳一個可過濾資料物件的函式。目前無須多想這個工廠的細節，只需要知道 filter 方法得傳入一個函式，而該函式需要能夠回傳過濾後的資料。我將這個過濾器命名為 checkedItems，其中，執行實際過濾功能的函式有兩個參數：

```
...
return function (items, showComplete) {
...
```

參數 items 會由 AngularJS 提供，也就是應當被過濾的物件集合。在使用過濾器時我將提供 showComplete 參數的值，用於決定已經被標記為完成的項目是否會被包含在過濾後的資料裡。你可以在列表 2-12 中看到我是如何使用自訂過濾器的。

列表 2-12　在 todo.html 檔案中使用自訂過濾器

```
...
<div class="panel">
    <div class="input-group">
        <input class="form-control" ng-model="actionText" />
        <span class="input-group-btn">
            <button class="btn btn-default"
                    ng-click="addNewItem(actionText)">Add</button>
        </span>
    </div>

    <table class="table table-striped">
        <thead>
            <tr>
                <th>Description</th>
                <th>Done</th>
            </tr>
        </thead>
        <tbody>
            <tr ng-repeat=
                    "item in todo.items | checkedItems:showComplete | orderBy:'action'">
                <td>{{item.action}}</td>
                <td><input type="checkbox" ng-model="item.done" /></td>
            </tr>
        </tbody>
    </table>
```

```
    <div class="checkbox-inline">
        <label><input type="checkbox" ng_model="showComplete"> Show Complete</label>
    </div>
</div>
...
```

我新增了一個複選方塊，使用 ng-model 指令來設定一個名為 showComplete 的模型值，該值會透過表格中的 ng-repeat 指令傳遞到我的自訂過濾器：

```
...
<tr ng-repeat="item in todo.items | checkedItems:showComplete | orderBy:'action'">
...
```

自訂過濾器與內建過濾器的語法是相同的。我在此指定了先前透過 filter 方法所建立的過濾器，隨後接一個冒號（:），再加上 showComplete 模型屬性，使複選方塊的狀態能夠用於控制被選取項目的可見性。你可以在圖 2-10 中看到其效果。

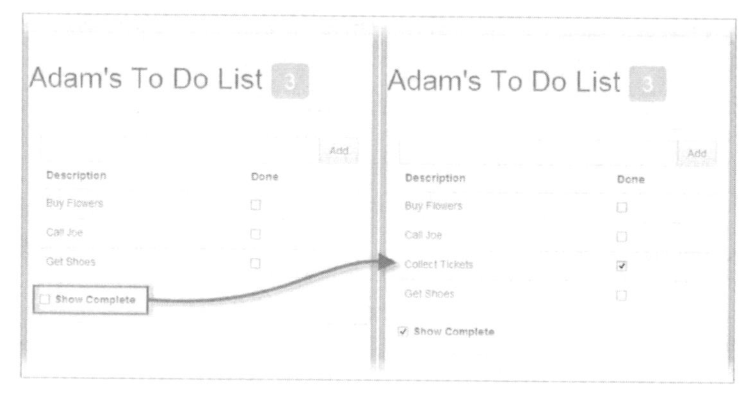

圖 2-10　使用自訂過濾器

2.3.6　透過 Ajax 取得資料

最後一項修改是透過一個 Ajax 請求，取得 JSON 格式的待辦事項列表資料。（如果你還不太熟悉 JSON，可參閱第 5 章的內容）我在 angularjs 資料夾下建立了一個名為 todo.json 的檔案，可以在列表 2-13 中看到其內容。

列表 2-13　todo.json 檔案的內容

```
[{ "action": "Buy Flowers", "done": false },
 { "action": "Get Shoes", "done": false },
 { "action": "Collect Tickets", "done": true },
 { "action": "Call Joe", "done": false }]
```

正如你所看到的，JSON 格式與 JavaScript 物件實值的定義方式非常相似，這也是為什麼 JSON 會成為 Web 應用程式首選資料格式的原因之一。在列表 2-14 中，你可以看到我對 todo.html 檔案所做的修改，是從 todo.json 檔案載入資料，而非使用本地陣列。

列表 2-14　在 todo.html 檔案中發起 Ajax 請求取得 JSON 資料

```
...
<script>
    var model = {
        user: "Adam"
    };

    var todoApp = angular.module("todoApp", []);

    todoApp.run(function ($http) {
        $http.get("todo.json").success(function (data) {
           model.items = data;
        });
    });

    todoApp.filter("checkedItems", function () {
        return function (items, showComplete) {
            var resultArr = [];
            angular.forEach(items, function (item) {

                if (item.done == false || showComplete == true) {
                    resultArr.push(item);
                }
            });
            return resultArr;
        }
    });

    todoApp.controller("ToDoCtrl", function ($scope) {
        $scope.todo = model;

        $scope.incompleteCount = function () {
            var count = 0;
            angular.forEach($scope.todo.items, function (item) {
                if (!item.done) { count++ }
            });
            return count;
        }

        $scope.warningLevel = function () {
            return $scope.incompleteCount() < 3 ? "label-success" : "label-warning";
        }

        $scope.addNewItem = function(actionText) {
            $scope.todo.items.push({ action: actionText, done: false});
        }

    });
</script>
...
```

我從靜態定義的資料模型中移除了 items 陣列，並增加了一個對 run 方法的呼叫，該方法是由 AngularJS 模型物件所定義的。run 方法接受一個函式，會在 AngularJS 初始化時執行這個函式，適用於僅只一次的任務。

我對傳遞給 run 方法的函式指定了$http 參數，來指示 AngularJS 取用可發出 Ajax 請求的服務物件。透過參數向 AngularJS 要求所需功能，即是所謂的「依賴注入」，對此，我將在第 9 章做進一步的說明。

$http 服務提供了低階 Ajax 請求的存取功能，然而這裡所稱之「低階」，僅是和$resource 服務（用於和 RESTful 的 Web 服務互動）相比較。我將在第 3 章介紹 REST，並於第 21 章介紹$resource 服務物件。此處我是使用$http.get 方法來建立一個 HTTP GET 請求，向伺服器請求 todo.json 檔案：

```
...
$http.get("todo.json").success(function (data) {
    model.items = data;
});
...
```

get 方法的結果是一個約定物件，該物件用於表示將在未來完成的工作。我將在第 5 章說明約定物件的運作方式，並於第 20 章深入其細節。目前只需要知道，在約定物件上呼叫 success 方法，能夠在 Ajax 請求完成時，呼叫指定的函式。而從伺服器取得的 JSON 資料將會被剖析並建立一個 JavaScript 物件，然後傳遞至 success 函式作為 data 參數。接著便使用這個 data 參數對模型做更新：

```
...
$http.get("todo.json").success(function (data) {
    model.items = data;
});
...
```

如果是在瀏覽器上查看這個 todo.html 檔案，你將不會注意到有任何差異。然而這次資料是透過第二次 HTTP 請求從伺服器上取得的，你可以使用 F12 工具在網路連線報告上觀察到此情形，如圖 2-11 所示。

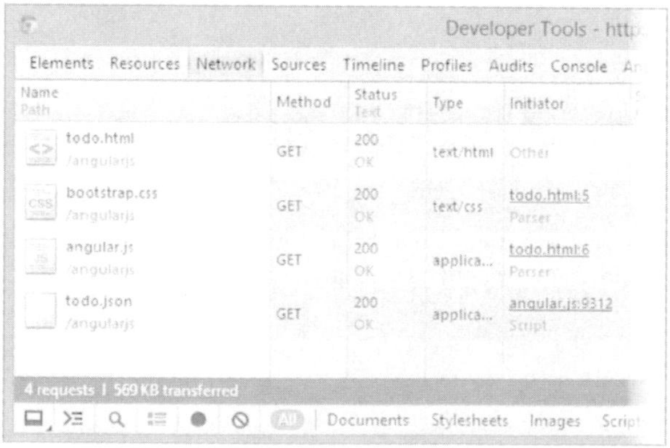

圖 2-11　查看透過 Ajax 取得的資料

前述的修改與測試，證明了 AngularJS 能夠輕易地透過 Ajax 使用遠端的資料及檔案。這項主題將會在全書多次涉及，因為這是 AngularJS 眾多功能的基礎，並能夠藉此建立出複雜的 Web 應用程式。

2.4 小結

本章示範如何建立一個簡單的 AngularJS 應用程式，將一個 HTML 靜態頁面改造成一個實作了 MVC 模式、並能夠從 Web 伺服器上取得 JSON 資料的動態應用程式。一路下來，我們接觸了 AngularJS 的多個主要元件和功能，並指出在本書哪些地方可以找到更多資訊。

現在你已經見識到 AngularJS 是如何組織起來並運作的，是時候向後退一步，以宏觀方式瞭解 AngularJS 在 Web 開發中的角色。在下一章，我們將從 MVC 模式開始談起。

第3章

AngularJS 與 Web 開發

我將在本章說明 AngularJS 於 Web 應用程式開發中的角色，為後續章節奠定基礎。AngularJS 的目標是將那些曾經只適用於伺服器端開發的工具和技術，能夠為 Web 客戶端所用，如此一來就可以使開發、測試及維護複雜的 Web 應用程式變得更為簡單。

AngularJS 可讓你對 HTML 進行擴充，在還沒習慣以前，這可能看起來會是一種很古怪的作法。AngularJS 應用程式藉由自訂元素、屬性、類別和註解等方法來實現其功能，使一個複雜的應用程式能夠結合標準標記及自訂標記來產生 HTML 文件。

AngularJS 的開發風格是基於模型-檢視-控制器（MVC）模式，雖然其中的「控制器」有時會被替換為其他事物，因為這個模式本身也存在著多種變化。然而我在本書會採行最標準的 MVC 模式，因為這是最被廣泛使用的形式。在後續的各節中，我將講解那些能夠體現 AngularJS 顯著好處的專案特性，並介紹 MVC 模式，以及一些常見的陷阱。

3.1 理解 AngularJS 的擅長之處

AngularJS 不是解決任何問題的萬靈丹，所以瞭解何時應使用 AngularJS 以及何時應該改用其他方案是非常重要的。AngularJS 將那些曾經僅提供給伺服器端開發者的功能，完整地搬到了瀏覽器端。這表示 AngularJS 會在每次 HTML 文件被載入時，進行大量的工作——需要編譯 HTML 元素、計算資料綁定、以及執行指令等等，以建構出在前一章以及之後會提到的各項功能。

這類工作需要時間去執行，而所需的時間長度則取決於 HTML 文件及其相關 JavaScript 程式碼的複雜度。除此之外，瀏覽器的品質和裝置的處理能力也會有重大的影響。在效能強大的桌上型主機上使用最新的瀏覽器，你不會感到有任何延遲；但若是在一部效能不足的智慧型手機上使用舊式的瀏覽器，就會讓 AngularJS 應用程式的初始化變得非常緩慢。

因此，我們應盡量減少初始化的頻率，並盡可能一次性完成所有工作。這表示你需要仔細思考所建置的 Web 應用程式類型。廣義上來說，Web 應用程式可分為兩種類型：來回式和單一頁面。

理解來回式和單一頁面應用程式

很長一段時間以來，Web 應用程式都是基於來回式模型開發的。也就是由瀏覽器向伺服器請求一個初始的 HTML 文件，接著透過使用者互動（點擊連結或提交表單等），促使瀏覽器再發送一次請求，並再接收一次不同的 HTML 文件。在這類應用程式中，瀏覽器基本上就是 HTML 內容的渲染引擎，而所有的應用程式邏輯和資料都是由伺服器提供。瀏覽器發出一系列無狀態的 HTTP 請求，而伺服器則處理這些請求並動態地產生 HTML 文件。

有許多 Web 應用程式都是這種來回式的形式，主要原因是出於此舉對瀏覽器規格的要求很少，能夠支援最多種類的客戶端。但來回式應用程式也有一些嚴重的問題：使用者在整個瀏覽過程中都必須多次請求 HTML 文件，並等待其載入完畢。同時這也需要效能充足的伺服器端基礎設施來應付所有請求，以及管理所有的應用程式狀態。這會耗費許多頻寬，因為每個 HTML 文件都必須是完整的（導致伺服器所產生的每個回應事實上都包含許多相同內容）。

單一頁面應用程式則另闢蹊徑。一個初始的 HTML 文件同樣會被發送給瀏覽器，然而由使用者互動所產生的 Ajax 請求則只會請求較小的 HTML 片段或資料，再插入到已有的元素中以顯示給使用者。初始的 HTML 文件不會被重新載入或取代，並且在 Ajax 請求被非同步執行時，使用者仍可以繼續與現有的 HTML 內容進行互動，儘管在某些應用環境下它只會顯示「資料載入中」，而無法再多做些什麼。

現今的應用程式多半是介於這兩者之間，一方面使用基本的來回式模型，另一方面則透過 JavaScript 做補強，以減少整個頁面的重載次數，雖然常見的應用情境僅是為了在客戶端實作表單正確性驗證。

如果是偏向於單一頁面模型的應用程式，則 AngularJS 能夠使初始化的工作量擁有最大的效益。這並不表示來回式應用程式就不能使用 AngularJS——你當然可以——但還有其他更簡單也更適用於分離式 HTML 頁面的技術，例如 jQuery。在圖 3-1 中，可以看到 Web 應用程式類型的比較圖，從中可見 AngularJS 能發揮所長之處。

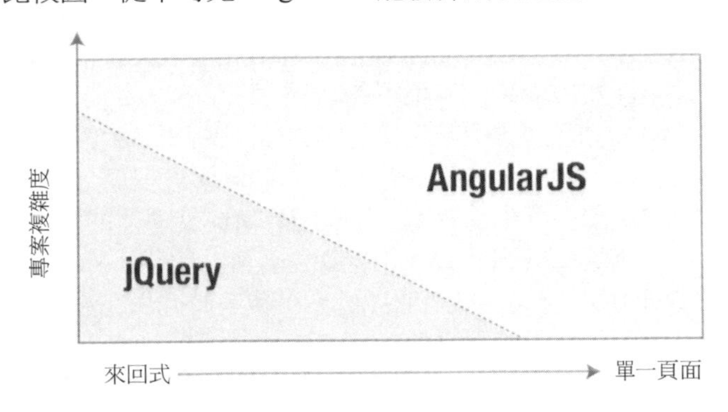

圖 3-1　AngularJS 非常適合單一頁面的 Web 應用程式

AngularJS 擅長於單一頁面應用程式，以及複雜的來回式應用程式。至於較簡單的專案，一般來說 jQuery 或者類似的替代品則是更好的選擇，儘管你還是可以在任何專案中使用 AngularJS。

現今的 Web 應用程式專案有逐步朝單一頁面應用程式模型發展的趨勢，這正是 AngularJS 的優勢，不僅僅是因為它存在著初始化程序，也是因為它實現了 MVC 模式（我將在本章稍後深入說明 MVC 模式）。使用 MVC 模式的好處能夠在大型及複雜的專案上充分顯露出來，同時也是因為這類規模的專案，使單一頁面模型越加受到重視。

提示：這或許聽起來好像是一種循環論證，然而 AngularJS 及其他類似框架之所以能脫穎而出，正是因為複雜的 Web 應用程式不易撰寫和維護。這些專案所遇到的問題促進了 AngularJS 這類工業級工具的發展，為複雜專案提供新的契機。因此，與其想成是一種循環論證，不如說這是一種良性的循環。

AngularJS 與 jQuery

AngularJS 與 jQuery 在 Web 應用程式開發上走的是不同的道路。jQuery 是聚焦在瀏覽器中的 DOM 操作；至於 AngularJS 則是將瀏覽器納入為應用程式開發基礎的一員。

毫無疑問，jQuery 是一個強大的工具——也是我非常喜歡使用的工具。jQuery 既健全又可靠，而且能夠讓你很快取得成果。我特別喜歡它的流線式 API，以及可對核心 jQuery 函式庫進行擴充的便利性。如果你需要瞭解更多關於 jQuery 的資訊，可參考我的另一部著作《Pro jQuery 2.0》，也是由 Apress 出版，內有關於 jQuery、jQuery UI 及 jQuery Mobile 的詳盡說明。

但是無論我多麼喜愛 jQuery，它也不是一個比 AngularJS 更強大的萬能工具。使用 jQuery 撰寫及管理大型應用程式是比較困難的，也不容易對其進行詳盡的單元測試。

事實上，我喜歡使用 AngularJS 的其中一個原因，便在於它其實是基於 jQuery 的核心功能。AngularJS 包含了一個精簡版的 jQuery，名為 jqLite，當我們在撰寫自訂指令（第 15～17 章）時將會利用到它。此外，如果你將 jQuery 加入到 HTML 文件中，AngularJS 將會自動優先使用 jQuery，而非 jqLite，儘管很少會需要這麼做。

至於 AngularJS 的主要缺點則是在開發時程上需要投入不少前期投資，才能在之後看到成效（這在 MVC 模式的開發實務中算是常態現象）。不過，對於複雜的應用程式而言，這項前期投資是非常值得的。

簡而言之，jQuery 適用於低複雜度的 Web 應用程式，這類應用程式不需要重視單元測試，同時期望能夠立即有所成效。此外 jQuery 也很適合用於增強來回式 Web 應用程式（即每次使用者互動都會載入新的 HTML 文件）的 HTML，因為 jQuery 可以輕易地對已經產生完成的 HTML 內容做出強化。至於 AngularJS 則適用於更複雜的單一頁面 Web 應用程式，不過前提是你得要有時間做精心的設計及規劃，並且能夠直接變更伺服器所產生的 HTML。

3.2 理解 MVC 模式

「模型-檢視-控制器」這個術語從 20 世紀 70 年代末就開始使用了，起初是源自於 Xerox PARC 的 Smalltalk 專案，作為早期 GUI 應用程式的組織方法。雖然原始 MVC 模式的某些細節是針對 Smalltalk 的特定概念，例如螢幕與工具，然而更廣泛的概念仍可應用在各種應用程式上，尤其是 Web 應用程式。

MVC 模式一開始是扎根於伺服器端的 Web 開發，例如 Ruby on Rails 和 ASP.NET MVC 框架這類的開發工具。然而近年來 MVC 模式也被應用在客戶端的 Web 開發，以解決應用程式逐漸加劇的複雜性及豐富性問題。因此，AngularJS 便應運而生。

使用 MVC 模式的關鍵前提在於實作關注點分離，即應用程式中的資料模型、業務及展示邏輯相互解耦。在客戶端 Web 開發中，這表示資料、操作資料的邏輯和顯示資料的 HTML 元素應該是彼此分離的。也就構成了一個更易於開發、維護及測試的客戶端應用程式。

這三個建構組塊分別是模型、控制器和檢視。在圖 3-2 中，可以看到 MVC 模式應用於伺服器端開發的傳統形式。

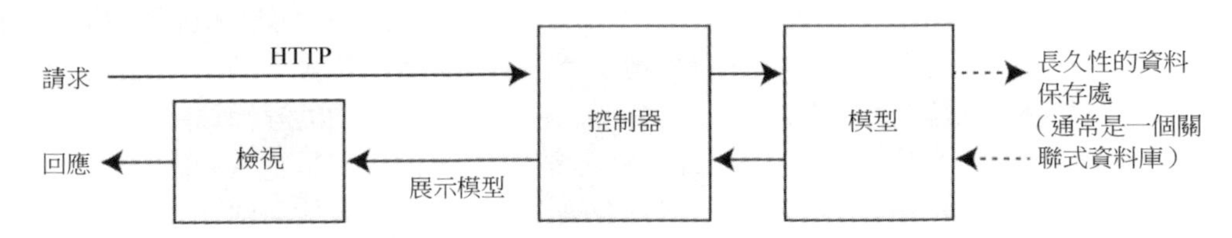

圖 3-2　MVC 模式的伺服器端實作

這張圖是取自於我的《Pro ASP.NET MVC Framework》一書，描述 Microsoft 針對伺服器端的 MVC 模式實作。你可以從中看到模型是從資料庫取得，而應用程式的作用是對來自瀏覽器的 HTTP 請求提供服務。此圖基本上就是來回式 Web 應用程式的運作基礎。

由於 AngularJS 是在瀏覽器上運作的，所以其 MVC 形式也會有所差異，如圖 3-3 所示。

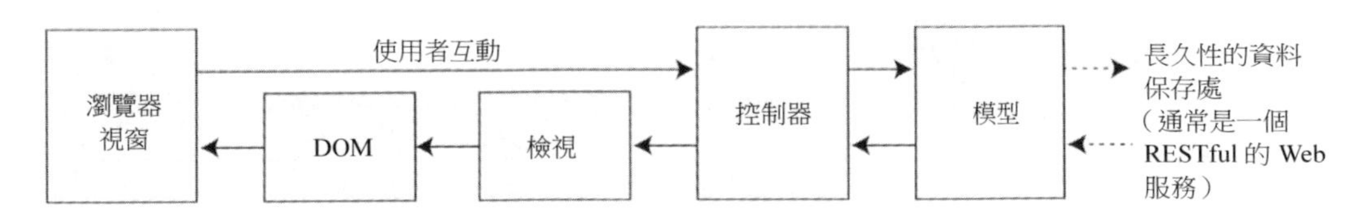

圖 3-3　MVC 模式的 AngularJS 實作

MVC 模式在客戶端上實作時會從伺服器端元件取得資料，通常是透過一個 RESTful 的 Web 服務，對此，我將在第 5 章做更多介紹。控制器和檢視的作用是操作模型資料，進而操控 DOM 物件，以便建立及管理可與之互動的 HTML 元素。這些使用者互動會被反饋給控制器，建立出迴路來形成一個互動式應用程式。

提示：在客戶端使用 AngularJS 這類的 MVC 框架，並不會妨礙伺服器端的 MVC 框架。不過你也會發現，AngularJS 客戶端能夠分擔一部份本應出現在伺服器端的複雜度。一般來說這是件好事，因為它將伺服器端的工作分配到客戶端上，使得伺服器負載減少，就能夠同時處理更多的客戶端。

模式與盲目的擁護者

所謂模式是一種對於普遍情況（多數人、多數專案）下可行的通用解決辦法。然而模式就像是食譜，而非規則，任何模式都需要經過調整後才能適用於特定的專案，就像一位廚師必須調整食譜以適應不同的炊具和食材。

依循模式的程度應該根據經驗而取捨。若先前有對類似專案應用過相同模式的經驗，你就會從中意識到哪些部份可行、而哪些則是不可行的。如果你對某個模式尚很陌生，或者你正著手於一個新類型的專案，那麼你應該盡可能完整地依循該模式，直到你完全瞭解箇中的優缺點。注意，無論如何不要為了導入某模式而花費精力改造你的整個開發專案，因為大規模的徹底改造通常會導致生產力的損失，其代價往往高於導入模式所帶來的效益。

模式是靈活的工具而非寫死的規則，但並不是所有的開發者都明白其中的差異，甚至有些人還成了模式的盲目擁護者。這些人會花費許多時間討論模式本身，而不是將其實際應用到專案上，而且他們也會對任何不同的詮釋做出激烈反應。我的建議是索性忽略掉這類人士，因為任何的唇槍舌劍都只是在浪費你的生命，而且你永遠也無法改變他們的想法。只管繼續你的工作，並向他們展示，這些模式在靈活運用下，能夠如何交付出實際且極佳的成果。

因此，基於這般思維，你將在本書的各個範例中，看到我是遵循 MVC 模式的廣義概念，然而我會調整模式以示範不同的功能和技術。這也正是我在自己的專案中所做的——採用模式中有用的部份，並去掉那些無用的部份。

3.2.1 理解模型

模型（MVC 中的 M）包含了使用者賴以工作的資料，可粗分為兩種模型：檢視模型，代表著從控制器傳遞至檢視的資料；以及領域模型，內含業務領域的資料，此外還擁有用於建立、儲存和操縱這些資料的各種操作、轉換及規則，統稱為模型邏輯。

提示：許多 MVC 模式的新手會對資料模型中包含邏輯的作法感到困惑，因為他們認知 MVC 模式應該是將資料從邏輯中剝離出來。然而這是一種誤解：MVC 框架是將一個應用程式分成三個功能區域，而每一個都可能同時包含邏輯與資料。其目標並不是要從模型中消除邏輯，而是為了確保模型所包含的邏輯只是用於建立及管理模型資料。

當你在閱讀 MVC 模式的定義時，勢必會為「業務」一詞而有所困擾，但很不幸的是有許多 Web 開發工作正是與業務型應用程式切切相關。例如當你在撰寫一個銷售會計系統時，那麼你的業務領域就會包括與銷售會計相關的流程，而領域模型則會包含帳目資料以及建立、儲存和管理帳目的邏輯。如果是建立一個關於貓咪的影片網站，那麼這也是有業務領域的，只是不那麼適用於公司的組織結構罷了。你的領域模型會包含關於貓咪的影片，以及建立、儲存和操作這些影片的邏輯。

許多 AngularJS 模型實際上會將邏輯放到伺服器端，並藉由一個 RESTful 的 Web 服務來呼叫它，因為瀏覽器不太適合儲存長久性的資料，並且使用 Ajax 取得所需資料是更為簡單的。我將在第 20 章介紹 AngularJS 對於 Ajax 的基本支援，以及在第 21 章介紹關於 RESTful 服務的支援。

提示：HTML5 標準包含了一些針對客戶端的長久性資料儲存 API。這些標準的品質不一，具體實作程度也不同。然而，目前主要的問題在於多數使用者仍然依賴於那些未實作新 API 的瀏覽器，特別是在企業環境下，Internet Explorer 6/7/8 仍被廣泛使用著，因為若將原有的業務應用程式改寫為符合標準 HTML 規範會是很大的工程。

我將針對 MVC 模式中的各個元件，說明哪些應該被包含進去，而哪些則不應該被包含。使用 MVC 模式建構的應用程式之模型應該：

- 包含領域資料。
- 包含建立、管理和修改領域資料的邏輯（即使這表示須透過 Web 服務執行遠端邏輯）。
- 提供清晰的 API，能夠揭示模型資料及其操作。

模型不應該：

- 暴露出模型資料是如何取得或管理的細節（換句話說，就是資料儲存機制或遠端 Web 服務的細節，不應該暴露給控制器和檢視）。
- 包含會隨使用者互動轉換模型的邏輯（因為這是控制器的職責）。
- 包含將資料顯示給使用者的邏輯（因為這是檢視的職責）。

確保模型與控制器及檢視相分離，能夠使你可以更易於測試你的邏輯（我將在第 25 章介紹 AngularJS 的單元測試），並且使整體應用程式的增強及維護也變得更加容易。

最好的領域模型會包含取得及儲存長久性資料的邏輯，以及建立、讀取、更新和刪除操作（統稱為 CRUD）的邏輯。這表示模型可以直接包含邏輯，不過通常是包含那些呼叫 RESTful Web 服務的邏輯，用於呼叫伺服端的資料庫操作（第 8 章在建立一個真實的 AngularJS 應用程式時將加以示範，而在第 21 章也將詳細說明）。

3.2.2 理解控制器

在一個 AngularJS Web 應用程式中，控制器就像導線一樣，作為資料模型和檢視之間的渠道。控制器會在作用範圍裡加入業務領域邏輯（稱為行為），而作用範圍即是模型的子集合。

提示：不同的 MVC 框架也可能使用不同的術語。舉例來說，如果你曾有過 ASP.NET MVC 框架（這是我最喜愛的伺服器端框架）的開發經驗，那麼比起「行為」一詞，你會更熟悉「動作方法」的概念。不過，這兩者其實是一樣的。此外，你在伺服器端開發中所吸取到的任何 MVC 技能，也都能夠繼續運用在 AngularJS 的開發工作上。

使用 MVC 建構的控制器應當：

- 包含初始化作用範圍所需的邏輯。
- 包含檢視所需的邏輯/行為，用於在作用範圍中呈現資料。
- 包含根據使用者互動來更新作用範圍所需的邏輯/行為。

控制器不應當：

- 包含操作 DOM 的邏輯（那是檢視的職責）。
- 包含管理長久性資料的邏輯（那是模型的職責）。
- 在作用範圍之外操作資料。

從上述列表中可以瞭解到，作用範圍對於控制器被定義及使用的方式有著重大影響。因此，我將在第 13 章說明作用範圍和控制器的細節。

3.2.3 理解檢視資料

領域模型並非 AngularJS 應用程式中的唯一資料。控制器可以建立檢視資料（又稱為檢視模型資料或者檢視模型），以簡化檢視的定義。檢視資料並非是長久性的，而它的產生方式，可能是結合了部份的領域模型資料，或者是根據使用者互動的結果。先前第 2 章便出現過一個檢視資料的範例，那裡使用了 ng-model 指令來取得使用者在 input 元素中輸入的文字。檢視資料通常是經由控制器的作用範圍來建立及存取，對此，我將在第 13 章加以說明。

3.2.4 理解檢視

AngularJS 檢視是由 HTML 元素組合而成，這些元素是經過增強的，並且利用資料綁定及指令來產生最終的 HTML 內容。AngularJS 指令是讓檢視能夠如此靈活的原因，使靜態的 HTML 元素轉變為動態 Web 應用程式的基礎。我將在第 10 章詳細說明資料綁定，以及在第 10～17 章說明如何使用內建和自訂的指令。檢視應當：

- 包含將資料呈現給使用者所需的邏輯和標記。

檢視不應當：

- 包含複雜邏輯（這最好是放在控制器裡）。
- 包含建立、儲存或者操作領域模型的邏輯。

檢視可以包含邏輯，但是應該儘量簡單，並節制使用。若放入任何稍加複雜的方法呼叫或表達式，將會使整個應用程式變得難以測試及維護。

3.3 理解 RESTful 服務

如同我在前一章曾提及的，AngularJS 應用程式中的領域模型邏輯通常被拆分為客戶端和伺服器端兩部份。伺服器端包含了長久性的資料儲存機制，基本上就是有一個資料庫，以及對其加以管理的邏輯。如果是使用一個 SQL 資料庫，那麼所需的邏輯便包含開啟資料庫伺服器的連線、執行 SQL 查詢、以及對查詢結果的處理，以便發送給客戶端。

我們並不希望客戶端程式碼直接存取資料存儲——因為此舉會使客戶端和資料存儲產生緊密耦合，致使單元測試複雜化，同時也很難在不修改客戶端程式碼的情況下對資料存儲做修改。

將伺服器端作為中介來存取資料存儲，就可以消除緊密耦合。也就是說，客戶端邏輯只需負責從伺服器端取得資料，而無須知悉資料的具體儲存及存取方式。

客戶端和伺服器端之間有多種傳遞資料的方式。其中一種常見方式是使用 Asynchronous JavaScript and XML（Ajax）請求來呼叫伺服器端的程式碼，讓伺服器發送 JSON 並利用 HTML 表單來變更資料。（我在第 2 章結尾處就是這麼做的，為的是從伺服器取得待辦事項資料。我請求了一個 URL，而這個 URL 會回傳我所需要的 JSON 內容。）

提示：如果你還不太熟悉 JSON 也不用擔心，我將在第 5 章做適切的說明。

這項作法很有效，同時也是 RESTful Web 服務的基礎，利用了 HTTP 請求的特性來執行資料的建立、讀取、更新及刪除（CRUD）操作。

注意：REST 是一種 API 風格，而非明確定義的規範，究竟何謂一個 RESTful 的 Web 服務也有所爭論，例如純粹主義者並不認為回傳 JSON 的 Web 服務是 RESTful 的。然而就如同在架構模式上的任何爭論，這些意見分歧有其武斷性且無須多想。至少就我的認知來說，JSON 服務是 RESTful 的，所以本書便是依循這樣的觀點。

在一個 RESTful 的 Web 服務中，被請求的操作是由 HTTP 方法和 URL 組合而成。例如以下的 URL：

```
http://myserver.mydomain.com/people/bob
```

RESTful 的 Web 服務沒有標準的 URL 規範，但其基本原則是讓 URL 不言自明，能夠明確看出 URL 的意義。在本例中，people 很明顯是一個資料物件集合，而 bob 則是其中的一個對象。

提示：在真實專案中要建立出如此直白的 URL 並不總是那麼容易，但你仍應該盡力而為，並且不要讓 URL 暴露出資料存儲的內部結構（因為這會使元件之間出現耦合情形）。盡可能讓你的 URL 保持簡單且清晰，並將 URL 格式與資料儲存結構之間的對應關係保留在伺服器內部，而不要外流出來。

URL 是標示出想要操作的資料物件，至於 HTTP 方法則指定了操作的類型，如表 3-1 所示。

表 3-1　HTTP 方法所對應的常用操作

方　法	說　明
GET	取得 URL 所指定的資料物件
PUT	更新 URL 所指定的資料物件
POST	建立一個新的資料物件，通常是使用表單資料值作為資料欄位
DELETE	刪除 URL 所指定的資料物件

你並不需要完全依照表中的說明，將各個 HTTP 方法限定於特定的操作。例如一種常見的作法是讓 POST 方法具有雙重職責，若目標物件已存在的話便會進行更新，反之則新建一個物件，這表示 PUT 方法是不必被使用到的。我將在第 20 章介紹 AngularJS 對於 Ajax 的支援，以及在第 21 章介紹對於 RESTful 服務的支援，使你能夠輕易地加以應用。

等冪的 HTTP 方法

雖然我會建議你盡可能貼近表中所描述的習慣用法，但你仍然可以在 HTTP 方法與資料存儲的操作之間實作任何對應方式。

如果你另闢蹊徑，請遵循 HTTP 規範中所定義的 HTTP 方法性質。GET 方法是非等冪的，也就是說對於該方法的回應所做的操作應該只取得資料而不會修改它。瀏覽器（或者是任何的中介裝置，例如代理器）應當期望能夠重複地發出 GET 請求，而不會改變伺服器端的狀態（但這並不表示伺服器狀態不會因為其他客戶端所發出的相同 GET 請求而發生變化）。

PUT 和 DELETE 方法是等冪的，也就是說多次發送相同請求應該和發送單一請求具有同樣的效果。例如，若對 URL /people/bob 使用 DELETE 方法，則初次請求便應該從 people 集合中刪除 bob 物件，而後續的相同請求便不再做任何事情。（當然，如果有其他客戶端重新建立了 bob 物件就是另一回事了。）

POST 方法既不是非等冪也不是等冪的，因此一種常見的 RESTful 最佳化是以相同方法處理物件的建立及更新。如果沒有 bob 物件，使用 POST 方法將會建立該物件，而相同 URL 的後續 POST 請求則會更新已建立的物件。

只有當你在自行實作 RESTful 的 Web 服務時，上述這些事物才會變得重要。如果你只是在撰寫一個利用 RESTful 服務的客戶端，那麼你只需知道各個 HTTP 方法所對應的資料操作就可以了。我將在第 6 章示範如何具體利用 RESTful 服務，並且在第 21 章詳細說明 AngularJS 對於 REST 的支援。

3.4 常見的設計陷阱

本節會介紹三個常見的設計陷阱，都是我曾親身經歷過的。這些並非程式碼撰寫上的錯誤，而是 Web 應用程式的整體設計問題，會妨礙專案團隊從 AngularJS 及 MVC 模式中獲益。

3.4.1 將邏輯放到錯誤的地方

最常見的問題是把邏輯放到錯誤的位置，破壞了 MVC 關注點的分離。而此種問題又有三種常見的變化：

- 將業務邏輯放到檢視中，而不是控制器中。
- 將領域邏輯放到控制器中，而不是模型中。
- 在使用 RESTful 的服務時將資料儲存邏輯放到客戶端模型中。

這些問題之所以麻煩，是因為它們都需要一段時間才會暴露出來。應用程式仍然能夠執行，但是隨著時間推移會變得越來越難以最佳化和維護。例如在第三種情況下，只有當資料存儲需要更換時（這在專案變得成熟且使用者數目超出預期之前不太會發生），問題才會顯露出來。

提示：培養出敏銳的思維來判斷各個邏輯的去處，需要一點時間，不過若是有使用單元測試，則會更容易發覺出問題，因為會意識到欲測試的內容與 MVC 模式並不相合。我將在第 25 章說明 AngularJS 對於單元測試的支援。

在累積了更多的 AngularJS 開發經驗之後，便會自然而然的熟悉各種邏輯的正確去處，但仍須留意以下三項規則：

- 檢視邏輯應該僅準備欲顯示的資料，並且永遠都不應該修改模型。
- 控制器邏輯永遠都不應該直接建立、更新或刪除模型中的資料。
- 客戶端永遠都不應該直接存取資料存儲。

若在開發時牢記上述這些規則，便能夠避免許多常見問題。

3.4.2 資料存儲格式的導入

當開發團隊建置的應用程式，是依賴於某種古怪的伺服端資料存儲時，就會是一個問題。最近我與一個專案團隊一起工作，他們所建置的客戶端是依循了 SQL 伺服器的某些古怪格式。但後來他們需要升級到一個更健全的資料庫（這也是我之所以參與的原因），而兩者對於重要資料類型的表示方式是不一樣的。

一個設計良好的 AngularJS 應用程式，在從 RESTful 服務取得資料時，伺服端的職責應當是隱藏資料存儲的實作細節，並向客戶端提供一種合宜的資料格式，也就是盡可能的予以簡化。例如，在設計客戶端應如何呈現日期時，應確保資料存儲是使用簡約的資料格式——如果資料存儲本身無法直接提供這種格式，則伺服端便應當負起責任來執行格式轉換。

3.4.3 墨守成規

AngularJS 有一項相當重要的特點，在於它是建置在 jQuery 之上，特別是用於指令功能之中（第 15 章將介紹）。然而這可能會導致一項問題，那就是雖然一開始是使用 AngularJS，但隨後卻逐漸且大量地直接使用 jQuery。

這也許看起來並不是什麼問題，但最終會使應用程式變得畸形，因為若使用 jQuery 則無法輕易地分離 MVC 的各個元件，使 Web 應用程式將難以做測試、增強及維護。如果你在一個 AngularJS 應用程式中直接使用 jQuery 來操作 DOM，那麼你就有麻煩了。

如同我在本章先前篇幅裡曾提及的，AngularJS 並不是包攬所有任務的萬能利器，因此在專案起始階段做出正確的工具選擇是相當重要的。如果你打算使用 AngularJS，那麼你需要確保不要掉進 jQuery 的隱藏誘惑之中，因為這將會導致無盡的問題。之後在第 15 章介紹 jqLite（AngularJS 中的 jQuery 實作）時，以及第 15～17 章示範如何建立自訂指令時，我將重回這項主題。

3.5 小結

我在本章提供了一些與 AngularJS 相關的背景資訊。從中說明哪些類型的專案適合使用 AngularJS（以及哪些專案不適合），並說明 AngularJS 是如何支援 MVC 模式，以運用在 Web 應用程式的開發工作中。此外還有關於 REST 的簡短概覽，以及如何將其透過 HTTP 請求來表示資料的操作。本章最後還介紹了 AngularJS 專案中最常見的三種設計問題。在下一章中，我將對 HTML 和 Bootstrap CSS 框架做入門介紹，因為它們將會被使用在本書的範例中。

第4章

HTML 和 Bootstrap CSS 入門

由於每位開發者涉入 Web 應用程式開發的途徑不一，因此並不一定都很瞭解 Web 應用程式最至關重要的基本技術。我將在本章提供關於 HTML 的簡短入門介紹，並介紹本書範例中用於呈現樣式的 Bootstrap CSS 函式庫。之後我也將在第 5 章介紹 JavaScript 的基礎，並提供瞭解本書範例所需的背景資訊。如果你已經擁有相關的開發經驗，那麼就可以跳過這些入門篇章，直接前往第 6 章，該章將使用 AngularJS 建立出一個複雜而真實的 Web 應用程式。表 4-1 為本章摘要。

表 4-1　本章摘要

問　題	解決方案	列　表
在 HTML 文件中定義內容類型	使用 HTML 元素	1
設定一個 HTML 元素	使用屬性	2、3
區分內容與描述性資料	使用 HTML 文件的 head 與 body 區域	4
對 HTML 文件套用 Bootstrap 樣式	將元素指派給某個 Bootstrap CSS 類別	5
為 table 元素套用樣式	使用 table 和相關的 CSS 類別	6、7
為表單元素套用樣式	使用 form-group 和 form-control CSS 類別	8
建立網格佈局	使用 Bootstrap 12 欄網格	9
建立響應式網格	使用大型及小型網格類別	10

提示：我不打算深入介紹 HTML，因為這是一項單獨的主題。關於 HTML、CSS 和瀏覽器所支援的 JavaScript API，請參見我的《The Definitive Guide to HTML5》一書，也是由 Apress 出版。

4.1 瞭解 HTML

最好的著手點便是從一個 HTML 文件開始，你可以從中看到任一 HTML 文件所遵循的基本結構和層次關係。列表 4-1 展示了第 2 章曾使用過的一個簡單 HTML 文件，這並非該章的第一個列表，而是稍後加入了 AngularJS 基本支援的另一個列表。為準備本章，我將這些元素儲存到 todo.html 檔案裡，位於第 2 章曾建立的 angularjs 資料夾下。

列表 4-1　todo.html 文件的內容

```
<!DOCTYPE html>
<html ng-app="todoApp">
<head>
    <title>TO DO List</title>
    <link href="bootstrap.css" rel="stylesheet" />
    <link href="bootstrap-theme.css" rel="stylesheet" />
    <script src="angular.js"></script>
    <script>
        var todoApp = angular.module("todoApp", []);
    </script>
</head>
<body>
    <div class="page-header">
        <h1>Adam's To Do List</h1>
    </div>
    <div class="panel">
        <div class="input-group">
            <input class="form-control" />
            <span class="input-group-btn">
                <button class="btn btn-default">Add</button>
            </span>
        </div>
        <table class="table table-striped">
            <thead>
                <tr>
                    <th>Description</th>
                    <th>Done</th>
                </tr>
            </thead>
            <tbody>
                <tr><td>Buy Flowers</td><td>No</td></tr>
                <tr><td>Get Shoes</td><td>No</td></tr>
                <tr><td>Collect Tickets</td><td>Yes</td></tr>
                <tr><td>Call Joe</td><td>No</td></tr>
            </tbody>
        </table>
    </div>
</body>
</html>
```

作為提示，圖 4-1 展示出瀏覽器是如何顯示該文件所包含的 HTML 元素。

4.1.1　瞭解一個 HTML 元素是如何組成的

元素是 HTML 的核心，用於指示瀏覽器對 HTML 文件的各種內容呈現出相應的結果。例如以下元素：

圖 4-1　在瀏覽器中顯示 todo.html 檔案

```
...
<h1>Adam's To Do List</h1>
...
```

如圖 4-2 所示，元素是由三個部份組成：起始標籤、結束標籤及內容。

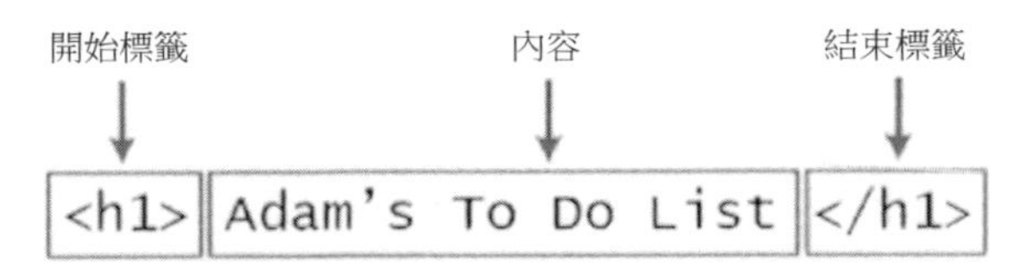

圖 4-2　一個簡單的 HTML 元素之組成

這個元素的名稱（又稱為標籤名稱或直接稱之為標籤）是 h1，表示這個標籤之間的內容應當被瀏覽器視為頂層標題處理。要組成一個元素，首先是放置一個由角括弧（<> 符號）包裹起來的標籤名稱，最後再放置一個類似的標籤，而前後標籤的差異在於後者的左角括弧（<）後要加上一個「/」符號。

4.1.2　瞭解屬性

在元素中附加屬性，便能夠向瀏覽器提供進一步的指示。列表 4-2 展示了一個帶有屬性的元素。

列表 4-2　定義屬性

```
...
<link href="bootstrap.css" rel="stylesheet" />
...
```

這是一個 link 元素，會將指定內容匯入到文件中。它有兩個屬性，我在此將這兩個屬性重點標示出來。屬性一律是定義於起始標籤內，由名稱和值所組成。

這項範例的兩個屬性名稱分別為 href 和 rel。link 元素的 href 屬性指定了要匯入的內容，至於 rel 屬性則說明這是什麼類型的內容。這些 link 元素上的屬性是指示瀏覽器匯入 bootstrap.css 檔案，並將其作為樣式表來處理，即含有 CSS 樣式的檔案。

並不是所有屬性都需要有值，某些屬性在定義時若不含值也會產生作用，能夠指示瀏覽器將特定行為繫結到該元素上。列表 4-3 展示了一個帶有這類屬性的元素（這並非來自於範例文件，而只是一個立即的示範）。

列表 4-3　定義一個不需要值的屬性

```
...
<input name="snowdrop" value="0" required>
...
```

這個元素共有 3 個屬性。頭兩個屬性為 name 和 value，如同先前的範例一樣都有被指派值，值的內容分別為 snowdrop 和 0。第 3 個屬性是 required，則沒有被指派任何值。除此之外也有一些作用相同但顯然多餘的定義方式，例如將屬性值設定為與屬性名稱相同（required="required"），或者設定為空字串（required=""）。

4.1.3　瞭解元素內容

元素可以包含文字或是其他元素，以下即是一個內含其他元素的元素範例：

```
...
<thead>
    <tr>
        <th>Description</th>
        <th>Done</th>
    </tr>
</thead>
...
```

HTML 文件中的各個元素是以合理的層次結構組織而成。html 元素包含 body 元素，而 body 元素又包含了多個內容元素，每個內容元素還可以再包含其他元素，以此類推。例如 thead 元素包含 tr 元素，而 tr 元素又包含了 th 元素。如此這般的巢套式元素是 HTML 的一個重要概念，因為它表達了內外層元素之間的關係。

4.1.4　瞭解空元素

HTML 規範也包含了不含內容的元素。這些元素被稱為空元素或者自閉合的元素，是採單一而非成對的形式，因此沒有結束標籤。以下即是一個空元素的範例：

```
...
<input class="form-control" />
...
```

空元素是被定義在單一標籤中，且需要在最後的角括弧（>符號）前加入一個「/」字元。

4.1.5 瞭解文件結構

每一個 HTML 文件都存在一些最根本的元素，用於定義基本結構，也就是 DOCTYPE、html、head 和 body 元素。列表 4-4 移除了其他內容，使這些元素能夠突顯出來。

列表 4-4　一個 HTML 文件的基本結構

```
<!DOCTYPE html>
<html>
<head>
    ...head content...
</head>
<body>
    ...body content...
</body>
</html>
```

瞭解文件物件模型

當瀏覽器載入並處理 HTML 文件時，便會建立文件物件模型（DOM）。在 DOM 中，文件的各個元素皆是透過 JavaScript 物件來表示，而 DOM 也是一種能夠讓你以程式化方式來存取 HTML 文件內容的機制。

在 AngularJS 裡很少會需要直接與 DOM 打交道（除了在建立自訂指令時），但仍有必要知道瀏覽器上存在一個以 JavaScript 物件表示的 HTML 文件即時模型。當 AngularJS 修改這些物件時，瀏覽器就會更新其顯示的內容以反映修改。這是 Web 應用程式的重要基礎之一。如果我們無法修改 DOM，就無法建立客戶端 Web 應用程式。

HTML 文件中的每個元素都有特定的角色。DOCTYPE 元素表示這是一個 HTML 文件，更精確來說是一個 HTML5 文件。如果是 HTML 的早期版本則需要一些附加資訊。例如以下是一個 HTML4 文件的 DOCTYPE 元素：

```
...
<!DOCTYPE HTML PUBLIC "-//W3C//DTD HTML 4.01//EN"
    "http://www.w3.org/TR/html4/strict.dtd">
...
```

html 元素表示文件中包含 HTML 內容的區域。這個元素一定會包含兩個重要的結構元素：head 和 body。不過正如我在本章一開始所陳述的，我不會涉及個別 HTML 元素的細節。因為有太多 HTML 元素了，對 HTML5 的完整介紹就已經花了我另外一本 HTML 著作中 1000 多頁的篇幅。因此我將只對 todo.html 檔案中用到的元素提供簡要描述，以幫助你理解這些元素的作用。表 4-2 總結了列表 4-1 中所用到的元素。

表 4-2　範例文件中所用到的 HTML 元素

元　素	說　明
DOCTYPE	表示文件的內容類型
body	表示文件中包含內容元素的區域（本章稍後會介紹）
button	表示一個按鈕，常用於向伺服器提交表單
div	一個通用元素，常用於向文件添加結構，讓呈現結果有所變化
h1	表示一個頂層標題
head	表示文件中包含描述性資料的區域（本章稍後會介紹）
html	表示文件中包含 HTML（通常即是整個文件）的區域
input	表示從使用者取得單一資料項目的欄位
link	匯入內容到 HTML 文件
script	表示一段可執行的腳本（通常就是 JavaScript）
span	一個通用元素，常用於向文件添加結構，讓呈現結果有所變化
style	表示一個用於設定階層式樣式表的區域，參見第 3 章
table	表示一個表格，可將內容放置到列和欄中
tbody	表示表格的主體部份（相異於標題或尾端）
td	表示表格列中的一個內容儲存格
th	表示表格列中的一個標題儲存格
thead	表示表格的標題
tr	表示表格中的一列
title	表示文件的標題，作為瀏覽器上的視窗或分頁標題

4.2 瞭解 Bootstrap

HTML 元素會指出內容的類型，但本身並不包含內容應當如何被顯示的細節。這些細節是由階層式樣式表（CSS）提供的。CSS 包含一系列豐富的屬性，可用於設定元素各方面的外觀，並且提供多個選擇器來套用這些屬性。

CSS 的一個問題是不同瀏覽器對於屬性的呈現可能會有細微的差異，使得 HTML 內容在不同的裝置上出現非預期的外觀差異。這些問題可能會難以追蹤及解決，因此需要借助於 CSS 框架，讓我們能夠以簡單且一致的方式來形塑文件的樣式。

最近一個相當流行的 CSS 框架是 Bootstrap，它起初是由 Twitter 開發的，但現在已經成為使用廣泛的開放原始碼專案。Bootstrap 包括一系列可用於對元素提供一致樣式的 CSS 類別，以及一些提供額外功能的 JavaScript 程式碼。我經常在自己的專案中使用 Bootstrap，它具備良好的跨瀏覽器支援能力，簡單易用，而且是基於 jQuery 的（如同我先前曾提及的，這是一項優點，不過我在本書並不會使用到那些依賴 jQuery 的功能）。

我在本書是直接使用 Bootstrap CSS 樣式，如此一來就無須再自行定義 CSS。除了本書所使用及介紹的功能外，Bootstrap 的其他功能請參見 http://getbootstrap.com。

提示：我在本書並沒有使用 Bootstrap 的 JavaScript 元件。它沒有什麼問題（事實上它運作得相當好），然而本書是著重在 AngularJS，因此我只運用了它的基本 CSS 樣式。

我不想過於深入 Bootstrap 的細節，因為這並非本書主題。但我會提供足夠的資訊，使你能夠分辨哪些部份是 AngularJS 功能，而哪些則是 Bootstrap 樣式。為了便於示範基本的 Bootstrap 功能，我在 angularjs 資料夾下建立了一個名為 bootstrap.html 的 HTML 檔案，其內容陳列於列表 4-5 中。

列表 4-5 bootstrap.html 檔案的內容

```
<!DOCTYPE html>
<html xmlns="http://www.w3.org/1999/xhtml">
<head>
    <title>Bootstrap Examples</title>
    <link href="bootstrap.css" rel="stylesheet" />
    <link href="bootstrap-theme.css" rel="stylesheet" />
</head>
<body>
    <div class="panel">
        <h3 class="panel-heading">Button Styles</h3>
        <button class="btn">Basic Button</button>
        <button class="btn btn-primary">Primary</button>
        <button class="btn btn-success">Success</button>
        <button class="btn btn-warning">Warning</button>
        <button class="btn btn-info">Info</button>
        <button class="btn btn-danger">Danger</button>
    </div>
    <div class="well">
        <h3 class="panel-heading">Button Sizes</h3>
        <button class="btn btn-large btn-success">Large Success</button>
        <button class="btn btn-warning">Standard Warning</button>
        <button class="btn btn-small btn-danger">Small Danger</button>
    </div>
    <div class="well">
        <h3 class="panel-heading">Block Buttons</h3>
        <button class="btn btn-block btn-large btn-success">Large Block Success</button>
        <button class="btn btn-block btn-warning">Standard Block Warning</button>
        <button class="btn btn-block btn-small btn-info">Small Block Info</button>
    </div>
</body>
</html>
```

提示：以下範例依賴於曾在第 1 章中新增到 angularjs 資料夾下的 bootstrap.css 和 bootstrap- theme.css 檔案。如果你已經刪除了這些檔案，那麼請參考第 1 章的說明再次下載 Bootstrap，並將其複製到相應的位置。

這個 HTML 示範了許多不同的功能，都是運用 Bootstrap 的典型方式，同時也是本書的應用方式。在圖 4-3 中可以看到這個 HTML 在瀏覽器上的效果，我將在稍後一一說明這些功能。

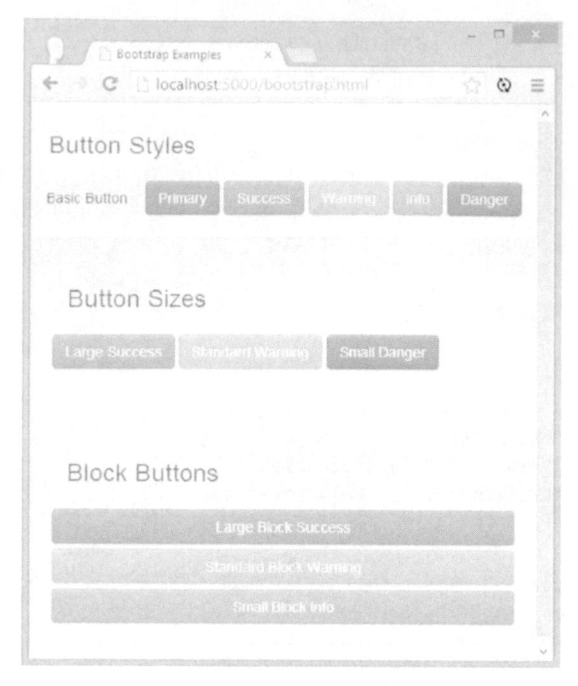

圖 4-3　在瀏覽器中顯示 bootstrap.html 檔案

4.2.1　套用基本的 Bootstrap 類別

Bootstrap 樣式是透過 class 屬性套用的，用於繫結相關的元素。雖然 class 屬性並不僅僅是用於套用 CSS 樣式，不過這是它最常見的應用，讓 Bootstrap 及類似框架得以發揮作用。以下是列表中一個使用了 class 屬性的 HTML 元素：

```
...
<div class="panel">
...
```

我將 class 屬性設定為 panel，這是 Bootstrap 所定義的眾多 CSS 類別之一。當我將 class 屬性設定為某個 Bootstrap 類別的名稱時，Bootstrap 所定義的 CSS 樣式屬性就會被瀏覽器套用，使元素的外觀出現變化。列表 4-5 中有三種基本的 CSS 樣式類別，如表 4-3 所示。

提示：並不是所有的 Bootstrap 樣式都需要明確使用 class 屬性，標題元素 h1-h6 會自動地套用樣式。

表 4-3　範例中的基本 Bootstrap 樣式類別

Bootstrap 類別	說　明
panel	表示一個具有圓滑邊框的面板，一個面板可以有頁眉和頁腳
panel-heading	為面板建立標題
btn	建立一個按鈕
well	以嵌入式效果將元素分組

1．修改樣式上下文

Bootstrap 定義了多個可套用到元素上的樣式上下文類別，用於區隔其作用。這些類別的指定方式，是將基礎 Bootstrap 樣式類別的名稱（例如 btn）加上一個連字號，再加上 primary、success、warning、info 或 danger 等字。以下便是一個使用了樣式上下文類別的範例：

```
...
<button class="btn btn-primary">Primary</button>
...
```

上下文類別必須和基礎類別一起使用，因此前述的 button 元素會同時具有 btn 和 btn-primary 類別。（多個類別之間需用空格分隔。）上下文類別並不是必需的，它們完全是選擇性的，通常只是用來做進一步的區隔。

2．修改大小

你可以套用大小修改類別來改變某些元素的樣式。這些類別的指定方式，是將一個基礎類別的名稱、一個連字號和 lg 或 sm 組合在一起。以下是一個使用了大小修改類別的範例：

```
...
<button class="btn btn-lg btn-success">Large Success</button>
...
```

若沒有大小修改類別則會使用元素的預設大小。這裡注意到我可以將上下文類別和大小修改類別合併使用。多個 Bootstrap 類別能夠一同運作，使你可以更加輕易的調配元素樣式。對於 button 元素，你可以使用 btn-block 類別來建立一個填滿可用橫向空間的按鈕，如下：

```
...
<button class="btn btn-block btn-lg btn-success">Large Block Success</button>
...
```

btn-block 類別能夠與大小修改類別和上下文類別合併使用，如圖 4-3 所示。

4.2.2 透過 Bootstrap 對表格套用樣式

Bootstrap 也支援表格元素樣式——我已在第 2 章的範例應用程式裡使用過。表 4-4 列出了 Bootstrap 所包含的表格 CSS 類別。

表 4-4　用於表格的 Bootstrap CSS 類別

Bootstrap 類別	說　明
table	對 table 元素及其內容套用一般樣式
table-striped	對 table 主體套用隔行條紋式的樣式
table-bordered	對所有列和欄套用邊框
table-hover	當滑鼠停駐在表格中的一列時顯示不同的樣式
table-condensed	減少表格中的空白以建立更精簡的佈局

這些類別都可以直接套在 table 元素上。我修改了 bootstrap.html 檔案以示範這些用於表格的 Bootstrap 樣式，如列表 4-6 所示。

列表 4-6　向 bootstrap.html 檔案添加具有樣式的表格

```
<!DOCTYPE html>
<html xmlns="http://www.w3.org/1999/xhtml">
<head>
    <title>Bootstrap Examples</title>
    <link href="bootstrap.css" rel="stylesheet" />
    <link href="bootstrap-theme.css" rel="stylesheet" />
</head>
<body>
    <div class="panel">
        <h3 class="panel-heading">Standard Table with Context</h3>
        <table class="table">
            <thead>
                <tr><th>Country</th><th>Capital City</th></tr>
            </thead>
            <tr class="success"><td>United Kingdom</td><td>London</td></tr>
            <tr class="danger"><td>France</td><td>Paris</td></tr>
            <tr><td>Spain</td><td class="warning">Madrid</td></tr>
        </table>
    </div>
    <div class="panel">
        <h3 class="panel-heading">Striped, Bordered and Highlighted Table</h3>
        <table class="table table-striped table-bordered table-hover">
            <thead>
                <tr><th>Country</th><th>Capital City</th></tr>
            </thead>
            <tr><td>United Kingdom</td><td>London</td></tr>
            <tr><td>France</td><td>Paris</td></tr>
            <tr><td>Spain</td><td>Madrid</td></tr>
        </table>
    </div>
</body>
</html>
```

為了示範不同的 Bootstrap 類別是如何合併使用的，我使用了兩個 table 元素。可以在圖 4-4 中看到結果。

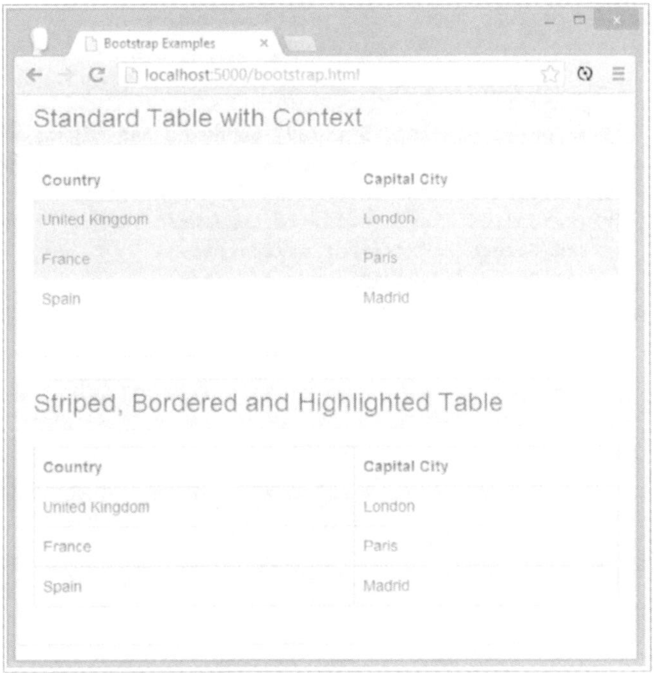

圖 4-4　使用 Bootstrap 對表格元素添加樣式

第一個 table 元素只有 table 類別，所以只有套用基本的 Bootstrap 表格樣式。為了加以變化，我對兩個 tr 元素和一個 td 元素使用了上下文類別，以示範上下文樣式是可以套用於個別的列和儲存格。

至於第二個表格，除了套用基本的 table 類別外，還套用了 table-striped、table-bordered 和 table-hover 類別。相應的結果是表格列會隔行變換樣式、列和儲存格會增加邊框，以及滑鼠停駐於任一列將會突顯出來（雖然無法在靜態圖片中看到）。

確保表格結構正確

請注意到我在列表 4-6 中使用了 thead 元素，瀏覽器將會自動將 table 元素下所有的 tr 子元素歸入到一個 tbody 元素下，即便我們並未定義 tbody 元素。但如果在使用 Bootstrap 時依賴這類機制，那麼你可能會得到非樂見的結果，因為套用於 table 元素的大多數 CSS 類別會延續到 tbody 元素的子元素上。請見列表 4-7 的表格內容，該表格是定義在 bootstrap.html 檔案中。

列表 4-7　在 bootstrap.html 檔案中定義一個沒有獨立標題的表格

```
<!DOCTYPE html>
<html xmlns="http://www.w3.org/1999/xhtml">
<head>
    <title>Bootstrap Examples</title>
    <link href="bootstrap.css" rel="stylesheet" />
```

```
    <link href="bootstrap-theme.css" rel="stylesheet" />
</head>
<body>
    <div class="panel">
        <h3 class="panel-heading">Striped, Bordered and Highlighted Table</h3>
        <table class="table table-striped table-bordered table-hover">
            <tr><th>Country</th><th>Capital City</th></tr>
            <tr><td>United Kingdom</td><td>London</td></tr>
            <tr><td>France</td><td>Paris</td></tr>
            <tr><td>Spain</td><td>Madrid</td></tr>
        </table>
    </div>
</body>
</html>
```

這個 table 元素沒有 thead 元素，表示標題列會被添加到瀏覽器自動建立的 tbody 元素下。這會對內容的顯示方式產生難以捉摸但卻是重要的影響，如圖 4-5 所示。

圖 4-5　在表格中將標題和主體列混合在一起的結果

你可以看到，現在表格列的交替顏色變換效果從標題就開始了。雖然這可能不是什麼大問題，但如果你實際執行這項範例並在表格列上移動滑鼠，則標題列也會因滑鼠停駐而出現突顯效果。通常你並不會想要這樣的結果，因為這會讓使用者混淆。

4.2.3 使用 Bootstrap 建立表單

Bootstrap 也包含了針對表單元素的樣式，使它們的樣式能夠與應用程式的其他元素相一致，如列表 4-8 所示。

列表 4-8　在 bootstrap.html 檔案中套用表單元素樣式

```
<!DOCTYPE html>
<html xmlns="http://www.w3.org/1999/xhtml">
<head>
```

```
    <title>Bootstrap Examples</title>
    <link href="bootstrap.css" rel="stylesheet" />
    <link href="bootstrap-theme.css" rel="stylesheet" />
</head>
<body>
    <div class="panel">
        <h3 class="panel-header">
            Form Elements
        </h3>
        <div class="form-group">
            <label>Name:</label>
            <input name="name" class="form-control" />
        </div>

        <div class="form-group">
            <label>Email:</label>
            <input name="email" class="form-control" />
        </div>

        <div class="radio">
            <label>
                <input type="radio" name="junkmail" value="yes" checked />
                Yes, send me endless junk mail
            </label>
        </div>
        <div class="radio">
            <label>
                <input type="radio" name="junkmail" value="no" />
                No, I never want to hear from you again
            </label>
        </div>

        <div class="checkbox">
            <label>
                <input type="checkbox" />
                I agree to the terms and conditions.
            </label>
        </div>

        <input type="button" class="btn btn-primary" value="Subscribe" />
    </div>
</body>
</html>
```

這個 HTML 檔案包括多個表單元素，用於向使用者收集資料。第 12 章將說明 AngularJS 對於表單的支援，不過目前這項範例只是示範 Bootstrap 如何對表單元素添加樣式，可以在圖 4-6 中看到結果。

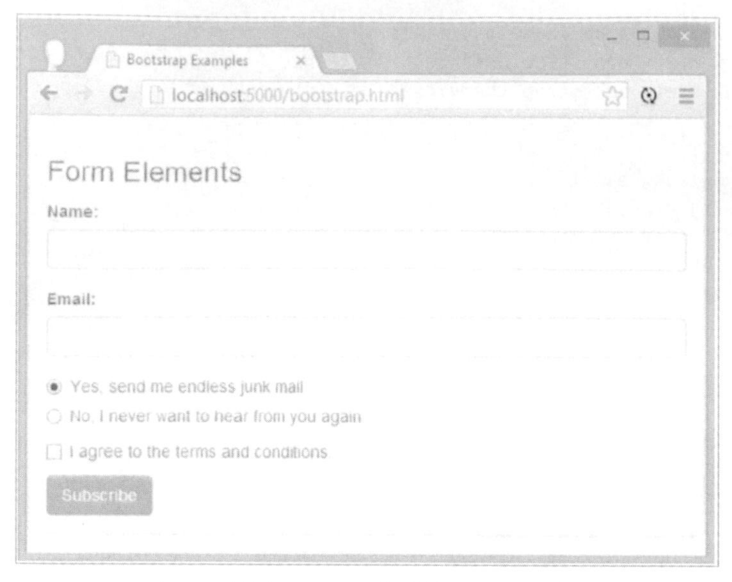

圖 4-6　使用 Bootstrap 對表單元素套用樣式

對包含了 label 和 input 元素的 div 元素使用 form-group 類別，便可以套用基本的表單樣式：

```
...
<div class="form-group">
    <label>Email:</label>
    <input name="email" class="form-control" />
</div>
...
```

Bootstrap 會使 label 顯示在 input 元素之上，並且讓 input 元素佔有 100%的橫向可用空間。

其他的表單元素則也有不同的相應類別，我在以下範例使用了 checkbox 類別，同樣是套用在 div 元素上，內有 type 被設定為 checkbox 的 input 元素，如下：

```
...
<div class="checkbox">
    <label>
        <input type="checkbox" />
        I agree to the terms and conditions.
    </label>
</div>
...
```

提示：注意此處的 label 元素是用於包含描述性的文字以及一個 input 元素，若 input 元素的類型有所不同，則結構也會有差異。

4.2.4 使用 Bootstrap 建立網格

Bootstrap 提供了多種樣式類別，可透過 1 到 12 欄的概念建立不同的網格佈局，並提供對響應式佈局（網格的佈局可以根據螢幕寬度變化，使同樣的內容在行動和桌面裝置上都能有最合適的顯示效果）的支援。在列表 4-9 中，我在 bootstrap.html 檔案裡建立了一個網格佈局。

列表 4-9 在 bootstrap.html 檔案中建立網格佈局

```
<!DOCTYPE html>
<html xmlns="http://www.w3.org/1999/xhtml">
<head>
    <title>Bootstrap Examples</title>
    <link href="bootstrap.css" rel="stylesheet" />
    <link href="bootstrap-theme.css" rel="stylesheet" />
    <style>
        #gridContainer {padding: 20px;}
        .grid-row > div { border: 1px solid lightgrey; padding: 10px;
                          background-color: aliceblue; margin: 5px 0; }
    </style>
</head>
<body>
    <div class="panel">

        <h3 class="panel-header">
            Grid Layout
        </h3>

        <div id="gridContainer">

            <div class="row grid-row">
                <div class="col-xs-1">1</div>
                <div class="col-xs-1">1</div>
                <div class="col-xs-2">2</div>
                <div class="col-xs-2">2</div>
                <div class="col-xs-6">6</div>
            </div>

            <div class="row grid-row">
                <div class="col-xs-3">3</div>
                <div class="col-xs-4">4</div>
                <div class="col-xs-5">5</div>
            </div>
            <div class="row grid-row">
                <div class="col-xs-6">6</div>
                <div class="col-xs-6">6</div>
            </div>

            <div class="row grid-row">
```

```
                <div class="col-xs-11">11</div>
                <div class="col-xs-1">1</div>
            </div>

            <div class="row grid-row">
                <div class="col-xs-12">12</div>
            </div>
        </div>
    </div>
</body>
</html>
```

表格與網格

table 元素顧名思義即是用於呈現表格，不過卻也經常被用於實作網格式的內容。一般來說，網格應該透過 CSS 實作，因為若用表格呈現網格，會背離將內容與呈現形式分離的原則。雖然網格佈局已是 CSS3 規範的一部份，但各個主流瀏覽器的實作仍不甚一致，因此最佳辦法是使用 Bootstrap 這類的 CSS 框架。

我通常都是依循前述的原則，除非遇到問題。在我自己的專案中，曾經遇過 CSS 框架在客戶端上不可用的情況——Web 應用程式必須在不支援最新 CSS3 佈局的裝置上執行。對此，我則使用 table 元素來建立網格佈局，因為若手動地使用 CSS2 建立這般佈局，會產生難以管理的混亂樣式，且需要經常性的調整。總之，我的建議仍是遵循元素類型與佈局相分離的原則，但當首選辦法不可行時，無須排斥以 table 元素作為網格的方式。

Bootstrap 網格佈局是易於使用的，對 div 元素套用 row 類別後，便能夠進一步對 div 元素所包含的內容設定欄數，使其呈現網格佈局。

每一列皆有 12 欄，若對子元素套用 col-xs 加上欄數的類別名稱，便能夠設定該子元素佔多少欄。例如，類別 col-xs-1 設定該元素佔一欄，col-xs-2 則佔兩欄，以此類推，直到 col-xs-12，表示該元素佔滿整列。在這個列表中，我建立了多個帶有 row 類別的 div 元素，其內又都包含了多個套用 colo-xs-*類別的 div 元素。你可以在圖 4-7 中看到瀏覽器上的呈現結果。

Bootstrap 並未對列中的任一元素套用任何樣式，因此我使用了一個 style 元素建立自訂的 CSS 樣式，來設定背景顏色、各列間距及增加邊框。可以看到在 row 類別的旁邊，套用了 grid-row 類別：

```
...
<div class="row grid-row">
...
```

建立響應式網格

響應式網格可以根據瀏覽器的視窗大小調整自身佈局，其主要目的是盡可能配合當下的螢幕空間，讓行動裝置和桌面裝置都能夠呈現出最佳的顯示結果。響應式網格的建立方式，是在各個儲存格上套用表 4-5 所示的相應 col-*類別。

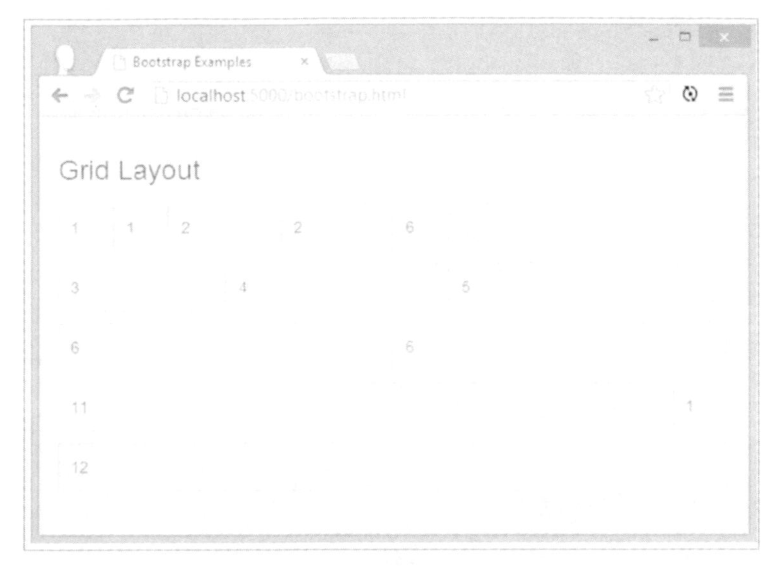

圖 4-7　建立 Bootstrap 網格佈局

表 4-5　用於響應式表格的 Bootstrap CSS 類別

Bootstrap 類別	說　明
col-sm-*	當螢幕寬度大於 768 像素時水平顯示的網格儲存格
col-md-*	當螢幕寬度大於 940 像素時水平顯示的網格儲存格
col-lg-*	當螢幕寬度大於 1170 像素時水平顯示的網格儲存格

當螢幕寬度小於上述類別所適用的最低像素時，網格中的儲存格將以垂直形式排列，而非水平形式。作為示範，我在 bootstrap.html 檔案中建立了一個響應式網格，如列表 4-10 所示。

列表 4-10　在 bootstrap.html 檔案中建立響應式網格

```
<!DOCTYPE html>
<html xmlns="http://www.w3.org/1999/xhtml">
<head>
    <title>Bootstrap Examples</title>
    <meta name="viewport" content="width=device-width, initial-scale=1">
    <link href="bootstrap.css" rel="stylesheet" />
    <link href="bootstrap-theme.css" rel="stylesheet" />
    <style>
        #gridContainer { padding: 20px; }
        .grid-row > div { border: 1px solid lightgrey;
                          padding: 10px; background-color: aliceblue; margin: 5px 0; }
    </style>
</head>
<body>
    <div class="panel">
```

```
        <h3 class="panel-header">
            Grid Layout
        </h3>
        <div id="gridContainer">

            <div class="row grid-row">
                <div class="col-sm-3">3</div>
                <div class="col-sm-4">4</div>
                <div class="col-sm-5">5</div>
            </div>

            <div class="row grid-row">
                <div class="col-sm-6">6</div>
                <div class="col-sm-6">6</div>
            </div>

            <div class="row grid-row">
                <div class="col-sm-11">11</div>
                <div class="col-sm-1">1</div>
            </div>

        </div>
    </div>
</body>
</html>
```

我從先前範例中移除了一些列，並使用 col-sm-*取代 col-xs-*類別。其結果是當瀏覽器視窗大於 768 像素時，列中的儲存格將會以水平形式排列；若視窗小於 768 像素時則會以垂直形式排列。你可以在圖 4-8 中看到於 Chrome 上及 iPhone 模擬器上的呈現結果。

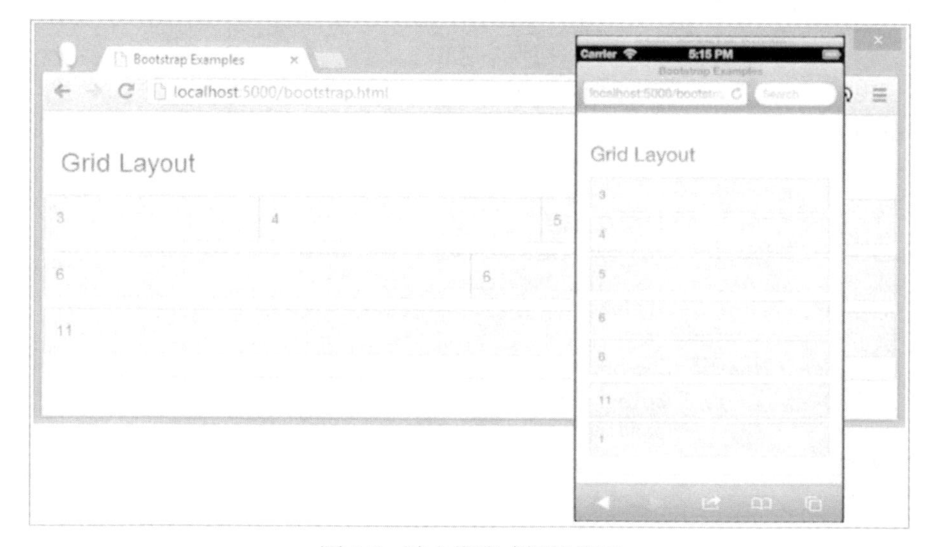

圖 4-8　建立響應式網格佈局

提示：可以注意到我在這項範例裡加入了一個 meta 元素，這個元素是指示行動瀏覽器依據螢幕的實際寬度來顯示頁面。若沒有此 meta 元素，許多行動瀏覽器將會以桌面裝置的呈現方式來顯示內容，導致使用者需要加以縮放或左右移動頁面才能讀完內容。簡而言之，當考量到行動裝置時，請一律加上這類 meta 元素。詳情可參閱我的《The Definitive Guide to HTML5》一書，同樣由 Apress 出版。

4.3 小結

本章對 HTML 及 Bootstrap CSS 框架提供了簡單的概覽，不過若要在 Web 應用程式開發中得心應手，你仍需要充分瞭解 HTML 和 CSS，而最好的學習方式就是持續地汲取第一手的經驗。本章的說明與範例能夠幫助你踏入最低階的門檻，為後續的範例內容提供足夠的背景資訊。下一章將繼續入門性的主題，介紹本書會使用到的 JavaScript 基本功能，以及 AngularJS 提供的一些 JavaScript 增強功能。

第5章

JavaScript 入門

本章提供 JavaScript 語言最重要功能的快速指南，都是本書會應用到的。我無法在這裡花太多篇幅完整地教授 JavaScript，因此我會以簡單扼要的方式，專注在與本書範例相關的重點上。除了最重要的 JavaScript 語言核心功能外，我還會介紹 AngularJS 所提供的工具方法集。

本章最後會示範 JavaScript 如何使用約定，所謂約定是表示非同步任務，例如 Ajax 請求。AngularJS 應用程式對其應用相當廣泛，我會在第 21 章重回這項主題。此外本章還包含了 AngularJS 對 JSON 的支援，它是 AngularJS 最廣泛使用的資料格式。表 5-1 為本章摘要。

表 5-1　章節概要

問　題	解決方案	列　表
加入 JavaScript 至 HTML 文件中	使用 script 元素	1
建立 JavaScript 功能	使用 JavaScript 述句	3
將多個述句組織起來	使用函式	4～6
檢查是否為函式	使用 angular.isFunction 方法	7
值和物件的儲存	使用變數	8
儲存不同類型的資料	使用類型	9、10、12
檢查是否為字串並做出調整	使用 angular.isString、angular.uppercase 和 angular.lowercase 方法	11
自訂資料類型	建立物件	13～23
控制 JavaScript 程式碼流程	使用條件述句	24
判定兩個物件或值是否相同	使用等於和恆等運算子	25～28
明確地轉換類型	使用 to<type>方法	29～31
儲存一系列的物件或值	使用陣列	32～37
判定某變數是否已被定義且含值	檢查 null 和 undefined 值	38～41
在非同步任務完成時收到通知	使用約定物件	42、43
編碼和解碼 JSON 資料	使用 angular.toJson 和 angular.fromJson 方法	44

5.1 準備範例專案

我將在本章示範一些基本的 JavaScript 技術，以及一些由 AngularJS 提供、為補強 JavaScript 語言的通用工具方法。

先確認 angular.js、bootstrap.css 和 bootstrap-theme.css 檔案已存在於 Web 伺服器的 angularjs 資料夾中，然後建立新的 HTML 檔案 jsdemo.html，其內容如列表 5-1 所示。

列表 5-1　jsdemo.html 檔案的初始內容

```
<!DOCTYPE html>
<html>
<head>
    <title>Example</title>
    <script src="angular.js"></script>
    <script type="text/javascript">
        console.log("Hello");
    </script>
</head>
<body>
    This is a simple example
</body>
</html>
```

如果你在瀏覽器上開啟 jsdemo.html 檔案，將會看到如圖 5-1 所示的結果。然而本章的重點會放在 JavaScript 語言上，而瀏覽器最終顯示的內容並不重要。

圖 5-1　範例 HTML 檔案的顯示結果

此外我還會使用先前曾在第 2 章建立的 todo.json 檔案。你可以從先前的範例中複製，或直接重新建立，並確認它內含列表 5-2 所示的內容。

列表 5-2　檔案 todo.json 的內容

```
[{ "action": "Buy Flowers", "done": false },
 { "action": "Get Shoes", "done": false },
 { "action": "Collect Tickets", "done": true },
 { "action": "Call Joe", "done": false }]
```

5.2 理解 script 元素

script 元素是用來將 JavaScript 程式碼加入到 HTML 文件中，你可以在列表 5-1 中看到兩種不同的使用方式。第一種方式是使用 src 屬性匯入個別的 JavaScript 檔案，AngularJS 函式庫就是這樣匯入的：

```
...
<script src="angular.js"></script>
...
```

另一種方式是建立行內腳本，將 JavaScript 述句放置於 script 元素的標籤之間，如下所示：

```
...
<script type="text/javascript">
    console.log("Hello");
</script>
...
```

真實的專案通常是使用外部檔案，因為它們易於管理。不過我在本書為了方便一併做呈現，經常是將 HTML 和 JavaScript 放在相同檔案中。

這項範例的行內腳本包含呼叫 console.log 方法的述句，它會在 JavaScript 主控台（console）中寫入訊息。主控台是瀏覽器提供的一項基本（卻很有用的）工具，使你的腳本能夠在執行時顯示除錯資訊。不同瀏覽器啟動主控台的方式也都不太一樣，若是使用 Google Chrome，可以在 Tools 選單選擇 JavaScript 主控台。圖 5-2 便是 Chrome 的主控台外觀。

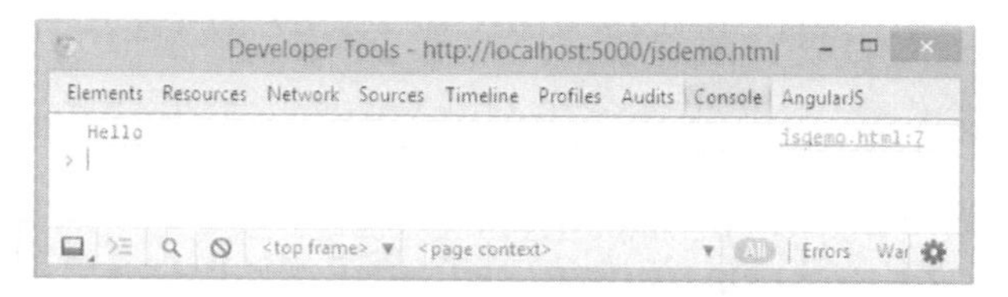

圖 5-2　Google Chrome 的 JavaScript 主控台

> **提示**：注意圖 5-2 的 Chrome 視窗有一個 AngularJS 分頁，這是來自於我在第 1 章曾提及的 Batarang 擴充套件，能夠有利於 AngularJS 應用程式的除錯。

你可以看到，呼叫 console.log 方法的輸出結果會顯示在主控台視窗中，並連同訊息的來源詳情（來自於 jsdemo.html 檔案第 7 行）。然而我在本章後續將不會繼續以擷圖的方式呈現結果，而只會以最簡單的方式展示出來，例如列表 5-1 的輸出如下：

```
Hello
```

我對本章後續的部份結果有做一些格式調整，使其易於閱讀。在接下來的段落中，我會向你展示 JavaScript 語言的核心功能。如果你已經擁有其他現代程式語言的設計經驗，則 JavaScript 的語法和風格對你而言也不會有太多特異之處。

5.3 使用述句

述句（statement）是最基本的 JavaScript 建構組塊，一個述句即代表一個命令，並通常以分號（;）作為結尾。分號是選擇性的，但使用它們可以讓你的程式碼易於閱讀，且能夠將多個述句寫在同一行內。列表 5-3 呈現出 script 元素裡定義的兩條述句。

列表 5-3　在檔案 jsdemo.html 中使用 JavaScript 述句

```
<!DOCTYPE HTML>
<html>
    <head>
        <title>Example</title>
        <script src="angular.js"></script>
        <script type="text/javascript">
            console.log("This is a statement");
            console.log("This is also a statement");
        </script>
    </head>
    <body>
        This is a simple example
    </body>
</html>
```

瀏覽器會依次執行每條述句，而這項範例的作用僅僅是在主控台中寫下兩條訊息，如下所示：

```
This is a statement
This is also a statement
```

5.4 定義及使用函式

當瀏覽器在處理 HTML 文件時，它會逐一讀取各個元素。並在遇到 script 元素時，立即執行其內的 JavaScript 述句，前一項範例就是這麼進行的。

你也可以將多條述句包成一個函式，函式不會在定義時立即執行，而是會在對該函式的呼叫出現時才會執行，如列表 5-4 所示。

列表 5-4　在檔案 jsdemo.html 中定義一個 JavaScript 函式

```
<!DOCTYPE HTML>
<html>
<head>
    <title>Example</title>
    <script src="angular.js"></script>
    <script type="text/javascript">
        function myFunc() {
            console.log("This is a statement");
        };

        myFunc();
    </script>
</head>
<body>
    This is a simple example
</body>
</html>
```

一個函式的定義方式很簡單：使用 function 關鍵字，後面接著函式名稱，然後是一對括號（「(」和「)」）。至於欲包含的述句則使用花括號括起來（「{」和「}」）。

我在列表中使用的函式名稱是 myFunc，這個函式僅包含一個述句，是向 JavaScript 主控台寫入訊息。函式中的述句不會在定義時立即執行，而是會在瀏覽器讀到另一條呼叫 myFunc 函式的述句時執行，也就是以下這行：

```
...
myFunc();
...
```

執行函式中的述句將會產生以下輸出：

```
This is a statement
```

由於這項範例純粹是為了示範函式的定義方式，因此它的上下文會看起來有些缺乏意義。一般來說，函式不會在被定義後就緊接著執行，而是會針對某些變化或事件（例如使用者互動）才會執行。

5.4.1 定義帶參數的函式

JavaScript 能夠定義函式的參數，如列表 5-5 所示。

列表 5-5 在檔案 jsdemo.html 中定義帶參數的函式

```
<!DOCTYPE HTML>
<html>
<head>
    <title>Example</title>
    <script src="angular.js"></script>
    <script type="text/javascript">
        function myFunc(name, weather) {
            console.log("Hello " + name + ".");
            console.log("It is " + weather + " today");
        };

        myFunc("Adam", "sunny");
    </script>
</head>
<body>
    This is a simple example
</body>
</html>
```

我為函式 myFunc 添加了兩個參數，名為 name 和 weather。由於 JavaScript 是一門動態類型語言，這表示你無須在定義函式時宣告參數的資料類型。我會在本章稍後談及 JavaScript 變數時重回動態類型。若要呼叫一個帶參數的函式，那麼你得在呼叫函式時提供參數值：

```
...
myFunc("Adam", "sunny");
...
```

其結果如下：

```
Hello Adam.
It is sunny today
```

在呼叫函式時，所提供的參數數量不一定要和函式定義的參數數量一致。如果呼叫函式時傳入的參數較少，那麼任何未提供的參數值都會是 undefined，這是 JavaScript 的一個特殊值。反之，如果你傳入的參數比函式實際定義的還多，多出來的參數則會直接被忽略。

因此，你不能建立兩個同名卻有不同參數的函式，然後期待 JavaScript 會根據呼叫時的參數來執行相應的函式。這種機制被稱為多型（polymorphism），雖然它在 Java 和 C# 等語言中有支援，但 JavaScript 並不具備此機制。所以如果你在 JavaScript 中定義兩個同名函式，則第二個會直接取代掉第一個。

提示：在 JavaScript 中，接近多型的實作方式是定義一個函式，然後根據參數的類型和數量來做出不同的反應。然而此舉需要詳細的測試，而 API 設計也會變得很麻煩，因此最好避免這樣做。

5.4.2 定義能夠回傳結果的函式

若要回傳函式的結果，可以使用 return 關鍵字。列表 5-6 展示了一個會回傳結果的函式。

列表 5-6　在檔案 jsdemo.html 中，一個會回傳結果的函式

```
<!DOCTYPE HTML>
<html>
<head>
    <title>Example</title>
    <script src="angular.js"></script>
    <script type="text/javascript">
        function myFunc(name) {
            return ("Hello " + name + ".");
        };

        console.log(myFunc("Adam"));
    </script>
</head>
<body>
    This is a simple example
</body>
</html>
```

該函式定義了一個參數，並使用這個參數來產生結果。我呼叫這個函式，並將其結果作為 console.log 函式的參數，如下所示：

```
...
console.log(myFunc("Adam"));
...
```

這裡可以注意到，你無須在此要求函式回傳結果，或是指定結果的資料類型。列表的結果如下：

```
Hello Adam.
```

5.4.3 檢查是否為函式

由於 JavaScript 的函式能夠以物件的形式傳遞，所以若能夠知悉某個物件是否為函式會十分有幫助。為此 AngularJS 提供了 angular.isFunction 方法，如列表 5-7 所示範的。

注意：所有的 AngularJS 工具方法都可以透過全域的 angular 物件存取，例如這裡的 angular.isFunction。當你在 HTML 檔案中使用 script 元素添加 angular.js 時，angular 物件就會被自動建立了。

列表 5-7　在檔案 jsdemo.html 中檢查某物件是否為函式

```
<!DOCTYPE html>
<html>
<head>
    <title>Example</title>
    <script src="angular.js"></script>
    <script type="text/javascript">

        function printMessage(unknownObject) {
            if (angular.isFunction(unknownObject)) {
                unknownObject();
            } else {
                console.log(unknownObject);
            }
        }

        var variable1 = function sayHello() {
            console.log("Hello!");
        };

        var variable2 = "Goodbye!";

        printMessage(variable1);
        printMessage(variable2);

    </script>
</head>
<body>
    This is a simple example
</body>
</html>
```

這項範例看起來更複雜了一些，我定義了一個 printMessage 函式，它可能會收到不同類型的參數。我使用 angular.isFunction 方法來檢查傳入的物件是否為函式，若是便呼叫該函式，如下所示：

```
...
unknownObject();
...
```

如果傳入 isFunction 方法的物件是函式，將會回傳 true，反之則回傳 false。若該物件非函式，則我會將它傳遞給 console.log 方法。

我建立了兩個變數以示範 printMessage 函式：variable1 是一個函式，而 variable2 則是一個字串。我將這兩個變數分別傳遞給 printMessage 函式，variable1 會被識別出是一個函式，所以予以呼叫，至於 variable2 則直接寫入至主控台。不過當 variable1 被呼叫時，它也同樣會寫入至主控台，因此最終會產生以下結果：

```
Hello!
Goodbye!
```

5.5 使用變數及類型

你已在先前的範例中看到變數是如何定義的：使用 var 關鍵字，此外你也可以選擇在述句中同時指派變數值。在函式中定義的變數是本地變數，僅能在函式內使用。直接定義在 script 元素中的變數則是全域變數，可在任意位置中存取，例如可由相同 HTML 文件中的其他腳本存取。列表 5-8 示範了本地變數及全域變數的使用方式。

列表 5-8　在檔案 jsdemo.html 中使用本地變數及全域變數

```
<!DOCTYPE HTML>
<html>
    <head>
        <title>Example</title>
        <script src="angular.js"></script>
        <script type="text/javascript">
            var myGlobalVar = "apples";

            function myFunc(name) {
                var myLocalVar = "sunny";
                return ("Hello " + name + ". Today is " + myLocalVar + ".");
            };
            console.log(myFunc("Adam"));
        </script>
        <script type="text/javascript">
            console.log("I like " + myGlobalVar);
        </script>
    </head>
    <body>
        This is a simple example
```

```
    </body>
</html>
```

雖然 JavaScript 是動態類型語言，這並不表示 JavaScript 就沒有所謂的類型。這只是說明變數類型並不需要明確地宣告，你可以輕易地為相同變數指派不同的類型。JavaScript 會根據你指派給變數的值來判定其類型，而且會根據它們在使用時的上下文，自動轉換其類型。列表 5-8 的結果如下：

```
Hello Adam. Today is sunny.
I like apples
```

然而，你不應當在 AngularJS 中使用全域變數，因為它其實不利於關注點的分離（如同我在第 3 章曾提及的），並使單元測試更加困難（我將在第 25 章裡做說明）。一般來說，如果你必須使用一個全域變數讓兩個元件互相溝通，即表示這個應用程式有根本上的設計錯誤。

5.5.1 使用基本類型

JavaScript 定義了幾個基本類型，分別是：string（字串）、number（數字）和 boolean（布林）。雖然不多，但 JavaScript 已設法基於這三種類型實現最大的靈活性。

1．使用布林

布林類型有兩種值：true 和 false。列表 5-9 展示了兩者的使用方式，然而這個類型最常見的應用是用於條件述句中，例如 if 述句。該列表沒有主控台的輸出結果。

列表 5-9　在檔案 jsdemo.html 中定義布林值

```
<!DOCTYPE HTML>
<html>
<head>
    <title>Example</title>
    <script src="angular.js"></script>
    <script type="text/javascript">
        var firstBool = true;
        var secondBool = false;
    </script>
</head>
<body>
    This is a simple example
</body>
</html>
```

2．使用字串

你可以使用雙引號或單引號定義一個字串，如列表 5-10 所示。

列表 5-10　在檔案 jsdemo.html 中定義字串變數

```
<!DOCTYPE HTML>
<html>
<head>
    <title>Example</title>
    <script src="angular.js"></script>
    <script type="text/javascript">
        var firstString = "This is a string";
        var secondString = 'And so is this';
    </script>
</head>
<body>
    This is a simple example
</body>
</html>
```

所使用的引號必須前後相符。例如你不能使用單引號起始一個字串，又用雙引號結束。該列表同樣沒有主控台輸出。AngularJS 包含三個工具方法可以讓字串的使用更加容易，如表 5-2 中所述。

表 5-2　AngularJS 的字串處理方法

名　稱	說　明
angular.isString(object)	如果參數為字串便回傳 true，反之則 false
angular.lowercase(string)	將參數轉換為小寫
angular.uppercase(string)	將參數轉換為大寫

你可以在列表 5-11 看到上述這些與字串相關的 AngularJS 方法。

列表 5-11　在檔案 jsdemo.html 中使用 AngularJS 的字串相關方法

```
<!DOCTYPE html>
<html>
<head>
    <title>Example</title>
    <script src="angular.js"></script>
    <script type="text/javascript">
        console.log(angular.isString("Hello") + " " + angular.isArray(23));
        console.log("I am " + angular.uppercase("shouting"));
        console.log("I am " + angular.lowercase("WhiSpeRing"));
    </script>
</head>
<body>
    This is a simple example
</body>
</html>
```

當你遇到類型未知的物件時，便可以利用 angular.isString 方法，這是 AngularJS 為檢查物件類型所提供的其中一種方法。至於 angular.uppercase 和 angular.lowercase 方法的作用則不言自明，列表中的述句會在主控台中產生以下輸出：

```
true false
I am SHOUTING
I am whispering
```

3．使用數字

數字類型是用於表示整數（integer）和浮點數（floating-point）的數字（也稱為實數）。列表 5-12 是相關的示範。

列表 5-12　在 jsdemo.html 檔案中定義數字值

```
<!DOCTYPE html>
<html>
<head>
    <title>Example</title>
    <script src="angular.js"></script>
    <script type="text/javascript">
        var daysInWeek = 7;
        var pi = 3.14;
        var hexValue = 0xFFFF;

        console.log(angular.isNumber(7) + " " + angular.isNumber("Hello"));
    </script>
</head>
<body>
    This is a simple example
</body>
</html>
```

你無須指定數字的類型，只需要指派一個值給它，而 JavaScript 將會自動做出相應的處理。我在列表中分別定義了整數、浮點數，以及一個以 0x 為前綴的值來表示十六進位數值。

AngularJS 為標準 JavaScript 功能提供了額外的 angular.isNumber 方法，若傳入的物件或值是數字便回傳 true，反之則回傳 false。該範例會在主控台中產生以下輸出：

```
true false
```

5.5.2　建立物件

有多種方式可以用於建立 JavaScript 物件，列表 5-13 即是一項簡單的範例。

提示： JavaScript 支援原型繼承，因此新物件可以透過繼承的方式取得功能。儘管這項機制在 JavaScript 中並不常用，但我仍會在第 18 章做簡短說明，因為它關係到 AngularJS 服務的建立方式。

列表 5-13　在檔案 jsdemo.html 中建立物件

```
<!DOCTYPE HTML>
<html>
<head>
    <title>Example</title>
    <script src="angular.js"></script>
    <script type="text/javascript">
        var myData = new Object();
        myData.name = "Adam";
        myData.weather = "sunny";

        console.log("Hello " + myData.name + ". ");
        console.log("Today is " + myData.weather + ".");
    </script>
</head>
<body>
    This is a simple example
</body>
</html>
```

這裡藉由呼叫 new Object()建立了一個物件，並將結果（也就是剛建立的物件）指派給變數 myData。當物件被建立後，直接指派某值給某個屬性，就可以在該物件上定義出任一屬性，如下所示：

```
...
myData.name = "Adam";
...
```

在執行該述句以前，這個物件是沒有 name 屬性的。而在該述句被執行後，這個屬性便油然而生，並且被指派了一個值「Adam」。你可以使用英文句點連接變數名稱和屬性名稱來讀取屬性值，如下所示：

```
...
console.log("Hello " + myData.name + ". ");
...
```

列表的輸出結果如下：

```
Hello Adam.
Today is sunny.
```

1．使用物件實值

你也可以使用物件實值格式，也就是以單一步驟定義物件及其屬性。列表 5-14 展示了這項作法。

列表 5-14　在檔案 jsdemo.html 中使用物實值件格式

```
<!DOCTYPE HTML>
<html>
<head>
```

```
    <title>Example</title>
    <script src="angular.js"></script>
    <script type="text/javascript">
        var myData = {
            name: "Adam",
            weather: "sunny"
        };

        console.log("Hello " + myData.name + ". ");
        console.log("Today is " + myData.weather + ".");
    </script>
</head>
<body>
    This is a simple example
</body>
</html>
```

欲定義的屬性名稱及其值之間是使用冒號（:）隔開，至於多個屬性之間則使用逗號（,）隔開。儘管寫法與先前範例不太一樣，但輸出結果是相同的，如下所示：

```
Hello Adam.
Today is sunny.
```

2．將函式設為方法

我最喜歡的其中一項 JavaScript 功能，就是為物件添加函式的方式。定義在物件中的函式又被稱為方法（method），列表 5-15 即展示了對物件新增方法的方式。

列表 5-15　在檔案 jsdemo.html 中為物件添加方法

```
<!DOCTYPE HTML>
<html>
<head>
    <title>Example</title>
    <script src="angular.js"></script>
    <script type="text/javascript">
        var myData = {
            name: "Adam",
            weather: "sunny",
            printMessages: function() {
                console.log("Hello " + this.name + ". ");
                console.log("Today is " + this.weather + ".");
            }
        };
        myData.printMessages();
    </script>
</head>
<body>
    This is a simple example
</body>
</html>
```

在這項範例裡，我使用一個函式來建立方法 printMessages。這裡請注意，在方法裡參照物件的屬性時，必須使用 this 關鍵字。這個 this 是一個特殊變數，代表著方法所依附的物件本身。列表的輸出結果如下：

```
Hello Adam.
Today is sunny.
```

3．擴充物件

藉由 AngularJS 的 angular.extend 方法，便能夠輕易地在物件之間複製方法和屬性，請見列表 5-16 中的示範。

列表 5-16　在檔案 jsdemo.html 中擴充物件

```
<!DOCTYPE html>
<html>
<head>
    <title>Example</title>
    <script src="angular.js"></script>
    <script type="text/javascript">
        var myData = {
            name: "Adam",
            weather: "sunny",
            printMessages: function () {
                console.log("Hello " + this.name + ". ");
                console.log("Today is " + this.weather + ".");
            }
        };

        var myExtendedObject = {
            city: "London"
        };

        angular.extend(myExtendedObject, myData);

        console.log(myExtendedObject.name);
        console.log(myExtendedObject.city);

    </script>
</head>
<body>
    This is a simple example
</body>
</html>
```

在這項範例裡，我建立了一個帶有 city 屬性的物件，並指派給變數 myExtendedObject。然後使用 angular.extend 方法從 myData 物件上複製所有的屬性及函式到 myExtendedObject。最後，為了示範原有屬性與新複製屬性已經在同一物件中，我使用 console.log 方法寫出 name 和 city 屬性的值，主控台產生的輸出結果如下：

```
Adam
London
```

提示： extend 方法會保留目標物件上的所有屬性及方法。如果你不想保留原目標物件上的屬性及方法，則使用 angular.copy 方法。

5.5.3 使用物件

以下段落會說明許多與物件相關的操作，而且會在本書後續章節裡持續使用到。

1 · 檢查是否爲物件

AngularJS 提供了 angular.isObject 方法，如果傳入的參數是物件將回傳 true，反之則回傳 false，如列表 5-17 所示範的。

列表 5-17 在檔案 jsdemo.html 中檢查是否為物件

```
<!DOCTYPE html>
<html>
<head>
    <title>Example</title>
    <script src="angular.js"></script>
    <script type="text/javascript">
        var myObject = {
            name: "Adam",
            weather: "sunny",
        };

        var myName = "Adam";
        var myNumber = 23;

        console.log("myObject: " + angular.isObject(myObject));
        console.log("myName: " + angular.isObject(myName));
        console.log("myNumber: " + angular.isObject(myNumber));
    </script>
</head>
<body>
    This is a simple example
</body>
</html>
```

我在這裡分別定義了一個物件、一個字串及一個數字，並使用 angular.isObject 方法來判定它們，同時在主控台中產生如下輸出：

```
myObject: true
myName: false
myNumber: false
```

2．讀取及修改屬性值

一個物件最基本的操作，即是讀取或修改物件屬性的值。對此，有兩種不同的語法風格可以使用，如同列表 5-18 中所示。

列表 5-18　在檔案 jsdemo.html 中讀取及修改物件屬性

```
<!DOCTYPE HTML>
<html>
<head>
    <title>Example</title>
    <script src="angular.js"></script>
    <script type="text/javascript">
        var myData = {
            name: "Adam",
            weather: "sunny",
        };

        myData.name = "Joe";
        myData["weather"] = "raining";

        console.log("Hello " + myData.name + ".");
        console.log("It is " + myData["weather"]);
    </script>
</head>
<body>
    This is a simple example
</body>
</html>
```

第一種風格是多數程式設計師都很熟悉的，而我也已經在先前範例中使用過。也就是使用句點將物件名稱和屬性名稱連接在一起，如下所示：

```
...
myData.name = "Joe";
...
```

你可以使用等號（=）為屬性指派新值，若無等號及新值即是讀取當前值。至於第二種風格則是陣列式的索引，如下所示：

```
...
myData["weather"] = "raining";
...
```

在此種風格中，方括號（「[」和「]」）之間是填入屬性名稱。就某些情況而言，它會是更加便利的屬性存取方式，因為你可以在屬性名稱的欄位中填入變數，如下所示：

```
...
var myData = {
    name: "Adam",
    weather: "sunny",
};
```

```
var propName = "weather";
myData[propName] = "raining";
...
```

這同時也是列舉物件屬性的基本原理，我們隨即就會深入說明。以下是列表在主控台中的輸出結果：

```
Hello Joe.
It is raining
```

3．列舉物件的屬性

列舉物件的屬性是使用 for...in 述句，列表 5-19 展示了具體的使用方式。

列表 5-19　在檔案 jsdemo.html 中列舉物件的屬性

```
<!DOCTYPE html>
<html>
<head>
    <title>Example</title>
    <script src="angular.js"></script>
    <script type="text/javascript">
        var myData = {
            name: "Adam",
            weather: "sunny",
            printMessages: function () {
                console.log("Hello " + this.name + ". ");
                console.log("Today is " + this.weather + ".");
            }
        };

        for (var prop in myData) {
            console.log("Name: " + prop + " Value: " + myData[prop]);
        }

        console.log("---");

        angular.forEach(myData, function (value, key) {
            console.log("Name: " + key + " Value: " + value);
        });

    </script>
</head>
<body>
    This is a simple example
</body>
</html>
```

for...in 迴圈是標準的 JavaScript 功能，會為 myData 物件中的每個屬性執行一次程式碼區塊內的述句。每次迭代所取得的屬性名稱會指派給變數 prop，因此我就能夠藉由陣列索引風格，從物件中取回屬性的值。

除此之外，AngularJS 還提供了一個 angular.forEach 方法，它會接受一個物件和一個將針對每個屬性執行一次的函式。這個函式會透過 value 和 key 參數取得當前的屬性值及其名稱。執行效果和使用 for...in 迴圈相同，正如以下的主控台輸出結果：

```
Name: name Value: Adam
Name: weather Value: sunny
Name: printMessages Value: function () {
    console.log("Hello " + this.name + ". ");
    console.log("Today is " + this.weather + ".");
}
---
Name: name Value: Adam
Name: weather Value: sunny
Name: printMessages Value: function () {
    console.log("Hello " + this.name + ". ");
    console.log("Today is " + this.weather + ".");
}
```

你可以從結果中看到，我在 myData 物件中定義的方法同樣都被列舉出來了。這項結果突顯出 JavaScript 在處理函式時的靈活性，但如果你是一名 JavaScript 新手，那麼對此特性則需要多加留意。

4・屬性、方法的新增及刪除

即使你是使用物件實值風格定義了一個物件，你仍然可以在該物件上定義新的屬性，如同列表 5-20 所示（這個列表不會產生任何主控台輸出）。

列表 5-20　在檔案 jsdemo.html 中為物件新增屬性

```
<!DOCTYPE HTML>
<html>
<head>
    <title>Example</title>
    <script src="angular.js"></script>
    <script type="text/javascript">
        var myData = {
            name: "Adam",
            weather: "sunny",
        };

        myData.dayOfWeek = "Monday";
    </script>
</head>
<body>
    This is a simple example
</body>
</html>
```

在這個列表中，我為物件新增了一個名為 dayOfWeek 的屬性。雖然我在這裡是使用句點表示法（用句點連接物件及屬性名稱），但若使用索引風格的表示法也同樣可行。此外，如同你所猜想的，同樣的概念也可以用於為物件新增方法，如列表 5-21 所示。

列表 5-21　在檔案 jsdemo.html 中為物件新增方法

```
<!DOCTYPE HTML>
<html>
<head>
    <title>Example</title>
    <script src="angular.js"></script>
    <script type="text/javascript">
        var myData = {
            name: "Adam",
            weather: "sunny",
        };

        myData.SayHello = function() {
          console.write("Hello");
        };
    </script>
</head>
<body>
    This is a simple example
</body>
</html>
```

另一方面，可以使用 delete 關鍵字從物件中刪除屬性或方法，如列表 5-22 所示。

列表 5-22　在檔案 jsdemo.html 中刪除物件的屬性

```
<!DOCTYPE HTML>
<html>
<head>
    <title>Example</title>
    <script src="angular.js"></script>
    <script type="text/javascript">
        var myData = {
            name: "Adam",
            weather: "sunny",
        };

        delete myData.name;
        delete myData["weather"];
        delete myData.SayHello;
    </script>
</head>
<body>
    This is a simple example
</body>
</html>
```

5．判斷某物件是否擁有某個屬性

你可以使用 in 表達式查看物件是否擁有某個屬性，如列表 5-23 所示。

列表 5-23　在檔案 jsdemo.html 中查看物件是否擁有某個屬性

```
<!DOCTYPE HTML>
<html>
<head>
    <title>Example</title>
    <script src="angular.js"></script>
    <script type="text/javascript">
        var myData = {
            name: "Adam",
            weather: "sunny",
        };

        var hasName = "name" in myData;
        var hasDate = "date" in myData;

        console.log("HasName: " + hasName);
        console.log("HasDate: " + hasDate);
    </script>
</head>
<body>
    This is a simple example
</body>
</html>
```

在這項範例中，我分別測試了存在和不存在的屬性。變數 hasName 的值是 true，至於變數 hasData 的值則是 false，如下所示：

```
HasName: true
HasDate: false
```

5.6 使用 JavaScript 運算子

JavaScript 定義了諸多運算子，其中最常用的已彙整在表 5-3 裡。

表 5-3　常用的 JavaScript 運算子

運 算 子	說　　明
++、--	或先或後的增減
+、-、*、/、%	加、減、乘、除、求餘數
<、<=、>、>=	小於、小於或等於、大於、大於或等於
==、!=	等於和不等於的檢測
===、!==	恆等和不恆等的檢測
&&、||	邏輯「與」和「或」（||用於合併判斷 null 值）

運 算 子	說　明
=	指派
+	字串連接
?:	三元運算條件述句

5.6.1 使用條件述句

許多 JavaScript 運算子是和條件述句一同使用的，我會在本書使用 if/else 和 switch 述句。列表 5-24 展示了兩者的使用方式（如果你曾經使用過任一程式語言，那麼對此應該會感到非常熟悉）。

列表 5-24　在檔案 jsdemo.html 中使用 if/else 和 switch 條件述句

```
<!DOCTYPE HTML>
<html>
<head>
    <title>Example</title>
    <script src="angular.js"></script>
    <script type="text/javascript">

        var name = "Adam";

        if (name == "Adam") {
            console.log("Name is Adam");
        } else if (name == "Jacqui") {
            console.log("Name is Jacqui");
        } else {
            console.log("Name is neither Adam or Jacqui");
        }

        switch (name) {
            case "Adam":
                console.log("Name is Adam");
                break;
            case "Jacqui":
                console.log("Name is Jacqui");
                break;
            default:
                console.log("Name is neither Adam or Jacqui");
                break;
        }
    </script>
</head>
<body>
    This is a simple example
</body>
</html>
```

列表結果如下：

```
Name is Adam
Name is Adam
```

5.6.2 等於運算子和恆等運算子

等於運算子和恆等運算子是需要特別留意的。等於運算子在判定相等性時，會自動將運算元轉為相同類型。若謹慎地使用，這就是一項非常有用的機制。列表 5-25 展示了等於運算子的使用方式。

列表 5-25 在檔案 jsdemo.html 中使用等於運算子

```
<!DOCTYPE HTML>
<html>
<head>
    <title>Example</title>
    <script src="angular.js"></script>
    <script type="text/javascript">

        var firstVal = 5;
        var secondVal = "5";

         if (firstVal == secondVal) {
             console.log("They are the same");
         } else {
             console.log("They are NOT the same");
         }
    </script>
</head>
<body>
    This is a simple example
</body>
</html>
```

該腳本的輸出結果如下：

```
They are the same
```

JavaScript 會將兩個運算元轉換為相同的類型，然後進行比較。因此，等於運算子的檢測結果是無關類型的。如果想一併檢測值和類型是否都相同，則需要使用恆等運算子（===，三個等號，而不是兩個），如列表 5-26 中所示。

列表 5-26 在檔案 jsdemo.html 中使用恆等運算子

```
<!DOCTYPE HTML>
<html>
<head>
    <title>Example</title>
    <script src="angular.js"></script>
    <script type="text/javascript">
```

```
        var firstVal = 5;
        var secondVal = "5";

        if (firstVal === secondVal) {
            console.log("They are the same");
        } else {
            console.log("They are NOT the same");
        }
    </script>
</head>
<body>
    This is a simple example
</body>
</html>
```

在這項範例中，恆等運算子會判定兩個變數是不同的，因為這種運算子不會強制轉換類型。該腳本的結果如下：

```
They are NOT the same
```

JavaScript 的基本資料型態（primitives）是依據值做比較，但 JavaScript 物件則是依據其參照做比較。列表 5-27 展示了 JavaScript 如何處理物件的等於及恆等檢測。

列表 5-27　在檔案 jsdemo.html 中對物件執行等於和恆等檢測

```
<!DOCTYPE HTML>
<html>
<head>
    <title>Example</title>
    <script src="angular.js"></script>
    <script type="text/javascript">

        var myData1 = {
            name: "Adam",
            weather: "sunny",
        };
        var myData2 = {
            name: "Adam",
            weather: "sunny",
        };
        var myData3 = myData2;

        var test1 = myData1 == myData2;
        var test2 = myData2 == myData3;
        var test3 = myData1 === myData2;
        var test4 = myData2 === myData3;

        console.log("Test 1: " + test1 + " Test 2: " + test2);
        console.log("Test 3: " + test3 + " Test 4: " + test4);
```

```
    </script>
</head>
<body>
    This is a simple example
</body>
</html>
```

該腳本的結果如下：

```
Test 1: false Test 2: true
Test 3: false Test 4: true
```

至於列表 5-28 則是對基本資料型態所做的相同檢測。

列表 5-28　在檔案 jsdemo.html 中對基本資料型態執行等於和恆等檢測

```
<!DOCTYPE HTML>
<html>
<head>
    <title>Example</title>
    <script src="angular.js"></script>
    <script type="text/javascript">

        var myData1 = 5;
        var myData2 = "5";
        var myData3 = myData2;

        var test1 = myData1 == myData2;
        var test2 = myData2 == myData3;
        var test3 = myData1 === myData2;
        var test4 = myData2 === myData3;

        console.log("Test 1: " + test1 + " Test 2: " + test2);
        console.log("Test 3: " + test3 + " Test 4: " + test4);
    </script>
</head>
<body>
    This is a simple example
</body>
</html>
```

該腳本的結果如下：

```
Test 1: true Test 2: true
Test 3: false Test 4: true
```

提示：AngularJS 另外提供了 angular.equals 方法，它能夠比較兩個物件或值，如果兩者恆等（===），或兩者皆為物件，而它們的所有屬性皆通過恆等比較，便會回傳 true。由於我並不會在本書使用此方法，所以沒有在本章包含其範例。

5.6.3 明確地轉換類型

字串連接運算子（+）比加號（也是+）的優先級還高，這表示 JavaScript 將優先做變數連接，而非數值的累加。這有時會造成一些混亂，因為 JavaScript 會自動地轉換類型並產生結果，而結果卻可能不是你想要的，如列表 5-29 所示。

列表 5-29　在檔案 jsdemo.html 中示範字串連接運算子的優先性

```
<!DOCTYPE HTML>
<html>
<head>
    <title>Example</title>
    <script src="angular.js"></script>
    <script type="text/javascript">

        var myData1 = 5 + 5;
        var myData2 = 5 + "5";

        console.log("Result 1: " + myData1);
        console.log("Result 2: " + myData2);

    </script>
</head>
<body>
    This is a simple example
</body>
</html>
```

該腳本的結果如下：

```
Result 1: 10
Result 2: 55
```

這裡的第二項結果就可能會造成混亂。由於運算子的優先性以及過度積極的類型轉換，原本應該是累加運算的操作便成了字串連接。如果想要避免這種情況，你可以先明確轉換值的類型，藉此確保運算結果合乎預期，這也就是接下來我們要做的。

1．數字轉字串

如果你有多個數字變數，並想將它們作為字串連接起來，可以使用 toString 方法將數字轉為字串，如列表 5-30 所示。

列表 5-30　在檔案 jsdemo.html 中使用 toString 方法

```
<!DOCTYPE HTML>
<html>
<head>
    <title>Example</title>
    <script src="angular.js"></script>
    <script type="text/javascript">
        var myData1 = (5).toString() + String(5);
```

```
        console.log("Result: " + myData1);
    </script>
</head>
<body>
    This is a simple example
</body>
</html>
```

我在圓括號中放置數值，然後呼叫 toString 方法。此種寫法的意義是讓 JavaScript 先將某數字實值轉換為字串，才能使用字串類型所提供的方法。同時我還使用了另外一種寫法，也就是呼叫 String 函式並傳入數值作為參數。兩者的結果是相同的，都會將數字轉換為字串，而此舉會明確地將「+」運算子用於字串連接而不是數字累加。該腳本的輸出結果如下：

```
Result: 55
```

除此之外，還有其他方法，可以讓你更細部的設定數字轉換為字串的結果。我在表 5-4 中簡述了這些方法，表中的所有方法都是由數字類型所定義的。

表 5-4　常用的數字轉字串方法

方　法	說　明	回　傳
toString()	以十進位呈現數字	string
toString(2)toString(8)toString(16)	以二進位、八進位、十六進位呈現數字	string
toFixed(n)	呈現包含小數點後 n 位的實數	string
toExponential(n)	以小數點前一位及小數點後 n 位的指數形式呈現	string
toPercision(n)	以 n 位有效數字呈現，如有需要將會使用指數	string

2．字串轉數字

相對的技術則是將字串轉為數字，使你能夠做出數值累加而非字串連接。可以借助 Number 函式來完成，如列表 5-31 所示。

列表 5-31　在檔案 jsdemo.html 中將字串轉為數字

```
<!DOCTYPE HTML>
<html>
<head>
    <title>Fxample</title>
    <script src="angular.js"></script>
    <script type="text/javascript">

        var firstVal = "5";
        var secondVal = "5";

        var result = Number(firstVal) + Number(secondVal);

        console.log("Result: " + result);
    </script>
```

```
</head>
<body>
    This is a simple example
</body>
</html>
```

該腳本的輸出如下：

```
Result: 10
```

Number 方法會以嚴格標準剖析字串值，不過還有另外兩種更加寬鬆的方法：parseInt 和 parseFloat，這兩種方法若遇到字串尾端有非數字符號將會予以忽略。我將這些方法總結於表 5-5 中。

表 5-5　常用的字串轉數字方法

方　法	說　明
Number(str)	剖析指定字串，建立整數或實數值
parseInt(str)	剖析指定字串，建立整數值
parseFloat(str)	剖析指定字串，建立整數或實數值

5.7 使用陣列

JavaScript 陣列與其他程式語言相當類似，列表 5-32 即展示了建立及填充陣列的作法。

列表 5-32　在檔案 jsdemo.html 中建立並填充陣列

```
<!DOCTYPE HTML>
<html>
<head>
    <title>Example</title>
    <script src="angular.js"></script>
    <script type="text/javascript">

        var myArray = new Array();
        myArray[0] = 100;
        myArray[1] = "Adam";
        myArray[2] = true;

    </script>
</head>
<body>
    This is a simple example
</body>
</html>
```

我呼叫了 new Array()來建立一個新陣列。這是一個空陣列，並指派給變數 myArray。在之後的述句中，我還對陣列裡的多個索引位置指派某值。（該列表沒有主控台輸出。）

這項範例有幾個值得注意的地方。首先，建立陣列時並不需要宣告陣列的項目數，JavaScript 陣列會自動調整大小。再者，無須宣告陣列的資料類型，因為 JavaScript 陣列內可以放置多種不同的資料類型。我在這個陣列裡指派了三種資料類型：數字、字串和布林值。

5.7.1 使用直接陣列

你可以藉由直接陣列風格，在單行述句中建立並填充陣列，如列表 5-33 中所示。

列表 5-33　在檔案 jsdemo.html 中使用直接陣列風格

```
<!DOCTYPE HTML>
<html>
<head>
    <title>Example</title>
    <script src="angular.js"></script>
    <script type="text/javascript">

      var myArray = [100, "Adam", true];

    </script>
</head>
<body>
    This is a simple example
</body>
</html>
```

在這項範例中，我藉由方括號（「[」和「]」）對變數 myArray 指派多個陣列項目，此舉會直接產生一個新陣列。（該列表沒有主控台輸出。）

5.7.2 檢查是否為陣列

AngularJS 提供了 angular.isArray 方法，若傳入參數為陣列時便會回傳 true，如列表 5-34 所示。

列表 5-34　在 jsdemo.html 檔案中檢查是否為陣列

```
<!DOCTYPE html>
<html>
<head>
    <title>Example</title>
    <script src="angular.js"></script>
    <script type="text/javascript">

        console.log(angular.isArray([100, "Adam", true]));
        console.log(angular.isArray("Adam"));
        console.log(angular.isArray(23));

    </script>
```

```
</head>
<body>
    This is a simple example
</body>
</html>
```

該範例會產生如下的主控台輸出：

```
true
False
False
```

5.7.3 讀取及修改陣列的內容

若要取得陣列中某個項目之值，可以在方括號（「[」和「]」）內填入指定的索引，如列表 5-35 所示。

列表 5-35 在檔案 jsdemo.html 中從陣列的某個索引處取得資料

```
<!DOCTYPE HTML>
<html>
<head>
    <title>Example</title>
    <script src="angular.js"></script>
    <script type="text/javascript">
        var myArray = [100, "Adam", true];
        console.log("Index 0: " + myArray[0]);
    </script>
</head>
<body>
    This is a simple example
</body>
</html>
```

修改 JavaScript 陣列資料的方式很簡單，只要對指定的索引指派新值即可。就如同於一般的變數，你也可以直接變更陣列內容的資料類型。列表的輸出結果如下：

```
Index 0: 100
```

列表 5-36 示範了陣列內容的修改方式。

列表 5-36 在檔案 jsdemo.html 檔案中修改陣列內容

```
<!DOCTYPE HTML>
<html>
<head>
    <title>Example</title>
    <script src="angular.js"></script>
    <script type="text/javascript">
        var myArray = [100, "Adam", true];
        myArray[0] = "Tuesday";
```

```
        console.log("Index 0: " + myArray[0]);
    </script>
</head>
<body>
    This is a simple example
</body>
</html>
```

在這項範例中，我對陣列的位置 0 指派了一個字串，該位置之前是放置數字，而現在的輸出結果如下：

```
Index 0: Tuesday
```

5.7.4 列舉陣列內容

你可以使用 for 迴圈或 AngularJS 的 angular.forEach 方法來列舉陣列內容，列表 5-37 分別示範了這兩種方式。

列表 5-37　在檔案 jsdemo.html 中列舉陣列內容

```
<!DOCTYPE html>
<html>
<head>
    <title>Example</title>
    <script src="angular.js"></script>
    <script type="text/javascript">
        var myArray = [100, "Adam", true];

        for (var i = 0; i < myArray.length; i++) {
            console.log("Index " + i + ": " + myArray[i]);
        }

        console.log("---");

        angular.forEach(myArray, function (value, key) {
            console.log(key + ": " + value);
        });

    </script>
</head>
<body>
    This is a simple example
</body>
</html>
```

JavaScript 的 for 迴圈就如同於其他語言的迴圈。你可以使用 length 屬性來判定陣列中有多少元素。若是使用 angular.forEach 方法則不需要設定陣列範圍，但同時也不會在過程中提供陣列項目的索引。列表的輸出結果如下：

```
Index 0: 100
Index 1: Adam
Index 2: true
---
0: 100
1: Adam
2: true
```

5.7.5 使用內建的陣列方法

JavaScript 的 Array 物件定義了大量的陣列方法，其中最常用的方法彙整於表 5-6 中。

表 5-6 常用的陣列方法

方 法	說 明	回 傳
concat(otherArray)	將某陣列的內容與另一陣列連接起來，可以指定多個陣列	Array
join(separator)	將陣列所有項目加入至某字串中，其參數則用於指定在項目之間填入的文字內容	string
pop()	像堆疊一樣處理陣列，移除並回傳陣列的最後一個項目	object
push(item)	像堆疊一樣處理陣列，為陣列新增指定項目	void
reverse()	反轉陣列項目的順序	Array
shift()	類似於 pop，但操作的是第一個項目	object
slice(start, end)	回傳指定的陣列區段	Array
sort()	對陣列項目進行排序	Array
splice(index, count)	從陣列中移除 count 個項目，從指定的 index 位置開始	Array
unshift(item)	類似於 push，但從開頭插入新項目	void

5.8 undefined 和 null 值之差異

JavaScript 定義了兩個特殊值：undefined 和 null，你需要謹慎看待兩者的差異。若讀取一個未含任何內容的變數，或者是試圖讀取一個不存在的物件屬性時，便會回傳 undefined。列表 5-38 展示了 JavaScript 的 undefined 是如何出現的。

列表 5-38 在檔案 jsdemo.html 中的特殊值 undefined

```
<!DOCTYPE HTML>
<html>
<head>
    <title>Example</title>
    <script src="angular.js"></script>
    <script type="text/javascript">
        var myData = {
            name: "Adam",
            weather: "sunny",
        };
        console.log("Prop: " + myData.doesntexist);
    </script>
```

```
</head>
<body>
    This is a simple example
</body>
</html>
```

該列表的輸出結果如下：

```
Prop: undefined
```

然而 JavaScript 還不太尋常的另有一個特殊值 null。null 值與 undefined 值稍有不同，undefined 是表示不含任何值，null 則是有值但該值並非有效的物件、字串、數字或布林。可以想成，這是一個沒有值的值。為了進一步釐清這項概念，列表 5-39 會示範 undefined 是如何轉變成 null 的。

列表 5-39　在檔案 jsdemo.html 中的 undefined 和 null

```
<!DOCTYPE HTML>
<html>
<head>
    <title>Example</title>
    <script src="angular.js"></script>
    <script type="text/javascript">

        var myData = {
            name: "Adam",
        };
        console.log("Var: " + myData.weather);
        console.log("Prop: " + ("weather" in myData));

        myData.weather = "sunny";
        console.log("Var: " + myData.weather);
        console.log("Prop: " + ("weather" in myData));

        myData.weather = null;
        console.log("Var: " + myData.weather);
        console.log("Prop: " + ("weather" in myData));

    </script>
</head>
<body>
    This is a simple example
</body>
</html>
```

我建立了一個物件，然後試圖讀取尚未被定義的 weather 屬性值：

```
...
console.log("Var: " + myData.weather);
console.log("Prop: " + ("weather" in myData));
...
```

由於不存在 weather 屬性，因此呼叫 myData.weather 的結果便是回傳 undefined。另一方面，若使用關鍵字 in 來判定該物件是否包含這個屬性，也會回傳 false。這兩條述句的輸出如下：

```
Var: undefined
Prop: false
```

接著，我指派一個值給 weather 屬性，此舉同時也為物件新增了這個屬性：

```
...
myData.weather = "sunny";
console.log("Var: " + myData.weather);
console.log("Prop: " + ("weather" in myData));
...
```

再次讀取屬性值，並再次查看物件屬性是否存在。這時如你所預料的，這個物件屬性存在，其值為 sunny：

```
Var: sunny
Prop: true
```

接下來將屬性值設為 null，如下所示：

```
...
myData.weather = null;
...
```

此舉會產生特殊結果。屬性仍然存在，但不再包含任何值。當我再次執行檢查時，便會得到以下結果：

```
Var: null
Prop: true
```

undefined 和 null 兩者的分野相當重要，切記 null 是物件，而 undefined 則是一個類型。

檢查是否為 null 或 undefined

如果你想檢查屬性是否為 null 或 undefined（而你不在意究竟是前者還是後者），那麼可以單純使用 if 述句和否定運算子（!），如列表 5-40 所示。

列表 5-40　在檔案 jsdemo.html 中檢查某屬性是否為 null 或 undefined

```
<!DOCTYPE HTML>
<html>
<head>
    <title>Example</title>
    <script src="angular.js"></script>
    <script type="text/javascript">
```

```
        var myData = {
            name: "Adam",
            city: null
        };

        if (!myData.name) {
            console.log("name IS null or undefined");
        } else {
            console.log("name is NOT null or undefined");
        }

        if (!myData.city) {
            console.log("city IS null or undefined");
        } else {
            console.log("city is NOT null or undefined");
        }

    </script>
</head>
<body>
    This is a simple example
</body>
</html>
```

JavaScript 會強制將受檢查的值轉換為布林值，如果變數或屬性為 null 或 undefined，則其布林值便是 false。列表的輸出結果如下：

```
name is NOT null or undefined
city IS null or undefined
```

提示：你可以使用||運算子合併判斷多個 null 值，這種作法將會應用在第 9 章中。

你也可以使用 AngularJS 的 angular.isDefined 和 angular.isUndefined 方法，如列表 5-41 所示。

列表 5-41　在檔案 jsdemo.html 中使用 AngularJS 方法來檢測是否有定義任何值

```
<!DOCTYPE html>
<html>
<head>
    <title>Example</title>
    <script src="angular.js"></script>
    <script type="text/javascript">
        var myData = {
            name: "Adam",
            city: null
        };

        console.log("name: " + angular.isDefined(myData.name));
```

```
        console.log("city: " + angular.isDefined(myData.city));
        console.log("country: " + angular.isDefined(myData.country));

    </script>
</head>
<body>
    This is a simple example
</body>
</html>
```

這些方法僅會檢查值是否已被定義，而不會檢查是否為 null，因此可用於區別 null 和 undefined 值。我在列表中使用了 angular.isDefined 方法，分別檢查三種狀態：屬性已定義且含值、已定義但為 null 值、以及未定義的屬性值。這項範例會產生以下的主控台輸出：

```
name: true
city: true
country: false
```

5.9 使用約定

JavaScript 約定是用於表示某項工作會以非同步方式執行，並且會在未來某個時間點完成。最常見的約定是產生 Ajax 請求，瀏覽器會默默地裡發出 HTTP 請求，並透過約定在請求完成時通知你的應用程式。我在列表 5-42 中建立了一個迷你的 AngularJS 應用程式，來產生 Ajax 請求。

注意：這項範例會使用到我在本章一開始建立的 todo.json 檔案。

列表 5-42　在檔案 jsdemo.html 中建立一個迷你的 AngularJS 應用程式

```
<!DOCTYPE html>
<html ng-app="demo">
<head>
    <title>Example</title>
    <script src="angular.js"></script>
    <link href="bootstrap.css" rel="stylesheet" />
    <link href="bootstrap-theme.css" rel="stylesheet" />
    <script type="text/javascript">
        var myApp = angular.module("demo", []);

        myApp.controller("demoCtrl", function ($scope, $http) {
            var promise = $http.get("todo.json");
            promise.success(function (data) {
                $scope.todos = data;
            });
        });
```

```
    </script>
</head>
<body ng-controller="demoCtrl">
    <div class="panel">
        <h1>To Do</h1>
        <table class="table">
            <tr><td>Action</td><td>Done</td></tr>
            <tr ng-repeat="item in todos">
                <td>{{item.action}}</td>
                <td>{{item.done}}</td>
            </tr>
        </table>
    </div>
</body>
</html>
```

這裡所使用的 AngularJS 功能如同於第 2 章。我建立了一個 AngularJS 模組，並提供一個名為 demoCtrl 的控制器。這個控制器是使用 $scope 物件為檢視提供資料，接著檢視則會透過資料綁定和 ng-repeat 指令產生一個表格。你可以在圖 5-3 中看到瀏覽器是如何顯示該範例的。

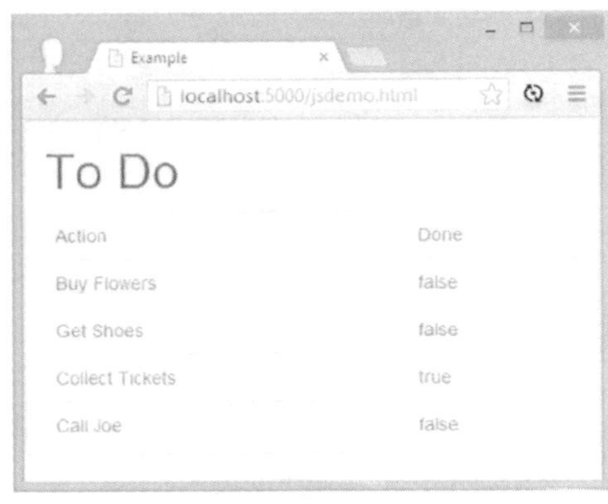

圖 5-3　一個簡單的 AngularJS 應用程式

JavaScript 及非同步程式設計

如果你在接觸 JavaScript 之前是使用 C#或 Java 等程式語言，那麼你可能會對 JavaScript 缺少用於控制非同步程式碼執行的關鍵字（例如 lock 或 synchronized）感到驚訝。JavaScript 未支援此種流程控制，也無法設定優先級。雖然這些特性簡化了開發者的工作思維，但同時也容易造成一些非預期的副作用。我將在第 20 章談及 AngularJS 對自訂約定的支援時重回這項主題。

只要具備 AngularJS 模組、控制器及檢視便足以示範約定的運作，列表的關鍵部份如下所示：

```
...
var promise = $http.get("todo.json");
promise.success(function (data) {
    $scope.todos = data;
});
...
```

$http 服務（我將在第 20 章做更多說明）是用於產生 Ajax 請求，而 get 方法會從伺服器取得指定 URL 的檔案。（這裡的寫法表示這個檔案與當前顯示的 HTML 文件是位於同一位置。）

Ajax 請求是被非同步執行的，瀏覽器會在請求發出時繼續執行這個應用程式。$http.get 方法會回傳一個約定物件，而我可以透過這個物件接收關於 Ajax 請求的通知。在這項範例裡，我使用 success 方法註冊了一個函式，這個函式將會在請求完成時被呼叫。屆時這個回呼函式會收到來自伺服器的資料，並將資料指派給$scope 的一個屬性，接著供應給 ng-repeat 指令，最終產生表格中的待辦事項。約定物件共定義了三個方法，而 success 方法即是其中之一，如表 5-7 所示。

表 5-7　約定物件所定義的方法

名　稱	說　明
error(callback)	指定一個回呼函式，若約定代表的工作無法完成便呼叫
success(callback)	指定一個回呼函式，若約定代表的工作已完成便呼叫
then(success, err)	指定兩個回呼函式，分別在約定成功及失敗時呼叫

上述的三個方法都是以函式作為參數，並根據約定的結果做出呼叫。回呼函式 success 會取得來自伺服器的資料，而回呼函式 error 則會接收關於錯誤的詳細資訊。

提示：另一種思考約定方法的方式是將它們視為事件。就如同回呼函式會在使用者點擊按鈕（觸發事件）時被呼叫，約定也會在工作完成時呼叫回呼函式。

這三個約定方法都會回傳約定物件，讓非同步任務可以連續串接在一起。列表 5-43 即是一項簡單的範例。

列表 5-43　在檔案 jsdemo.html 中串接多個約定

```
<!DOCTYPE html>
<html ng-app="demo">
<head>
    <title>Example</title>
    <script src="angular.js"></script>
    <link href="bootstrap.css" rel="stylesheet" />
    <link href="bootstrap-theme.css" rel="stylesheet" />
    <script type="text/javascript">

        var myApp = angular.module("demo", []);

        myApp.controller("demoCtrl", function ($scope, $http) {
            $http.get("todo.json").then(function (response) {
                $scope.todos = response.data;
            }, function () {
                $scope.todos = [{action: "Error"}];
            }).then(function () {
                $scope.todos.push({action: "Request Complete"});
            });
```

```
        });

    </script>
</head>
<body ng-controller="demoCtrl">
    <div class="panel">
        <h1>To Do</h1>
        <table class="table">
            <tr><td>Action</td><td>Done</td></tr>
            <tr ng-repeat="item in todos">
                <td>{{item.action}}</td>
                <td>{{item.done}}</td>
            </tr>
        </table>
    </div>
</body>
</html>
```

我在這裡使用了兩次 then 方法，第一次是處理$http.get 方法的回應，第二次則是註冊一個之後會被呼叫的函式。由於這樣的程式碼可能會難以讀懂，因此我會依序標示出來。首先，我呼叫 get 方法以建立 Ajax 請求：

```
...
$http.get("todo.json").then(function (response) {
    $scope.todos = response.data;
}, function () {
    $scope.todos = [{action: "Error"}];
}).then(function () {
    $scope.todos.push({action: "Request Complete"});
});
...
```

我藉由 then 方法傳入兩個會在 Ajax 請求完成時呼叫的函式。第一個函式會在請求成功時呼叫，至於第二個則會在請求失敗時呼叫：

```
...
$http.get("todo.json").then(function (response) {
    $scope.todos = response.data;
}, function () {
    $scope.todos = [{action: "Error"}];
}).then(function () {
    $scope.todos.push({action: "Request Complete"});
});
...
```

約定會保證這兩個函式，勢必會有其中一個在 Ajax 請求完成或失敗時被呼叫。接著，我使用 then 方法再添加了一個函式：

```
...
$http.get("todo.json").then(function (response) {
    $scope.todos = response.data;
}, function () {
    $scope.todos = [{action: "Error"}];
}).then(function () {
    $scope.todos.push({action: "Request Complete"});
});
...
```

這一次我只傳入一個函式給 then 方法，表示我不打算接收任何可能的錯誤通知。無論先前函式的結果如何，這個最終函式都會向資料模型新增一個項目。你可以在圖 5-4 中看到 Ajax 請求成功的結果。

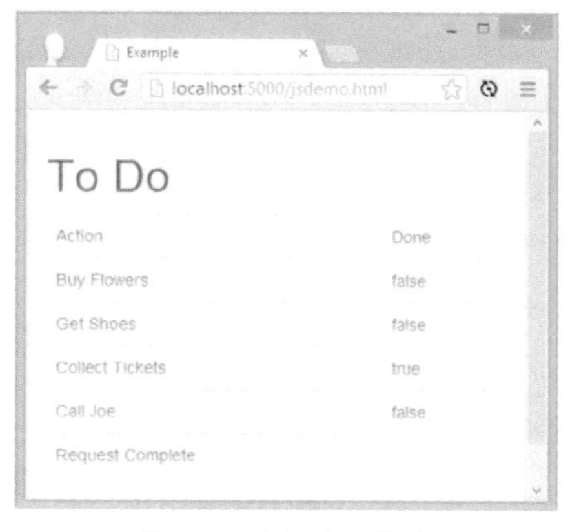

圖 5-4　串接多個約定

提示：這裡的串接或許看起來不是很好懂，但無須擔心，當你開始實際使用約定時，你將很快就會有明確的概念。此外，第 20 章（在我談及 AngularJS 對 Ajax 的支援時）以及第 21 章（在我談到 RESTful 的 Web 服務時）也會有更多的約定範例。

5.10 使用 JSON

JavaScript 物件表示法（JSON）實際上已然是當今 Web 應用程式所通行的標準資料格式。在 JavaScript 程式碼中使用 JSON 是相當簡單且容易的，這就是為什麼它會變得如此流行。JSON 所支援的基本資料類型與 JavaScript 是相一致的，支援 Number、String、Boolean、Array、Object 和特殊類型 null。

這裡再次列出 todo.json 檔案的內容，它包含了一個簡單的 JSON 字串：

```
[{ "action": "Buy Flowers", "done": false },
 { "action": "Get Shoes", "done": false },
 { "action": "Collect Tickets", "done": true },
 { "action": "Call Joe", "done": false }]
```

JSON 資料看起來就像是 JavaScript 在宣告陣列或物件時所用的直接格式。唯一的差異是物件的屬性名稱是置於引號中。

提示：JSON 相當易於使用，但你仍然可能會遇到一些麻煩，因為不同 JSON 函式庫之間的編碼及解碼方式可能也會有所差異。例如當 Web 應用程式和伺服器彼此之間，是各自使用不同的程式語言來支援 JSON 時，問題可能就會浮現出來。一個常見問題是關於日期，由於不同地區在日期格式上的差異，即便在最佳情況下都可能是暗潮洶湧。JSON 沒有原生的日期定義，使得不同 JSON 函式庫對此存在詮釋上的彈性。因此徹底地測試你的 JSON 資料是很重要的，以確保資料在流經整個端對端應用程式的過程中，其編碼都是一致的。

AngularJS 能夠讓 JSON 的使用變得非常簡單。當你透過 Ajax 請求 JSON 資料時，回應會被自動剖析成 JavaScript 物件並傳給 success 函式，如上一個範例中我使用$http.get 方法從 Web 伺服器取得 JSON 檔案時所示範的那樣。

AngularJS 補充了兩個方法，可用於明確地進行 JSON 的編碼和解碼：angular.fromJson 和 angular.toJson。你可以在列表 5-44 看到這兩個方法。

列表 5-44　在檔案 jsdemo.html 中編碼和解碼 JSON 資料

```
<!DOCTYPE html>
<html ng-app="demo">
<head>
    <title>Example</title>
    <script src="angular.js"></script>
    <link href="bootstrap.css" rel="stylesheet" />
    <link href="bootstrap-theme.css" rel="stylesheet" />
    <script type="text/javascript">

        var myApp = angular.module("demo", []);

        myApp.controller("demoCtrl", function ($scope, $http) {
            $http.get("todo.json").success(function (data) {
                var jsonString = angular.toJson(data);
                console.log(jsonString);
                $scope.todos = angular.fromJson(jsonString);
            });
        });

    </script>
</head>
<body ng-controller="demoCtrl">
    <div class="panel">
        <h1>To Do</h1>
        <table class="table">
            <tr><td>Action</td><td>Done</td></tr>
            <tr ng-repeat="item in todos">
                <td>{{item.action}}</td>
                <td>{{item.done}}</td>
```

```
            </tr>
        </table>
    </div>
</body>
</html>
```

在本例中，我對傳入約定 success 函式的資料物件進行操作。這是從 Web 伺服器接收的 JSON 資料，並透過 AngularJS 自動剖析成 JavaScript 陣列。然後我呼叫 angular.toJson 方法再次把陣列編碼為 JSON 並將它寫入主控台。最後我呼叫 angular.fromJson 方法，從這個 JSON 資料建立出另一個 JavaScript 物件，我用它填充 AngularJS 控制器中的資料模型，並透過 ng-repeat 指令填充 table 元素。

提示：大多數需要 JSON 資料的 AngularJS 功能會自動對 JSON 進行編碼和解碼，所以你不會經常需要使用這些方法。

5.11 小結

本章提供了 JavaScript 語言的基本入門，以及 AngularJS 為補充核心語言功能而提供的實用方法。我還介紹了約定以及 AngularJS 對 JSON 的支援，它們兩者是使用 Ajax 並實作我在第 3 章描述的單一頁面應用程式模型所必不可少的。雖然我沒有在此提供鉅細靡遺的 JavaScript 教學，但也確實介紹了本書範例中經常會使用到的那些功能，因此應該足夠你跟上接下來的 AngularJS 開發歷程。我將在第 6 章開始建構更真實的開發範例，藉此提供更深入的 AngularJS Web 應用程式範例。

第6章

SportsStore：真實的應用程式

我在先前章節裡，快速建構了簡單的 AngularJS 應用程式。這些小型且單一目的的範例，能夠讓我專注於展示特定的 AngularJS 功能，但它們缺乏事物的全貌。為了克服該項問題，我將建立一個簡單卻是合乎現實的電子商務應用程式。

這個應用程式名叫 SportsStore，其概念就如同於常見的線上商店。我會建立一個線上商品目錄讓顧客能透過分類和頁面瀏覽，並建立購物車讓使用者能加入或移除商品，以及結帳功能，讓顧客可以輸入貨運詳情和下單。我還將建立管理區域，藉此對目錄進行建立、讀取、更新與刪除（CRUD）等動作，同時這個管理區域必須被保護，只有登入的管理員才能夠做出更改。

本章及後續章節的目的是透過盡可能合乎現實的範例，使你瞭解真實的 AngularJS 開發歷程。然而由於我的目標是專注在 AngularJS 上，所以我簡化了應用程式的外部系統，例如資料儲存的部份，甚至也徹底省略了某些部份，例如支付流程。

SportsStore 是一項我在其他著作中也曾經使用過的範例，此舉突顯出即便是不同的框架、語言和開發風格，也都可以用於實現相同的結果。雖然你在閱讀本書時，並不需要再翻閱我的其他著作，但如果你手上有我所著的《Pro ASP.NET》和《Pro ASP.NET MVC》，你將會發現一些有趣的對比。

這個 SportsStore 應用程式所使用到的各種 AngularJS 功能，將會在後續章節裡一一深入說明。我不會在本書多次重複當中的技術細節，而是會先針對範例應用程式做簡單的說明，然後指引你從其他章節中取得更深入的資訊。你可以單純地閱讀有關 SportsStore 的章節，藉此對 AngularJS 有個概略的瞭解，或是自由地跳轉到更深入的章節。無論如何，別指望能夠立即瞭解每一件事，因為 AngularJS 實在是有太多元件，而 SportsStore 應用程式的目的在於展示出它們的整合方式，至於技術細節的部份則會在更後面的章節裡做說明。

單元測試

我在許多著作中都同樣使用 SportsStore 應用程式的其中一個原因，是因為這樣能夠盡早導入單元測試。AngularJS 提供了一些傑出的單元測試支援，不過直到本書的最後一章之前才會做相關說明。這是因為你需要先瞭解 AngularJS 的運作方式，才能撰寫出健全的單元測試。此外，也是因為我不想讓重複的資訊多次出現在本書的內容裡。

這並不是說 AngularJS 的單元測試很困難，或是你需要成為 AngularJS 專家才能寫出單元測試。而是因為要讓單元測試變得簡單，需要依賴一些直到本書第 2、3 部份才會描述的概念。如果你想儘早開始接觸單元測試，你可以直接閱讀第 25 章，不過我的忠告是循序漸進的閱讀本書，使你能夠理解單元測試功能的基礎。

6.1 開始

在我開始設計應用程式之前，有一些基本的條件需要滿足。下文中的指令會安裝一些 AngularJS 的選擇性功能，用於建立出可發送資料的伺服器。

6.1.1 準備資料

第一步是建立新的 Deployd 應用程式，你將需要建立目錄來儲存產生的檔案。我將這個目錄命名為 deployd，然後把它放到與 angularjs 資料夾（用於放置應用程式檔案）同一層之處。

注意：我曾在第 1 章指示你下載並安裝 Deployd。如果你還沒這麼做，那麼請回頭參考第 1 章，安裝所有必需的軟體。

切換到新目錄中，輸入以下命令：

```
dpd create sportsstore
```

輸入以下命令來啟動新的伺服器：

```
dpd -p 5500 sportsstore\app.dpd
dashboard
```

提示：這是 Windows 風格的路徑寫法。在其他平台上你需要使用 sportsstore/app.dpd。

Deployd 控制面板將會顯示在瀏覽器中，用於設定服務，如圖 6-1 所示。

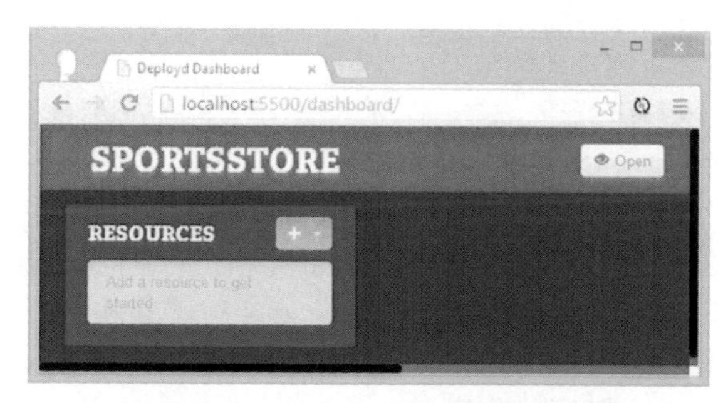

圖 6-1　Deployd 控制面板的初始狀態

1．建立資料結構

下一步是在 Deployd 中建立欲儲存的資料結構。點擊控制面板上的綠色按鈕，然後從彈出的選單選擇 Collection。將集合的名稱設為/products，如圖 6-2 所示。

圖 6-2　建立 products 集合

Deployd 會提示你建立 JSON 物件的屬性，它將儲存在集合中。請一一輸入表 6-1 中所列出的屬性。

表 6-1　products 集合所需的屬性

名　稱	類　型	是否必須
name	string	是
description	string	是
category	string	是
price	number	是

當你完成屬性的新增，控制面板應該和圖 6-3 一樣。請確認你輸入了正確的屬性名稱並為每個屬性選擇了正確的類型。

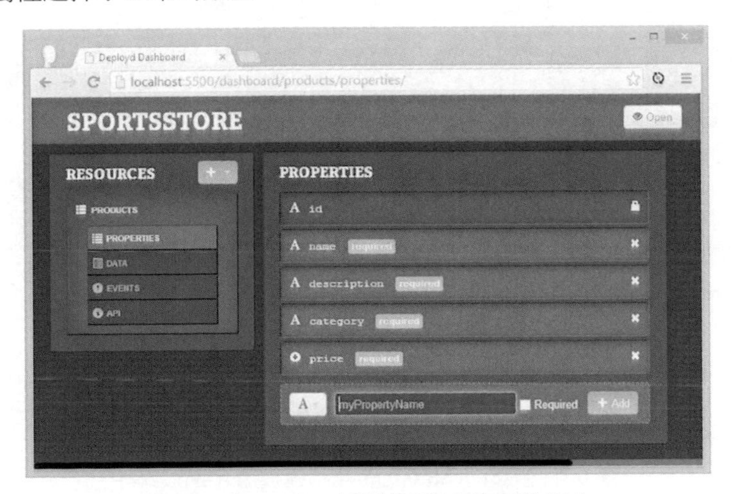

圖 6-3　在 Deployd 控制面板中的屬性集合

提示：可以注意到，Deployd 自行新增了 id 屬性。這在資料庫中將用於區分各個物件。Deployd 會自動將唯一值指派給 id 屬性，並且我將依靠這些值在第 8 章實作管理功能。

2．新增資料

在 Deployd 定義了欲儲存的物件結構後，便可以為 SportsStore 新增商品詳情。點擊控制面板左側的 Data 連結。這會顯示一個編輯器表格，你可以在這裡輸入物件屬性的值，以填充資料庫。

請利用這個編輯器建立出我在表 6-2 所列的資料項目。無須指派 id 屬性的值，因為 Deployd 會在儲存物件時自動產生它們。

表 6-2　商品表的資料

名　稱	說　明	分　類	價　格
Kayak	A boat for one person	Watersports	275
Lifejacket	Protective and fashionable	Watersports	48.95
Soccer Ball	FIFA-approved size and weight	Soccer	19.5
Corner Flags	Give your playing field a professional touch	Soccer	34.95
Stadium	Flat-packed 35,000-seat stadium	Soccer	79500.00
Thinking Cap	Improve your brain efficiency by 75%	Chess	16
Unsteady Chair	Secretly give your opponent a disadvantage	Chess	29.95
Human Chess Board	A fun game for the family	Chess	75
Bling-Bling King	Gold-plated, diamond-studded King	Chess	1200

提示：在向 number 類型的欄位輸入帶有小數點的值時，出於某些原因，Deployd 會刪除初次輸入的小數點，所以你需要再輸入一次小數點。

在你完成資料輸入後，Deployd 的控制面板應該如圖 6-4 所示。

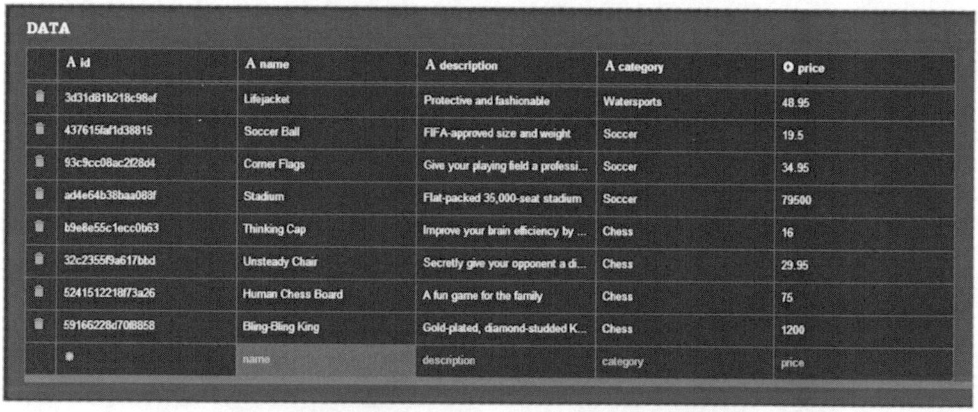

DATA

	A id	A name	A description	A category	price
	3d31d81b218c98ef	Lifejacket	Protective and fashionable	Watersports	48.95
	437615faf1d38815	Soccer Ball	FIFA-approved size and weight	Soccer	19.5
	93c9cc08ac2f28d4	Corner Flags	Give your playing field a professi...	Soccer	34.95
	ad4e64b38baa088f	Stadium	Flat-packed 35,000-seat stadium	Soccer	79500
	b9e8e55c1ecc0b63	Thinking Cap	Improve your brain efficiency by ...	Chess	16
	32c2355f9a617bbd	Unsteady Chair	Secretly give your opponent a di...	Chess	29.95
	5241512218f73a26	Human Chess Board	A fun game for the family	Chess	75
	59166228d70f8858	Bling-Bling King	Gold-plated, diamond-studded K...	Chess	1200
		name	description	category	price

圖 6-4　向 SportsStore 的控制面板輸入商品資料

3．測試資料服務

為了確認 Deployd 已被正確設定並且可用，開啟瀏覽器視窗並前往以下 URL：

```
http://localhost:5500/products
```

該 URL 假設你在本地機器上安裝了 Deployd，並且在啟動 Deployd 時沒有變更連接埠號。URL /products 由 Deployd 解譯成對/products 集合的請求，並以 JSON 字串來回應。有些瀏覽器，例如 Google Chrome 會直接在瀏覽器視窗中顯示 JSON 資料；而其他的瀏覽器，例如 Microsoft Internet Explorer，則是將 JSON 視為需要下載的檔案。無論如何，你都會看到以下資料，差別只在於 id 欄位的值，以及我在這邊有做比較清晰的編排：

```
[{"category":"Watersports","description":"A boat for one person","name":"Kayak",
    "price":275,"id":"05af70919155f8fc"},
 {"category":"Watersports", "description":"Protective and fashionable",
    "name":"Lifejacket","price":48.95,"id":"3d31d81b218c98ef"},
 {"category":"Soccer","description":"FIFA-approved size and weight",
    "name":"Soccer Ball","price":19.5,"id":"437615faf1d38815"},
 {"category":"Soccer","description":"Give your playing field a professional touch",
    "name":"Corner Flags","price":34.95,"id":"93c9cc08ac2f28d4"},
 {"category":"Soccer","description":"Flat-packed 35,000-seat stadium",
    "name":"Stadium","price":79500,"id":"ad4e64b38baa088f"},
 {"category":"Chess","description":"Improve your brain efficiency by 75%",
    "name":"Thinking Cap","price":16,"id":"b9e8e55c1ecc0b63"},
 {"category":"Chess","description":"Secretly give your opponent a disadvantage",
    "name":"Unsteady Chair","price":29.95,"id":"32c2355f9a617bbd"},
 {"category":"Chess","description":"A fun game for the family",
    "name":"Human Chess Board","price":75,"id":"5241512218f73a26"},
 {"category":"Chess","description":"Gold-plated, diamond-studded King",
    "name":"Bling-Bling King","price":1200,"id":"59166228d70f8858"}]
```

6.1.2 準備應用程式

在開始撰寫應用程式之前，我需要在 angularjs 資料夾裡建立好相關的目錄結構，來放置應用程式檔案，並下載所需的 AngularJS 和 Bootstrap 檔案。

1．建立目錄結構

你可以採取任何自己所偏好的方式來組織 AngularJS 應用程式的檔案結構。你甚至可以使用預先定義的範本和一些客戶端開發工具，然而我傾向將事情簡單化，僅採取我在 AngularJS 專案裡所慣用的基本佈局。雖然最終的專案佈局可能還是會有些變化，因為我會隨著專案複雜度的增加而移動並重組檔案，但一開始通常就是像這樣保持簡單。請在 angularjs 資料夾中建立表 6-3 所述的目錄。

表 6-3　SportsStore 應用程式所需的資料夾

名　稱	說　明
components	可獨立運作的自訂 AngularJS 元件
controllers	應用程式的控制器，我將在第 13 章介紹控制器
filters	自訂的過濾器。我將在第 14 章深入過濾器的細節
ngmodules	選擇性的 AngularJS 模組。本書將多次提及選擇性模組，並說明每個在 SportsStore 應用程式中使用到的模組

名　稱	說　明
views	SportsStore 應用程式的局部檢視。檢視包括指令和過濾器的組合，對此我將在第 10 至第 17 章裡說明

2．安裝 AngularJS 和 Bootstrap 檔案

我個人偏好將AngularJS的主要JavaScript檔案和Bootstrap的CSS檔案放入angularjs主目錄裡，並將選擇性的 AngularJS 模組放入 ngmodules 資料夾中。我無法解釋這個偏好的由來及目的，它只是純粹的習慣。請依照著第 1 章的指示，將表 6-4 中列出的檔案複製到 angularjs 資料夾裡。

表 6-4　需要放置在 angularjs 資料夾裡的檔案

名　稱	說　明
angular.js	主要的 AngularJS 功能
bootstrap.css	Bootstrap 的 CSS 樣式
bootstrap-theme.css	Bootstrap CSS 檔案的預設佈景主題

並不是所有的 AngularJS 功能都在 angular.js 檔案中。SportsStore 應用程式還需要一些由選擇性模組所提供的附加功能，而這些模組的檔案將會被放置在 ngmodules 資料夾中。請依照第 1 章的指示，下載表 6-5 所列的檔案，並將它們放置在 angularjs/ngmodules 資料夾中。

表 6-5　需要放置在 ngmodules 資料夾裡的選擇性模組檔案

名　稱	說　明
angular-route.js	加入 URL 路由的支援。關於 SportsStore 應用程式的 URL 路由請參見第 7 章，並參閱第 22 章來瞭解此模組的所有細節
angular-resource.js	加入 RESTful API 的支援。關於 SportsStore 應用程式的 REST 請參見第 8 章，並參閱第 21 章來瞭解此模組的所有細節

3．建構基本輪廓

當我開始設計一個新的 AngularJS 應用程式時，我喜歡先使用佔位內容來搭建基礎的結構，然後再逐一填充各個部份。SportsStore 應用程式的基本佈局是典型的雙欄佈局，如同許多的線上商店，第一欄中的分類是用於過濾在第二欄中會顯示的商品集合，就像圖 6-5 一樣。

雖然隨著應用程式的建構，將會有更多附加功能加入，不過圖 6-5 即是最起初的功能。首先第一步是建立頂層的 HTML 檔案，它將包含結構標籤以及 script 和 link 元素，分別用於匯入所需的 JavaScript 和 CSS 檔案。我在 angularjs 資料夾中建立了 app.html 檔案，列表 6-1 即是其內容。

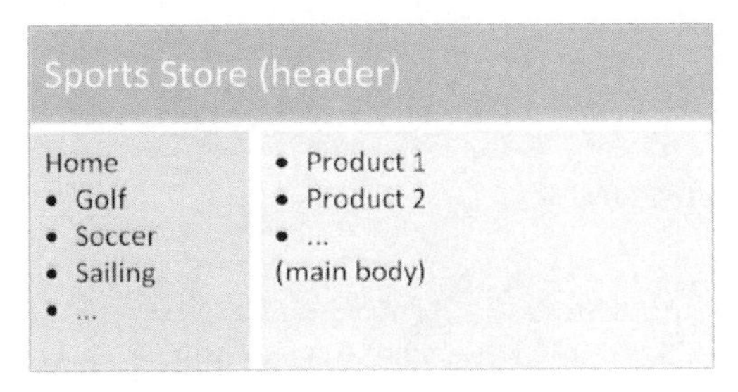

圖 6-5　雙欄 SportsStore 佈局

列表 6-1　檔案 app.html 的內容

```
<!DOCTYPE html>
<html ng-app="sportsStore">
<head>
    <title>SportsStore</title>
    <script src="angular.js"></script>
    <link href="bootstrap.css" rel="stylesheet" />
    <link href="bootstrap-theme.css" rel="stylesheet" />
    <script>
        angular.module("sportsStore", []);
    </script>
</head>
<body>
    <div class="navbar navbar-inverse">
        <a class="navbar-brand" href="#">SPORTS STORE</a>
    </div>
    <div class="panel panel-default row">
        <div class="col-xs-3">
            Categories go here
        </div>
        <div class="col-xs-8">
            Products go here
        </div>
    </div>
</body>
</html>
```

該檔案包括定義了基本佈局的 HTML 元素，並且使用 Bootstrap 設計表格結構，相關概念先前已在第 4 章裡說明過。在該檔案中有兩個與 AngularJS 直接相關的玩意。首先是在 script 元素中呼叫 angular.module 方法，如下：

```
...
<script>
    angular.module("sportsStore", []);
</script>
...
```

模組是 AngularJS 應用程式中最頂層的建構組塊，而該方法的呼叫會建立一個名為 sportsStore 的新模組。雖然目前我還沒有確切使用到這個模組，但我會在之後透過它來定義應用程式的功能。

接著是我在 html 元素上套用了 ng-app 指令，如下所示：

```
...
<html ng-app="sportsStore">
...
```

這個 ng-app 指令使 sportsStore 模組所定義的功能能夠用於 HTML 中。我偏好在 html 元素上套用 ng-app 指令，但你也可以更具針對性的套用在 body 元素上，這也是一種常見的作法。

雖然已經建立並套用了一個 AngularJS 模組，不過 app.html 檔案的內容仍然相當簡單，僅僅陳列了應用程式的基本結構，並套用來自 Bootstrap 的樣式。你可以在圖 6-6 看到 app.html 檔案在瀏覽器中的顯示結果。

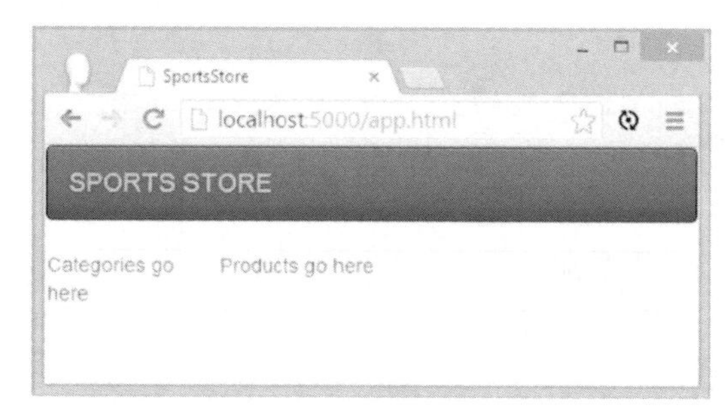

圖 6-6　SportsStore 應用程式的初始佈局

提示：請求 app.html 檔案的方式，是在瀏覽器上開啟 URL http://localhost:5000/app.html。我是使用先前曾在第 1 章介紹過的 Node.js Web 伺服器，並執行於本地機器的連接埠 5000 上。這跟我在本章一開始時建立的 Deployd 伺服器是不同的，Deployd 伺服器是執行於連接埠 5500 上。

雖然目前看起來有些簡陋，但一旦我開始使用 AngularJS 建構應用程式的各項功能，它就會很快地變得活靈活現。

6.2 顯示商品資料

我準備要來處理商品資料的顯示部份。由於我想一次只專心完成一項功能，所以我會先定義一些臨時性的本地資料，然後我將在第 7 章把它取代成從 Deployd 伺服器來的資料。

6.2.1 建立控制器

我需要先從控制器開始，就如我曾在第 3 章裡說明過的，控制器是定義邏輯和所需的資料，以支援其作用範圍中的檢視。這個控制器將主導整個應用程式（因此我個人稱其為「頂層控制器」），而我會把這個控制器定義在一個獨立的檔案裡。之後我將在另一個檔案裡組合多個相關的控制器，不過頂層控制器仍會自己擁有一個獨立的檔案。列表 6-2 展示了檔案 controllers/sportsStore.js 的內容。

提示：將頂層控制器存放在獨立檔案中，是因為如此一來，我就更容易在版本控制系統中，注意到它所出現的任何變化。在早期的開發階段裡，頂層控制器經常會隨著應用程式的持續成形，而產生大量的變化。我可不想讓這樣的重大變化被其他事物所掩沒，以致於無法留意到。雖然當專案的主要功能完成後，頂層控制器就很少會出現變化了。但一旦出現變化，就可能會在應用程式中造成連鎖反應。因此，即便在那個階段，我仍會想知道是否有人變更了頂層控制器，使我可以確保其變更是適當的，並且經過全面的測試。

列表 6-2　檔案 sportsStore.js 的內容

```
angular.module("sportsStore")
.controller("sportsStoreCtrl", function ($scope) {

    $scope.data = {
        products: [
            { name: "Product #1", description: "A product",
                category: "Category #1", price: 100 },
            { name: "Product #2", description: "A product",
                category: "Category #1", price: 110 },
            { name: "Product #3", description: "A product",
                category: "Category #2", price: 210 },
            { name: "Product #4", description: "A product",
                category: "Category #3", price: 202 }]
    };
});
```

可以看到，在該檔案中的第一段是呼叫 angular.module 方法。之前我在 app.html 檔案中定義 SportsStore 應用程式的主模組時，也是呼叫相同的方法。不同的是當我在定義模組時，我還提供了額外的參數，如下所示：

```
...
angular.module("sportsStore", []);
...
```

第二個參數是一個陣列，目前是空的，它的目的是填入 SportsStore 模組所依賴的其他模組，讓 AngularJS 能夠找出那些模組並加以取用。我會在稍後加入陣列元素，不過此時的重點在於，只要有加上陣列（無論是否為空），便是指示 AngularJS 建立一個新的模組。如果你試圖建立一個已經存在的模組，AngularJS 便會回報錯誤，所以你需要確認這是一個不重複的模組名稱。

相反地，在 sportsStore.js 檔案中呼叫 angular.module 方法則沒有第二個參數：

```
...
angular.module("sportsStore")
...
```

若沒有第二個參數則是指示 AngularJS 去尋找已定義的模組。如果指定的模組不存在，AngularJS 將會回報錯誤，所以你需要確認模組是否已被建立。

這兩種使用 angular.module 的方式都會回傳一個 Module 物件，可用於定義應用程式的功能。我在這裡使用了 controller 方法，顧名思義，它的作用就是定義控制器。至於其他 AngularJS 方法（以及它們所建立的元件），則會在第 9 章和第 18 章裡做完整說明，並且在建構 SportsStore 應用程式的過程裡也會加以運用。

注意：我在先前步驟裡是將建立應用程式主模組的呼叫放置在 HTML 檔案中，但事實上我很少會這麼做，因為全數放進 JavaScript 檔案裡才是比較簡單的方式。之所以分別開來，是因為 angular.module 的不同使用方式可能會引起混淆，而我希望你能夠具備清晰的概念，因此才會選擇將一條 JavaScript 述句放在 HTML 檔案裡。

頂層控制器在 SportsStore 應用程式中的主要角色，是為應用程式定義欲顯示的資料，以提供給檢視。正如你即將看到的（細節則會在第 13 章裡說明），AngularJS 能夠以層次化的方式來組織多個控制器。位於下層的控制器可以從上層控制器繼承資料和邏輯，因此若先在頂層控制器中定義資料，稍後其他的控制器就能夠輕易地取得資料。

我所定義的資料是一個物件陣列，和儲存在 Deployd 裡的資料具有相同的屬性。如此一來我就無須透過 Ajax 請求去取得真實的商品資訊，可以直接實作當前想要完成的功能。

警告：這裡可以注意到，當我在控制器的作用範圍上定義資料時，是將資料物件定義於陣列中，並將陣列指派給 data 物件的 products 屬性，而這個物件則會附著在作用範圍上。在定義可供繼承的資料時必須小心，因為如果你是直接將屬性指派給作用範圍（即$scope.products = [data]），雖然此舉能夠讓其他控制器讀取資料，但並不一定能夠做出修改。對此，我會在第 13 章裡做詳細的說明。

6.2.2 顯示商品詳情

為了顯示商品詳情，我需要在 app.html 檔案裡加入一些 HTML 標籤。AngularJS 能夠讓資料的顯示變得輕而易舉，如列表 6-3 所示。

列表 6-3 在 app.html 檔案中顯示商品詳情

```
<!DOCTYPE html>
<html ng-app="sportsStore">
<head>
    <title>SportsStore</title>
    <script src="angular.js"></script>
    <link href="bootstrap.css" rel="stylesheet" />
    <link href="bootstrap-theme.css" rel="stylesheet" />
    <script>
        angular.module("sportsStore", []);
    </script>
    <script src="controllers/sportsStore.js"></script>
</head>
```

```
<body ng-controller="sportsStoreCtrl">
    <div class="navbar navbar-inverse">
        <a class="navbar-brand" href="#">SPORTS STORE</a>
    </div>
    <div class="panel panel-default row">
        <div class="col-xs-3">
            Categories go here
        </div>
        <div class="col-xs-8">
            <div class="well" ng-repeat="item in data.products">
                <h3>
                    <strong>{{item.name}}</strong>
                    <span class="pull-right label label-primary">
                        {{item.price | currency}}
                    </span>
                </h3>
                <span class="lead">{{item.description}}</span>
            </div>
        </div>
    </div>
</body>
</html>
```

在該列表中一共有三項變更。首先是我加入了一個 script 元素，藉此從 controllers 資料夾匯入 sportsStore.js 檔案，其內包含 sportsStoreCtrl 控制器。由於 sportsStore 模組是在 app.html 檔案內被定義的，然後才是由 sportsStore.js 檔案去使用它，因此我需要確保行內 script 元素，也就是定義了該模組的元素，它的出現位置是早於匯入 sportsStore.js 檔案的元素。

另一項變更則是使用 ng-controller 指令，將控制器套用至檢視上，如下所示：

```
...
<body ng-controller="sportsStoreCtrl">
...
```

由於我會在整個應用程式中使用 sportsStoreCtrl 控制器，所以便套用在 body 元素上，使其能夠處理所有的內容元素。當我開始加入其他控制器以支援特定功能時，這項作法就會顯出意義來。

產生內容元素

列表 6-3 的最後一項變更，是建立元素以顯示在 SportsStore 中的商品詳情。ng-repeat 是 AngularJS 最有用的指令之一，它能夠根據資料陣列中的物件產生元素。它是以屬性的形式被套用，而其值的作用則是根據指定陣列中的每個資料物件來建立本地變數，如下所示：

```
...
<div class="well" ng-repeat="item in data.products">
...
```

這裡所使用的值會指示 ng-repeat 指令列舉 data.products 陣列中的物件（也就是先前由控制器附著在作用範圍上的物件），並將物件一一指派給名為 item 的變數。然後我就可以在資料綁定表達式中參照當前的物件，以{{}}符號表示，如下所示：

```
...
<div class="well" ng-repeat="item in data.products">
    <h3>
        <strong>{{item.name}}</strong>
        <span class="pull-right label label-primary">{{item.price | currency}}</span>
    </h3>


    <span class="lead">{{item.description}}</span>
</div>
...
```

套用了 ng-repeat 指令的元素（及其子元素），將會依照資料物件的數目重複產生。至於資料物件則會被指派給變數 item，如此一來就能夠透過此變數插入 name、price 和 description 屬性的值。

屬性 name 和 description 的值是沒有做任何修改，直接插入至 HTML 元素裡的，然而 price 屬性就有所不同了：我對它套用了一個過濾器。所謂的過濾器是能夠在檢視中對資料進行格式化或排序的工具，AngularJS 內建了一些過濾器，例如 currency 過濾器，它能夠將數字格式化為金額的表示方式。過濾器的使用方式是透過「|」符號，然後加上過濾器名稱，例如表達式 item.price | currency 便是指示 AngularJS 將 item 物件的 price 屬性值傳入 currency 過濾器。

currency 過濾器預設是以美元來格式化金額，但我會在第 14 章裡，說明如何使用 AngularJS 的本地化過濾器來顯示其他的金額格式。第 14 章會談到更多內建的過濾器，以及如何自行建立過濾器。事實上，下一節就會包含一個自訂的過濾器。這個 ng-repeat 指令的執行結果是產生一系列的元素集合，例如第一個資料物件便會產生以下元素：

```
<div class="well ng-scope" ng-repeat="item in data.products">
    <h3>
        <strong class="ng-binding">Product #1</strong>
        <span class="pull-right label label-primary ng-binding">$100.00</span>
    </h3>
    <span class="lead ng-binding">A product</span>
</div>
```

這裡可以看到，AngularJS 會為元素標上以 ng-開頭的類別。這是 AngularJS 在處理元素並解析資料綁定後所產生的特殊標記，而你不應該試圖去更動它們。你可以在瀏覽器中開啟 app.html 檔案，來觀看其變化。如圖 6-7 所示，雖然圖中只看得到前兩項商品，不過實際上所有的商品都被顯示在單一列表中（關於這點，我會在本章稍後加入分頁，來實現更常規的結果）。

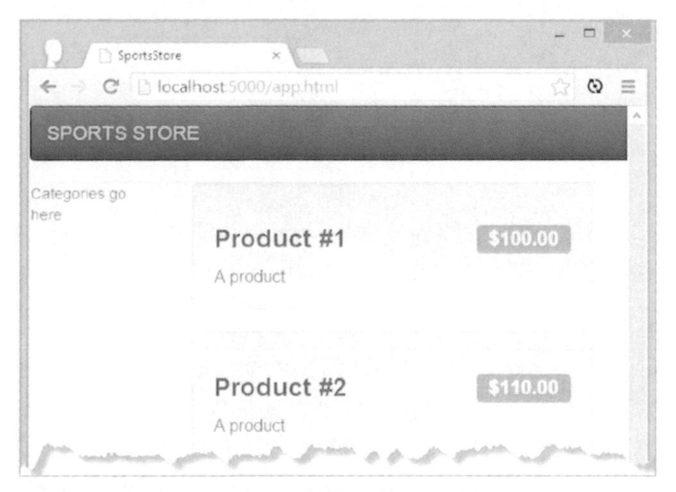

圖 6-7　產生商品詳情元素

6.3 顯示分類列表

接下來是顯示分類列表，讓使用者可以過濾出欲顯示的商品。實作這項功能需要為使用者的瀏覽內容產生一系列的元素、處理商品分類的選擇，並且更新詳情區塊，讓只有符合特定分類的商品能夠被顯示出來。

6.3.1 建立分類列表

我想根據商品資料物件來動態地產生分類元素，而不是透過寫死的 HTML 元素。雖然動態式的方案是更加複雜，但能夠讓 SportsStore 應用程式自動地反映出商品目錄的變化。這表示我必須根據商品資料物件的陣列，來產生一個項目不重複的列表。雖然 AngularJS 未直接內建這類功能，但可以輕易地透過自訂過濾器來實作。我在 filters 目錄中建立了 customFilters.js 檔案，你可以在列表 6-4 中看到該檔案的內容。

列表 6-4　檔案 customFilters.js 的內容

```
angular.module("customFilters", [])
    .filter("unique", function () {
        return function (data, propertyName) {
            if (angular.isArray(data) && angular.isString(propertyName)) {
                var results = [];
                var keys = {};
                for (var i = 0; i < data.length; i++) {
                    var val = data[i][propertyName];
                    if (angular.isUndefined(keys[val])) {
                        keys[val] = true;
                        results.push(val);
                    }
                }
```

```
                return results;
            } else {
                return data;
            }
        }
    });
```

自訂過濾器是使用 Module 物件定義的 filter 方法建立的，而該物件則是來自於 angular.module 方法。我選擇建立一個名為 customFilters 的新模組來收納我的過濾器，因為如此一來我就可以示範如何在應用程式中定義及連接多個模組。

提示：為了加入一項功能，究竟是要修改現有的模組，還是再建立一個新模組，其實並沒有既定的原則。然而當某項功能可能會在多個應用程式裡被重複使用時，我就會傾向於建立新的模組。自訂過濾器通常都是有重複使用的需要，因為幾乎所有的 AngularJS 應用程式都會用到資料格式化的功能，也因此多數的開發者往往都會準備好相關的模組來處理常用的格式。

---

filter 方法需要兩個參數，首先是過濾器的名稱，在本範例中是名為 unique，以及一個工廠函式，用於回傳負責具體工作的過濾器函式。AngularJS 會在需要建立過濾器實例時呼叫工廠函式，接著過濾器函式便會被使用（進行過濾）。

所有過濾器函式都會被傳入需要格式化的資料，然而我的過濾器還額外定義了一個名為 propertyName 的參數，我使用它來指定將被用於產生不重複列表的物件屬性。在我使用過濾器時，你會看到 propertyName 參數是如何設定的。過濾器函式的實作很簡單：列舉資料陣列的內容，並建立不重複屬性值的列表，而屬性的名稱則由參數 propertyName 提供。

提示：雖然我可以把過濾器函式寫死去尋找 category 屬性，但這樣就會限制住 unique 過濾器在其他地方的可重複使用性。藉由將屬性名稱作為參數，這個過濾器可以用於在資料物件集合中產生任何屬性值的不重複列表。

過濾器函式的作用是回傳經過濾的資料，即使它接收到無法處理的資料，也要有所反應。因此，我會先使用 angular.isArray 和 angular.isString 方法，分別檢查資料是否是陣列，以及 propertyName 是否為字串。在之後的程式碼中，則使用 angular.isUndefined 方法檢查屬性是否已被定義。AngularJS 提供了一系列的工具方法，包括可用於檢查物件和屬性類型的方法，詳情可參考第 5 章的完整介紹。如果我的過濾器確實收到一個陣列和一個屬性名稱，便會回傳一個內含不重複屬性值的陣列。反之，則會原封不動的回傳收到的資料。

提示：過濾器對資料所做的變更只會影響最終呈現給使用者的內容，而不會影響作用範圍中的原始資料。

6.3.2 產生分類導覽連結

接下來是產生供使用者點擊來切換商品分類的連結。這會用到我在上一節所建立的 unique 過濾器，以及一些好用的 AngularJS 內建功能，如列表 6-5 所示。

列表 6-5 在 app.html 檔案中產生導覽連結

```
<!DOCTYPE html>
<html ng-app="sportsStore">
<head>
    <title>SportsStore</title>
    <script src="angular.js"></script>
    <link href="bootstrap.css" rel="stylesheet" />
    <link href="bootstrap-theme.css" rel="stylesheet" />
    <script>
        angular.module("sportsStore", ["customFilters"]);
    </script>
    <script src="controllers/sportsStore.js"></script>
    <script src="filters/customFilters.js"></script>
</head>
<body ng-controller="sportsStoreCtrl">
    <div class="navbar navbar-inverse">
        <a class="navbar-brand" href="#">SPORTS STORE</a>
    </div>
    <div class="panel panel-default row">
        <div class="col-xs-3">
            <a ng-click="selectCategory()"
               class="btn btn-block btn-default btn-lg">Home</a>
            <a ng-repeat="item in data.products | orderBy:'category' | unique:'category'"
               ng-click="selectCategory(item)" class=" btn btn-block btn-default btn-lg">
                {{item}}
            </a>
        </div>
        <div class="col-xs-8">
            <div class="well" ng-repeat="item in data.products">
                <h3>
                    <strong>{{item.name}}</strong>
                    <span class="pull-right label label-primary">
                        {{item.price | currency}}
                    </span>
                </h3>
                <span class="lead">{{item.description}}</span>
            </div>
        </div>
    </div>
</body>
</html>
```

列表的第一項變更是更新 sportsStore 模組的定義，宣告對 customFilters 模組的依賴，也就是在列表 6-4 裡包含 unique 過濾器的那個模組：

```
...
angular.module("sportsStore", ["customFilters"]);
...
```

這就是所謂的依賴宣告，在本例中，我宣告 sportsStore 模組依賴於 customFilters 模組的功能。AngularJS 將會尋找 customFilters 模組並取得它所包含的功能，如此一來我就可以參照它的過濾器和控制器等元件，而這道程序就是所謂的依賴解析。

提示：在模組或其他元件之間宣告及管理依賴的程序（又稱為依賴注入），是 AngularJS 的重要概念，我將在第 9 章裡加以解釋。

我還必須加入新增 script 元素以載入包含 customFilters 模組的檔案內容，如下：

```
...
<script>
    angular.module("sportsStore", ["customFilters"]);
</script>
<script src="controllers/sportsStore.js"></script>
<script src="filters/customFilters.js"></script>
...
```

這裡可以注意到，我是在建立 sportsStore 模組並宣告依賴 customFilters 模組之後，再為 customFilters.js 檔案定義 script 元素。這是因為 AngularJS 會先載入所有模組，然後才開始做依賴解析。這種結果可能會令人感到困惑：雖然在擴充模組時（因為模組必須先被定義），script 元素的順序很重要，不過在定義新模組或宣告依賴時就無關僅要了。

列表 6-5 中的最後一項變更是用於產生分類選擇元素。這些元素的具體工作內容一言難盡，但你只要參考圖 6-8，就能夠理解至少結果會是什麼（新增了分類按鈕）。

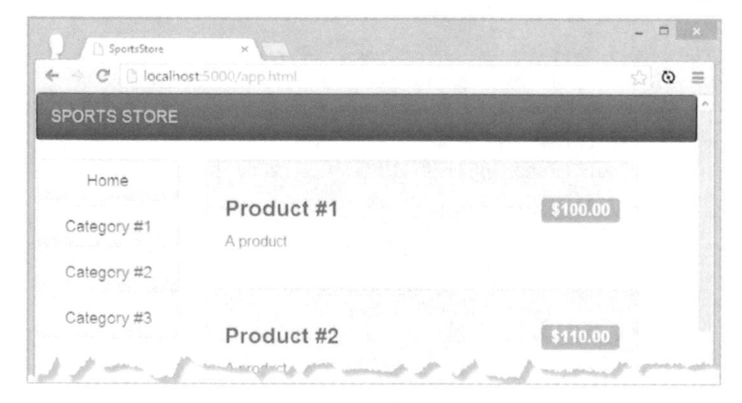

圖 6-8　分類導覽按鈕

1．產生導覽元素

在這些標籤中最值得注意的部份是使用了 ng-repeat 元素，為每個商品分類產生個別的元素，如下：

```
...
<a ng-click="selectCategory()" class="btn btn-block btn-default btn-lg">Home</a>
<a ng-repeat="item in data.products | orderBy:'category' | unique:'category'"
   ng-click="selectCategory(item)" class=" btn btn-block btn-default btn-lg">
      {{item}}
</a>
...
```

ng-repeat 屬性值的第一部份就如同於產生商品詳情時的作法（item in data.products），這會指示 ng-repeat 指令，列舉 data.products 陣列中的物件，並將當前的物件指派給變數 item，然後重複產生指令所套用的元素。

屬性值的第二部份則指示 AngularJS 將 data.products 陣列傳遞給內建過濾器 orderBy，其作用是排序陣列。過濾器 orderBy 需要加上參數來指定物件應按哪個屬性做排序，因此我在過濾器名稱後又加上了冒號（「:」符號）及特定的屬性。在本例中，我指定了 category 屬性（我會在第 14 章裡為 orderBy 過濾器做更多的說明）。

提示：這裡可以注意到，我所指定的屬性名稱是夾在單引號之間(「'」符號)。AngularJS 預設會將參數中的文字視為作用範圍中的變數。所以若要給予一個靜態值，我必須使用字串實值，這在 JavaScript 中會需要加上單引號。(或者使用雙引號，但我已經使用雙引號來括住 ng-repeat 指令的屬性值了。)

過濾器 orderBy 能夠讓商品物件依據其屬性 category 的值做排序，但還沒就此結束。過濾器的其中一項好處是你可以使用分隔號（「|」符號），接連使用多種過濾器，因此我接著使用了先前開發的 unique 過濾器。AngularJS 會按照過濾器的使用順序依序套用，這表示物件會先依據 category 屬性進行排序，然後傳給 unique 過濾器，產生一組不重複的 category 值。你可以看到我是如何指定 unique 過濾器的參數：

```
...
<a ng-repeat="item in data.products | orderBy:'category' | unique:'category'"
...
```

其作用是 data.products 陣列會先傳入至 orderBy 過濾器，根據 category 屬性的值排序物件。然後排序後的陣列又會被傳入至 unique 過濾器，回傳一組內含不重複 category 值的字串陣列。由於 unique 過濾器並未改變值的順序，所以其順序會與前一個過濾器的結果相同。

簡而言之，這是指示 ng-repeat 指令產生一系列不重複的分類名稱，並將它們一一指派給當前的 item 變數，藉此為每個名稱產生元素。

提示：若對調前後兩種過濾器的位置，也能夠實現相同的結果。然而需要注意的是，orderBy 過濾器會因此接收到字串陣列（由 unique 過濾器回傳的結果），而不是商品物件。雖然過濾器 orderBy 是針對物件設計的，但你仍可以透過一項技法來排序字串陣列，也就是改寫為：orderBy:'toString()'。別忘了其中的引號，否則 AngularJS 會試圖取得名為 toString 的屬性，而不是呼叫 toString 方法。

2．處理點擊事件

我在元素中使用了 ng-click 指令，讓使用者在點擊按鈕時能夠做出回應。AngularJS 提供多種內建指令，使你能夠輕易地呼叫控制器行為，對事件做出回應，我將在第 11 章裡說明其細節。正如其名，ng-click 指令是用於指示當觸發 click 事件時，AngularJS 應該採取什麼行動，如下：

```
...
<a ng-click="selectCategory()" class="btn btn-block btn-default btn-lg">Home</a>
<a ng-repeat="item in data.products | orderBy:'category' | unique:'category'"
    ng-click="selectCategory(item)" class=" btn btn-block btn-default btn-lg">
        {{item}}
</a>
...
```

檔案 app.html 中有兩個 a 元素。第一個是靜態的，用於建立 Home 按鈕，其作用是顯示所有分類中的商品。針對這個元素，我設定了 ng-click 指令，以無參數的方式呼叫名為 selectCategory 的控制器行為。我會在稍後建立此行為，不過目前的重點是另一個 a 元素（套用了 ng-repeat 指令的那個元素），我同樣設定了 ng-click 指令，但加上了變數 item 作為 selectCategory 行為的參數。當 ng-repeat 指令為各個不重複分類產生 a 元素時，ng-click 指令將會自動使分類按鈕對應於不同參數的 selectCategory 行為，例如 selectCategory('Category #1')。

6.3.3 選擇分類

目前在瀏覽器中點擊分類按鈕還不會有任何效果，因為 ng-click 指令所指定的控制器行為尚未被定義。AngularJS 不會在你試圖存取作用範圍中不存在的行為或資料時做出任何反應。雖然這可能會造成一些除錯困難，因為拼寫錯誤並不會導致錯誤，但這般特性其實也提供了很棒的靈活性。第 13 章將深入說明控制器及其作用範圍，同時在這方面也會有更詳細的說明。

1．定義控制器

為了對使用者點擊分類按鈕的行為做出回應，我需要定義一個名為 selectCategory 的控制器行為。我不想在頂層的 sportsStoreCtrl 控制器中加入此行為，因為該控制器所擁有的行為或資料應該是針對整個應用程式。相反地，我會建立一個新的控制器，它將僅被用於呈現商品列表和分類檢視。列表 6-6 展示了 controllers/productListControllers.js 檔案的內容，這是為了定義新控制器而新增的檔案。

提示：你可能會好奇，為什麼相較於過濾器，我對控制器使用了更具體的檔案名稱。這是因為過濾器是更加通用的，經常會在其他地方甚至在其他的應用程式裡重複使用，反之，這裡所建立的控制器則是較具針對性的。（然而並不是所有的控制器都是如此，我將在第 15～17 章示範如何建立自訂指令，屆時就會有更多的案例。）

列表 6-6　檔案 productListControllers.js 的內容

```
angular.module("sportsStore")
    .controller("productListCtrl", function ($scope, $filter) {

        var selectedCategory = null;

        $scope.selectCategory = function (newCategory) {
            selectedCategory = newCategory;
        }

        $scope.categoryFilterFn = function (product) {
            return selectedCategory == null ||
                product.category == selectedCategory;
        }
    });
```

這裡我呼叫了 app.html 檔案中 sportsStore 模組的 controller 方法（請記得，angular.module 方法若只含一個參數，便是尋找現有的模組，含兩個參數則是建立一個新模組）。

這個控制器名為 productListCtrl，它定義了 selectCategory 行為，也就是列表 6-5 中 ng-click 指令所指定的行為。此外控制器還定義了 categoryFilterFn，它會將商品物件作為參數，若沒有選取分類，或傳入的商品符合選取的分類時便會回傳 true，這項機制將會在控制器加入到檢視中時發揮作用。

提示：可以注意到，變數 selectedCategory 並沒有定義在作用範圍中。它只是個一般 JavaScript 變數，這表示它無法透過檢視中的指令或資料綁定進行存取。selectCategory 行為能夠用於設定分類，而 categoryFilterFn 則能夠用於過濾商品物件，然而 selectedCategory 本身仍是私有的，不會對外洩露。不過這在 SportsStore 應用程式裡並不真的重要，只是順勢讓你瞭解控制器可以自行決定哪些服務及資料是需要公開的。

2．套用控制器並過濾商品

我必須使用 ng-controller 指令向檢視套用控制器，讓 ng-click 指令可以呼叫 selectCategory 行為。否則，含有 ng-click 指令的元素，其作用範圍將會是由頂層控制器 sportsStoreCtrl 所提供，也就不具備我們所需要的行為。你可以在列表 6-7 中看到我對此做的改動。

列表 6-7　在 app.html 檔案中套用控制器

```
<!DOCTYPE html>
<html ng-app="sportsStore">
<head>
    <title>SportsStore</title>
    <script src="angular.js"></script>
    <link href="bootstrap.css" rel="stylesheet" />
    <link href="bootstrap-theme.css" rel="stylesheet" />
```

```
        <script>
            angular.module("sportsStore", ["customFilters"]);
        </script>
        <script src="controllers/sportsStore.js"></script>
        <script src="filters/customFilters.js"></script>
        <script src="controllers/productListControllers.js"></script>
    </head>
    <body ng-controller="sportsStoreCtrl">
        <div class="navbar navbar-inverse">
            <a class="navbar-brand" href="#">SPORTS STORE</a>
        </div>
        <div class="panel panel-default row" ng-controller="productListCtrl">
            <div class="col-xs-3">
                <a ng-click="selectCategory()"
                   class="btn btn-block btn-default btn-lg">Home</a>
                <a ng-repeat="item in data.products | orderBy:'category' | unique:'category'"
                   ng-click="selectCategory(item)" class=" btn btn-block btn-default btn-lg">
                    {{item}}
                </a>
            </div>
            <div class="col-xs-8">
                <div class="well"
                     ng-repeat="item in data.products | filter:categoryFilterFn">
                    <h3>
                        <strong>{{item.name}}</strong>
                        <span class="pull-right label label-primary">
                            {{item.price | currency}}
                        </span>
                    </h3>
                    <span class="lead">{{item.description}}</span>
                </div>
            </div>
        </div>
    </body>
    </html>
```

我新增了一個 script 元素以匯入 productListControllers.js 檔案，並使用 ng-controller 指令，在內含分類列表及商品列表的檢視上套用 productListCtrl 控制器。

透過 ng-controller 指令，將 productListCtrl 控制器放置於 sportsStoreCtrl 控制器的作用範圍下，表示我可以因此利用控制器的「作用範圍繼承」，對此我將在第 13 章裡做更多說明。簡而言之，productListCtrl 的作用範圍繼承了 sportsStoreCtrl 所定義的 data.products 陣列，以及其他所有的資料和行為，並悉數傳遞給 productListCtrl 控制器的檢視。使用這項技巧的好處是讓你可以限制控制器功能的作用範圍，使其侷限於應用程式中的所需之處，也讓單元測試更加容易（詳情請參見第 25 章），同時避免了應用程式各個元件之間非預期的依賴。

列表 6-7 中的另一項改動，是修改了產生商品詳情的 ng-repeat 指令設定，如下所示：

```
...
<div class="well" ng-repeat="item in data.products | filter:categoryFilterFn">
...
```

AngularJS 內建了一個名為 filter 的過濾器（這名稱真是令人感到混亂），它是用於從一個集合中根據條件取出特定的物件子集。我將在第 14 章為過濾器做詳細的說明，而我在這裡設定的條件是來自於 productListCtrl 控制器所定義的函式。藉由在建立商品列表的 ng-repeat 指令上套用過濾器，便能夠僅僅顯示符合所選分類的商品，如圖 6-9 所示。

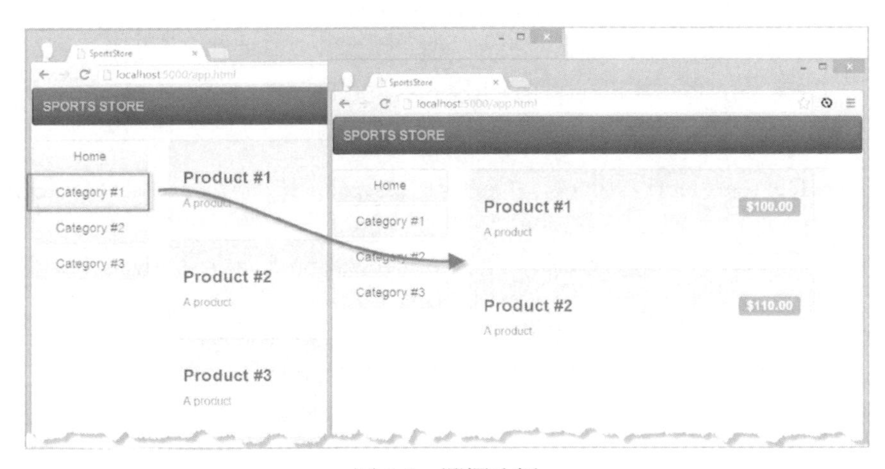

圖 6-9　選擇分類

6.3.4　突顯被選擇的分類

雖然使用者可以點擊分類按鈕過濾商品，但卻沒有視覺上的反饋，讓使用者能夠看出是選取了哪個分類。因此，我將透過條件判斷，在選取的分類按鈕上套用 Bootstrap 的 btn-primary CSS 類別。首先是在控制器上新增一個行為，若傳入的分類確實已被選取，便回傳一個 CSS 類別名稱，如列表 6-8 所示。

■ **提示：**這裡可以注意到，我是在一個 AngularJS 模組裡串接多個方法。這是因為 Module 所定義的方法仍同樣會回傳 Module，形成所謂的「流線式」API。

列表 6-8　在 productListControllers.js 檔案中回傳一個 Bootstrap 類別名稱

```
angular.module("sportsStore")
    .constant("productListActiveClass", "btn-primary")
    .controller("productListCtrl", function ($scope, $filter, productListActiveClass) {

        var selectedCategory = null;

        $scope.selectCategory = function (newCategory) {
            selectedCategory = newCategory;
        }
```

```
        $scope.categoryFilterFn = function (product) {
            return selectedCategory == null ||
                product.category == selectedCategory;
        }

        $scope.getCategoryClass = function (category) {
            return selectedCategory == category ? productListActiveClass : "";
        }
    });
```

我不想在行為的程式碼中嵌入類別名稱，所以我使用 Module 物件上的 constant 方法定義一個名為 productListActiveClass 的固定值。這樣我只需要在一個地方改變類別的內容，就能夠讓變更在任何使用到的地方生效。若要在控制器中存取該值，我必須宣告此常數名稱作為依賴，如下所示：

```
...
.controller("productListCtrl", function ($scope, $filter, productListActiveClass) {
...
```

然後我就可以在 getCategoryClass 行為中利用這個 productListActiveCclass 值，該行為的作用是根據接收到的分類，回傳類別名稱或空字串。

getCategoryClass 行為可能看起來會有一點難以理解，不過至少可以瞭解它的作用是被各個分類導覽按鈕呼叫，而導覽按鈕將會傳入其所屬的分類名稱。我使用了 ng-class 指令來套用 CSS 類別，如列表 6-9 中對 app.html 檔案的修改內容。

列表 6-9　在 app.html 檔案裡套用 ng-class 指令

```
...
<div class="col-xs-3">
    <a ng-click="selectCategory()"
        class="btn btn-block btn-default btn-lg">Home</a>
    <a ng-repeat="item in data.products | orderBy:'category' | unique:'category'"
        ng-click="selectCategory(item)" class=" btn btn-block btn-default btn-lg"
        ng-class="getCategoryClass(item)">
        {{item}}
    </a>
</div>
...
```

我將在第 11 章詳細介紹 ng-class 屬性，而在這裡，它會在元素上套用由 getCategoryClass 行所回傳的類別。你可以在圖 6-10 中看到其效果。

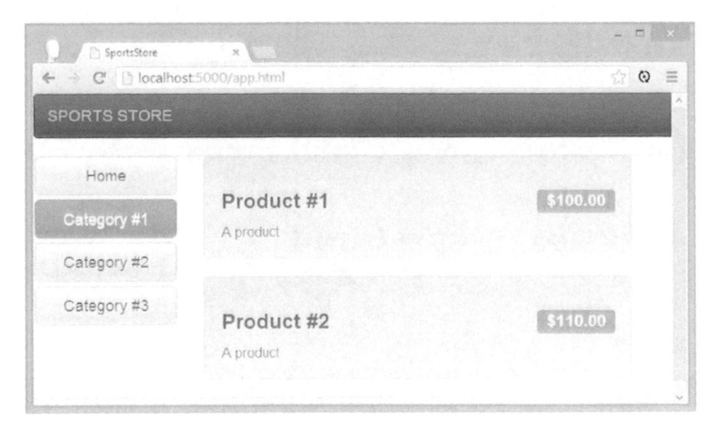

圖 6-10　突顯被選取的分類

6.3.5 加入分頁

分頁（pagination）是我打算在本章加入的最後一項功能，讓一次只有特定數目的商品詳情會被顯示出來。雖然我目前的資料量並不真的需要分頁功能，但這是一項常見的需求，值得加以展示。實作分頁共有三步驟：修改控制器使作用範圍能夠追蹤分頁狀態、實作相關的過濾器、以及更新檢視。我會在接下來的段落中說明這些步驟。

1．更新控制器

我更新了 productListCtrl 控制器來支援分頁，如列表 6-10 所示。

列表 6-10　在檔案 productListControllers.js 中更新控制器以追蹤分頁

```
angular.module("sportsStore")
    .constant("productListActiveClass", "btn-primary")
    .constant("productListPageCount", 3)
    .controller("productListCtrl", function ($scope, $filter,
        productListActiveClass, productListPageCount) {

        var selectedCategory = null;

        $scope.selectedPage = 1;
        $scope.pageSize = productListPageCount;
    $scope.selectCategory = function (newCategory) {
        selectedCategory = newCategory;
        $scope.selectedPage = 1;
    }

    $scope.selectPage = function (newPage) {
        $scope.selectedPage = newPage;
    }

    $scope.categoryFilterFn = function (product) {
        return selectedCategory == null ||
```

```
                product.category == selectedCategory;
        }

        $scope.getCategoryClass = function (category) {
            return selectedCategory == category ? productListActiveClass : "";
        }

        $scope.getPageClass = function (page) {
            return $scope.selectedPage == page ? productListActiveClass : "";
        }
    });
```

各頁能夠顯示的商品數目會被定義在常數 productListPageCount 中，並宣告其為控制器的依賴之一。我在控制器的作用範圍中，分別定義了兩個變數，一個是用於揭示常數值（如此一來就可以在檢視中存取它），另一個則是作為當前被選取的頁面值。我定義了一個名為 selectPage 的行為，用於變更選取的頁面值；還有一個名為 getPageClass 的行為，它將搭配 ng-class 指令來突顯被選取的頁面，如同先前處理被選取分類的方式。

提示：你可能會疑惑，為什麼檢視無法直接存取常數值，反而是需要一律透過作用範圍明確地揭示出來。這是因為 AngularJS 有意避免緊密耦合的元件，就如我曾在第 3 章裡描述的。如果檢視能直接存取服務和常數值，那麼很容易就會形成無止盡的耦合與依賴，導致難以測試及維護。

2．實作過濾器

我在 customFilters.js 檔案中加入了兩個新過濾器以支援分頁，如列表 6-11 所示。

列表 6-11　將過濾器新增到檔案 customFilters.js 中

```
ılar.module("customFilters", [])
.ter("unique", function () {
 return function (data, propertyName) {
     if (angular.isArray(data) && angular.isString(propertyName)) {
         var results = [];
         var keys = {};
         for (var i = 0; i < data.length; i++) {
             var val = data[i][propertyName];
                 if (angular.isUndefined(keys[val])) {
                     keys[val] = true;
                     results.push(val);
                 }
             }
             return results;
         } else {
             return data;
         }
     }
})
.filter("range", function ($filter) {
```

```
    return function (data, page, size) {
        if (angular.isArray(data) && angular.isNumber(page) && angular.isNumber(size)) {
            var start_index = (page - 1) * size;
            if (data.length < start_index) {
                return [];
            } else {
                return $filter("limitTo")(data.splice(start_index), size);
            }
        } else {
            return data;
        }
    }
})
.filter("pageCount", function () {
    return function (data, size) {
        if (angular.isArray(data)) {
            var result = [];
            for (var i = 0; i < Math.ceil(data.length / size) ; i++) {
                result.push(i);
            }
            return result;
        } else {
            return data;
        }
    }
});
```

第一個新過濾器名為 range，會根據商品頁面，從陣列中回傳特定範圍的元素。此過濾器須接收的參數包含當前被選取的頁面（用於判定範圍的起始處）以及頁面尺寸（用於判定範圍的結束處）。

過濾器 range 並沒有太多值得一提的事物，除了其中有一個名為 limitTo 的內建過濾器，它會從陣列回傳指定數量的項目。我宣告了對$filter 服務的依賴，來建立並使用該過濾器的實例。我會在第 14 章詳細說明其運作方式，但此時的重點在於以下程式碼：

```
...
return $filter("limitTo")(data.splice(start_index), size);
...
```

我使用了標準 JavaScript 的 splice 方法來選取一部份的資料陣列，然後再傳入至 limitTo 過濾器，藉此將項目數限制在單一頁面所能顯示的數目。過濾器 limitTo 不會在指定數目超出陣列時發生問題，會單純地回傳實際所能取得的項目數。

至於第二個過濾器 pageCount，則是一種骯髒但卻有效的作法。指令 ng-repeat 能夠輕易地產生重複性的內容，但只能針對陣列資料，而無法直接設定重複次數。對此，我的過濾器會計算傳入的資料陣列一共需要多少頁面來顯示，並據此建立一個相應的數字陣列。舉例來說，如果資料陣列一共需要三張頁面做顯示，那麼 pageCount 過濾器的結果就會是一個包含值 0、1、2 的陣列。你會在下一節看到這樣做的意義。

■ **警告**：使用過濾器功能來排除 ng-repeat 指令的限制，其實並不是很漂亮的解決方案，但就如你所見的，它至少是一種在現有知識基礎上得以完成的解決方案。一種更好的方案是自行建立 ng-repeat 指令的替代品，使其能夠按指定次數來產生元素。我將在第 16 章和第 17 章裡說明相關的進階技巧。

3．更新檢視

實作分頁的最後步驟是更新檢視，在同時間只顯示一頁商品列表，並提供按鈕讓使用者可以選取頁面。你可以在列表 6-12 中看到我對 app.html 做的改動。

列表 6-12　在 app.html 檔案裡增加分頁

```
<!DOCTYPE html>
<html ng-app="sportsStore">
<head>
    <title>SportsStore</title>
    <script src="angular.js"></script>
    <link href="bootstrap.css" rel="stylesheet" />
    <link href="bootstrap-theme.css" rel="stylesheet" />
    <script>
        angular.module("sportsStore", ["customFilters"]);
    </script>
    <script src="controllers/sportsStore.js"></script>
    <script src="filters/customFilters.js"></script>
    <script src="controllers/productListControllers.js"></script>
</head>
<body ng-controller="sportsStoreCtrl">
    <div class="navbar navbar-inverse">
        <a class="navbar-brand" href="#">SPORTS STORE</a>
    </div>
    <div class="panel panel-default row" ng-controller="productListCtrl">
        <div class="col-xs-3">
            <a ng-click="selectCategory()"
                class="btn btn-block btn-default btn-lg">Home</a>
            <a ng-repeat="item in data.products | orderBy:'category' | unique:'category'"
               ng-click="selectCategory(item)" class=" btn btn-block btn-default btn-lg"
               ng-class="getCategoryClass(item)">
               {{item}}
            </a>
        </div>
        <div class="col-xs-8">
            <div class="well"
                 ng-repeat=
         "item in data.products | filter:categoryFilterFn | range:selectedPage:pageSize">
                <h3>
                    <strong>{{item.name}}</strong>
                    <span class="pull-right label label-primary">
                        {{item.price | currency}}
                    </span>
                </h3>
```

```
            <span class="lead">{{item.description}}</span>
        </div>
        <div class="pull-right btn-group">
            <a ng-repeat=
               "page in data.products | filter:categoryFilterFn | pageCount:pageSize"
               ng-click="selectPage($index + 1)" class="btn btn-default"
               ng-class="getPageClass($index + 1)">
                {{$index + 1}}
            </a>
        </div>
    </div>
  </div>
</body>
</html>
```

第一項改動是產生商品列表的 ng-repeat 指令，其資料會經過 range 過濾器取得應在當前頁面中顯示的商品。至於當前頁面的值，以及每頁商品所設定的數目，則是在控制器的作用範圍中定義，並傳遞給過濾器。

第二項改動則是加入了頁面導覽按鈕。透過 pageCount 過濾器，計算當前被選取的商品分類一共需要多少頁面來顯示，使 ng-repeat 指令產生正確數目的頁面導覽按鈕。當前被選取的頁面會藉由 ng-class 指令突顯出來，而變更頁面的方式則是利用 ng-click 指令。

你可以在圖 6-11 中看到結果，一共需要兩張頁面來顯示所有商品。雖然每一個分類的資料量都不足以產生一張以上的頁面，但這裡所示範的作用應該很清楚了。

6.4 小結

從本章開始，我們便投入在 SportsStore 應用程式的開發過程裡。所有依循 MVC 模式的開發框架都有一項共同的特點，那就是雖然準備工作看似緩慢，但一旦完成準備後，隨即就能夠快速的將各項功能組織到位。AngularJS 也不例外，你可以感覺到本章的步調是加快的，大概只除了新增分頁的部份，因為我在那裡用了較多的時間做說明（但實際做起來很快）。現在基礎設施已經打好了，我們將在下一章繼續前行。在下一章裡，我會開始使用來自 Deployd 伺服器的真實資料，實作購物車，並開始處理結帳程序。

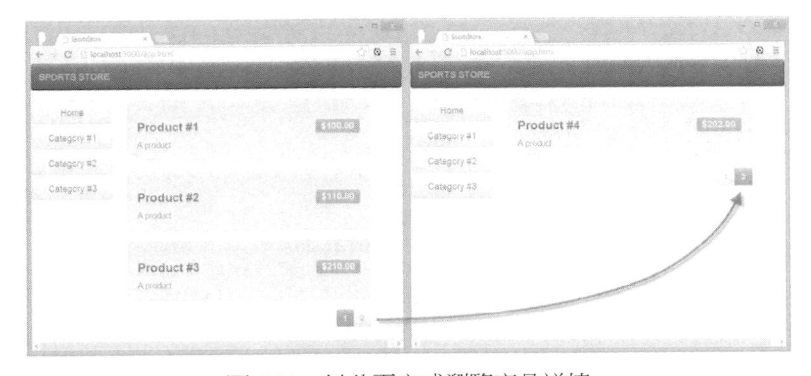

圖 6-11　以分頁方式瀏覽商品詳情

第 7 章

SportsStore：導覽與結帳

本章將繼續進行 SportsStore 應用程式的開發工作，加入對真實資料的支援，實作購物車並處理訂單的結帳程序。

7.1 準備範例專案

我將延續這項從第 6 章便開始建構的專案。如果你想跟著範例走，但又不想從零開始建構此專案，你可以從 www.apress.com 上下載第 6 章的原始碼。

7.2 使用真實的專案資料

我已在第 6 章完成了所有向使用者顯示商品資料的功能，不過用的是暫時性的資料，因為當時的重點是要建構應用程式的基本佈局。然而現在是時候轉而使用真實資料了，我將利用在第 6 章曾經設定過的一個 Deployd 伺服器，從中取得真實資料。

AngularJS 是透過$http 服務來產生 Ajax 請求。對此，我會在本書第 3 部份說明服務的運作細節，並且在第 23 章深入說明$http 服務。不過此時你可以先觀察我對頂層控制器 sportsStoreCtrl 所做的改變，粗略理解它是如何運作的，如列表 7-1 所示。

列表 7-1　在 sportsStore.js 檔案中產生 Ajax 請求

```
angular.module("sportsStore")
    .constant("dataUrl", "http://localhost:5500/products")
    .controller("sportsStoreCtrl", function ($scope, $http, dataUrl) {

        $scope.data = {};

        $http.get(dataUrl)
            .success(function (data) {
                $scope.data.products = data;
            })
            .error(function (error) {
                $scope.data.error = error;
            });
    });
```

大多數的 JavaScript 方法呼叫（包括那些由 AngularJS 元件產生的）是同步的，這表示在目前的述句完成之前不會繼續執行之後的程式碼。不過 Web 應用程式所產生的網路請求就不是這樣了，因為我們想讓使用者在請求於背景中產生時，仍能和應用程式互動。

我是透過 Ajax 請求來取得所需的資料。Ajax 代表非同步 JavaScript 和 XML（Asynchronous JavaScript and XML），其中最重要的詞彙是非同步（Asynchronous）。Ajax 請求即是一種非同步（背景式）的普通 HTTP 請求。AngularJS 會使用約定來處理非同步操作，如果你使用過諸如 jQuery 之類的函式庫，應該就會對約定感到熟悉（我曾在第 5 章介紹過約定，此外也將於第 20 章做深入說明）。

$http 服務定義了多種方法，用於產生不同類型的 Ajax 請求。這裡使用了一個名為 get 的方法，它會使用 HTTP 的 GET 方法向傳入的 URL 發出請求。對此我定義了常數 dataUrl 作為 URL，這個 URL 的內容和先前第 6 章的 URL 是相同的。

$http.get 方法會起始 Ajax 請求，即使請求還沒完成，應用程式的執行仍會繼續。當伺服器回應請求時，我需要讓 AngularJS 能夠通知我，而這就是約定發揮作用之處。$http.get 方法會回傳一個定義了 success 和 error 方法的物件。我傳入函式到這些方法中，而 AngularJS 約定將會根據請求的結果呼叫這些函式，使我能夠得知其結果。

提示：JSON 其意為 JavaScript 物件標記法（JavaScript Object Notation），是 Web 應用程式中廣泛使用的資料交換格式。JSON 呈現資料的方式與 JavaScript 非常相似，因此 JavaScript 應用程式中能夠輕易地操作 JSON 資料。JSON 已經很大程度取代了 XML（也就是 Ajax 中的 X），因為它易於閱讀並且容易實作。我已在第 5 章介紹過 JSON，不過你也可以參閱 http://en.wikipedia.org/wiki/Json 以獲得更多細節。

我在列表中使用的 success 函式相當簡單，因為 AngularJS 會自動完成 JSON 資料的轉換。我只要將從伺服器取得的資料，指派給控制器作用範圍中的 data.products 變數就可以了。至於 error 函式則是將 AngularJS 用於描述問題的物件指派給作用範圍中的 data.error。（我將在下一節說明錯誤處理的部份）。

你可以在圖 7-1 中看到 Ajax 請求的結果。當 AngularJS 建立 sportsStore 控制器的實例，便會起始 HTTP 請求，並且在取得資料後更新作用範圍裡的內容。我在第 6 章所建立的商品詳情、分類和分頁等功能皆如常運作，唯一的差異在於這次的商品資料是從 Deployd 伺服器取得的。

理解作用範圍

雖然在試驗上述變更時可能還不太明顯，但透過 Ajax 取得資料即突顯了 AngularJS 的一項重要特性，那就是作用範圍的動態性質。當應用程式啟動時，即使還未取得商品資訊，但 HTML 內容就已經被產生出來並顯示給使用者了。

當收到來自伺服器的資料並指派給作用範圍中的 data.products 變數後，AngularJS 便會自動地更新所有綁定，而那些依賴商品資料的行為，也會一併更新輸出結果，確保新資料能夠擴散至整個應用程式。這表示 AngularJS 的作用範圍基本上就是一種能夠即時反饋的資料儲存方式，它會回應並散播變更，而這類特性也將會在本書密集地出現。

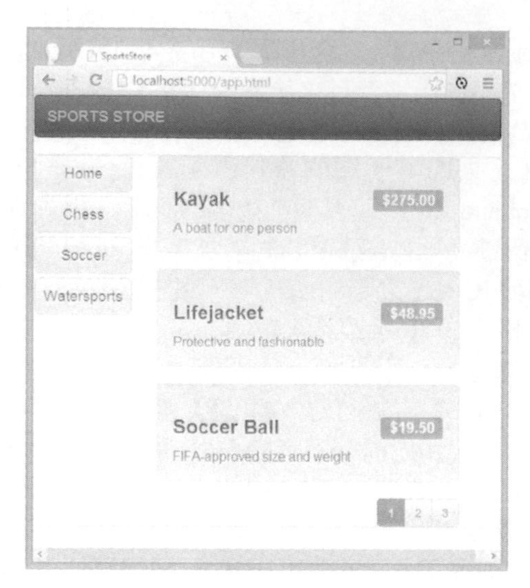

圖 7-1　透過 Ajax 取得商品資料

處理 Ajax 錯誤

處理成功的 Ajax 請求相當簡單，只要將資料指派給作用範圍，並讓 AngularJS 更新檢視中的所有綁定和指令就行了。但在處理錯誤時可就不是那麼單純了，對此我需要在檢視中新增一些元素，用來顯示錯誤狀況。在列表 7-2 中，為了向使用者顯示錯誤，我對 app.html 檔案做了一些修改。

列表 7-2　在 app.html 檔案中顯示錯誤

```
<!DOCTYPE html>
<html ng-app="sportsStore">
<head>
    <title>SportsStore</title>
    <script src="angular.js"></script>
    <link href="bootstrap.css" rel="stylesheet" />
    <link href="bootstrap-theme.css" rel="stylesheet" />
    <script>
        angular.module("sportsStore", ["customFilters"]);
    </script>
    <script src="controllers/sportsStore.js"></script>
    <script src="filters/customFilters.js"></script>
    <script src="controllers/productListControllers.js"></script>
</head>
<body ng-controller="sportsStoreCtrl">
    <div class="navbar navbar-inverse">
        <a class="navbar-brand" href="#">SPORTS STORE</a>
    </div>
```

```
    <div class="alert alert-danger" ng-show="data.error">
        Error ({{data.error.status}}). The product data was not loaded.
        <a href="/app.html" class="alert-link">Click here to try again</a>
    </div>

    <div class="panel panel-default row" ng-controller="productListCtrl"
        ng-hide="data.error">
        <div class="col-xs-3">
            <a ng-click="selectCategory()"
               class="btn btn-block btn-default btn-lg">Home</a>
            <a ng-repeat="item in data.products | orderBy:'category' | unique:'category'"
               ng-click="selectCategory(item)" class=" btn btn-block btn-default btn-lg"
               ng-class="getCategoryClass(item)">
                {{item}}
            </a>
        </div>
        <div class="col-xs-8">
            <div class="well"
                 ng-repeat=
         "item in data.products | filter:categoryFilterFn | range:selectedPage:pageSize">
                <h3>
                    <strong>{{item.name}}</strong>
                    <span class="pull-right label label-primary">
                        {{item.price | currency}}
                    </span>
                </h3>
                <span class="lead">{{item.description}}</span>
            </div>
            <div class="pull-right btn-group">
                <a ng-repeat=
                  "page in data.products | filter:categoryFilterFn | pageCount:pageSize"
                   ng-click="selectPage($index + 1)" class="btn btn-default"
                   ng-class="getPageClass($index + 1)">
                    {{$index + 1}}
                 </a>
             </div>
         </div>
    </div>
</body>
</html>
```

我在檢視中新增了一個 div 元素，用於向使用者顯示錯誤，並且使用了 ng-show 指令，當其屬性值的運算結果為 true 時，才會顯示元素。因此屬性值的填入內容是 data.error 屬性，當它含值時，便是指示 AngularJS 將此 div 元素顯示出來。由於在 Ajax 發生錯誤以前，data.error 屬性會一直是 undefined，所以這個 div 元素的可見性是取決於控制器中 $http.get 方法的結果。

與 ng-show 相反的是 ng-hide，我將其套用在包含分類按鈕和商品詳情的 div 元素上。ng-hide 會在其屬性值的運算結果為 true 時隱藏，反之則予以顯示。整體效果就是當發生

Ajax 錯誤時，正常的內容會被隱藏，由錯誤訊息取而代之，如圖 7-2 所示。

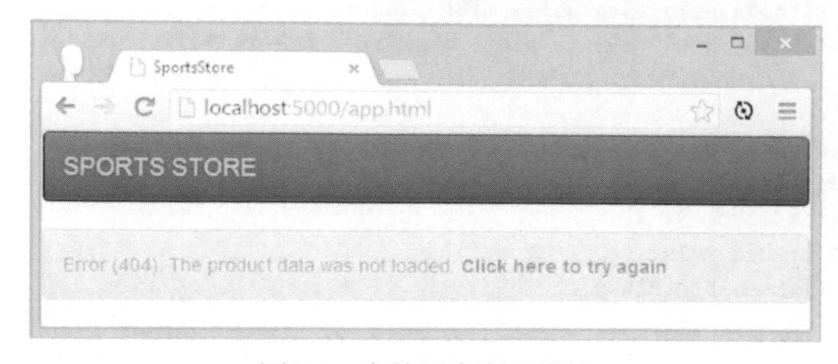

圖 7-2　向使用者顯示錯誤

提示：我會在第 10 章詳細說明 ng-show 和 ng-hide 指令。此外為了產生這張擷圖，我是將 sportsStore.js 檔案中的 dataUrl 指派為一個不存在的值，例如 http://localhost:5500/doesNotExist。

傳入 error 函式的物件定義了 status 和 message 屬性。其中 status 屬性是用於存放 HTTP 錯誤碼，至於 message 屬性則內含問題描述的字串。我將 status 屬性包含在提供給使用者的錯誤訊息中，同時還附上一個讓他們能夠重新載入應用程式（等同於再次嘗試載入資料）的連結。

7.3 建立局部檢視

可以看到，app.html 檔案中的 HTML 已經跨越了簡單明瞭的範疇，開始朝難以一眼看穿的程度邁進。甚至隨著 SportsStore 應用程式的功能越來越多，情況還會再變得更加惡劣。

所幸我可以將這些標籤分拆成個別的檔案，然後藉由 ng-include 指令在執行期間匯入那些檔案。因此，我另外建立了 views/productList.html 檔案，列表 7-3 為其內容。

列表 7-3　productList.html 檔案的內容

```
<div class="panel panel-default row" ng-controller="productListCtrl"
        ng-hide="data.error">
    <div class="col-xs-3">
        <a ng-click="selectCategory()"
           class="btn btn-block btn-default btn-lg">Home</a>
        <a ng-repeat="item in data.products | orderBy:'category' | unique:'category'"
           ng-click="selectCategory(item)" class=" btn btn-block btn-default btn-lg"
           ng-class="getCategoryClass(item)">
            {{item}}
        </a>
    </div>
    <div class="col-xs-8">
        <div class="well"
             ng-repeat=
```

```
        "item in data.products | filter:categoryFilterFn | range:selectedPage:pageSize">
            <h3>
                <strong>{{item.name}}</strong>
                <span class="pull-right label label-primary">
                    {{item.price | currency}}
                </span>
            </h3>
            <span class="lead">{{item.description}}</span>
        </div>
        <div class="pull-right btn-group">
            <a ng-repeat=
               "page in data.products | filter:categoryFilterFn | pageCount:pageSize"
               ng-click="selectPage($index + 1)" class="btn btn-default"
               ng-class="getPageClass($index + 1)">
                {{$index + 1}}
            </a>
        </div>
    </div>
</div>
```

我複製了那些定義商品和分類列表的元素到這個 HTML 檔案中。所謂的局部檢視即是 HTML 的片段，它不需要含有 html、head 和 body 等完整 HTML 所需的元素。在列表 7-4 中，你可以看到我是如何從 app.html 檔案中移除元素並用 ng-include 指令來取代它們。

列表 7-4　在 app.html 檔案中匯入局部檢視

```
<!DOCTYPE html>
<html ng-app="sportsStore">
<head>
    <title>SportsStore</title>
    <script src="angular.js"></script>
    <link href="bootstrap.css" rel="stylesheet" />
    <link href="bootstrap-theme.css" rel="stylesheet" />
    <script>
        angular.module("sportsStore", ["customFilters"]);
    </script>
    <script src="controllers/sportsStore.js"></script>
    <script src="filters/customFilters.js"></script>
    <script src="controllers/productListControllers.js"></script>
</head>
<body ng-controller="sportsStoreCtrl">
    <div class="navbar navbar-inverse">
        <a class="navbar-brand" href="#">SPORTS STORE</a>
    </div>

    <div class="alert alert-danger" ng-show="data.error">
        Error ({{data.error.status}}). The product data was not loaded.
        <a href="/app.html" class="alert-link">Click here to try again</a>
    </div>
```

```
    <ng-include src="'views/productList.html'"></ng-include>

</body>
</html>
```

提示：使用局部檢視有三項好處。首先是能夠將應用程式拆分成容易管理的區塊，正如我在此時所成就的結果；其次是分別出會被多次重複使用的 HTML 片段；最後則是更容易提供不同的功能區域給使用者，我將在本章稍後的「7.5.1 定義 URL 路由」一節裡具體應用這項好處。

指令的建立者可以設定其使用方式：以元素、屬性、類別，甚至是 HTML 註解的方式使用，我會在第 16 章說明其細節。這裡的 ng-include 指令，能夠以元素方式，或者是更加便利的屬性方式來使用，而此處採用元素方式僅僅只是為了說明它在使用上的可變性。當 AngularJS 遇到 ng-include 指令時，它會產生一個 Ajax 請求，載入 src 屬性所指定的檔案，並插入其內容以取代這個 ng-include 元素。雖然使用者所看到的內容並無任何區別，但我們實際上簡化了 app.html 檔案中的標籤，在另一個檔案中放入所有與商品列表相關的 HTML。

提示：在使用 ng-include 指令時，我是以單引號包裹字串實值的方式來指定檔案名稱。如果沒有這麼做，則該指令會將檔案名稱視為作用範圍中的屬性。

7.4 建立購物車

目前使用者可以看到貨架上的商品，但若沒有購物車就無法售出任何東西。我將在本節建構購物車功能，任何使用過電子商務網站的人，應該都對這項功能感到相當熟悉，圖 7-3 所展示的就是它的基本流程。

圖 7-3　購物車的基本流程

正如你即將在接下來的段落中看到的，實作購物車功能會需要加入諸多變化，其中包括建立一個自訂的 AngularJS 元件。

7.4.1 定義購物車模組和服務

到目前為止，我一直是根據元件的類型，來組織專案裡的檔案，例如過濾器是定義於 filters 資料夾內，檢視則是定義於 views 資料夾內等等。雖然這在建構應用程式的基礎功能時是很合理的，但專案中總是會有一些功能，儘管它是相對獨立的，但仍需要結合多個 AngularJS 元件。你可以繼續按元件類型來組織檔案，但我發現若是根據它們所一同集結出來的功能來組織檔案，反而是更好的組織方式，所以我會新增一個 components 資料夾。購物車功能很適合這種組織方式，因為正如你即將看到的，我將需要加入局部檢視和多個元件來實作這項功能。對此，我首先建立了 components/cart 資料夾，並加入一個新的 JavaScript 檔案 cart.js。你可以在列表 7-5 中看到該檔案的內容。

列表 7-5　cart.js 檔案的內容

```
angular.module("cart", [])
.factory("cart", function () {

    var cartData = [];

    return {

        addProduct: function (id, name, price) {
            var addedToExistingItem = false;
            for (var i = 0; i < cartData.length; i++) {
                if (cartData[i].id == id) {
                    cartData[i].count++;
                    addedToExistingItem = true;
                    break;
                }
            }
            if (!addedToExistingItem) {
                cartData.push({
                    count: 1, id: id, price: price, name: name
                });
            }
        },

        removeProduct: function (id) {
            for (var i = 0; i < cartData.length; i++) {
                if (cartData[i].id == id) {
                    cartData.splice(i, 1);
                    break;
                }
            }
        },

        getProducts: function () {
            return cartData;
        }
    }
});
```

我在新模組 cart 中建立了一個自訂服務。AngularJS 是透過服務來提供大量的功能，而它們實際上是單例物件，能夠在整個應用程式的任何一處被存取。（所謂單例指的是服務只會建立一個物件，並讓所有元件共享該物件。）

使用服務不僅能夠讓我示範重要的 AngularJS 功能，同時也是一種高效的購物車實作方式，因為透過一個共享的實例，可以確保每個元件都能夠存取購物車，也確保各自對於使用者商品的選擇狀況保持一致。

如我將在第 18 章裡說明的，建立服務的方式自然是取決於你想要達成的事物。我在列表 7-5 中使用了最簡單的方案，也就是呼叫 Module.factory 方法，並傳入服務的名稱（在本例中是 cart）以及一個工廠函式。這個工廠函式是負責建立服務的物件，將會在 AngularJS 需要該服務時被呼叫。由於一個服務物件即能夠用於整個應用程式之中，因此這個工廠函式只會被呼叫一次。

我的 cart 服務工廠函式會回傳一個物件，該物件有三個方法，用來操作不會被直接揭示的資料陣列，這是為了讓你知道，服務的工作內容是可以保持私有的。cart 服務物件所定義的三個方法請見表 7-1。購物車中的商品是以物件來表示，該物件定義了 id、name 和 price 屬性以描述商品，以及一個 count 屬性來記錄使用者加入到購物車裡的數目。

表 7-1　由 cart 服務所定義的方法

方　法	說　明
addProduct(id, name, price)	加入指定的商品到購物車，如果購物車已經包含了該商品，就增加其數目
removeProduct(id)	移除指定 ID 的商品
getProducts()	回傳購物車中的物件陣列

7.4.2　建立購物車部件

接下來我要建立一個部件，它會總結購物車的內容，讓使用者能夠進行結帳程序，具體來說我會建立一個自訂指令。所謂的指令是獨立自給、可重複使用的功能單元，而這類元件即是 AngularJS 的重點概念之一。當你開始使用 AngularJS 時，你便已經依賴於許多內建指令（例如第 9 章到第 12 章裡的內容），而隨著你越加熟悉以後，你可能也會想要自行建立出指令，為應用程式實作出合用的功能。

指令可以用來做很多事，這就是為什麼我在本書後續還用了整整 6 章的篇幅來說明它們。它們甚至可以利用一個縮減版本的 jQuery（名為 jqLite），來操作 DOM 中的元素。簡而言之，指令可以讓你製作出任何東西，無論是簡單的輔助工具還是複雜的功能都能夠加以實現，其成果可以是緊密的耦合在當前的應用程式裡，或是能夠在其他應用程式中被重複使用。列表 7-6 展示了我在 cart.js 檔案中所增加的內容，用於建立這個部件指令，而這是一種比較簡單的指令應用方式。

列表 7-6　新增一個指令到 cart.js 檔案中

```
angular.module("cart", [])
.factory("cart", function () {

    var cartData = [];

    return {
```

```
            // ...service statements omitted for brevity...
        }
    })
    .directive("cartSummary", function (cart) {
        return {
            restrict: "E",
            templateUrl: "components/cart/cartSummary.html",
            controller: function ($scope) {

                var cartData = cart.getProducts();

                $scope.total = function () {
                    var total = 0;
                    for (var i = 0; i < cartData.length; i++) {
                        total += (cartData[i].price * cartData[i].count);
                    }
                    return total;
                }

                $scope.itemCount = function () {
                    var total = 0;
                    for (var i = 0; i < cartData.length; i++) {
                        total += cartData[i].count;
                    }
                    return total;
                }
            }
        };
    });
```

指令的建立方式是透過 AngularJS 模組的 directive 方法，分別傳入指令名稱（本例中是 cartSummary）以及一個回傳「指令釋義物件」的工廠函式。所謂的指令釋義物件會定義一些屬性，讓 AngularJS 知悉這個指令的作用及使用方式。我在定義 cartSummary 指令時設定了三個屬性，請見表 7-2 中的簡述。（我會在第 16 章和第 17 章說明及示範完整的屬性集合。）

表 7-2　cartSummary 指令的釋義屬性

名　稱	說　明
restrict	設定指令的套用方式。這裡我設定為 E 值，它表示該指令只能以元素的形式套用。不過最常見的值是 EA，表示指令能夠以元素或屬性的形式套用
templateUrl	指定局部檢視的 URL 來源，其檔案內容將被插入至指令的元素內
controller	指定一個控制器，它會向局部檢視提供資料和行為

提示：雖然這個指令看起來相當基本，不過它仍然不是建立指令的最簡單方式。我將在第 15 章說明如何建立一種使用 jqLite（AngularJS 所內建的精簡版 jQuery）的指令，來操作既有的內容。至於此處所建立的指令，則需要指定範本和控制器，並且設定其可被套用的方式，我將在第 16 章和第 17 章做完整說明。

簡單來說，我的指令釋義定義了一個控制器，指示 AngularJS 使用 components/cart/cartSummary.html 作為檢視，並且對指令做出限制，它只能以元素的形式被使用。可以看到列表 7-6 中的控制器宣告了對 cart 服務的依賴，而這個服務即是定義在同一個模組中。這讓我可以定義 total 和 itemCount 行為，並使用服務所提供的方法操作購物車中的內容。控制器所定義的行為可用於局部檢視中，如列表 7-7 所示。

列表 7-7　cartSummary.html 檔案的內容

```
<style>
    .navbar-right { float: right !important; margin-right: 5px;}
    .navbar-text { margin-right: 10px; }
</style>

<div class="navbar-right">
    <div class="navbar-text">
        <b>Your cart:</b>
        {{itemCount()}} item(s),
        {{total() | currency}}
    </div>
    <a class="btn btn-default navbar-btn">Checkout</a>
</div>
```

提示：這個局部檢視包含一個 style 元素，針對 SportsStore 頂部佈局的導覽列，重新定義了一些 Bootstrap 的 CSS。通常我並不喜歡在局部檢視中嵌入 style 元素，但如果目的是針對該檢視，並且僅使用少量的 CSS 時，我就會考慮這麼做。在所有其他情況下，我會定義獨立的 CSS 檔案，並將它匯入至應用程式的主要 HTML 檔案裡。

這個局部檢視會使用控制器行為來顯示商品總數以及它們的總值，此外還有一個標上 Checkout 的元素。此時若點擊這個按鈕還無法產生什麼作用，但我會在稍後來完成它。

套用購物車部件

在應用程式中套用購物車部件一共需要三項步驟：新增 script 元素來匯入 JavaScript 檔案的內容、新增對 cart 模組的依賴、以及在標籤中新增指令元素。列表 7-8 展示了上述三項對 app.html 檔案所做的改動。

列表 7-8　在 app.html 檔案裡加入購物車部件

```
<!DOCTYPE html>
<html ng-app="sportsStore">
<head>
    <title>SportsStore</title>
    <script src="angular.js"></script>
    <link href="bootstrap.css" rel="stylesheet" />
    <link href="bootstrap-theme.css" rel="stylesheet" />
    <script>
        angular.module("sportsStore", ["customFilters", "cart"]);
    </script>
    <script src="controllers/sportsStore.js"></script>
```

```
        <script src="filters/customFilters.js"></script>
        <script src="controllers/productListControllers.js"></script>
        <script src="components/cart/cart.js"></script>
    </head>
    <body ng-controller="sportsStoreCtrl">
        <div class="navbar navbar-inverse">
            <a class="navbar-brand" href="#">SPORTS STORE</a>
            <cart-summary />
        </div>
        <div class="alert alert-danger" ng-show="data.error">
            Error ({{data.error.status}}). The product data was not loaded.
            <a href="/app.html" class="alert-link">Click here to try again</a>
        </div>
        <ng-include src="'views/productList.html'"></ng-include>
    </body>
    </html>
```

這裡可以看到，雖然我在列表 7-6 中定義指令時是命名為 cartSummary，但在 app.html 中新增的元素則是名為 cart-summary。這是因為 AngularJS 能夠自動地轉換元件名稱的格式，對此我將在第 15 章做更多說明。你可以在圖 7-4 中看到這個購物車總覽部件的成果。儘管該部件目前還不能做什麼事情，但我會很快地繼續加入更多的功能。

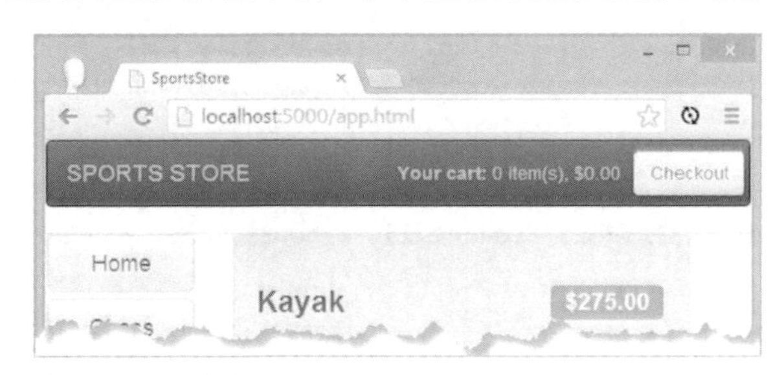

圖 7-4　購物車總覽部件

7.4.3 新增商品選擇按鈕

正如所有的 AngularJS 開發工作，我們得先建置一些基礎，才會讓其餘的功能開始成形，購物車相關功能的實作順序也是如此。接下來我們要在商品詳情中新增按鈕，讓使用者可以將商品加入到購物車中。首先我需要向商品列表檢視的控制器新增一個行為，使其能夠操作購物車。列表 7-9 展示了我對 controllers/productListController.js 檔案所做的改動。

列表 7-9　在 productListControllers.js 檔案中加入購物車支援

```
angular.module("sportsStore")
    .constant("productListActiveClass", "btn-primary")
    .constant("productListPageCount", 3)
    .controller("productListCtrl", function ($scope, $filter,
        productListActiveClass, productListPageCount, cart) {
```

```
        var selectedCategory = null;

        $scope.selectedPage = 1;
        $scope.pageSize = productListPageCount;

        $scope.selectCategory = function (newCategory) {
            selectedCategory = newCategory;
            $scope.selectedPage = 1;
        }

        $scope.selectPage = function (newPage) {
            $scope.selectedPage = newPage;
        }

        $scope.categoryFilterFn = function (product) {
            return selectedCategory == null ||
                product.category == selectedCategory;
        }
        $scope.getCategoryClass = function (category) {
            return selectedCategory == category ? productListActiveClass : "";
        }

        $scope.getPageClass = function (page) {
            return $scope.selectedPage == page ? productListActiveClass : "";
        }

        $scope.addProductToCart = function (product) {
            cart.addProduct(product.id, product.name, product.price);
        }
    });
```

以上，我宣告了對 cart 服務的依賴，並定義了 addProductToCart 行為，它會接收一個商品物件，然後呼叫 cart 服務上的 addProduct 方法。

提示：宣告對於某個服務的依賴，然後透過作用範圍來揭示特定功能，這是 AngularJS 開發過程中相當常見的模式。檢視只能透過作用範圍取得資料及行為，不過就如我曾在第 6 章示範過的（並且會在第 13 章裡深入說明），若是巢套式的控制器，則作用範圍可以繼承來自其他作用範圍的內容。此外也可以透過指令的定義（我將在第 17 章做說明），來達到相同的結果。

現在我可以在顯示商品詳情的局部檢視裡新增 button 元素，藉此呼叫 addProductToCart 行為，如列表 7-10 所示。

列表 7-10　在 productList.html 檔案裡新增按鈕

```
<div class="panel panel-default row" ng-controller="productListCtrl"
      ng-hide="data.error">
    <div class="col-xs-3">
        <a ng-click="selectCategory()"
           class="btn btn-block btn-default btn-lg">Home</a>
```

```
        <a ng-repeat="item in data.products | orderBy:'category' | unique:'category'"
           ng-click="selectCategory(item)" class=" btn btn-block btn-default btn-lg"
           ng-class="getCategoryClass(item)">
            {{item}}
        </a>
    </div>
    <div class="col-xs-8">
        <div class="well"
             ng-repeat=
         "item in data.products | filter:categoryFilterFn | range:selectedPage:pageSize">
            <h3>
                <strong>{{item.name}}</strong>
                <span class="pull-right label label-primary">
                    {{item.price | currency}}
                </span>
            </h3>
            <button ng-click="addProductToCart(item)"
                    class="btn btn-success pull-right">
                Add to cart
            </button>
            <span class="lead">{{item.description}}</span>
        </div>
        <div class="pull-right btn-group">
            <a ng-repeat=
                "page in data.products | filter:categoryFilterFn | pageCount:pageSize"
               ng-click="selectPage($index + 1)" class="btn btn-default"
               ng-class="getPageClass($index + 1)">
                {{$index + 1}}
            </a>
        </div>
    </div>
</div>
```

提示：我可以利用 Bootstrap 讓 a 和 button 元素形成一致的外觀，因此，兩種元素都可以使用。不過在使用 URL 路由時，a 元素是更有用的，對此我會在本章稍後做說明。

你可以在圖 7-5 中看到按鈕及其效果。若點擊其中一個 Add to cart 按鈕便會呼叫控制器行為，接著控制器行為則會呼叫服務的方法，來更新購物車的總覽部件。

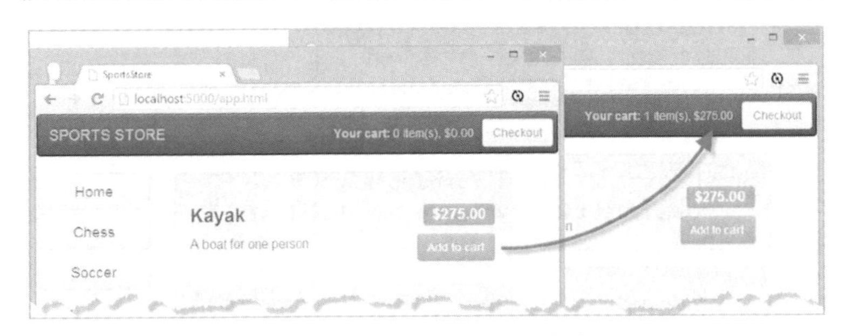

圖 7-5 加入商品到購物車中

7.5 加入 URL 導覽

在我進一步加入結帳功能之前，我還需要繼續加強 SportsStore 應用程式的基礎設施，具體來說我得要加入 URL 路由的功能。我會在第 22 章詳細說明 URL 路由，不過目前你只需要知道，它的作用是根據 URL 的變化，自動切換至特定的局部檢視。這能夠簡化大型應用程式的導覽流程，而我將以此為基礎來建置所需的檢視，讓使用者可以順利購買商品並向伺服器提交訂單。

首先我要建立一個在使用者開始結帳程序時應顯示的檢視。列表 7-11 展示了 views/checkoutSummary.html 檔案的內容，目前它包含了一些暫時性的佔位內容。不過在我設定好 URL 路由功能後，就會回到該檔案加入實際的內容。

列表 7-11　checkoutSummary.html 檔案的內容

```
<div class="lead">
    This is the checkout summary view
</div>
<a href="#/products" class="btn btn-primary">Back</a>
```

7.5.1 定義 URL 路由

我準備要來定義所需的路由，所謂路由即是將指定的 URL 與特定的檢視做對應。首先 URL /product 和/checkout 將分別對應至 productList.html 和 checkoutSummary.html 檢視。除此之外的任何其他狀況，則將預設顯示 productList.html 檢視。列表 7-12 展示了我在 app.html 檔案中，為了實作路由所做出的改動。

列表 7-12　加入 URL 路由至 app.html 檔案中

```
<!DOCTYPE html>
<html ng-app="sportsStore">
<head>
    <title>SportsStore</title>
    <script src="angular.js"></script>
    <link href="bootstrap.css" rel="stylesheet" />
    <link href="bootstrap-theme.css" rel="stylesheet" />
    <script>
        angular.module("sportsStore", ["customFilters", "cart", "ngRoute"])
        .config(function ($routeProvider) {

            $routeProvider.when("/checkout", {
                templateUrl: "/views/checkoutSummary.html"
            });

            $routeProvider.when("/products", {
                templateUrl: "/views/productList.html"
            });

            $routeProvider.otherwise({
```

```
                templateUrl: "/views/productList.html"
            });
        });
    </script>
    <script src="controllers/sportsStore.js"></script>
    <script src="filters/customFilters.js"></script>
    <script src="controllers/productListControllers.js"></script>
    <script src="components/cart/cart.js"></script>
    <script src="ngmodules/angular-route.js"></script>
</head>
<body ng-controller="sportsStoreCtrl">
    <div class="navbar navbar-inverse">
        <a class="navbar-brand" href="#">SPORTS STORE</a>
        <cart-summary />
    </div>
    <div class="alert alert-danger" ng-show="data.error">
        Error ({{data.error.status}}). The product data was not loaded.
        <a href="/app.html" class="alert-link">Click here to try again</a>
    </div>
    <ng-view />
</body>
</html>
```

我新增了一個 script 元素將 angular-route.js 檔案匯入至應用程式中。該檔案定義了一個名為 ngRoute 的模組，我將它宣告為 sportsStore 模組的依賴。

我呼叫模組物件中的 config 方法來設定路由。config 方法會接收一個函式，這個函式會在模組載入時、而應用程式尚未執行前執行，使你能夠進行必要的一次性設定。

傳入 config 方法的函式會依賴一個提供器。正如我先前曾提及的，建立 AngularJS 服務有多種不同的方式，而其中一種就是建立可透過提供器物件進行設定的服務。提供器的名稱是由服務名稱與 Provider 結合而成，因此，此處依賴的$routeProvider 即表示是$route 服務的提供器，其作用是為應用程式設定 URL 路由。

提示：我將會在第 18 章說明如何利用提供器來建立服務，以及在第 22 章說明如何使用$route 服務和$routeProvider。

我使用$routeProvider 物件所定義的兩個方法，來設定所需的路由。首先 when 方法使我能夠將某 URL 對應於特定檢視，如下所示：

```
...
$routeProvider.when("/checkout", {
    templateUrl: "/views/checkoutSummary.html"
});
...
```

這會指示 AngularJS 當 URL 是/checkout 時，即顯示/views/checkoutSummary.html 檔案。至於 otherwise 方法則指定當 URL 不對應於任何的 when 方法時，所應該要顯示的檢視。定義一個對應於例外狀況的預設路由總是應該的，這裡我指定的是/views/productList.html 檢視檔。

```
http://localhost:5000/app.html#/checkout
```

這裡我突顯了路徑的最後部份，它是接在 URL 的井號後面。AngularJS 不會監視整個 URL，因為例如像 http://localhost:5000/checkout 這樣的 URL，會讓瀏覽器拋棄 AngularJS 應用程式，取而代之的是試圖從伺服器載入其他的文件，而這通常不是我們希望看到的結果。為了加以釐清，我在表 7-3 中總結了我的 URL 路由策略。

表 7-3　URL 路由策略

URL	結　果
http://localhost:5000/app.html#/**checkout**	顯示 checkoutSummary.html 檢視
http://localhost:5000/app.html#/**products**	顯示 productList.html 檢視
http://localhost:5000/app.html#/**other**	顯示 productList.html 檢視（由 otherwise 所定義的預設路由）
http://localhost:5000/app.html	顯示 productList.html 檢視（由 otherwise 所定義的預設路由）

提示：如我將在第 22 章所述的，你可以藉由 HTML5 的 History API 來改變 URL 的監控方式，讓諸如 http://localhost:5000/checkout 這類 URL 能夠順利運作。不過請小心使用，因為不同瀏覽器的實作結果可能也會有所不同，此外如果使用者試圖手動編輯 URL，則會跳脫 API 的運作邏輯，而無法產生效果。

顯示路由檢視

路由策略定義了各個 URL 路徑所應該顯示的檢視，不過它並沒有指出顯示的位置。為此我需要使用 ng-view 指令，它也是定義於 ngRoute 模組中。在列表 7-12 中，我將 ng-include 指令替換為 ng-view，如下所示：

```
...
<body ng-controller="sportsStoreCtrl">
    <div class="navbar navbar-inverse">
        <a class="navbar-brand" href="#">SPORTS STORE</a>
        <cart-summary />
    </div>
    <div class="alert alert-danger" ng-show="data.error">
        Error ({{data.error.status}}). The product data was not loaded.
        <a href="/app.html" class="alert-link">Click here to try again</a>
    </div>
    <ng-view />
</body>
...
```

這裡並不需要加上任何設定選項，只是加入了一個指令，指示 AngularJS 將當前選取的檢視插入至指定之處。

7.5.2　透過 URL 路由進行導覽

既然 URL 路由已定義完畢，並套用了 ng-view 指令，現在我就可以藉由 URL 路徑的變更，來進行應用程式的導覽。我的第一個改動是針對購物車總覽部件所顯示的

Checkout 結帳按鈕。列表 7-13 展示了我對 cartSummary.html 檔案所做的改動。

列表 7-13　在 cartSummary.html 檔案裡使用 URL 路徑導覽

```
<style>
    .navbar-right { float: right !important; margin-right: 5px;}
    .navbar-text { margin-right: 10px; }
</style>

<div class="navbar-right">
    <div class="navbar-text">
        <b>Your cart:</b>
        {{itemCount()}} item(s),
        {{total() | currency}}
    </div>
    <a href="#/checkout" class="btn btn-default navbar-btn">Checkout</a>
</div>
```

我在 a 元素裡加入 href 屬性，其值將會變更 URL 路徑。點擊該元素將使瀏覽器導覽到新的 URL（它會繼續指向目前已載入的文件）。AngularJS 路由服務會偵測到導覽目標的變更，使 ng-view 指令顯示 checkoutSummary.html 檢視，如圖 7-6 所示。

圖 7-6　導覽到結帳總覽

從圖中可以看到，瀏覽器所顯示的 URL 會從一開始的 http://localhost:5000/app.html 變更為 http://localhost:5000/app.html#/checkout。這時你可以點擊由 checkoutSummary.html 檢視所顯示的 Back 按鈕，我在列表 7-12 中將它設定成移向/ptoducts 路徑，如下所示：

```
...
<a href="#/products" class="btn btn-primary">Back</a>
...
```

使用 URL 路由的主要好處，是元件可以藉此變更 ng-view 指令所顯示的佈局，而不需要同時對檢視的內容、ng-view 的位置，或是檢視的共享元件有太多的涉入。這使應用程式更易於擴大其規模，並且只需要變更 URL 路由的設定就能夠改變應用程式的行為。

提示：你也可以手動將瀏覽器上的 URL 修改為 http://localhost:5000/app.html#products 或 http://localhost:5000/app.html#，同樣能夠回到商品列表。請注意 app.html 後的井號，如果你省略了它，瀏覽器會將 URL 解譯為請求，而重新載入 app.html 頁面，導致所有未儲存的狀態都會遺失。在 SportsStore 應用程式裡，這表示購物車的內容將會遺失。總之，這些 URL 相當精密，雖然使用者可以直接編輯它們，但只要存在一點點小錯誤，就可能造成非預期的結果。

7.6 開始結帳程序

在完成路由設定，讓我們接著進行結帳程序的處理。這裡的第一項任務是定義一個新的控制器 cartSummaryController，將其放置在 controllers/checkoutControllers.js 檔案中。列表 7-14 展示了該檔案的內容。

列表 7-14　檔案 checkoutController.js 的內容

```
angular.module("sportsStore")
.controller("cartSummaryController", function($scope, cart) {

    $scope.cartData = cart.getProducts();

    $scope.total = function () {
        var total = 0;
        for (var i = 0; i < $scope.cartData.length; i++) {
            total += ($scope.cartData[i].price * $scope.cartData[i].count);
        }
        return total;
    }

    $scope.remove = function (id) {
        cart.removeProduct(id);
    }
});
```

這個新控制器會被新增到 sportsStore 模組上並依賴於 cart 服務。它透過一個名為 cartData 的作用範圍屬性來揭示購物車的內容，並定義相關的行為，來計算購物車的商品總值，以及從購物車中移除商品。藉由控制器所建立的功能，現在我可以將 checkoutSummary.html 檔案裡的臨時內容替換為實際的購物車總覽。列表 7-15 展示了我所做的改動。

列表 7-15　修改 checkoutSummary.html 檔案的內容

```
<h2>Your cart</h2>

<div ng-controller="cartSummaryController">
```

```
    <div class="alert alert-warning" ng-show="cartData.length == 0">
        There are no products in your shopping cart.
        <a href="#/products" class="alert-link">Click here to return to the catalogue</a>
    </div>

    <div ng-hide="cartData.length == 0">
        <table class="table">
            <thead>
                <tr>
                    <th>Quantity</th>
                    <th>Item</th>
                    <th class="text-right">Price</th>
                    <th class="text-right">Subtotal</th>
                </tr>
            </thead>
            <tbody>
                <tr ng-repeat="item in cartData">
                    <td class="text-center">{{item.count}}</td>
                    <td class="text-left">{{item.name}}</td>
                    <td class="text-right">{{item.price | currency}}</td>
                    <td class="text-right">{{ (item.price * item.count) | currency}}</td>
                    <td>
                        <button ng-click="remove(item.id)"
                                class="btn btn-sm btn-warning">Remove</button>
                    </td>
                </tr>
            </tbody>
            <tfoot>
                <tr>
                    <td colspan="3" class="text-right">Total:</td>
                    <td class="text-right">
                        {{total() | currency}}
                    </td>
                </tr>
            </tfoot>
        </table>

        <div class="text-center">
            <a class="btn btn-primary" href="#/products">Continue shopping</a>
            <a class="btn btn-primary" href="#/placeorder">Place order now</a>
        </div>
    </div>
</div>
```

這個檢視並沒有使用什麼新技術。控制器是透過 ng-controller 指令指定，並且使用了 ng-show 和 ng-hide 指令，在購物車無任何商品時顯示警告，若存在商品則顯示商品總覽。使用 ng-repeat 指令為購物車中的各個商品產生表格列，至於商品詳情則是利用資料綁定來顯示。每一列皆包含單價和總價，以及一個透過 ng-click 指令呼叫控制器行為 remove 的按鈕，讓使用者可以從購物車中移除指定項目。

這個檢視的最後兩個 a 元素則能夠讓使用者前往應用程式的其他地方：

```
...
<a class="btn btn-primary" href="#/products">Continue shopping</a>
<a class="btn btn-primary" href="#/placeorder">Place order now</a>
...
```

Continue shopping 按鈕是指向到#/products 路徑，讓使用者回到商品列表；至於 Place order now 按鈕則會引導使用者前往一個新的 URL 路徑#/placeorder，對此，我會在下一節做相關的設定。

套用結帳總覽

接下來我要在 app.html 檔案新增一個 script 元素，並定義完成結帳程序所需的其他路由，如列表 7-16 所示。

列表 7-16 在 app.html 檔案中套用結帳總覽

```
<!DOCTYPE html>
<html ng-app="sportsStore">
<head>
    <title>SportsStore</title>
    <script src="angular.js"></script>
    <link href="bootstrap.css" rel="stylesheet" />
    <link href="bootstrap-theme.css" rel="stylesheet" />
    <script>
        angular.module("sportsStore", ["customFilters", "cart", "ngRoute"])
        .config(function ($routeProvider) {
            $routeProvider.when("/complete", {
                templateUrl: "/views/thankYou.html"
            });

            $routeProvider.when("/placeorder", {
                templateUrl: "/views/placeOrder.html"
            });

            $routeProvider.when("/checkout", {
                templateUrl: "/views/checkoutSummary.html"
            });

            $routeProvider.when("/products", {
                templateUrl: "/views/productList.html"
            });
            $routeProvider.otherwise({
                templateUrl: "/views/productList.html"
            });
        });
    </script>
    <script src="controllers/sportsStore.js"></script>
```

```
    <script src="filters/customFilters.js"></script>
    <script src="controllers/productListControllers.js"></script>
    <script src="components/cart/cart.js"></script>
    <script src="ngmodules/angular-route.js"></script>
    <script src="controllers/checkoutControllers.js"></script>
</head>
<body ng-controller="sportsStoreCtrl">
    <div class="navbar navbar-inverse">
        <a class="navbar-brand" href="#">SPORTS STORE</a>
        <cart-summary />
    </div>
    <div class="alert alert-danger" ng-show="data.error">
        Error ({{data.error.status}}). The product data was not loaded.
        <a href="/app.html" class="alert-link">Click here to try again</a>
    </div>
    <ng-view />
</body>
</html>
```

新路由指向的檢視將會在下一章建立。圖 7-7 展示了使用者點擊 Checkout 按鈕時所呈現的購物車總覽。

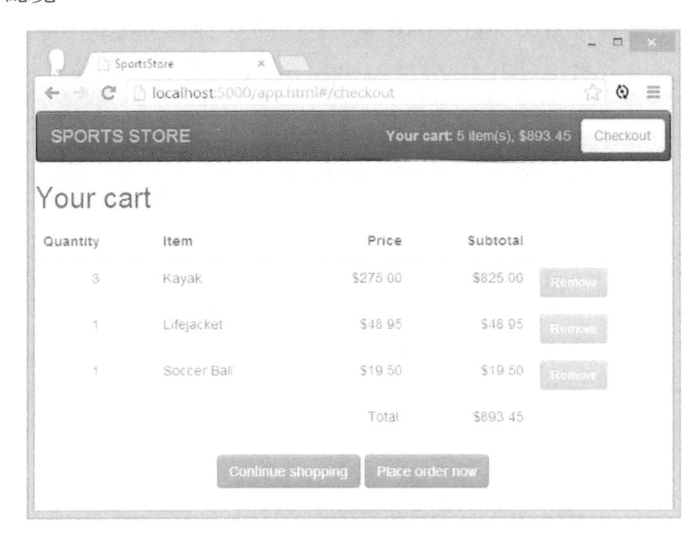

圖 7-7　購物車的內容總覽

7.7 小結

本章接續了 SportsStore 應用程式的開發歷程，從 Deployd 伺服器取得商品資料，新增局部檢視，並實作了一個自訂指令。我還設定了 URL 路由，並開始加入與使用者下單相關的功能。我將在下一章加入管理系統，來完成整個 SportsStore 應用程式。

第 8 章

SportsStore：訂單和管理

本章將會開始收集及驗證貨運詳情，並將訂單儲存於 Deployd 伺服器上，以此完成整個 SportsStore 應用程式的開發工作。除此之外，我還會建立一個管理者應用程式，讓經過認證的使用者能夠查看訂單並管理商品目錄。

8.1 準備範例專案

我將接續先前在第 6、第 7 章裡的專案，因此如果你想要操作本章範例，但又不想從頭開始建構專案，你可以從 www.apress.com 下載第 7 章的原始碼。

我在第 7 章完成了購物車總覽的顯示功能，作為結帳流程的開端。該總覽包括一個導覽到 URL 路徑/placeorder 的元素，為此我在 app.html 檔案中新增了一個 URL 路由。事實上，我總共定義了兩個路由，它們都是完成這個結帳程序所必須的：

```
...
$routeProvider.when("/complete", {
    templateUrl: "/views/thankYou.html"
});

$routeProvider.when("/placeorder", {
    templateUrl: "/views/placeOrder.html"
});
...
```

我會在本章逐一建立 URL 路由中所指向的各個檢視，並建立完成結帳程序所需的元件。

8.2 取得貨運詳情

在購物車中為使用者顯示商品總覽後，接下來便是擷取訂單的貨運詳情。這因此使我開始涉入了 AngularJS 的表單功能，多數的 Web 應用程式都可能會需要此功能。我建立了 views/placeOrder.html 檔案，用於取得使用者的貨運詳情，這是對應於之前我們曾建立的其中一個 URL 路由。我會開始介紹一些與表單相關的功能，並避免重複性的寫出類似的程式碼。我會從幾個資料屬性開始著手（使用者姓名及地址），然後在介紹完必要的功能後再繼續加入其他屬性。列表 8-1 展示了 placeOrder.html 檢視檔的初始內容。

列表 8-1　檔案 placeOrder.html 的內容

```
<h2>Check out now</h2>
<p>Please enter your details, and we'll ship your goods right away!</p>

<div class="well">
    <h3>Ship to</h3>
    <div class="form-group">
        <label>Name</label>
        <input class="form-control" ng-model="data.shipping.name" />
    </div>

    <h3>Address</h3>

    <div class="form-group">
        <label>Street Address</label>
        <input class="form-control" ng-model="data.shipping.street" />
    </div>

    <div class="text-center">
        <button class="btn btn-primary">Complete order</button>
    </div>
</div>
```

關於此檢視，首先可以看到我並沒有使用 ng-controller 指令指定任何的控制器。這表示此檢視將由頂層控制器 sportsStoreCtrl 負責處理，它會負責管控內含 ng-view 指令（我已在第 7 章介紹過這個指令）的檢視。這裡的用意是為了突顯出為局部檢視定義新控制器並不是必要的，當檢視不需要任何附加行為時，就無須多此一舉。

此列表中最重要的 AngularJS 功能是在 input 元素上使用的 ng-model 指令，如下所示：

```
...
<input class="form-control" ng-model="data.shipping.name" />
...
```

ng-model 指令是用於設定「雙向資料綁定」。我會在第 10 章將深入說明資料綁定的概念，簡單來說，到目前為止我在 SportsStore 應用程式中使用的資料綁定類型（以{{}}符號包裹的那些資料）都是單向綁定，這表示它們僅僅是用於顯示作用範圍中的值。單向綁定的值可以被過濾顯示，或者它可以是個表達式而不只是資料值。然而它是唯讀性的，這表示如果作用範圍中的值被改變，所綁定的顯示值也會跟著更新，但這只是單向的，無法反過來更新作用範圍的值。

雙向資料綁定則是讓使用者在表單元素中輸入值時，能夠跟著改變作用範圍的值，而不僅僅是顯示出來而已，也就是作用範圍和資料綁定之間的更新是雙向的。作用範圍的資料屬性更新是透過一個 JavaScript 函式，將使用者輸入到 input 元素中的值更新至作用範圍。我會在第 10 章說明 ng-model 指令的使用方式，並在第 12 章介紹更多關於 AngularJS 的表單支援。不過目前為止，你只需要知道，當使用者在 input 元素中輸入值時，該值就會被指派給 ng-model 指令所指定的作用範圍屬性，在本例中即是 data.shipping.name 屬性和 data.shipping.street 屬性。你可以在圖 8-1 中看到本例的表單外觀。

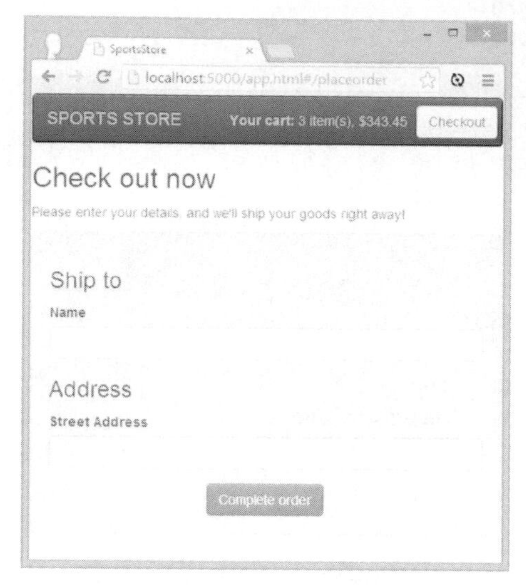

圖 8-1　一個簡單的貨運詳情表單

提示：這裡我並不需要更新控制器，來定義作用範圍中的 data.shipping 物件或個別的 name 或 street 屬性。AngularJS 的作用範圍非常靈活，若未預先定義屬性，則會假定這是一個動態屬性。我會在第 13 章做更多說明。

8.2.1　加入表單驗證

如果你曾撰寫過使用表單元素的 Web 應用程式，那麼你應該知道，使用者可能會在 input 區域中輸入胡亂輸入任何東西。因此，為了確保資料的適用性，AngularJS 支援表單驗證，藉此檢查數值是否可用。

AngularJS 的表單驗證是依循表單元素上所套用的標準 HTML 屬性，例如 type 和 required。表單驗證會自動進行，但仍需要做些事情，讓應用程式能夠對驗證結果做出反應。

提示：HTML5 為 input 元素定義了多種不同的 type 屬性值，可被用於指定數值應為電子郵件地址或數字等等。第 12 章將會有更多關於這些屬性值的說明。

1．驗證的準備

設定表單驗證的第一步是在檢視中新增一個 form 元素，並在 input 元素中加入驗證屬性。列表 8-2 展示了 placeOrder.html 檔案的變更內容。

列表 8-2　為驗證準備的 placeOrder.html 檔案

```
<h2>Check out now</h2>
<p>Please enter your details, and we'll ship your goods right away!</p>

<form name="shippingForm" novalidate>
    <div class="well">
        <h3>Ship to</h3>
        <div class="form-group">
            <label>Name</label>
            <input class="form-control" ng-model="data.shipping.name" required />
        </div>

        <h3>Address</h3>

        <div class="form-group">
            <label>Street Address</label>
            <input class="form-control" ng-model="data.shipping.street" required />
        </div>

        <div class="text-center">
            <button class="btn btn-primary">Complete order</button>
        </div>
    </div>
</form>
```

這裡的 form 元素共有三個目的，儘管我並沒有在 SportsStore 應用程式中利用瀏覽器內建的表單提交功能。

第一個目的是啟用驗證。AngularJS 會透過自訂指令使 HTML 元素擁有一些特殊功能，這裡的 form 即是一例。若沒有 form 元素，AngularJS 便不會驗證諸如 input、select、textarea 等元素的內容。

form 元素的第二個目的，是為了停用瀏覽器可能會自行執行的驗證程序。具體的作法是加上 novalidate 屬性來停用，該屬性是一個標準的 HTML5 功能，可用於確保只有 AngularJS 會負責檢查使用者所提供的資料。如果未加上 novalidate 屬性，就有可能會出現重複性的驗證及衝突，至於實際情形則因瀏覽器種類而異。

最後一個目的是為了定義一個變數，用於報告表單的有效性。這個變數是透過 name 屬性定義，我將其設為 shippingForm。該值會在本章稍後顯示驗證反饋資訊、及點擊 button 元素時使用，讓使用者只有在表單內容有效時才能下單。

除此之外，我也在 input 元素上使用了 required 屬性。這是 AngularJS 可識別的其中一種驗證屬性，也是非常基本的，表示使用者必須為該 input 元素輸入任一值，才能通過驗證。更多關於表單元素的驗證方式請參閱第 12 章。

2．顯示驗證反饋

當 form 元素和驗證屬性都就位後，AngularJS 便能夠開始驗證使用者所提供的資料，但還必須再做些事情才能提供反饋資訊給使用者。我會在第 12 章詳述其細節，而目前只需要知道，有兩種反饋形式可以使用：首先我可以利用 CSS 樣式，讓 AngularJS 根據驗證是否通過，為 form 元素指定不同的類別；接著我還可以利用作用範圍變數，來控制反饋資訊的可見性。列表 8-3 即展示了上述兩種作法。

列表 8-3　在 placeOrder.html 檔案中套用驗證反饋

```
<style>
    .ng-invalid { background-color: lightpink; }
    .ng-valid { background-color: lightgreen; }
    span.error { color: red; font-weight: bold; }
</style>

<h2>Check out now</h2>
<p>Please enter your details, and we'll ship your goods right away!</p>

<form name="shippingForm" novalidate>
    <div class="well">
        <h3>Ship to</h3>
        <div class="form-group">
            <label>Name</label>
            <input name="name" class="form-control"
                ng-model="data.shipping.name" required />
            <span class="error" ng-show="shippingForm.name.$error.required">
                Please enter a name
            </span>
        </div>

        <h3>Address</h3>

        <div class="form-group">
            <label>Street Address</label>
            <input name="street" class="form-control"
                ng-model="data.shipping.street" required />
            <span class="error" ng-show="shippingForm.street.$error.required">
                Please enter a street address
            </span>
        </div>

        <div class="text-center">
            <button class="btn btn-primary">Complete order</button>
        </div>
    </div>
</form>
```

AngularJS 會自動指派 ng-valid 和 ng-invalid 類別給表單元素，所以我首先定義了一個 style 元素，內含所需類別的 CSS 樣式。表單元素會自動地根據驗證狀況，套用其中的類別。

提示：我為 SportsStore 應用程式設定了一個簡單的驗證設定，不過它的結果是表單在一開始便會因為尚未輸入任何值，而顯示錯誤訊息給使用者。但這並非最理想的作法，因此我會在第 12 章，說明 AngularJS 對於驗證資訊所能施加的更多控制功能。

CSS 樣式能夠指出 input 元素出現問題，但無法說明是什麼問題。為此，我必須為每個元素新增 name 屬性，並藉由 AngularJS 加入至到作用範圍的驗證資料，來控制錯誤訊息的可見性，如下所示：

```
...
<input name="street" class="form-control" ng-model="data.shipping.street" required />
<span class="error" ng-show="shippingForm.street.$error.required">
    Please enter a street address
</span>
...
```

在該片段中有一個需要輸入使用者地址的 input 元素，我將它的 name 值設定為 street。AngularJS 會在作用範圍中建立 shippingForm.street 物件（此名稱是由 form 元素的 name 及 input 元素的 name 結合而成）。該物件會定義一個$error 屬性，它本身也是一個物件，其屬性會指出 input 元素的內容驗證結果。換句話說，如果 shippingForm.street.$error.required 屬性為 true，則表示名稱為 street 的 input 元素未通過驗證，對此，我使用了 ng-show 指令來顯示錯誤訊息。（我將在第 12 章完整說明驗證屬性，並在第 11 章說明 ng-show 指令。）你可以在圖 8-2 中看到表單的初始狀態。

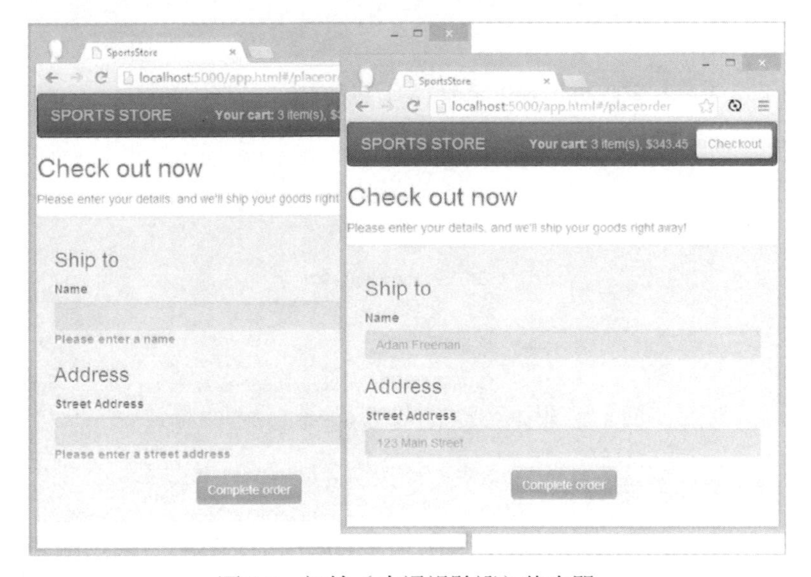

圖 8-2　初始（未通過驗證）的表單

當我輸入明細到 input 元素後，便會滿足 required 屬性的要求，使元素的顏色由紅轉綠並隱藏錯誤訊息。

注意：我在本章刻意簡化了驗證方式，但 AngularJS 實則還有更加詳細也更令人滿意的設定方式，我將在第 12 章做進一步的說明。

3．將按鈕對應於表單的有效性

多數的 Web 應用程式，在完成表單填寫並確認填寫內容的有效性前，都會限制使用者繼續前往下一步。對此，我想在表單未通過驗證時停用「Complete order」按鈕，並在使用者正確地完成表單後啟用它。

我可以利用 AngularJS 加入到作用範圍中的驗證資訊。除了在上一節裡，針對個別元素的區域性資訊外，我也可以取得表單的整體狀態資訊。只要有任何一個 input 元素未通過驗證， shippingForm.$invalid 屬性便會設為 true，因此我可以將這個屬性與 ng-disabled 指令相結合來調整 button 元素的狀態。我將在第 11 章說明 ng-disabled 指令，而它在這裡的作用是根據指定的作用範圍屬性或表達式，為元素加入或移除 disabled 屬性。列表 8-4 展示如何將按鈕的狀態對應於表單的驗證結果。

列表 8-4　在 placeOrder.html 檔案中設定按鈕狀態

```
...
<div class="text-center">
    <button ng-disabled="shippingForm.$invalid"
        class="btn btn-primary">Complete order</button>
</div>
...
```

你可以在圖 8-3 中看到 ng-disabled 指令在 button 元素上的效果。

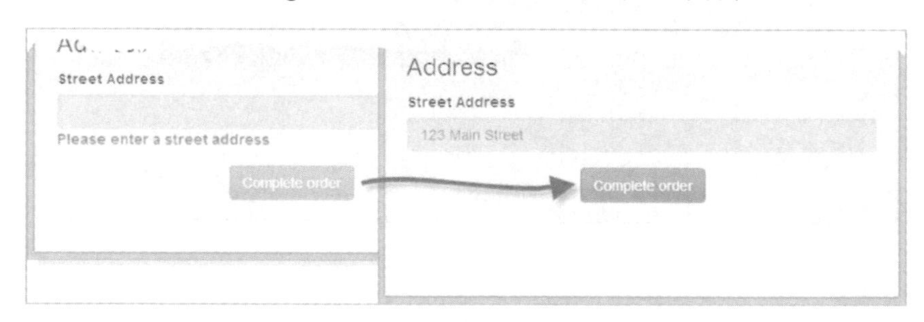

圖 8-3　根據表單驗證結果來控制按鈕的狀態

8.2.2 加入其他的表單欄位

你已經看到 AngularJS 的表單驗證是如何運作的，而現在我將加入其他的 input 元素至表單中。我之所以在先前沒有一併加入這些元素，是想要在沒有太多雷同標籤的情況下，示範驗證功能的效果，不過最終我們還是需要一個更加完整的表單。列表 8-5 展示了其他的 input 元素，以及相關的驗證訊息。

列表 8-5　在 placeOrder.html 檔案中加入其他的表單欄位

```
<style>
    .ng-invalid { background-color: lightpink; }
    .ng-valid { background-color: lightgreen; }
    span.error { color: red; font-weight: bold; }
</style>
```

```
<h2>Check out now</h2>
<p>Please enter your details, and we'll ship your goods right away!</p>
<form name="shippingForm" novalidate>
    <div class="well">
        <h3>Ship to</h3>
        <div class="form-group">
            <label>Name</label>
            <input name="name" class="form-control"
                ng-model="data.shipping.name" required />
            <span class="error" ng-show="shippingForm.name.$error.required">
                Please enter a name
            </span>

        </div>

        <h3>Address</h3>

        <div class="form-group">
            <label>Street Address</label>
            <input name="street" class="form-control"
                ng-model="data.shipping.street" required />
            <span class="error" ng-show="shippingForm.street.$error.required">
                Please enter a street address
            </span>
        </div>

        <div class="form-group">
            <label>City</label>
            <input name="city" class="form-control"
                ng-model="data.shipping.city" required />
            <span class="error" ng-show="shippingForm.city.$error.required">
                Please enter a city
            </span>
        </div>
        <div class="form-group">
            <label>State</label>
            <input name="state" class="form-control"
                ng-model="data.shipping.state" required />
            <span class="error" ng-show="shippingForm.state.$error.required">
                Please enter a state
            </span>
        </div>

        <div class="form-group">
            <label>Zip</label>
            <input name="zip" class="form-control"
                ng-model="data.shipping.zip" required />
            <span class="error" ng-show="shippingForm.zip.$error.required">
                Please enter a zip code
            </span>
```

```
        </div>

        <div class="form-group">
            <label>Country</label>
            <input name="country" class="form-control"
                ng-model="data.shipping.country" required />
            <span class="error" ng-show="shippingForm.country.$error.required">
                Please enter a country
            </span>
        </div>

        <h3>Options</h3>
        <div class="checkbox">
            <label>
                <input name="giftwrap" type="checkbox"
                    ng-model="data.shipping.giftwrap" />
                Gift wrap these items
            </label>
        </div>

        <div class="text-center">
            <button ng-disabled="shippingForm.$invalid"
                    class="btn btn-primary">Complete order</button>
        </div>
    </div>
</form>
```

提示：列表 8-5 中的標籤頗具重複性質，也因此容易導致拼寫錯誤。你可能會想要使用 ng-repeat 指令，藉由一個物件陣列為各個欄位產生相應的 input 元素。然而在 ng-repeat 指令的作用範圍內，想要如常使用 ng-model 和 ng-show 指令將會出現問題，因此我的建議是單純地接受標籤的重複性。如果你想要實作更優雅的方案，請參閱第 15 到第 17 章，研擬建立自訂指令的方式。

8.3 下單

雖然目前 button 元素的狀態已經是由表單驗證所控制，不過點擊按鈕還是沒有任何結果，這是因為我還需要進一步實作 SportsStore 應用程式的訂單提交功能。在接下來的段落裡，我將擴充 Deployd 伺服器的資料庫，並透過一個 Ajax 請求發送訂單資料至伺服器，最後還要顯示一段感謝訊息來完成整個下單程序。

8.3.1 擴充 Deployd 伺服器

我需要擴充 Deplyd 設定來取得 SportsStore 應用程式所提交的訂單。請使用 Deployd 控制面板（先前曾在第 6 章第一次使用過它），點擊綠色的加號按鈕並選擇 Collection，如圖 8-4 所示。

將這個新集合的名稱設為/order 並點擊 Create 按鈕，Deployd 控制面板將會顯示一個屬性編輯器。正如先前在第 6 章建立 products 集合時的作法，請定義表 8-1 中所列出的屬性。

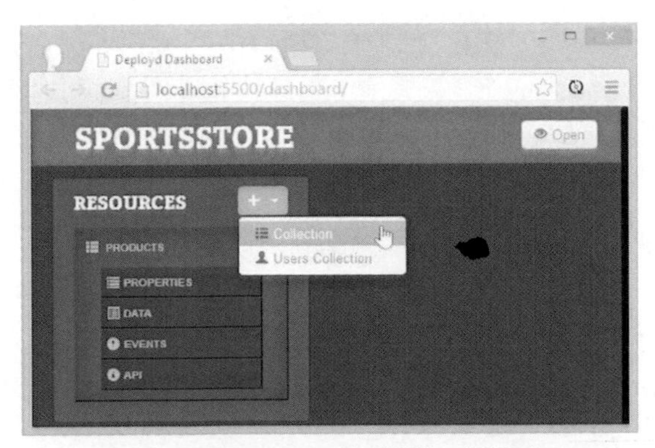

圖 8-4　在 Deployd 裡新增一個集合

表 8-1　訂單集合所需的屬性

名　稱	類　型	是否必需
name	string	是
street	string	是
city	string	是
state	string	是
zip	string	是
country	string	是
giftwrap	boolean	是
products	array	是

這裡請留意，giftwrap 及 products 屬性的類型和其他屬性是不同的，如果你沒有正確地定義它們，將會導致應用程式出現非預期的結果。當你完成定義後，orders 集合的屬性列表應該如圖 8-5 所示。

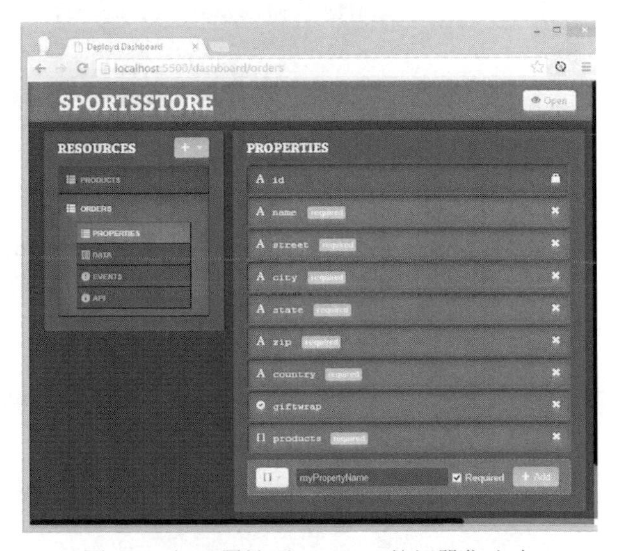

圖 8-5　加入屬性至 Deployd 的訂單集合中

8.3.2 定義控制器行為

接下來我們需要定義控制器的行為，透過一個 Ajax 請求發送訂單明細到 Deployd 伺服器上。我可以利用多種不同方式來實作這項功能，例如服務或另一個新的控制器等等。如此這般靈活性便是 AngularJS 的其中一項特色。一個 AngularJS 應用程式應如何設計，並沒有絕對的對錯，隨著經驗的累積，你就能夠從中發展出自己的風格和偏好。這裡我將保持簡單，單純在頂層的 sportsStore 控制器裡加入所需的行為，它原先便已包含了產生 Ajax 請求來載入商品資料的程式碼。列表 8-6 展示了變動的部份。

列表 8-6　在 sportsStore.js 檔案中發送訂單到伺服器上

```
angular.module("sportsStore")
    .constant("dataUrl", "http://localhost:5500/products")
    .constant("orderUrl", "http://localhost:5500/orders")
    .controller("sportsStoreCtrl", function ($scope, $http, $location,
        dataUrl, orderUrl, cart) {

        $scope.data = {
        };

        $http.get(dataUrl)
            .success(function (data) {
                $scope.data.products = data;
            })
            .error(function (error) {
                $scope.data.error = error;
            });

        $scope.sendOrder = function (shippingDetails) {
            var order = angular.copy(shippingDetails);
            order.products = cart.getProducts();
            $http.post(orderUrl, order)
                .success(function (data) {
                    $scope.data.orderId = data.id;
                    cart.getProducts().length = 0;
                })
                .error(function (error) {
                    $scope.data.orderError = error;
                }).finally(function () {
                    $location.path("/complete");
                });
        }
    });
```

Deployd 將會在資料庫中建立一個新物件來回應 POST 請求，並回傳它所建立的物件，該物件還包含了參照用的 id 屬性。

至此，你可以看到這些新增的程式碼是如何運作的。我定義了一個新的 constant，其內指定將用於 POST 請求的 URL。並且新增對 cart 服務的依賴，讓我可以取得使用者所購買的商品詳情。這個新增的行為是命名為 sendOrder，它會接受貨運詳情作為參數。

我使用 angular.copy 工具方法（我曾在第 5 章提及過它）來建立貨運詳情物件的複本，使我能安全地操控它，而不會影響到應用程式的其他部份。先前由 ng-model 指令建立的貨運詳情物件屬性，與我在 Deployd 裡定義的 orders 集合屬性是一致的，我只需要再定義一個 products 屬性，來參照購物車中的商品陣列。

我使用$http.post 方法，為指定的 URL 及資料建立一個 Ajax POST 請求，並且運用先前曾在第 5 章說明過的 success 和 error 方法（更多說明請參閱第 20 章），來回應請求的結果。若請求成功，便將新訂單物件的 id 指派給一個作用範圍屬性，並清除購物車的內容。反之若出現任何問題，則同樣將 error 物件指派給一個作用範圍屬性，以便在稍後參照它。

我還在$http.post 方法所回傳的約定上使用了 finally 方法。這個 finally 方法會接收一個函式，無論 Ajax 請求結果如何都會被呼叫。此舉是為了在任一結果下皆顯示相同檢視，所以使用 finally 方法來呼叫$location.path 方法。這是以程式化方式設定 URL 路徑元件的一項範例，它將透過先前曾在第 7 章建立的 URL 設定，觸發檢視的變更。（我會在第 11 章說明$location 服務，並在第 22 章與 URL 路由一同加以示範。）

8.3.3 呼叫控制器行為

為了呼叫新的控制器行為，我需要在貨運詳情檢視中為 button 元素新增 ng-click 指令。如列表 8-7 所示。

列表 8-7 新增一個指令至 placeOrder.html 檔案中

```
...
<div class="text-center">
    <button ng-disabled="shippingForm.$invalid"
            ng-click="sendOrder(data.shipping)"
            class="btn btn-primary">
        Complete order
    </button>
</div>
...
```

8.3.4 定義檢視

我將 Ajax 請求完成後的 URL 路徑設定為/complete，而根據先前的 URL 路由設定，將會對應至檔案/views/thankYou.html。因此我建立了該檔案，你可以在列表 8-8 中看到它的內容。

列表 8-8 thankYou.html 檔案的內容

```
<div class="alert alert-danger" ng-show="data.orderError">
    Error ({{data.orderError.status}}). The order could not be placed.
    <a href="#/placeorder" class="alert-link">Click here to try again</a>
</div>

<div class="well" ng-hide="data.orderError">
```

```
        <h2>Thanks!</h2>
        Thanks for placing your order. We'll ship your goods as soon as possible.
        If you need to contact us, use reference {{data.orderId}}.
    </div>
```

該檢視定義了兩種不同的內容區塊，是分別針對成功和失敗的 Ajax 請求。如果請求失敗，將會顯示錯誤的細節，以及一個讓使用者能夠返回貨運詳情檢視的連結，好讓他們可以再試一次。反之若請求成功，則會顯示感謝訊息，以及新訂單物件的 id。你可以在圖 8-6 中看到請求成功的結果。

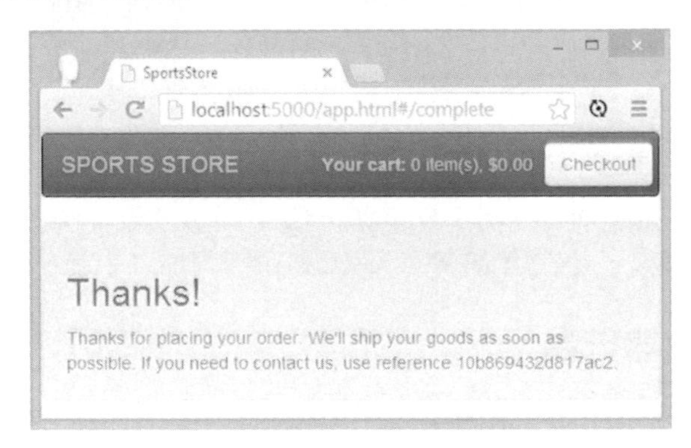

圖 8-6　在下單後向使用者顯示反饋訊息

8.4　做出改善

在建構這個 SportsStore 應用程式的使用者端時，我採取了一些相對簡陋的作法，而它們可以再透過一些技巧加以改進，這些技巧將會在後續章節中介紹。

首先，當你在瀏覽器中載入 app.html 檔案時，你可以注意到在一開始顯示頁面時，商品及分類元素還需要些許時間間隔才會顯示出來。這是因為 Ajax 請求會在背景執行，並等待伺服器回傳資料，在此同時，AngularJS 會繼續執行應用程式，待取得資料後再更新相關的區域。我將在第 22 章說明如何運用 URL 路由功能，來避免 AngularJS 在 Ajax 請求完成之前顯示頁面。

此外，我為了導覽和分頁功能，從商品資料裡取出分類。在真實的專案裡，我會考慮在初次取得商品資料時，便一次性的取出所需資訊，並在後續過程裡重複使用。我將在第 20 章說明如何利用約定來建構行為鏈，藉此滿足這類需求。

最後，我也可以使用將在第 23 章介紹的$animate 服務，來顯示簡短且重點式的動畫，當 URL 路徑改變時，檢視的轉換便可以顯得更加平順。

避免最佳化陷阱

你可以注意到，我說的是我會「考慮」重複使用分類和分頁資料，而不是說我一定會這麼做。這是因為任何類型的最佳化都應該慎重地評估，以確保這是明智的，從而避免兩種常見的最佳化陷阱。

第一種陷阱是過早最佳化，開發者在目前的實作還未出現任何問題、也未與非功能性的規格相牴觸前，便意圖做出最佳化。這種類型的最佳化會試圖讓程式碼更針對於特定的上下文，因而扼殺了 AngularJS 功能的可移動性（這可是 AngularJS 最吸引人的特色之一）。更甚者，對不被認為是問題的程式碼進行最佳化，即表示你在花費時間解決事實上沒人在乎的（潛在）問題，其效益可能不如去修復真正的問題，或者是去建構使用者所需的其他功能。

第二種陷阱是轉化最佳化，這種最佳化往往僅是轉變問題的型態，但沒有提供真正的解決方案。例如，分類和分頁資料的常見問題，是它的產生需要經過計算，而一種解法就是將資訊快取起來。這看起來似乎是個好主意，但快取需要記憶體，這在行動裝置上通常是較為缺乏的。缺乏計算能力的裝置通常也缺乏儲存能力，最根本的問題，是你可能發送太多資料給客戶端了，因而導致應用程式的延遲。因此你應該考慮重新設計你的應用程式——也許將資料分割成更小的區塊再做傳送及處理，是更明智的。

這並不是說你不應該對應用程式進行最佳化，而是應該將最佳化視為解決問題的一種方式，但在沒有出現問題前別這麼做。別讓微不足道的小事使你忽略了開發時間的寶貴，你的時間應該只用於解決實際的問題。

8.5 管理商品類別

為了使這個 SportsStore 應用程式更加完善，我將另外建立一個能夠讓管理員處理商品分類及訂單佇列的應用程式。藉此示範 AngularJS 的建立、讀取、更新及刪除（CRUD）操作，並進一步利用 SportsStore 主程式的一些關鍵功能。

注意：每一個後端服務的身份驗證方式都可能有些不同，但基本原理都是一樣的：對特定的 URL 發送一個內含使用者認證資訊的請求。如果請求成功，瀏覽器會回傳一個 cookie，而這個 cookie 就會被用於驗證後續的請求。雖然本節是針對 Deployd 做說明，但應該很容易舉一反三的對應到其他平台上。

8.5.1 準備 Deployd

應該只有管理員才能對資料庫做出變更，為此，我將使用 Deployd 來定義一個管理員，並建立表 8-2 所列的存取策略。

表 8-2 Deployd 集合的存取控制策略

集　合	管理者	使用者
products	建立、讀取、更新與刪除	讀取
orders	建立、讀取、更新與刪除	建立

簡而言之，管理員應該要能夠對任一集合做出任何動作。至於一般使用者則應該要能夠讀取（但不能修改）products 集合，以及要能夠在 orders 集合中建立新物件（但不能查看、修改和刪除它們）。

請點擊 Deployd 控制面板上的綠色按鈕，並在彈出選單上選擇 Users Collection。將這個新集合命名為/users，如圖 8-7 所示。

圖 8-7　建立一個 users 集合

點擊 Create 按鈕，Deployd 將建立該集合，並顯示一個應該已經很熟悉的屬性編輯器，這個使用者集合已定義了我所需要的 id、username 和 password 屬性。請點擊/users 集合的 Data 按鈕建立一個新物件，將其 username 設為 admin，password 是 secret，如圖 8-8 中所示。

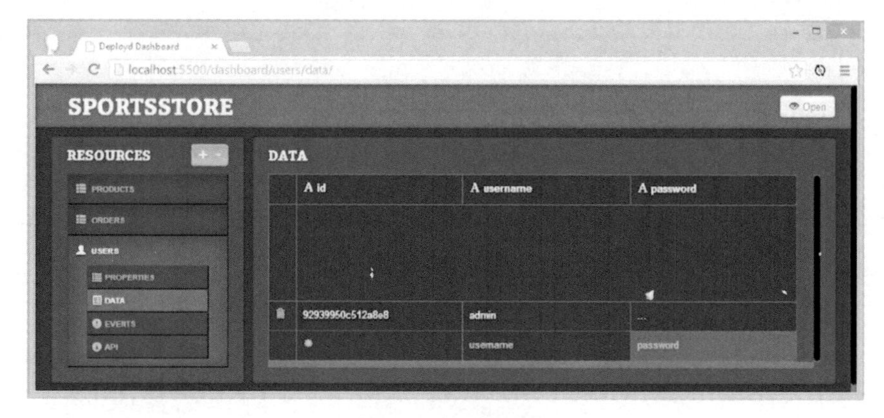

圖 8-8　建立管理員

保護集合的安全性

Deployd 有一項我很喜歡的功能，是它定義了簡單的 JavaScript API，可用於實作伺服端功能，在操作集合時觸發各種事件。請在主控台中點擊 products 集合然後點擊 Events，你將看到多個分頁，分別代表不同的集合事件：On Get、On Validate、On Post、On Put 和 On Delete。這些事件適用於任何集合，你能夠從中實作的一件事，就是使用 JavaScript 來實施驗證策略。請在 On Put 及 On Delete 標籤中輸入以下 JavaScript 程式碼：

```
if (me === undefined || me.username != "admin") {
    cancel("No authorization", 401);
}
```

在 Deployd 的 API 中，變數 me 代表當前使用者，而 cancel 函式將會終止請求，並回應指定的訊息及 HTTP 狀態碼。這段程式碼只允許經過驗證的 admin 使用者（即是管理員）進行存取，其餘的請求則會以 401 狀態碼做回絕，該狀態碼表示客戶端未經授權。

提示：若不太清楚這些 On XXX 分頁實際觸發的時機點，也無須擔心，因為在我開始發出 Ajax 請求到伺服器時，就會變得很明朗了。

接著在 orders 集合中，除了 On Post 和 On Validate 分頁外，請為其餘的分頁填入相同的程式碼。表 8-3 總結了各個集合中，哪些分頁需要加入先前所示的程式碼。至於未列出的分頁則應該保持空內容。

表 8-3 需要 JavaScript 程式碼來實施驗證控制的事件分頁

集合	說明
products	On Put、On Delete
orders	On Get、On Put、On Delete
users	None

8.5.2 建立管理者應用程式

我將為管理功能建立單獨的 AngularJS 應用程式。雖然我的確可以整合管理功能到主應用程式中，但這會導致所有使用者都必須下載包含管理功能的程式碼，即便多數人根本不會用到。我在 angularjs 資料夾裡新增了一個名為 admin.html 的檔案，列表 8-9 展示了它的內容。

列表 8-9 admin.html 檔案的內容

```
<!DOCTYPE html>
<html ng-app="sportsStoreAdmin">
<head>
    <title>Administration</title>
    <script src="angular.js"></script>
    <script src="ngmodules/angular-route.js"></script>
    <link href="bootstrap.css" rel="stylesheet" />
    <link href="bootstrap-theme.css" rel="stylesheet" />
    <script>
        angular.module("sportsStoreAdmin", ["ngRoute"])
            .config(function ($routeProvider) {

                $routeProvider.when("/login", {
                    templateUrl: "/views/adminLogin.html"
                });

                $routeProvider.when("/main", {
                    templateUrl: "/views/adminMain.html"
                });

                $routeProvider.otherwise({
```

```
                    redirectTo: "/login"
                });
            });
        </script>
    </head>
    <body>
        <ng-view />
    </body>
    </html>
```

這個 HTML 檔案包含了匯入 AngularJS 和 Bootstrap 檔案所需的 script 和 link 元素，以及一個行內 script 元素，用於定義 sportsStoreAdmin 模組，它將包含應用程式的功能（我在 html 元素上套用 ng-app 指令以便使用這些功能）。我使用了 Module.config 方法為應用程式建立三個路由，這些路由將控制著 body 元素中的 ng-view 指令。表 8-4 概括了 URL 與檢視檔之間的對應關係。

表 8-4　admin.html 檔案中的 URL 路徑

URL 路徑	檢　　視
/login	/views/adminLogin.html
/main	/views/adminMain.html
其他	重定向至/login

對於 otherwise 方法所定義的路由，我使用了 redirectTo，它會將 URL 路徑轉換成其他路由。其結果是引導瀏覽器至/login 路徑，以便進行使用者驗證。我將在第 22 章說明 URL 路由的完整設定選項。

新增佔位檢視

我準備要來實作驗證功能，不過首先我需要為/views/adminMain.html 檢視檔建立一些佔位內容，讓我可以在驗證成功後顯示一些結果。列表 8-10 展示了檔案的（暫時）內容。

列表 8-10　adminMain.html 檔案的內容

```
<div class="well">
    This is the main view
</div>
```

我會在應用程式能夠驗證使用者後，將上述內容替換為實際應顯示的內容。

8.5.3 實作驗證功能

Deployd 會使用標準 HTTP 請求來驗證使用者。應用程式會發送一個 POST 請求到 /users/login URL，內含驗證使用者所需的 username 和 password 值。如果驗證成功，伺服器便會回應狀態碼 200，反之則是 401。為了實作驗證功能，我定義了一個控制器，用於產生 Ajax 呼叫，以及處理回應的結果。列表 8-11 展示了我為此目的而建立的 controllers/adminControllers.js 檔案內容。

列表 8-11 adminControllers.js 檔案的內容

```
angular.module("sportsStoreAdmin")
.constant("authUrl", "http://localhost:5500/users/login")
.controller("authCtrl", function($scope, $http, $location, authUrl) {

    $scope.authenticate = function (user, pass) {
        $http.post(authUrl, {
            username: user,
            password: pass
        }, {
            withCredentials: true
        }).success(function (data) {
            $location.path("/main");
        }).error(function (error) {
            $scope.authenticationError = error;
        });
    }
});
```

我使用 angular.module 方法來擴充 sportsStoreAdmin 模組，它是在 admin.html 檔案中建立的。接著我使用 constant 方法來指定將被用於驗證的 URL，並建立 authCtrl 控制器。這個控制器又定義一個名為 authenticate 的行為，會接收 username 和 password 值作為參數，然後使用$http.post 方法（我會在第 20 章加以說明）向 Deployd 伺服器發出 Ajax 請求。當 Ajax 請求成功時，我使用將在第 11 章裡說明的$location 服務，以程式化方式改變瀏覽器所顯示的路徑（以此觸發 URL 路由的改變）。

提示：我向$http.post 方法提供了一個選擇性的設定物件，將 withCredentials 設定為 true。這會啟用跨來源（cross-origin）請求的支援，讓 Ajax 請求利用 cookie 進行驗證。若未啟用該選項，則瀏覽器將忽略 Deployd 所回傳的 cookie。我將在第 20 章說明$http 服務所有的可用選項。

如果請求失敗，便將傳入 error 函式的物件指派給作用範圍變數，讓我可以向使用者顯示問題詳情。我需要在 admin.html 檔案中加入內含控制器的 JavaScript 檔案，請確保它是置於定義了模組的 script 元素之後。列表 8-12 展示了 admin.html 檔案的變化。

列表 8-12 在 admin.html 檔案裡加入控制器的 script 元素

```
<!DOCTYPE html>
<html ng-app="sportsStoreAdmin">
<head>
    <title>Administration</title>
    <script src="angular.js"></script>
    <script src="ngmodules/angular-route.js"></script>
    <link href="bootstrap.css" rel="stylesheet" />
    <link href="bootstrap-theme.css" rel="stylesheet" />
    <script>
        angular.module("sportsStoreAdmin", ["ngRoute"])
            .config(function ($routeProvider) {
```

```
                $routeProvider.when("/login", {
                    templateUrl: "/views/adminLogin.html"
                });

                $routeProvider.when("/main", {
                    templateUrl: "/views/adminMain.html"
                });

                $routeProvider.otherwise({
                    redirectTo: "/login"
                });
            });
    </script>
    <script src="controllers/adminControllers.js"></script>
</head>
<body>
    <ng-view />
</body>
</html>
```

定義驗證檢視

接下來是建立一個檢視，供使用者輸入使用者名稱及密碼，並呼叫 authCtrl 控制器所定義的行為 authenticate，然後在發生錯誤時顯示錯誤詳情。列表 8-13 展示了 views/adminLogin.html 檔案的內容。

列表 8-13 adminLogin.html 檔案的內容

```
<div class="well" ng-controller="authCtrl">

    <div class="alert alert-info" ng-hide="authenticationError">
        Enter your username and password and click Log In to authenticate
    </div>

    <div class="alert alert-danger" ng-show="authenticationError">
        Authentication Failed ({{authenticationError.status}}). Try again.
    </div>

    <form name="authForm" novalidate>
        <div class="form-group">
            <label>Username</label>
            <input name="username" class="form-control" ng-model="username" required />
        </div>
        <div class="form-group">
            <label>Password</label>
            <input name="password" type="password" class="form-control"
                   ng-model="password" required />
        </div>
        <div class="text-center">
            <button ng-click="authenticate(username, password)"
```

```
                    ng-disabled="authForm.$invalid"
                    class="btn btn-primary">
                Log In
            </button>
        </div>
    </form>
</div>
```

這個檢視使用了我曾在 SportsStore 主應用程式中介紹過的技術，而我還會在後續的章節裡做更深入的說明。我使用 ng-controller 指令將檢視與 authCtrl 控制器繫結在一起，接著使用 AngularJS 的表單驗證功能（第 12 章）來取得使用者詳情，並限制 Log In 按鈕在輸入使用者名稱及密碼前無法被點擊。我還使用了 ng-model 指令（第 10 章）將輸入的值指派到作用範圍中。以及使用 ng-show 和 ng-hide 指令（第 11 章）來提示使用者輸入名稱及密碼，同時也用於回報錯誤。最後我使用 ng-click 指令（第 11 章）呼叫控制器行為 authenticate 來執行驗證。

你可以在圖 8-9 中看到這個檢視在瀏覽器中的顯示結果。讓我們試著進行驗證程序，輸入 Deployd 所要求的使用者名稱（admin）及密碼（secret），然後點擊按鈕。

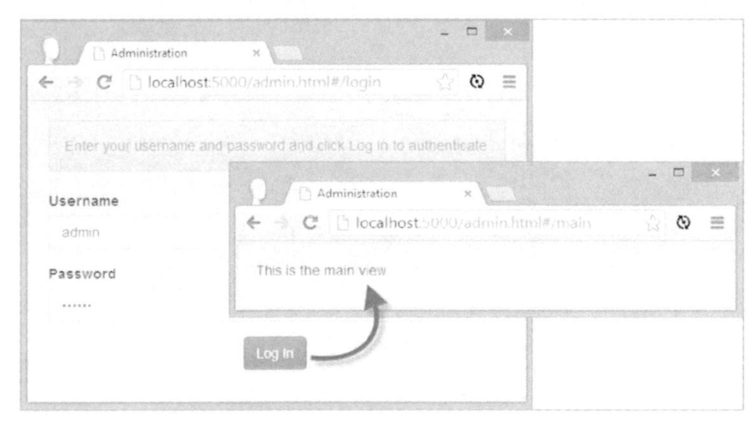

圖 8-9　驗證使用者

8.5.4 定義主檢視和控制器

當使用者通過驗證後，ng-view 指令便會顯示 adminMain.html 檢視。該檢視能夠讓管理員處理商品分類內容以及查看訂單佇列。

在我開始定義用於驅動整個應用程式的功能前，我需要先為商品和訂單列表的檢視定義佔位內容。因此，我先建立了 views/adminProducts.html，列表 8-14 展示了其內容。

列表 8-14　adminProducts.html 檔案的內容

```
<div class="well">
    This is the product view
</div>
```

接著，我建立了 views/adminOrders.html 檔案，內含相似的佔位內容，如列表 8-15 所示。

列表 8-15　adminOrders.html 檔案的內容

```
<div class="well">
    This is the order view
</div>
```

這些佔位內容將用於示範管理者應用程式的檢視流程。URL 路由功能有一項嚴重的限制：你不能巢套多個 ng-view 指令的實例。這使得若要在 ng-view 的作用範圍內，一併結合多種不同的檢視會稍微有些困難。對此，我將示範如何使用 ng-include 指令，作為不太優雅（但完全可行）的替代方案。我在 adminControllers.js 檔案中定義一個新的控制器，如列表 8-16 所示。

列表 8-16　在 adminControllers.js 檔案中新增一個控制器

```
angular.module("sportsStoreAdmin")
.constant("authUrl", "http://localhost:5500/users/login")
.controller("authCtrl", function($scope, $http, $location, authUrl) {

    $scope.authenticate = function (user, pass) {
        $http.post(authUrl, {
            username: user,
            password: pass
        }, {
            withCredentials: true
        }).success(function (data) {
            $location.path("/main");
        }).error(function (error) {
            $scope.authenticationError = error;
        });
    }
})
.controller("mainCtrl", function($scope) {

    $scope.screens = ["Products", "Orders"];
    $scope.current = $scope.screens[0];

    $scope.setScreen = function (index) {
        $scope.current = $scope.screens[index];
    };

    $scope.getScreen = function () {
        return $scope.current == "Products"
            ? "/views/adminProducts.html" : "/views/adminOrders.html";
    };
});
```

這個新控制器名為 mainCtrl，它提供了所需的行為和資料，讓我能夠使用 ng-include 指令來管理檢視，以及產生導覽按鈕來切換檢視。setScreen 行為是用於變更檢視，至於 getScreen 行為則用於揭示應顯示的檢視。

你可以在列表 8-17 中看到該控制器功能是如何被使用的，這裡我修改了 adminMain.html 檔案，替換掉原先的佔位內容。

列表 8-17 修改 adminMain.html 檔案

```
<div class="panel panel-default row" ng-controller="mainCtrl">
    <div class="col-xs-3 panel-body">
        <a ng-repeat="item in screens" class="btn btn-block btn-default"

           ng-class="{'btn-primary': item == current }" ng-click="setScreen($index)">
            {{item}}
        </a>
    </div>
    <div class="col-xs-8 panel-body" >
        <div ng-include="getScreen()" />
    </div>
</div>
```

這個檢視使用 ng-repeat 指令，為作用範圍 screens 陣列的各個值產生元素。如我將在第 10 章說明的，ng-repeat 指令會定義一些特殊變數，讓產生的元素能夠加以參照，$index 即是其中之一，它會回傳當前項目在陣列中的位置。我在 ng-click 指令中利用這個值來呼叫 setScreen 控制器行為。

此檢視最重要的部份是 ng-include 指令的使用，我曾在先前的第 7 章裡，藉由該指令來顯示單一局部檢視，我也會在第 10 章做更詳細的說明。ng-include 指令可以傳入一個行為，該行為會回傳應顯示的檢視名稱，如下：

```
...
<div ng-include="getScreen()" />
...
```

getScreen 行為會將選取的導覽值，與先前所定義的檢視做對應。你可以在圖 8-10 中看到 ng-repeat 指令所產生的按鈕（以及點擊的效果）。雖然這並不如 URL 路由功能那樣健全又優雅，但確實可用，尤其是當簡單的 ng-view 指令無法滿足所需的控制性時，更是大有幫助。

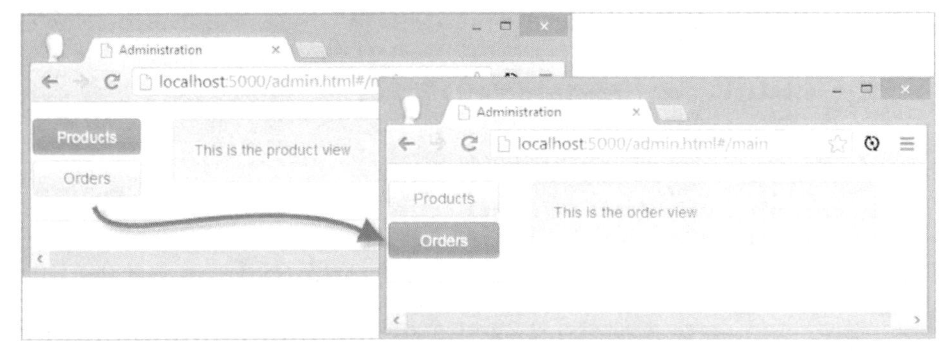

圖 8-10 使用 ng-include 指令來選取檢視

8.5.5 實作訂單功能

我準備要來處理訂單列表，由於這個列表是唯讀的，所以處理起來非常簡單。在真實的電子商務應用程式中，訂單流程相當複雜，會牽涉到支付驗證、庫存管理、取件和包裝，而最終還得寄送所訂購的商品。不過就如我在先前的第 6 章說明過的，這些功能不會使用 AngularJS 來實作，所以我在 SportsStore 應用程式中省略了它們。在此前提下，我新增了一個控制器到 adminControllers.js 檔案裡，使用$http 服務向 Deployd 發送 Ajax 的 GET 請求以取得訂單，如列表 8-18 所示。

列表 8-18　在 adminControllers.js 檔案中新增一個控制器以取得訂單

```
angular.module("sportsStoreAdmin")
.constant("authUrl", "http://localhost:5500/users/login")
.constant("ordersUrl", "http://localhost:5500/orders")
.controller("authCtrl", function ($scope, $http, $location, authUrl) {

    // ...controller statements omitted for brevity...

})
.controller("mainCtrl", function ($scope) {

    // ...controller statements omitted for brevity...

})
.controller("ordersCtrl", function ($scope, $http, ordersUrl) {

    $http.get(ordersUrl, {withCredentials : true})
        .success(function (data) {
            $scope.orders = data;
        })
        .error(function (error) {
            $scope.error = error;
        });

    $scope.selectedOrder;

    $scope.selectOrder = function(order) {
        $scope.selectedOrder = order;
    };

    $scope.calcTotal = function(order) {
        var total = 0;
        for (var i = 0; i < order.products.length; i++) {
            total +=
                order.products[i].count * order.products[i].price;
        }
        return total;
    }
});
```

我定義了一個 URL 常數，用於回傳伺服器所儲存的訂單列表。控制器函式會對該 URL 發出 Ajax 請求，然後將資料物件指派給作用範圍中的 orders 屬性。如果請求失敗，則指派 error 物件。可以看到我在呼叫$http.get 方法時，設定了 withCredentials 選項，就如同我在先前做過的驗證程序。此舉確保瀏覽器會將安全性 cookie 回應給 Deployd 驗證請求。

這個控制器的其他部份相當直觀，selectOrder 行為是用於設定 selectedOrder 屬性，以便查看訂單詳情，至於 calcTotal 行為則是用於計算出訂單的商品總額。

有了 ordersCtrl 控制器後，我便能夠自 adminOrders.html 檔案移除佔位內容，並替換為列表 8-19 中所示的標籤內容。

列表 8-19　adminOrders.html 檔案的內容

```
<div ng-controller="ordersCtrl">

    <table class="table table-striped table-bordered">
        <tr><th>Name</th><th>City</th><th>Value</th><th></th></tr>
        <tr ng-repeat="order in orders">
            <td>{{order.name}}</td>
            <td>{{order.city}}</td>
            <td>{{calcTotal(order) | currency}}</td>
            <td>
                <button ng-click="selectOrder(order)" class="btn btn-xs btn-primary">
                    Details
                </button>
            </td>
        </tr>
    </table>

    <div ng-show="selectedOrder">
        <h3>Order Details</h3>

        <table class="table table-striped table-bordered">
            <tr><th>Name</th><th>Count</th><th>Price</th></tr>
            <tr ng-repeat="item in selectedOrder.products">
                <td>{{item.name}}</td>
                <td>{{item.count}}</td>
                <td>{{item.price| currency}} </td>
            </tr>
        </table>
    </div>
</div>
```

此檢視是由兩個 table 元素所組成。第一個 table 是顯示訂單摘要，並包含一個 button 元素，用於呼叫 selectOrder 行為來查看特定的訂單。第二個 table 則只在選取特定訂單時顯示，用於顯示訂單中的商品詳情。你可以在圖 8-11 中看到其結果。

8.5.6 實作商品功能

針對商品功能，我會對資料執行全套操作，讓管理員不僅可以查看商品，還能建立新商品，以及編輯或刪除現有的商品。如果你前往 Deployd 控制面板，選擇 Products 集合並點擊 API 按鈕，就會看到 Deployd 所提供的 RESTful API，使你能夠透過 HTTP 請求來處理資料。我會在第 21 章完整地說明 RESTful API，不過簡單來說，此舉能夠讓你藉由 URL 來指定資料物件，並且利用 HTTP 方法來執行欲採取的操作。所以，舉例來說，如果我想刪除 id 屬性為 100 的物件，那麼便是使用 DELETE HTTP 方法向 URL /products/100 發送請求。

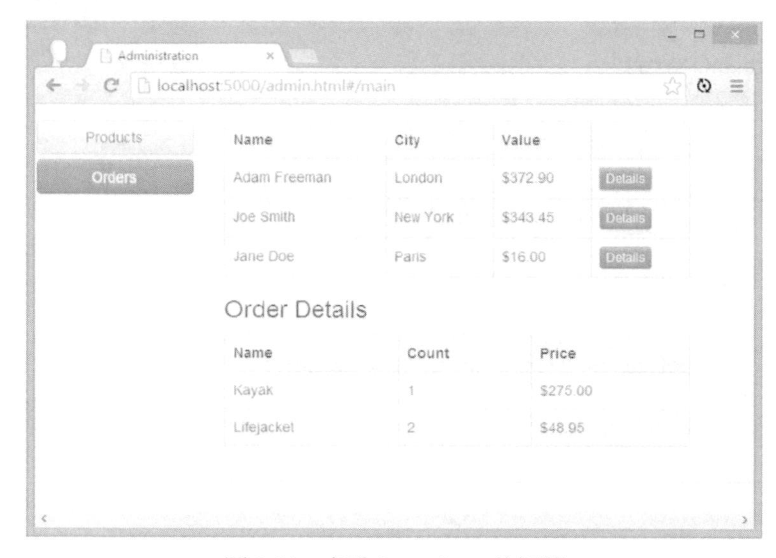

圖 8-11　查看 SportsStore 的訂單

你可以使用$http 服務來存取 RESTful API，但如此一來就得為應用程式的各項操作揭示完整的 URL。雖然你可以定義一個服務來執行這些操作，但更優雅的方案是利用 ngResource 模組中的$resource 服務，它能夠實現漂亮的 URL 定義方式，來處理發送至伺服器的請求。

1．定義 RESTful 控制器

我要開始建立一個控制器，是藉由 AngularJS 的$resource 服務來存取 Deployd 的 RESTful API。我在 controllers 資料夾中建立了新檔案 adminProductController.js，其內容如列表 8-20 所示。

列表 8-20　adminProductController.js 檔案的內容

```
angular.module("sportsStoreAdmin")
.constant("productUrl", "http://localhost:5500/products/")
.config(function($httpProvider) {
    $httpProvider.defaults.withCredentials = true;
})
.controller("productCtrl", function ($scope, $resource, productUrl) {
```

```
    $scope.productsResource = $resource(productUrl + ":id", { id: "@id" });

    $scope.listProducts = function () {
        $scope.products = $scope.productsResource.query();
    }

    $scope.deleteProduct = function (product) {
        product.$delete().then(function () {
            $scope.products.splice($scope.products.indexOf(product), 1);
        });
    }

    $scope.createProduct = function (product) {
        new $scope.productsResource(product).$save().then(function (newProduct) {
            $scope.products.push(newProduct);
            $scope.editedProduct = null;
        });
    }

    $scope.updateProduct = function (product) {
        product.$save();
        $scope.editedProduct = null;
    }

    $scope.startEdit = function (product) {
        $scope.editedProduct = product;
    }

    $scope.cancelEdit = function () {
        $scope.editedProduct = null;
    }

    $scope.listProducts();
});
```

我不會深入這段程式碼的細節，因為第 21 章將會做完整的說明。不過我仍會在此說明一些值得一提的重要事物。

首先，$resource 服務是以$http 服務所提供的功能為基礎，這表示我需要啟用先前用於驗證的 withCredentials 選項。我無法存取由$http 服務所產生的請求，但我可以呼叫模組的 config 方法，對$http 服務的提供器宣告一個依賴，來變更所有 Ajax 請求的預設設定，如下所示：

```
...
.config(function($httpProvider) {
    $httpProvider.defaults.withCredentials = true;
})
...
```

正如我將在第 18 章裡說明的，服務的建立可以透過多種不同方式，而其中一種方式，是定義一個提供器物件，以此來變更服務的運作方式。在本例中，$httpProvider 即是$http 服務的提供器，其內定義了一個 defaults 屬性，用於設定所有的 Ajax 請求。關於更多可以透過$httpProvider 物件設定的預設值，請參閱第 20 章。

不過，本例最重要的部份，是建立「存取物件」來存取 RESTful API：

```
...
$scope.productsResource = $resource(productUrl + ":id", { id: "@id" });
...
```

傳入$recourse 的第一個參數，是定義將用於發出查詢的 URL 格式，其中「:id」部份會根據第二個參數中的對應物件。這個述句表示如果資料物件存在 id 屬性，則會被加入到 Ajax 請求的 URL 中。

這兩個參數將會推導出用於存取 RESTful API 的 URL 及 HTTP 方法，這表示我並不需要使用$http 服務來產生個別的 Ajax 呼叫。

使用$resource 服務便會回傳一個存取物件，該物件擁有 query、get、delete、remove 和 save 方法，可用於取得及操作伺服器上的資料（如我將在第 21 章裡說明的，這些方法也定義於個別的資料物件上）。呼叫這些方法將觸發 Ajax 請求，以執行所需的操作。

提示：存取物件的方法並不完全對應於 Deployd 的 API，不過 Deployd 仍然可以接受由$resource 服務所產生的請求。我將在第 21 章展示如何變更$resource 設定，使其能夠完全對應於任何的 RESTful API。

這個控制器裡的程式碼，在為檢視提供方法的同時，還設法解決了一項問題。由於 query 方法回傳的資料物件集合，並不會自動地隨著物件的建立或刪除而更新，所以我必須加入額外的程式碼，讓本地集合與遠端集合保持同步。

提示：存取物件不會自動從伺服器載入資料，因此我得在控制器函式的結尾處呼叫 query 方法。

2．定義檢視

在完成控制器功能後，我便將 adminProducts.html 的佔位內容替換為列表 8-21 中的標籤。

列表 8-21 adminProduct.html 檔案的內容

```
<style>
    #productTable { width: auto; }
    #productTable td { max-width: 150px; text-overflow: ellipsis;
                       overflow: hidden; white-space: nowrap; }
    #productTable td input { max-width: 125px; }
</style>

<div ng-controller="productCtrl">
    <table id="productTable" class="table table-striped table-bordered">
        <tr>
```

```
            <th>Name</th><th>Description</th><th>Category</th><th>Price</th><th></th>
        </tr>
        <tr ng-repeat="item in products" ng-hide="item.id == editedProduct.id">
            <td>{{item.name}}</td>
            <td class="description">{{item.description}}</td>
            <td>{{item.category}}</td>
            <td>{{item.price | currency}}</td>
            <td>
                <button ng-click="startEdit(item)" class="btn btn-xs btn-primary">
                    Edit
                </button>
                <button ng-click="deleteProduct(item)" class="btn btn-xs btn-primary">
                    Delete
                </button>
            </td>
        </tr>
        <tr ng-class="{danger: editedProduct}">
            <td><input ng-model="editedProduct.name" required /></td>
            <td><input ng-model="editedProduct.description" required /></td>
            <td><input ng-model="editedProduct.category" required /></td>
            <td><input ng-model="editedProduct.price" required /></td>
            <td>
                <button ng-hide="editedProduct.id"
                        ng-click="createProduct(editedProduct)"
                        class="btn btn-xs btn-primary">
                    Create
                </button>
                <button ng-show="editedProduct.id"
                        ng-click="updateProduct(editedProduct)"
                        class="btn btn-xs btn-primary">
                    Save
                </button>
                <button ng-show="editedProduct"
                        ng-click="cancelEdit()" class="btn btn-xs btn-primary">
                    Cancel
                </button>
            </td>
        </tr>
    </table>
</div>
```

這個檢視並沒有使用到什麼新技巧，但仍展示出如何使用 AngularJS 指令來管理狀態性的編輯檢視。檢視中的元素是藉由控制器行為來操控商品物件集合，讓使用者能夠建立、編輯或刪除商品。

3．新增參照至 HTML 檔案中

最後的工作，是在 admin.html 檔案中新增 script 元素，來匯入新的模組及控制器，並更新主應用程式模組，使其宣告對 ngResource 的依賴，如列表 8-22 所示。

列表 8-22 新增參照至 admin.html 檔案中

```
<!DOCTYPE html>
<html ng-app="sportsStoreAdmin">
<head>
    <title>Administration</title>
    <script src="angular.js"></script>
    <script src="ngmodules/angular-route.js"></script>
    <script src="ngmodules/angular-resource.js"></script>
    <link href="bootstrap.css" rel="stylesheet" />
    <link href="bootstrap-theme.css" rel="stylesheet" />
    <script>
        angular.module("sportsStoreAdmin", ["ngRoute", "ngResource"])
            .config(function ($routeProvider) {

                $routeProvider.when("/login", {
                    templateUrl: "/views/adminLogin.html"
                });

                $routeProvider.when("/main", {
                    templateUrl: "/views/adminMain.html"
                });

                $routeProvider.otherwise({
                    redirectTo: "/login"
                });
            });
    </script>
    <script src="controllers/adminControllers.js"></script>
    <script src="controllers/adminProductController.js"></script>
</head>
<body>
    <ng-view />
</body>
</html>
```

執行結果請見圖 8-12。使用者可以在 input 元素中填入內容，然後點擊 Create 按鈕以建立新商品。也可以點擊任一 Edit 按鈕來修改商品，或是任一 Delete 按鈕來刪除商品。

8.6 小結

本章分別完成了 SportsStore 的主應用程式及管理工具。我示範了表單驗證功能，並透過$http 服務來產生 Ajax 的 POST 請求，同時也提示了一些在後續章節將會介紹的進階技巧及改進方案。除此之外，我也示範了使用者驗證功能（包含讓 Ajax 請求夾帶安全性 cookie），並且利用$resource 服務來存取 RESTful API。這些 SportsStore 應用程式所涉及到的功能及主題，將會繼續出現在本書的後續章節中。本書第 2 部份，將以個別 AngularJS 元件的概述作為開端，開始深入探究 AngularJS 的細節。

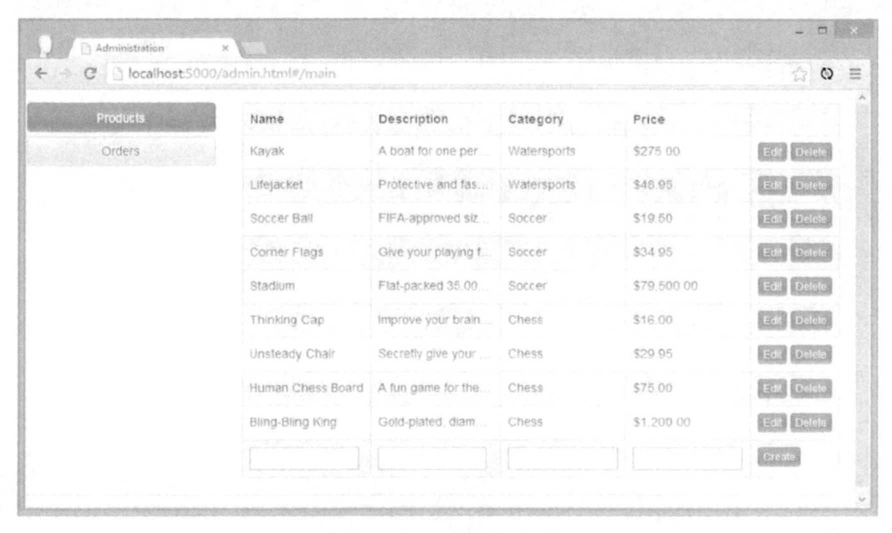

圖 8-12　進行商品的編輯

第 2 部份

使用 AngularJS

第 9 章

解剖 AngularJS 應用程式

AngularJS 應用程式是依循第 3 章曾提及的 MVC 模式，而其開發過程則依賴於一系列廣泛的建構組塊。雖然模型、檢視及控制器勢必是最顯著的組塊，然而 AngularJS 應用程式還有許多可變的組件，例如模組、指令、過濾器、工廠和服務。若在開發過程中更多利用這些元件，就能夠更加活化整個 MVC 模式的運作。

由於多種不同類型的 AngularJS 元件，彼此經常是緊密地整合在一起的，所以即便只是示範一項功能，最終也可能會牽涉到其他的功能。並且考量到 AngularJS 開發過程的一大樂趣，便是能夠藉助多種組件來擴充你的應用程式。因此我需要設立一個大綱式的起始點，使你無須讀遍全書就能夠知道所有元件的作用。

本章將透過「模組」的角度，來說明 AngularJS 應用程式的運作。模組在 AngularJS 應用程式中扮演了多種不同的角色，我會示範如何建立模組，並利用它們來實作出各種好用的功能。

本書的後續章節，將依賴於本章所介紹的功能，你可以在需要更多說明時回頭參考本章，透過簡單的範例，瞭解這些功能的一般使用方式，此外也能夠在本章獲得進一步的參考指引。本章可以視之為後續章節的概覽及骨架，內有關於 AngularJS 應用程式開發的重要基礎概念，例如依賴注入和工廠函式。同時也指引你該往哪一章去尋求某些問題的答案，例如元件類型的選擇及使用時機。表 9-1 為本章摘要。

表 9-1　本章摘要

問　　題	解決方案	列　　表
建立一個 AngularJS 模組	使用 angular.module 方法	1、2
設定模組的作用範圍	使用 ng-app 屬性	3
定義一個控制器	使用 Module.controller 方法	4、8
將控制器套用於檢視中	使用 ng-controller 屬性	5、7
從控制器傳遞資料給檢視	使用$scope 服務	6
定義一個指令	使用 Module.directive 方法	9
定義一個過濾器	使用 Module.filter 方法	10
以程式化方式使用過濾器	使用$filter 服務	11
定義一個服務	使用 Module.service、Module.factory 或 Module.provider 方法	12
從現有的物件或值定義一個服務	使用 Module.value 方法	13

問　題	解決方案	列　表
組織應用程式的程式碼結構	自 ng-app 屬性所參照的模組中建立多個模組並宣告依賴	14～16
註冊於模組載入時所呼叫的函式	使用 Module.config 和 Module.run 方法	17

9.1 準備範例專案

在接下來的範例裡，我將重建一個簡單的專案結構。首先刪除 angularjs 資料夾中的現有內容，然後加入第 1 章曾提到的 angular.js、bootstrap.css 和 bootstrap-theme.css 檔案。接著建立一個名為 example.html 的 HTML 檔案，並寫入列表 9-1 中的內容。

列表 9-1　example.html 檔案的內容

```
<!DOCTYPE html>
<html ng-app="exampleApp" >
<head>
    <title>AngularJS Demo</title>
    <link href="bootstrap.css" rel="stylesheet" />
    <link href="bootstrap-theme.css" rel="stylesheet" />
    <script src="angular.js"></script>
    <script>

        var myApp = angular.module("exampleApp", []);

        myApp.controller("dayCtrl", function ($scope) {
            // controller statements will go here
        });

    </script>
</head>
<body>
    <div class="panel" ng-controller="dayCtrl">
        <div class="page-header">
            <h3>AngularJS App</h3>
        </div>
        <h4>Today is {{day || "(unknown)"}}</h4>
    </div>
</body>
</html>
```

這份列表是一個最小化的 AngularJS 應用程式，以作為後續各節的示範基礎。此應用程式的檢視包含一個尚未設定的資料綁定表達式，因此我還使用了 JavaScript 的「||」運算子，若變數 day 的值已定義，便會加以顯示，反之則顯示字串 unknown。圖 9-1 展示了目前這個 HTML 文件於瀏覽器中的顯示結果。

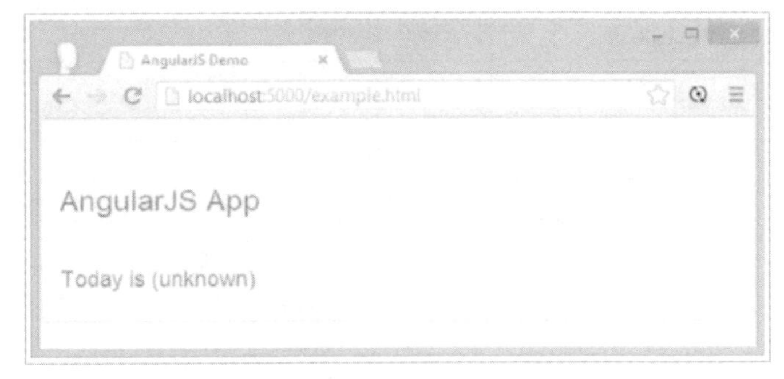

圖 9-1　在瀏覽器中顯示此範例 HTML 文件

9.2　使用模組

模組是 AngularJS 應用程式中的頂層元件。雖然無須使用模組也能建置出簡單的 AngularJS 應用程式，但我不建議這麼做。因為即便是簡單的應用程式，也經常會隨著時間的推移而變得複雜且難以管理，屆時你可能會因此需要重寫整個程式。模組的使用相當簡單，只需要加入少量的 JavaScript 述句，就能夠設定及管理多個模組，比較起來是相當划算的。在 AngularJS 應用程式中，模組具有三種主要角色：

- 將 AngularJS 應用程式與 HTML 文件中的特定區域繫結起來。
- 作為存取 AngularJS 框架功能的橋樑。
- 協助組織 AngularJS 應用程式的程式碼及元件。

以下各節將一一說明這些作用。

設定 AngularJS 應用程式的邊界

建立 AngularJS 應用程式的第一個步驟，是定義一個模組，並將其繫結至 HTML 文件中的特定區域。模組是透過 angular.module 方法定義的，列表 9-2 即示範了如何在應用程式中建立模組。

列表 9-2　建立一個模組

```
...
var myApp = angular.module("exampleApp", []);
...
```

如表 9-2 所示，module 方法支援三個參數，但通常只使用前兩個。

當建立模組的目的是為了繫結至某一個 HTML 文件時（而非出於組織程式碼的目的，對此我會在稍後做說明），通常是以加上「App」的方式來為模組命名，因此這項範例的模組名稱即為 exampleApp。這個慣例的好處，是能夠清楚地標示出此模組的身份，它是代表著 AngularJS 應用程式結構中的頂層——這在應用程式包含多個模組時會很有用。

表 9-2 angular.module 方法所接受的參數

名　稱	說　明
name	新模組的名稱
requires	該模組所依賴的模組集合
config	該模組的設定，等同於呼叫 Module.config 方法──見第 9.4.1 節

在 JavaScript 中定義模組只是整個過程的一部份，模組還必須藉由 ng-app 屬性套用到 HTML 內容中。當 AngularJS 是唯一被使用的 Web 框架時，通常是將 ng-app 屬性套用到 html 元素上，如列表 9-3 所示，展示了 ng-app 是如何所套用到元素上。

列表 9-3 在 example.html 檔案中套用 ng-app 屬性

```
...
<html ng-app="exampleApp">
...
```

ng-app 屬性是在 AngularJS 生命週期的啟動（bootstrap）階段被使用的，我會在本章稍後加以說明（請不要想成是第 4 章曾介紹的 Bootstrap CSS 框架）。

小心別混淆了模組的建立及尋找

在建立模組時，除了指定 name 外，即使你的模組並不存在依賴，也必須指定 requires 參數。我會在本章稍後說明模組的依賴性，但目前至少需要瞭解到，常見的錯誤就是忽略了 requires 參數，類似這樣：

```
...
var myApp = angular.module("exampleApp");
...
```

這會變成是尋找一個名為 exampleApp 的模組，而不是建立一個新模組，也就會導致錯誤的發生（除非剛好已經有一個同名的模組存在，但那模組可能不是你真的想要的）。

9.3 藉由模組來定義 AngularJS 元件

angular.module 方法會回傳一個 Module 物件，使你能夠藉由表 9-3 所列的屬性及方法，存取 AngularJS 所提供的重要功能。正如我在本章一開始曾提及的，Module 物件所提供的功能將會在本書多次出現。而本節中則會針對這些重要功能做說明，並提供簡單的範例，此外也會列出相關的章節，好讓你可以取得更一步的詳情。

表 9-3 Module 物件的成員

名　稱	說　明
animation(name, factory)	動畫功能，將在第 23 章做介紹。
config(callback)	註冊一個在模組載入時用於設定模組的函式，詳情請見第 9.4.1 節。
constant(key, value)	定義一個會回傳常數的服務，請參見第 9.4.1 節

名　稱	說　明
controller(name, constructor)	建立一個控制器，詳情請見第 13 章。
directive(name, factory)	建立一個指令來擴充標準的 HTML，請見第 15-17 章。
factory(name, provider)	建立一個服務。關於此方法的詳細資訊以及與 provider 和 service 方法之區別，請見第 18 章。
filter(name, factory)	建立一個過濾器來對資料進行格式化，詳情請見第 14 章。
provider(name, type)	建立一個服務，關於此方法的詳細資訊以及與 service 和 factory 方法之區別，請見第 18 章。
name	回傳模組的名稱。
run(callback)	註冊一個函式，會在 AngularJS 載入完畢及完成所有模組設定後被呼叫，請見第 9.4.1 節。
service(name, constructor)	建立一個服務。關於此方法的詳細資訊以及與 provider 和 factory 方法之區別，請見第 18 章。
value(name, value)	定義一個會回傳值的服務，請見本章稍後第 9.3.4 節中的「定義值」一節。

Module 物件所定義的方法可以歸為三大類：定義元件、協助建置程式碼組塊、以及管理 AngularJS 生命週期。我將建置程式碼組塊開始，接著再說明其他的功用。

9.3.1 定義控制器

控制器是 AngularJS 應用程式中極為重要的建置組塊，它扮演了模型和檢視之間的渠道。多數的 AngularJS 專案都擁有多個控制器，藉此為應用程式的各個部份提供資料與邏輯。我將在第 13 章對控制器做更深入的說明。

控制器是透過 Module.controller 方法定義的，該方法會接收兩個參數：分別是控制器的名稱以及一個工廠函式，此函式是用於設定控制器，使之變得可用（更多詳情請參閱本章稍後的「工廠和工作者函式」補充欄）。列表 9-4 列出了在 example.html 檔案中建立控制器的述句。

列表 9-4　在 example.html 檔案中建立控制器

```
...
myApp.controller("dayCtrl", function ($scope) {
    // controller statements will go here
});
...
```

控制器的命名習慣是使用 Ctrl 後綴。這個列表中的述句建立了一個名為 dayCtrl 的新控制器。函式的參數是用於宣告控制器的依賴，即控制器所需的 AngularJS 元件。AngularJS 所內建的服務及功能是以$符號為開頭的，可以在這份列表中看到$scope 的存在，這是用於向 AngularJS 取得作用範圍。要宣告對於$scope 的依賴，只需將它傳給工廠函式，如下所示：

```
...
myApp.controller("dayCtrl", function ($scope) {
...
```

這便是所謂的「依賴注入」，AngularJS 會尋查參數內容，並取得相應的元件，詳情請見「瞭解依賴注入」補充欄。傳入 controller 方法的函式有一個名為$scope 的參數，因此使得 AngularJS 會在呼叫函式時自動傳入作用範圍物件。我將在第 18 章說明服務是如何運作的，並在第 13 章示範作用範圍的運作方式。

瞭解依賴注入

依賴注入（DI）可說是 AngularJS 最容易造成困惑的一項功能。常見的問題包含了究竟什麼是依賴注入、它的原理是什麼、以及它為什麼有用。即使你已在其他框架或程式語言中接觸過依賴注入，在 AngularJS 裡的情況也是不太一樣的。

本章的內容會使你瞭解，一個 AngularJS 應用程式是由控制器、指令及過濾器等多種元件所組成。我將逐一介紹它們並提供簡單的範例。

讓我們先從依賴注入的意義開始說明。AngularJS 應用程式中的元件經常會彼此依賴，從列表 9-4 中即可以看到，這個控制器需要使用$scope 元件，藉此向檢視傳遞資料。這便是所謂的依賴——控制器依賴於$scope 元件才能夠順利運作。

依賴注入則簡化了元件之間處理依賴的過程（又稱為「解析依賴」）。若不是透過依賴注入，就得用其他的方式來自行取得$scope，例如透過某個全域變數。此舉雖然可行，但就不像 AngularJS 的依賴注入技巧這麼簡單。

AngularJS 應用程式中的元件，是透過其工廠函式的參數來宣告依賴，宣告的名稱應對應於所依賴的元件。在本例中，AngularJS 根據控制器函式中的參數，得知控制器依賴於$scope 元件，便自動取得$scope，並傳入至控制器函式。

換言之，依賴注入改變了函式參數的作用。若無依賴注入，則參數便是用於接收呼叫者想傳入的任何物件。不過在使用依賴注入的情況下，函式則是藉由參數來提出需求，向 AngularJS 要求它所需要的建構組塊。

AngularJS 的依賴注入有一項特徵，是參數的順序變得無關緊要。請見以下這個函式：

```
...
myApp.controller("dayCtrl", function ($scope, $filter) {
...
```

傳入函式的第一個參數是$scope 元件，第二個則是$filter 服務物件。目前無須在意$filter 物件的作用，我會在本章稍後加以說明。此處的重點是你可以自由地變更順序：

```
...
myApp.controller("dayCtrl", function ($filter, $scope) {
...
```

這項特徵在 JavaScript 裡並不常見，可能會需要一點時間才能適應。不過你也可能已經在其他程式語言裡接觸過類似的技巧——例如 C#中的具名參數。

使用依賴注入的主要好處，是由 AngularJS 負責管理元件，並在函式需要時提供元件給函式。此外，依賴注入也有利於測試，因為如此一來就能夠使用模擬物件來代替真實的建構組塊，以便針對程式碼的特定部份進行測試，我將在第 25 章說明其運作原理。

1．套用控制器至檢視

定義控制器不過是整道程序的一部份——還必須將其套用至 HTML 元素上，AngularJS 才會知道是 HTML 文件的哪個部份構成了該控制器的檢視。這是透過 ng-controller 屬性完成的，列表 9-5 展示了 example.html 檔案中的 HTML 元素，並且套用了 dayCtrl 控制器。

列表 9-5　在 example.html 檔案中定義檢視

```
...
<body>
    <div class="panel" ng-controller="dayCtrl">
        <div class="page-header">
            <h3>AngularJS App</h3>
        </div>
        <h4>Today is {{day || "(unknown)"}}</h4>
    </div>
</body>
...
```

這個檢視包含了一個 div 元素及其子元素，而 ng-controller 的位置即表示它的套用範圍包含了這個 div 元素及其內的所有子元素。

在建立控制器時傳入的$scope 元件是用於向檢視提供資料，因為只有透過$scope 設定的資料才能為表達式和資料綁定所用。此時，當你使用瀏覽器開啟 example.html 檔案時，資料綁定會產生字串「(unknown)」，因為我使用了||運算子來合併判斷 null 值，如下所示：

```
...
<h4>Today is {{day || "(unknown)"}}</h4>
...
```

AngularJS 資料綁定有一項好處，是它可以用於計算 JavaScript 表達式。這個綁定將會顯示$scope 元件所提供的 day 屬性值，除非它是 null 值，若是 null 值則會顯示「(unknown)」。至於 day 屬性值的設定方式，則是在控制器設定函式中將它指派給$scope，如列表 9-6 所示。

列表 9-6　在 example.html 檔案中定義一個模型資料值

```
...
<script>

    var myApp = angular.module("exampleApp", []);
    myApp.controller("dayCtrl", function ($scope) {
        var dayNames = ["Sunday", "Monday", "Tuesday", "Wednesday",
            "Thursday", "Friday", "Saturday"];
        $scope.day = dayNames[new Date().getDay()];
    });

</script>
...
```

我新增了一個 Date 物件，呼叫 getDay 方法來取得當日是星期幾的數值，並從一個字串陣列中取得該數值所對應的星期名稱。只要將這段程式碼加入至 script 元素中，day 屬性值就會有結果了，如圖 9-2 所示。

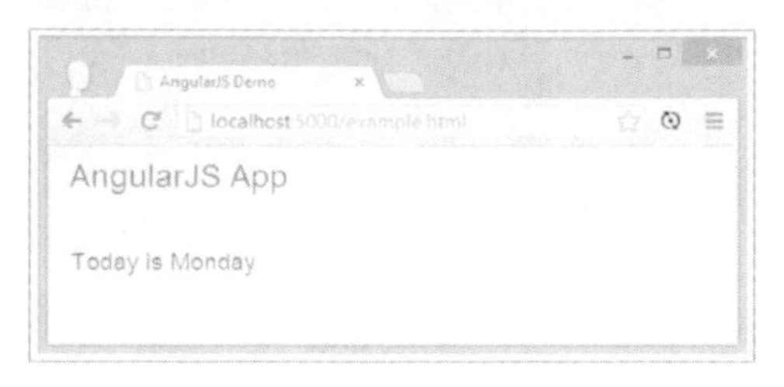

圖 9-2 透過$scope 服務定義變數的效果

2．建立多個檢視

單一控制器也可以用於處理多個不同的檢視，使同一份資料能夠以不同方式呈現，或者是為了更有效率地建立及管理彼此相關的資料。在列表 9-7 中，可以看到我為$scope 新增了一個資料屬性，並藉此建立第二個檢視。

列表 9-7 在 example.html 檔案中建立第二個檢視

```
<!DOCTYPE html>
<html ng-app="exampleApp">
<head>
    <title>AngularJS Demo</title>
    <link href="bootstrap.css" rel="stylesheet" />
    <link href="bootstrap-theme.css" rel="stylesheet" />
    <script src="angular.js"></script>
    <script>

        var myApp = angular.module("exampleApp", []);

        myApp.controller("dayCtrl", function ($scope) {
            var dayNames = ["Sunday", "Monday", "Tuesday", "Wednesday",
                "Thursday", "Friday", "Saturday"];
            $scope.day = dayNames[new Date().getDay()];
            $scope.tomorrow = dayNames[(new Date().getDay() + 1) % 7];
        });
    </script>
</head>
<body>
    <div class="panel">
        <div class="page-header">
            <h3>AngularJS App</h3>
        </div>
        <h4 ng-controller="dayCtrl">Today is {{day || "(unknown)"}}</h4>
        <h4 ng-controller="dayCtrl">Tomorrow is {{tomorrow || "(unknown)"}}</h4>
    </div>
```

```
</body>
</html>
```

我調整了 ng-controller 屬性的位置，藉此示範相同的控制器也可以被套用在多個不同的檢視中。圖 9-3 便是其結果。

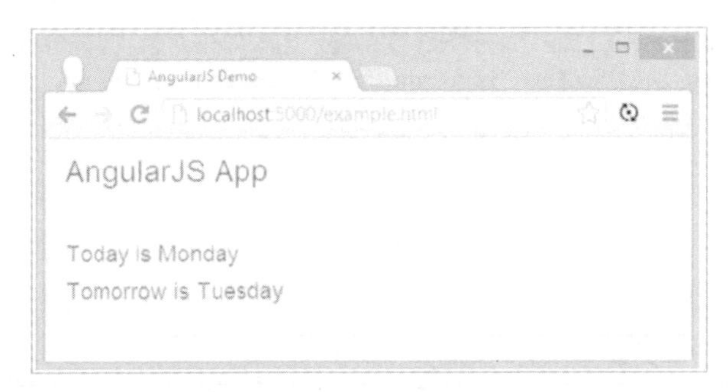

圖 9-3　加入一個控制器

當然，這個結果也可以透過單一檢視來完成，這裡的多此一舉僅是出於示範目的。

3．建立多個控制器

除了最簡單的應用程式之外，幾乎所有的應用程式都會包含多個控制器，藉此提供並區隔不同的功能。列表 9-8 展示了在 example.html 檔案裡新增的第二個控制器。

列表 9-8　在 example.html 檔案中加入第二個控制器

```
<!DOCTYPE html>
<html ng-app="exampleApp">
<head>
    <title>AngularJS Demo</title>
    <link href="bootstrap.css" rel="stylesheet" />
    <link href="bootstrap-theme.css" rel="stylesheet" />
    <script src="angular.js"></script>
    <script>

        var myApp = angular.module("exampleApp", []);

        myApp.controller("dayCtrl", function ($scope) {
            var dayNames = ["Sunday", "Monday", "Tuesday", "Wednesday",
                "Thursday", "Friday", "Saturday"];
            $scope.day = dayNames[new Date().getDay()];
        });

        myApp.controller("tomorrowCtrl", function ($scope) {
            var dayNames = ["Sunday", "Monday", "Tuesday", "Wednesday",
                "Thursday", "Friday", "Saturday"];
            $scope.day = dayNames[(new Date().getDay() + 1) % 7];
        });

    </script>
```

```
</head>
<body>
    <div class="panel">
        <div class="page-header">
            <h3>AngularJS App</h3>
        </div>
        <h4 ng-controller="dayCtrl">Today is {{day || "(unknown)"}}</h4>
         <h4 ng-controller="tomorrowCtrl">Tomorrow is {{day || "(unknown)"}}</h4>
    </div>
</body>
</html>
```

我新增了一個名為 tomorrowCtrl 的控制器，用於計算出隔日是星期幾。同時也修改了 HTML 內容，讓每個控制器都有各自的檢視。修改後的執行結果與圖 9-3 相同——只是內容的產生方式不同而已。

提示：可以看到我在這兩個檢視中都使用了 day 屬性，但彼此是互不影響的。每一個控制器都各自取得了應用程式作用範圍的複本，因此 dayCtrl 控制器中的 day 屬性與 tomorrowCtrl 控制器中的 day 屬性是隔離開來的。我將在第 13 章對作用範圍做更多的說明。

就實際層面而言，如此簡單的需求並不需要用到兩個控制器和兩個檢視，這裡僅僅是作為示範目的，幫助你建立一個清晰的概念。

使用流線式 API

Module 物件方法所回傳的結果仍然是 Module 物件本身。雖然這聽起來有點詭異，但卻是好處多多，使你能夠實現「流線式 API」，即多個方法呼叫可以串連在一起。舉一個簡單的例子，我可以將列表 9-8 中的腳本元素，重寫成不再需要 myApp 變數的版本，如下所示：

```
...
<script>

    angular.module("exampleApp", [])
        .controller("dayCtrl", function ($scope) {
            var dayNames = ["Sunday", "Monday", "Tuesday", "Wednesday",
                "Thursday", "Friday", "Saturday"];
            $scope.day = dayNames[new Date().getDay()];
        })
        .controller("tomorrowCtrl", function ($scope) {
            var dayNames = ["Sunday", "Monday", "Tuesday", "Wednesday",
                "Thursday", "Friday", "Saturday"];
            $scope.day = dayNames[(new Date().getDay() + 1) % 7];
        });

</script>
...
```

我呼叫了 angular.module 方法並得到一個 Module 物件，接著在這個物件上直接呼叫 controller 方法來建立 dayCtrl 控制器。由於呼叫 controller 方法與呼叫 angular.module 方法，結果都是同一個 Module 物件，所以我可以接續這個結果，再次呼叫 controller 方法來建立 tomorrowCtrl。

9.3.2 定義指令

指令可說是 AngularJS 最強大的一項功能，因為它們能夠擴充及增強 HTML，進而建立出豐富的 Web 應用程式。AngularJS 有許多令人喜歡的功能，然而指令則是其中最富樂趣和靈活性的一環，我將在第 10～12 章介紹 AngularJS 的內建指令。當內建指令無法滿足需求時，你也可以建立自訂指令，我將在第 15～17 章詳細說明自訂指令。不過簡單來說，自訂指令即是透過 Module.directive 方法建立的，列表 9-9 是自訂指令的一項簡單範例。

列表 9-9　在 example.html 檔案中建立一個自訂指令

```
<!DOCTYPE html>
<html ng-app="exampleApp">
<head>
    <title>AngularJS Demo</title>
    <link href="bootstrap.css" rel="stylesheet" />
    <link href="bootstrap-theme.css" rel="stylesheet" />
    <script src="angular.js"></script>
    <script>

        var myApp = angular.module("exampleApp", []);

        myApp.controller("dayCtrl", function ($scope) {
            var dayNames = ["Sunday", "Monday", "Tuesday", "Wednesday",
                "Thursday", "Friday", "Saturday"];
            $scope.day = dayNames[new Date().getDay()];
        });

        myApp.controller("tomorrowCtrl", function ($scope) {
            var dayNames = ["Sunday", "Monday", "Tuesday", "Wednesday",
                "Thursday", "Friday", "Saturday"];
            $scope.day = dayNames[(new Date().getDay() + 1) % 7];
        });

        myApp.directive("highlight", function () {
            return function (scope, element, attrs) {
                if (scope.day == attrs["highlight"]) {
                    element.css("color", "red");
                }
            }
        });

    </script>
```

```
</head>
<body>
    <div class="panel">
        <div class="page-header">
            <h3>AngularJS App</h3>
        </div>
        <h4 ng-controller="dayCtrl" highlight="Monday">
            Today is {{day || "(unknown)"}}
        </h4>
        <h4 ng-controller="tomorrowCtrl">Tomorrow is {{day || "(unknown)"}}</h4>
    </div>
</body>
</html>
```

建立自訂指令可以有許多不同的作法，上述所展示的是最簡單的一種，只須呼叫 Module.directive 方法，提供指令名稱以及一個用於建立指令的工廠函式即可。

工廠和工作者函式

所有可用於建立 AngularJS 組塊的 Module 方法都可以接收函式作為參數。這些函式通常被稱為工廠函式，因為它們是負責建立將用於執行工作的物件。而工廠函式通常會回傳一個工作者函式，也就是負責執行工作的函式物件。列表 9-9 是呼叫 directive 方法的一項範例，其中傳給 directive 方法的第二個參數即是一個工廠函式，如下所示：

```
...
myApp.directive("highlight", function () {
    return function (scope, element, attrs) {
        if (scope.day == attrs["highlight"]) {
            element.css("color", "red");
        }

}
});
...
```

工廠函式中的 return 述句會回傳另一個函式，該函式會在每次使用指令時被呼叫，也就是所謂的工作者函式：

```
...
myApp.directive("highlight", function () {
    return function (scope, element, attrs) {
        if (scope.day == attrs["highlight"]) {
            element.css("color", "red");

        }

    }
});
...
```

請切記指令的工廠函式及工作者函式不會在建立之時被立即呼叫，而是會在需要設定及套用指令時呼叫。

套用指令至 HTML 元素

本例中的工廠函式會建立一個指令，當在 HTML 中使用該指令時，AngularJS 便會呼叫其中的工作者函式。讓我們來看一下自訂指令是如何套用到 HTML 元素上的，如下所示：

```
...
<h4 ng-controller="dayCtrl" highlight="Monday">
...
```

這個自訂指令名為 highlight，是以標籤屬性的形式套用（不過也有其他的作法，例如作為自訂的 HTML 元素，我會在第 16 章做更多說明）。我將 highlight 屬性的值設為 Monday，其作用是如果模型屬性 day 的值相同於該屬性值，便將元素內容醒目化。

當 AngularJS 在 HTML 中遇到 highlight 屬性時，便會呼叫先前傳給 directive 方法的工廠函式，接著呼叫由工廠函式所建立的指令函式，並傳入三個參數，分別是檢視的作用範圍、指令所套用到的元素以及該元素的屬性。

提示：請注意，指令函式的參數是 scope 而非$scope。我將在第 15 章解釋為什麼這裡沒有$符號，以及其中的差異。

scope 參數是用於取得檢視中的可用資料，在本例中，該參數能夠取得 day 屬性的值。至於 attrs 參數則提供了目標元素的完整屬性集合，包括用於套用自訂指令的屬性，因此就可以從中取得 highlight 屬性的值。如果 highlight 屬性值相等於作用範圍的 day 變數值，就會使用 element 參數來設定 HTML 內容。

element 參數是一個 jqLite 物件，jqLite 是 AngularJS 內建的一個精簡版 jQuery。本例所使用的 css 方法能夠用於設定 CSS 屬性的值，例如可以透過 color 屬性來變更元素的文字顏色。我將在第 15 章完整說明 jqLite 方法集合。你可以在圖 9-4 中看到這個自訂指令的效果（若你想要自行測試，請留意這項範例是針對電腦日期是星期一的狀況，不過你也可以藉由修改 highlight 屬性值來變更條件）。

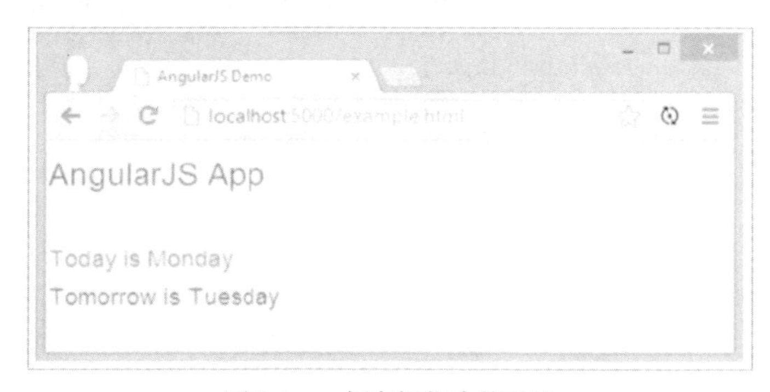

圖 9-4　一個自訂指令的效果

9.3.3 定義過濾器

過濾器的作用是在檢視中對資料進行格式化，再呈現給使用者。過濾器可以在模組中多次使用，使你能夠確保不同控制器及不同檢視之間，在資料呈現上的一致性。在列表 9-10 中，可以看到如何在 example.html 裡加入一個過濾器。我將在第 14 章說明過濾器的多種使用方式，其中也包含了 AngularJS 內建的過濾器。

列表 9-10 在 example.html 檔案中新增一個過濾器

```
<!DOCTYPE html>
<html ng-app="exampleApp">
<head>
    <title>AngularJS Demo</title>
    <link href="bootstrap.css" rel="stylesheet" />
    <link href="bootstrap-theme.css" rel="stylesheet" />
    <script src="angular.js"></script>
    <script>

        var myApp = angular.module("exampleApp", []);

        myApp.controller("dayCtrl", function ($scope) {
            $scope.day = new Date().getDay();
        });

        myApp.controller("tomorrowCtrl", function ($scope) {
            $scope.day = new Date().getDay() + 1;
        });
        myApp.directive("highlight", function () {
            return function (scope, element, attrs) {
                if (scope.day == attrs["highlight"]) {
                    element.css("color", "red");
                }
            }
        });

        myApp.filter("dayName", function () {
            var dayNames = ["Sunday", "Monday", "Tuesday", "Wednesday",
                            "Thursday", "Friday", "Saturday"];
            return function (input) {
                return angular.isNumber(input) ? dayNames[input] : input;
            };
        });

    </script>
</head>
<body>
    <div class="panel">
        <div class="page-header">
            <h3>AngularJS App</h3>
        </div>
```

```
        <h4 ng-controller="dayCtrl" highlight="Monday">
            Today is {{day || "(unknown)" | dayName}}
        </h4>
        <h4 ng-controller="tomorrowCtrl">
            Tomorrow is {{day || "(unknown)" | dayName}}
        </h4>
    </div>
</body>
</html>
```

filter 方法便是用於定義一個過濾器，其參數是新過濾器的名稱以及一個建立過濾器的工廠函式。過濾器本身即是函式，會接收資料值並進行格式化後再做回傳。

這個過濾器名為 dayName，是用於合併先前的日期轉換程式碼，也就是先從 Date 物件取得當日是一週中的第幾天，然後再轉換為相應的星期名稱。我的工廠函式定義了一個陣列，存放一週中每一日的名稱，並回傳一個函式，該函式會透過陣列及數值取得星期名稱：

```
...
return function (input) {
    return angular.isNumber(input) ? dayNames[input] : input;
};
...
```

我使用了先前在第 5 章曾介紹過的 angular.isNumber 方法，檢查傳入值是否為數字，如果是的話便回傳相應的星期名稱。（出於簡化目的，我並沒有檢查數值是否越界。）

1．套用過濾器

過濾器是套用於檢視內的範本表達式，在資料綁定或者表達式後加上一個分隔號（「|」字元）以及過濾器名稱，如下所示：

```
...
<h4 ng-controller="dayCtrl" highlight="Monday">
    Today is {{day || "(unknown)" | dayName}}
</h4>
...
```

過濾器會在 JavaScript 表達式被計算後套用，因此我能夠先以||運算子檢查 null 值，再使用|運算子套用過濾器。如此一來，當 day 屬性不為 null 時便會傳遞給過濾器函式，若為 null 則傳入「unknown」，這也是為什麼我需要使用 isNumber 方法來檢查參數。

2．修復指令

如果你目光敏銳的話，或許已經注意到，前述的修改破壞了自訂指令的效力。由於現在控制器是以數值形式來呈現日期，而不是經過格式化的字串。而我的指令是檢查是否為「Monday」，因此若遇到數字 1，就不會再做出醒目化的動作。

在 AngularJS 的開發過程裡，經常會存在像這樣的小挑戰，因為你可能得多次重構你的程式碼，在元件之間轉移功能，正如我將名稱格式化的功能從控制器轉移到過濾器中。有多種方案可以解決我們目前遇到的這個問題（例如將指令變更為採用數字值），然而我想在此示範一個稍微複雜一些的解決方案。在列表 9-11 中，可以看到我對指令定義所做的修改。

列表 9-11　在 example.html 檔案中修改指令

```
...
myApp.directive("highlight", function ($filter) {

    var dayFilter = $filter("dayName");

    return function (scope, element, attrs) {
        if (dayFilter(scope.day) == attrs["highlight"]) {
            element.css("color", "red");
        }
    }
});
...
```

這項範例是想要說明，AngularJS 應用程式的建構組塊從來不僅限於在 HTML 元素上使用，你也可以在 JavaScript 程式碼裡的其他地方使用它。

本例向指令的工廠函式裡新增了一個$filter 參數，表示此函式被呼叫時會取得一個過濾器服務物件。$filter 服務能夠讓我存取所有已定義的過濾器，包括先前範例中的自訂過濾器。藉由指定名稱來取得該過濾器，如下所示：

```
...
var dayFilter = $filter("dayName");
...
```

如此一來就能夠得到工廠函式所建立的過濾器函式，接著便可以呼叫該函式，將數字值轉換為名稱：

```
...
if (dayFilter(scope.day) == attrs["highlight"]) {
...
```

經過這些修改後，我的自訂指令便能夠再度運作。本例有幾項特徵值得留意——重構在 AngularJS 開發過程中是很稀鬆平常的，而 AngularJS 能夠以宣告（透過 HTML）或命令（透過 JavaScript）的方式來存取建構組塊，因此使得重構更加容易。

9.3.4 定義服務

服務是一種為應用程式提供功能的「單例」物件。AngularJS 內建了一些有用的服務，能夠用於處理諸如建立 HTTP 請求等常見的任務。而某些重要的 AngularJS 功能也是以服務的形式提供，例如先前已經見過的$scope 和$filter 物件。由於高自定性是 AngularJS 的固有特色，因此你也可以自行建立服務，我將在這裡做簡單的示範，並在第 18 章裡做深入的說明。

提示：單例表示 AngularJS 只會對其建立單一、共享的物件實例，來處理應用程式的相關需求。

Module 物件共有三種方法可用於建立服務，分別是 service、factory 和 provider。這三種方法是彼此緊密相關的，而我將在第 18 章說明其中的差異。本章會使用 service 方法建立一個基本的服務，藉此合併範例程式中的一些邏輯，如列表 9-12 所示。

列表 9-12　在 example.html 檔案中建立一個簡單的服務

```
<!DOCTYPE html>
<html ng-app="exampleApp">
<head>
    <title>AngularJS Demo</title>
    <link href="bootstrap.css" rel="stylesheet" />
    <link href="bootstrap-theme.css" rel="stylesheet" />
    <script src="angular.js"></script>
    <script>

        var myApp = angular.module("exampleApp", []);

        myApp.controller("dayCtrl", function ($scope, days) {
            $scope.day = days.today;
        });

        myApp.controller("tomorrowCtrl", function ($scope, days) {
            $scope.day = days.tomorrow;
        });

        myApp.directive("highlight", function ($filter) {

            var dayFilter = $filter("dayName");

            return function (scope, element, attrs) {
                if (dayFilter(scope.day) == attrs["highlight"]) {
                    element.css("color", "red");
                }
            }
        });

        myApp.filter("dayName", function () {
            var dayNames = ["Sunday", "Monday", "Tuesday", "Wednesday",
                            "Thursday", "Friday", "Saturday"];
            return function (input) {
                return angular.isNumber(input) ? dayNames[input] : input;
            };
        });
```

```
            myApp.service("days", function () {
                this.today = new Date().getDay();
                this.tomorrow = this.today + 1;
            });

        </script>
    </head>
    <body>
        <div class="panel">
            <div class="page-header">
                <h3>AngularJS App</h3>
            </div>
            <h4 ng-controller="dayCtrl" highlight="Monday">
                Today is {{day || "(unknown)" | dayName}}
            </h4>
            <h4 ng-controller="tomorrowCtrl">
                Tomorrow is {{day || "(unknown)" | dayName}}
            </h4>
        </div>
    </body>
    </html>
```

service 方法會接收兩個參數：服務名稱以及用於建立服務物件的工廠函式。當 AngularJS 呼叫工廠函式時，會指派一個可透過 this 關鍵字存取的新物件，並藉由這個物件來定義 today 和 tomorrow 屬性。雖然這是一個相當簡單的服務，但至少已經可以讓我在程式碼中的任何地方，透過這個服務來存取 today 和 tomorrow 的值——當應用程式越加複雜時，這是很有幫助的。

提示：這裡可以看到，即使我是在呼叫 controller 方法後才呼叫 service 方法，也可以在控制器中使用服務。元件的建立無須按照順序，因為 AngularJS 會在元件皆設定完畢後，才會開始呼叫工廠函式及執行依賴注入。詳情請見本章稍後的 9.4.1 節。

藉由宣告對 days 服務的依賴，便能夠存取該服務，如下所示：

```
...
myApp.controller("tomorrowCtrl", function ($scope, days) {
...
```

AngularJS 會使用依賴注入來尋找 days 服務，並傳遞給工廠函式，讓我可以取得 today 和 tomorrow 屬性的值，再透過$scope 服務將它們傳遞給檢視：

```
...
myApp.controller("tomorrowCtrl", function ($scope, days) {
    $scope.day = days.tomorrow;
});
...
```

我將在第 18 章示範其他的服務建立方式，包括如何在使用 service 方法的同時運用 JavaScript 原型。

定義值

Module.value 方法會建立一種服務，是僅僅回傳固定的值或物件。雖然這聽起來可能有點詭異，不過這表示你可以將任何值或物件作為依賴注入，而非只能在使用 module 方法（例如 service 和 filter）時，一併取得所需的所有物件。此舉能夠確保開發過程的一致性，同時也簡化了單元測試，此外還能夠藉此實現進階功能，例如將在第 24 章介紹的「修飾」(decoration）功能。你可以在列表 9-13 中看到，如何在 example.html 檔案裡運用某個值。

列表 9-13 在 example.html 檔案中定義一個值

```
...
<script>

    var myApp = angular.module("exampleApp", []);

    // ...statements omitted for brevity...

    var now = new Date();
    myApp.value("nowValue", now);

    myApp.service("days", function (nowValue) {
        this.today = nowValue.getDay();
        this.tomorrow = this.today + 1;
    });

</script>
...
```

我在這份列表中定義了一個名為 now 的變數，將一個新的 Date 物件指派給該變數，接著呼叫 Module.value 方法來建立一個名為 nowValue 的值服務。然後在建立 days 服務時，宣告對 nowValue 服務的依賴。

在不使用值的情況下使用物件

使用值服務可能看起來有些多餘，如果說是為了單元測試也是蠻缺乏說服力的。然而實際上你會發現使用 AngularJS 值服務比不使用值服務還簡單，因為 AngularJS 會一律將工廠函式的參數視為依賴。AngularJS 新手經常會寫出像以下這樣未使用值服務的程式碼：

```
...
var now = new Date();

myApp.service("days", function (now) {
    this.today = now.getDay();
    this.tomorrow = this.today + 1;
});
...
```

如果你嘗試執行這段程式碼，就會在瀏覽器的 JavaScript 主控台中看到類似以下的錯誤：

Error: Unknown provider: nowProvider <- now <- days

這裡的問題在於，當工廠函式被呼叫時，並不會取用局部變數作為 now 參數的值，而且 now 變數也不會在需要之時存在於作用範圍中。

如果你堅決不想使用 AngularJS 的值服務（多數開發者都經歷過這樣的階段），那麼可以借助 JavaScript 的閉包功能，使你能夠在定義函式時參照其他變數，如下所示：

```
...
var now = new Date();

myApp.service("days", function () {
    this.today = now.getDay();
    this.tomorrow = this.today + 1;
});
...
```

我移除了工廠函式的參數，如此一來 AngularJS 便不會再尋找任何依賴。這段程式碼確實可用，不過會使得 days 服務更不易測試，因此我仍建議採用 AngularJS 的值服務。

9.4 利用模組來組織程式碼

在先前的範例裡，我示範了 AngularJS 如何在建立諸如控制器、過濾器和服務等元件時，使用依賴注入及工廠函式。我在本章一開始時曾說明過，用於建立模組的 angular.module 方法，其第二個參數，是一組由模組依賴所組成的陣列：

```
...
var myApp = angular.module("exampleApp", []);
...
```

每一個 AngularJS 模組都可以依賴於其他模組所定義的元件，這有助於在複雜的應用程式中將程式碼組織完善。為了加以示範，我在 angularjs 資料夾下新增了一個名為 controller.js 的 JavaScript 檔案。可以在列表 9-14 中看到這個新檔案的內容。

列表 9-14 controller.js 檔案的內容

```
var controllersModule = angular.module("exampleApp.Controllers", [])

controllersModule.controller("dayCtrl", function ($scope, days) {
    $scope.day = days.today;
});

controllersModule.controller("tomorrowCtrl", function ($scope, days) {
    $scope.day = days.tomorrow;
});
```

我在 controller.js 檔案中建立了一個名為 exampleApp.Controllers 的新模組，用於定義先前範例曾使用過的兩個控制器。一種常見的程式碼組織方式，是將相同類型的元件放在一塊，並且藉由清晰的命名方式（主模組的名稱加上元件類型），來說明該模組的內容，因此將它命名為 exampleApp.Controllers。同樣地，我接著建立了第二個 JavaScript 檔案，名為 filters.js，其內容如列表 9-15 所示。

列表 9-15 filters.js 檔案的內容

```
angular.module("exampleApp.Filters", []).filter("dayName", function () {
    var dayNames = ["Sunday", "Monday", "Tuesday", "Wednesday",
                    "Thursday", "Friday", "Saturday"];
    return function (input) {
        return angular.isNumber(input) ? dayNames[input] : input;
    };
});
```

我建立了一個名為 exampleApp.Filters 的模組，用於存放曾經位於主模組中的過濾器。不過這裡又加上了一些變化，透過流線式 API 從 module 方法的回傳結果中繼續呼叫 filter 方法（詳情請見本章先前的「使用流線式 API」補充欄）。

提示：將各個模組分離成不同的檔案，或者是依據類型來組織模組，都不是強硬性的規則，但這是我所偏好的方式，而且對於 AngularJS 的初學者而言，這也是很好的起步方式。

在列表 9-16 中，可以看到我是如何新增腳本元素以匯入 controller.js 和 filter.js 檔案，並將它們所包含的模組作為依賴加入到主模組 exampleApp 中。此外，我也在 example.html 檔案裡建立了兩個模組，藉此突顯模組並不是一定要放置在個別的檔案裡。

列表 9-16 在 example.html 檔案中新增依賴模組

```
<!DOCTYPE html>
<html ng-app="exampleApp">
<head>
    <title>AngularJS Demo</title>
    <link href="bootstrap.css" rel="stylesheet" />
    <link href="bootstrap-theme.css" rel="stylesheet" />
    <script src="angular.js"></script>
    <script src="controllers.js"></script>
    <script src="filters.js"></script>
    <script>

        var myApp = angular.module("exampleApp",
            ["exampleApp.Controllers", "exampleApp.Filters",
             "exampleApp.Services", "exampleApp.Directives"]);

        angular.module("exampleApp.Directives", [])
            .directive("highlight", function ($filter) {

                var dayFilter = $filter("dayName");
```

```
                return function (scope, element, attrs) {
                    if (dayFilter(scope.day) == attrs["highlight"]) {
                        element.css("color", "red");
                    }
                }
            });

        var now = new Date();
        myApp.value("nowValue", now);

        angular.module("exampleApp.Services", [])
            .service("days", function (nowValue) {
                this.today = nowValue.getDay();
                this.tomorrow = this.today + 1;
            });

    </script>
</head>
<body>
    <div class="panel">
        <div class="page-header">
            <h3>AngularJS App</h3>
        </div>
        <h4 ng-controller="dayCtrl" highlight="Monday">
            Today is {{day || "(unknown)" | dayName}}
        </h4>
        <h4 ng-controller="tomorrowCtrl">
            Tomorrow is {{day || "(unknown)" | dayName}}
        </h4>
    </div>
</body>
</html>
```

為了宣告主模組的依賴，我將這些模組的名稱加入到第二個參數的陣列裡，如下所示：

```
...
var myApp = angular.module("exampleApp", ["exampleApp.Controllers", "exampleApp.Filters",
    "exampleApp.Services", "exampleApp.Directives"]);
...
```

這些依賴無須按順序定義，例如雖然 exampleApp 模組是依賴於 exampleApp.Services 模組，但我在本列表中是先定義 exampleApp 模組，然後才定義 exampleApp.Services 模組的。

AngularJS 會載入所有已定義的模組並解析其依賴，接著合併各個模組所包含的內容。這個合併的動作很是重要，因為它使模組之間能夠無縫地使用彼此的功能。例如，exampleApp.Services 模組中的 days 服務是依賴於 exampleApp 模組的 nowValue 值服務，以及 exampleApp.Directives 模組的指令又是依賴於 exampleApp.Filters 模組的過濾器。

你可以自由地決定需要建立多少模組來容納功能。我在本例中定義了四個模組，至於值服務則是定義於主模組內。然而我可以依據自己的開發風格，自由地決定是要為值服務建立一個獨立模組、還是在單一模組裡結合值服務與其他不同的事物等等。

理解模組的生命週期

由 Module.config 和 Module.run 方法所註冊的函式，會在 AngularJS 應用程式生命週期的關鍵時刻被呼叫。傳遞給 config 方法的函式會在當前模組被載入後呼叫，至於傳遞給 run 方法的函式則會在所有模組都被載入後呼叫。你可以在列表 9-17 中看到這兩個方法的使用範例。

列表 9-17　在 example.html 檔案中使用 config 和 run 方法

```
...
<script>

    var myApp = angular.module("exampleApp",
        ["exampleApp.Controllers", "exampleApp.Filters",
            "exampleApp.Services", "exampleApp.Directives"]);

    myApp.constant("startTime", new Date().toLocaleTimeString());
    myApp.config(function (startTime) {
        console.log("Main module config: " + startTime);
    });
    myApp.run(function (startTime) {
        console.log("Main module run: " + startTime);
    });

    angular.module("exampleApp.Directives", [])
        .directive("highlight", function ($filter) {

            var dayFilter = $filter("dayName");

            return function (scope, element, attrs) {
                if (dayFilter(scope.day) == attrs["highlight"]) {
                    element.css("color", "red");
                }
            }
        });

    var now = new Date();
    myApp.value("nowValue", now);

    angular.module("exampleApp.Services", [])
        .service("days", function (nowValue) {
            this.today = nowValue.getDay();
            this.tomorrow = this.today + 1;
        })
```

```
            .config(function() {
                console.log("Services module config: (no time)");
            })
            .run(function (startTime) {
                console.log("Services module run: " + startTime);
            });

    </script>
    ...
```

我在本列表中的第一處變更使用了 constant 方法，這個方法類似於 value 方法，但其服務能夠作為 config 方法的依賴（反之值服務則無法這麼做）。

config 方法會接收一個函式，該函式會在模組被載入後呼叫。這個方法通常是用於注入來自伺服器的值（例如連線的細節或使用者憑證），以進一步設定模組。

run 方法同樣也是接收一個函式，不過該函式只會在所有模組皆載入完畢、並且它們的依賴也都解析完畢後才會被呼叫。以下便是這些回呼函式的呼叫順序。

1．exampleApp.Services 模組的 config 回呼函式。

2．exampleApp 模組的 config 回呼函式。

3．exampleApp.Services 模組的 run 回呼函式。

4．exampleApp 模組的 run 回呼函式。

AngularJS 會很聰明地確保模組的依賴能夠先被呼叫，你可以看到 exampleApp.Services 模組的回呼會早於主模組 exampleApp 的回呼，讓依賴模組能夠在被依賴之前先完成設定。如果執行此項範例，便會從 JavaScript 主控台中看到如下輸出：

```
Services module config: (no time)
Main module config: 16:57:28
Services module run: 16:57:28
Main module run: 16:57:28
```

這四個回呼函式有三個可以使用 startTime 常數，至於 exampleApp.Services 模組的 config 回呼函式則無法使用該常數，因為模組的依賴還沒有被解析。也就是在呼叫 config 回呼之時，startTime 還是不可用的。

9.5 小結

本章從模組的角度說明 AngularJS 應用程式的基本結構。內容示範了如何建立模組，以及如何透過模組來建立諸如控制器、服務和過濾器等重要組塊。並且利用模組來組織程式碼，此外也指出了這些模組在應用程式生命週期中的兩個關鍵時刻。正如我在本章一開始時所說明的，這裡的資訊是為了讓你對本書後續章節的功能，有一些大略的認識，同時也指出哪些章節可以取得更多的細節。下一章將從內建指令的細節開始探討。

第 10 章

使用綁定和範本指令

前一章簡要介紹了一系列可用於建立 AngularJS 應用程式的元件。你可能已經發現這些元件既多樣且複雜，即使附上範例也不見得能夠完全理解它們的用法。不用擔心，正如我在前一章開頭曾提及的，先前的介紹和範例只是提供概觀，而從本章開始便將深入其各個細節，首先就從指令開始。

指令可說是 AngularJS 最強大的功能，使你能夠藉此擴充 HTML，以一種更加自然且清晰的方式，建構豐富 Web 應用程式的基礎。AngularJS 包括一系列廣泛的內建指令，你會驚訝地發現，即使忽略 AngularJS 的其他功能，而僅僅使用這些指令，也能夠完成許多需求。有很多值得介紹的內建指令，我將在本章及後續的第 11 章和第 12 章裡一一介紹。除此之外你也可以自行建立指令，我將在介紹完自訂指令的一些基本需求後，於第 15～17 章說明製作自訂指令的方式。

本章所介紹的指令都是最被經常使用、同時也是複雜度最高的，可以透過多種不同的使用方式。至於後續章節所介紹的指令則會簡單一些，所以，如果未能一次掌握所有的細節也無須擔心。表 10-1 為本章摘要。

表 10-1　本章摘要

問　題	解決方案	列　表
建立一個單向綁定	在控制器的 $scope 上定義屬性並使用 ng-bind、ng-bind-template 指令或行內表達式（以{{}}符號表示）	1～2
防止 AngularJS 處理行內綁定表達式	使用 ng-non-bindable 指令	2
建立雙向資料綁定	使用 ng-model 指令	3
產生重複內容	使用 ng-repeat 指令	4～6
在 ng-repeat 指令中取得當前物件的上下文資訊	使用 ng-repeat 指令的內建變數，例如$first 或$last	7～9
重複多個頂層屬性	使用 ng-repeat-start 和 ng-repeat-end 指令	10
載入一個局部檢視	使用 ng-include 指令	11～16
有條件地顯示元素	使用 ng-switch 指令	17
在 AngularJS 處理內容時隱藏行內範本表達式	使用 ng-cloak 指令	18

10.1 使用指令的原因及時機

指令是 AngularJS 中的指標性功能，它形塑了 AngularJS 應用程式的整體開發風格和結構特色。其他 JavaScript 函式庫（包括極受歡迎的 jQuery）的設計思維，往往都是將 HTML 文件視為一種絆腳石，需要在建立 Web 應用程式之前對其做出各種改造。

但 AngularJS 卻不是這樣想的，它明確地將 HTML 視為 Web 應用程式的基石，而不是絆腳石，其設計思維是透過擁護及增強 HTML 來建立應用程式的功能。適應此種設計思維需要一段時間（特別是當你需要建立自訂的 HTML 元素時，對此我將在第 16 章裡做介紹），不過一旦成為習慣，你就能夠在標準的 HTML 與自訂的元素及指令之間運用自如。

AngularJS 擁有超過 50 個內建指令，能夠用於解決幾乎所有的 Web 應用程式需求，包括資料綁定、表單驗證、範本產生、事件處理和 HTML 元素操作等。此外，正如我曾經提及的，你還可以使用自訂指令來增強應用程式的功能。表 10-2 總結了使用 AngularJS 指令的原因及時機。

表 10-2 使用指令的原因及時機

原　　因	時　　機
指令提供 AngularJS 的核心功能，例如事件處理、表單驗證和範本。你可以藉由自訂指令在檢視中套用各種程式功能	指令可以使用在 AngularJS 應用程式中的任何地方

10.2 準備範例專案

為了實作本章範例，我刪除了 Web 伺服器中 angularjs 資料夾下的內容，並按照第 1 章曾說明過的流程安裝 angular.js、bootstrap.css 和 bootstrap-theme.css 等檔案。接著再建立一個名為 directives.html 的檔案，列表 10-1 為其內容。

列表 10-1 directives.html 檔案的內容

```
<!DOCTYPE html>
<html ng-app="exampleApp">
<head>
    <title>Directives</title>
    <script src="angular.js"></script>
    <link href="bootstrap.css" rel="stylesheet" />
    <link href="bootstrap-theme.css" rel="stylesheet" />
    <script>
        angular.module("exampleApp", [])
            .controller("defaultCtrl", function ($scope) {
                $scope.todos = [
                    { action: "Get groceries", complete: false },
                    { action: "Call plumber", complete: false },
                    { action: "Buy running shoes", complete: true },
```

```
                        { action: "Buy flowers", complete: false },
                        { action: "Call family", complete: false }];
            });
    </script>
</head>
<body>
    <div id="todoPanel" class="panel" ng-controller="defaultCtrl">
        <h3 class="panel-header">To Do List</h3>
        Data items will go here...
    </div>
</body>
</html>
```

這個應用程式基礎結構是針對典型的待辦事項列表（由於資料物件列表很是合用於示範範本技巧，因此許多的 Web 應用程式範例都是以待辦事項列表為基礎）。

這裡有一些 AngularJS 元件是你已經在第 9 章見過的。我使用 angular.module 方法建立了一個名為 exampleApp 的模組，並利用流線式 API 定義了一個名為 defaultCtrl 的控制器。控制器透過$scope 服務向資料模型加入了一些資料項目，並使用 ng-app 和 ng-controller 指令將模組及控制器套用至 HTML 元素中。你可以在圖 10-1 中看到 directives.html 檔案於瀏覽器中的顯示結果。

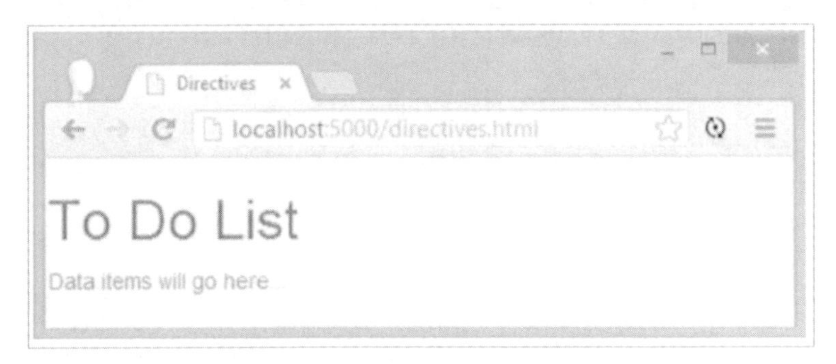

圖 10-1　directives.html 檔案的初始內容

提示：你可以暫時將列表 10-1 的內容視為是一個黑盒，其中各個元件的概略描述可參閱第 9 章，或者參閱本書後續章節以取得詳細說明。

10.3 使用資料綁定指令

我們首先要介紹的第一種內建指令類型是負責執行資料綁定，這項功能使 AngularJS 的角色不單是單純的範本套件，而是成熟的應用程式開發框架。資料綁定會取得模型中的值並將其插入至 HTML 文件中。表 10-3 列出了這類指令，並且會在接下來的小節裡一一介紹。

表 10-3 資料綁定指令

指 令	套用方式	說 明
ng-bind	屬性、類別	綁定 HTML 元素的 innerText 屬性
ng-bind-html	屬性、類別	使用 HTML 元素的 innerHTML 屬性來建立資料綁定。這是有潛在風險的，因為這表示瀏覽器會將內容解譯為 HTML。詳情請參閱第 19 章，瞭解如何使用此指令及其相關服務
ng-bind-template	屬性、類別	類似於 ng-bind 指令，但能夠在屬性值裡指定多個範本表達式
ng-model	屬性、類別	建立一個雙向資料綁定
ng-non-bindable	屬性、類別	宣告一塊不會執行資料綁定的區域

資料綁定在 AngularJS 應用程式裡極為重要，因為 AngularJS 應用程式極少會出現不需要使用任何資料綁定的 HTML 片段，而且正如你在下節將會學到的，由於 ng-bind 指令提供的功能是如此至關重要，因此它還有不同的表示方式，能使得資料綁定的建立更加容易。

套用指令

表 10-3 中有一欄「套用方式」，其所透露的資訊不言自明。所有的資料綁定指令都能夠以屬性或類別的形式套用。而在本章稍後，我將介紹一個能夠以自訂 HTML 元素形式做套用的指令。

一般來說，套用指令的方式只是一種關於風格喜好及開發工具考量的問題。而我通常會偏好於以屬性的方式來套用指令，如下所示：

```
...
There are <span ng-bind="todos.length"></span> items
...
```

這裡的屬性名稱即是指令名稱，也就是 ng-bind，至於屬性值則是指令的設定內容。這段程式碼是取自於列表 10-2，它會建立一個對 todos.length 屬性的單向資料綁定，對此我會在下一節做進一步的說明。

有的開發者並不愛好這種基於屬性的套用方式，而且此舉經常會與其他的開發工具相衝突。因為某些 JavaScriptc 函式庫對屬性名稱有既定的設想，此外也有一些具限制性的版本控制系統並不容許提交的 HTML 內容，存在非標準的屬性。（這在大型公司中尤其常見，當系統管理單位與開發團隊的實際需求脫節時。）因此，如果你不打算或無法使用自訂屬性，則可以透過標準的 class 屬性來設定指令，如下所示：

```
...
There are <span class="ng-bind: todos.length"></span> items
...
```

class 屬性的值即是指令名稱，接著是一個冒號，然後是關於該指令的設定資訊。此述句的效果就如同前一個述句：建立了一個對 todos.length 屬性的單向資料綁定。除此之外，某些指令還能夠以自訂 AngularJS 元素的形式套用，例如在第 10.4.3

節中所示範的 ng-include 指令。

並不是所有指令都容許以前述三種方式套用：多數的指令都能夠以屬性或類別的形式套用，但只有部份能夠以自訂元素的形式套用。我已在先前的表格中陳列了多種指令的可套用方式。我將在第 16 章說明如何建立自訂指令，以及如何設定自訂指令的套用方式。

請注意較舊版本的 Internet Explorer 預設並不支援自訂的 HTML 元素，相關資訊及處理方式請參見 http://docs.angularjs.org/guide/ie。

10.3.1 執行（或防止）單向綁定

AngularJS 支援兩種資料綁定的類型。第一種是單向綁定，即從資料模型中取得一個值並插入到 HTML 元素中。AngularJS 的綁定是即時的，也就是說當資料模型中的值出現變化時，其所綁定的 HTML 元素也會隨之更新以顯示新值。

ng-bind 指令是用於建立單向資料綁定，但很少會直接使用它，因為 AngularJS 會在遇到{{和}}符號時，自動建立這類綁定。列表 10-2 展示了多種建立單向資料綁定的方式。

列表 10-2 在 directives.html 檔案中建立單向資料綁定

```
<!DOCTYPE html>
<html ng-app="exampleApp">
<head>
    <title>Directives</title>
    <script src="angular.js"></script>
    <link href="bootstrap.css" rel="stylesheet" />
    <link href="bootstrap-theme.css" rel="stylesheet" />
    <script>
        angular.module("exampleApp", [])
            .controller("defaultCtrl", function ($scope) {
                $scope.todos = [
                    { action: "Get groceries", complete: false },
                    { action: "Call plumber", complete: false },
                    { action: "Buy running shoes", complete: true },
                    { action: "Buy flowers", complete: false },
                    { action: "Call family", complete: false }];
            });
    </script>
</head>
<body>
    <div id="todoPanel" class="panel" ng-controller="defaultCtrl">
        <h3 class="panel-header">To Do List</h3>

        <div>There are {{todos.length}} items</div>

        <div>
            There are <span ng-bind="todos.length"></span> items
        </div>
```

```
            <div ng-bind-template=
                "First: {{todos[0].action}}. Second: {{todos[1].action}}">
            </div>

            <div ng-non-bindable>
                AngularJS uses {{ and }} characters for templates
            </div>
        </div>
    </body>
    </html>
```

可以從圖 10-2 中看到瀏覽器載入 directives.html 檔案後的結果。雖然結果看起來頗為平凡，但實際上卻是透過指令來提供資料的。

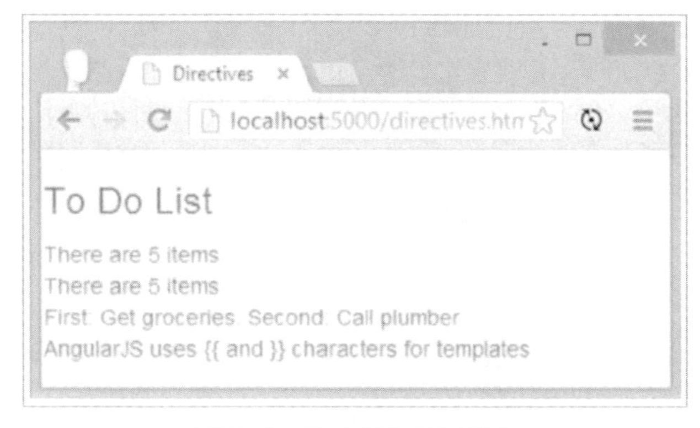

圖 10-2　建立單向資料綁定

提示：AngularJS 不是唯一使用{{和}}符號的 JavaScript 套件，因此若同時使用多種函式庫則可能會遇到問題。對此，AngularJS 能夠變更用於行內綁定的符號，我將在第 19 章加以說明。

前兩個資料綁定具有完全相同的效果。首先我使用了{{和}}符號，來表示一個對應於$scope.todos 集合中項目個數的單向綁定：

```
...
<div>There are {{todos.length}} items</div>
...
```

這是最自然且清晰的資料綁定方式，既易於閱讀又能夠自然地融入至 HTML 元素中。至於第二個資料綁定則使用了 ng-bind 指令，效果相同但是需要一個額外的元素：

```
...
There are <span ng-bind="todos.length"></span> items
...
```

ng-bind 指令能夠取代元素的內容，這表示我必須加入一個 span 元素才能達到想要的效果。然而事實上我在自己的專案中不太使用 ng-bind 指令，因為我更喜歡使用行內綁定。

按照其原理，ng-bind 指令也可以用於隱藏特定的 HTML 內容，直到 AngularJS 完成處理工作，但你很少會需要這麼做，使用 ng-cloak 指令會是更優雅的解決方案，我將在本章稍後加以介紹。

> **注意：**你只能對那些由控制器加入到$scope 物件中的資料值建立綁定。我將在第 13 章說明$scope 是如何運作的。

除了使用起來有些不太順手之外，ng-bind 指令還受限於只能處理單一資料綁定表達式。如果你需要建立多個資料綁定，則應該使用更為靈活的 ng-bind-template 指令，如下所示：

```
...
<div ng-bind-template="First: {{todos[0].action}}. Second: {{todos[1].action}}"></div>
...
```

這個指令所指定的值包含兩個資料綁定，而這是 ng-bind 指令所無法做到的。不過事實上我從未在實際專案中使用過這個指令，而且估計以後也不會。我在這裡介紹它只是想說明得更加完善。

防止行內資料綁定

行內綁定存在的風險，是 AngularJS 將尋找並處理每一對{{}}括號。這可能會造成問題，尤其是在使用多種 JavaScript 工具包，或是使用其他的範本系統時（或者只是想在文字中使用雙括號時）。解決方案是使用 ng-non-bindable 指令，可以防止 AngularJS 對特定區域處理行內綁定：

```
...
<div ng-non-bindable>
    AngularJS uses {{ and }} characters for templates
</div>
...
```

如果沒有使用這個指令，AngularJS 將處理 div 元素的內容並試圖綁定到名為 and 的模型屬性。即便該模型屬性實際上並不存在，AngularJS 也不會顯示任何錯誤，因為它假定這個屬性將會在之後建立（對此，我會在本章稍後介紹 ng-model 指令時加以說明）。結果是它不會插入任何內容，這表示原先的下列內容：

```
AngularJS uses {{ and }} characters for templates
```

將會變成：

```
AngularJS uses characters for templates
```

10.3.2 建立雙向資料綁定

雙向資料綁定會從兩個方向追蹤變化，讓負責收取資料的元素，能夠接著修改應用程式的狀態。雙向綁定是使用 ng-model 指令建立的，如列表 10-3 所示，一個資料模型屬性既可以用於單向綁定，也可以用於雙向綁定。

列表 10-3　在 directives.html 檔案中建立雙向綁定

```
...
<body>
    <div id="todoPanel" class="panel" ng-controller="defaultCtrl">
        <h3 class="panel-header">To Do List</h3>
        <div class="well">
            <div>The first item is: {{todos[0].action}}</div>
        </div>

        <div class="form-group well">
            <label for="firstItem">Set First Item:</label>
            <input name="firstItem" class="form-control" ng-model="todos[0].action" />
        </div>
    </div>
</body>
...
```

在這份列表中有兩個資料綁定，都是綁定到 todos 資料陣列中第一個物件的 action 屬性上（這是透過控制器中的$scope 物件進行設定的，而在綁定中則是透過 todos[0].action 參照）。第一個綁定是一個行內單向綁定，就如同先前的範例，是單純地顯示出資料屬性的值。至於第二個綁定是則是套用至 input 元素中，是一個雙向綁定：

```
...
<input name="firstItem" class="form-control" ng-model="todos[0].action" />
...
```

雙向綁定僅能套用至那些可供使用者輸入資料值的元素，也就是 input、textarea 和 select 元素。ng-model 指令在設定元素內容的同時，也會根據使用者所做的變更來更新資料模型。

提示： ng-model 指令對表單及自訂表單指令提供了一些額外的功能。詳情請見第 12 章和第 17 章。

資料模型屬性的變化會被傳播至所有相關的綁定上，使整個應用程式可以保持同步。以本例而言，即是 input 元素的變化將會更新資料模型，接著觸發行內單向綁定的更新，並顯示更新的結果。

使用瀏覽器載入 directives.html 檔案並修改 input 元素中的文字，你將看到單向綁定會與 input 元素中的內容保持同步，這都是拜雙向綁定所賜。體驗此效果的最佳方式是自行重建這個範例並親自體驗，不過你也可以試著從圖 10-3 中感受其效果。

注意： 雙向綁定的原理並不複雜。當 input 元素的內容被修改時，AngularJS 會透過標準 JavaScript 事件從 input 元素接收通知，並且透過$scope 服務傳播這項變化。可以藉由 F12 開發者工具看到 AngularJS 所設定的事件處置器，我將在第 13 章說明$scope 服務是如何檢測及傳播變化的。

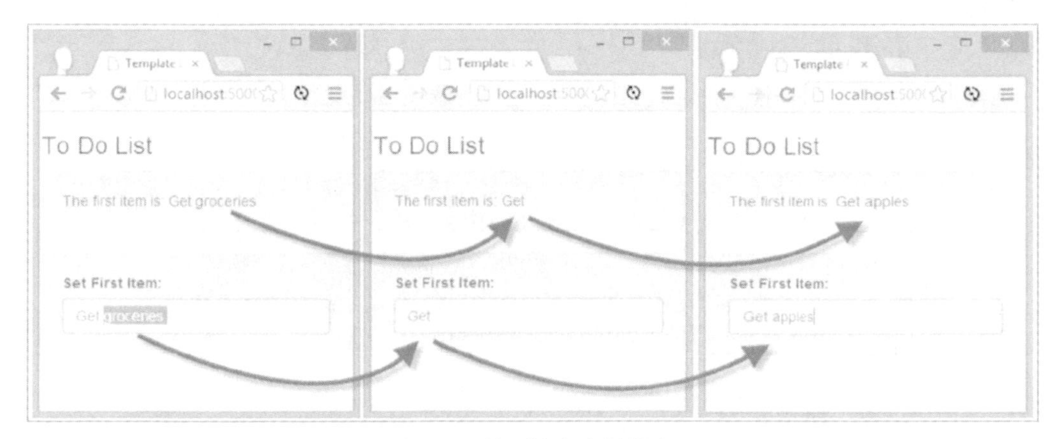

圖 10-3 使用雙向資料綁定

提示：我在這項範例裡所使用的屬性，是透過控制器工廠函式裡的$scope 服務明確地加入到資料模型中。然而事實上 AngularJS 的資料綁定能夠在需要時動態地建立模型屬性，而無須自行定義所有與檢視相關聯的屬性。之後在第 12 章描述 AngularJS 對於表單元素的支援時，將會有更多關於這項技術的範例。

10.4 使用範本指令

資料綁定是 AngularJS 檢視的核心功能，但僅僅依靠資料綁定是不足敷使用的。Web 應用程式（或任何類型的應用程式）都會需要操作一系列的資料物件集合，並且讓檢視隨著資料值的變化而更新。

所幸 AngularJS 包含了多種使用範本來產生 HTML 元素的指令，使你可以輕易地操作資料集合，並且能夠在範本中加入基本邏輯以反應資料狀態。表 10-4 中總結了這些範本指令。

表 10-4 範本指令

指　令	套用方式	說　明
ng-cloak	屬性、類別	套用 CSS 樣式來隱藏行內綁定表達式，否則表達式可能會在文件第一次載入時短暫地暴露出來
ng-include	元素、屬性、類別	對 DOM 載入、處理及插入一段 HTML
ng-repeat	屬性、類別	對陣列中各個物件或物件的屬性，列舉其中的元素及其內容
ng-repeat-start	屬性、類別	當存在多個頂層元素時標示重複區域的起始位置
ng-repeat-end	屬性、類別	當存在多個頂層元素時標示重複區域的結束位置
ng-switch	元素、屬性	根據資料綁定的值修改 DOM 中的元素

這些指令能夠幫助你建立簡單的檢視邏輯，卻無須寫出任何的 JavaScript 程式碼。正如我曾在第 3 章所說明的，位於檢視中的邏輯應該僅僅負責資料顯示的部份，而這些指令都符合這項定義。

10.4.1 重複產生元素

檢視最常見的一項任務，是為資料集合中的各個項目產生相同的內容。在 AngularJS 中這是藉由 ng-repeat 指令完成的，該指令可套用在需要加以複製的元素上。列表 10-4 即是一項簡單的 ng-repeat 指令使用範例。

列表 10-4　在 directives.html 檔案中使用 ng-repeat 指令

```
...
<body>
    <div id="todoPanel" class="panel" ng-controller="defaultCtrl">
        <h3 class="panel-header">To Do List</h3>

        <table class="table">
            <thead>
                <tr>
                    <th>Action</th>
                    <th>Done</th>
                </tr>
            </thead>
            <tbody>
                <tr ng-repeat="item in todos">
                    <td>{{item.action}}</td>
                    <td>{{item.complete}}</td>
                </tr>
            </tbody>
        </table>
    </div>
</body>
...
```

這是最簡單也是最常見的 ng-repeat 指令使用方式，使用一個物件集合來產生 table 元素的各列內容。關於 ng-repeat 指令的設定細節，首先是指定資料物件集合的來源，並設定物件在範本裡所使用的名稱：

```
...
<tr ng-repeat="item in todos">
...
```

ng-repeat 指令屬性值的基本格式是<variable> in <source>，其中 source 是由控制器的$scope 所定義的一個物件或陣列，在這裡是指定為 todos 陣列。這個指令會列舉陣列中的物件，為物件及其內容建立一個新實例，接著便處理指令所包含的範本。在指令屬性值中指派給<variable>的名稱則是用於參照當前的資料物件，在這裡是指定為變數名稱 item：

```
...
<tr ng-repeat="item in todos">
    <td>{{item.action}}</td>
    <td>{{item.complete}}</td>
</tr>
...
```

這項範例會產生一個包含多個 td 元素的 tr 元素，每個 td 元素都包含了行內資料綁定，來參照當前物件的 action 及 complete 屬性。如果將 directives.html 檔案載入到瀏覽器中，AngularJS 便會處理該指令並產生如下的 HTML 元素：

```
...
<tbody>
    <!-- ngRepeat: item in todos -->
    <tr ng-repeat="item in todos" class="ng-scope">
        <td class="ng-binding">Get groceries</td>
        <td class="ng-binding">false</td>
    </tr>
    <tr ng-repeat="item in todos" class="ng-scope">
        <td class="ng-binding">Call plumber</td>
        <td class="ng-binding">false</td>
    </tr>
    <tr ng-repeat="item in todos" class="ng-scope">
        <td class="ng-binding">Buy running shoes</td>
        <td class="ng-binding">true</td>
    </tr>
    <tr ng-repeat="item in todos" class="ng-scope">
        <td class="ng-binding">Buy flowers</td>
        <td class="ng-binding">false</td>
    </tr>
    <tr ng-repeat="item in todos" class="ng-scope">
        <td class="ng-binding">Call family</td>
        <td class="ng-binding">false</td>
    </tr>
</tbody>
...
```

可以看到 AngularJS 產生了一個註解，使你可以清楚地瞭解是哪個指令產生了這些元素，並將這些元素加入至某些類別裡（這些類別是在 AngularJS 內部使用的）。圖 10-4 展示了此 HTML 檔案在瀏覽器中的顯示結果。

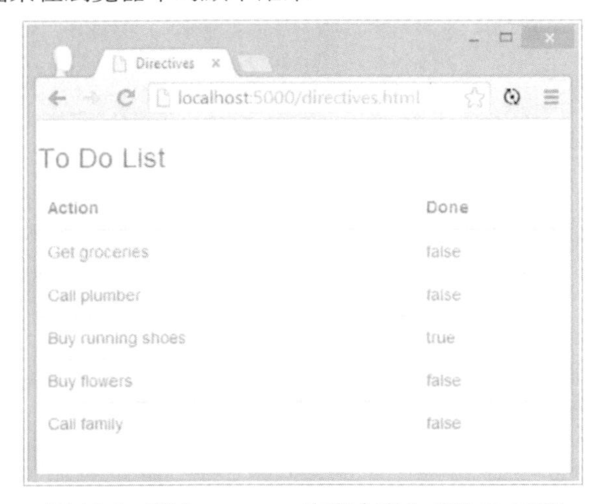

圖 10-4　藉由 ng-repeat 來指令產生 HTML 元素

提示：你需要使用瀏覽器的 F12 開發者工具來查看這些元素，而不是透過選單中的「檢視 HTML」或「檢視網頁原始碼」。大多數瀏覽器的「檢視網頁原始碼」功能只會顯示從伺服器接收到的 HTML，而不會包含 AngularJS 從範本中產生的元素。至於開發者工具則可以顯示出即時的 DOM，確實反映 AngularJS 所做出的修改。

1．列舉物件屬性

前一項範例是使用 ng-repeat 指令來列舉陣列中的物件，但你也可以列舉一個物件中的屬性。ng-repeat 指令可以被巢套使用，你可以在列表 10-5 中看到，如何結合這些功能來簡化範本的內容。

列表 10-5　在 directives.html 檔案中列舉物件屬性並巢套使用 ng-repeat 指令

```
...
<table class="table">
    <thead>
        <tr>
            <th>Action</th>
            <th>Done</th>
        </tr>
    </thead>
    <tbody>
        <tr ng-repeat="item in todos">
            <td ng-repeat="prop in item">{{prop}}</td>
        </tr>
    </tbody>
</table>
...
```

外層的 ng-repeat 指令會針對 todos 陣列中的各個物件產生 tr 元素，每個物件會再逐一指派給變數 item。至於內層的 ng-repeat 指令則會對 item 物件的各個屬性產生 td 元素，並同樣將屬性值逐一指派給變數 prop。最後，prop 變數是用於單向資料綁定，以產生 td 元素的內容。這項範例所產生的內容相同於前一項範例，但能夠自動為資料物件中任何新定義的屬性產生 td 元素。雖然簡單，但卻能夠充分展示出 AngularJS 範本的靈活性。

2．使用資料物件的鍵值

關於 ng-repeat 指令的設定，有一種替代語法，可讓你從屬性或資料物件中取得鍵值。你可以在列表 10-6 中看到此語法的範例。

列表 10-6　在 directives.html 檔案中接收鍵值

```
...
<tr ng-repeat="item in todos">
    <td ng-repeat="(key, value) in item">
        {{key}}={{value}}
    </td>
</tr>
...
```

這裡不再使用單一的變數名稱，而是一對圓括號，內有兩個用逗號分隔的名稱。當 ng-repeat 指令列舉各個物件或屬性時，資料物件或屬性值便會指派給 value。至於 key，若資料來源為物件，則 key 便是當前的屬性名稱；若資料來源為集合，key 則是當前物件的位置。在這份列表中，我是列舉一個物件的屬性，因此 key 便是屬性名稱，而 value 則是屬性值。以下是這個 ng-repeat 指令所產生的 HTML 元素，其中由 key 和 value 資料綁定所插入的值會被特別突顯出來：

```
...
<tr ng-repeat="item in todos" class="ng-scope">
    <!-- ngRepeat: (key, value) in item -->
    <td ng-repeat="(key, value) in item" class="ng-scope ng-binding">
        action=Get groceries
    </td>
    <td ng-repeat="(key, value) in item" class="ng-scope ng-binding">
        complete=false
    </td>
</tr>
...
```

3．使用內建變數

ng-repeat 指令會將當前的物件或屬性指派給你所指定的變數，但除此之外還有一組內建變數可用於取得資料的上下文資訊。你可以在列表 10-7 中看到其中一個變數的使用範例。

列表 10-7　在 directives.html 檔案中使用 ng-repeat 的內建變數

```
...
<table class="table">
    <thead>
        <tr>
            <th>#</th>
            <th>Action</th>
            <th>Done</th>
        </tr>
    </thead>
    <tr ng-repeat="item in todos">
        <td>{{$index + 1}}</td>
        <td ng-repeat="prop in item">
            {{prop}}
        </td>
    </tr>
</table>
...
```

我在內含 to-do 項目的表格裡新增了一欄，並使用 ng-repeat 指令所提供的$index 變數來顯示各個項目在陣列中的位置。由於 JavaScript 集合的索引是從 0 開始，所以我對 $index 加了 1，AngularJS 會計算資料綁定中的 JavaScript 表達式。可以在圖 10-5 中看到其結果。

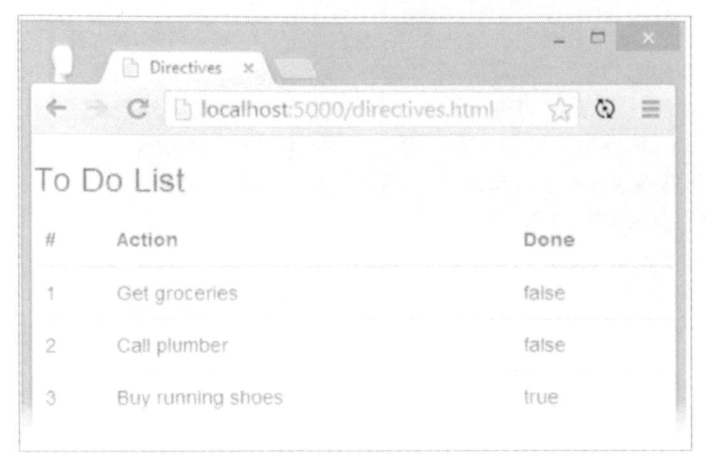

圖 10-5　使用 ng-repeat 指令提供的內建變數

$index 是我覺得最有用的一個變數，至於其他的內建變數則列於表 10-5 中。

表 10-5　ng-repeat 的內建變數

變　數	說　明
$index	回傳當前物件或屬性的位置
$first	若當前物件為集合中的第一個物件時回傳 true
$middle	若當前物件既非集合中的第一個物件，也不是最後一個物件時回傳 true
$last	若當前物件為集合中的最後一個物件時回傳 true
$even	對於集合中偶數編號的物件回傳 true
$odd	對於集合中奇數編號的物件回傳 true

你可以使用這些變數來控制產生的元素。一個典型的應用方式是為表格元素加上常見的條紋效果，如列表 10-8 所示。

列表 10-8　在 directives.html 檔案中使用 ng-repeat 指令建立具有條紋效果的表格

```
<!DOCTYPE html>
<html ng-app="exampleApp">
<head>
    <title>Directives</title>
    <script src="angular.js"></script>
    <link href="bootstrap.css" rel="stylesheet" />
    <link href="bootstrap-theme.css" rel="stylesheet" />
    <script>
        angular.module("exampleApp", [])
            .controller("defaultCtrl", function ($scope) {
                $scope.todos = [
                    { action: "Get groceries", complete: false },
                    { action: "Call plumber", complete: false },
                    { action: "Buy running shoes", complete: true },
```

```
                    { action: "Buy flowers", complete: false },
                    { action: "Call family", complete: false }];
            });
    </script>
    <style>
        .odd { background-color: lightcoral}
        .even { background-color: lavenderblush}
    </style>
</head>
<body>
    <div id="todoPanel" class="panel" ng-controller="defaultCtrl">
        <h3 class="panel-header">To Do List</h3>
        <table class="table">
            <thead>
                <tr>
                    <th>#</th>
                    <th>Action</th>
                    <th>Done</th>
                </tr>
            </thead>
            <tr ng-repeat="item in todos" ng-class="$odd ? 'odd' : 'even'">
                <td>{{$index + 1}}</td>
                <td ng-repeat="prop in item">{{prop}}</td>
            </tr>
        </table>
    </div>
</body>
</html>
```

我在這裡是透過 ng-class 指令，對使用了資料綁定的元素設定 class 屬性。使用一個 JavaScript 三元表達式，根據$odd 變數的值將元素指派給 odd 或 even 類別。可以在圖 10-6 中看到結果。

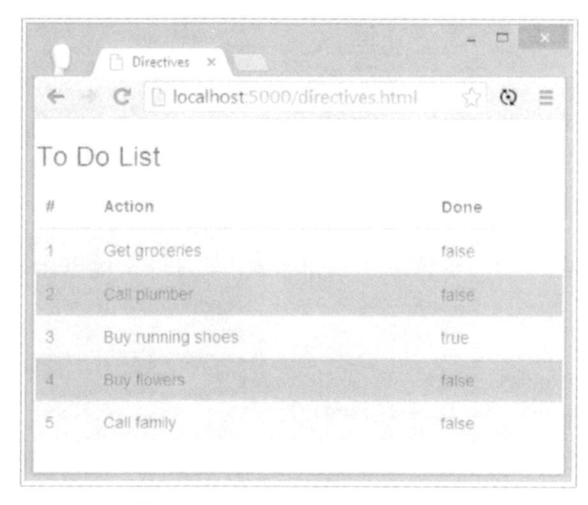

圖 10-6 根據 ng-repeat 的內建變數來變換內容的樣式

提示： 我將在第 11 章說明 ng-class 指令、以及 ng-class-even 和 ng-class-odd 這兩個同樣經常與 ng-repeat 搭配使用的指令。正如它們的名稱所表示的，這兩個指令會根據 ng-repeat 指令所定義的$odd 和$even 變數來設定 class 屬性的值。

雖然這是 ng-repeat 內建變數的標準範例，不過多數的 CSS 框架，包括 Bootstrap 在內，都能夠直接對表格施加條紋，正如我曾在第 4 章所示範的那樣。這些內建變數的真正用處是與其他更複雜的指令一同使用，列表 10-9 即是其中一項範例。

列表 10-9　在 directives.html 檔案中更複雜的 ng-repeat 內建變數範例

```
...
<table class="table">
    <thead>
        <tr>
            <th>#</th>
            <th>Action</th>
            <th>Done</th>
        </tr>
    </thead>
    <tr ng-repeat="item in todos" ng-class="$odd ? 'odd' : 'even'">
        <td>{{$index + 1}}</td>
        <td>{{item.action}}</td>
        <td><span ng-if="$first || $last">{{item.complete}}</span></td>
    </tr>
</table>
...
```

這項範例使用了 ng-if 指令，我將在第 11 章詳細介紹這個指令。不過目前只需要知道，ng-if 指令將會在表達式計算結果為 false 時，移除所套用到的元素。我使用這個指令來控制表格中 Done 欄的 span 元素可見性，使其只會在第一個項目和最後一個項目中顯示。

10.4.2　重複產生多個頂層元素

ng-repeat 指令會為各個物件或屬性，重複產生一個頂層元素及其內容。然而有些時候也需要對每個資料物件重複產生多個頂層元素，特別是在需要對每個資料項目產生多個表格列時，這很難僅僅使用 ng-repat 指令解決，因為在 tr 元素及其父元素之間無法使用任何中間元素。對此，可以使用 ng-repeat-start 和 ng-repeat-end 指令，如列表 10-10 所示。

列表 10-10　在 directives.html 檔案中使用 ng-repeat-start 和 ng-repeat-end 指令

```
...
<table class="table">
    <tbody>
        <tr ng-repeat-start="item in todos">
            <td>This is item {{$index}}</td>
        </tr>
        <tr>
```

```
            <td>The action is: {{item.action}}</td>
        </tr>
        <tr ng-repeat-end>
            <td>Item {{$index}} is {{$item.complete? '' : "not "}} complete</td>
        </tr>
    </tbody>
</table>
...
```

ng-repeat-start 指令的設定方式類似於 ng-repeat，但會重複產生所有從 ng-repeat-start 開始、到 ng-repeat-end 為止，所有的頂層元素及其內容（包含這兩個指令本身所套用到的元素）。在本例中是對 todos 陣列的每個物件產生 3 個 tr 元素。

10.4.3 使用局部檢視

ng-include 指令能夠從伺服器取得 HTML 片段，編譯及處理其中所包含的任何指令，並加入到 DOM 裡。這些片段被稱為局部檢視，為了示範這是如何運作的，我在 Web 伺服器的 angularjs 資料夾裡新增了一個名為 table.html 的 HTML 檔案。你可以在列表 10-11 中看到這個新檔案的內容。

列表 10-11　table.html 檔案的內容

```
<table class="table">
    <thead>
        <tr>
            <th>#</th>
            <th>Action</th>
            <th>Done</th>
        </tr>
    </thead>
    <tr ng-repeat="item in todos" ng-class="$odd ? 'odd' : 'even'">
        <td>{{$index + 1}}</td>
        <td ng-repeat="prop in item">{{prop}}</td>
    </tr>
</table>
```

這個檔案包含了一段 HTML 片段，定義了與先前範例相同的 table 元素，再加上資料綁定和指令，形成一個簡單的局部檢視。你可以在列表 10-12 中看到，如何使用 ng-include 指令來載入、處理及插入 table.html 檔案至主文件中。

列表 10-12　在 directives.html 檔案中使用 ng-include 指令

```
<!DOCTYPE html>
<html ng-app="exampleApp">
<head>
    <title>Directives</title>
    <script src="angular.js"></script>
    <link href="bootstrap.css" rel="stylesheet" />
    <link href="bootstrap-theme.css" rel="stylesheet" />
```

```
        <script>
            angular.module("exampleApp", [])
                .controller("defaultCtrl", function ($scope) {
                    $scope.todos = [
                        { action: "Get groceries", complete: false },
                        { action: "Call plumber", complete: false },
                        { action: "Buy running shoes", complete: true },
                        { action: "Buy flowers", complete: false },
                        { action: "Call family", complete: false }];
                });
        </script>
    </head>
    <body>
        <div id="todoPanel" class="panel" ng-controller="defaultCtrl">
            <h3 class="panel-header">To Do List</h3>
            <ng-include src="'table.html'"></ng-include>
        </div>
    </body>
    </html>
```

這是我們遇到的第一個除了可作為屬性及類別外，還可以作為 HTML 元素的內建指令。如這份列表所示，指令名稱即是元素的標籤名稱，如下所示：

```
...
<ng-include src="'table.html'"></ng-include>
...
```

自訂元素的使用方法就像標準元素一樣。ng-include 指令支援 3 個設定參數，當指令被當作元素使用時，這些參數便是以屬性的形式設定。

注意：不要試圖將 ng-include 指令以空元素的形式套用（即<ng-include src="'table.html'"/>），否則 ng-include 元素之後的內容將會從 DOM 中移除。如本例中所示，你都必須設定開閉標籤才行。

這份列表中的指令參數，也就是 src 屬性，是指定局部檢視檔的位置。在這項範例裡，指定的是 table.html 檔案。當 AngularJS 處理 directive.html 檔案時，若遇到 ng-include 指令就會自動發出一個 Ajax 請求以取得 table.html 檔案，接著處理檔案內容並將其加入到文件裡。雖然我在本章只關注於 src 參數，但還有另外兩個設定參數，一併列於表 10-6 中。

表 10-6　ng-include 指令的設定參數

名　稱	說　明
src	設定要載入內容的 URL
onload	設定一個會在內容載入後進行計算的表達式
autoscroll	設定在內容載入後 AngularJS 是否應該捲動檢視區域

ng-include 指令所載入的檔案內容，在處理過程中會被視為就是在 ng-include 所在的檔案裡被定義的，使這些內容仍然能夠存取由控制器所定義的資料模型及行為，以及 AngularJS 的各式功能，包含 ng-repeat 指令及$index 和$first 等內建變數。

動態地選取局部檢視

先前的範例展示了 ng-include 指令如何將單一檢視拆分為多個局部檢視檔。這是一項很有用的功能，使你能夠建立出可被整個應用程式重複使用的局部檢視，既避免了重複性的工作，又能夠確保資料呈現的一致性。

不過或許你也已經注意到，當我在指定 ng-include 應請求的檔案時，寫法有點古怪：

```
...
<ng-include src="'table.html'"></ng-include>
...
```

我加上了一對單引號來指定 table.html 檔案，這是因為 src 屬性會被視為是 JavaScript 表達式進行計算。因此，若要真正指定為一個檔名字串，就得使用單引號將檔名包裹起來。

然而 ng-include 指令的好用之處，即在於 src 屬性是會被計算的。為了展示其運作方式，我在 Web 伺服器的 angularjs 資料夾裡，新建立了一個名為 list.html 的局部檢視檔。你可以在列表 10-13 中看到這個新檔案的內容。

列表 10-13　list.html 檔案的內容

```
<ol>
    <li ng-repeat="item in todos">
        {{item.action}}
        <span ng-if="item.complete"> (Done)</span>
    </li>
</ol>
```

這個檔案包含了先前未曾使用過的 HTML 標籤。我使用了一個 ol 元素來表示一個有序列表，並在一個 li 元素上使用 ng-repeat 指令來為每個 to-do 產生列表項目。除此之外我還透過 ng-if 指令(我將在第 11 章裡做完整說明)，針對已完成的 to-do 項目加入 span 元素。現在我有兩個可以顯示 to-do 項目的局部檢視，接著便能夠使用 ng-include 指令在兩者之間進行切換，如列表 10-14 所示。

列表 10-14　在 directives.html 檔案中使用 ng-include 指令動態地處理程式碼片段

```
<!DOCTYPE html>
<html ng-app="exampleApp">
<head>
    <title>Directives</title>
    <script src="angular.js"></script>
    <link href="bootstrap.css" rel="stylesheet" />
```

```
    <link href="bootstrap-theme.css" rel="stylesheet" />
    <script>
        angular.module("exampleApp", [])
            .controller("defaultCtrl", function ($scope) {
                $scope.todos = [
                    { action: "Get groceries", complete: false },
                    { action: "Call plumber", complete: false },
                    { action: "Buy running shoes", complete: true },
                    { action: "Buy flowers", complete: false },
                    { action: "Call family", complete: false }];
                $scope.viewFile = function () {
                    return $scope.showList ? "list.html" : "table.html";
                };
            });
    </script>
</head>
<body>
    <div id="todoPanel" class="panel" ng-controller="defaultCtrl">
        <h3 class="panel-header">To Do List</h3>

        <div class="well">
            <div class="checkbox">
                <label>
                    <input type="checkbox" ng-model="showList">
                    Use the list view
                </label>
            </div>
        </div>

        <ng-include src="viewFile()"></ng-include>

    </div>
</body>
</html>
```

我在控制器中定義了一個名為 viewFile 的行為，它會根據變數 showList 的值，回傳兩個局部檢視檔的其中之一。如果 showList 為 true，便回傳 list.html；反之 showList 為 false 或 undefined，則回傳 table.html。

變數 showList 在一開始時為 undefined，然而我新增了一個可用於設定該變數的複選方塊，該複選方塊使用了本章先前曾介紹過的 ng-model 指令。使用者可以藉由勾選或取消勾選該元素來修改變數 showList 的值。

最後一步是修改 ng-include 指令的 src 屬性，使其會根據控制器行為來取得設定，如下所示：

```
...
<ng-include src="viewFile()"></ng-include>
...
```

AngularJS 的資料綁定功能會讓複選方塊與變數 showList 之間保持同步，而 ng-include 指令也會根據 showList 的值變更載入的內容，形成一致的結果。你可以從圖 10-7 中看到勾選和取消勾選該複選方塊的效果。

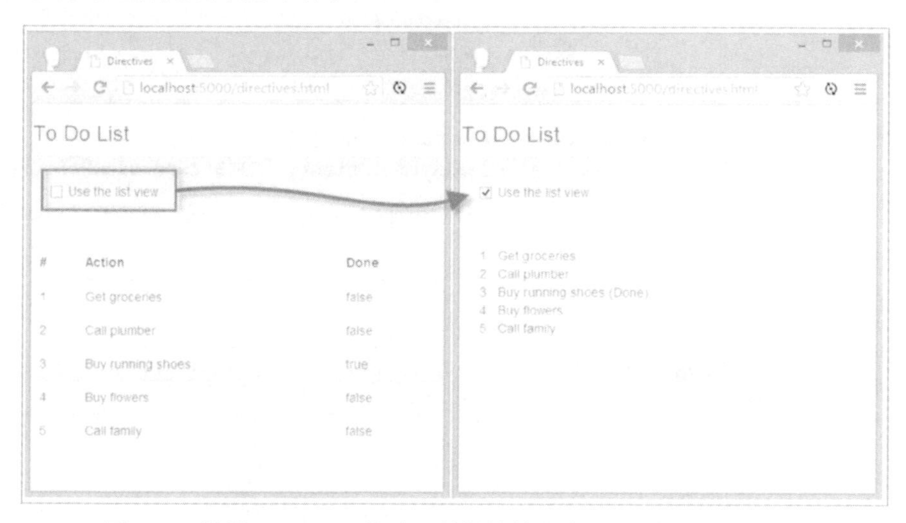

圖 10-7　使用 ng-include 指令，並根據特定的模型屬性來顯示內容

10.4.4　ng-include 指令作為屬性

ng-include 指令除了可當作元素使用外，也能夠以屬性的形式套用。因此，我準備要花一點時間來說明 ng-include 作為屬性的使用方式。不過在此之前，我先繼續在列表 10-15 中，以元素形式來套用 ng-include 指令，但額外加上了 onload 屬性。onload 屬性是用於指定當內容載入後會被計算的表達式，對此，我指定了對 reportChange 行為的呼叫，用於向 JavaScript 主控台寫入一則訊息，以回報內容檔案的名稱。這裡的 onload 屬性其實並不是特別重要，只是為了示範當 ng-include 指令存在多個設定選項的情形。

列表 10-15　在 directives.html 檔案中以元素形式來套用 ng-include 指令，並加入額外的設定選項

```
<!DOCTYPE html>
<html ng-app="exampleApp">
<head>
    <title>Directives</title>
    <script src="angular.js"></script>
    <link href="bootstrap.css" rel="stylesheet" />
    <link href="bootstrap-theme.css" rel="stylesheet" />
    <script>
        angular.module("exampleApp", [])
            .controller("defaultCtrl", function ($scope) {
                $scope.todos = [
                    { action: "Get groceries", complete: false },
                    { action: "Call plumber", complete: false },
```

```
                { action: "Buy running shoes", complete: true },
                { action: "Buy flowers", complete: false },
                { action: "Call family", complete: false }];

            $scope.viewFile = function () {
                return $scope.showList ? "list.html" : "table.html";
            };

            $scope.reportChange = function () {
                console.log("Displayed content: " + $scope.viewFile());
            }

        });
    </script>
</head>
<body>
    <div id="todoPanel" class="panel" ng-controller="defaultCtrl">
        <h3 class="panel-header">To Do List</h3>

        <div class="well">
            <div class="checkbox">
                <label>
                    <input type="checkbox" ng-model="showList">
                    Use the list view
                </label>
            </div>
        </div>

        <ng-include src="viewFile()" onload="reportChange()"></ng-include>
    </div>
</body>
</html>
```

現在，假設我無法（或者不打算）使用自訂元素，我可以改寫這項範例，將 ng-include 指令設為標準 HTML 元素的一個自訂屬性，如列表 10-16 所示。

列表 10-16　在 directives.html 檔案中以屬性形式來套用 ng-include 指令

```
...
<div ng-include="viewFile()" onload="reportChange()"></div>
...
```

ng-include 屬性可以套用在任何的 HTML 元素上，src 參數的值將直接從 ng-include 的屬性值中取得，在本例中即是 viewFile()。至於其他的指令設定參數則是以個別的屬性來表示，例如列表中的 onload 屬性。此種 ng-include 指令的套用方式，其結果與自訂元素的方式完全相同。

10.4.5　條件式的元素切換

ng-include 指令很適合用於在多個檔案間管理內容片段，然而你也會經常遇到一種情況，是不同的片段都寫在同一個檔案中，而需要進行切換。對此，AngularJS 提供了

ng-switch 指令。你可以在列表 10-17 中看到該指令的使用方式。

列表 10-17 在 directives.html 檔案中使用 ng-switch 指令

```
<!DOCTYPE html>
<html ng-app="exampleApp">
<head>
    <title>Directives</title>
    <script src="angular.js"></script>
    <link href="bootstrap.css" rel="stylesheet" />
    <link href="bootstrap-theme.css" rel="stylesheet" />
    <script>
        angular.module("exampleApp", [])
            .controller("defaultCtrl", function ($scope) {

                $scope.data = {};

                $scope.todos = [
                    { action: "Get groceries", complete: false },
                    { action: "Call plumber", complete: false },
                    { action: "Buy running shoes", complete: true },
                    { action: "Buy flowers", complete: false },
                    { action: "Call family", complete: false }];
            });
    </script>
</head>
<body>
    <div id="todoPanel" class="panel" ng-controller="defaultCtrl">

        <h3 class="panel-header">To Do List</h3>

        <div class="well">
            <div class="radio" ng-repeat="button in ['None', 'Table', 'List']">
                <label>
                    <input type="radio" ng-model="data.mode"
                           value="{{button}}" ng-checked="$first" />
                    {{button}}
                </label>
            </div>
        </div>

        <div ng-switch on="data.mode">
            <div ng-switch-when="Table">
                <table class="table">
                    <thead>
                        <tr><th>#</th><th>Action</th><th>Done</th></tr>
                    </thead>
                    <tr ng-repeat="item in todos" ng-class="$odd ? 'odd' : 'even'">
```

```
                        <td>{{$index + 1}}</td>
                        <td ng-repeat="prop in item">{{prop}}</td>
                    </tr>
                </table>
            </div>
            <div ng-switch-when="List">
                <ol>
                    <li ng-repeat="item in todos">
                        {{item.action}}<span ng-if="item.complete"> (Done)</span>
                    </li>
                </ol>
            </div>
            <div ng-switch-default>
                Select another option to display a layout
            </div>
        </div>

    </div>
</body>
</html>
```

這項範例首先使用了 ng-repeat 指令來產生一組單選按鈕，並使用雙向資料綁定來設定 data.mode 模型屬性的值。這些單選按鈕所定義的值分別為 Note、Table 和 List，各自代表著不同的 to-do 項目顯示方式。

提示：注意，我在這裡是將作用範圍屬性 mode 定義為 data 物件的屬性。這是為了配合 AngularJS 作用範圍的繼承方式，以及某些指令（包括 ng-model）自行建立作用範圍的方式。我將在第 13 章裡說明這是如何運作的。

本例的其餘部份便是示範 ng-switch 指令的使用，根據 data.mode 屬性所設定的值，來顯示不同的元素。你可以在圖 10-8 中看到結果，我將隨即說明這個指令的操作細節。

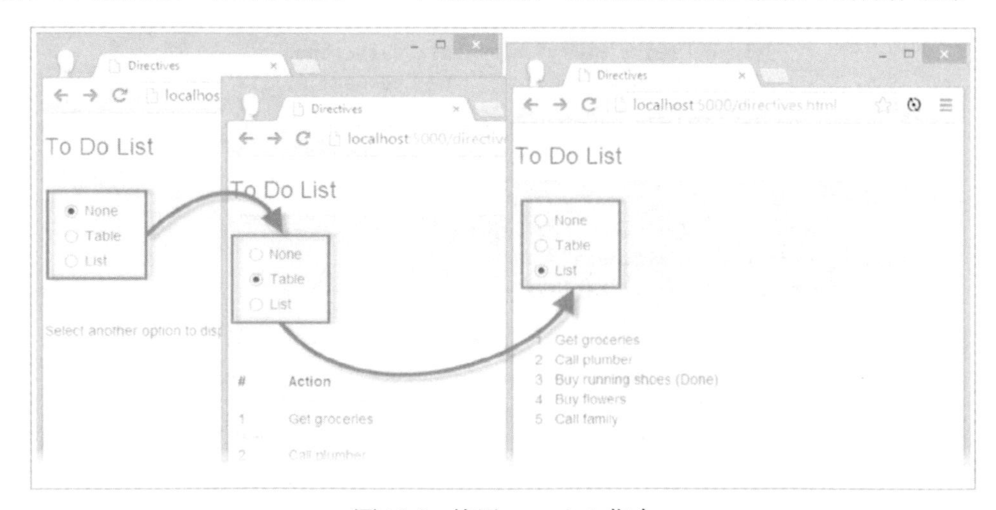

圖 10-8　使用 ng-switch 指令

提示：雖然 ng-switch 指令能夠以元素的形式套用，不過 ng-switch-when 和 ng-switch-default 則只能以屬性的形式套用。因此，為了在寫法上保持一致，我是以屬性的形式來使用 ng-switch。

這個 ng-switch 指令使用一個 on 屬性來指定表達式，表達式的作用是決定哪部份的內容會被顯示出來，如下所示：

```
...
<div ng-switch on="data.mode">
...
```

在這項範例裡，我是指定 data.mode 模型屬性的值，這個值會由單選按鈕所控制。接著使用 ng-switch-when 指令來設定各個值是對應於哪一個內容區塊，如下所示：

```
...
<div ng-switch-when="Table">
    <table class="table">
        <!-- elements omitted for brevity -->
    </table>
</div>
<div ng-switch-when="List">
    <ol>
        <!-- elements omitted for brevity -->
    </ol>
</div>
...
```

當 ng-switch-when 的值相符於 on 屬性的表達式計算結果時，AngularJS 便會顯示該指令所套用到的元素。同時位於其他 ng-switch 指令區塊裡的元素則會被移除。至於 ng-switch-default 指令，則是會在計算結果不吻合任何 ng-switch-when 指令時顯示出來，如下所示：

```
...
<div ng-switch-default>
    Select another option to display a layout
</div>
...
```

ng-switch 指令會在資料綁定的值發生變化時做出回應，因此，點擊單選按鈕將會改變佈局的結果。

在 ng-include 和 ng-switch 指令之間做選擇

由於 ng-include 和 ng-switch 指令都能夠產生相同的效果，所以可能會很難在這兩個指令之間做出選擇。

當需要在小而簡單的內容區塊之間進行切換，而且有很高的機會，最終這些區塊都會向使用者展示時，便使用 ng-switch 指令，以便節省載入時間。

ng-include 指令適用於較複雜的內容，或者是在應用程式中需要被多次重複使用的內容。透過 ng-include 載入局部檢視的方式，有助於減少專案中的重複性工作。

不過請留意，它相較於 ng-switch，則會產生額外的 Ajax 請求，以及更長的載入時間。

如果無法做出決定，就先使用 ng-switch，它更簡單而且易於使用。若內容變得複雜且難以管理，或者需要重複使用相同的內容時，再改用 ng-include 也不遲。

10.4.6 隱藏未處理的行內範本綁定表達式

當在較緩慢的裝置上執行複雜的內容時，可能會有一個略為延遲的時刻，是 AngularJS 仍在剖析 HTML、處理指令及執行準備工作。這一時之間，任何所定義的行內範本表達式都會直接暴露給使用者，如圖 10-9 所示。

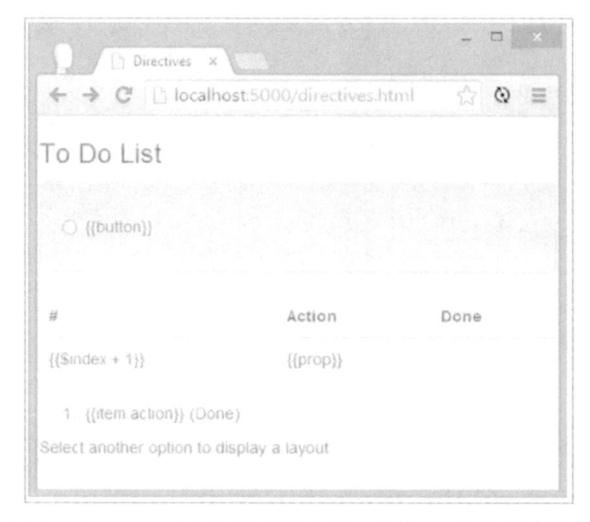

圖 10-9　在 AngularJS 的準備階段暴露給使用者的範本表達式

現今多數的裝置都擁有很優秀的瀏覽器，有著快速的 JavaScript 執行效率，能夠防止這類問題。事實上，我費了一番功夫才擷取到這張圖片，因為桌面瀏覽器實在非常快速，而難以產生這類情況。

然而它確實是有可能會發生的（特別是在較舊的裝置或瀏覽器上），因此有兩種方法可以解決這項問題。第一種方法是避免使用行內範本表達式，總是使用 ng-bind 指令。我曾在本章一開始時介紹過這個指令，並曾指出此方法相較於行內表達式而言，是比較笨拙的。

更好的選擇是使用 ng-cloak 指令，它能夠在 AngularJS 完成處理工作之前先隱藏內容。ng-cload 指令是藉由 CSS 來隱藏所套用到的元素，當處理工作完畢後，AngularJS 便會移除 CSS 樣式，確保使用者不會有機會看見任何範本表達式。你可以廣泛地或者針對性的套用 ng-cloak 指令，常見的作法是套用至 body 元素上，然而這表示當 AngularJS 處理內容時，使用者只會看到一個空白的瀏覽器視窗，不是很美觀。因此，我傾向於針對性的使用，僅僅將該指令套用於存在行內表達式的地方，如列表 10-18 所示。

列表 10-18 在 directives.html 檔案中針對特定部份套用 ng-cloak 指令

```
...
<body>
    <div id="todoPanel" class="panel" ng-controller="defaultCtrl">
        <h3 class="panel-header">To Do List</h3>

        <div class="well">
            <div class="radio" ng-repeat="button in ['None', 'Table', 'List']">
                <label ng-cloak>
                    <input type="radio" ng-model="data.mode"
                        value="{{button}}" ng-checked="$first">
                    {{button}}
                </label>
            </div>
        </div>

        <div ng-switch on="data.mode" ng-cloak>
            <div ng-switch-when="Table">
                <table class="table">
                    <thead>
                        <tr><th>#</th><th>Action</th><th>Done</th></tr>
                    </thead>
                    <tr ng-repeat="item in todos" ng-class="$odd ? 'odd' : 'even'">
                        <td>{{$index + 1}}</td>
                        <td ng-repeat="prop in item">{{prop}}</td>
                    </tr>
                </table>
            </div>
            <div ng-switch-when="List">
                <ol>
                    <li ng-repeat="item in todos">
                        {{item.action}}<span ng-if="item.complete"> (Done)</span>
                    </li>
                </ol>
            </div>
             <div ng-switch-default>
                 Select another option to display a layout
             </div>
         </div>
     </div>
 </body>
 ...
```

僅僅將該指令套用至存在範本表達式的地方，便能夠讓使用者仍然能夠看到頁面的靜態結構。雖然也不是太好看，但已經比空白視窗好很多了。你可以在圖 10-10 中看到該指令的效果（當然，這個效果只是暫時的，在 AngularJS 處理完內容後，便會顯示完整的應用程式佈局給使用者）。

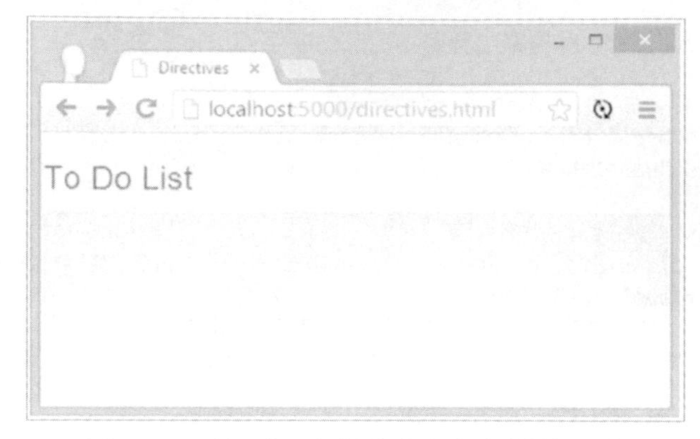

圖 10-10　顯示出不包括範本表達式的靜態內容

10.5 小結

本章介紹了多個 AngularJS 指令，包含用於資料綁定和範本管理的指令。這些都是內建指令中最強大也是最複雜的部份，同時也是 AngularJS 專案在初期開發階段的重要基礎。在接下來的第 11 章裡，我將針對元素操作及回應事件的指令，做更多的說明及示範。

第 11 章

使用元素與事件指令

本章將繼續介紹 AngularJS 的各式指令，包含了：在 DOM 中新增、移除、隱藏和顯示元素的指令；在類別中加入或移除某個元素及設定個別 CSS 樣式屬性的指令；處理事件的指令；以及將資料綁定與 HTML 布林屬性進行對應的指令。

在過程中，我也會示範如何建立自訂指令，來回應 AngularJS 未提供內建支援的事件。我在第 15 章以前還不會太多深入到建立自訂指令的細節，然而這是很常見的需求，因此有必要先在本章做介紹，即使它需要一些在後續章節裡才會介紹到的 AngularJS 功能。表 11-1 為本章摘要。

表 11-1　本章摘要

問　　題	解決方案	列　表
顯示或隱藏元素	使用 ng-show 和 ng-hide 指令	1、2
從 DOM 中移除元素	使用 ng-if 指令	3
在產生沒有中間父元素的元素時避免嵌入問題	使用 ng-repeat 指令及過濾器	4、5
將元素指派至類別，或者設定個別的 CSS 樣式屬性	使用 ng-class 或 ng-style 指令	6
將 ng-repeat 指令所產生的奇數或偶數元素指派至不同的類別	使用 ng-class-odd 和 ng-class-even 指令	7
定義在某個事件觸發時會被執行的行為	使用事件指令，例如 ng-click（關於事件指令的完整列表請見表 11-3）	8
處理一個 AngularJS 未提供指令支援的事件	建立一個自訂事件指令	9
對元素套用布林屬性	使用布林屬性指令，例如 ng-checked（關於布林屬性指令的完整列表請見表 11-4）	10

11.1　準備範例專案

此項範例會繼續使用先前的 directives.html 檔案。你可以在列表 11-1 中看到，我移除了前一章的部份 HTML 標籤，簡化內容以準備迎接接下來要介紹的指令。

列表 11-1 directives.html 檔案的內容

```
<!DOCTYPE html>
<html ng-app="exampleApp">
<head>
    <title>Directives</title>
    <script src="angular.js"></script>
    <link href="bootstrap.css" rel="stylesheet" />
    <link href="bootstrap-theme.css" rel="stylesheet" />
    <script>
        angular.module("exampleApp", [])
            .controller("defaultCtrl", function ($scope) {
                $scope.todos = [
                    { action: "Get groceries", complete: false },
                    { action: "Call plumber", complete: false },
                    { action: "Buy running shoes", complete: true },
                    { action: "Buy flowers", complete: false },
                    { action: "Call family", complete: false }];
            });
    </script>
</head>
<body>
    <div id="todoPanel" class="panel" ng-controller="defaultCtrl">
        <h3 class="panel-header">To Do List</h3>

        <table class="table">
            <thead>
                <tr><th>#</th><th>Action</th><th>Done</th></tr>
            </thead>
            <tr ng-repeat="item in todos">
                <td>{{$index + 1}}</td>
                <td ng-repeat="prop in item">{{prop}}</td>
            </tr>
        </table>
    </div>
</body>
</html>
```

在前一章裡用於控制 to-do 項目佈局的內容都已被移除，只使用一個簡單的表格。你可以在圖 11-1 中看到目前 directives.html 檔案在瀏覽器中的顯示結果。

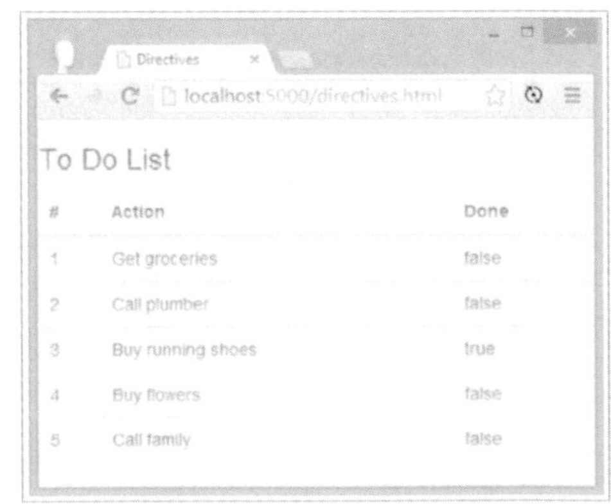

圖 11-1 directives.html 檔案在瀏覽器中的顯示結果

11.2 使用元素指令

本章首先要介紹的第一批指令是用於在 DOM 中設定元素及渲染樣式。這些指令有利於管理應用程式的顯示內容及資料，不僅如此，基於 AngularJS 的特色，這也有利於在資料模型出現變化時，透過資料綁定來動態地變更 HTML 文件。表 11-2 即列出了這些元素指令，我將在之後的各節中介紹各個指令並加以示範。

表 11-2 元素指令

指 令	套用方式	說 明
ng-if	屬性	在 DOM 中新增或移除元素
ng-class	屬性、類別	為元素設定 class 屬性
ng-class-even	屬性、類別	對 ng-repeat 指令所產生的偶數元素設定 class 屬性
ng-class-odd	屬性、類別	對 ng-repeat 指令所產生的奇數元素設定 class 屬性
ng-hide	屬性、類別	在 DOM 中顯示或隱藏元素
ng-show	屬性、類別	在 DOM 中顯示或隱藏元素
ng-style	屬性、類別	設定一個或多個 CSS 屬性

11.2.1 顯示、隱藏和移除元素

此範疇中的許多指令，是透過隱藏、或是直接從 DOM 中移除的方式，來控制元素的可見性。列表 11-2 示範了管理元素可見性的基本技巧。

列表 11-2 在 directives.html 檔案中管理元素的可見性

```
<!DOCTYPE html>
<html ng-app="exampleApp">
<head>
    <title>Directives</title>
    <script src="angular.js"></script>
    <link href="bootstrap.css" rel="stylesheet" />
    <link href="bootstrap-theme.css" rel="stylesheet" />
    <script>
        angular.module("exampleApp", [])
            .controller("defaultCtrl", function ($scope) {
                $scope.todos = [
                    { action: "Get groceries", complete: false },
                    { action: "Call plumber", complete: false },
                    { action: "Buy running shoes", complete: true },
                    { action: "Buy flowers", complete: false },
                    { action: "Call family", complete: false }];
            });
    </script>
    <style>
        td > *:first-child {font-weight: bold}
    </style>
</head>
<body>
```

```
<div id="todoPanel" class="panel" ng-controller="defaultCtrl">
    <h3 class="panel-header">To Do List</h3>

    <div class="checkbox well">
        <label>
            <input type="checkbox" ng-model="todos[2].complete" />
            Item 3 is complete
        </label>
    </div>

    <table class="table">
        <thead>
            <tr><th>#</th><th>Action</th><th>Done</th></tr>
        </thead>
        <tr ng-repeat="item in todos">
            <td>{{$index + 1}}</td>
            <td>{{item.action}}</td>
            <td>
                <span ng-hide="item.complete">(Incomplete)</span>
                <span ng-show="item.complete">(Done)</span>
            </td>
        </tr>
    </table>
</div>
</body>
</html>
```

我使用了 ng-show 和 ng-hide 指令，控制表格中每一列裡，最後一個儲存格的 span 元素可見性。這是一個有些刻意的作法，因為使用行內資料綁定也可以達到相同的結果，然而這裡的目的是為了展示一項特定的問題，你隨即就會知道是什麼問題。

ng-show 和 ng-hide 指令，會透過新增和移除一個同樣名為 ng-hide 的類別來控制元素的可見性。ng-hide 類別所套用的 CSS 樣式會將 display 屬性設為 none，使該元素自檢視中移除。ng-show 與 ng-hide 之間的區別，在於 ng-show 是在表達式值計算為 false 時隱藏元素，而 ng-hide 則是在表達式值計算為 true 時隱藏元素。

這項範例還包含了一個複選方塊，用於設定第三個 to-do 項目的 complete 屬性。加入此方塊是為了展示出，ng-show 與 ng-hide 就如同於其他指令，都使用了資料綁定，同時也展示出這些指令的侷限性，如圖 11-2 所示。

從中可以看到，我在列表 11-2 裡所加入的樣式只會在 to-do 項目為未完成時生效，即使我已經指定 td 元素的第一個子元素都應該為粗體：

```
...
td > *:first-child {font-weight: bold}
...
```

這個問題的原因，在於 ng-show 和 ng-hide 指令仍會將所操作的元素保留在 DOM 中。雖然使用者看不見，但是對瀏覽器來說它們仍然存在，因此這種基於位置的 CSS 選擇器仍然會把隱藏元素包含在內。對於這類情況，你可以使用 ng-if 指令從 DOM 中移除元素，而不是隱藏元素，如列表 11-3 所示。

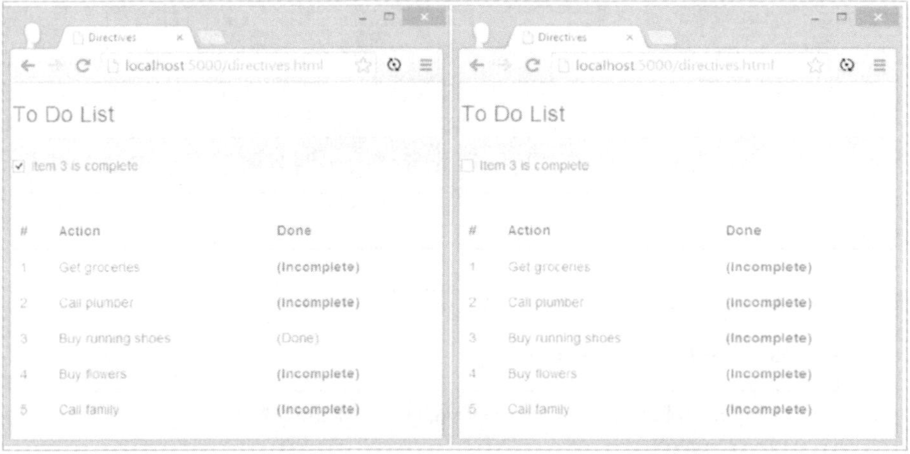

圖 11-2 使用 ng-show 與 ng-hide 指令顯示和隱藏元素

列表 11-3 在 directives.html 檔案中使用 ng-if 指令

```
...
<td>
    <span ng-if="!item.complete">(Incomplete)</span>
    <span ng-if="item.complete">(Done)</span>
</td>
...
```

由於 ng-if 指令並沒有可直接判斷否定性的相應指令，因此這裡需要對資料綁定屬性取相反值，來建立 ng-hide 指令的效果。如圖 11-3 所示，使用 ng-if 指令即解決了 CSS 樣式的問題。

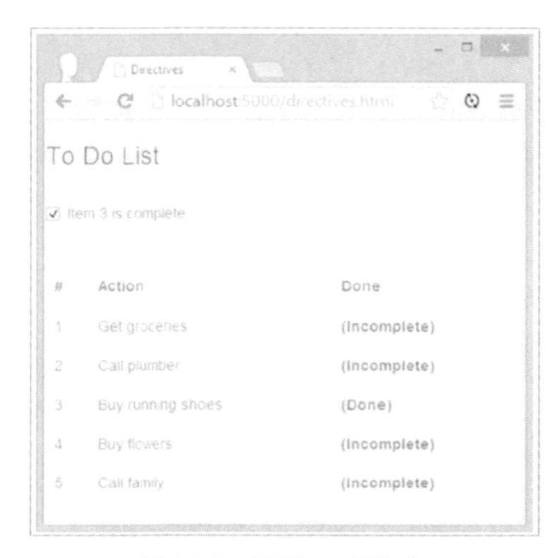

圖 11-3 使用 ng-if 指令

解決條紋化表格的問題以及與 ng-repeat 的衝突

ng-show、ng-hide 與 ng-if 指令，在套用到與表格相關的元素時都會有一些問題，這真是討厭，因為 AngularJS 開發者總是會冀望使用這些指令來管理表格的顯示內容。

首先，ng-show 與 ng-hide 的運作方式，代表它們無法輕易地應用在條紋化的表格中。問題的原因相同於先前的範例，但值得再處理一次，因為這是極為常見的問題。你可以在列表 11-4 中看到我將 ng-hide 指令套用到 tr 元素上，使其僅僅顯示未完成的項目。如同第 4 章曾示範過的作法，我將 table 元素加入至 Bootstrap 的 table-striped CSS 類別以建立條紋效果。

列表 11-4 在 directives.html 檔案中對表格列使用 ng-hide

```
...
<table class="table table-striped">
    <thead>
        <tr><th>#</th><th>Action</th><th>Done</th></tr>
    </thead>
    <tr ng-repeat="item in todos" ng-hide="item.complete">
        <td>{{$index + 1}}</td>
        <td>{{item.action}}</td>
        <td>{{item.complete}}</td>
    </tr>
</table>
...
```

AngularJS 將處理這些指令，然而由於這些元素是被隱藏而不是被移除，所以結果便會產生不規則的條紋。如圖 11-4 所示，可以看到各列的顏色並沒有輪換顯示。

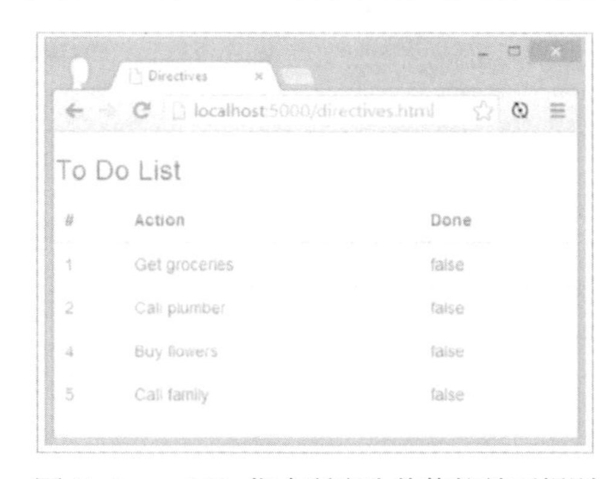

圖 11-4 ng-hide 指令所產生的條紋並不規則

儘管這看起來似乎是能夠用 ng-if 指令解決的問題，但不幸的是，你無法在同一個元素上使用 ng-repeat 指令及 ng-if 指令，類似這樣：

```
...
<tr ng-repeat="item in todos" ng-if="!item.complete">
    <td>{{$index + 1}}</td>
```

```
        <td>{{item.action}}</td>
        <td>{{item.complete}}</td>
    </tr>
    ...
```

ng-repeat 和 ng-if 指令都與一種被稱為「嵌入」(transclusion)的操作有關，對此，我將在第 17 章裡加以說明。不過這基本上就是表示兩個指令都想修改子元素，因而造成 AngularJS 處理作業的衝突。如果你試圖對同一個元素使用這兩個指令，將會在 JavaScript 主控台中看到類似以下的錯誤訊息：

```
Error: [$compile:multidir] Multiple directives [ngRepeat, ngIf] asking for transclusion on:
<!-- ngRepeat: item in todos -->
```

你很少會遇到像這樣無法使用多個 AngularJS 指令的問題，但這仍是有解決方案的。解法是使用過濾器，我將在第 14 章完整介紹過濾器，不過你已可以先在列表 11-5 中看到過濾器的使用範例。

列表 11-5　在 directives.html 檔案中使用過濾器來解決嵌入問題

```
...
<table class="table table-striped">
    <thead>
        <tr><th>#</th><th>Action</th><th>Done</th></tr>
    </thead>
    <tr ng-repeat="item in todos | filter: {complete: 'false'}">
        <td>{{$index + 1}}</td>
        <td>{{item.action}}</td>
        <td>{{item.complete}}</td>
    </tr>
</table>
...
```

這項過濾器範例使用了一個物件來比對來源項目中的屬性，篩選出那些 complete 屬性為 false 的 to-do 項目。如圖 11-5 所示，結果能夠使表格條紋正常顯示，因為只有通過篩選的物件才會建立出元素。(過濾器即如同 AngularJS 的其他元件，也是繫結於資料模型，能夠動態地反映出資料陣列的變化。)

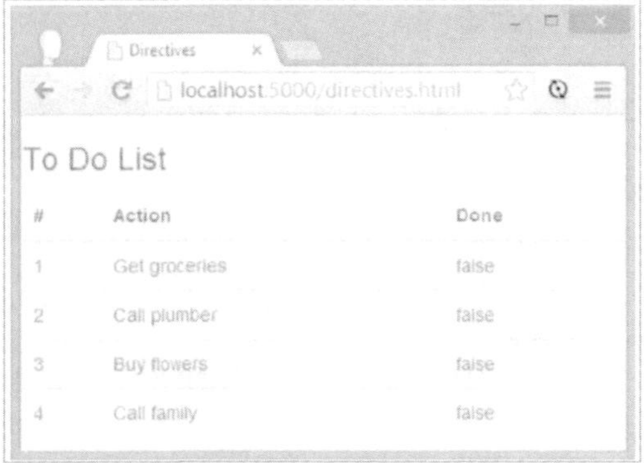

圖 11-5　使用過濾器來保持表格條紋的正常顯示

11.2.2 管理類別與 CSS

AngularJS 提供了一系列指令，可用於將元素指派至到特定類別，或是用於設定個別的 CSS 屬性。你可以在列表 11-6 中看到 ng-class 和 ng-style 指令的使用方式。

列表 11-6 在 directives.html 檔案中使用 ng-class 和 ng-style 指令

```
<!DOCTYPE html>
<html ng-app="exampleApp">
<head>
    <title>Directives</title>
    <script src="angular.js"></script>
    <link href="bootstrap.css" rel="stylesheet" />
    <link href="bootstrap-theme.css" rel="stylesheet" />
    <script>
        angular.module("exampleApp", [])
            .controller("defaultCtrl", function ($scope) {
                $scope.todos = [
                    { action: "Get groceries", complete: false },
                    { action: "Call plumber", complete: false },
                    { action: "Buy running shoes", complete: true },
                    { action: "Buy flowers", complete: false },
                    { action: "Call family", complete: false }];

                $scope.buttonNames = ["Red", "Green", "Blue"];

                $scope.settings = {
                    Rows: "Red",
                    Columns: "Green"
                };
            });
    </script>
    <style>
        tr.Red { background-color: lightcoral; }
        tr.Green { background-color: lightgreen;}
        tr.Blue { background-color: lightblue; }
    </style>
</head>
<body>
    <div id="todoPanel" class="panel" ng-controller="defaultCtrl">
        <h3 class="panel-header">To Do List</h3>

        <div class="row well">
            <div class="col-xs-6" ng-repeat="(key, val) in settings">
                <h4>{{key}}</h4>
                <div class="radio" ng-repeat="button in buttonNames">
                    <label>
                        <input type="radio" ng-model="settings[key]"
                               value="{{button}}">{{button}}
```

```
                    </label>
                </div>
            </div>
        </div>
        <table class="table">
            <thead>
                <tr><th>#</th><th>Action</th><th>Done</th></tr>
            </thead>
            <tr ng-repeat="item in todos" ng-class="settings.Rows">
                <td>{{$index + 1}}</td>
                <td>{{item.action}}</td>
                <td ng-style="{'background-color': settings.Columns}">
                    {{item.complete}}
                </td>
            </tr>
        </table>
    </div>
</body>
</html>
```

包含 ng-class 和 ng-style 指令在內，這項範例運用了為數不少的指令來達成需求。此外，位於控制器作用範圍中的一個簡單物件，則是此範例的關鍵片段：

```
...
$scope.settings = {
    Rows: "Red",
    Columns: "Green"
};
...
```

我將使用 Rows 屬性來設定表格中 tr 元素的背景顏色，並使用 Columns 屬性設定來 Done 欄位的背景顏色。為了讓使用者能夠設定這些值，我使用 ng-repeat 指令建立兩組單選按鈕，並藉由 Bootstrap 網格做排列（如第 4 章所述）。tr 元素的顏色設定是透過 ng-class 指令來完成，如下所示：

```
...
<tr ng-repeat="item in todos" ng-class="settings.Rows">
...
```

ng-class 指令能夠管理個別元素的 class 屬性。在這項範例裡，tr 元素會根據 Rows 屬性的值，指派給特定的類別，對應於下列的其中一個 CSS 樣式：

```
...
<style>
    tr.Red { background-color: lightcoral; }
    tr.Green { background-color: lightgreen;}
    tr.Blue { background-color: lightblue; }
</style>
...
```

提示：你可以使用一個 map 物件來指定多個 CSS 類別，該物件中的屬性即是 CSS 類別，其值則是表達式，用於控制何時套用 CSS 類別。你可以在第 8 章的 SportsStore 管理應用程式裡，看到此種使用方式。

針對特定的欄位，我則使用 ng-style 屬性來直接設定 CSS 屬性，而不是透過 CSS 類別：

```
...
<td ng-style="{'background-color': settings.Columns}">{{item.complete}}</td>
...
```

ng-style 指令的設定方式是透過一個物件，該物件的屬性即是欲設定的 CSS 屬性，在這裡是 background-color 屬性，並將其設定為 Columns 模型屬性的當前值。

提示：對元素套用個別的 CSS 屬性通常並不是個好主意。對於靜態性的內容，運用類別是更簡單的方式，尤其是如此一來，只要修改一次樣式，就能夠連帶變更所有該樣式所套用之處。我的建議是優先使用類別，但不用全然拒絕 ng-style 指令。

使用者可藉由單選按鈕來改變表格中各列以及特定欄位的顏色，如圖 11-6 所示。雖然效果是相同的，不過各列的顏色是以類別方式設定的（使用 ng-class 指令），而欄位的顏色則是使用 ng-style 指令來直接設定 CSS 屬性。

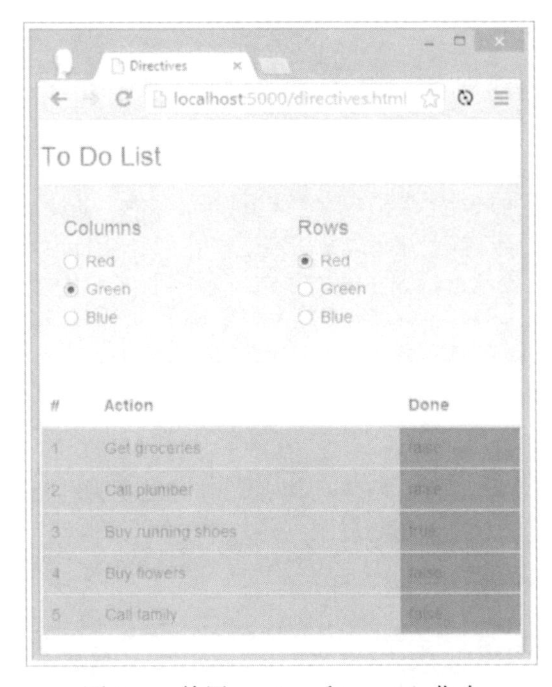

圖 11-6　使用 ng-class 和 ng-style 指令

設定奇數列和偶數列的類別

ng-class-odd 和 ng-class-even 指令是 ng-class 指令的一種變體，若在 ng-repeat 指令中使用這兩個指令，將會分別針對奇數列及偶數列的元素套用類別。其應用方式類似於先前在第 10 章曾提到的 ng-repeat 內建變數（$odd 和$even）。你可以在列表 11-7 中看到如何應用這兩個指令，對各列交替套用類別，形成動態的條紋表格。

列表 11-7　在 directives.html 檔案中使用 ng-class-odd 和 ng-class-even 指令

```
...
<table class="table">
    <thead>
        <tr><th>#</th><th>Action</th><th>Done</th></tr>
    </thead>
    <tr ng-repeat="item in todos" ng-class-even="settings.Rows"
            ng-class-odd="settings.Columns">
        <td>{{$index + 1}}</td>
        <td>{{item.action}}</td>
        <td>{{item.complete}}</td>
    </tr>
</table>
...
```

我換了一種方式來利用了先前範例值中的現有設定。我不再對 td 元素使用 ng-style 指令，並使用 ng-class-even 和 ng-class-odd 指令來取代 ng-class 指令。

僅當 ng-repeat 指令中的元素為偶數序號時，ng-class-even 指令才會對元素的 class 屬性套用資料綁定的值。同樣地，ng-class-odd 指令僅會在元素為奇數序號才會套用資料綁定的值。在相同元素上套用這兩個指令，便無須使用 Bootstrap 也能夠建立出常見的條紋表格，如圖 11-7 所示。

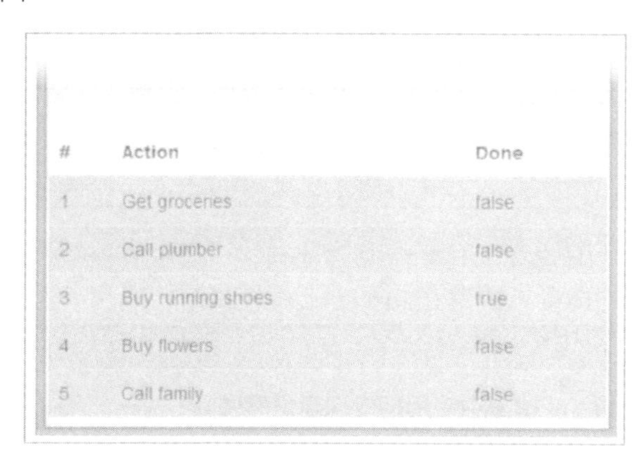

圖 11-7　使用 ng-class-odd 和 ng-class-even 指令建立條紋表格

如果有使用像 Bootstrap 這類的 CSS 框架，那麼這些指令就不是特別有用。然而條紋化表格是非常常見的需求，使得幾乎所有的 JavaScript 工具套件都有提供相關的支援。

11.3 處理事件

HTML 元素上有各式各樣的事件，會在使用者做出操作行為時發出非同步通知。AngularJS 有一系列的指令，能夠為這些事件指定被觸發時執行的自訂行為。表 11-3 即列出了這些事件指令。

表 11-3 事件指令

指　令	套用方式	說　明
ng-blur	屬性、類別	為 blur 事件指定自訂行為，在元素失去焦點時被觸發
ng-change	屬性、類別	為 change 事件指定自訂行為，在表單元素的內容狀態發生變化時被觸發（例如勾選了複選方塊、輸入框元素中的文字出現變更等等）
ng-click	屬性、類別	為 click 事件指定自訂行為，在使用者點擊滑鼠時被觸發
ng-copy ng-cut ng-paste	屬性、類別	為 copy、cut 和 paste 事件指定自訂行為
ng-dbclick	屬性、類別	為 dbclick 事件指定自訂行為，在使用者雙擊滑鼠時被觸發
ng-focus	屬性、類別	為 focus 事件指定自訂行為，在元素獲得焦點時被觸發
ng-keydown ng-keypress ng-keyup	屬性、類別	為 keydown、keyup 和 keypress 事件指定自訂行為，在使用者按下/放開某個鍵時被觸發
ng-mousedown ng-mouseenter ng-mouseleave ng-mousemove ng-mouseover ng-mouseup	屬性、類別	為 6 個標準滑鼠事件（mousedown、mouseenter、mouseleave、mousemove、mouseover 和 mouseup）指定自訂行為，在使用者使用滑鼠與元素互動時被觸發
ng-submit	屬性、類別	為 submit 事件指定自訂行為，在提交表單時被觸發。詳情請見第 12 章裡 AngularJS 對表單的支援

提示：AngularJS 還提供了一個選擇性的模組，能夠支援簡單的觸控事件及手勢。詳情請見第 23 章。

事件處置器指令可用於直接計算一個表達式，或者用於呼叫控制器中的一個行為。我不會在此示範所有的指令，因為它們基本上都是相同的概念。列表 11-8 是 ng-click 和兩個 ng-mouse 指令的使用範例。

列表 11-8 在 directives.html 檔案中使用指令來處理事件

```
<!DOCTYPE html>
<html ng-app="exampleApp">
<head>
    <title>Directives</title>
    <script src="angular.js"></script>
    <link href="bootstrap.css" rel="stylesheet" />
    <link href="bootstrap-theme.css" rel="stylesheet" />
```

```
    <script>
        angular.module("exampleApp", [])
            .controller("defaultCtrl", function ($scope) {

                $scope.todos = [
                    { action: "Get groceries", complete: false },
                    { action: "Call plumber", complete: false },
                    { action: "Buy running shoes", complete: true },
                    { action: "Buy flowers", complete: false },
                    { action: "Call family", complete: false }];

                $scope.buttonNames = ["Red", "Green", "Blue"];

                $scope.data = {
                    rowColor: "Blue",
                    columnColor: "Green"
                };

                $scope.handleEvent = function (e) {
                    console.log("Event type: " + e.type);
                    $scope.data.columnColor = e.type == "mouseover" ? "Green" : "Blue";
                }
            });
    </script>
    <style>
        .Red { background-color: lightcoral; }
        .Green { background-color: lightgreen; }
        .Blue { background-color: lightblue; }
    </style>
</head>
<body>
    <div id="todoPanel" class="panel" ng-controller="defaultCtrl">
        <h3 class="panel-header">To Do List</h3>

        <div class="well">
            <span ng-repeat="button in buttonNames">
                <button class="btn btn-info" ng-click="data.rowColor = button">
                    {{button}}
                </button>
            </span>
        </div>
        <table class="table">
            <thead>
                <tr><th>#</th><th>Action</th><th>Done</th></tr>
            </thead>
            <tr ng-repeat="item in todos" ng-class="data.rowColor"
                ng-mouseenter="handleEvent($event)"
                ng-mouseleave="handleEvent($event)">
                <td>{{$index + 1}}</td>
                <td>{{item.action}}</td>
```

```
                <td ng-class="data.columnColor">{{item.complete}}</td>
            </tr>
        </table>
    </div>
</body>
</html>
```

我對一組由 ng-repeat 指令所產生的按鈕元素套用了 ng-click 指令。當有任何按鈕被點擊時，便會觸發指定的表達式，使資料模型中的值隨之更新，如下所示：

```
...
<button class="btn btn-info" ng-click="data.rowColor = button">
    {{button}}
</button>
...
```

我對控制器中所定義的 rowColor 屬性指派了一個新值，這個屬性會被 tr 元素的 ng-class 指令所使用，使按鈕的點擊能夠改變表格中各列的背景顏色。

提示：可以看到我在使用 ng-repeat 指令建立一組按鈕時，我是套用至 span 元素上，而非直接套用在 button 元素上。若沒有 span 元素，按鈕之間就不會有間距，而這樣並不是很美觀。

如果你並不喜歡使用行內表達式（許多開發者都是這樣），或者如果你需要執行複雜的邏輯，那麼你可以在控制器中定義一個行為，並從事件指令中加以呼叫。這項範例裡的 tr 元素就是這麼做的：

```
...
<tr ng-repeat="item in todos" ng-class="data.rowColor"
    ng-mouseenter="handleEvent($event)" ng-mouseleave="handleEvent($event)">
...
```

我對 tr 元素套用了 ng-mouseenter 和 ng-mouseleave 指令，使其呼叫 handleEvent 行為。這就類似於傳統的 JavaScript 事件處理模型，並且為了存取 Event 物件，我使用了特殊的 $event 變數，所有的事件指令都有定義該變數。

在行為中處理事件時需要特別留意， AngularJS 的事件指令名稱，和實際底層事件的 type 屬性值可能並不一致。這項範例所加入的指令，是為了處理 mouseenter 和 mouseleave 事件，但實際在行為函式裡則是接收到不同的事件類型：

```
...
$scope.handleEvent = function (e) {
    console.log("Event type: " + e.type);
    $scope.data.columnColor = e.type == "mouseover" ? "Green" : "Blue";
}
...
```

最保險的作法是先使用 console.log 在主控台中輸出 type 屬性的值。如此一來，我就能夠得知 mouseenter 事件實際上被表示為 mouseover，而 mouseleave 事件則實際上表示為 mouseout。我對接收到的事件檢查其類型，並將 data.columnColor 模型屬性的值設為

Green 或 Blue。該值會由套用至某個 td 元素上的 ng-class 指令所用，其效果是當滑鼠進入或離開表格列時改變最後一欄的顏色。

注意：這種不甚一致的情況並非 AngularJS 的過錯。各家瀏覽器對於事件的命名，特別是關於滑鼠或游標時，經常顯得不太一致。雖然 AngularJS 藉助於 jQuery 解決了一些相關的問題，但並非十全十美。所以仍然有必要透過測試來取得正確的事件。

理解 AngularJS 中的事件

雖然 AngularJS 提供了一系列的事件指令，不過你會發現並不真的需要建立這麼多的事件處置器。Web 應用程式有許多事件是關於表單元素的狀態變更，例如 input 和 select。然而在 AngularJS 中你不需要以事件層面來回應這些變化，因為使用 ng-model 指令就夠用了。儘管這背後實際上仍有事件處置器的涉入，但你無須自行撰寫和管理它們。

有些開發者並不喜歡直接對元素套用事件指令，特別是當指令包含行內表達式時。這類反應可能是出自習慣差異，或是一些更深層的顧慮。

開發者經常被教導應採用分離的 JavaScript 程式碼來建立事件處置器，而不是直接在元素上加入程式碼。然而在套用事件指令於元素上時，AngularJS 實際上仍是透過 jQuery 建立分離的處置器，所以並不會真的構成維護問題。

更深層的顧慮，是如果在指令中使用行內表達式，即破壞了檢視邏輯的單純性（詳情請見第 3 章）。事件指令確實可多加利用，不過請切記將觸發事件時所執行的邏輯放置於控制器行為中，而非採用行內表達式。

建立自訂的事件指令

我將在第 15～17 章說明建立自訂指令的各種方式。建立自訂指令可能會有些複雜，需要瞭解及使用諸多功能才能完成。不過在本章裡，我會示範一個簡單的自訂指令來處理 AngularJS 未內建指令支援的事件。列表 11-9 是針對一項常見的需求，建立了一個處理 touchstart 和 touchend 事件的指令，它們分別會在使用者觸碰和放開觸控式裝置的螢幕時觸發。

列表 11-9 在 directives.html 檔案中建立自訂的事件指令

```
<!DOCTYPE html>
<html ng-app="exampleApp">
<head>
    <title>Directives</title>
    <script src="angular.js"></script>
    <link href="bootstrap.css" rel="stylesheet" />
    <link href="bootstrap-theme.css" rel="stylesheet" />
    <script>
        angular.module("exampleApp", [])
            .controller("defaultCtrl", function ($scope, $location) {

                $scope.message = "Tap Me!";
```

```
        }).directive("tap", function () {
            return function (scope, elem, attrs) {
                elem.on("touchstart touchend", function () {
                    scope.$apply(attrs["tap"]);
                });
            }
        });
    </script>
</head>
<body>
    <div id="todoPanel" class="panel" ng-controller="defaultCtrl">
        <div class="well" tap="message = 'Tapped!'">
            {{message}}
        </div>
    </div>
</body>
</html>
```

我使用第 9 章曾介紹過的 Module.directive 方法來建立指令。這個指令名為 tap，會回傳一個工廠函式，該函式會接著建立一個工作者函式來處理指令所套用到的元素。工作者函式的參數分別為指令所操作的作用範圍（我將在第 13 章說明作用範圍）、以 jqLite 或 jQuery 格式呈現的元素、以及元素的屬性集合。

我使用 jqLite 的 on 方法（相同於 jQuery 的同名方法）為 touchstart 和 touchend 事件註冊一個處置器函式。處置器函式會呼叫 scope.$apply 方法來計算指令屬性值所定義的表達式，該屬性值是從屬性集合中取得的。我將在第 15 章介紹 jqLite，並於第 13 章介紹作用範圍的$apply 方法。我對 div 元素套用了自訂指令，而其中的表達式則會修改 message 模型屬性的值：

```
...
<div class="well" tap="message = 'Tapped!'">
...
```

你需要在 Google Chrome 中啟用觸控事件模擬來測試這項範例（或者使用任何一個支援觸控的裝置或模擬器），因為 touchstart 和 touchend 事件預設並不會被滑鼠操作觸發。當你點擊 div 元素時，顯示的內容將會出現變化，如圖 11-8 所示。

圖 11-8　建立一個自訂的事件處理指令

11.4 管理特殊屬性

在大多數情況下，AngularJS 能夠無縫地與標準的 HTML 元素及屬性合作愉快。然而，HTML 屬性存在的一些古怪性質，也可能會導致 AngularJS 出現問題，並需要透過指令來解決。我將在接下來的段落中說明會導致 AngularJS 出現問題的兩種屬性範疇。

11.4.1 管理布林屬性

大多數 HTML 屬性的意義是由屬性值所決定的，然而某些 HTML 屬性在不含任何值的情況下也會產生作用。這類屬性被稱為布林屬性，一個很好的例子就是 disabled 屬性，舉例來說，當一個 button 元素套用了 disabled 屬性後就會被停用，即使該屬性沒有值，如下所示：

```
...
<button class="btn" disabled>My Button</button>
...
```

除此之外， disabled 屬性的值僅能被設定為空字串：

```
...
<button class="btn" disabled="">My Button</button>
...
```

或是 disabled：

```
...
<button class="btn" disabled="disabled">My Button</button>
...
```

你無法藉由將 disabled 屬性設為 false 來啟用該按鈕。這類屬性與 AngularJS 的資料綁定方式是不相合的。為解決這個問題，AngularJS 提供了一系列可用於管理布林屬性的指令，如表 11-4 所示。

表 11-4　布林屬性指令

指　令	套用方式	說　明
ng-checked	屬性	管理 checked 屬性（在 input 元素上使用）
ng-disabled	屬性	管理 disabled 屬性（在 input 和 button 元素上使用）
ng-open	屬性	管理 open 屬性（在 details 元素上使用）
ng-readonly	屬性	管理 readonly 屬性（在 input 元素上使用）
ng-selected	屬性	管理 selected 屬性（在 option 元素上使用）

我不會在此逐一示範上述的所有指令，因為它們都是相同的運作概念。列表 11-10 是 ng-disabled 指令的使用範例。

列表 11-10　在 directives.html 檔案中管理布林屬性

```
<!DOCTYPE html>
<html ng-app="exampleApp">
<head>
    <title>Directives</title>
    <script src="angular.js"></script>
    <link href="bootstrap.css" rel="stylesheet" />
    <link href="bootstrap-theme.css" rel="stylesheet" />
    <script>
        angular.module("exampleApp", [])
            .controller("defaultCtrl", function ($scope) {
                $scope.dataValue = false;
            });
    </script>
</head>
<body>
    <div id="todoPanel" class="panel" ng-controller="defaultCtrl">
        <h3 class="panel-header">To Do List</h3>

        <div class="checkbox well">
            <label>
                <input type="checkbox" ng-model="dataValue">
                Set the Data Value
            </label>
        </div>

        <button class="btn btn-success" ng-disabled="dataValue">My Button</button>
    </div>
</body>
</html>
```

我定義了一個名為 dataValue 的模型屬性，用於控制 button 元素的狀態。這項範例包含一個複選方塊，並使用 ng-model 指令來建立與 dataValue 屬性之間的雙向資料綁定（正如第 10 章曾說明過的），接著便按如下方式對 button 元素套用 ng-disabled 指令：

```
...
<button class="btn btn-success" ng-disabled="dataValue">My Button</button>
...
```

這裡可以看到，我並沒有直接設定 disabled 屬性，而是交由 ng-disabled 指令，根據表達式的值進行設定，也就是 dataValue 屬性的值。當 dataValue 屬性為 true 時，ng-disabled 指令便會為該元素加上 disabled 屬性，如下所示：

```
...
<button class="btn btn-success" ng-disabled="dataValue" disabled="disabled">
    My Button
</button>
...
```

反之，當 dataValue 屬性為 false 時，disabled 屬性則會被移除。你可以在圖 11-9 中看到勾選或取消勾選該複選方塊時的效果。

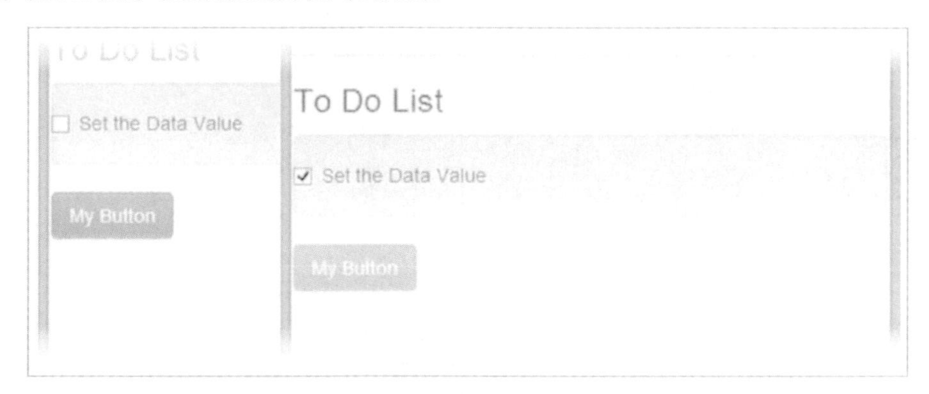

圖 11-9　使用 ng-disabled 指令來管理 disabled 屬性

11.4.2　管理其他屬性

除此之外，還有 3 個指令也是用於處理 AngularJS 無法直接操作的屬性，如表 11-5 所示。

表 11-5　布林屬性指令

指　　令	套用方式	說　　明
ng-href	屬性	在 a 元素上設定 href 屬性
ng-src	屬性	在 img 元素上設定 src 屬性
ng-srcset	屬性	在 img 元素上設定 srcset 屬性。srcset 屬性是新增至 HTML5 的起草標準之一，能夠為不同的螢幕尺寸或像素密度指定不同的圖片。不過在撰寫本書之時，瀏覽器對這個屬性的支援還很有限

AngularJS 能夠透過這些指令來設定對應屬性的值。此外，在使用 ng-href 指令時，還能夠避免使用者在 AngularJS 完成處理工作前便點擊連結並跳轉到錯誤的位置。

11.5　小結

本章介紹了 AngularJS 用於操作元素及處理事件的指令。示範如何在 DOM 裡顯示、隱藏、新增及移除元素；如何在類別中新增和移除元素；如何為元素設定個別的 CSS 樣式屬性；以及如何處理事件，包括建立一個簡單的自訂事件指令，用於處理 AngularJS 未內建支援的事件。在本章最後，則針對那些無法直接與 AngularJS 模型契合的屬性，提供了相應的操作指令。接下來，在下一章裡，我將介紹 AngularJS 的表單相關功能。

第 12 章

使用表單

本章將介紹 AngularJS 的表單功能，包含資料綁定及多種表單驗證方式。AngularJS 可利用指令無縫地增強標準表單元素的功能，例如 form、input 及 select 等元素。最後本章也會說明一些額外的指令屬性，以便將表單整合至 AngularJS 開發模型中。表 12-1 為本章摘要。

表 12-1　本章摘要

問　題	解決方案	列　表
建立雙向資料綁定	使用 ng-model 指令	1～4
驗證 form 元素	對 form 元素套用 novalidate 屬性，接著透過特殊變數(例如$valid)來檢驗個別元素或整個表單的有效性	5
提供驗證結果的視覺反饋	使用 AngularJS 的驗證相關 CSS 類別	6、7
提供驗證結果的文字提示	使用特殊的驗證變數(例如$valid)，並結合其他的指令（例如 ng-show）	8～10
延遲驗證反饋	加入變數以鎖住驗證反饋	11
對 input 元素執行複雜的驗證	使用 AngularJS 所提供的額外屬性	12
在使用複選方塊時控制模型屬性的值	使用 ng-true-value 和 ng-false-value 屬性	13
驗證 textarea 元素中的值	使用 AngularJS 所提供的額外屬性	14
為 select 元素產生 option 元素	使用 ng-options 屬性	15～18

12.1　準備範例專案

我在本章建立了一個名為 forms.html 的 HTML 檔案，其初始內容類似於先前章節中的範例，如列表 12-1 所示。

列表 12-1　forms.html 檔案的內容

```
<!DOCTYPE html>
<html ng-app="exampleApp">
<head>
    <title>Forms</title>
```

```
        <script src="angular.js"></script>
        <link href="bootstrap.css" rel="stylesheet" />
        <link href="bootstrap-theme.css" rel="stylesheet" />
        <script>
            angular.module("exampleApp", [])
                .controller("defaultCtrl", function ($scope) {
                    $scope.todos = [
                        { action: "Get groceries", complete: false },
                        { action: "Call plumber", complete: false },
                        { action: "Buy running shoes", complete: true },
                        { action: "Buy flowers", complete: false },
                        { action: "Call family", complete: false }];
                });
        </script>
    </head>
    <body>
        <div id="todoPanel" class="panel" ng-controller="defaultCtrl">

            <h3 class="panel-header">
                To Do List
                <span class="label label-info">
                    {{(todos | filter: {complete: 'false'}).length}}
                </span>
            </h3>

            <table class="table">
                <thead>
                    <tr><th>#</th><th>Action</th><th>Done</th></tr>
                </thead>
                <tr ng-repeat="item in todos">
                    <td>{{$index + 1}}</td>
                    <td>{{item.action}}</td>
                    <td>{{item.complete}}</td>
                </tr>
            </table>
        </div>
    </body>
    </html>
```

相較於先前的範例，這裡稍做了一些變化。增加了一個 span 元素，並以 Bootstrap 標籤的形式顯示待辦事項的數目，如下所示：

```
...
<span class="label label-info">{{(todos | filter: {complete: 'false'}).length}}</span>
...
```

這段行內資料綁定程式碼依賴於一個過濾器，該過濾器是用於篩選出 complete 屬性為 false 的待辦事項物件。我將在第 14 章說明過濾器的運作方式，至於此時則可以先看看 forms.html 檔案在瀏覽器中的顯示結果，如圖 12-1 所示。

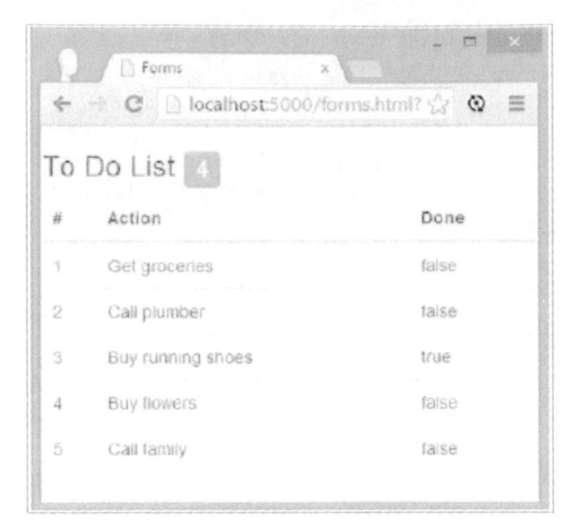

圖 12-1　forms.html 在瀏覽器中的顯示結果

12.2 對表單元素使用雙向資料綁定

在深入介紹 AngularJS 的表單指令之前，讓我們先來複習一下關於雙向資料綁定的概念。雙向資料綁定會與表單元素建立確切的關聯性，使其不僅可以接收使用者所輸入的資料，還能夠隨即更新模型。

正如我曾在第 10 章說明過的，雙向資料綁定是透過 ng-model 指令建立的，該指令可以套用於任何表單元素上，包括 input 元素。藉由雙向資料綁定，AngularJS 能夠將表單元素中的資料變化自動更新到相應的資料模型中，如列表 12-2 所示。

列表 12-2　在 forms.html 檔案中使用雙向資料綁定

```
...
<table class="table">
    <thead>
        <tr><th>#</th><th>Action</th><th>Done</th></tr>
    </thead>
    <tr ng-repeat="item in todos">
        <td>{{$index + 1}}</td>
        <td>{{item.action}}</td>
        <td>
            <input type="checkbox" ng-model="item.complete"
        </td>
    </tr>
</table>
...
```

若待辦事項列表無法進行勾選，可是一點都不實用。於是這裡使用了一個複選方塊形式的 input 元素，來取代先前顯示 complete 屬性的欄位，並且使用 ng-model 指令來建立針對 complete 屬性的雙向資料綁定。當頁面第一次載入時，AngularJS 會根據 complete

屬性值，設定複選方塊的初始狀態，隨後當使用者勾選或取消勾選複選方塊時，屬性值便會被更新。資料綁定是 AngularJS 的重點特色之一，而這項特色的實現便是透過 ng-model 指令，讓使用者能夠優雅地修改資料模型。

提示：ng-model 指令也可以用於建立自訂的表單元素，詳情請見第 17 章。

在這項範例裡，你可以透過勾選或取消勾選 input 元素，來觀察變更資料模型後的效果。為了證明模型值確實被改變了（而不僅僅是變更 input 元素的狀態），請注意其中用於顯示未完成待辦事項數目的標籤。AngularJS 會將 input 元素所引起的模型變化，散播給所有相關的綁定，因此數目值便會隨之更新，如圖 12-2 所示。

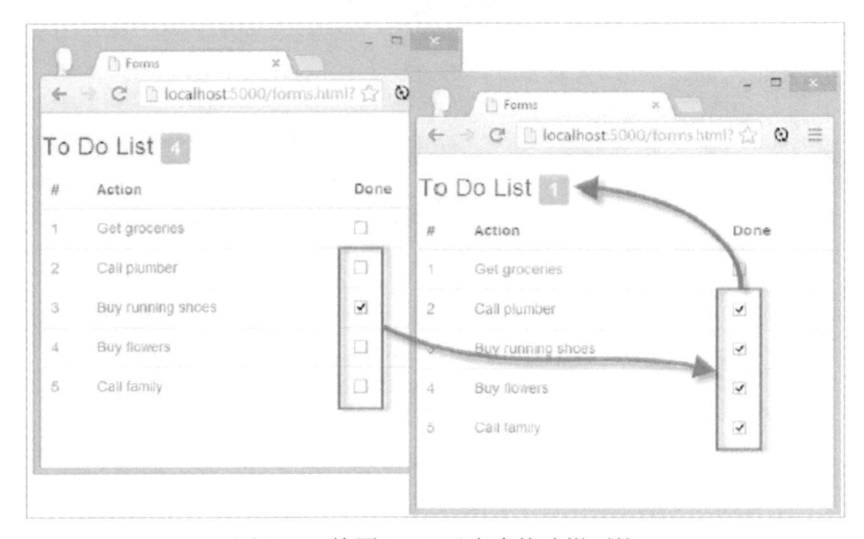

圖 12-2　使用 input 元素來修改模型值

12.2.1 隱含地建立模型屬性

在先前的範例中，模型屬性是在控制器裡明確定義的，但事實上也可以透過雙向資料綁定，隱含地建立資料模型的屬性。當你想要根據使用者輸入的內容，建立新的物件或屬性時，這便是一項非常有用的功能。理解這項功能的最佳途徑即是透過實際範例，如列表 12-3 所示。

列表 12-3　在 forms.html 檔案中隱含地建立模型屬性

```
<!DOCTYPE html>
<html ng-app="exampleApp">
<head>
    <title>Forms</title>
    <script src="angular.js"></script>
    <link href="bootstrap.css" rel="stylesheet" />
    <link href="bootstrap-theme.css" rel="stylesheet" />
    <script>
```

```
        angular.module("exampleApp", [])
            .controller("defaultCtrl", function ($scope) {
                $scope.todos = [
                    { action: "Get groceries", complete: false },
                    { action: "Call plumber", complete: false },
                    { action: "Buy running shoes", complete: true },
                    { action: "Buy flowers", complete: false },
                    { action: "Call family", complete: false }];

                $scope.addNewItem = function (newItem) {
                    $scope.todos.push({
                        action: newItem.action + " (" + newItem.location + ")",
                        complete: false
                    });
                };
            });
    </script>
</head>
<body>
    <div id="todoPanel" class="panel" ng-controller="defaultCtrl">

        <h3 class="panel-header">
            To Do List
            <span class="label label-info">
                {{ (todos | filter: {complete: 'false'}).length}}
            </span>
        </h3>

        <div class="row">
            <div class="col-xs-6">
                <div class="well">
                    <div class="form-group row">
                        <label for="actionText">Action:</label>
                        <input id="actionText" class="form-control"
                               ng-model="newTodo.action">
                    </div>
                    <div class="form-group row">
                        <label for="actionLocation">Location:</label>
                        <select id="actionLocation" class="form-control"
                                ng-model="newTodo.location">
                            <option>Home</option>
                            <option>Office</option>
                            <option>Mall</option>
                        </select>
                    </div>
                    <button class="btn btn-primary btn-block"
                            ng-click="addNewItem(newTodo)">
                        Add
                    </button>
```

```
                </div>
            </div>

            <div class="col-xs-6">
                <table class="table">
                    <thead>
                        <tr><th>#</th><th>Action</th><th>Done</th></tr>
                    </thead>
                    <tr ng-repeat="item in todos">
                        <td>{{$index + 1}}</td>
                        <td>{{item.action}}</td>
                        <td>
                            <input type="checkbox" ng-model="item.complete">
                        </td>
                    </tr>
                </table>
            </div>
        </div>
    </div>
</body>
</html>
```

這項範例的 HTML 元素看起來頗為複雜，這是因為我套用了一些 Bootstrap 類別來取得想要的佈局。但實際上，真正的重點在於以下這個 input 元素：

```
...
<input id="actionText" class="form-control" ng-model="newTodo.action">
...
```

以及這個 select 元素：

```
...
<select id="actionLocation" class="form-control" ng-model="newTodo.location">
    <option>Home</option>
    <option>Office</option>
    <option>Mall</option>
</select>
...
```

它們都使用了 ng-model 指令，用於更新未曾明確定義過的模型屬性值，也就是 newTodo.action 和 newTodo.location 屬性。這些屬性並非領域模型的一部份，但我需要這些屬性來取得使用者的輸入值，並且在控制器所定義的 addNewIterm 行為裡使用它們，該行為會在使用者點擊 button 元素時呼叫。

```
...
$scope.addNewItem = function (newItem) {
    $scope.todos.push({action: newItem.action + " (" + newItem.location + ")",
        complete: false
    });
};
...
```

這個控制器行為是一個函式，會接收一個內含 action 和 location 屬性的物件，並隨即新增物件到待辦事項列表的陣列裡。button 元素的 ng-click 指令會將 newTodo 物件傳遞給該方法：

```
...
<button class="btn btn-primary btn-block" ng-click="addNewItem(newTodo)">
    Add
</button>
...
```

提示：雖然我也可以直接操作$scope.newTodo 物件，然而將物件作為參數的作法，能夠使行為在檢視中被多次利用。這在考量到控制器的繼承關係時尤其重要，對此我將在第 13 章做說明。

當瀏覽器初次載入 forms.html 頁面時，尚不存在 newTodo 物件及其 action 和 location 屬性。由控制器工廠函式寫死的待辦事項集合，是當下僅有的模型資料。然而在 input 元素或 select 元素出現變化時，AngularJS 便會自動地建立 newTodo 物件，並根據使用者當下操作的元素，為物件指派 action 或 location 屬性值。

基於這樣的靈活性，AngularJS 是以較為寬鬆的角度來看待資料模型的狀態。若你試圖取用不存在的物件或屬性，並不會出現錯誤訊息；若試圖為不存在的物件或屬性指派值時，AngularJS 則會直接建立該物件或屬性，這就是所謂隱含式的物件及屬性建立方式。

提示：雖然我在這裡是使用 newTodo 物件來收納相關的屬性，不過你也可以直接在 $scope 物件上隱含地定義屬性，我在本書第 2 章的第一項 AngularJS 範例裡就是這麼做的。

讓我們來進行試驗。在 input 元素裡輸入一些文字，並從 select 元素中選擇一個項目，然後點擊 Add 按鈕。與 input 元素及 select 元素的互動，將會建立 newTodo 物件及其屬性，而套用在 button 元素上的 ng-click 指令則會呼叫控制器行為，並利用這些輸入值新增一個待辦事項至列表中，如圖 12-3 所示。

圖 12-3　利用隱含地建立的模型屬性

12.2.2 檢查所建立的資料模型物件

隱含地定義物件屬性有其優點，例如能夠以簡潔的方式來呼叫資料處理行為。不過也有相應的問題，如果在瀏覽器中重新載入 forms.html，然後在未填入 input 元素的內容、也未在 select 元素中選取項目時，點擊 Add 按鈕後，不會出現任何變化，但卻能夠在 JavaScript 主控台中看到類似以下的錯誤訊息：

```
TypeError: Cannot read property 'action' of undefined
```

這個問題是因為控制器行為試圖存取一個尚不存在的物件屬性，該物件必須在表單控制項出現變化、觸發了 ng-model 指令後才會被建立出來。

當程式依賴於隱含式定義時，你所撰寫的邏輯必須考量到欲存取的物件或屬性是否存在。由於這是 AngularJS 的常見問題，所以我會在此示範相應的解決方案。你可以在列表 12-4 中看到修改後的行為，這次會對物件及屬性做檢查。

列表 12-4　檢查 forms.html 檔案中隱含地定義的物件和屬性是否存在

```
...
$scope.addNewItem = function (newItem) {
    if (angular.isDefined(newItem) && angular.isDefined(newItem.action)
            && angular.isDefined(newItem.location)) {
        $scope.todos.push({
            action: newItem.action + " (" + newItem.location + ")",
            complete: false
        });
    }
};
...
```

在新增待辦事項之前，我先使用了 angular.isDefined 方法來檢查 newItem 物件及其兩個屬性是否已定義。

12.3 驗證表單

前面所做的修改會防止 JavaScript 產生錯誤訊息，但實際上，面對不符要求的使用者操作行為，應用程式若沒有任何反饋也並不恰當。

從前面可以看到，我們確實需要檢查資料物件是否存在。然而重點在於，使用者應該要被告知，為何應用程式無法繼續進行下一步，是否缺少了某些關鍵資訊？而這便是表單驗證功能發揮作用之處。

多數的 Web 應用程式都需要使用者輸入資料，然而使用者普遍不喜歡操作表單，特別是在觸控式裝置上。即使是毫無惡意的使用者也有可能會輸入非預期的資料，但這都是有原因的（可參見「難道使用者是笨蛋嗎？」補充欄）。總而言之是你都需要檢查使用者所輸入的資料，對此，AngularJS 提供了完整的表單驗證功能，我將在後續的段落裡加以介紹。

難道使用者是笨蛋嗎？

Web 應用程式的開發者經常得要應付錯誤的使用者輸入行為，例如輸入無效或是令人混淆的資料。確實這在某些情況下是使用者的責任，然而更多的責任其實是在於開發者自身。以下會說明使用者輸入錯誤資料的四點原因，而這些多半都是可以透過良好的設計概念來減少其發生機率。

第一點原因是使用者被介面的設計混淆了。倘若信用卡號碼及所有人姓名都是設計成相同長度的輸入框，那麼一旦使用者未留意標籤上的文字提示（或是標籤設計得不夠清晰），便有可能會輸入錯誤的資料。對此，你需要採用可清楚分辨的表單元素、明顯的文字提示，以及確保表單資料的輸入順序合乎一般慣例。

第二點原因是使用者並不想提供所要求的資訊，故而刻意輸入錯誤的資料。這點對於開發者而言還是有檢討空間的，想一下你是否要求了一些在業務運作上並非必要的資訊，同時這些資訊可能較具私密性、或是在填寫時會太花時間？

第三點原因是使用者事實上並不具備所要求的資訊。舉例來說，我居住在英國，所以倘若地址欄位要求選擇一個美國州名的時候，我就會遇到麻煩。如果這是一個必選欄位，那麼若不是只能隨便選一個，就是會無法完成表單填寫程序。這也是為什麼全國公共廣播電台（NPR，National Public Radio）收不到我的捐款，雖然我很喜歡《This American Life》節目，但卻無法完成捐款程序。

最後一點原因最簡單，那就是使用者犯了無心之過。我打字很快，但並不精確，我經常將我的姓 Freeman 打成 Freman，少了一個 e。對此，開發者能做的很有限，不過你也可以設法減少使用者需要輸入文字的次數。

我並不打算在這裡涉入 Web 表單設計的長篇大論，重點在於，你必須以使用者的角度來考量所有遇到的問題。使用者並不在乎系統的背後細節，他們只想要完成眼前的事物。任何能夠幫助使用者順利完成眼前事物的措施，都是值得實行的方向。

執行基本的表單驗證

AngularJS 提供了基本的表單驗證功能，是遵循標準的 HTML 元素屬性，例如 type 和 required，並增加了一些指令。在列表 12-5 中，我簡化了 forms.html 檔案，以便將重點投注在表單元素上，藉此示範基本的驗證功能。

列表 12-5　在 forms.html 檔案中執行基本的表單驗證

```
<!DOCTYPE html>
<html ng-app="exampleApp">
<head>
    <title>Forms</title>
    <script src="angular.js"></script>
    <link href="bootstrap.css" rel="stylesheet" />
    <link href="bootstrap-theme.css" rel="stylesheet" />
    <script>
        angular.module("exampleApp", [])
            .controller("defaultCtrl", function ($scope) {
```

```
            $scope.addUser = function (userDetails) {
                $scope.message = userDetails.name
                    + " (" + userDetails.email + ") (" + userDetails.agreed + ")";
            }

            $scope.message = "Ready";
        });
    </script>
</head>
<body>
    <div id="todoPanel" class="panel" ng-controller="defaultCtrl">
        <form name="myForm" novalidate ng-submit="addUser(newUser)">
            <div class="well">
                <div class="form-group">
                    <label>Name:</label>
                    <input name="userName" type="text" class="form-control"
                           required ng-model="newUser.name">
                </div>
                <div class="form-group">
                    <label>Email:</label>
                    <input name="userEmail" type="email" class="form-control"
                           required ng-model="newUser.email">
                </div>
                <div class="checkbox">
                    <label>
                        <input name="agreed" type="checkbox"
                               ng-model="newUser.agreed" required>
                        I agree to the terms and conditions
                    </label>
                </div>
                <button type="submit" class="btn btn-primary btn-block"
                        ng-disabled="myForm.$invalid">
                    OK
                </button>
            </div>
            <div class="well">
                Message: {{message}}
                <div>
                    Valid: {{myForm.$valid}}
                </div>
            </div>
        </form>
    </div>
</body>
</html>
```

這項範例有很多值得留意的環節，不過在探究程式碼細節之前，我們可以先直接查看它的整體效果。圖 12-4 首先展示了此 HTML 文件一開始的狀態：共有三個 input 元素以及一個被停用而無法點擊的 OK 按鈕。

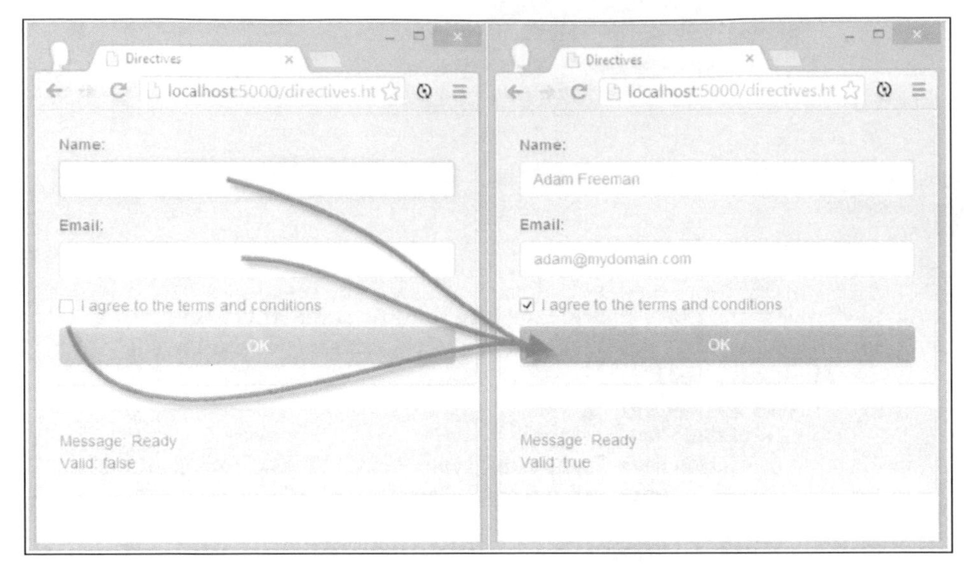

圖 12-4　HTML 文件的初始狀態

圖 12-4 的另一部份接著展示了 input 元素在填入內容（包含勾選複選方塊）後的結果：按鈕變為可用，讓使用者能夠提交表單。我將在接下來的段落裡，說明如何利用 AngularJS 最基本的表單驗證功能，來實現這樣的行為。

提示：除了內建的表單驗證功能外，AngularJS 還能夠透過自訂指令進行驗證，對此我將在第 17 章做說明。

1．新增表單元素

AngularJS 的表單驗證功能，其基本原理是運用指令來取代標準的 HTML 元素（例如 form 和 input）。

提示：對表單元素使用指令並沒有繁雜的程序，AngularJS 會自動對 form、input、select 和 textarea 元素套用指令，將 AngularJS 的功能和表單無縫地結合在一起。此外還提供了一些額外的屬性，我將在本章稍後的第 12.5 節中加以說明。

當 AngularJS 遇到 form 元素時，便會自動設定好本章所描述的基本功能，並且連同其子元素，例如 input 元素，也會一併處理。基於上述概念，讓我們從範例中的 form 元素開始探討：

```
...
<form name="myForm" novalidate ng-submit="addUser(newUser)">
...
```

必須先為 form 元素設定一些屬性，才能充分運用 AngularJS 的表單驗證功能。首先是 name 屬性，之後你將可以透過它來存取各種關於資料有效性的變數（稍後就會介紹這些變數）。

提示：加入 form 元素的目的不是為了雙向資料綁定，而是為了進行表單驗證，你無須使用 form 元素也能夠形成雙向資料綁定。

正如我將在下一節中示範的，AngularJS 是使用標準的 HTML 屬性來設定表單驗證。然而這會是個問題，因為許多主流的瀏覽器都已經開始使用那些屬性，但它們的表現並不一致，而且支援的元素類型也更少（某些瀏覽器，特別是在行動裝置上，甚至會直接忽略）。因此，若要停用瀏覽器內建的驗證機制，並啟用 AngularJS 驗證功能，則必須在 form 元素上加入 novalidate 屬性。該屬性是定義於 HTML5 規範之中，用於指示瀏覽器停用內建的驗證機制，使 AngularJS 能夠不受干擾地運作。

最後一個加入到 form 元素裡的是 ng-submit 指令，我曾在第 11 章提及過這個指令，它會為 submit 事件指定一個自訂的動作，並在使用者提交表單時觸發（也就是在點擊 OK 按鈕時觸發）。本例的 ng-submit 指令會呼叫控制器的 addUser 方法，並傳入一個名為 newUser 的物件，該物件是透過表單內個別元素所套用的 ng-model 指令，隱含地建立出來的。

2．使用驗證屬性

接下來的步驟，是套用標準的 HTML 驗證屬性至 input 元素上。以下是範例裡的其中一個 input 元素：

```
...
<div class="form-group">
    <label>Email:</label>
    <input name="userEmail" type="email" class="form-control"
        required ng-model="newUser.email">
</div>
...
```

如同於 form 元素，個別想要驗證的元素也都需要加上 name 屬性，才能夠存取 AngularJS 所提供的各種特殊變數（我將在本章稍後做介紹）。

此外還有一些需要留意的屬性，是用於指定 AngularJS 的驗證方式。type 屬性指定了 input 元素將要接收的資料類型，在本例中是 email 類型（也就是電子郵件地址）。HTML5 為 input 元素定義了一系列的 type 屬性值，其中可以由 AngularJS 進行驗證的，則列於表 12-2 中。

表 12-2　input 元素的 type 屬性值

屬性值	說　明
checkbox	建立一個複選方塊（HTML5 之前已有）
email	建立一個接收電子郵件地址的文字輸入框（HTML5 中新定義的）
number	建立一個接收數字的文字輸入框（HTML5 中新定義的）
radio	建立一個單選按鈕（HTML5 之前已有）
text	建立一個接收任何類型的標準文字輸入框（HTML5 之前已有）
url	建立一個接收 URL 的文字輸入框（HTML5 中新定義的）

除了 type 屬性所指定的格式外，我也可以結合標準屬性及 AngularJS 指令，來形成更進一步的約束。這項範例還使用了 required 屬性，要求使用者一定要輸入一個值。當 required 屬性結合 type 屬性值時，這就表示使用者一定要輸入一個值，而且必須是一個格式有效的電子郵件地址，才能夠通過表單驗證。

注意：電子郵件地址和 URL 的驗證僅僅是檢查格式是否正確，而不是檢查是否確實存在或使用中。

不同的 input 元素類型也會有不同的屬性，AngularJS 為各種元素類型提供了一系列選擇性的指令，可用於自訂驗證功能。我將在本章稍後介紹這些元素、屬性及指令。

這項範例裡的其他 input 元素，僅指定了 required 屬性。對於 text 類型的 input 元素，這就表示使用者必須輸入一個值，但不要求其格式為何：

```
...
<input name="userName" type="text" class="form-control" required ng-model="newUser.name">
...
```

我將這個 input 元素的 type 屬性指定為 text，然而若不指定任何值也會有相同的效果。至於本例中的最後一個 input 元素則是一個複選方塊：

```
...
<input name="agreed" type="checkbox" ng-model="newUser.agreed" required>
...
```

每一個 input 元素都使用了 ng-model 指令，為隱含式定義的 newUser 物件設定一個屬性。由於所有的元素都套用了 required 屬性，所以使用者必須輸入名字和格式正確的郵件地址，並且勾選複選方塊，才會通過表單驗證。

3．監控表單的有效性

AngularJS 的 form 指令定義了一些特殊變數，可用來檢查個別元素或是整個表單的有效性。表 12-3 列出了這些特殊變數。

表 12-3　表單指令所定義的驗證變數

變　數	說　明
$pristine	如果使用者未曾與元素/表單互動過，便回傳 true
$dirty	如果使用者曾與元素/表單進行過互動，便回傳 true
$valid	如果元素/表單的內容通過驗證便回傳 true
$invalid	如果元素/表單的內容未通過驗證便回傳 true
$error	提供驗證錯誤的詳情資訊（參見第 12.4 節）

正如本章即將展示的內容，這些變數可以用於向使用者顯示驗證錯誤的反饋資訊。在目前的範例裡，其中便使用了兩個特殊變數。首先是一個行內資料綁定，如下所示：

```
...
<div>Valid: {{myForm.$valid}}</div>
...
```

這個表達式會顯示$valid 變數的值，藉此透露出 form 元素的整體有效性。正如本章先前所說明的，每個需要驗證的元素都應該加入 name 屬性，而這裡便可以看到，AngularJS 會透過 name 屬性值來存取相對應的元素（myForm）。以下則使用了$invalid 變數，並結合了一個 AngularJS 指令：

```
...
<button type="submit" class="btn btn-primary btn-block" ng-disabled="myForm.$invalid">
    OK
</button>
...
```

只要表單中有任一元素未通過驗證，$invalid 屬性便會回傳 true，而 ng-disabled 指令也就會指定為 true。因此 OK 按鈕將保持停用狀態，直到通過表單驗證為止。

12.4 提供表單驗證的反饋資訊

在先前的範例裡，呈現的是一種比較簡單的效果：OK 按鈕將持續保持停用，直到所有的 input 元素通過驗證，以防使用者未輸入資料，或輸入錯誤格式的資料。當使用者在與表單元素發生互動的同時，AngularJS 便會進行有效性的檢查。事實上，我們能夠以更即時的方式，來提供有意義的反饋資訊，而不是等到使用者準備提交資料時才提示。在接下來的小節裡，我將示範 AngularJS 為即時回報驗證資訊所提供的兩種機制：類別與變數。

12.4.1 使用 CSS 提供驗證反饋資訊

當使用者與需要驗證的元素產生互動時，AngularJS 就會檢查其狀態以查看是否有效。有效性檢查是取決於元素的類型及其設定。舉例來說，對於一個複選方塊，所謂的檢查通常只是確認使用者是否勾選了該複選方塊。若再舉一個例子，則例如一個類型為 email 的 input 元素，其檢查方式就是確認使用者是否輸入了格式有效的 email 地址，或甚至是該地址是否含有特定的域名。

AngularJS 能夠藉由在類別中新增或移除受檢查的元素，來回報驗證結果。這項機制可搭配 CSS 來改變元素的樣式，藉此為使用者提供反饋資訊。

對此，AngularJS 提供了四種基本類別，列於表 12-4 中。

表 12-4　用於驗證的 AngularJS 類別

變　數	說　明
ng-pristine	使用者未曾互動過的元素會加入到這個類別
ng-dirty	使用者曾經互動過的元素會加入到這個類別
ng-valid	通過驗證的元素會加入到這個類別
ng-invalid	未通過驗證的元素會加入到這個類別

在每次的使用者互動之後，AngularJS 會在這些類別中加入或移除受驗證的元素，這表示你可以使用這些類別來向使用者提供按鍵和點擊的即時反饋，無論是針對整個表單

還是單一元素。列表 12-6 展示了這些類別的用法。

列表 12-6 在 forms.html 檔案中利用驗證類別來提供反饋資訊

```
<!DOCTYPE html>
<html ng-app="exampleApp">
<head>
    <title>Forms</title>
    <script src="angular.js"></script>
    <link href="bootstrap.css" rel="stylesheet" />
    <link href="bootstrap-theme.css" rel="stylesheet" />
    <script>
        angular.module("exampleApp", [])
            .controller("defaultCtrl", function ($scope) {
                $scope.addUser = function (userDetails) {
                    $scope.message = userDetails.name
                        + " (" + userDetails.email + ") (" + userDetails.agreed + ")";
                }

                $scope.message = "Ready";
            });
    </script>
    <style>
        form .ng-invalid.ng-dirty { background-color: lightpink; }
        form .ng-valid.ng-dirty { background-color: lightgreen; }
        span.summary.ng-invalid { color: red; font-weight: bold; }
        span.summary.ng-valid { color: green; }
    </style>
</head>
<body>
    <div id="todoPanel" class="panel" ng-controller="defaultCtrl">
        <form name="myForm" novalidate ng-submit="addUser(newUser)">
            <div class="well">
                <div class="form-group">
                    <label>Name:</label>
                    <input name="userName" type="text" class="form-control"
                           required ng-model="newUser.name">
                </div>
                <div class="form-group">
                    <label>Email:</label>
                    <input name="userEmail" type="email" class="form-control"
                           required ng-model="newUser.email">
                </div>
                <div class="checkbox">
                    <label>
                        <input name="agreed" type="checkbox"
                               ng-model="newUser.agreed" required>
                        I agree to the terms and conditions
                    </label>
                </div>
                <button type="submit" class="btn btn-primary btn-block"
```

```
                ng-disabled="myForm.$invalid">OK</button>
        </div>
        <div class="well">
            Message: {{message}}
            <div>
                Valid:
                <span class="summary"
                      ng-class="myForm.$valid ? 'ng-valid' : 'ng-invalid'">
                    {{myForm.$valid}}
                </span>
            </div>
        </div>
    </form>
</div>
</body>
</html>
```

這項範例定義了 4 個 CSS 樣式，來選取屬於表 12-4 中所列類別的元素。頭兩個樣式是選取屬於 ng-dirty 類別的元素，元素必須在經過使用者互動後才會加入至該類別（若未發生互動，則元素皆屬於 ng-pristine 類別）。通過驗證的元素會屬於 ng-valid 類別，在這項範例裡是渲染為淡綠色背景；至於未通過驗證的元素則屬於 ng-invalid 類別，會渲染為淡粉色背景（我希望能夠擁有淡紅色的效果，而這是最接近的一種顏色）。在 CSS 選擇器中將 ng-valid、ng-valid 與 ng-dirty 相結合，表示使用者必須在與元素進行互動後，這些即時性的反饋才會產生。具體的試驗方式是在瀏覽器中載入 forms.html 檔案，並在類型為 email 的 input 元素中輸入一個郵件地址。在尚未輸入之前，input 元素是屬於 ng-pristine 類別，因此不會套用任何的 CSS 樣式，如圖 12-5 所示。

圖 12-5　input 元素的 pristine 狀態

當你開始輸入時，該元素會從 ng-pristine 類別轉移至 ng-dirty 類別，並開始檢查其內容。你可以在圖 12-6 中，看到郵件地址輸入不完整時所產生的效果。當輸入第一個字元時，該元素會被加入至 ng-valid 類別，因為輸入的內容還不是正確的郵件地址格式。

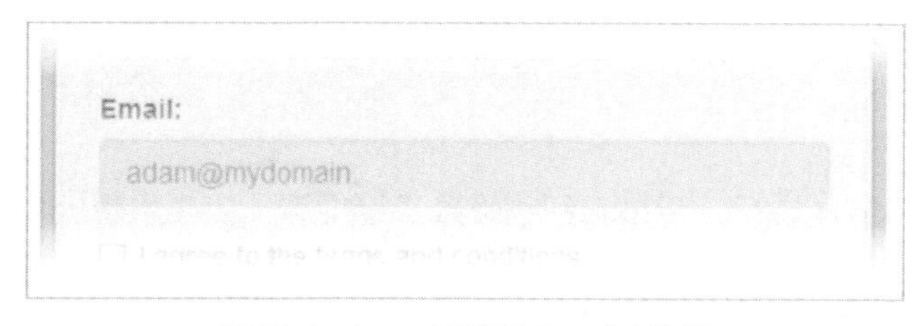

圖 12-6　input 元素的 invalid 狀態

最後，當郵件地址輸入完畢後，該元素會自 ng-valid 類別移除並加入到 ng-valid 類別，表示已經輸入了格式正確的郵件地址，如圖 12-7 所示。不過，該元素仍然屬於 ng-dirty 類別，因為一旦變更過元素的內容，就無法再回到 ng-pristine 中了。

圖 12-7　input 元素的 valid 狀態

當然你也可以利用 AngularJS 所提供的特殊變數，在這些類別中自行加入或移除元素。以下是在列表 12-6 中新增的 span 元素之內容：

```
...
<div>
    Valid: <span class="summary" ng-class="myForm.$valid ? 'ng-valid' : 'ng-invalid'">
        {{myForm.$valid}}
    </span>
</div>
...
```

這裡使用了第 11 章曾提及的 ng-class 指令，根據整個表單的驗證狀態，在 ng-valid 和 ng-invalid 類別中加入或移除 span 元素。為 span 元素定義的樣式，將會在表單未通過驗證時顯示為紅色，反之則為綠色。(所顯示的文字本身則是透過資料綁定，取得表單元素的$valid 變數值，我已在先前的段落裡介紹過該變數，而本章稍後也會再詳細說明。)

為特定的驗證約束提供反饋資訊

表 12-4 的類別是作為未詳加分類的元素有效性資訊，但除此之外還有更細部的類別，能夠區隔出更進一步的驗證類型。這些類別的名稱是基於相應的元素，如列表 12-7 所示。

列表 12-7　在 forms.html 檔案中為特定的驗證約束提供反饋資訊

```
...
<style>
    form .ng-invalid-required.ng-dirty { background-color: lightpink; }
    form .ng-invalid-email.ng-dirty { background-color: lightgoldenrodyellow; }
    form .ng-valid.ng-dirty { background-color: lightgreen; }
    span.summary.ng-invalid {color: red; font-weight: bold; }
    span.summary.ng-valid { color: green }
</style>
...
```

在以粗體標示的樣式裡，可以看到我修改了選擇器，使其對應於特定的驗證問題。先前我曾對其中一個 input 元素套用兩個驗證約束，分別是使用 required 屬性要求一定得輸入一個值，以及將 type 屬性設為 email，要求其值必須為郵件地址格式。

由於設定了 required 屬性，AngularJS 便會將元素加入至 ng-valid-required 或 ng-invalid-required 類別中；同時也會因為 type 屬性的設定，將元素加入至 ng-valid-email 或 ng-invalid-email 類別裡。

在使用這些類別時必須小心，因為約束條件的判斷結果，可能會跟你的認知有些落差。舉例來說，type 屬性為 email 的元素，在輸入為空時反而是有效的，這表示該元素能夠同時屬於 ng-valid-email 和 ng-invalid-required 類別。由於這類狀況是 HTML 規範下的產物，所以你都必須要詳加測試，以確保使用者不會得到不甚合理的結果（你也可以加上一些文字提示來處理這類問題，如下一節所示範的）。

12.4.2 使用特殊變數來提供反饋資訊

正如本章早先在表 12-3 所列出的，AngularJS 為表單驗證提供了一系列的特殊變數，你可以在檢視中使用這些變數來檢查個別元素或整個表單的驗證狀態。在先前的範例裡，我使用了 ng-disable 指令並藉由這些變數來控制按鈕的停用狀態。此外這些變數也可以搭配 ng-show 指令來控制元素的可見性，特別是那些向使用者提供反饋資訊的元素，如列表 12-8 所示。為了使範例更加簡潔，我在列表中移除了一些多餘的元素。

列表 12-8 在 forms.html 檔案中使用驗證變數來控制元素的可見性

```
<!DOCTYPE html>
<html ng-app="exampleApp">
<head>
    <title>Forms</title>
    <script src="angular.js"></script>
    <link href="bootstrap.css" rel="stylesheet" />
    <link href="bootstrap-theme.css" rel="stylesheet" />
    <script>
        angular.module("exampleApp", [])
            .controller("defaultCtrl", function ($scope) {
                $scope.addUser = function (userDetails) {
                    $scope.message = userDetails.name
                        + " (" + userDetails.email + ") (" + userDetails.agreed + ")";
                }

                $scope.message = "Ready";
            });
    </script>
    <style>
        form .ng-invalid-required.ng-dirty { background-color: lightpink; }
        form .ng-invalid-email.ng-dirty { background-color: lightgoldenrodyellow; }
        form .ng-valid.ng-dirty { background-color: lightgreen; }
        span.summary.ng-invalid { color: red; font-weight: bold; }
        span.summary.ng-valid { color: green; }
        div.error {color: red; font-weight: bold;}
    </style>
</head>
<body>
```

```
    <div id="todoPanel" class="panel" ng-controller="defaultCtrl">
        <form name="myForm" novalidate ng-submit="addUser(newUser)">
            <div class="well">
                <div class="form-group">
                    <label>Email:</label>
                    <input name="userEmail" type="email" class="form-control"
                           required ng-model="newUser.email">
                    <div class="error"
                          ng-show="myForm.userEmail.$invalid && myForm.userEmail.$dirty">
                        <span ng-show="myForm.userEmail.$error.email">
                            Please enter a valid email address
                        </span>
                        <span ng-show="myForm.userEmail.$error.required">
                            Please enter a value
                        </span>
                    </div>
                </div>
                <button type="submit" class="btn btn-primary btn-block"
                        ng-disabled="myForm.$invalid">OK</button>
            </div>
        </form>
    </div>
</body>
</html>
```

我新增了一個 div 元素來顯示驗證提示訊息。這個 div 元素的可見性是由 ng-show 指令控制的，將會在 input 元素出現變更、並且輸入的內容未通過驗證時顯示出來。

提示：在加入了 required 屬性的情況下，內容無空且未曾與使用者發生過互動的 input 元素會立即被視為是未通過驗證。然而我並不想在使用者開始輸入資料前就顯示錯誤訊息，所以檢查了$dirty 是否為 true，表示只有當使用者與元素發生過互動後才會顯示錯誤訊息。

請留意以下存取 input 元素特殊驗證變數的方式：

```
...
<div class="error" ng-show="myForm.userEmail.$invalid && myForm.userEmail.$dirty">
...
```

這裡結合了 form 元素的 name 值以及 input 元素的 name 值（使用一個句點隔開），來存取 input 元素。這便是為何我在先前便要求為 input 元素加上 name 屬性的原因。

在 div 元素裡，我使用 span 元素，為 input 元素的兩個驗證約束定義了個別的錯誤提示訊息。我還使用了特殊的$error 變數來控制元素的可見性，該變數會回傳一個物件，其屬性是代表各個驗證約束的結果。如此一來，若$error.required 為 true，便表示不符合 required 約束；以及若$error.email 為 true，則輸入格式並不正確。你可以在圖 12-8 看到其效果。（關於圖中的第一張子圖，我是輸入了一個字元然後刪除它，以便將元素從 pristine 狀態切換到 dirty 狀態。）

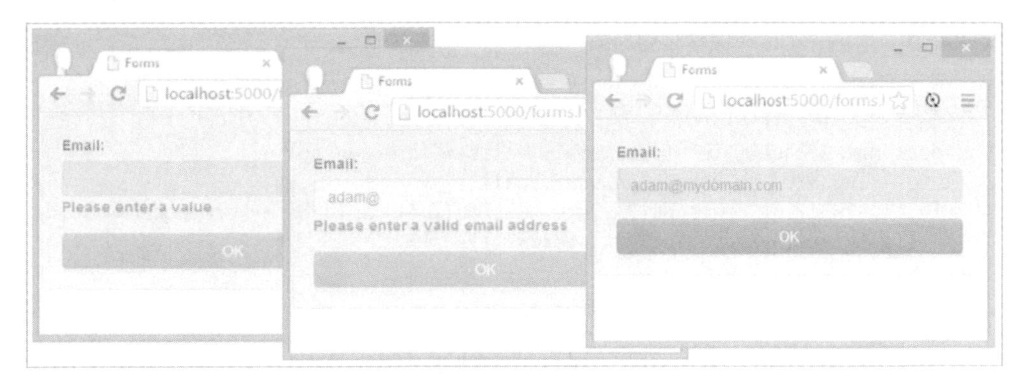

圖 12-8　顯示具確切指涉性的驗證錯誤訊息

減少反饋元素的數量

前項範例順利地示範了，如何結合特殊驗證變數及其他指令以提昇使用者體驗，不過此舉有可能導致你的頁面標記中存在大量顯示著相同資訊的元素。對此，有一種簡單的處理辦法，是將這些訊息合併到單一的控制器行為中，如列表 12-9 所示。

列表 12-9　在 forms.html 檔案中合併驗證反饋資訊

```
...
<script>
    angular.module("exampleApp", [])
        .controller("defaultCtrl", function ($scope) {
            $scope.addUser = function (userDetails) {
                $scope.message = userDetails.name
                    + " (" + userDetails.email + ") (" + userDetails.agreed + ")";
            }

            $scope.message = "Ready";

            $scope.getError = function (error) {
                if (angular.isDefined(error)) {
                    if (error.required) {
                        return "Please enter a value";
                    } else if (error.email) {
                        return "Please enter a valid email address";
                    }
                }
            }

        });
</script>
...
```

我定義了一個名為 getError 的行為，它會接收受驗證元素的$error 物件，並根據其屬性回傳一個字串。由於$error 物件直到未通過驗證時才會被定義，所以這裡使用了 angular.isDefined 方法（在第 5 章已介紹過），以避免從一個不存在的物件中讀取屬性。接著，藉由資料綁定來使用該行為，即能夠減少所用的元素數目，如列表 12-10 所示。

列表 12-10　在 forms.html 檔案中使用該行為

```
...
<div class="form-group">
    <label>Email:</label>
    <input name="userEmail" type="email" class="form-control"
            required ng-model="newUser.email">
    <div class="error" ng-show="myForm.userEmail.$invalid && myForm.userEmail.$dirty">
        {{getError(myForm.userEmail.$error)}}
    </div>
</div>
...
```

雖然結果是相同的，但此時錯誤訊息是收納在一個更易於修改及測試之處。除此之外，其實我也可以透過自訂指令來進一步簡化驗證程序，而這將是第 15～17 章所涵蓋的主題。

12.4.3　延遲驗證反饋

AngularJS 的表單驗證是非常靈敏的，會立即地反應出每個元素的驗證狀態。然而，這或許太過靈敏了，可能會讓使用者感到困擾。反之，傳統的作法則是等到使用者嘗試提交表單時才會顯示錯誤訊息。

如果不喜歡 AngularJS 的預設作法，可以運用一些基本功能來延遲反饋。在列表 12-11 中，我會將反饋延遲到按下按鈕時才顯示。

列表 12-11　在 forms.html 檔案中延遲顯示驗證錯誤訊息

```
<!DOCTYPE html>
<html ng-app="exampleApp">
<head>
    <title>Forms</title>
    <script src="angular.js"></script>
    <link href="bootstrap.css" rel="stylesheet" />
    <link href="bootstrap-theme.css" rel="stylesheet" />
    <script>
        angular.module("exampleApp", [])
            .controller("defaultCtrl", function ($scope) {

                $scope.addUser = function (userDetails) {
                    if (myForm.$valid) {
                        $scope.message = userDetails.name
                            + " (" + userDetails.email + ") ("
                            + userDetails.agreed + ")";
                    } else {
                        $scope.showValidation = true;
                    }
                }

                $scope.message = "Ready";

                $scope.getError = function (error) {
                    if (angular.isDefined(error)) {
```

```
                        if (error.required) {
                            return "Please enter a value";
                        } else if (error.email) {
                            return "Please enter a valid email address";
                        }
                    }
                }
            });
        </script>
        <style>
            form.validate .ng-invalid-required.ng-dirty { background-color: lightpink; }
            form.validate .ng-invalid-email.ng-dirty {
                background-color: lightgoldenrodyellow; }
            div.error { color: red; font-weight: bold; }
        </style>
    </head>
    <body>
        <div id="todoPanel" class="panel" ng-controller="defaultCtrl">
            <form name="myForm" novalidate ng-submit="addUser(newUser)"
                    ng-class="showValidation ? 'validate' : ''">
                <div class="well">
                    <div class="form-group">
                        <label>Email:</label>
                        <input name="userEmail" type="email" class="form-control"
                               required ng-model="newUser.email">
                        <div class="error" ng-show="showValidation">
                            {{getError(myForm.userEmail.$error)}}
                        </div>
                    </div>
                    <button type="submit" class="btn btn-primary btn-block">OK</button>
                </div>
            </form>
        </div>
    </body>
</html>
```

從這項範例裡可以看到，即便各個指令所提供的功能都相當簡單，但只要整合起來就能夠形成自訂的互動方式。我修改了 addUser 行為，它會檢查整個表單的有效性，然後在需要顯示驗證反饋資訊時，將一個隱含地定義的模型屬性設定為 true。addUser 方法直到表單被提交時才會被呼叫，這表示使用者在 input 元素中輸入任何值時，並不會立即收到驗證反饋資訊。

如果表單被提交且未通過驗證，模型屬性便會設定為 true 以顯示驗證反饋資訊。對此，我是在 form 元素上套用一個類別來進行控制，並指向予特定的 CSS 樣式。此外，我也對包含了反饋文字的 div 元素使用同一個模型屬性。如圖 12-9 所示，驗證反饋資訊會在表單初次提交時才會顯示出來，之後則會回復為即時性的反饋。

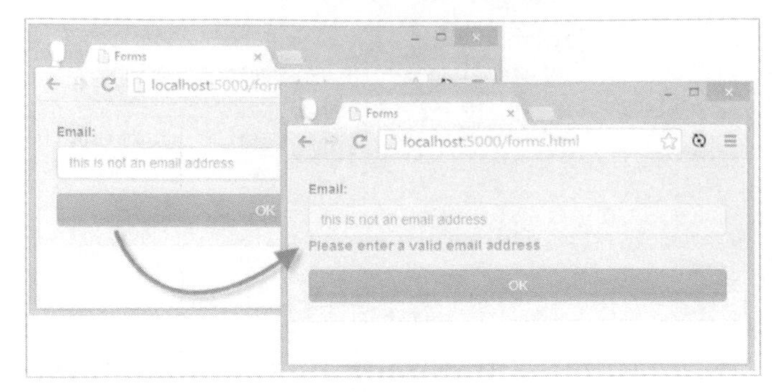

圖 12-9　延遲驗證反饋

12.5　使用表單指令屬性

AngularJS 能夠為 form、input 和 select 等表單元素添加額外的屬性，使這些元素的運作方式更能夠體現出 AngularJS 的開發風格。在下面各節中，我將列出這些表單元素，並介紹可用的額外屬性。

12.5.1　使用 input 元素

AngularJS 為 input 元素提供了一些額外屬性，如表 12-5 所示。這些屬性會在 type 屬性值為 text、url、email 和 number，或者完全沒有使用 type 屬性時生效。

表 12-5　input 元素的可用屬性

名　稱	說　明
ng-model	如本章先前曾提及的，用於設定雙向模型綁定
ng-change	曾於第 11 章說明過，用於指定一個表達式，會在元素內容出現變化時進行計算
ng-minlength	設定元素內容所需的最小字元數
ng-maxlength	設定元素內容所需的最大字元數
ng-pattern	設定一個正規表達式，元素內容必須符合該正規表達式
ng-required	透過資料綁定來設定 required 屬性值

其中的四個驗證用屬性，可以在列表 12-12 中看到它們的應用方式。

列表 12-12　在 forms.html 檔案中應用 input 元素的屬性

```
<!DOCTYPE html>
<html ng-app="exampleApp">
<head>
    <title>Forms</title>
    <script src="angular.js"></script>
    <link href="bootstrap.css" rel="stylesheet" />
    <link href="bootstrap-theme.css" rel="stylesheet" />
```

```
    <script>
        angular.module("exampleApp", [])
            .controller("defaultCtrl", function ($scope) {
                $scope.requireValue = true;
                $scope.matchPattern = new RegExp("^[a-z]");
            });
    </script>
</head>
<body>
    <div id="todoPanel" class="panel" ng-controller="defaultCtrl">
        <form name="myForm" novalidate>
            <div class="well">
                <div class="form-group">
                    <label>Text:</label>
                    <input name="sample" class="form-control" ng-model="inputValue"
                           ng-required="requireValue" ng-minlength="3"
                           ng-maxlength="10" ng-pattern="matchPattern">
                </div>
            </div>

            <div class="well">
                <p>Required Error: {{myForm.sample.$error.required}}</p>
                <p>Min Length Error: {{myForm.sample.$error.minlength}}</p>
                <p>Max Length Error: {{myForm.sample.$error.maxlength}}</p>
                <p>Pattern Error: {{myForm.sample.$error.pattern}}</p>
                <p>Element Valid: {{myForm.sample.$valid}}</p>
            </div>
        </form>
    </div>
</body>
</html>
```

我在這裡一併使用了 ng-required、ng-minlength、ng-maxlength 和 ng-pattern 屬性。因此，使用者必須輸入值，而且該值必須是小寫字母開頭，且長度在三至十個字元內，才是有效的。除此之外，這項範例也運用了資料綁定，用於顯示各個約束條件以及整個 input 元素的驗證狀態，如圖 12-10 所示。

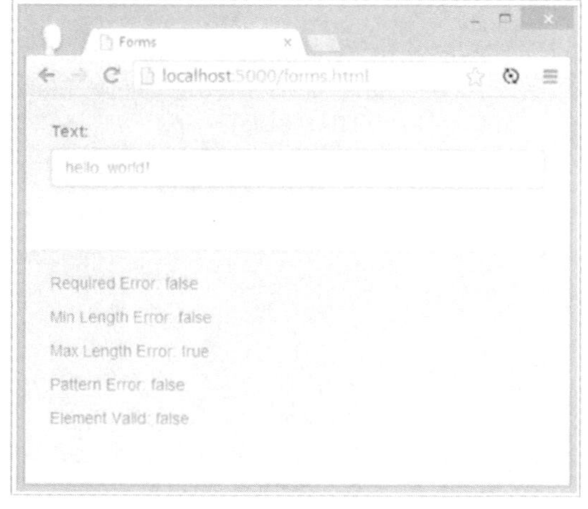

圖 12-10　對 input 元素使用額外的屬性

注意：當 type 屬性值為 email、url 或 number 時，AngularJS 將會自動設定 ng-pattern 屬性為相應的正規表達式，以進行檢查。因此你不應再對這些 input 元素類型設定 ng-pattern 屬性。

使用複選方塊

表 12-6 是當 input 元素的 type 屬性為 checkbox 時，可用的額外屬性。

表 12-6　當 type 屬性為 checkbox 時，input 元素的可用屬性

名　稱	說　明
ng-model	如本章先前曾提及的，用於設定雙向模型綁定
ng-change	曾於第 11 章說明過，用於指定一個表達式，會在元素內容出現變化時進行計算
ng-true-value	指定當元素被勾選時會設定的表達式
ng-false-value	指定當元素取消勾選時會設定的表達式

列表 12-13 是一項使用 ng-true-value 和 ng-false-value 的簡單範例。

列表 12-13　在 forms.html 檔案中對複選方塊使用額外屬性

```
<!DOCTYPE html>
<html ng-app="exampleApp">
<head>
    <title>Forms</title>
    <script src="angular.js"></script>
    <link href="bootstrap.css" rel="stylesheet" />
    <link href="bootstrap-theme.css" rel="stylesheet" />
    <script>
        angular.module("exampleApp", [])
            .controller("defaultCtrl", function ($scope) {});
    </script>
</head>
<body>
    <div id="todoPanel" class="panel" ng-controller="defaultCtrl">
        <form name="myForm" novalidate>
            <div class="well">
                <div class="checkbox">
                    <label>
                        <input name="sample" type="checkbox" ng-model="inputValue"
                               ng-true-value="Hurrah!" ng-false-value="Boo!">
                        This is a checkbox
                    </label>
                </div>
            </div>
            <div class="well">
                <p>Model Value: {{inputValue}}</p>
            </div>
        </form>
    </div>
```

```
</body>
</html>
```

ng-true-value 和 ng-false-value 屬性的值是用於設定表達式，不過僅會在複選方塊的勾選狀態改變時發生作用。這表示其中的資料會直到使用者與元素發生互動時才會被建立，詳情請參見本章先前第 12.2.1 節的內容。

12.5.2 使用文字區塊

先前在表 12-5 中所列出的屬性同樣可用於 textarea 元素中。列表 12-14 是一些簡單的應用範例，內容基本上相同於列表 12-12，只不過這次是針對 textarea 元素而非 input 元素。

列表 12-14 在 forms.html 檔案中對 textarea 元素使用額外屬性

```
<!DOCTYPE html>
<html ng-app="exampleApp">
<head>
    <title>Forms</title>
    <script src="angular.js"></script>
    <link href="bootstrap.css" rel="stylesheet" />
    <link href="bootstrap-theme.css" rel="stylesheet" />
    <script>
        angular.module("exampleApp", [])
            .controller("defaultCtrl", function ($scope) {
                $scope.requireValue = true;
                $scope.matchPattern = new RegExp("^[a-z]");
            });
    </script>
</head>
<body>
    <div id="todoPanel" class="panel" ng-controller="defaultCtrl">
        <form name="myForm" novalidate>
            <div class="well">
                <div class="form-group">
                    <textarea name="sample" cols="40" rows="3"
                        ng-model="textValue"
                        ng-required="requireValue" ng-minlength="3"
                        ng-maxlength="10" ng-pattern="matchPattern">
                    </textarea>
                </div>
            </div>
            <div class="well">
                <p>Required Error: {{myForm.sample.$error.required}}</p>
                <p>Min Length Error: {{myForm.sample.$error.minlength}}</p>
                <p>Max Length Error: {{myForm.sample.$error.maxlength}}</p>
                <p>Pattern Error: {{myForm.sample.$error.pattern}}</p>
                <p>Element Valid: {{myForm.sample.$valid}}</p>
            </div>
        </form>
```

```
    </div>
</body>
</html>
```

12.5.3 使用選擇列表

select 元素可以使用與 input 元素相同的 ng-required 屬性，以及可從陣列或物件中產生 option 元素的 ng-options 屬性。列表 12-15 即是使用 ng-opitions 屬性的使用範例。

列表 12-15 在 forms.html 檔案中對 select 元素使用 ng-options 屬性

```
<!DOCTYPE html>
<html ng-app="exampleApp">
<head>
    <title>Forms</title>
    <script src="angular.js"></script>
    <link href="bootstrap.css" rel="stylesheet" />
    <link href="bootstrap-theme.css" rel="stylesheet" />
    <script>
        angular.module("exampleApp", [])
            .controller("defaultCtrl", function ($scope) {
                $scope.todos = [
                    { id: 100, action: "Get groceries", complete: false },
                    { id: 200, action: "Call plumber", complete: false },
                    { id: 300, action: "Buy running shoes", complete: true }];
            });
    </script>
</head>
<body>
    <div id="todoPanel" class="panel" ng-controller="defaultCtrl">
        <form name="myForm" novalidate>
            <div class="well">
                <div class="form-group">
                    <label>Select an Action:</label>
                    <select ng-model="selectValue"
                            ng-options="item.action for item in todos">
                    </select>
                </div>
            </div>

            <div class="well">
                <p>Selected: {{selectValue || 'None'}}</p>
            </div>
        </form>
    </div>
</body>
</html>
```

在這項範例裡，我定義了一個資料模型，內含三個 to-do 項目。每個項目除了同樣擁有在先前範例裡曾經使用過的 action 和 complete 屬性外，還新增了一個 id 屬性。

我為 select 元素設定了 ng-options 變數，使 option 元素能夠自 to-do 項目列表中產生出來，如下所示：

```
...
<select ng-model="selectValue" ng-options="item.action for item in todos">
...
```

這便是 ng-options 表達式的基本形式，也就是「<標籤> for <變數> in <陣列>」。AngularJS 會為陣列中的每一個物件產生一個 option 元素，並將其內容設定為標籤。此 select 元素將會產生如下的 HTML：

```
...
<select ng-model="selectValue" ng-options="item.action for item in todos"
        class="ng-pristine ng-valid">
    <option value="?" selected="selected"></option>
    <option value="0">Get groceries</option>
    <option value="1">Call plumber</option>
    <option value="2">Buy running shoes</option>
</select>
...
```

雖然相同的需求也可以透過 ng-repeat 指令完成，然而 ng-options 屬性是針對 select 元素設計的，有著更好的效能與靈活性。

1．變更第一個選項元素

可以看到在 select 元素的輸出裡，包括了一個其值為問號且沒有任何內容的 option 元素。這是因為當 ng-model 屬性所指定的值為 undefined 時，便會產生這樣的元素。不過你也可以將其取代為一個空值的 option 元素，如列表 12-16 所示。

列表 12-16　在 forms.html 檔案中取代預設的 option 元素

```
...
<select ng-model="selectValue" ng-options="item.action for item in todos">
    <option value="">(Pick One)</option>
</select>
...
```

這會產生如下的 HTML：

```
...
<select ng-model="selectValue" ng-options="item.action for item in todos"
        class="ng-pristine ng-valid">
    <option value="" class="">(Pick One)</option>
    <option value="0">Get groceries</option>
    <option value="1">Call plumber</option>
    <option value="2">Buy running shoes</option>
</select>
...
```

2・改變選項值

在預設情況下，從 select 元素選取 option 元素後，便會使 ng-model 表達式更新為集合中的相應物件。你可以在瀏覽器中載入 forms.html 並做出選擇動作來看到這項結果。在頁面底部有一處資料綁定，會顯示出 selectValue 模型屬性的值，該變數是由 select 元素隱含地定義的，如圖 12-11 所示。

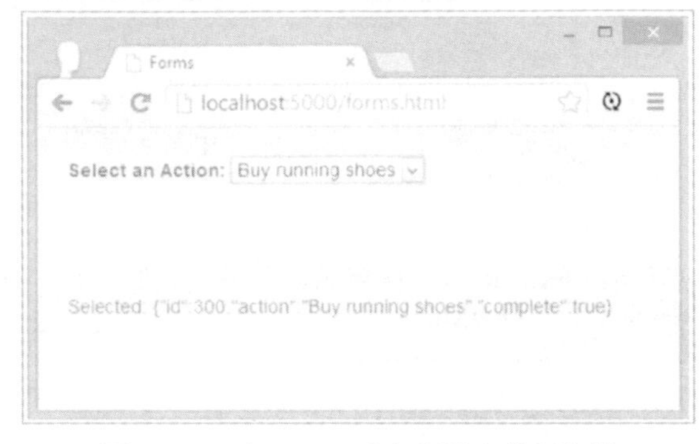

圖 12-11　在 select 元素中選取某個物件

然而，你並不一定總是想使用整個來源物件來設定 ng-model 的值，因此你也可以使用一個稍微不同的表達式，將 ng-options 屬性指定為物件中的一個屬性，如列表 12-17 所示。

列表 12-17　在 forms.html 檔案中將 ng-model 的值設定為某個物件屬性

```
...
<select ng-model="selectValue"
        ng-options="item.id as item.action for item in todos">
    <option value="">(Pick One)</option>
</select>
...
```

這個表達式的格式為<特定屬性> as <標籤> for <變數> in <陣列>，其中我指定了 item.id 作為使用者選取任一選項後會使用的值，你可以從圖 12-12 中看到這項修改的效果。

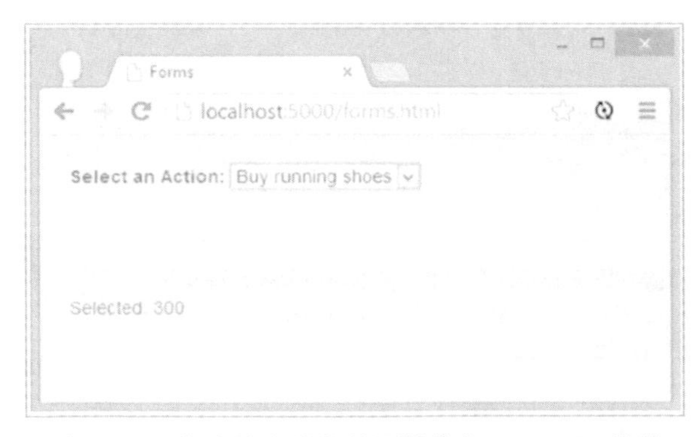

圖 12-12　指定特定的物件屬性作為 ng-model 的值

3．建立選項群組元素

ng-options 屬性也可以根據特定的物件屬性值將各個選項分組，並產生一系列的 optgroup 元素。列表 12-18 即是一項應用範例，從中可以看到我為模型裡的 to-do 物件新增了一個 place 屬性。

列表 12-18　在 forms.html 檔案中產生 optgroup 元素

```
<!DOCTYPE html>
<html ng-app="exampleApp">
<head>
    <title>Forms</title>
    <script src="angular.js"></script>
    <link href="bootstrap.css" rel="stylesheet" />
    <link href="bootstrap-theme.css" rel="stylesheet" />
    <script>
        angular.module("exampleApp", [])
            .controller("defaultCtrl", function ($scope) {
              $scope.todos = [
               { id: 100, place: "Store", action: "Get groceries", complete: false },
               { id: 200, place: "Home", action: "Call plumber", complete: false },
               { id: 300, place: "Store", action: "Buy running shoes", complete: true }];
            });
    </script>
</head>
<body>
    <div id="todoPanel" class="panel" ng-controller="defaultCtrl">
        <form name="myForm" novalidate>

            <div class="well">
                <div class="form-group">
                    <label>Select an Action:</label>
                    <select ng-model="selectValue"
                        ng-options="item.action group by item.place for item in todos">
                        <option value="">(Pick One)</option>
                    </select>
                </div>
            </div>

            <div class="well">
                <p>Selected: {{selectValue || 'None'}}</p>
            </div>
        </form>
    </div>
</body>
</html>
```

用於將物件分組的物件屬性，是由 ng-options 表達式中的 group by 指定的。在這項範例裡，我是指定為 place 屬性，這將產生如下的 HTML：

```
...
<select ng-model="selectValue"
        ng-options="item.action group by item.place for item in todos"
        class="ng-pristine ng-valid">
    <option value="" class="">(Pick One)</option>
    <optgroup label="Store">
        <option value="0">Get groceries</option>
        <option value="2">Buy running shoes</option>
    </optgroup>
    <optgroup label="Home">
        <option value="1">Call plumber</option>
    </optgroup>
</select>
...
```

你可以在圖 12-13 中看到 optgroup 元素為 select 元素所增添的結構，實際上於瀏覽器中的效果。

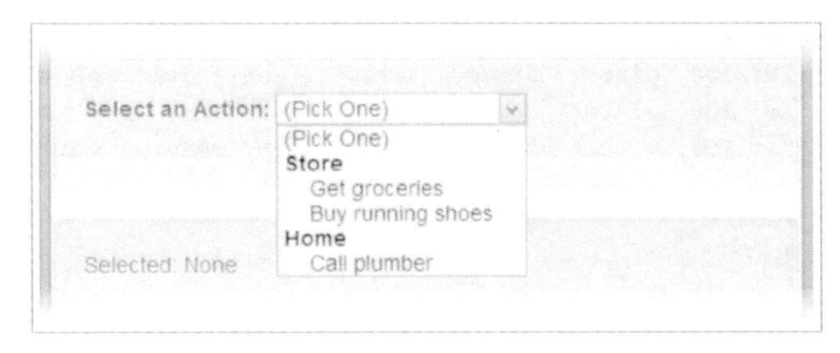

圖 12-13　產生 optgroup 元素

提示：前述關於選項值的指定以及分組功能，可以一併被使用，例如採用以下的表達式：item.id as item.action group by item.place for item in todos.

12.6　小結

本章說明 AngularJS 如何使用指令，來無縫地取代及增強標準的表單元素，並說明 ng-model 如何用於建立雙向資料綁定，以及如何明確地或隱含地定義模型值。你已藉由本章認識到 AngularJS 所提供的即時表單驗證功能，以及如何利用 ng-show 這類指令、並搭配 CSS 及特殊變數來回應這些驗證結果。本章還示範如何延遲驗證反饋，使 AngularJS 的反應不至於過度靈敏。最後本章則介紹了 AngularJS 為表單元素所提供的額外屬性，可用於加強驗證條件、簡化資料模型綁定，以及從集合中產生元素。在下一章裡，我將針對兩個重要的 AngularJS 元件，也就是控制器和作用範圍，說明兩者之間的關係。

第 13 章

使用控制器和作用範圍

本章將介紹控制器與作用範圍之間的關係，並示範兩者的最佳整合方式。作用範圍並不如表面上那麼單純，正如你將會瞭解到的，作用範圍會形成一種層次結構，讓不同的控制器在當中彼此通訊。本章還會示範如何建立出不需要使用作用範圍的控制器，以及如何使用作用範圍來整合 AngularJS 及其他 JavaScript 框架。表 13-1 為本章摘要。

表 13-1　本章摘要

問　題	解決方案	列　表
建立控制器	使用 Module.controller 方法來定義一個控制器，並使用 ng-controller 指令將其套用到一個 HTML 元素上	1、2、13
對控制器的作用範圍加入資料和行為	在$scope 服務上宣告依賴，並在控制器的工廠方法裡指派相應的屬性	3、4
建立單整（單一且包羅萬象的）控制器	對 body 元素套用 ng-controller 指令，並使用工廠方法來定義所有的應用程式資料及行為	5
重複使用控制器	套用 ng-controller 指令於多個 HTML 元素上	6
在控制器之間進行通訊	透過根作用範圍或服務來發送事件	7、8
從其他控制器繼承行為和資料	巢套 ng-controller 指令	9～12
建立不帶作用範圍的控制器	使用無作用範圍的控制器	14
當某處發生變化時通知作用範圍	使用$apply、$watch 和$watchCollection 方法，將變化注入至作用範圍或者監控作用範圍是否發生變化	15～17

13.1　為何以及何處應使用控制器和作用範圍

控制器就像領域模型與檢視之間的紐帶，為檢視提供資料與服務，並且定義了所需的業務邏輯，進而將使用者行為轉換成模型上的變化。

AngularJS 應用程式不能沒有控制器，正如第 3 章曾說明過的，控制器是 MVC 模型的基石之一。然而，你仍然可以自行決定控制器的數目、組織方式，以及揭示資料及功能予檢視的方式。

控制器是透過作用範圍向檢視提供資料和邏輯，所謂的作用範圍即是資料綁定技術的基礎，對此，我們已在先前的許多章節裡認識到資料綁定的作用，而這也是 AngularJS 的一項重要功能。瞭解作用範圍是的運作原理，將有助於更加理解 AngularJS 的設計，甚至同時也會認識到其中的古怪之處及陷阱。表 13-2 總結了為何以及何處應使用控制器。

表 13-2　為何以及何處應使用控制器和作用範圍

爲何使用	何處應使用
控制器是模型與檢視之間的紐帶。控制器會透過作用範圍，將資料從模型揭示給檢視，並根據使用者與檢視的互動來變更模型	控制器的應用可遍及整個 AngularJS 應用程式，並為檢視提供所需的作用範圍

13.2 準備範例專案

針對本章我在 Web 伺服器的 angularjs 資料夾下建立了一個名為 controllers.html 的 HTML 檔案。列表 13-1 為這個新檔案的初始內容。

列表 13-1　controllers.html 檔案的內容

```
<!DOCTYPE html>
<html ng-app="exampleApp">
<head>
    <title>Controllers</title>
    <script src="angular.js"></script>
    <link href="bootstrap.css" rel="stylesheet" />
    <link href="bootstrap-theme.css" rel="stylesheet" />
    <script>
        angular.module("exampleApp", []);
    </script>
</head>
<body>
    <div class="well">
        Content will go here.
    </div>
</body>
</html>
```

這個檔案包含了一個極簡短的 AngularJS 程式，它只有一個模組。你可以在圖 13-1 中看到 controllers.html 檔案於瀏覽器上的顯示結果。

圖 13-1　controllers.html 檔案的顯示結果

13.3 理解基本原理

多數情況下，你只需要運用基本的控制器和作用範圍技巧，就可以在 AngularJS 中做很多事情了。只有當應用程式的複雜性增加時，你才會需要更多的進階功能。因此，本節將說明最基礎的內容，示範如何建立及套用一個簡單的控制器、在作用範圍中定義資料和邏輯，以及如何修改作用範圍。在本章稍後，則會說明更進階的技巧與功能。

13.3.1 建立及套用控制器

控制器是使用 controller 方法建立出來的，該方法是由 AngularJS 的 Module 物件所提供。controller 方法的參數分別為控制器的名稱、以及一個用於建立控制器的函式。該函式即是所謂的「建構子」，不過我會更多將其稱為「工廠函式」，因為許多建立 AngularJS 元件的方法呼叫都是以一個函式（工廠函式）去建立另外一個函式（工作者函式）。這種工廠/工作者函式的作法或許初看之下會有些奇怪，但你很快就會習慣它。

工廠函式能夠使用依賴注入功能，宣告對 AngularJS 服務的依賴。幾乎所有控制器都需要使用$scope 服務，用於向檢視提供作用範圍，以及定義可被檢視使用的資料和邏輯。你可以在列表 13-2 中看到一個簡單的控制器。

列表 13-2 在 controllers.html 檔案中建立一個簡單的控制器

```
<!DOCTYPE html>
<html ng-app="exampleApp">
<head>
    <title>Controllers</title>
    <script src="angular.js"></script>
    <link href="bootstrap.css" rel="stylesheet" />
    <link href="bootstrap-theme.css" rel="stylesheet" />
    <script>
        angular.module("exampleApp", [])
            .controller("simpleCtrl", function ($scope) {

            });
    </script>
</head>
<body>
    <div class="well" ng-controller="simpleCtrl">
        Content will go here.
    </div>
</body>
</html>
```

提示：$scope 嚴格來說並不是服務，而是由一個名為$rootScope 的服務所提供的物件，對此我會在本章稍後做更多說明。然而在實際應用時，$scope 基本上就如同於服務，所以我會簡單將其視為服務來操作。

你不僅需要建立控制器，還需要設定控制器所支援的檢視範圍，而這項動作則是藉由 ng-controller 指令來完成的。該指令所指定的值必須與建立的控制器名稱相同，在本例中即是 simpleCtrl。在 AngularJS 的慣例中，經常會為控制器名稱加上 Ctrl 後綴，但這並不是必需的。此處所定義的控制器還沒有任何作用，不會向檢視提供任何資料或邏輯。我將在接下來的段落裡逐步完成這個控制器。

13.3.2　設定作用範圍

由於列表 13-2 中的控制器宣告了對於$scope 服務的依賴，這因此使得控制器可以透過作用範圍向檢視提供各種功能。作用範圍不僅僅是定義了控制器和檢視之間的關係，也為諸如資料綁定等重要的 AngularJS 功能提供了運作要件。

有兩種在控制器中使用作用範圍的方式：你可以定義資料，也可以定義行為，所謂行為就是可以在檢視中被綁定表達式或指令呼叫的 JavaScript 函式。

初始資料和行為的建立很簡單，你只需在傳遞給控制器工廠函式的$scope 物件上建立屬性，再將資料或函式指派給這些屬性即可。列表 13-3 即是一項範例。

列表 13-3　在 controllers.html 檔案中建立一個簡單的控制器

```
<!DOCTYPE html>
<html ng-app="exampleApp">
<head>
    <title>Controllers</title>
    <script src="angular.js"></script>
    <link href="bootstrap.css" rel="stylesheet" />
    <link href="bootstrap-theme.css" rel="stylesheet" />
    <script>
        angular.module("exampleApp", [])
            .controller("simpleCtrl", function ($scope) {

                $scope.city = "London";

                $scope.getCountry = function (city) {
                    switch (city) {
                        case "London":
                            return "UK";
                        case "New York":
                            return "USA";
                    }
                }
            });
    </script>
</head>
<body>
    <div class="well" ng-controller="simpleCtrl">
        <p>The city is: {{city}}</p>
        <p>The country is: {{getCountry(city) || "Unknown"}}</p>
    </div>
</body>
</html>
```

我在控制器的作用範圍中定義了一個名為 city 的屬性，並對其指派了一個字串值。接著我還定義了一個名為 getCountry 的行為，這是一個簡單的函式，會接收 city 作為參數並會根據 city 來回傳相應的國家名稱。之後我藉由資料綁定來使用這個資料值及行為，存取方式就如同於一般的資料變數及 JavaScript 函式。你可以在圖 13-2 中看到加入前述修改後的顯示結果。

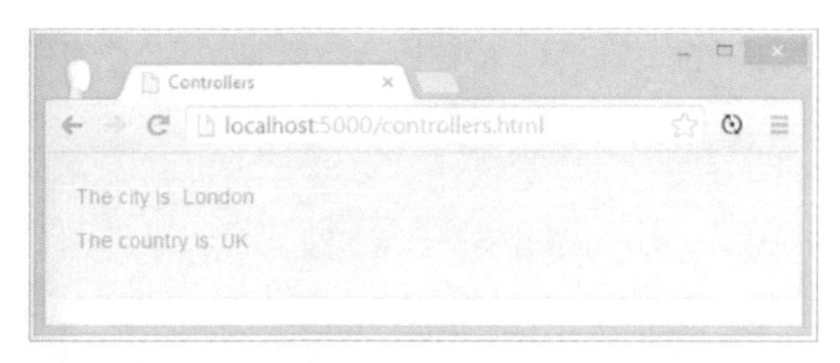

圖 13-2　對作用範圍加入資料和變數

對控制器行為傳遞參數

在列表 13-3 中所建立的 getCountry 行為，會接收 city 作為參數，然後隨即產生相關聯的國家名稱。這可能會讓你感到有些疑惑，讓我們再看一次行為是如何自資料綁定中呼叫的：

```
...
<p>The country is: {{getCountry(city) || "Unknown"}}</p>
...
```

這裡傳遞了作用範圍裡的 city 屬性值作為參數給該行為，然而該行為本身實則也是作用範圍中的一部份。所以實際上可以將該行為重寫如下：

```
...
$scope.getCountry = function () {
    switch ($scope.city) {
        case "London":
            return "UK";
        case "New York":
            return "USA";
    }
}
...
```

我將參數從行為裡移除，改為直接使用作用範圍中的 city 屬性。於是資料綁定的內容變得更簡單了，如下所示：

```
...
<p>The country is: {{getCountry() || "Unknown"}}</p>
...
```

但原本的寫法是有原因的，首先這表示我的行為能夠使用任何的 city 值，而不僅限於使用同一個作用範圍裡定義的 city 值。這在涉及控制器繼承時尤其有用，對此我將在本章稍後做說明。另一個原因，是因為若使用參數則能夠使單元測試變得更加簡單，對此我也將在第 25 章說明 AngularJS 的單元測試。總而言之，參數對於控制器行為並不是必需的，若沒有使用參數也不會有嚴重的後果——然而這是我所喜歡的習慣，而且也值得你依循。

13.3.3 修改作用範圍

作用範圍最重要的一項特性，是它的修改會傳播下去，自動更新所有相依賴的資料值，其中也包含由行為產生的資料值。在列表 13-4 裡，我會示範 ng-model 指令的修改是如何引起資料綁定的更新。

列表 13-4 在 controllers.html 檔案中更新作用範圍

```
<!DOCTYPE html>
<html ng-app="exampleApp">
<head>
    <title>Controllers</title>
    <script src="angular.js"></script>
    <link href="bootstrap.css" rel="stylesheet" />
    <link href="bootstrap-theme.css" rel="stylesheet" />
    <script>
        angular.module("exampleApp", [])
            .controller("simpleCtrl", function ($scope) {

                $scope.cities = ["London", "New York", "Paris"];

                $scope.city = "London";

                $scope.getCountry = function (city) {
                    switch (city) {
                        case "London":
                            return "UK";
                        case "New York":
                            return "USA";
                    }
                }
            });
    </script>
</head>
<body ng-controller="simpleCtrl">

    <div class="well">
        <label>Select a City:</label>
        <select ng-options="city for city in cities" ng-model="city">
        </select>
    </div>
```

```
    <div class="well">
        <p>The city is: {{city}}</p>
        <p>The country is: {{getCountry(city) || "Unknown"}}</p>
    </div>
</body>
</html>
```

我加入了一個由城市名稱所構成的陣列，並且在 select 元素的 ng-options 屬性中使用該陣列來產生一組選項元素。至於 ng-model 指令則指定了作用範圍中的 city 模型屬性，將會在使用者從 select 元素中選取一個值時被更新。

可以看到我修改了 ng-controller 指令的套用位置，使其可以包含 select 元素及所有的資料綁定。每一個控制器實例都有自己的作用範圍，並且在所有的指令和綁定皆位於同一個檢視中的情況下（ng-controller 是套用至 body 元素，使作用範圍擴及了所有其內的子元素），即能夠確保我使用的是同一個資料集合。「每一個控制器實例皆對應一個作用範圍」的概念很重要，我將在本章稍後加以說明。

加入 select 元素後的結果，類似於先前的範例：當從 select 元素中選取一個值時，就會引起資料綁定中所使用的值被更新，如圖 13-3 所示。

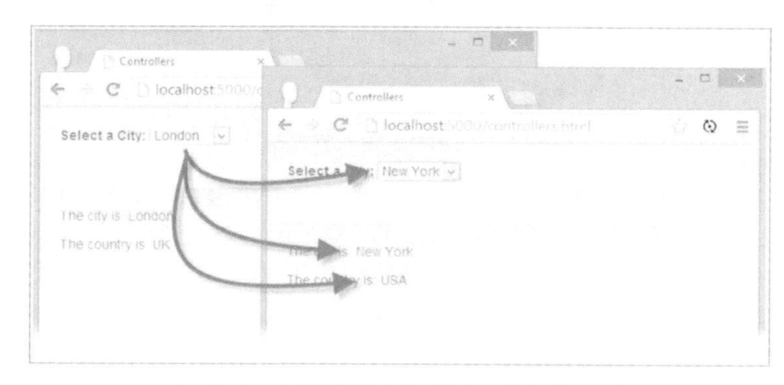

圖 13-3　作用範圍中的值被改變後的效果

可以看到，不僅僅只有顯示城市名稱的資料綁定被改變了，呼叫顯示控制器行為以顯示結果的資料綁定也被更新了。這是 AngularJS 的一項強大特性，但同時也是許多潛在問題的根源。

13.4 組織控制器

列表 13-4 使用了單一的控制器，來處理 body 元素的所有內容。此舉很適用於小型的應用程式，然而隨著專案的複雜性提高，也會變得越來越不便，並且會使某些功能的實作變得越加困難，例如局部檢視（對此，我曾在第 10 章的 ng-include 指令範例中提及過，此外我也將在第 22 章做更深入的說明）。有多種組織控制器的方式，我將在接下來的段落裡一一介紹。

提示：要對應用程式的組織方式做出最佳安排，可能並不是這麼的簡單，所以這裡會提供一般性的指引來幫助你做出決定。就如同於先前的各項 AngularJS 指引，建議你先依循本書的推薦方式，但隨後你可以自行嘗試每種方式，以便找出最適合你手上專案的一套方式。

13.4.1 使用一個單整控制器

第一種方式即是列表 13-4 中曾示範過的作法：在 body 元素（或者是任意一個包裹了所有資料綁定和指令的元素）上使用 ng-controller 指令，使單一的控制器能夠套用於應用程式中的所有 HTML 元素。

此種作法的優點就是簡單，無須擔心各個作用範圍之間的通訊問題（這將是本章稍後的主題），而且行為可以被每一個 HTML 元素所用。當你使用一個單整控制器時，實際上便是對整個應用程式建立單一的檢視，如圖 13-4 所示。

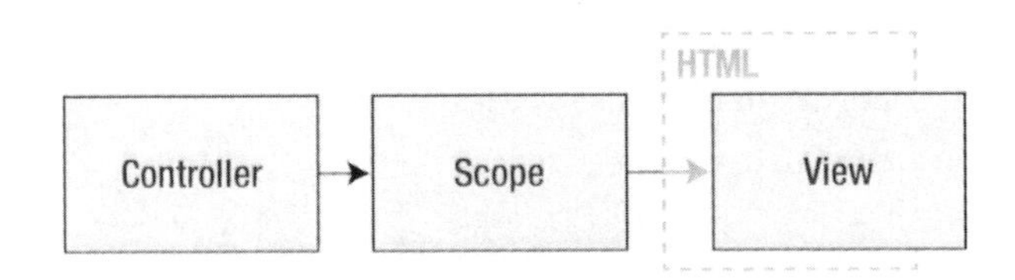

圖 13-4　使用一個單整控制器

儘管對於簡單的應用程式來說還不錯（例如那些我用來示範 AngularJS 個別功能的小範例），但也有相應的缺點。當持續增加應用程式所需的行為時，程式碼就會變得越加凌亂，使得專案更難以維護，而測試也會變得更加複雜。這同時也違背了 AngularJS 的設計哲學，也就是應用程式應由小型且職責單一的區塊所組成。不過這只是一種風格問題，而不是技術上必需的。你可以在列表 13-5 中，看到一個使用單整控制器和單一檢視的範例，是用於取得簡單的貨運和帳單資訊。由於重點在於控制器和檢視的關係，所以我在這項範例裡只使用了兩個資料欄位來輸入地址。這項範例隨後會再做進一步的修改，以示範更多樣的關係型態。

列表 13-5　在 controllers.html 檔案中建立一個單整控制器

```
<!DOCTYPE html>
<html ng-app="exampleApp">
<head>
    <title>Controllers</title>
    <script src="angular.js"></script>
    <link href="bootstrap.css" rel="stylesheet" />
    <link href="bootstrap-theme.css" rel="stylesheet" />
    <script>
        angular.module("exampleApp", [])
            .controller("simpleCtrl", function ($scope) {

                $scope.addresses = {};
```

```
                $scope.setAddress = function (type, zip) {
                    console.log("Type: " + type + " " + zip);
                    $scope.addresses[type] = zip;
                }

                $scope.copyAddress = function () {
                    $scope.shippingZip = $scope.billingZip;
                }
            });
    </script>
</head>
<body ng-controller="simpleCtrl">

    <div class="well">
        <h4>Billing Zip Code</h4>
        <div class="form-group">
            <input class="form-control" ng-model="billingZip">
        </div>
        <button class="btn btn-primary" ng-click="setAddress('billingZip', billingZip)">
            Save Billing
        </button>
    </div>

    <div class="well">
        <h4>Shipping Zip Code</h4>
        <div class="form-group">
            <input class="form-control" ng-model="shippingZip">
        </div>
        <button class="btn btn-primary" ng-click="copyAddress()">
            Use Billing
        </button>
        <button class="btn btn-primary"
                ng-click="setAddress('shippingZip', shippingZip)">
            Save Shipping
        </button>
    </div>
</body>
</html>
```

這項範例的控制器定義了一個名為 addresses 的物件，用於收集所輸入的郵遞區號，此外還分別定義了 setAddress 和 copyAddress 行為。setAddress 行為將會列印出一個郵遞區號，而 copyAddress 則會將一個隱含地定義的郵遞區號變數複製到另一個變數。資料和行為是透過標準的 AngularJS 指令和模型綁定，與 HTML 元素繫結在一起。你可以在圖 13-5 中看到這項範例於瀏覽器中的顯示結果。

你可以逐一在 input 元素中輸入郵遞區號，或是點擊「Use Billing」按鈕，將已輸入的帳單郵遞區號複製到貨運郵遞區號的欄位中。這裡的資料複製非常簡單，因為我們只有一個作用範圍，所有資料值都是可以直接使用的。

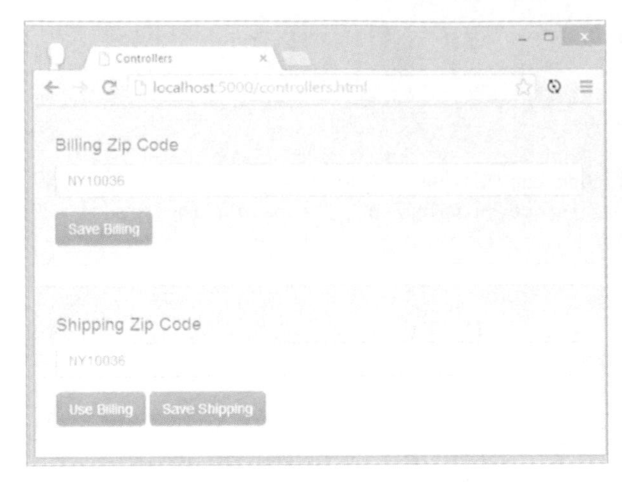

圖 13-5 使用一個單整控制器

如果你是初次踏入 AngularJS 的領域、打算建立一個簡單的應用程式，甚至是還沒有任何進一步的設計想法時，單整控制器都是最直接的建議方案。你可以藉此快速實作出可運作的結果，然後隨著專案推展再進一步採用其他的作法。

13.4.2 重複使用控制器

你可以在同一個應用程式中建立多個檢視並重複使用同一個控制器。AngularJS 會在每次套用控制器時呼叫其工廠函式，使每個控制器實例都會有自己的作用範圍。這也許看起來是一種古怪的措施，但卻能夠簡化控制器，使其僅需要管理資料值的一個子集合。此舉可行是因為在 MVC 模式的設計概念裡，不同的檢視能夠以不同的方式來呈現相同的資料和功能。你可以在列表 13-6 中，看到如何修改先前範例，以便簡化控制器並讓它能夠為兩個不同的檢視所用。

列表 13-6 在 controllers.html 檔案中重複使用控制器

```
<!DOCTYPE html>
<html ng-app="exampleApp">
<head>
    <title>Controllers</title>
    <script src="angular.js"></script>
    <link href="bootstrap.css" rel="stylesheet" />
    <link href="bootstrap-theme.css" rel="stylesheet" />
    <script>
        angular.module("exampleApp", [])
            .controller("simpleCtrl", function ($scope) {

                $scope.setAddress = function (type, zip) {
                    console.log("Type: " + type + " " + zip);
                }
```

```
                $scope.copyAddress = function () {
                    $scope.shippingZip = $scope.billingZip;
                }
            });
    </script>
</head>
<body>
    <div class="well" ng-controller="simpleCtrl">
        <h4>Billing Zip Code</h4>
        <div class="form-group">
            <input class="form-control" ng-model="zip">
        </div>
        <button class="btn btn-primary" ng-click="setAddress('billingZip', zip)">
            Save Billing
        </button>
    </div>
    <div class="well" ng-controller="simpleCtrl">
        <h4>Shipping Zip Code</h4>
        <div class="form-group">
            <input class="form-control" ng-model="zip">
        </div>
        <button class="btn btn-primary" ng-click="copyAddress()">
            Use Billing
        </button>
        <button class="btn btn-primary" ng-click="setAddress('shippingZip', zip)">
            Save Shipping
        </button>
    </div>
</body>
</html>
```

在這項範例裡，我從 body 元素上移除了 ng-controller 指令，然後將該指令分別套用在兩個不同的內容區域中，皆是套用 simpleCtrl 控制器。此舉會建立兩個控制器和兩個檢視。由於 AngularJS 會為每個檢視呼叫控制器的工廠函式，因此每個檢視都會擁有自己的作用範圍。你可以在圖 13-6 中看到這項技巧所帶來的效果。

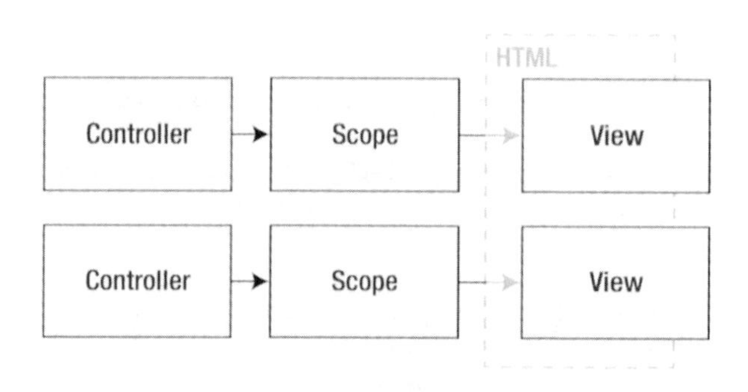

圖 13-6　建立同一個控制器的多個實例

在這個應用程式裡，各個控制器向其作用範圍所提供的資料和行為，都是獨立於其他的作用範圍，使控制器和檢視得到簡化。每一個控制器都只專注於取得單一的郵遞區號，使我能夠簡化程式碼的設計（不過由於這項範例在修改之前就已經相當簡單，所以簡化效果並不明顯，然而在真實的應用程式中就能夠有更明顯的差異）。

1．作用範圍之間的通訊

然而，一個相應的問題，是 copyAddress 行為失效了，因為每一個郵遞區號都是存放在不同作用範圍中的 zip 變數裡。不過幸好，AngularJS 有提供在不同作用範圍之間共享資料的機制。事實上，我必須在此澄清，其實圖 13-6 所描繪的結構，並非作用範圍最確切的運作方式。

作用範圍實際上存在一種層次結構，其頂層會有一個根作用範圍（root scope）。每一個控制器都會擁有一個新的作用範圍，也就是根作用範圍的一個子範圍。圖 13-7 以一種更精確的方式展示了多個控制器是如何運作的。

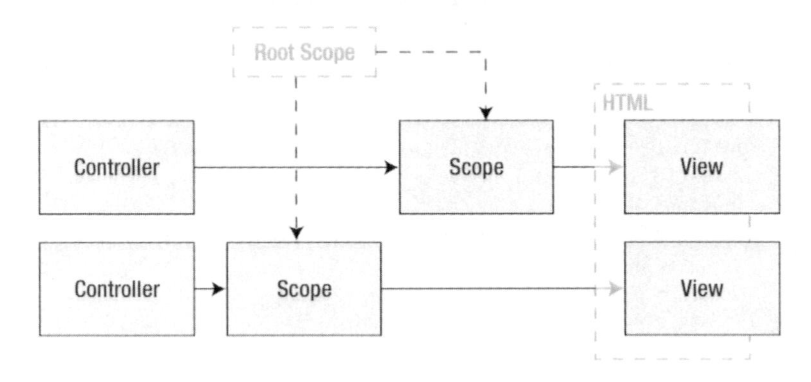

圖 13-7　在使用多個控制器時的作用範圍層次結構

根作用範圍的存在，為作用範圍之間的事件發送提供了途徑，也因此表示各個控制器之間是可以相互通訊的。你可以在列表 13-7 中看到根作用範圍的運用方式。

列表 13-7　藉由根作用範圍在控制器之間進行通訊

```
...
<script>
    angular.module("exampleApp", [])
        .controller("simpleCtrl", function ($scope, $rootScope) {

            $scope.$on("zipCodeUpdated", function (event, args) {
                $scope[args.type] = args.zipCode;
            });

            $scope.setAddress = function (type, zip) {
                $rootScope.$broadcast("zipCodeUpdated", {
                    type: type, zipCode: zip
                });
```

```
                console.log("Type: " + type + " " + zip);
            }

            $scope.copyAddress = function () {
                $scope.zip = $scope.billingZip;
            }
        });
</script>
...
```

由於根作用範圍是一個服務，所以我在控制器中透過$rootScope 宣告了對它的依賴（這是 AngularJS 的內建服務之一，我將在第 18 章進一步介紹其他的服務）。所有的作用範圍，包括$rootScope 服務，都定義了可用於發送和接收事件的方法，如表 13-3 所示。

表 13-3 用於發送和接收事件的作用範圍方法

方　法	說　明
$broadcast(name, args)	向當前作用範圍下的所有子範圍發送一個事件。其參數是事件的名稱，以及一個用於向事件提供額外資料的物件
$emit(name, args)	向當前作用範圍的父作用範圍發送一個事件，直至根作用範圍
$on(name, handler)	註冊一個處置器函式，該函式會在作用範圍收到特定的事件時呼叫

$broadcast 和$emit 事件都是具有方向性的，它們會沿著作用範圍的層次結構向上發送事件直至根作用範圍，或者向下發送直至每一個子範圍。雖然這樣的蔓延性此時看起來似乎並不必要，但你即將會遇到更加複雜的作用範圍層次結構，屆時就能從這般機制中獲益。

在這項範例裡，我呼叫當前作用範圍的$on 方法，對名為 zipCodeUpdated 的事件建立一個處置器函式。這個處置器函式會接收一個 Event 物件以及一個參數物件，後者定義了 type 和 zipCode 屬性，是用於在本地作用範圍定義一個屬性，如下所示：

```
...
$scope.$on("zipCodeUpdated", function (event, args) {
    $scope[args.type] = args.zipCode;
});
...
```

提示：這裡使用了陣列風格的表示法來定義$scope 物件的屬性。$scope 屬性的名稱是設為自函式參數取得的 args.type。將 args.type 放在[]內將會促使 args.type 屬性被計算，而其值會作為作用範圍屬性的名稱。

我會藉由這個事件讓各個作用範圍保持同步，使每個作用範圍都可以取得使用者所提供的郵遞區號。接著，我還需要在$rootScope 物件上呼叫$broadcast 方法，並傳入一個具備 type 和 zipCode 屬性的物件，也就是前面的處置器函式所需要的屬性：

```
...
$rootScope.$broadcast("zipCodeUpdated", {
    type: type, zipCode: zip
```

```
});
...
```

總之，當「Save Billing」按鈕被點擊時，根作用範圍的$broadcast 方法會被呼叫，向下發送一個 zipCodeUpdated 事件給作用範圍的各個層級。此舉會觸發事件處置器，使負責收集貨運郵遞區號的控制器，其作用範圍也能夠取得帳單郵遞區號的內容。因此，我們便能夠恢復「Use Billing」按鈕的功能，如下所示：

```
...
$scope.copyAddress = function () {
    $scope.zip = $scope.billingZip;
}
...
```

指派值給$scope.zip 將會更新 input 元素，因為該元素有透過 ng-model 指令與$scope.zip 屬性做綁定。

2．運用服務來傳達作用範圍事件

事實上，AngularJS 的開發慣例是使用服務來傳達作用範圍之間的通訊。雖然我在第 18 章之前並不會對服務做深入的說明，不過我想要先向你展示具體的實作方式，以幫助你形成清晰的對照概念。

我們目前所操作的範例，並不會因為加入服務而產生劇烈差異，因為這裡只使用了一個控制器。但如果有多個需要發送相同事件的控制器，則此方案可以減少程式碼的重複性。你可以在列表 13-8 中看到如何使用 Module.service 方法來建立一個服務物件，再提供給控制器用於發送和接收事件，而無須直接與作用範圍中的事件方法產生互動。

列表 13-8　使用服務來傳達作用範圍事件

```
...
<script>
    angular.module("exampleApp", [])
        .service("ZipCodes", function($rootScope) {
            return {
                setZipCode: function(type, zip) {
                    this[type] = zip;
                    $rootScope.$broadcast("zipCodeUpdated", {
                        type: type, zipCode: zip
                    });
                }
            }
        })
        .controller("simpleCtrl", function ($scope, ZipCodes) {

            $scope.$on("zipCodeUpdated", function (event, args) {
                $scope[args.type] = args.zipCode;
            });

            $scope.setAddress = function (type, zip) {
                ZipCodes.setZipCode(type, zip);
```

```
            console.log("Type: " + type + " " + zip);
        }

        $scope.copyAddress = function () {
            $scope.zip = $scope.billingZip;
        }
    });
</script>
...
```

ZipCodes 服務宣告了對$rootScope 服務的依賴，並在 setZipCode 方法中透過該服務來呼叫$broadcast 事件。控制器則宣告了對 ZipCodes 服務的依賴，並呼叫該服務的 setZipCode 方法，而不是直接在$rootScope 上進行操作。雖然這項範例的實際功能並沒有變化，但新的修改方式能夠將不同控制器所需的相同程式碼集中在同一處，達到減少重複的目的。

13.4.3 使用控制器繼承

ng-controller 指令可以在 HTML 元素中巢套使用，此舉會形成所謂的「控制器繼承」。這項機制的目的，是藉由在父控制器中定義共用的功能，以減少重複的程式碼。列表 13-9 即是一項實際範例。

列表 13-9 在 controllers.html 檔案中使用控制器繼承

```
<!DOCTYPE html>
<html ng-app="exampleApp">
<head>
    <title>Controllers</title>
    <script src="angular.js"></script>
    <script src="controllers.js"></script>
    <link href="bootstrap.css" rel="stylesheet" />
    <link href="bootstrap-theme.css" rel="stylesheet" />
</head>
<body ng-controller="topLevelCtrl">

    <div class="well">
        <h4>Top Level Controller</h4>
        <div class="input-group">
            <span class="input-group-btn">
                <button class="btn btn-default" type="button"
                        ng-click="reverseText()">Reverse</button>
                <button class="btn btn-default" type="button"
                        ng-click="changeCase()">Case</button>
            </span>
            <input class="form-control" ng-model="dataValue">
        </div>
    </div>
```

```
    <div class="well" ng-controller="firstChildCtrl">
        <h4>First Child Controller</h4>
        <div class="input-group">
            <span class="input-group-btn">
                <button class="btn btn-default" type="button"
                        ng-click="reverseText()">Reverse</button>
                <button class="btn btn-default" type="button"
                        ng-click="changeCase()">Case</button>
            </span>
            <input class="form-control" ng-model="dataValue">
        </div>
    </div>

    <div class="well" ng-controller="secondChildCtrl">
        <h4>Second Child Controller</h4>
        <div class="input-group">
            <span class="input-group-btn">
                <button class="btn btn-default" type="button"
                        ng-click="reverseText()">Reverse</button>
                <button class="btn btn-default" type="button"
                        ng-click="changeCase()">Case</button>
                <button class="btn btn-default" type="button"
                        ng-click="shiftFour()">Shift</button>
            </span>
            <input class="form-control" ng-model="dataValue">
        </div>
    </div>
</body>
</html>
```

注意：這份列表必須配合接下來準備要建立的 controllers.js 檔案，才能夠運作。

這項範例一共有三個控制器，各自都透過 ng-controller 指令套用到 HTML 中的特定區域。名為 topLevelCtrl 的控制器是套用在 body 元素上，而兩個子控制器 firstChildCtrl 和 secondChildCtrl 則是巢套在其中。除了包裹子控制器外，頂層的控制器也包裹了自己的元素，並且三個控制器都各自有一個 input 元素，以及一些用於呼叫控制器行為的按鈕。

為了減少這項範例所需的重複程式碼，我將 script 元素的內容移到一個獨立的檔案中，也就是 controllers.js。這個檔案包含了建立 AngularJS 應用程式和定義控制器的程式碼，如列表 13-10 所示。

列表 13-10 controllers.js 檔案的內容

```
var app = angular.module("exampleApp", []);

app.controller("topLevelCtrl", function ($scope) {

    $scope.dataValue = "Hello, Adam";
```

```
    $scope.reverseText = function () {
        $scope.dataValue = $scope.dataValue.split("").reverse().join("");
    }

    $scope.changeCase = function () {
        var result = [];
        angular.forEach($scope.dataValue.split(""), function (char, index) {
            result.push(index % 2 == 1
                ? char.toString().toUpperCase() : char.toString().toLowerCase());
        });
        $scope.dataValue = result.join("");
    };
});

app.controller("firstChildCtrl", function ($scope) {

    $scope.changeCase = function () {
       $scope.dataValue = $scope.dataValue.toUpperCase();
    };
});

app.controller("secondChildCtrl", function ($scope) {

    $scope.changeCase = function () {
       $scope.dataValue = $scope.dataValue.toLowerCase();
    };
    $scope.shiftFour = function () {
        var result = [];
        angular.forEach($scope.dataValue.split(""), function (char, index) {
            result.push(index < 4 ? char.toUpperCase() : char);
        });
        $scope.dataValue = result.join("");
    }
});
```

你可以從圖 13-8 中看到這項範例於瀏覽器中的顯示結果。我使用了標題元素和 Bootstrap 樣式來突顯每個控制器。三個控制器都有提供一個「Reverse」按鈕，可以用於反轉 input 元素中的字元順序。

當使用 ng-controller 指令將控制器巢套到另一個控制器中時，子控制器的作用範圍便繼承了父控制器作用範圍的資料和行為。（這項範例僅示範一層父子繼承關係，但你可以任意加入更多層次。）這項範例的每個控制器都有自己的作用範圍，不僅如此，子控制器的作用範圍還包含了父作用範圍的資料值和行為，如圖 13-9 所示。

你可以看到「Reverse」按鈕在點擊後的運作原理。所有 input 元素都是連接至 dataValue 屬性，而所有的「Reverse」按鈕都會呼叫 reverseText 行為。前述的屬性和行為都是由頂層控制器定義，由於子控制器都繼承了資料值和行為，因此在點擊任何一個「Reverse」按鈕時，所有的 input 元素都會跟著改變，即便按鈕是由子控制器實作的。

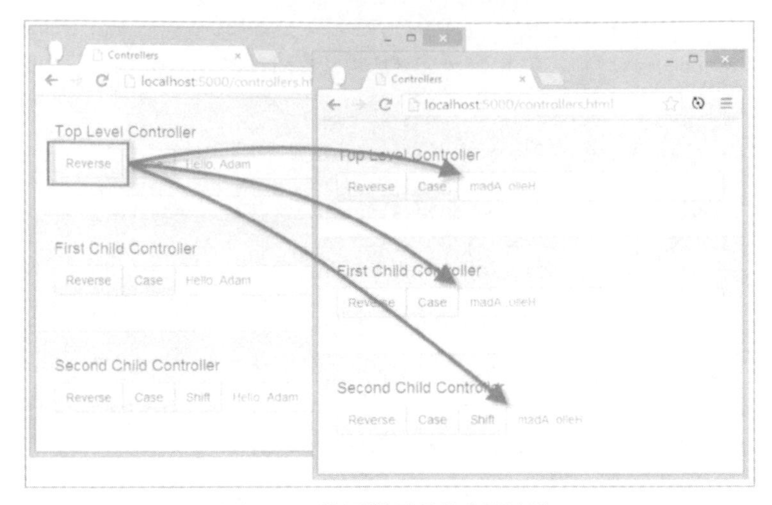

圖 13-8　使用繼承的控制器行為

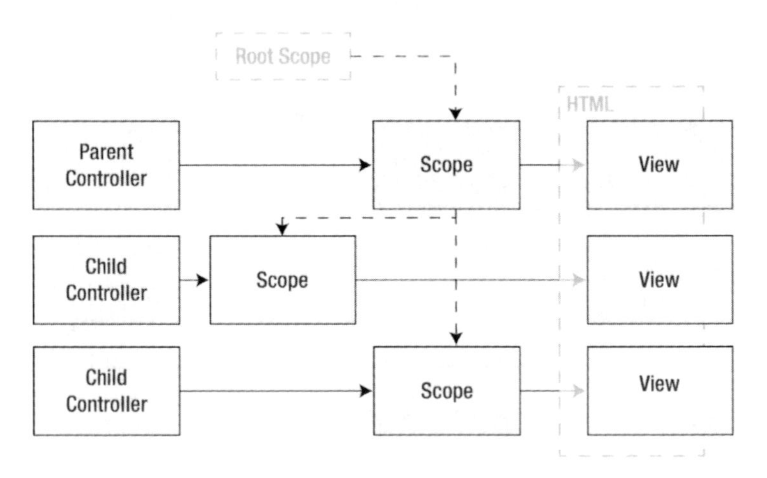

圖 13-9　在使用子控制器時的作用範圍層次結構

1．擴充繼承的資料和行爲

控制器繼承的一項優點，是在於能夠將繼承自父控制器的功能和本地定義的功能相結合。你可以在 secondChildCtrl 控制器中看到一項範例，它定義了一個名為 shiftFour 的行為，能夠將 dataValue 屬性的前四個字元轉為大寫，如下所示：

```
...
$scope.shiftFour = function () {
    var result = [];
    angular.forEach($scope.dataValue.split(""), function (char, index) {
        result.push(index < 4 ? char.toUpperCase() : char);
    });
    $scope.dataValue = result.join("");
}
...
```

這個行為僅能在 secondChildCtrl 控制器的作用範圍中使用，不過請注意，即便如此，我也可以透過繼承，對父作用範圍所定義的 dataValue 屬性做出修改。利用繼承功能，我便無須再重複定義控制器所需的行為和資料。

2．覆寫繼承的資料和行爲

子控制器能夠覆寫父控制器中的資料和行為，也就是說資料值和行為能夠被相同名稱的本地資料和行為所取代。你可以在列表 13-9 中看到，每個子控制器都在自己的作用範圍內定義了一個名為 changeCase 的行為。而這些行為各自的具體實作並不相同，也使 dataValue 屬性產生出不同的結果，不過它們同樣都是透過 ng-click 指令呼叫的：

```
...
<button class="btn btn-default" type="button" ng-click="changeCase()">Case</button>
...
```

AngularJS 在尋找行為時，會從指令所屬的控制器作用範圍裡開始尋找。如果行為存在即執行，如果不存在，AngularJS 則會前往上一層作用範圍繼續尋找，直到該行為被找到為止。

你可以透過繼承機制充分運用父控制器所提供的功能，並在需要自訂時覆寫其內容。此舉使你可以根據不同的需求製作出特製的控制器，卻無須從父控制器複製需要沿用的程式碼和資料。

3．理解資料繼承

事實上，在列表 13-10 中隱藏著一個常見的陷阱，幾乎是所有初次使用控制器繼承的人都會遇到的問題。你可以在瀏覽器中載入 controllers.html 檔案，並輪流點擊「Reverse」按鈕（點擊的順序則無關緊要），來查看這項問題。

目前我們的認知，是「Reverse」按鈕會呼叫 reverseText 行為，對 dataValue 屬性進行操作。該行為和資料是在父控制器上定義的，然後被子控制器繼承，因此三個 input 元素的內容會一起改變。

然而若修改到第二個子控制器的 input 元素內容（內容無關緊要），並再次輪流點擊三個「Reverse」按鈕，你將會看到另一種結果。三個按鈕都只對前兩個 input 元素起作用，而被修改過的 input 元素則毫無變化。若進一步測試，可以點擊第二個子控制器的「Case」和「Shift」按鈕，這兩個按鈕能夠使最後一個 input 元素產生變化。

在解釋為什麼這個現象會發生之前，我先直接在這裡提供解決方案。列表 13-11 是我對 controllers.js 檔案所做的修改。

列表 13-11　在 controllers.js 檔案中解決繼承問題

```
var app = angular.module("exampleApp", []);

app.controller("topLevelCtrl", function ($scope) {
    $scope.data = {
        dataValue: "Hello, Adam"
    }

    $scope.reverseText = function () {
```

```
            $scope.data.dataValue = $scope.data.dataValue.split("").reverse().join("");
        }
        $scope.changeCase = function () {
            var result = [];
            angular.forEach($scope.data.dataValue.split(""), function (char, index) {
                result.push(index % 2 == 1
                    ? char.toString().toUpperCase() : char.toString().toLowerCase());
            });
            $scope.data.dataValue = result.join("");
        };
    });

    app.controller("firstChildCtrl", function ($scope) {

        $scope.changeCase = function () {
           $scope.data.dataValue = $scope.data.dataValue.toUpperCase();
        };
    });

    app.controller("secondChildCtrl", function ($scope) {

        $scope.changeCase = function () {
           $scope.data.dataValue = $scope.data.dataValue.toLowerCase();
        };

        $scope.shiftFour = function () {
            var result = [];
            angular.forEach($scope.data.dataValue.split(""), function (char, index) {
                result.push(index < 4 ? char.toUpperCase() : char);
            });
            $scope.data.dataValue = result.join("");
        }
    });
```

我不再直接於父控制器的作用範圍中定義一個 dataValue 屬性，而是定義於 data 物件上。因此原先對於 dataValue 屬性的參照，也都一併改為參照 data 物件的 dataValue 屬性。在列表 13-12 裡，你可以看到我對 controllers.html 檔案中每個 input 元素的 ng-model 指令，也做出了相應的修改。

列表 13-12　在 controllers.html 檔案中解決繼承問題

```
<!DOCTYPE html>
<html ng-app="exampleApp">
<head>
    <title>Controllers</title>
    <script src="angular.js"></script>
    <script src="controllers.js"></script>
    <link href="bootstrap.css" rel="stylesheet" />
    <link href="bootstrap-theme.css" rel="stylesheet" />
</head>
```

```
<body ng-controller="topLevelCtrl">

    <div class="well">
        <h4>Top Level Controller</h4>
        <div class="input-group">
            <span class="input-group-btn">
                <button class="btn btn-default" type="button"
                        ng-click="reverseText()">Reverse</button>
                <button class="btn btn-default" type="button"
                        ng-click="changeCase()">Case</button>
            </span>
            <input class="form-control" ng-model="data.dataValue">
        </div>
    </div>

    <div class="well" ng-controller="firstChildCtrl">
        <h4>First Child Controller</h4>
        <div class="input-group">
            <span class="input-group-btn">
                <button class="btn btn-default" type="button"
                        ng-click="reverseText()">Reverse</button>
                <button class="btn btn-default" type="button"
                        ng-click="changeCase()">Case</button>
            </span>
            <input class="form-control" ng-model="data.dataValue">
        </div>
    </div>

    <div class="well" ng-controller="secondChildCtrl">
        <h4>Second Child Controller</h4>
        <div class="input-group">
            <span class="input-group-btn">
                <button class="btn btn-default" type="button"
                        ng-click="reverseText()">Reverse</button>
                <button class="btn btn-default" type="button"
                        ng-click="changeCase()">Case</button>
                <button class="btn btn-default" type="button"
                        ng-click="shiftFour()">Shift</button>
            </span>
            <input class="form-control" ng-model="data.dataValue">
        </div>
    </div>
</body>
</html>
```

將這個新版的 controllers.html 檔案載入到瀏覽器中，你將會看到所有的按鈕都可以影響所有的 input 元素，而且修改 input 元素的內容也不會使後續的變化停滯。

要理解這是怎麼回事，我們需要對 AngularJS 作用範圍的資料值繼承方式有所認識，以及 ng-model 指令在其中的作用。

當讀取一個直接在作用範圍中定義的屬性值時，AngularJS 會檢查控制器的作用範圍中是否存在一個本地屬性，如果沒有，就會沿著作用範圍層次結構向上尋找是否有一個可繼承的屬性。然而，當使用 ng-model 指令來修改屬性時，AngularJS 會檢查當前作用範圍是否存在該屬性，如果沒有，便會直接隱含地定義出該屬性。結果便是覆寫了該屬性值，如同前一節中對行為的覆寫。因此，在修改了子控制器中的 input 元素之後，便會存在兩個 dataValue 屬性，一個是由頂層控制器所定義；另一個則是由做出修改的子控制器所定義的，使得「Reverse」按鈕無法正常運作。由於 reverseText 行為是在頂層控制器中定義的，因此只會影響頂層作用範圍中所定義的 dataValue 屬性，而不會改變子範圍的 dataValue 屬性。

然而如果在作用範圍中先定義一個物件，然後在物件上定義資料屬性，那麼就不會有這些問題。這是因為 JavaScript 實作了所謂的「原型繼承」，由於這項主題枯燥且讓人困惑，所以我將不會在這裡加以解釋，不過我會在第 18 章說明一些基本概念。目前你需要知道的重點，是如果直接在作用範圍中定義屬性：

```
...
$scope.dataValue = "Hello, Adam";
...
```

便表示在使用 ng-model 指令時將會建立本地變數。反之若使用一個物件作為媒介，如下所示：

```
...
$scope.data = {
    dataValue: "Hello, Adam"
}
...
```

此舉會確保 ng-model 是對父作用範圍中的資料值進行更新。這可不是 bug，而是刻意設計的功能，使你能夠有更高的彈性決定控制器及作用範圍的運作方式，也可以在同一個作用範圍裡結合兩種不同的方式。如果你希望某資料值在一開始是共享的，但在變更時會產生複本，那麼就可以直接在作用範圍中定義資料屬性。反之，如果想確保始終只有一份資料值，則可以透過物件來定義資料屬性。

注意：我用來示範繼承關係的控制器行為，都是直接取用作用範圍所定義的值。這是為了突顯出繼承的相關問題，然而 AngularJS 的開發慣例其實是讓行為透過傳入的參數來取得所需的資料。但即便如此做，繼承的運作方式（及衍生問題）仍是相同的。因為無論是自行為中直接存取還是透過參數傳遞，AngularJS 都是依循相同的流程來尋找所需的值。

13.4.4 使用多個控制器

一個應用程式可以包含多個控制器。你無須在剛開始使用 AngularJS 時，花太多心思來決定控制器的數目。因為只要當你開始發覺資料值及行為的所在位置不夠清楚時，屆時便會自然而然的對單整控制器加以分割。

我個人的作法（同時也是相當普遍的作法，並不是只有我才這麼做）是對應用程式的每個主要檢視建立個別的控制器。不過這只是根據經驗的結果，此外我也經常重複使用控制器或藉助於控制器繼承機制。對此，並沒有什麼硬性的規則，所以你也可以自行發展出一套概念。你可以在列表 13-13 中，看到如何修改範例，使其變為兩個獨立的控制器。

列表 13-13 在 controllers.html 檔案中建立多個獨立的控制器

```
<!DOCTYPE html>
<html ng-app="exampleApp">
<head>
    <title>Controllers</title>
    <script src="angular.js"></script>
    <link href="bootstrap.css" rel="stylesheet" />
    <link href="bootstrap-theme.css" rel="stylesheet" />
    <script>
        var app = angular.module("exampleApp", []);

        app.controller("firstController", function ($scope) {

            $scope.dataValue = "Hello, Adam";

            $scope.reverseText = function () {
                $scope.dataValue = $scope.dataValue.split("").reverse().join("");
            }
        });

        app.controller("secondController", function ($scope) {

            $scope.dataValue = "Hello, Jacqui";

            $scope.changeCase = function () {
                $scope.dataValue = $scope.dataValue.toUpperCase();
            };
        });
    </script>
</head>
<body>
    <div class="well" ng-controller="firstController">
        <h4>First Controller</h4>
        <div class="input-group">
            <span class="input-group-btn">
                <button class="btn btn-default" type="button"
                        ng-click="reverseText()">Reverse</button>
            </span>
            <input class="form-control" ng-model="dataValue">
        </div>
    </div>
    <div class="well" ng-controller="secondController">
        <h4>Second Controller</h4>
        <div class="input-group">
            <span class="input-group-btn">
```

```
                <button class="btn btn-default" type="button"
                        ng-click="changeCase()">
                    Case
                </button>
            </span>
            <input class="form-control" ng-model="dataValue">
        </div>
    </div>
</body>
</html>
```

這項範例定義了兩個控制器，每一個都是套用於不同的 HTML 元素。這表示兩個控制器是獨立運作的，彼此並不共享作用範圍，也並未繼承資料或行為，如圖 13-10 所示。

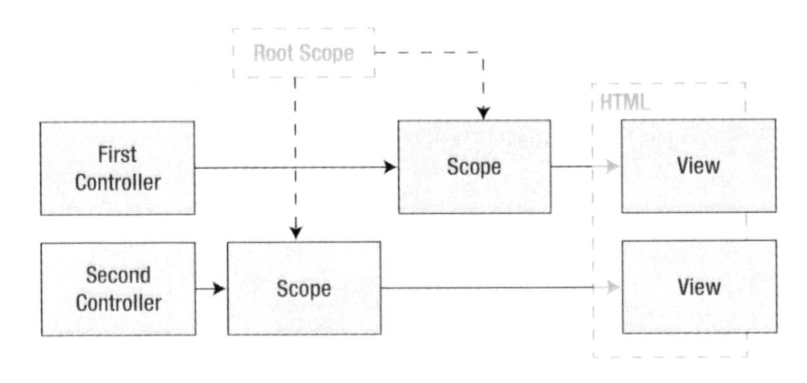

圖 13-10　獨立控制器的作用範圍層次結構

可以看到，這樣的結構幾乎形同於先前的圖 13-7，重點在於根作用範圍仍然存在，使控制器的作用範圍之間可以進行通訊。

13.5 使用無作用範圍的控制器

如果發覺作用範圍會致使你的應用程式存在不必要的複雜性，並且同時你也不需要運用繼承，或是在控制器之間進行通訊，那麼你可以使用無作用範圍的控制器。此種控制器可以在未使用作用範圍的情況下，向檢視提供資料和行為。具體來說是利用一個代表控制器的特殊變數，如列表 13-14 所示。

列表 13-14　在 controllers.html 檔案中使用無作用範圍的控制器

```
<!DOCTYPE html>
<html ng-app="exampleApp">
<head>
    <title>Controllers</title>
    <script src="angular.js"></script>
    <link href="bootstrap.css" rel="stylesheet" />
    <link href="bootstrap-theme.css" rel="stylesheet" />
```

```
    <script>
        var app = angular.module("exampleApp", [])
            .controller("simpleCtrl", function () {
                this.dataValue = "Hello, Adam";

                this.reverseText = function () {
                    this.dataValue = this.dataValue.split("").reverse().join("");
                }
            });
    </script>
</head>
<body>
    <div class="well" ng-controller="simpleCtrl as ctrl">
        <h4>Top Level Controller</h4>
        <div class="input-group">
            <span class="input-group-btn">
                <button class="btn btn-default" type="button"
                        ng-click="ctrl.reverseText()">Reverse</button>
            </span>
            <input class="form-control" ng-model="ctrl.dataValue">
        </div>
    </div>
</body>
</html>
```

這項範例的控制器並未宣告對$scope 的依賴，而是透過 JavaScript 的 this 關鍵字來定義自身的資料值和行為，如下所示：

```
...
this.dataValue = "Hello, Adam";
...
```

在套用無作用範圍的控制器時，ng-controller 指令的表達式格式會有所不同，需要指定一個代表控制器的變數名稱，以供檢視存取：

```
...
<div class="well" ng-controller="simpleCtrl as ctrl">
...
```

表達式的格式為<要套用的控制器> as <變數名稱>。這裡是對 div 元素套用 simpleCtrl 控制器，並建立一個名為 ctrl 的變數。接著，我便會在檢視中使用 ctrl 變數來存取資料和行為，類似這樣：

```
...
<input class="form-control" ng-model="ctrl.dataValue">
...
```

無作用範圍的控制器免除了作用範圍所帶來的複雜性，但這是 AngularJS 中相對較新的作法，還未被廣泛使用。我會建議盡可能瞭解作用範圍的操作方式，因為如此一來你才能充分活用 AngularJS 所提供的功能，不僅僅是關於控制器的部份，還有自訂指令的建立，而後者將會在第 15～17 章裡做更多介紹。

13.6 明確地更新作用範圍

在大多數情況下，AngularJS 在自動更新作用範圍方面表現得相當好，然而有時你仍會需要施加更直接的控制，例如在整合 AngularJS 及其他的 JavaScript 框架時。很多時候，你並不會僅僅使用 AngularJS，尤其是在擴充現有的產品或服務時，你可能會需要保留原先的客戶端框架。

你可以藉由作用範圍物件所定義的三種方法，將 AngularJS 與其他框架做整合。表 13-4 所列的方法，能夠讓你註冊處置器函式來回應作用範圍中的變化，甚至是從 AngularJS 程式碼以外之處向作用範圍注入變化。

表 13-4 作用範圍的整合方法

方　法	說　明
$apply(expression)	向作用範圍套用一項變化
$watch(expression, handler)	註冊一個處置器，會在表達式所參照的值出現變化時執行
$watchCollection(object, handler)	註冊一個處置器，會在指定物件的任一屬性出現變化時執行

我會使用 jQuery UI 來示範這些方法。jQuery UI 是同樣由 jQuery 團隊所開發的 UI 工具包，內含基於 jQuery 的一系列優秀部件，並且能夠在各種不同的瀏覽器上運作。

注意：你也可以向$apply 方法傳遞函式而不是表達式，這在建立自訂指令時尤其有用，使你能夠更新作用範圍的內容，以回應使用者對元素所做的互動。我將在第 15～17 章說明如何建立自訂指令，此外也會在第 18 章示範如何傳遞函式到$apply 方法中。

13.6.1 設定 jQuery UI

我不會在此過多深入 jQuery UI 的細節，詳情可以參閱我的《Pro jQuery 2》一書，同樣是由 Apress 出版。我會從 Google CDN 取得所需的 jQuery 和 jQuery UI 檔案，如此一來便無須在本地下載和安裝任何的檔案。列表 13-15 是一個簡單的範例應用程式，內含一個 jQuery UI 按鈕，而這是 jQuery UI 最簡單的 UI 元件之一。

列表 13-15 在 controllers.html 檔案中定義一個 jQuery UI 按鈕

```
<!DOCTYPE html>
<html ng-app="exampleApp">
<head>
    <title>Controllers</title>
    <script src="angular.js"></script>
    <link href="bootstrap.css" rel="stylesheet" />
    <link href="bootstrap-theme.css" rel="stylesheet" />
    <script src="//ajax.googleapis.com/ajax/libs/jquery/1.10.2/jquery.min.js"></script>
    <script src="//ajax.googleapis.com/ajax/libs/jqueryui/1.10.3/jquery-ui.min.js">
        </script>
    <link rel="stylesheet" href=
  "http://ajax.googleapis.com/ajax/libs/jqueryui/1.10.3/themes/sunny/jquery-ui.min.css">
    <script>
```

```
        $(document).ready(function () {
            $('#jqui button').button().click(function (e) {
                alert("jQuery UI Button was clicked");
            });
        });

        var app = angular.module("exampleApp", [])
            .controller("simpleCtrl", function ($scope) {

                $scope.buttonEnabled = true;
                $scope.clickCounter = 0;

                $scope.handleClick = function () {
                    $scope.clickCounter++;
                }
            });
    </script>
</head>
<body>
    <div id="angularRegion" class="well" ng-controller="simpleCtrl">
        <h4>AngularJS</h4>
        <div class="checkbox">
            <label>
                <input type="checkbox" ng-model="buttonEnabled"> Enable Button
            </label>
        </div>
        Click counter: {{clickCounter}}
    </div>
    <div id="jqui" class="well">
        <h4>jQuery UI</h4>
        <button>Click Me!</button>
    </div>
</body>
</html>
```

我定義了兩個部份，首先是關於 AngularJS 指令和資料綁定的部份，接著則是一個 jQuery UI 按鈕。其中請特別留意 jQuery UI 部件的設定方式，它是透過方法呼叫完成的，如下所示：

```
...
$('#jqui button').button().click(function (e) {
    alert("jQuery UI Button was clicked");
});
...
```

這行述句會選取 button 元素、套用 jQuery UI，並設定了一個事件處置器，會在按鈕點擊時呼叫。正如我先前曾提及的，我不會在此深入 jQuery UI 的細節，不過至少你可以看出，這是不同於 AngularJS 指令的作法。現在點擊這個按鈕只會彈出一個提示，在我將 jQuery UI 和 AngularJS 整合完畢前並不會有其他作用。

這項範例的 AngularJS 部份，則包含了一個用於啟用或停用 jQuery UI 按鈕的複選方塊，以及一個用於統計按鈕點擊次數的變數和行為。你可以從圖 13-11 中看到這項範例於瀏覽器上的顯示結果。

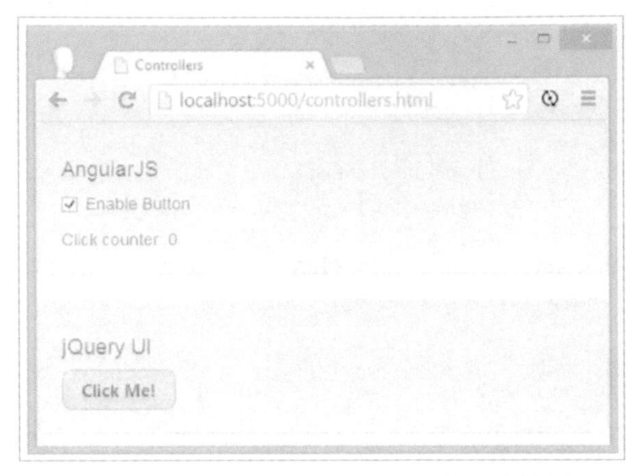

圖 13-11 一項包含了 jQuery UI 按鈕的範例

13.6.2 控制按鈕狀態

進行整合的第一項要務是要能夠啟用或停用 jQuery UI 按鈕，使 AngularJS 複選方塊具備實際作用。你可以在列表 13-16 中看到實作的內容。

列表 13-16 在 controllers.html 檔案中透過 AngularJS 來控制 jQuery UI 按鈕的狀態

```
...
<script>
    $(document).ready(function () {
        $('#jqui button').button().click(function (e) {
            alert("jQuery UI Button was clicked");
        });
    });
    var app = angular.module("exampleApp", [])
        .controller("simpleCtrl", function ($scope) {

            $scope.buttonEnabled = true;
            $scope.clickCounter = 0;
            $scope.handleClick = function () {
                $scope.clickCounter++;
            }

            $scope.$watch('buttonEnabled', function (newValue) {
                $('#jqui button').button({
                    disabled: !newValue
                });
            });
        });
```

```
</script>
...
```

$watch 方法註冊了一個事件處置器，會在作用範圍中的某個值發生變化時呼叫。在這項範例裡，該值是指定為 buttonEnabled 屬性。所建立的處置器函式會接收該屬性值，並透過一個方法呼叫來修改 jQuery UI 按鈕的狀態。

$watch 方法能夠做出外部性的整合，意即作用範圍中的變化可以促使其他框架也跟著產生變化，而在這項範例裡即是改變了按鈕的狀態。

提示：$watch 方法的第一個參數是一個表達式，AngularJS 會進行計算以實施監控。這表示你可以呼叫一個會產生屬性名稱的函式，或是直接使用字串來指定屬性名稱，正如這項範例所採取的方式。

13.6.3 統計按鈕點擊次數

$apply 方法則是用於內部性的整合，使其他框架中的變化可以促使 AngularJS 產生相應變化。你可以在列表 13-17 中看到，如何修改 jQuery UI 按鈕的事件處置器，以便呼叫 AngularJS 控制器所定義的 handleClick 行為。

列表 13-17　在 controllers.html 檔案中更新 AngularJS 作用範圍以回應 jQuery UI 的點擊

```
...
$(document).ready(function () {
    $('#jqui button').button().click(function (e) {
        angular.element(angularRegion).scope().$apply('handleClick()');
    });
});
...
```

這段述句有點長，它首先做的第一件事，是取得套用了 AngularJS 控制器的元素之作用範圍。請記得，這段 JavaScript 程式碼可不是 AngularJS 世界的一部份，所以無法在此宣告對$scope 的依賴來獲取所需的事物。

AngularJS 所內建的精簡版 jQuery 提供了 angular.element 方法。傳入元素的 id 屬性值給這個方法，就可以得到一個定義了 scope 方法的物件，接著再呼叫該方法便會回傳所需的作用範圍。

提示：scope 方法只是 jqLite 的其中一項功能，我將會在第 15 章介紹更多的 jqLite 功能。

在取得了作用範圍後，我使用$apply 方法來呼叫 handleClick 行為。可以看到這裡並沒有直接呼叫 handleClick 行為，而是必須透過$apply 方法指定一個表達式，讓作用範圍可以將變化傳播給綁定的表達式。呼叫 handleClick 行為會更新 clickCounter 變數，該變數會透過一個單向資料綁定顯示在 HTML 中。不過還有另一種作法，是直接利用以下的表達式來修改 clickCounter 變數：

```
...
angular.element(angularRegion).scope().$apply('clickCounter = clickCounter + 1');
...
```

然而我更偏好於採用行為的作法，因為這使我能夠將作用範圍的更新邏輯維持在 AngularJS 程式碼內，因此我也建議你採用這類作法。

13.7 小結

本章針對控制器和作用範圍在 AngularJS 應用程式中的角色做了說明。具體而言，我說明了如何在控制器工廠函式中使用作用範圍、如何在應用程式中組織多個控制器，以及控制器層次結構的影響力，甚至也介紹了如何建立出不使用作用範圍的控制器。本章結尾部份還示範了如何運用作用範圍來整合 AngularJS 和其他的 JavaScript 框架，這在導入 AngularJS 至現有的專案裡是非常重要的。下一章將會介紹 AngularJS 過濾器，用於在檢視中對資料做格式化或轉換。

第 14 章

使用過濾器

過濾器能夠在資料被指令處理並顯示給使用者之前，做出特定的轉換，而無須修改作用範圍中的原始資料，使同一份資料能夠在應用程度的不同地方以不同的形式顯示出來。過濾器可以執行任何類型的轉換，不過多數是用於對資料做格式化或排序。本章將說明過濾器在 AngularJS 應用程式中的角色，接著介紹 AngularJS 的內建過濾器，以及示範如何建立並套用自訂的過濾器。表 14-1 為本章摘要。

表 14-1　本章摘要

問　　題	解決方案	列　　表
格式化貨幣值	使用 currency 過濾器	1～3
格式化一般的數字值	使用 number 過濾器	4
格式化日期	使用 date 過濾器	5
改變字串的大小寫	使用 uppercase 或 lowercase 過濾器	6
產生 JavaScript 物件的 JSON 表現格式	使用 json 過濾器	7
對 currency、number 和 date 過濾器所產生的格式進行本地化	使用 script 元素在 HTML 文件中加入一個 AngularJS 本地化檔案	8
從陣列中取出特定數目的物件	使用 limitTo 過濾器	9
從陣列中選取物件	使用 filter 過濾器	10、11
對陣列中的物件做排序	使用 orderBy 過濾器	12～16
組合多個過濾器	使用串連式過濾器	17
建立自訂的過濾器	使用 Module.filter 方法指定一個工廠函式，該函式會產生一個能夠執行資料格式化或轉換的工作者函式	18～22
建立一個會使用其他過濾器的過濾器	在自訂過濾器的工廠函式中宣告對$filter 服務的依賴，並利用該服務來存取及呼叫所需的過濾器	23、24

14.1　為何以及何處應使用過濾器

過濾器能夠讓你定義出常用的資料轉換模式，以便在應用程式中多次使用，而無須受制於特定的控制器或某個資料類型。過濾器會在資料從作用範圍傳遞到指令的過程中做轉換，但並不會變更原始資料，使你能夠靈活地轉換資料，再顯示於頁面上。

雖然你還是可以將轉換邏輯加入到控制器行為或自訂指令中，然而若將轉換邏輯放置在可重複使用的過濾器中則會提昇應用程式的靈活性。因為如此一來，你可以對相同的行為和指令套用不同的過濾器，藉此形成不同的顯示結果，無論是在相同的檢視中，還是不同的檢視。表 14-2 總結了為何以及何處應使用 AngularJS 的過濾器。

表 14-2　為何以及何處應使用過濾器

為何使用	何處應使用
過濾器具備資料轉換邏輯，可用於在檢視中呈現資料	過濾器用於在資料被指令處理並顯示到檢視中之前將其格式化

14.2　準備範例專案

為了進行本章的示範，我刪除了 angularjs 資料夾裡的內容，並按照第 1 章的教學安裝了 angular.js、bootstrap.css 和 bootstrap-theme.css 檔案。接著我建立了一個名為 filters.html 的檔案，如列表 14-1 所示。

列表 14-1　filters.html 檔案的內容

```
<html ng-app="exampleApp">
<head>
    <title>Filters</title>
    <script src="angular.js"></script>
    <link href="bootstrap.css" rel="stylesheet" />
    <link href="bootstrap-theme.css" rel="stylesheet" />
    <script>
        angular.module("exampleApp", [])
            .controller("defaultCtrl", function ($scope) {
                $scope.products = [
                    { name: "Apples", category: "Fruit", price: 1.20, expiry: 10 },
                    { name: "Bananas", category: "Fruit", price: 2.42, expiry: 7 },
                    { name: "Pears", category: "Fruit", price: 2.02, expiry: 6 },

                    { name: "Tuna", category: "Fish", price: 20.45, expiry: 3 },
                    { name: "Salmon", category: "Fish", price: 17.93, expiry: 2 },
                    { name: "Trout", category: "Fish", price: 12.93, expiry: 4 },

                    { name: "Beer", category: "Drinks", price: 2.99, expiry: 365 },
                    { name: "Wine", category: "Drinks", price: 8.99, expiry: 365 },
                    { name: "Whiskey", category: "Drinks", price: 45.99, expiry: 365 }
                ];
            });
    </script>
</head>
<body ng-controller="defaultCtrl">
    <div class="panel panel-default">
        <div class="panel-heading">
            <h3>
```

```
                Products
                <span class="label label-primary">{{products.length}}</span>
            </h3>
        </div>
        <div class="panel-body">
            <table class="table table-striped table-bordered table-condensed">
                <thead>
                    <tr>
                        <td>Name</td>
                        <td>Category</td>
                        <td>Expiry</td>
                        <td class="text-right">Price</td>
                    </tr>
                </thead>
                <tbody>
                    <tr ng-repeat="p in products">
                        <td>{{p.name}}</td>
                        <td>{{p.category}}</td>
                        <td>{{p.expiry}}</td>
                        <td class="text-right">{{p.price}}</td>
                    </tr>
                </tbody>
            </table>
        </div>
    </div>
</body>
</html>
```

這裡定義了一個控制器，其作用範圍內有一個名為 products 的物件陣列，是用於存放商品資料。這些資料本身並不重要，只是為了構成一定數目的品項，並且有其共同特徵，使我能夠示範出不同的過濾器技巧。我在 table 元素中是透過 ng-repeat 指令，以一列一列的方式來顯示商品物件。你可以在圖 14-1 中看到 filters.html 檔案於瀏覽器上的顯示結果。

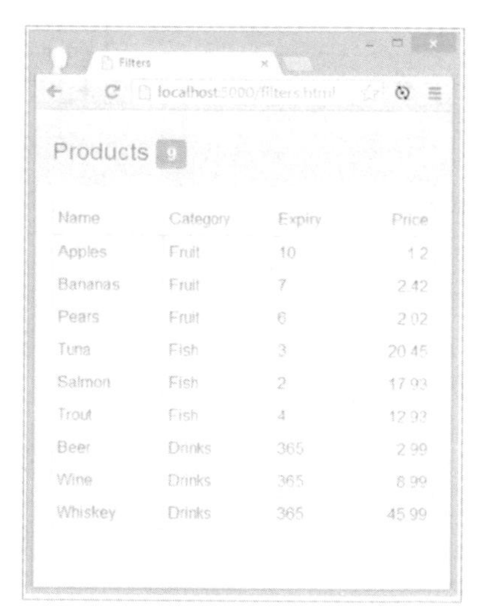

Filters
localhost:5000/filters.html
Products 9
Name
Category
Expiry
Price
Apples
Fruit
10
1.2
Bananas
Fruit
7
2.42
Pears
Fruit
6
2.02
Tuna
Fish
3
20.45
Salmon
Fish
2
17.93
Trout
Fish
4
12.93
Beer
Drinks
365
2.99
Wine
Drinks
365
8.99
Whiskey
Drinks
365
45.99

圖 14-1 filters.html 檔案的初始顯示結果

注意：本章多數的圖片都僅會顯示部份的表格列，因為呈現的內容是一致的，所以我不需要花費版面來顯示重複的事物。

下載本地化檔案

本章所介紹的一些內建過濾器，能夠藉助本地化規則對資料值進行格式化。為了加以示範，我需要使用一個檔案來指定這些規則。

請前往 angularjs.org 網站，點擊「Download」按鈕，然後點擊「Extras」連結，將會顯示 AngularJS 的相關檔案列表。接著點擊「i18n」連結，然後將 angular-locale_fr-fr.js 檔案儲存到 angularjs 資料夾下。這是適用於法國的法文本地化檔案（選擇法文是因為它跟預設的英文有足夠的區別，能夠讓範例更加明顯）。不過目前還不會使用到這個檔案，只需下載下來即可。

14.3 過濾單一資料的值

AngularJS 的內建過濾器可分為兩種類型：處理單一資料或是處理資料集合。我將從單一資料的過濾器開始示範，因為這類過濾器是最容易操作的，同時也是最佳的入門途徑。表 14-3 即列出了這些針對單一資料的過濾器，而我也將在接下來的段落中一一介紹。

表 14-3 用於單一資料的內建過濾器

名　稱	說　明
currency	格式化貨幣值
date	格式化日期值
json	自 JSON 字串產生一個物件
number	格式化數字值
uppercase lowercase	將字串格式化為全大寫或全小寫

提示：過濾器的一項重大好處，是它們可以串連起來，使多個過濾器可以依序處理相同的資料。不過在我示範這項功能之前（第 14.5 節），我會先示範各個內建過濾器，其中也包含了那些操作資料集合的過濾器。

14.3.1 格式化貨幣值

currency 過濾器能夠將數字值格式化為代表貨幣數目的值，例如將 1.2 轉換為$1.20。你可以在列表 14-2 中，看到如何將 currency 過濾器套用於範例表格中的 Price 欄。

列表 14-2 在 filters.html 檔案中套用 currency 過濾器

```
...
<tr ng-repeat="p in products">
    <td>{{p.name}}</td>
    <td>{{p.category}}</td>
    <td>{{p.expiry}}</td>
    <td class="text-right">{{p.price | currency}}</td>
</tr>
...
```

可以看到，將過濾器套用於資料綁定上是非常簡單的。我只需要在綁定來源（這裡是 p.price）後加上分隔號（「|」字元），接著再加上過濾器名稱即可。這便是適用於所有過濾器的套用方式，你可以在圖 14-2 中可以看到其效果。

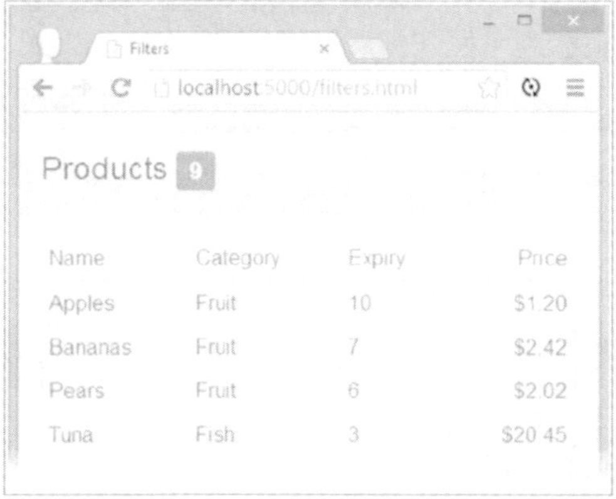

圖 14-2　currency 過濾器的效果

為何不是在控制器裡做資料格式化？

你也許會對我不在原始資料中做貨幣值的格式化、而是在資料綁定中才套用 currency 過濾器的作法感到困惑。畢竟，控制器的工廠函式只要稍加修改就可以做到，類似這樣：

```
...
<script>
    angular.module("exampleApp", [])
        .controller("defaultCtrl", function ($scope) {
            $scope.products = [
                { name: "Apples", category: "Fruit", price: 1.20 },
                { name: "Bananas", category: "Fruit", price: 2.42 },
                { name: "Pears", category: "Fruit", price: 2.02 },
                // ...other data objects omitted for brevity...
            ];

            for (var i = 0; i < $scope.products.length; i++) {
                $scope.products[i].price =
                    "$" + Number($scope.products[i].price).toFixed(2);
            }
        });
</script>
...
```

這項作法或許看起來還不錯，但卻會限制資料的使用方式。這裡使用了 JavaScript 的 Number.toFixed 方法，會直接對資料做四捨五入，也就降低了原始資料的準確度。雖然這對本次的範例而言不會造成什麼影響，但在要求精準度的情境裡就會出現問題。

同時這也不利於對資料形成更多元的變化。例如，如果我想要接著計算 price 屬性的平均值或是取整數，就得將金額字串轉換回數字值，才能執行計算或是產生不同的顯示結果。

過濾器不僅僅是能夠於作用範圍中保留完整的資料，也能夠將格式化邏輯與控制器分離，以便讓整個應用程式都能夠輕易取用該邏輯，使其易於測試、維護及重複使用。

數字值會被四捨五入至兩位數的小數，並且帶有一個貨幣符號的前綴。預設的貨幣符號是$，但也可以指定其他的符號，如列表 14-3 所示。

列表 14-3 在 filters.html 檔案中為 currency 過濾器指定不同的貨幣符號

```
...
<tr ng-repeat="p in products">
    <td>{{p.name}}</td>
    <td>{{p.category}}</td>
    <td>{{p.expiry}}</td>
    <td class="text-right">{{p.price | currency:"£" }}</td>
</tr>
...
```

我在過濾器名稱後加上一個冒號（「:」字元），然後再加上一個字串來表示符號。這項範例是使用英鎊符號，你可以在圖 14-3 中看到顯示結果。

Pears	Fruit	6	£2.02
Tuna	Fish	3	£20.45
Salmon	Fish	2	£17.93

圖 14-3 採用不同的貨幣符號

14.3.2 格式化其他的數字值

number 過濾器能夠將數字值格式化為指定的整數及小數格式，並會自動做四捨五入。你可以從列表 14-4 中，看到如何使用 number 過濾器，將範例表格中的 Price 欄僅僅顯示為整數金額。

列表 14-4 在 filters.html 檔案中套用 number 過濾器

```
...
<tr ng-repeat="p in products">
    <td>{{p.name}}</td>
    <td>{{p.category}}</td>
    <td>{{p.expiry}}</td>
    <td class="text-right">${{p.price | number:0 }}</td>
</tr>
...
```

套用這個過濾器時，除了加上分隔號和過濾器名稱外，還要接著加上一個冒號和要顯示的小數位數。這裡是指定為 0 個小數，也就形成了圖 14-4 所示的結果。

Bananas	Fruit	7	$2
Pears	Fruit	6	$2
Tuna	Fish	3	$20
Salmon	Fish	2	$18

圖 14-4　使用 number 過濾器

注意：number 過濾器會自動在千位數的地方插入逗號，例如 12345 將會被轉換為 12,345。

14.3.3　格式化日期

date 過濾器能夠格式化日期，來源可以是字串、JavaScript 日期物件或毫秒數。為了示範 date 過濾器的使用方式，我在控制器中新增了一個回傳 Date 物件的行為，該 Date 物件將內含商品的到期日。我會接著使用這個行為，將各個資料物件的 expiry 屬性轉換為可供 date 過濾器使用的資料，如列表 14-5 所示。

列表 14-5　在 filters.html 檔案中使用 date 過濾器

```
<html ng-app="exampleApp">
<head>
    <title>Filters</title>
    <script src="angular.js"></script>
    <link href="bootstrap.css" rel="stylesheet" />
    <link href="bootstrap-theme.css" rel="stylesheet" />
    <script>
        angular.module("exampleApp", [])
            .controller("defaultCtrl", function ($scope) {
                $scope.products = [
                    { name: "Apples", category: "Fruit", price: 1.20, expiry: 10 },
                    { name: "Bananas", category: "Fruit", price: 2.42, expiry: 7 },
                    { name: "Pears", category: "Fruit", price: 2.02, expiry: 6 },

                    // ...other data objects omitted for brevity...
                ];

                $scope.getExpiryDate = function (days) {
                    var now = new Date();
                    return now.setDate(now.getDate() + days);
                }
            });
    </script>
</head>
```

```
<body ng-controller="defaultCtrl">
    <div class="panel panel-default">
        <div class="panel-heading">
            <h3>
                Products
                <span class="label label-primary">{{products.length}}</span>
            </h3>
        </div>
        <div class="panel-body">
            <table class="table table-striped table-bordered table-condensed">
                <thead>
                    <tr>
                        <td>Name</td><td>Category</td>
                        <td>Expiry</td><td class="text-right">Price</td>
                    </tr>
                </thead>
                <tbody>
                    <tr ng-repeat="p in products">
                        <td>{{p.name}}</td>
                        <td>{{p.category}}</td>
                        <td>{{getExpiryDate(p.expiry) | date:"dd MMM yy"}}</td>
                        <td class="text-right">${{p.price | number:0 }}</td>
                    </tr>
                </tbody>
            </table>
        </div>
    </div>
</body>
</html>
```

在使用這個過濾器時，首先需要指定過濾器名稱為 date，接著是一個冒號，然後是一個格式化字串，由欲顯示的各個日期元素所組成。列表中的格式化字串裡共使用了三個日期元素，分別是 dd、MMM 和 yy。至於表 14-4 則是所有日期元素的完整列表。

表 14-4 date 過濾器所支援的格式化字串元素

元　素	說　明
yyyy	以四位數表示年份（例如 2050）
yy	以兩位數表示年份（例如 50）
MMMM	月份的全稱（例如 January）
MMM	月份的簡稱（例如 Jan）
MM	數字形式的月份，會自動補齊為兩個字元（例如 01）
M	數字形式的月份，無自動補齊（例如 1）
dd	每月的第幾日，會自動補齊為兩個字元（例如 02）
d	每月的第幾日，無自動補齊（例如 2）
EEEE	星期幾的全稱（例如 Tuesday）
EEE	星期幾的簡稱（例如 Tue）
HH	24 小時制的小時數，會自動補齊為兩個字元（例如 02）

元　　素	說　　明
H	24 小時制的小時數，無自動補齊（例如 2）
hh	12 小時制的小時數，會自動補齊為兩個字元（例如 02）
h	12 小時制的小時數，無自動補齊（例如 2）
mm	分鐘數，會自動補齊為兩個字元（例如 02）
m	分鐘數，無自動補齊（例如 2）
ss	秒數，會自動補齊為兩個字元（例如 02）
s	秒數，無自動補齊（例如 2）
a	上午/下午的標記
Z	以四位字元來表示時區

根據表格中的內容，可以預期我所使用的格式化字串將會產生像「05 Mar 15」這樣的日期，你可以從圖 14-5 的商品表格中看到其效果。

Bananas	Fruit	02 Mar 15	$2
Pears	Fruit	01 Mar 15	$2
Tuna	Fish	26 Feb 15	$20
Salmon	Fish	25 Feb 15	$18

圖 14-5　使用 date 過濾器做日期的格式化

注意：世界各地所慣用的日期表達形式可能會有不小的差異，你必須採用吻合使用者習慣的字串格式。舉例來說，像「1/9/2015」雖然在美國是表示 1 月 9 號，但是在其他地區可能會被解讀為 9 月 1 號。對此，date 過濾器能夠支援預先定義的本地化字串格式，我將在本章稍後的第 14.3.6 節中加以說明。

14.3.4　改變字串大小寫

uppercase 和 lowercase 過濾器能夠將字串轉換為全大寫或全小寫。你可以在列表 14-6 中，看到如何對範例中的 Name 欄套用 uppercase 過濾器，以及對 Category 欄套用 lowercase 過濾器。除此之外，這些過濾器並無可設定的選項。

列表 14-6　在 filters.html 檔案中套用 uppercase 和 lowercase 過濾器

```
...
<tr ng-repeat="p in products">
    <td>{{p.name | uppercase }}</td>
    <td>{{p.category | lowercase }}</td>
    <td>{{getExpiryDate(p.expiry) | date:"dd MMM yy"}}</td>
    <td class="text-right">${{p.price | number:0 }}</td>
</tr>
...
```

這兩個過濾器會如預期般發揮作用，你可以在圖 14-6 中看到這些修改所產生的結果。

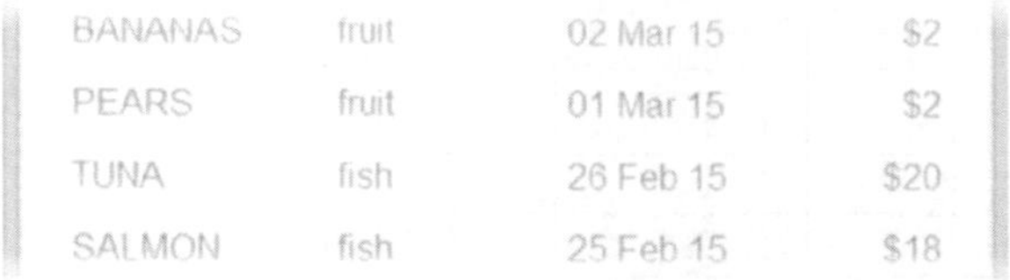

BANANAS	fruit	02 Mar 15	$2
PEARS	fruit	01 Mar 15	$2
TUNA	fish	26 Feb 15	$20
SALMON	fish	25 Feb 15	$18

圖 14-6 使用 uppercase 和 lowercase 過濾器

14.3.5 產生 JSON

json 過濾器能夠從 JavaScript 物件產生 JSON 字串。介紹這個過濾器是出於完整性的考量，但我其實未曾在實務上使用過它，因為 JavaScript 本就能輕而易舉的轉換出 JSON 資料。你可以在列表 14-7 中，看到如何修改範例裡的 ng-repeat 指令，以包含各個資料物件的 JSON 表現格式。

列表 14-7 在 filters.html 檔案中使用 json 過濾器

```
...
<tr ng-repeat="p in products">
    <td colspan="4">{{p | json}}</td>
</tr>
...
```

原先的多個表格欄位現在都會被一個內含所有資料的欄位所取代，其內容是由 json 過濾器過濾而出。你可以在從圖 14-7 中看到結果。

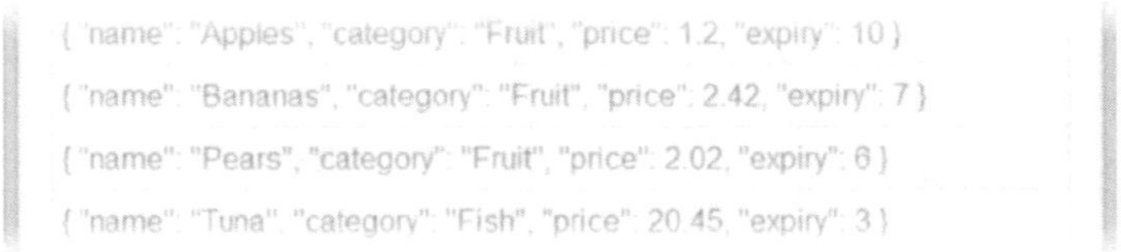

```
{ "name": "Apples", "category": "Fruit", "price": 1.2, "expiry": 10 }
{ "name": "Bananas", "category": "Fruit", "price": 2.42, "expiry": 7 }
{ "name": "Pears", "category": "Fruit", "price": 2.02, "expiry": 6 }
{ "name": "Tuna", "category": "Fish", "price": 20.45, "expiry": 3 }
```

圖 14-7 使用 json 過濾器來產生 JavaScript 物件的 JSON 表現格式

14.3.6 本地化過濾器輸出

currency、number 和 date 過濾器，都能夠透過本地化規則來決定資料格式化的結果。這些規則是定義在本地化檔案中，例如在本章一開始時便下載了一個本地化檔案。你可以在列表 14-8 中看到如何藉由本地化檔案來產生本地格式。

列表 14-8 在 filters.html 檔案中使用本地化的過濾器格式

```
<html ng-app="exampleApp">
<head>
    <title>Filters</title>
    <script src="angular.js"></script>
    <script src="angular-locale_fr-fr.js"></script>
    <link href="bootstrap.css" rel="stylesheet" />
```

```
    <link href="bootstrap-theme.css" rel="stylesheet" />
    <script>
        angular.module("exampleApp", [])
            .controller("defaultCtrl", function ($scope) {
                $scope.products = [
                    { name: "Apples", category: "Fruit", price: 1.20, expiry: 10 },
                    { name: "Bananas", category: "Fruit", price: 2.42, expiry: 7 },
                    { name: "Pears", category: "Fruit", price: 2.02, expiry: 6 },

                    { name: "Tuna", category: "Fish", price: 20.45, expiry: 3 },
                    { name: "Salmon", category: "Fish", price: 17.93, expiry: 2 },
                    { name: "Trout", category: "Fish", price: 12.93, expiry: 4 },

                    { name: "Beer", category: "Drinks", price: 2.99, expiry: 365 },
                    { name: "Wine", category: "Drinks", price: 8.99, expiry: 365 },
                    { name: "Whiskey", category: "Drinks", price: 45.99, expiry: 365 }
                ];

                $scope.getExpiryDate = function (days) {
                    var now = new Date();
                    return now.setDate(now.getDate() + days);
                }
            });
    </script>
</head>
<body ng-controller="defaultCtrl">
    <div class="panel panel-default">
        <div class="panel-heading">
            <h3>
                Products
                <span class="label label-primary">{{products.length}}</span>
            </h3>
        </div>
        <div class="panel-body">
            <table class="table table-striped table-bordered table-condensed">
                <thead>
                    <tr>
                        <td>Name</td>
                        <td>Category</td>
                        <td>Expiry</td>
                        <td class="text-right">Price</td>
                    </tr>
                </thead>
                <tbody>
                    <tr ng-repeat="p in products">
                        <td>{{p.name}}</td>
                        <td>{{p.category}}</td>
                        <td>{{getExpiryDate(p.expiry) | date:"shortDate"}}</td>
                        <td class="text-right">{{p.price | currency }}</td>
                    </tr>
```

```
                </tbody>
            </table>
        </div>
    </div>
</body>
</html>
```

我新增了一個 script 元素，以匯入 angular-locale_fr-fr.js 檔案至 HTML 文件中，並使用多個儲存格來放置模型物件的各個屬性。其中 name 和 category 屬性並沒有經過過濾器處理，不過 expiry 和 price 屬性則分別使用了 date 和 currency 過濾器。

可以看到這裡指定了 shortDate 作為 date 過濾器的日期格式，這是 date 過濾器所支援的其中一種快捷日期格式，表 14-5 列出了完整的快捷日期格式列表。不過當中的說明是以 en-US 為例，也就是在美國地區下的英文形式。

表 14-5　date 過濾器所支援的快捷日期格式

快捷日期格式	說　明
medium	等同於 MMM d, y h:mm:ss a
short	等同於 M/d/yy h:mm a
fullDate	等同於 EEEE, MMMM d,y
longDate	等同於 MMMM d, y
mediumDate	等同於 MMM d, y
shortDate	等同於 M/d/yy
mediumTime	等同於 h:mm:ss a
shortTime	等同於 h:mm a

圖 14-8 分別展示了表格列在使用和未使用 angular-locale_fr-fr.js 檔案下的情況，使你能夠瞭解套用本地化格式後所產生的影響。

可以看到，預設情況和套用 fr-fr 語系後會有明顯的不同：首先月和日的順序是顛倒的，接著貨幣符號及其位置也有所不同。此外，用於分隔數字整數位和小數位的符號，也都替換成了逗號（也就是變成 3,41 而非 3.41）。

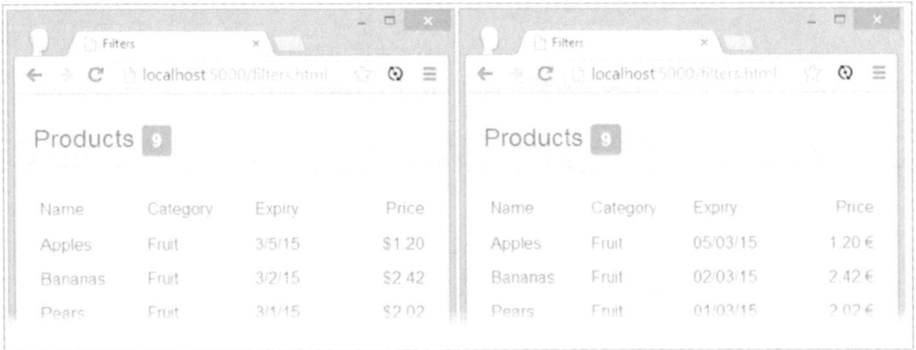

圖 14-8　本地化格式的效果

切勿只做半套的本地化

AngularJS 對於本地化的支援堪稱業界標準，它有許多相關功能，但並不會直接生產出一個本地化的應用程式。各地區之間的差異可不僅僅是日期、數字和貨幣格式而已，你會需要謹慎的規劃，並諮詢專家的建議，才能建立出一個真正本地化的應用程式。當中的考量層面包含了地區性的業務習慣和規章，以及方言甚至是宗教信仰等等。

我的建議是，如果你的時間、精力和資源，不足以完成一個完整的本地化應用程式，就只需專注於 en-US 語系，因為這是在網際網路世界中最具通用性的語系。雖然此舉對於不熟悉美式英文的潛在客戶並不友善，但是這通常總比製作出一個蹩腳的本地化應用程式要好。

簡單來說，最理想的作法就是為每個想要支援的地區都提供良好的本地化，但如果無法達成，就不要只做半套。一個僅有針對日期及貨幣做本地化的應用程式只會造成更大的問題。

14.4 過濾集合

過濾集合的基本概念與過濾單一資料值是相同的，但通常會需要更謹慎的考量，才能得到正確的結果。雖然 AngularJS 已內建了三個集合過濾器（將在以下各節中做介紹），不過你也可以建立自訂的過濾器，對此，我將在本章稍後的第 14.6 節中加以說明。

14.4.1 限制項目數

limitTo 過濾器可以限制從資料物件陣列中取出的項目數，這對僅能容納特定項目數的頁面尤其有用。列表 14-9 展示了我對 filters.html 檔案所做的修改，以示範 limitTo 過濾器。

列表 14-9 在 filters.html 檔案中使用 limitTo 過濾器

```
<html ng-app="exampleApp">
<head>
    <title>Filters</title>
    <script src="angular.js"></script>
    <link href="bootstrap.css" rel="stylesheet" />
    <link href="bootstrap-theme.css" rel="stylesheet" />
    <script>
        angular.module("exampleApp", [])
            .controller("defaultCtrl", function ($scope) {
                $scope.products = [
                    { name: "Apples", category: "Fruit", price: 1.20, expiry: 10 },
                    { name: "Bananas", category: "Fruit", price: 2.42, expiry: 7 },
                    { name: "Pears", category: "Fruit", price: 2.02, expiry: 6 },

                    { name: "Tuna", category: "Fish", price: 20.45, expiry: 3 },
```

```
                { name: "Salmon", category: "Fish", price: 17.93, expiry: 2 },
                { name: "Trout", category: "Fish", price: 12.93, expiry: 4 },

                { name: "Beer", category: "Drinks", price: 2.99, expiry: 365 },
                { name: "Wine", category: "Drinks", price: 8.99, expiry: 365 },
                { name: "Whiskey", category: "Drinks", price: 45.99, expiry: 365 }
            ];

            $scope.limitVal = "5";
            $scope.limitRange = [];
            for (var i = (0 - $scope.products.length);
                    i <= $scope.products.length; i++) {
                $scope.limitRange.push(i.toString());
            }
        });
    </script>
</head>
<body ng-controller="defaultCtrl">
    <div class="panel panel-default">
        <div class="panel-heading">
            <h3>
                Products
                <span class="label label-primary">{{products.length}}</span>
            </h3>
        </div>
        <div class="panel-body">
            Limit: <select ng-model="limitVal"
                ng-options="item for item in limitRange"></select>
        </div>
            <div class="panel-body">
                <table class="table table-striped table-bordered table-condensed">
                    <thead>
                        <tr>
                            <td>Name</td>
                            <td>Category</td>
                            <td>Expiry</td>
                            <td class="text-right">Price</td>
                        </tr>
                    </thead>
                    <tbody>
                        <tr ng-repeat="p in products | limitTo:limitVal">
                            <td>{{p.name}}</td>
                            <td>{{p.category}}</td>
                            <td>{{p.expiry}}</td>
                            <td class="text-right">{{p.price | currency }}</td>
                        </tr>
                    </tbody>
                </table>
            </div>
```

```
    </div>
</body>
</html>
```

提示：出於簡化目的，我在這項範例裡移除了本地化檔案。

在 filters.html 檔案中最重要的一項修改，是在 ng-repeat 指令的表達式裡對 products 陣列套用 limitTo 過濾器，如下所示：

```
...
<tr ng-repeat="p in products | limitTo:limitVal">
...
```

集合過濾器的套用方式，即如同於單一資料值的過濾器。limitTo 過濾器需要指定從來源陣列取得的項目數，而在這項範例裡，我是指定為 limitVal 屬性值，該屬性是在控制器的工廠函式中定義的：

```
...
$scope.limitVal = "5";
...
```

這表示 limitTo 過濾器會限制 ng-repeat 指令，使它只能夠操作 products 陣列的前五個物件，如圖 14-9 所示。

就如同於其他的過濾器，limitTo 並不會修改作用範圍中的資料，它只會對傳遞給 ng-repeat 指令的資料做修改。從圖中可以看到，即使 ng-repeat 指令從陣列收到的只有 5 個物件，但 Products 標題旁的計數值仍然是 9（因為這是來自於對 products.length 的行內綁定）。

提示：limitTo 過濾器也可以用於操作字串值，會將各個字元視為陣列中的物件。

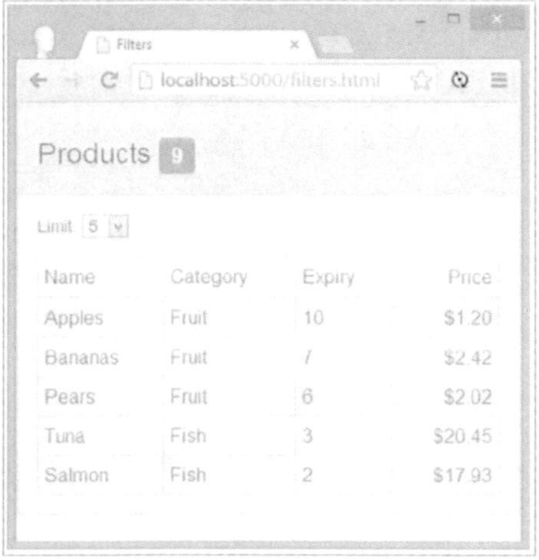

圖 14-9　使用 limitTo 過濾器

我將 limitTo 過濾器的值設定為一個變數，以便在之後示範若設為負數值時會發生什麼事。對此，filters.html 會包含了一個下拉式列表，而它的 ng-options 屬性內容則是透過以下方式設定的：

```
...
for (var i = (0 - $scope.products.length); i <= $scope.products.length; i++) {
    $scope.limitRange.push(i.toString());
}
...
```

由於 products 陣列共有 9 個資料物件，因此下拉式列表便包含了從-9 到 9 的選項。如果將 limitTo 過濾器設定為一個正數（例如 5，如圖 14-9），過濾器便會選取陣列的前 5 個物件。反之，如果選擇一個負數，例如-5，那麼過濾器便會選取陣列的最後 5 個物件（圖 14-10）。

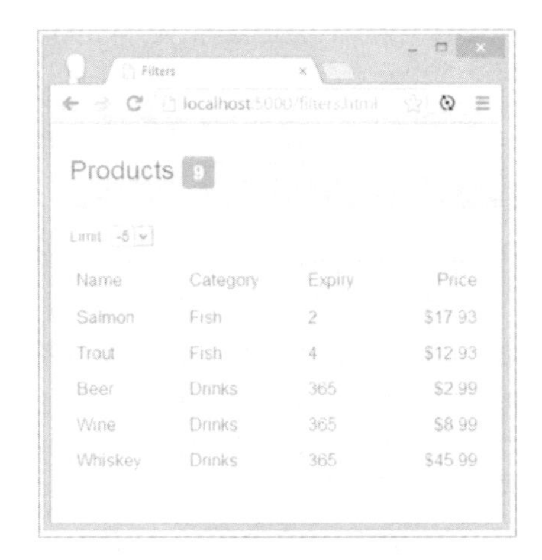

圖 14-10　對 limitTo 過濾器使用負數值

提示：無須擔心陣列的越界問題。如果你指定了一個大於陣列大小的數值，則 limitTo 過濾器會直接回傳陣列中現有的所有物件。

14.4.2 選取項目

另有一個過濾器，它就叫作 filter，是用於從陣列中選取特定物件。選取條件可以是一個表達式、一個用於比對屬性值的 map 物件、或是一個函式。列表 14-10 即展示了一個簡單的選取方式。

列表 14-10　在 filters.html 檔案中選取項目

```
...
<tr ng-repeat="p in products | filter:{category: 'Fish'}">
    <td>{{p.name}}</td>
    <td>{{p.category}}</td>
    <td>{{p.expiry}}</td>
    <td class="text-right">{{p.price | currency }}</td>
</tr>
...
```

我在這項範例裡是使用 map 物件來進行選取，指定 category 屬性為 Fish 的物件會被選取出來。另一方面，如果你是透過一個函式做過濾，則經函式回傳為 true 的項目會被選取出來，如列表 14-11 所示。

列表 14-11　在 filters.html 檔案中選取項目

```
<html ng-app="exampleApp">
<head>
    <title>Filters</title>
    <script src="angular.js"></script>
    <link href="bootstrap.css" rel="stylesheet" />
    <link href="bootstrap-theme.css" rel="stylesheet" />
    <script>
        angular.module("exampleApp", [])
            .controller("defaultCtrl", function ($scope) {
                $scope.products = [
                    { name: "Apples", category: "Fruit", price: 1.20, expiry: 10 },
                    { name: "Bananas", category: "Fruit", price: 2.42, expiry: 7 },
                    { name: "Pears", category: "Fruit", price: 2.02, expiry: 6 },

                    { name: "Tuna", category: "Fish", price: 20.45, expiry: 3 },
                    { name: "Salmon", category: "Fish", price: 17.93, expiry: 2 },
                    { name: "Trout", category: "Fish", price: 12.93, expiry: 4 },

                    { name: "Beer", category: "Drinks", price: 2.99, expiry: 365 },
                    { name: "Wine", category: "Drinks", price: 8.99, expiry: 365 },
                    { name: "Whiskey", category: "Drinks", price: 45.99, expiry: 365 }
                ];
                $scope.limitVal = "5";
                $scope.limitRange = [];
                for (var i = (0 - $scope.products.length) ;
                        i <= $scope.products.length; i++) {
                    $scope.limitRange.push(i.toString());
                }

                $scope.selectItems = function (item) {
                    return item.category == "Fish" || item.name == "Beer";
                };
            });
    </script>
</head>
<body ng-controller="defaultCtrl">
    <div class="panel panel-default">
        <div class="panel-heading">
            <h3>
                Products
                <span class="label label-primary">{{products.length}}</span>
            </h3>
        </div>
        <div class="panel-body">
```

```
            Limit: <select ng-model="limitVal"
                           ng-options="item for item in limitRange"></select>
        </div>
        <div class="panel-body">
            <table class="table table-striped table-bordered table-condensed">
                <thead>
                    <tr>
                        <td>Name</td>
                        <td>Category</td>
                        <td>Expiry</td>
                        <td class="text-right">Price</td>
                    </tr>
                </thead>
                <tbody>
                    <tr ng-repeat="p in products | filter:selectItems">
                        <td>{{p.name}}</td>
                        <td>{{p.category}}</td>
                        <td>{{p.expiry}}</td>
                        <td class="text-right">{{p.price | currency }}</td>
                    </tr>
                </tbody>
            </table>
        </div>
    </div>
</body>
</html>
```

在這項範例裡，我定義了一個名為 selectItems 的作用範圍行為。這個行為會在列舉集合項目時一再被呼叫，並傳入項目物件做判斷。這裡的作法是當 category 屬性為 Fish、或 name 屬性為 Beer 時便回傳 true。將這個行為函式提供給過濾器，便能夠實作出不易用表達式完成的複雜選取機制。

14.4.3 對項目做排序

orderBy 可說是最複雜的內建過濾器，是用於對陣列中的物件做排序。你可以在列表 14-12 中看到 orderBy 過濾器的使用方式。

列表 14-12 在 filters.html 檔案中套用 orderBy 過濾器

```
...
<tr ng-repeat="p in products | orderBy:'price'">
    <td>{{p.name}}</td>
    <td>{{p.category}}</td>
    <td>{{p.expiry}}</td>
    <td class="text-right">{{p.price | currency }}</td>
</tr>
...
```

這是最簡單的物件排序方式，只需指定排序所應依據的屬性名稱。這裡是指定為 price 屬性，圖 14-11 為其結果。

Name	Category	Expiry	Price
Apples	Fruit	10	$1.20
Pears	Fruit	6	$2.02
Bananas	Fruit	7	$2.42
Beer	Drinks	365	$2.99
Wine	Drinks	365	$8.99
Trout	Fish	4	$12.93
Salmon	Fish	2	$17.93
Tuna	Fish	3	$20.45
Whiskey	Drinks	365	$45.99

圖 14-11　依價格為物件排序

警告：這裡的屬性名稱是使用引號包裹起來，也就是'price'而非 price。如果你在填入屬性名稱時忘記加上引號，那麼 orderBy 過濾器便會失去作用。因為在沒有引號的情況下，過濾器會假設你想使用一個名為 price 的作用範圍變數或控制器變數，但實際上並不存在此變數。

1．設定排序方向

若只單純設定了一個屬性名稱，即表示過濾器會對物件進行遞增排序。然而你也可以明確地使用+或-字元來設定排序方向，如列表 14-13 所示。

列表 14-13　在 filters.html 檔案中明確地設定排序方向

```
...
<tr ng-repeat="p in products | orderBy:'-price'">
...
```

在屬性名稱前加上一個負號（-），便是指定以遞減方式為物件進行排序，如圖 14-12 所示。反之若為正號（+）則等同於未加上符號的狀況，也就是會進行遞增排序。

Name	Category	Expiry	Price
Whiskey	Drinks	365	$45.99
Tuna	Fish	3	$20.45
Salmon	Fish	2	$17.93
Trout	Fish	4	$12.93

圖 14-12　進行遞減排序

2．使用函式來排序

之所以需要明確地以字串來指定屬性名稱，是因為 orderBy 過濾器也能夠使用函式來進行排序，此種作法能夠使排序無須仰賴單一的屬性值。你可以在列表 14-14 中看到，如何定義一個基於多種屬性來進行排序的函式。

列表 14-14　在 filters.html 檔案中定義一個排序函式

```
...
<script>
    angular.module("exampleApp", [])
        .controller("defaultCtrl", function ($scope) {
            $scope.products = [
                { name: "Apples", category: "Fruit", price: 1.20, expiry: 10 },
                { name: "Bananas", category: "Fruit", price: 2.42, expiry: 7 },
                { name: "Pears", category: "Fruit", price: 2.02, expiry: 6 },

                { name: "Tuna", category: "Fish", price: 20.45, expiry: 3 },
                { name: "Salmon", category: "Fish", price: 17.93, expiry: 2 },
                { name: "Trout", category: "Fish", price: 12.93, expiry: 4 },

                { name: "Beer", category: "Drinks", price: 2.99, expiry: 365 },
                { name: "Wine", category: "Drinks", price: 8.99, expiry: 365 },
                { name: "Whiskey", category: "Drinks", price: 45.99, expiry: 365 }
            ];

            $scope.myCustomSorter = function (item) {
                return item.expiry < 5 ? 0 : item.price;
            }
        });
</script>
...
```

用於排序的函式首先需要從資料陣列中傳入一個物件，接著再回傳一個在排序時進行比較的物件或值。在這個函式中，如果 expiry 屬性值小於 5 便回傳 0，反之則回傳 price 屬性值。因此，在遞增排序時，具有較小 expiry 值的項目將被放置於資料陣列的前端。你可以在列表 14-15 中看到，如何套用該函式於 orderBy 過濾器中。

列表 14-15　在 filters.html 檔案中套用排序函式

```
...
<tr ng-repeat="p in products | orderBy:myCustomSorter">
    <td>{{p.name}}</td>
    <td>{{p.category}}</td>
    <td>{{p.expiry}}</td>
    <td class="text-right">{{p.price | currency }}</td>
</tr>
...
```

可以看到，不同於先前以字串方式來指定屬性名稱的作法，這裡並沒有使用引號將函式名稱包裹起來。你可以在圖 14-13 中看到套用該函式的結果。

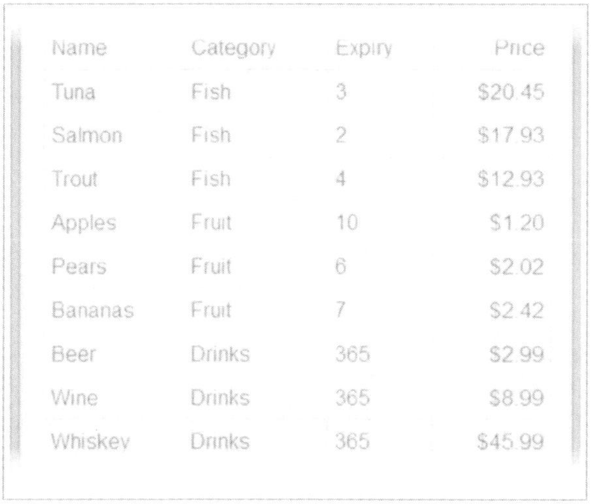

Name	Category	Expiry	Price
Tuna	Fish	3	$20.45
Salmon	Fish	2	$17.93
Trout	Fish	4	$12.93
Apples	Fruit	10	$1.20
Pears	Fruit	6	$2.02
Bananas	Fruit	7	$2.42
Beer	Drinks	365	$2.99
Wine	Drinks	365	$8.99
Whiskey	Drinks	365	$45.99

圖 14-13　使用函式對資料物件進行排序

3．多條件排序

AngularJS 的排序函式可能不同於你原先的設想，因為它並非是比較兩個物件以判定它們的相對次序，而是回傳一個可以被 orderBy 過濾器用於進行排列的值。這表示你可能會很難做出精準的權重判斷，就像先前的範例那樣，我想要將 expiry 值較小的物件放到表格頂部，它的確這麼做了，但除此之外 orderBy 過濾器就沒有在做進一步的排序。

所幸你也可以傳入一個陣列，讓 orderBy 過濾器使用多個屬性或函式作為判斷條件。如果兩個物件的第一個判斷條件是相等的，那麼 orderBy 過濾器就會接著使用第二個條件，以此類推，直到資料物件能夠分出次序，或者將條件用盡為止。你可以在列表 14-16 中看到，如何在 filters.html 檔案中套用陣列。

列表 14-16　在 filters.html 檔案中為 orderBy 過濾器套用陣列

```
...
<tr ng-repeat="p in products | orderBy:[myCustomSorter, '-price']">
    <td>{{p.name}}</td>
    <td>{{p.category}}</td>
    <td>{{p.expiry}}</td>
    <td class="text-right">{{p.price | currency }}</td>
</tr>
...
```

這裡同樣套用了先前的 myCustomSorter 函式，但接著還加上了一個遞減排序的 price 屬性。雖然 myCustomSorter 函式會對 expiry 值較小的物件一律給予相同的次序值，但再加上-price 後，則能夠接著對這些物件做價格的遞減排序，如圖 14-14 所示。

Name	Category	Expiry	Price
Tuna	Fish	3	$20.45
Salmon	Fish	2	$17.93
Trout	Fish	4	$12.93
Apples	Fruit	10	$1.20
Pears	Fruit	6	$2.02

圖 14-14　使用多個排序條件

14.5　串連式過濾器

到這裡為止，所有的內建過濾器都已介紹完畢，然而還有一項非常重要的技巧值得一提，就是多個過濾器可以串連起來，以形成更複雜的效果。你可以在列表 14-17 中看到，如何將 limitTo 和 orderBy 過濾器串連在一起。

列表 14-17　在 filters.html 檔案中將過濾器串連起來

```
...
<tr ng-repeat="p in products | orderBy:[myCustomSorter, '-price'] | limitTo: 5">
    <td>{{p.name}}</td>
    <td>{{p.category}}</td>
    <td>{{p.expiry}}</td>
    <td class="text-right">{{p.price | currency }}</td>
</tr>
...
```

提示：你的確也可以將針對單一資料值的過濾器串連起來，但通常意義不大。例如 currency 和 date 過濾器各自都是針對不同的資料類型，並沒有什麼道理可以串連在一起。因此，通常過濾器的串連是針對資料集合，使之能夠進行複雜的轉換。

多個過濾器是以分隔號（|）的方式串連在一起，並會按順序執行。在本列表中，首先套用的是 orderBy 過濾器，接著則是 limitTo 過濾器，會被進一步套用於排序後的結果，使得 ng-repeat 只會處理到排序後的前五個物件，如圖 14-15 所示。

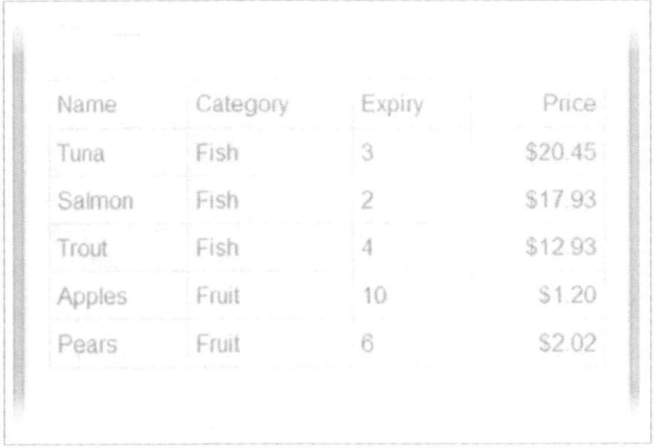

Name	Category	Expiry	Price
Tuna	Fish	3	$20.45
Salmon	Fish	2	$17.93
Trout	Fish	4	$12.93
Apples	Fruit	10	$1.20
Pears	Fruit	6	$2.02

圖 14-15　串連式過濾器

14.6 建立自訂過濾器

你並非僅能使用內建的過濾器，而是可以自行建立過濾器，使其可以符合你手上的特殊需求。我將在本節示範三種自訂過濾器，分別是用於格式化單一資料值、處理物件陣列、以及一個結合其他過濾器功能所組織而成的自訂過濾器。

14.6.1 建立格式化單一資料值的過濾器

過濾器的建立是透過 Module.filter 方法，該方法會接收兩個參數，分別是過濾器的名稱和一個工廠函式，後者是用於建立實際執行工作的工作者函式。為了示範如何建立一個過濾器，我在 angularjs 資料夾下新增了一個名為 customFilters.js 的 JavaScript 檔案。列表 14-18 即是這個新檔案的內容。

列表 14-18　customFilters.js 檔案的內容

```
angular.module("exampleApp")
    .filter("labelCase", function () {
        return function (value, reverse) {
            if (angular.isString(value)) {
                var intermediate =  reverse ? value.toUpperCase() : value.toLowerCase();
                return (reverse ? intermediate[0].toLowerCase() :
                    intermediate[0].toUpperCase()) + intermediate.substr(1);
            } else {
                return value;
            }
        };
    });
```

注意：這裡的 angular.module 方法只使用了一個參數，因此會搜尋先前已定義的模組而非建立新模組。這項範例的模組是已經定義於主檔案 filters.html 中，在取得這個模組後，就能夠呼叫 filter 方法來進行擴充，即使程式碼是位在不同的檔案中。

此處建立了一個名為 labelCase 的過濾器，它會將一個字串轉換為字首大寫。所定義的工作者函式會接收兩個參數，分別是待過濾的字串（在套用過濾器時，會由 AngularJS 自動傳入），以及用於設定顛倒與否的選項。所謂顛倒就是將字首變為小寫，而其餘為大寫。

提示：可以看到我使用了 angular.isString 方法，來檢查過濾器所接收到的值是否確實是一個字串。雖然我在本章是基於單一值和集合對過濾器做了區分，不過在撰寫過濾器時的基本概念並沒有什麼差異，你總是應該檢查資料類型的正確性，並對過濾器的誤用做出防範措施。這個過濾器會在傳入值並非字串時，單純地回傳未修改過的原始資料，不過你也可以進一步的產生更明確的錯誤訊息。

在套用這個過濾器之前，我需要在 filters.html 檔案中加入一個 script 元素，以將 customFilters.js 檔案的內容匯入到主檔案中，如列表 14-19 所示。

列表 14-19　在 filters.html 檔案中新增 script 元素以匯入 customFilters.js 檔案

```
...
<head>
    <title>Filters</title>
    <script src="angular.js"></script>
    <link href="bootstrap.css" rel="stylesheet" />
    <link href="bootstrap-theme.css" rel="stylesheet" />
    <script>
        angular.module("exampleApp", [])
            .controller("defaultCtrl", function ($scope) {
                // ...statements omitted for brevity...
            });
    </script>
    <script src="customFilters.js"></script>
</head>
...
```

由於前者依賴於後者，所以我需要將匯入 customFilters.js 檔案的 script 元素，放置於定義 exampleApp 模組的 script 元素之後。另外一項所需的修改，則是套用過濾器於 HTML 文件中。你可以在列表 14-20 中看到，如何將這個過濾器套用在表格的 Name 和 Category 欄上。

列表 14-20　在 filters.html 檔案中套用自訂過濾器

```
...
<tr ng-repeat="p in products | orderBy:[myCustomSorter, '-price'] | limitTo: 5">
    <td>{{p.name | labelCase }}</td>
    <td>{{p.category | labelCase:true }}</td>
    <td>{{p.expiry}}</td>
    <td class="text-right">{{p.price | currency }}</td>
</tr>
...
```

我在套用過濾器於 name 屬性時並沒有指定設定選項，這表示 AngularJS 會以 null 值作為第二個參數，傳遞給過濾器的工作者函式。這個過濾器的第二個參數若接收到 false 或 null 值，即表示會使用預設的行為。這樣的設計思維會使自訂過濾器更容易使用，因此我也建議你遵行相同的設計。至於在套用過濾器於 category 屬性時，則指定了設定選項為 true，使過濾器的轉換會反轉過來。你可以在圖 14-16 中看到以上作法所產生的效果。

Name	Category	Expiry	Price
Tuna	fISH	3	$20.45
Salmon	fISH	2	$17.93
Trout	fISH	4	$12.93
Apples	fRUIT	10	$1.20
Pears	fRUIT	6	$2.02

圖 14-16　套用自訂過濾器

14.6.2 建立一個集合過濾器

建立一個針對物件集合的過濾器，在作法上並沒有什麼差異，不過還是值得加以示範。本節會建立一個 skip 過濾器，用於從陣列開頭移除指定數量的項目。雖然看起來不是特別有用，但在本章稍後將會進一步利用到它。列表 14-21 即是為了定義 skip 過濾器，在 customFilters.js 檔案中所新增的內容。

列表 14-21　在 customFilters.js 檔案中定義一個集合過濾器

```
angular.module("exampleApp")
    .filter("labelCase", function () {
        return function (value, reverse) {
            if (angular.isString(value)) {
                var intermediate =  reverse ? value.toUpperCase() : value.toLowerCase();
                return (reverse ? intermediate[0].toLowerCase() :
                    intermediate[0].toUpperCase()) + intermediate.substr(1);
        } else {
            return value;
        }
    };
})
.filter("skip", function () {
    return function (data, count) {
        if (angular.isArray(data) && angular.isNumber(count)) {
            if (count > data.length || count < 1) {
                return data;
            } else {
                return data.slice(count);
```

```
            }
        } else {
            return data;
        }
    }
});
```

在工作者函式中，我首先檢查資料是否為陣列，以及 count 參數是否為數字值。接著，我做了一些邊界檢查，以確保過濾器能夠在該陣列上執行所需的轉換。如果一切正常，就用 JavaScript 內建的 slice 方法跳過指定數量的物件。你可以在列表 14-22 中看到，如何在 filters.html 檔案中的 ng-repeat 指令表達式上，套用 skip 過濾器。（此外我也在表格欄中移除了 labelCase 過濾器）

列表 14-22　在 customFilters.js 檔案中套用自訂的集合過濾器

```
...
<tr ng-repeat="p in products | skip:2 | limitTo: 5">
    <td>{{p.name}}</td>
    <td>{{p.category}}</td>
    <td>{{p.expiry}}</td>
    <td class="text-right">{{p.price | currency }}</td>
</tr>
...
```

我將 skip 和 limitTo 這兩個過濾器串連起來，以突顯出自訂過濾器和內建過濾器的使用方式其實是相同的。其整體效果是會跳過頭兩個項目，然後選取出接下來的五個項目，如圖 14-17 所示。

Name	Category	Expiry	Price
Pears	Fruit	6	$2.02
Tuna	Fish	3	$20.45
Salmon	Fish	2	$17.93
Trout	Fish	4	$12.93
Beer	Drinks	365	$2.99

圖 14-17　結合自訂及內建的集合過濾器

14.6.3　以現有的過濾器為基礎建置新的過濾器

本節會將 skip 和 limitTo 過濾器的功能結合成單一過濾器。正如先前的列表 14-22 所示，雖然很容易就可以將這些過濾器串連起來使用，然而我想示範如何利用現有的過濾器功能，建置出新的過濾器，卻無須複製任何的程式碼。列表 14-23 即是為了定義一個名為 take 的過濾器，在 customFilters.js 檔案中所新增的內容。

列表 14-23　在 customFilters.js 檔案中定義 take 過濾器

```
angular.module("exampleApp")
    .filter("labelCase", function () {
        // ...statements omitted for brevity...
    })
    .filter("skip", function () {
        // ...statements omitted for brevity...
    })
    .filter("take", function ($filter) {
        return function (data, skipCount, takeCount) {
            var skippedData = $filter("skip")(data, skipCount);
            return $filter("limitTo")(skippedData, takeCount);
        }
    });
```

這個 take 過濾器本身並沒有實作任何轉換機制，甚至也不會檢查資料的類型。它依賴於 skip 和 limitTo 過濾器，這兩個過濾器會自行做資料驗證並進行資料轉換，就像被直接使用一樣。

在列表中，過濾器工廠函式宣告了對$filter 服務的依賴，如此一來，就能夠存取模組中所有已定義的過濾器。這些過濾器在工作者函式中是透過名稱來存取和呼叫，類似這樣：

```
...
var skippedData = $filter("skip")(data, skipCount);
...
```

這條述句呼叫了 skip 過濾器，然後將處理過後的資料集合儲存到一個 JavaScript 變數裡。接著對 limitTo 過濾器也是類似的作法，使我能夠以其他過濾器為基礎，建置出一個新的過濾器。你可以在列表 14-24 中看到，如何在 filters.html 檔案中的 ng-repeat 指令表達式上，套用 take 過濾器。

列表 14-24　在 filters.html 檔案中套用 take 過濾器

```
...
<tr ng-repeat="p in products | take:2:5">
    <td>{{p.name}}</td>
    <td>{{p.category}}</td>
    <td>{{p.expiry}}</td>
    <td class="text-right">{{p.price | currency }}</td>
</tr>
...
```

提示：不同於以往的範例，這個過濾器的工作者函式需要一個以上的設定參數。從中你可以看到，我在加上參數時是使用冒號作為分隔，然後 AngularJS 便會將其傳遞給工作者函式。

這個 take 過濾器相較於它所利用的過濾器，並沒有真的帶來多大的便利性。然而這項範例至少表達出，你可以輕易地建置出一個以現有過濾器功能為基礎的過濾器，而無須複製任何的程式碼。

14.7 小結

本章介紹了 AngularJS 的過濾器支援，用於為檢視提供資料的格式化或轉換。我示範了內建的 AngularJS 過濾器，包含針對單一資料值以及針對集合的轉換方式，接著示範了如何建立及套用自訂的過濾器。至於本章的結尾，則是示範如何使用$filter 服務，在無須複製相同程式碼的情況下，結合現有的過濾器來建置出新的過濾器。到了下一章，我將會示範如何建立自訂指令。

第 15 章

建立自訂指令

在先前的第 10～12 章裡，我示範了如何使用內建的 AngularJS 指令，其中包括用於處理單向及雙向資料綁定的指令（ng-bind 和 ng-model）、從資料產生內容的指令（例如 ng-repeat 和 ng-switch）、操作 HTML 元素的指令（例如 ng-class 和 ng-if），以及回應使用者互動的指令（例如 ng-click 和 ng-change）。在第 12 章裡，我還示範了可用於取代標準 HTML 表單元素的指令，以便進行資料驗證，以及可用於產生多個選項元素的指令。

AngularJS 擁有相當完善的指令集合，可用於解決絕大多數的 Web 應用程式需求。然而，當內建指令未能滿足你的需求時，你也可以自行建立出所需的指令。本章將說明建立一個自訂指令的基本流程，並接著介紹 jqLite，藉此來管理 HTML 元素。而在之後的第 16 和 17 章裡，則將介紹一些更進階的技巧，以便對自訂指令的運作做更詳盡的控制。表 15-1 為本章摘要。

表 15-1　本章摘要

問　　題	解決方案	列　　表
建立一個自訂指令	呼叫 Module.directive 方法，並傳入指令名稱和工廠函式	1～3
準備指令所內含的元素	從工廠函式中回傳一個連結函式	4～5
設定指令	新增一個附加屬性或者計算一個表達式	6～8
回應作用範圍中的變化	使用監控器函式	9～11
在連結函式中操作元素	使用 jqLite	12～19
使用 jQuery 來代替 jqLitc	以加入 script 元素的方式，在匯入 AngularJS 函式庫之前先匯入 jQuery 函式庫	20

注意：正如你即將意識到的，撰寫自訂指令會仰賴我在先前章節中曾介紹過的概念，特別是關於作用範圍的部份。因此本書才會需要先經過一段篇幅以後，然後才在本章重新聚焦於指令的建立。

15.1 為何以及何時應建立自訂指令

當內建指令無法滿足你的需求、或是想要透過程式碼來產生複雜的 HTML，又或者是意圖建立一個能夠被不同的 AngularJS 應用程式所使用的獨立功能，你都可以藉由自訂指令來解決這些問題。本章將示範多種自訂指令，至於表 15-2 則總結了為何以及何時應在 AngularJS 應用程式中建立自訂指令。

表 15-2 為何以及何時應建立自訂指令

為何建立	何時應建立
自訂指令能夠讓你建立出 AngularJS 內建指令未提供的功能	當內建指令不符需求，或是你想建立一個可在不同應用程式中重複使用的獨立功能，就可以建立自訂指令

15.2 準備範例專案

為了進行本章的示範，我刪除了 angularjs 資料夾下的內容，並按照第 1 章的說明安裝了 angular.js、bootstrap.css 和 bootstrap-theme.css 檔案。然後建立了一個名為 directives.html 的檔案，如列表 15-1 所示。

列表 15-1 directives.html 檔案的內容

```
<html ng-app="exampleApp">
<head>
    <title>Directives</title>
    <script src="angular.js"></script>
    <link href="bootstrap.css" rel="stylesheet" />
    <link href="bootstrap-theme.css" rel="stylesheet" />
    <script>
        angular.module("exampleApp", [])
            .controller("defaultCtrl", function ($scope) {
                $scope.products = [
                    { name: "Apples", category: "Fruit", price: 1.20, expiry: 10 },
                    { name: "Bananas", category: "Fruit", price: 2.42, expiry: 7 },
                    { name: "Pears", category: "Fruit", price: 2.02, expiry: 6 }
                ];
            });
    </script>
</head>
<body ng-controller="defaultCtrl">
    <div class="panel panel-default">
        <div class="panel-heading">
            <h3>Products</h3>
        </div>
        <div class="panel-body">
            Content will go here
        </div>
    </div>
```

```
</body>
</html>
```

這個檔案定義了一個僅包含單一控制器（名為 defaultCtrl）的 AngularJS 應用程式。控制器中在作用範圍中建立了一個 products 陣列，該陣列的內容相同於先前在第 14 章曾使用過的部份資料集合。你可以在圖 15-1 中看到這個檔案於瀏覽器上的顯示結果。

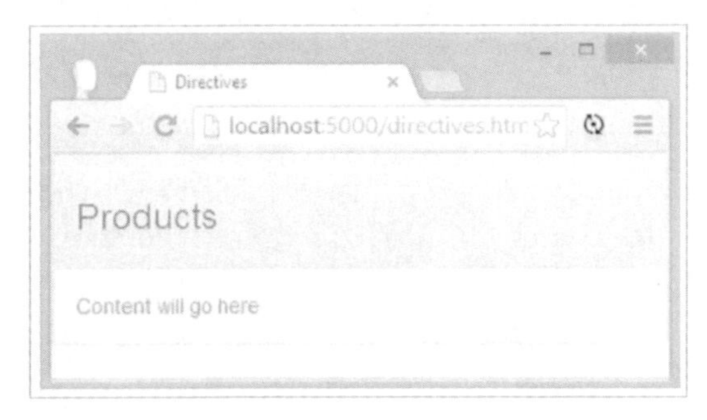

圖 15-1　directives.html 檔案的初始顯示結果

15.3 建立一個自訂指令

我將從一個簡單的範例開始，示範如何建立自訂指令，並著重於最基本的功能，以便為本章的後續範例打好基礎。本節的重心是建立並套用一個自訂指令，該指令將會產生一個 ul 元素，並接著為 products 陣列中的各個物件產生 li 元素。接下來的段落將一步步說明整個過程。

15.3.1 定義指令

指令是使用 Module.directive 方法建立的，而其參數分別為新指令的名稱，以及一個用於建立指令的工廠函式。你可以在列表 15-2 中看到，如何在 directives.html 檔案中新增一個名為 unorderedList 的指令。雖然目前這個指令還沒有任何作用，但我將會循序漸進的加入程式碼並加以說明。

列表 15-2　在 directives.html 檔案中新增一個指令

```
...
<script>
    angular.module("exampleApp", [])
        .directive("unorderedList", function () {
            return function (scope, element, attrs) {
                // implementation code will go here
            }
        })
        .controller("defaultCtrl", function ($scope) {
            $scope.products = [
                { name: "Apples", category: "Fruit", price: 1.20, expiry: 10 },
                { name: "Bananas", category: "Fruit", price: 2.42, expiry: 7 },
```

```
                { name: "Pears", category: "Fruit", price: 2.02, expiry: 6 }
            ];
        })
</script>
...
```

提示：我在這裡是將指令定義於控制器之前，但此舉並非必要。在較大型的專案裡，通常會將指令定義在不同的檔案裡，就像先前在第 6～8 章裡的 SportsStore 應用程式那樣。

傳遞給 directive 方法的第一個參數，是新指令的名稱（本例為 unorderedList）。可以看到這裡使用了標準的 JavaScript 大小寫慣例，也就是 unordered 為全小寫，而 list 則是大寫開頭。然而在 AngularJS 裡，這不僅僅是命名慣例而已，而是會對程式的運作產生具體的影響。列表 15-3 會將 unorderedList 指令套用至某個 HTML 元素上，若觀察一下就能夠明白我所指為何。

列表 15-3　在 directives.html 檔案中套用自訂指令

```
...
<body ng-controller="defaultCtrl">
    <div class="panel panel-default">
        <div class="panel-heading">
            <h3>Products</h3>
        </div>
        <div class="panel-body">
            <div unordered-list="products"></div>
        </div>
    </div>
</body>
...
```

這裡是以屬性的形式將指令套用於 div 元素上，不過你可以注意到，這裡的屬性名稱與先前傳遞給 directive 方法的參數有所不同：是 unordered-list 而非 unorderedList。這是因為在方法參數中，透過大寫字母所構成的文字區隔，會自動轉換為以連字號分隔的單字組合。

提示：在這項範例裡，我是以屬性的形式來套用指令。不過在第 16 章裡，我則將示範如何製作出能夠作為 HTML 元素、class 屬性值、甚至是註解的自訂指令。

我將屬性值設定為欲列出其物件的陣列名稱，在本例中即是 products。由於指令即是意圖在多種應用程式裡重複使用的，所以包含資料的參照在內，我們需要避免有任何僵化的依賴關係。

15.3.2 實作連結函式

指令中的工作者函式又被稱為「連結函式」，用於將指令與 HTML 文件及作用範圍資料相互連結在一起。（另有一種與指令繫結的函式，是稱為「編譯函式」，我將在第 17

章加以介紹。）

當 AngularJS 在建立指令實例時，連結函式便會被呼叫，並接收三個參數，分別是目標檢視的作用範圍、目標 HTML 元素、以及該 HTML 元素的屬性。通用慣例是在定義連結函式時，加上 scope、element 和 attrs 這些參數。而在接下來的段落裡，我便將一步一步來說明連結函式的實作方式。

提示： scope、element 和 attrs 參數並非是透過依賴注入，而是一般的 JavaScript 參數。因此，傳入連結函式的物件順序應是固定的。

1．從作用範圍取得資料

實作這個自訂指令的第一步，是從作用範圍取得想要顯示的資料。不同於 AngularJS 的控制器，指令並不會宣告對$scope 服務的依賴，而是傳入由控制器所建立的作用範圍。這很重要，因為此舉能夠讓單一指令在應用程式中被套用多次，並且是套用在不同的作用範圍上（我曾在第 13 章說明過作用範圍的層次結構）。

在列表 15-3 中，我是藉由屬性的形式，將自訂指令套用在一個 div 元素上，並且利用屬性值來指定欲處理的陣列名稱，如下所示：

```
...
<div unordered-list="products"></div>
...
```

要從作用範圍中取得資料，首先便需要取得屬性的值。連結函式的第三個參數，是以屬性名稱作為索引的屬性集合。由於並沒有直接的途徑可以取得當前的指令名稱，所以我需要透過像列表 15-4 這樣的作法，在屬性集合的索引部份寫入指令名稱，以便從作用範圍中取得資料。

列表 15-4　在 directives.html 檔案中取得作用範圍裡的資料

```
...
angular.module("exampleApp", [])
    .directive("unorderedList", function () {
        return function (scope, element, attrs) {
            var data = scope[attrs["unorderedList"]];
            if (angular.isArray(data)) {
                for (var i = 0; i < data.length; i++) {
                    console.log("Item: " + data[i].name);
                }
            }
        }
    })
...
```

在列表 15-4 中，我是透過「unorderedList」鍵，從 attrs 集合中取得其值，然後傳遞給 scope 物件來獲取資料，如下所示：

```
...
var data = scope[attrs["unorderedList"]];
...
```

提示：可以看到這裡是使用「unorderedList」來取得 unordered-list 屬性的值，藉此展示出 AngularJS 會自動地對應兩種不同的命名格式。

當取得資料後，我使用 angular.isArray 方法檢查該資料是否確實為陣列，並使用 for 迴圈將每個物件的 name 屬性寫入到主控台中。（不過這在真實的專案裡並不是很恰當，因為此舉假定每個物件都擁有一個 name 屬性，從而影響了自訂指令的運用彈性。對此，我將在第 15.3.3 節「計算表達式」中，示範如何使之更加靈活。）如果你在瀏覽器中載入 directives.html 檔案，將會在 JavaScript 主控台中看到如下輸出：

```
Item: Apples
Item: Bananas
Item: Pears
```

2．產生 HTML 元素

下一個步驟，是從資料物件產生所需的元素。AngularJS 內建了一個精簡版的 jQuery，名為 jqLite。它並未包含 jQuery 的完整功能，但已足以應付與指令相關的工作。我將在本章稍後的第 15.4 節深入說明 jqLite，不過現階段我只會先示範自訂指令所需的修改，如列表 15-5 所示。

列表 15-5　透過 directives.html 檔案中的自訂指令來產生元素

```
...
angular.module("exampleApp", [])
    .directive("unorderedList", function () {
        return function (scope, element, attrs) {
            var data = scope[attrs["unorderedList"]];
            if (angular.isArray(data)) {
                var listElem = angular.element("<ul>");
                element.append(listElem);
                for (var i = 0; i < data.length; i++) {
                    listElem.append(angular.element('<li>').text(data[i].name));
                }
            }
        }
    })
...
```

取用 jqLite 功能的方式，是透過傳遞給連結函式的 element 參數。首先，我呼叫了 angular.element 方法，建立一個新元素，接著使用 element 參數的 append 方法，在文件裡插入這個新元素，如下所示：

```
...
var listElem = angular.element("<ul>");
element.append(listElem);
...
```

大多數的 jqLite 方法會回傳一個 jqLite 物件，而這個物件同樣可以存取 jqLite 的各式功能，概念就類似於 jQuery 函式庫的方法會回傳 jQuery 物件一樣。AngularJS 並不會揭示瀏覽器所提供的 DOM API，因此任何關於元素的操作，你都需要透過一個 jqLite 物件。

當你需要一個 jqLite 物件來建立新元素時，可以使用 angular.element 方法，如下粗體標示處：

```
...
angular.element('<li>').text(data[i].name)
...
```

它會回傳一個 jqLite 物件，可以用於進一步呼叫其他的 jqLite 方法。這項概念又稱為「方法鏈」，可以看到我在建立 li 元素時，還可以接著呼叫 text 方法來設定其內容，如下所示：

```
...
angular.element('<li>').text(data[i].name)
...
```

支援方法鏈的函式庫又可稱為流線式 API 函式庫，而 jqLite 所基於的 jQuery 即是最被廣泛使用的流線式 API 之一。

提示：如果你曾經使用過 jQuery，就會對 jqLite 方法的作用和特性感到熟悉。如果不熟悉也無須擔心，我會在第 15.4 節中為 jqLite 做更多說明。

這裡使用 jqLite 的結果，是使自訂指令對套用的元素再新增一個 ul 元素（本例是套用到 div 元素上），並且為資料陣列的每個物件建立一個 li 元素，如圖 15-2 所示。

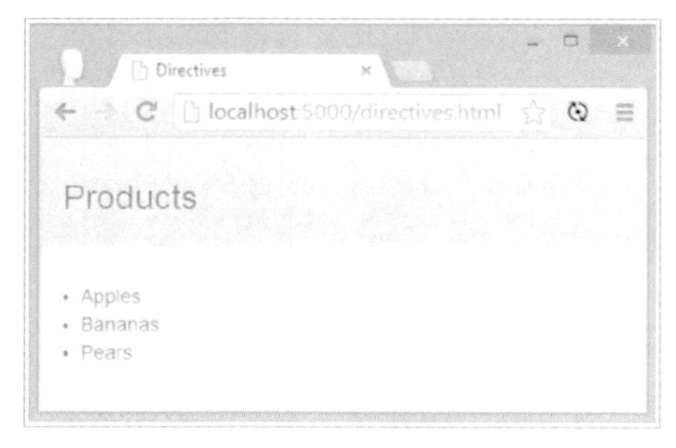

圖 15-2　在自訂指令中使用 jqLite 的效果

15.3.3 破除對資料屬性的依賴性

這個自訂指令已經可以運作了，然而它需要依賴陣列物件的 name 屬性，來產生列表項目。這樣的依賴性會使指令和特定的資料物件設定捆綁在一起，也就表示它無法非常彈性地在應用程式中使用。對此，有幾種解決辦法，我將會在接下來的段落裡做介紹。

1．新增一個附加屬性

最簡單的辦法，是再定義一個屬性，來指定將顯示在 li 項目中的屬性值。這很容易實現，因為自訂指令所套用的元素之屬性，本就會全數傳入到連結函式裡。你可以在列表 15-6 中看到，如何新增並使用一個名為 list-property 的屬性。

列表 15-6　在 directives.html 檔案中新增一個指令的附加屬性

```
<html ng-app="exampleApp">
<head>
    <title>Directives</title>
    <script src="angular.js"></script>
    <link href="bootstrap.css" rel="stylesheet" />
    <link href="bootstrap-theme.css" rel="stylesheet" />
    <script>
        angular.module("exampleApp", [])
            .directive("unorderedList", function () {
                return function (scope, element, attrs) {
                    var data = scope[attrs["unorderedList"]];
                    var propertyName = attrs["listProperty"];
                    if (angular.isArray(data)) {
                        var listElem = angular.element("<ul>");
                        element.append(listElem);
                        for (var i = 0; i < data.length; i++) {
                            listElem.append(angular.element('<li>')
                                .text(data[i][propertyName]));
                        }
                    }
                }
            })
            .controller("defaultCtrl", function ($scope) {
                $scope.products = [
                    { name: "Apples", category: "Fruit", price: 1.20, expiry: 10 },
                    { name: "Bananas", category: "Fruit", price: 2.42, expiry: 7 },
                    { name: "Pears", category: "Fruit", price: 2.02, expiry: 6 }
                ];
            })
    </script>
</head>
<body ng-controller="defaultCtrl">
    <div class="panel panel-default">
        <div class="panel-heading">
            <h3>Products</h3>
        </div>
        <div class="panel-body">
            <div unordered-list="products" list-property="name"></div>
        </div>
    </div>
</body>
</html>
```

在這項範例裡，我透過連結函式的 attrs 參數，並以 listProperty 為鍵取得 list-property 屬性的值。再一次地，這裡可以看到 AngularJS 的屬性名稱轉換機制。接著我根據 listProperty 屬性值，從各個資料物件取得其值，如下所示：

```
...
listElem.append(angular.element('<li>').text(data[i][propertyName]));
...
```

提示：如果屬性名稱含有 data-前綴，那麼 AngularJS 會在傳遞給連結函式前自動移除這個前綴。這表示，屬性 data-list-property 和 list-property 都會被轉換為 listProperty。

2．計算表達式

加入額外的屬性是一種辦法，但還是會有一些問題。例如列表 15-7 中的修改，這項範例對欲顯示的屬性套用了一個過濾器。

列表 15-7 在 directives.html 檔案中對屬性值套用一個過濾器

```
...
<body ng-controller="defaultCtrl">
    <div class="panel panel-default">
        <div class="panel-heading">
            <h3>Products</h3>
        </div>
        <div class="panel-body">
            <div unordered-list="products" list-property="price | currency"></div>
        </div>
    </div>
</body>
...
```

這項修改會使我的自訂指令出錯，因為現在這個 list-property 屬性值並無法直接對應於物件的屬性名稱。解決辦法是藉由 scope.$eval 方法，將屬性值作為一個表達式來計算，傳入的參數分別是欲計算的表達式，以及執行計算所需的本地資料。你可以從列表 15-8 中看到，如何使用$eval 來處理列表 15-7 中的表達式計算。

列表 15-8 在 directives.html 檔案中計算表達式

```
...
angular.module("exampleApp", [])
    .directive("unorderedList", function () {
        return function (scope, element, attrs) {
            var data = scope[attrs["unorderedList"]];
            var propertyExpression = attrs["listProperty"];

            if (angular.isArray(data)) {
                var listElem = angular.element("<ul>");
                element.append(listElem);
                for (var i = 0; i < data.length; i++) {
                    listElem.append(angular.element('<li>')
                        .text(scope.$eval(propertyExpression, data[i])));
```

```
                }
            }
        }
    })
...
```

listProperty 屬性值的內容，即是需要作為表達式進行計算的字串。在建立 li 元素時，我在傳給連結函式的 scope 參數上呼叫$eval 方法，並傳入表達式、以及當前的資料物件，後者是作為表達式計算所需的屬性來源。AngularJS 會自動把工作做好，你可以在圖 15-3 中可以看到其效果，展示出 li 元素包含了各個資料物件的 price 屬性，且能夠經過 currency 過濾器進行格式化。

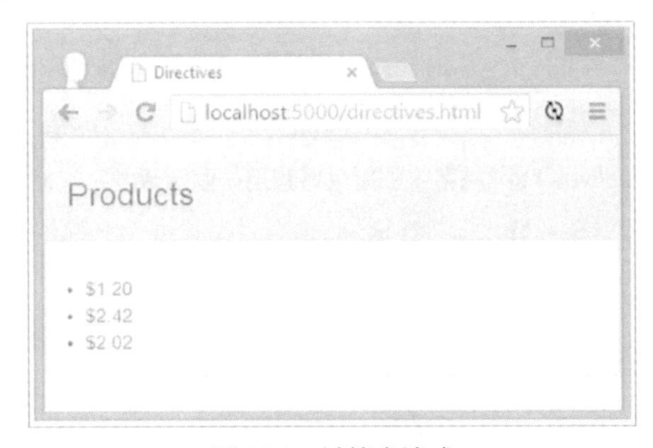

圖 15-3　計算表達式

15.3.4　處理資料變化

接下來我要為自訂指令加入的功能，是能夠回應作用範圍中的資料變化。到目前為止，li 元素的內容，是在 HTML 頁面被 AngularJS 處理時產生出來的，然而若底層的資料值出現進一步的變化時則無法自動更新。你可以在列表 15-9 中看到我對 directives.html 檔案所做的修改，目的是為了變更 product 物件的 price 屬性值。

提示：我會將整個實作過程拆解開來，來展示指令在 AngularJS 和 JavaScript 之間的一個常見問題，以及其解決方案。

列表 15-9　在 directives.html 檔案中改變值

```
<html ng-app="exampleApp">
<head>
    <title>Directives</title>
    <script src="angular.js"></script>
    <link href="bootstrap.css" rel="stylesheet" />
    <link href="bootstrap-theme.css" rel="stylesheet" />
    <script>
        angular.module("exampleApp", [])
            .directive("unorderedList", function () {
                return function (scope, element, attrs) {
```

```
                var data = scope[attrs["unorderedList"]];
                var propertyExpression = attrs["listProperty"];

                if (angular.isArray(data)) {
                    var listElem = angular.element("<ul>");
                    element.append(listElem);
                    for (var i = 0; i < data.length; i++) {
                        listElem.append(angular.element('<li>')
                            .text(scope.$eval(propertyExpression, data[i])));
                    }
                }
            }
        })
        .controller("defaultCtrl", function ($scope) {
            $scope.products = [
                { name: "Apples", category: "Fruit", price: 1.20, expiry: 10 },
                { name: "Bananas", category: "Fruit", price: 2.42, expiry: 7 },
                { name: "Pears", category: "Fruit", price: 2.02, expiry: 6 }
            ];

            $scope.incrementPrices = function () {
                for (var i = 0; i < $scope.products.length; i++) {
                    $scope.products[i].price++;
                }
            }
        })
    </script>
</head>
<body ng-controller="defaultCtrl">
    <div class="panel panel-default">
        <div class="panel-heading">
            <h3>Products</h3>
        </div>
        <div class="panel-body">
            <button class="btn btn-primary" ng-click="incrementPrices()">
                Change Prices
            </button>
        </div>
        <div class="panel-body">
            <div unordered-list="products" list-property="price | currency"></div>
        </div>
    </div>
</body>
</html>
```

我新增了一個按鈕並套用 ng-click 指令，使 incrementPrices 控制器行為能夠被呼叫。這個行為相當簡單，使用了一個 for 迴圈列出 products 陣列中的所有物件，並對其 price 屬性加 1。也就是說，第一次點擊時 1.20 會變成 2.20，第二次點擊時會變成 3.20，以此類推。

1．新增監控器

這個指令將使用我在第 13 章曾介紹過的$watch 方法，來監控作用範圍中的變化。整個過程有比較複雜一些，因為我需要從屬性值中取得待計算的表達式，此外，正如你即將看到的，這需要一個額外的準備步驟。你可以在列表 15-10 中看到我對指令所做的修改，目的是監控作用範圍，並在屬性值發生變化時更新 HTML 元素。

警告：目前，此列表中的程式碼還無法真的運作起來，我會在稍後做進一步的說明。

列表 15-10　在 directives.html 檔案中處理資料變化

```
...
angular.module("exampleApp", [])
    .directive("unorderedList", function () {
        return function (scope, element, attrs) {
            var data = scope[attrs["unorderedList"]];
            var propertyExpression = attrs["listProperty"];

            if (angular.isArray(data)) {
                var listElem = angular.element("<ul>");
                element.append(listElem);
                for (var i = 0; i < data.length; i++) {
                    var itemElement = angular.element('<li>');
                    listElem.append(itemElement);
                    var watcherFn = function (watchScope) {
                        return watchScope.$eval(propertyExpression, data[i]);
                    }
                    scope.$watch(watcherFn, function (newValue, oldValue) {
                        itemElement.text(newValue);
                    });
                }
            }
        }
    })
...
```

在第 13 章裡，我曾示範如何以一個字串表達式和一個處置器函式，來使用$watch 方法。AngularJS 會在每次作用範圍發生變化時計算表達式，並在計算出不同結果時呼叫處置器函式。

如今在這項範例裡，我則使用了兩個函式。第一個函式（監控器函式）會在每次作用範圍發生變化時呼叫，並且會根據作用範圍中的資料計算出一個值。如果該函式所回傳的值出現變化，便會接著呼叫處置器函式，如同先前使用字串表達式的方式。

使用監控器函式，能夠讓我處理表達式中存在過濾器的情形。以下即是我所定義的監控器函式：

```
...
var watcherFn = function (watchScope) {
    return watchScope.$eval(propertyExpression, data[i]);
}
...
```

這個監控器函式在每次計算時都會傳入作用範圍，此外我也使用了$eval 函式來計算表達式，並使用一個資料物件作為屬性值的來源。我可以將這個監控器函式傳遞給$watch 方法並指定回呼函式，該回呼函式接著會使用 jqLite 的 text 函式來更新 li 元素的文字內容，以反映資料值的變化：

```
...
scope.$watch(watcherFn, function (newValue, oldValue) {
    itemElement.text(newValue);
});
...
```

其結果是指令將能夠監控 li 元素所顯示的屬性值，並在出現變化時更新元素的內容。

提示：可以看到這裡並沒有在$watch 處置器函式以外之處設定 li 元素的內容。AngularJS 在指令被套用時便會直接呼叫處置器一次，newValue 參數會取得表達式的初始計算值，而 oldValue 參數則為 undefined。

2．修復作用範圍的邏輯問題

然而，如果在瀏覽器中載入 directives.html 檔案，這個指令卻不會更新 li 元素。如果查看 DOM 中的 HTML 元素，將會看到 li 元素並沒有包含任何內容。由於此問題相當常見，因此有必要在此示範解決辦法，即使它是源自於更底層的 JavaScript 設計概念而非針對 AngularJS。問題是肇因於以下這條述句：

```
...
var watcherFn = function (watchScope) {
    return watchScope.$eval(propertyExpression, data[i]);
}
...
```

JavaScript 有一項名為「閉包」的功能，能夠讓函式參照其作用範圍之外的變數。這是一項很棒的功能，為 JavaScript 帶來諸多便利之處。若沒有閉包，就得確保函式所需的每一個物件和值都已透過參數傳入。

容易混淆之處在於，函式所存取的變數是在函式被呼叫時才進行計算，而不是在函式被定義時。這表示變數 i 會直到 AngularJS 呼叫監控器函式時才會被計算，因此事件的發生順序將大致如下：

1．AngularJS 呼叫連結函式以建立指令。

2．for 迴圈開始列出 products 陣列中的各個物件。

3．i 的值為 0，對應於陣列中的第一個物件。

4．for 迴圈將 i 加 1，變為 1，對應於陣列中的第二個物件；

5．for 迴圈將 i 加 1，變為 2，對應於陣列中的第三個物件；

6．for 迴圈將 i 加 1，變為 3，已經大於陣列長度。

7．for 迴圈結束。

8．AngularJS 執行三次監控器函式，皆參照了 data[i]。

到了步驟 8 時，i 的值已經為 3，使得三次監控器函式其實都在存取資料陣列中一個並不存在的物件，而這便是指令之所以無法運作的原因。

要解決這項問題，我需要對閉包功能加以控制，以便使用一個固定或有所限制的變數，來參照資料物件。也就是說我需要步驟 3 到步驟 5 中設定的變數值，而非直到 AngularJS 在執行監控器函式時所設定的變數值。你可以在列表 15-11 中看到如何完成這項需求。

列表 15-11　在 directives.html 檔案中進一步設定變數值

```
...
angular.module("exampleApp", [])
    .directive("unorderedList", function () {
        return function (scope, element, attrs) {
            var data = scope[attrs["unorderedList"]];
            var propertyExpression = attrs["listProperty"];

            if (angular.isArray(data)) {
                var listElem = angular.element("<ul>");
                element.append(listElem);
                for (var i = 0; i < data.length; i++) {
                    (function () {
                        var itemElement = angular.element('<li>');
                        listElem.append(itemElement);
                        var index = i;
                        var watcherFn = function (watchScope) {
                            return watchScope.$eval(propertyExpression, data[index]);
                        }
                        scope.$watch(watcherFn, function (newValue, oldValue) {
                            itemElement.text(newValue);
                        });
                    }());
                }
            }
        }
    })
...
```

我在 for 迴圈裡定義了一個「立即呼叫的函式表達式」(immediately invoked function expression，IIFE)，顧名思義，這個函式會被立即執行（因此也常被稱為「自我執行函式」)。以下即是 IIFE 的基本結構：

```
...
(function() {
    // ...statements that will be executed go here...
}());
...
```

IIFE 使我可以定義一個名為 index 的變數，並將 i 的當前值指派給它。由於 IIFE 是在定義時立即執行，所以 index 的值還不會遇到 for 迴圈的下一次迭代而更新，這表示我將可以在監控器函式裡存取到正確的物件，如下所示：

```
...
return watchScope.$eval(propertyExpression, data[index]);
...
```

加入 IIFE 的結果，是監控器函式能夠使用一個有效的索引值來取得所需的資料物件，使指令能夠按照設想的方式運作，如圖 15-4 所示。

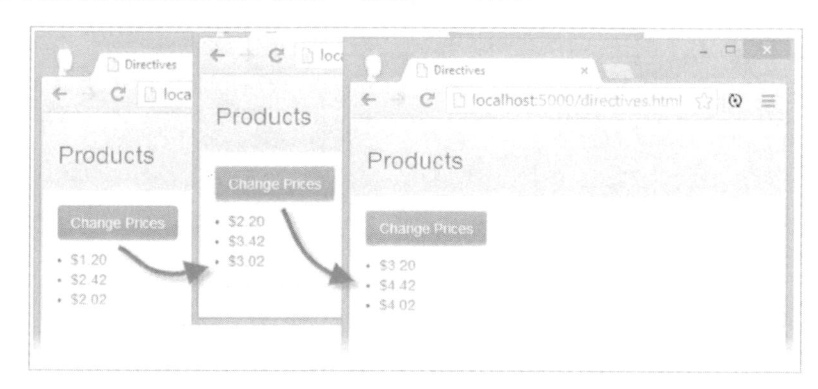

圖 15-4　處理資料的變化

15.4　使用 jqLite

到目前為止，我已經讓你看到如何建立一個自訂指令，接下來則要專注在 jqLite 上，它是 AngularJS 所內建的縮減版 jQuery，可用於在指令中建立、操作及管理 HTML 元素。在本章的後續段落，我將介紹 jqLite 所提供的方法，並示範其中最重要的部份。

我並不會在此完整示範 jqLite 的每一個方法。由於 jqLite 方法的實作都相同於 jQuery 的同名方法，所以你可以參見 jQuery 的 API 文件 http://jquery.com，或者參考我的另一部著作《Pro jQuery 2.0》，同樣是由 Apress 出版。

15.4.1　導覽文件物件模型

首先，jqLite 能夠用於定位文件物件模型（DOM）中的元素位置。一個簡單的指令通常並不需要在 DOM 中四處導覽，因為連結函式已經傳入了 element 參數，該參數是一個 jqLite 物件，是代表指令所套用到的元素。然而在更加複雜的指令中，你可能必須管理多個元素，而這需要遍歷元素的層次結構、找出並選取一個或多個需要操作的元素。表 15-3 列出了用於導覽 DOM 的 jqLite 方法。

如果你未曾使用過 jQuery，那麼這些方法及其描述可能會看起來有點古怪。一個 jqLite 物件（AngularJS 用於表示 HTML 元素的物件）事實上可以含有零個、一個或多個 HTML 元素。因此，某些 jqLite 方法，例如 eq，會將 jqLite 物件視為一個集合來處理；或者例如 children，則是會回傳一個元素集合。為了說明這是如何運作的，我在 angularjs

資料夾裡新增了一個名為 jqlite.html 的 HTML 檔案，在其中定義一個指令，是利用 jqLite 來執行一些簡單的 DOM 導覽動作。你可以在列表 15-12 中看到這個新檔案的內容。

表 15-3　用於進行 DOM 導覽的 jqLite 方法

名　稱	說　明
children()	回傳一組子元素。這個方法的 jqLite 實作並不支援 jQuery 的選擇器功能
eq(index)	根據指定的索引從元素集合中回傳一個元素
find(tag)	取得所有符合指定標籤名稱的後輩元素。jQuery 實作有提供額外選項，jqLite 實作則無
next()	取得下一個同輩元素。這個方法的 jqLite 實作並不支援 jQuery 的選擇器功能
parent()	回傳父元素。這個方法的 jqLite 實作並不支援 jQuery 的選擇器功能

列表 15-12　jqlite.html 檔案的內容

```
<html ng-app="exampleApp">
<head>
    <title>Directives</title>
    <script src="angular.js"></script>
    <script>
        angular.module("exampleApp", [])
            .directive("demoDirective", function () {
                return function (scope, element, attrs) {
                    var items = element.children();
                    for (var i = 0; i < items.length; i++) {
                        if (items.eq(i).text() == "Oranges") {
                            items.eq(i).css("font-weight", "bold");
                        }
                    }
                }
            })
            .controller("defaultCtrl", function ($scope) {
                // controller defines no data or behaviors
            })
    </script>
</head>
<body ng-controller="defaultCtrl">
    <h3>Fruit</h3>
    <ol demo-directive>
        <li>Apples</li>
        <li>Oranges</li>
        <li>Pears</li>
    </ol>
</body>
</html>
```

這項範例的指令名稱很顯然就是 demoDirective，它會針對所套用到的元素，尋找任何其內容為「Oranges」的子元素。雖然此舉在真實的專案中並不常見，不過這裡僅僅是為了要示範 jqLite 的基本使用方式。

傳遞給連結函式的 element 參數，可說是所有指令的起始點。element 參數是一個 jqLite 物件，它支援了先前表 15-3 中以及本章後續提及的所有 jqLite 方法。element 物件代表了該指令所套用到的元素。我從呼叫 children 方法開始，如下所示：

```
...
var items = element.children();
...
```

children 方法會回傳另一個 jqLite 物件，不過這個物件內含的將是所有子元素。子元素是直接定義在一個元素下的後輩元素，在本例中即是多個 li 元素。

我使用了一個標準的 for 迴圈來列出 items 物件所內含的元素，並使用 length 屬性來算出有多少個元素。我也對各個元素使用 text 方法來回傳元素的文字內容（如第 15.4.2 節將介紹的），為的是檢查其內容是否為「Oranges」：

```
...
if (items.eq(i).text() == "Oranges") {
...
```

可以看到我使用了 eq 方法來取得當前索引的元素，而不是將 jqLite 物件視為 JavaScript 陣列來處理（例如 items[i]）。eq 方法會回傳一個含有指定索引之元素的 jqLite 物件，它同樣支援所有的 jqLite 方法。若使用 JavaScript 陣列索引，則會回傳一個 HTMLElement 物件，也就是瀏覽器用於表示 DOM 元素的物件。你的確可以直接操作 HTMLElement 物件，但它們並不支援 jqLite 方法，所以相比起 jqLite/jQuery 來說，使用 DOM API 是更為繁瑣且痛苦的。

這項範例最後使用了一個 css 方法（直接對元素設定 CSS 屬性，正如我將在第 15.4.2 節所介紹的那樣），使瀏覽器在顯示該元素文字時套用粗體，如下所示：

```
...
items.eq(i).css("font-weight", "bold");
...
```

再一次地，可以看到我是透過 eq 方法來存取元素。圖 15-5 展示了該指令的效果。

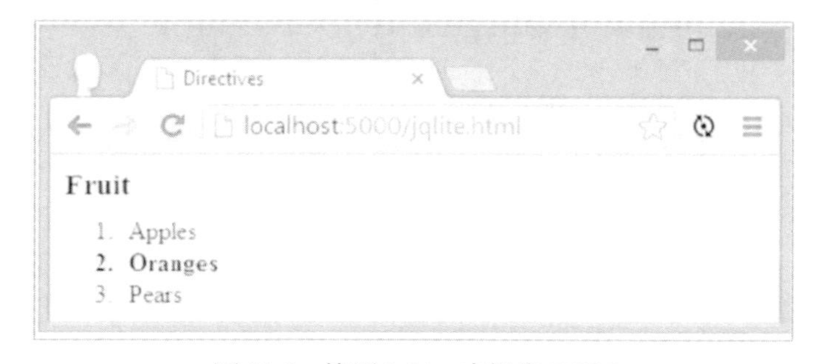

圖 15-5　使用 jqLite 來操作 DOM

找出後輩元素

先前使用的 children 方法，僅會回傳當前元素的下一層子元素。如果想更深層地尋找元素，則得使用 find 方法，它能夠在目標元素的子元素及孫元素等所有後輩元素中，搜尋指定類型的元素。舉例來說，如果我在 jqlite.html 檔案中加入一些額外的元素，就可以看到 children 方法的侷限性，如列表 15-13 所示。

列表 15-13 在 jqlite.html 檔案裡新增元素

```
...
<ol demo-directive>
    <li>Apples</li>
    <ul>
        <li>Bananas</li>
        <li>Cherries</li>
        <li>Oranges</li>
    </ul>
    <li>Oranges</li>
    <li>Pears</li>
</ol>
...
```

children 方法只會回傳 ol 元素的下一層元素，也就是儘管包含了新增的 ul 元素，但並不包含新增的 li 元素。你可以從圖 15-6 中看到這所導致的問題，雖然一共有兩個元素含有 Oranges，但只有一個會被標記為粗體。

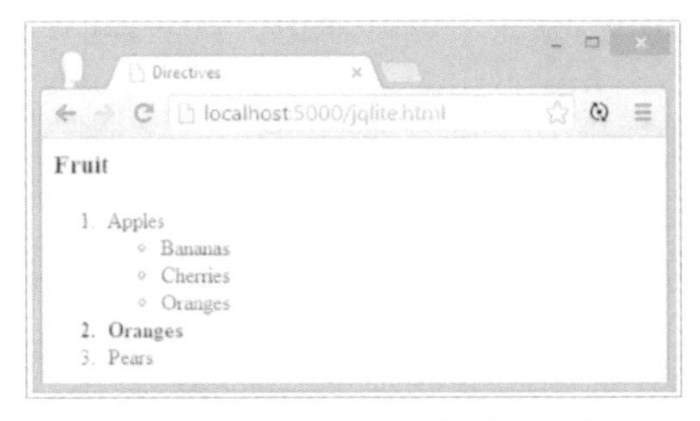

圖 15-6 children 方法所存在的限制

反之，使用 find 方法則能夠找出 ol 元素下的所有 li 元素，包括處於更深層結構的那些元素。你可以在列表 15-14 中看到，如何使用 find 來尋找元素。

列表 15-14 在 jqlite.html 檔案裡使用 find 方法來尋找元素

```
...
angular.module("exampleApp", [])
    .directive("demoDirective", function () {
        return function (scope, element, attrs) {
            var items = element.find("li");
            for (var i = 0; i < items.length; i++) {
                if (items.eq(i).text() == "Oranges") {
                    items.eq(i).css("font-weight", "bold");
                }
            }
        }
    })
...
```

雖然 jQuery 的 find 方法具備靈活的尋找方式，不過 jqLite 的 find 方法則僅能夠根據標籤名稱來找出元素。在這個列表中，我指示 find 方法去尋找 ol 元素下的所有 li 元素，包括我在列表 15-13 中所新增的那些元素。你可以從圖 15-7 中看到這項修改所帶來的效果。

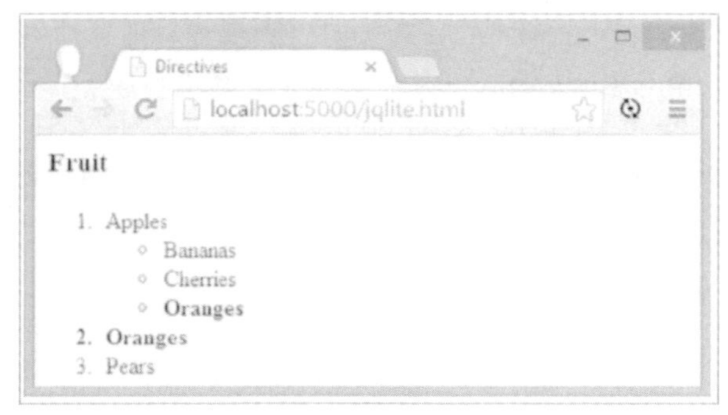

圖 15-7　使用 find 方法

警告：你可以使用 jqLite 方法在 DOM 中四處穿梭，甚至跳脫原先指令所套用到的元素範圍。儘管在文件中隨意漫遊聽起來很誘人，但我的建議是安分地待在原處，只處理傳遞給連結函式的元素及其子元素。因為脫離範圍進行操作會引起混亂，甚至會影響其他指令的運作。

15.4.2　修改元素

在指令的連結函式中做 DOM 導覽，經常是為了修改一個或多個元素。而 jqLite 即提供了多個可用於修改元素內容及屬性的方法，如表 15-4 所示。

表 15-4　用於修改元素的 jqLite 方法

名　稱	說　明
addClass(name)	將 jqLite 物件中的所有元素加入到指定的類別
attr(name) attr(name, value)	取得 jqLite 物件中第一個元素的特定屬性（attribute）值，或者為所有元素設定屬性值
css(name) css(name, value)	取得 jqLite 物件中第一個元素的特定 CSS 屬性值，或者為所有元素設定 CSS 屬性值
hasClass(name)	如果 jqLite 物件中有任一元素屬於指定的類別時，便回傳 true
prop(name) prop(name, value)	取得 jqLite 物件中第一個元素的特定屬性（property）值，或者為所有元素設定屬性值
removeAttr(name)	從 jqLite 物件的所有元素中移除特定屬性
removeClass(name)	從 jqLite 物件的所有元素中移除特定類別
text() text(value)	取得 jqLite 物件中所有元素的文字拼接結果，或者設定所有元素的文字內容
toggleClass(name)	為 jqLite 物件中的所有元素切換指定的類別。原先不在類別中的元素會被加入，已經在類別中的元素則會被移除
val() val(value)	取得 jqLite 物件中第一個元素的 value 屬性值，或者設定所有元素的 value 屬性值

其中的某些方法具有兩種形式，分別是用於取值及設值。當方法只傳入單一參數時，便會自 jqLite 物件的第一個元素中取得一個值。例如以單一參數呼叫 css 方法時，便會從 jqLite 物件的第一個元素中，取得指定的 CSS 屬性值，所有其他元素則會被忽略。作為示範，我在 jqlite.html 檔案中，對 find 方法所回傳的 jqLite 物件上呼叫了 css 方法，如列表 15-15 所示。

列表 15-15　在 jqlite.html 檔案中透過 jqLite 方法實作「get」的概念

```
...
angular.module("exampleApp", [])
    .directive("demoDirective", function () {
        return function (scope, element, attrs) {
            var items = element.find("li");

            for (var i = 0; i < items.length; i++) {
                if (items.eq(i).text() == "Oranges") {
                    items.eq(i).css("font-weight", "bold");
                } else {
                    items.eq(i).css("font-weight", "normal");
                }
            }
            console.log("Element count: " + items.length);
            console.log("Font: " + items.css("font-weight"));
        }
    })
...
```

警告：其中的一個例外情況是 text 方法，如果以不含參數的方式呼叫它，將會回傳 jqLite 物件中所有元素的文字拼接結果，而不僅僅是第一個元素的文字內容。

我向 JavaScript 主控台寫入了 item 物件的元素數目，以及對 css 方法傳入單一參數（font-weight 屬性）的執行結果，而輸出內容如下：

```
...
Element count: 6
Font: normal
...
```

只有第一個元素的字體粗細會被顯示出來，也就是「normal」。反之，若是透過該方法來設定一個值，則這個值會一併套用至 jqLite 物件內的所有元素。你可以從列表 15-16 中看到，如何使用 css 方法來設定 CSS 顏色屬性。

列表 15-16　在 jqlite.html 檔案中透過 jqLite 方法實作「set」的概念

```
...
angular.module("exampleApp", [])
    .directive("demoDirective", function () {
        return function (scope, element, attrs) {
            var items = element.find("li");
```

```
                items.css("color", "red");

                for (var i = 0; i < items.length; i++) {
                    if (items.eq(i).text() == "Oranges") {
                        items.eq(i).css("font-weight", "bold");
                    }
                }
            }
        })
...
```

結果是目標元素下的所有 li 元素都會變成紅色，雖然圖 15-8 的顯示結果並不明顯。

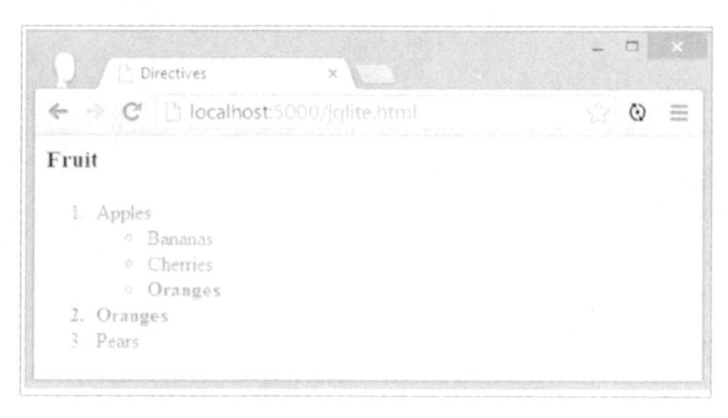

圖 15-8　設定 CSS 屬性值

提示：如果你想更進一步指定是哪些元素的CSS屬性會被變更，則可以藉助於表 15-3 中所列的 DOM 導覽方法，來設定一個針對特定元素的 jqLite 物件。

attribute 與 property 之分

你可以在表 15-4 中看到 attr 和 removeAttr 方法是針對 attribute 做處理，而 prop 方法則是用於處理 property，然而這兩種詞彙都經常被稱之為「屬性」。其中的區別在於，property 是由 DOM API 的 HTMLElement 物件所定義的，而 attribute 則是由標記語言的 HTML 元素所定義。兩者之間的對應關係，有時並不是那麼明顯。例如 HTML 元素的 class，在 HTMLElement 物件中則是稱為 className。

一般來說，你應該優先使用 prop 方法，因為它所回傳的物件是更容易操作的。這些物件是由 DOM API 所定義，詳情請見 www.w3.org/TR/html5。

15.4.3 建立和移除元素

當然，你不會只是想要在指令中找出和修改現有的元素而已。你也會想要在 DOM 中新增內容，或者是移除舊內容。表 15-5 列出了 jqLite 中可用於建立元素及移除元素的方法。

表 15-5 用於建立和移除元素的 jqLite 方法

名　稱	說　明
angular.element(html)	自 HTML 字串建立一個代表某元素的 jqLite 物件
after(elements)	在呼叫此方法的元素後面插入指定內容
append(elements)	在呼叫此方法的 jqLite 物件上，對其內的每一個元素皆插入指定的子元素於最後面
clone()	從呼叫此方法的 jqLite 物件上複製元素並作為一個新的 jqLite 物件
prepend(elements)	在呼叫此方法的 jqLite 物件上，對其內的每一個元素皆插入指定的子元素於最前面
remove()	從 DOM 中移除 jqLite 物件的元素
replaceWith(elements)	將呼叫此方法的 jqLite 物件之元素取代為指定的元素
wrap(elements)	使用指定元素來包裹 jqLite 物件中的每個元素

你能夠藉助於這些方法，來處理 jqLite 物件或 HTML 片段，輕鬆地建立出動態性的內容。Angular.element 方法能夠彌合兩者之間的鴻溝，從 DOM 中取得 HTML 片段或 HTMLElement 物件，並將其包裝為 jqLite 物件。

這裡需要當心的主要問題，是許多方法所回傳的 jqLite 物件，都僅有原本的元素，而非包含參數中的元素。我知道我說明得不是很清晰，所以我會示範一項刻意的陷阱。你可以在列表 15-17 中看到，我更新了 jqlite.html 檔案以便產生多個列表元素。

列表 15-17 在 jqlite.html 檔案裡產生列表元素

```
<html ng-app="exampleApp">
<head>
    <title>Directives</title>
    <script src="angular.js"></script>
    <script>
    angular.module("exampleApp", [])
        .directive("demoDirective", function () {
            return function (scope, element, attrs) {
                var listElem = element.append("<ol>");
                for (var i = 0; i < scope.names.length; i++) {
                    listElem.append("<li>").append("<span>").text(scope.names[i]);
                }
            }
        })
        .controller("defaultCtrl", function ($scope) {
            $scope.names = ["Apples", "Bananas", "Oranges"];
        })
    </script>
</head>
<body ng-controller="defaultCtrl">
    <h3>Fruit</h3>
    <div demo-directive></div>
</body>
</html>
```

我將指令套用到一個 div 元素上，並更新控制器，在作用範圍中定義了一組資料陣列。此外也修改了指令的連結函式，以便利用 jqLite 來建立一個包含了多個 li 元素的 ol 元素，而每一個 li 元素則又包含了一個 span 元素，其內含有來自陣列的值。我想要產生的元素如下所示：

```
...
<div demo-directive="">Oranges</div>
    <ol>
        <li><span>Apples</span></li>
        <li><span>Bananas</span></li>
        <li><span>Oranges</span></li>
    </ol>
</div>
...
```

但結果卻不是這樣，你可以從圖 15-9 中看到實際結果。

圖 15-9　無法順利產生列表項目

若使用 F12 工具查看 DOM 中的 HTML 元素，則會顯示出以下內容：

```
...
<div demo-directive="">Oranges</div>Oranges</div>
...
```

是哪裡出錯了？答案是我從一開始就在 DOM 裡操作了錯誤的元素。範例中的第一個 jqLite 操作如下所示：

```
...
var listElem = element.append("<ol>");
...
```

我對連結函式所傳入的 element 參數新增了一個 ol 子元素，該參數即是代表 div 元素。其實在操作 append 方法時所使用的變數名稱 listElem，便已某種程度透露出其中的謬誤。實際上，append 方法（以及表 15-5 中其他同樣傳入元素的方法）所回傳的 jqLite 物件，是代表執行操作的元素，在本例中也就是 div 元素而非 ol 元素。這表示本例的另一個 jqLite 述句會得到非預期的結果：

```
...
listElem.append("<li>").append("<span>").text(scope.names[i]);
...
```

這條述句中一共有三個操作，分別是兩個 append 方法呼叫以及一個 text 方法呼叫，而所有這些操作都直接被套用在 div 元素上。首先，我對 div 元素新增了一個 li 子元素，接著又新增了一個 span 元素。最後，我呼叫了 text 方法，使得方才加入到 div 裡的子元素皆被清除掉，取而代之的是一個文字字串。並且由於是在一個 for 迴圈裡執行操作，所以陣列裡的每一個元素都重複了這些操作。這便是為什麼在 div 元素裡出現了 Oranges，因為它是陣列中的最後一個值。

這是一項極為常見的錯誤，甚至對於富有 jQuery 經驗的開發者也是如此。我很常犯下這類錯誤，像是在初步建置本章的自訂指令時我就犯過這樣的錯誤。你必須密切注意你是在操作哪個元素，然而jqLite 相較於 jQuery 又更加困難了些，因為 jqLite 省略了一些有助於進行追蹤的方法。

我發現避免這項問題的最可靠方案，是使用 angular.element 方法來建立 jqLite 物件，然後在分離的述句中對它們執行各種操作。你可以在列表 15-18 中看到，如何正確地產生列表元素。

列表 15-18　在 jqlite.html 檔案中修復問題

```
...
angular.module("exampleApp", [])
    .directive("demoDirective", function () {
        return function (scope, element, attrs) {
            var listElem = angular.element("<ol>");
            element.append(listElem);
            for (var i = 0; i < scope.names.length; i++) {
                listElem.append(angular.element("<li>")
                    .append(angular.element("<span>").text(scope.names[i])));
            }
        }
    })
...
```

現在，ol、li 和 span 元素都能夠正確地產生出來，如圖 15-10 所示。

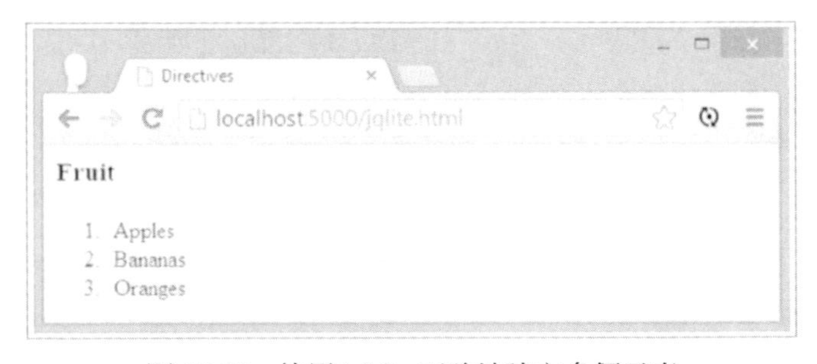

圖 15-10　使用 jqLite 正確地建立多個元素

15.4.4　處理事件

jqLite 能夠藉由表 15-6 所列的方法，來處理元素所發出的事件。這些方法即如同於內建的事件指令（在第 11 章曾介紹過）所使用的方法。

表 15-6 用於處理事件的 jqLite 方法

名　稱	說　明
on(events, handler)	為 jqLite 物件元素的事件註冊一個處置器。本方法的 jqLite 實作並未支援 jQuery 的選擇器及事件資料功能
off(events, handler)	為 jqLite 物件元素的特定事件移除一個已註冊的處置器。本方法的 jqLite 實作並未支援 jQuery 的選擇器功能
triggerHandler(event)	對 jqLite 物件元素上的指定事件觸發所有已註冊的處置器

你可以在列表 15-19 中看到，如何在 jqlite.html 檔案中新增一個 button 元素，並使用 on 方法設定一個處置器函式，該函式會於 button 元素發生 click 事件時呼叫。

列表 15-19 在 jqlite.html 檔案中新增一個事件處置器

```
<html ng-app="exampleApp">
<head>
    <title>Directives</title>
    <script src="angular.js"></script>
    <style>
        .bold { font-weight: bold; }
    </style>
    <script>
        angular.module("exampleApp", [])
            .directive("demoDirective", function () {
                return function (scope, element, attrs) {
                    var listElem = angular.element("<ol>");
                    element.append(listElem);
                    for (var i = 0; i < scope.names.length; i++) {
                        listElem.append(angular.element("<li>")
                            .append(angular.element("<span>").text(scope.names[i])));
                    }
                    var buttons = element.find("button");
                    buttons.on("click", function (e) {
                        element.find("li").toggleClass("bold");
                    });
                }
            })
            .controller("defaultCtrl", function ($scope) {
                    $scope.names = ["Apples", "Bananas", "Oranges"];
                })
    </script>
</head>
<body ng-controller="defaultCtrl">
    <h3>Fruit</h3>
    <div demo-directive>
        <button>Click Me</button>
    </div>
</body>
</html>
```

在指令的連結函式裡，我使用了 find 方法來找出當前元素中的所有 button 元素。然後對 find 方法所回傳的 jqLite 物件呼叫 on 方法，註冊一個函式作為 click 事件的處置器。

當處置器函式被呼叫時，將會找出後輩元素中的所有 li 元素，並透過 toggleClass 方法，對它們新增或移除 bold 類別，也就是我在文件開頭處新增的那個簡單 CSS 樣式。結果是點擊按鈕時，便會使列表項目在普通與粗體文字之間做切換，如圖 15-11 所示。

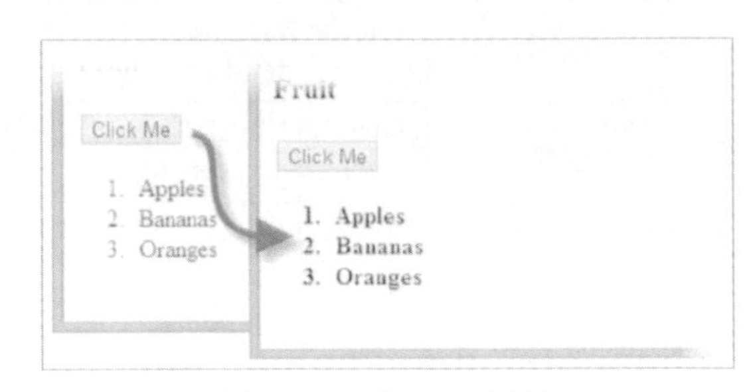

圖 15-11 處理一個事件

15.4.5 其他 jqLite 方法

除此之外，還有一些 jqLite/jQuery 方法，不易歸類在特定的分類裡，因此便一併列於表 15-7 中。這裡是出於補遺性的目的列出這些方法，不過我並不打算進行示範，因為它們並不常用於 AngularJS 指令中，更多詳情可參見我的《Pro jQuery 2.0》一書。

表 15-7 其他 jqLite 方法

名　稱	說　明
data(key, value) data(key)	將指定的資料鍵值繫結於 jqLite 物件的所有元素上，或者從 jqLite 物件的第一個元素中取得指定的鍵值
removeData(key)	從 jqLite 物件元素中移除指定鍵值
html()	回傳 jqLite 物件中第一個元素的 HTML 內容
ready(handler)	註冊一個處置器函式，該函式會在 DOM 內容完成載入時呼叫一次

15.4.6 從 jqLite 存取 AngularJS 功能

除了前面各節所描述的 jQuery 方法之外，jqLite 還提供了一些額外的方法，可以用於存取 AngularJS 專屬功能。表 15-8 列出了這些方法。

表 15-8 可用於存取 AngularJS 功能的 jqLite 方法

名　稱	說　明
controller() controller(name)	回傳當前元素或其父元素的控制器。關於控制器與指令間的互動詳情請參見第 17 章
injector()	回傳當前元素或其父元素的注入器。我將在第 24 章介紹注入器
isolatedScope()	如果當前元素有獨立的作用範圍，便回傳該作用範圍。我將在第 16 章說明獨立的作用範圍
scope()	回傳當前元素或其父元素的作用範圍。關於指令如何管理作用範圍的細節請參見第 16 章
inheritedData(key)	此方法類似於 jQuery 的 data 方法，但是會沿著元素層次結構向上尋找符合的鍵值

注意：多數的專案都不需要使用這些方法，你可以不用太在意它們。

15.5 使用 jQuery 而非 jqLite

jqLite 只實作了完整 jQuery 函式庫的一部份方法，而其中有些方法（如同我在前面各節的表格中曾備註過的）即便有提供，也縮減了一些細部功能，可能會令習於使用 jQuery 的程式設計師感到困擾。

jqLite 著重於高效率、簡化性與縮減體積上，一旦你習慣了使用 jqLite，你會發現你仍然能夠在指令中完成任何你想要做的事情，即使結果或許不像使用 jQuery 那樣優雅。若考量到事實上所有的 AngularJS 內建指令都是由 jqLite 打造而成的，你就會明白其實它已具備所需的關鍵功能。

不過，如果你仍然覺得無法使用 jqLite 來完成想要完成的事物，你還是可以使用完整的 jQuery 函式庫。你可以在列表 15-20 中看到，如何修改 directives.html 檔案，並使用一些 jQuery 專屬的方法來簡化自訂指令。

提示：使用完整的 jQuery 函式庫，將會使得瀏覽器需要下載及處理另一個 JavaScript 檔案。並且若有任何應用程式使用了你的指令，則該應用程式也將依賴於 jQuery 才能運作。因此我的建議是花點時間熟悉 jqLite，並認真評估是否真的需要切換到 jQuery。

列表 15-20　在 directives.html 檔案中用 jQuery 取代 jqLite

```
...
<head>
    <title>Directives</title>
    <script src="http://code.jquery.com/jquery-1.10.1.min.js"></script>
    <script src="angular.js"></script>
    <link href="bootstrap.css" rel="stylesheet" />
    <link href="bootstrap-theme.css" rel="stylesheet" />
    <script>
        angular.module("exampleApp", [])
            .directive("unorderedList", function () {
                return function (scope, element, attrs) {
                    var data = scope[attrs["unorderedList"]];
                    var propertyExpression = attrs["listProperty"];
                    if (angular.isArray(data)) {
                        var listElem = angular.element("<ul>").appendTo(element);
                        for (var i = 0; i < data.length; i++) {
                            (function () {
                                var itemElement =
                                    angular.element("<li>").appendTo(listElem);
                                var index = i;
                                var watcherFn = function (watchScope) {
                                    return watchScope.$eval(propertyExpression,
                                        data[index]);
                                }
```

```
                            scope.$watch(watcherFn, function (newValue, oldValue) {
                                itemElement.text(newValue);
                            });
                        }());
                    }
                }
            }
        }).controller("defaultCtrl", function ($scope) {
            $scope.products = [
                { name: "Apples", category: "Fruit", price: 1.20, expiry: 10 },
                { name: "Bananas", category: "Fruit", price: 2.42, expiry: 7 },
                { name: "Pears", category: "Fruit", price: 2.02, expiry: 6 }
            ];

            $scope.incrementPrices = function () {
                for (var i = 0; i < $scope.products.length; i++) {
                    $scope.products[i].price++;
                }
            }
        })
    </script>
</head>
...
```

我新增了一個 script 元素，從內容分發網路（CDN）上載入 jQuery 函式庫檔案，此舉讓我們不用新增任何檔案至 angularjs 資料夾中，就能夠示範程式效果。首先，注意 jQuery 的 script 元素是出現在 AngularJS 的 script 元素之前。這是因為 AngularJS 會在安裝 jqLite 之前先檢查 jQuery 是否已經被載入了，因此 script 元素必須按此順序放置。反之，如果 jQuery 是加入在 AngularJS 之後，那麼 jqLite 就會被使用。

當我在使用jqLite時，我最期望擁有的方法就是appendTo。這個方法是解決第15.4.3節中所列問題的另一種途徑，它讓我能夠在文件中新增元素，並呼叫其他 jQuery 方法來修改這些新元素。結果非常有用，使我能夠將以下的多行 jqLite 述句：

```
...
var itemElement = angular.element('<li>');
listElem.append(itemElement);
...
```

取代為單一的 jQuery 述句：

```
...
var listElem = angular.element("<ul>").appendTo(element);
...
```

提示：雖然我在使用 jQuery 時會經常利用此方法，但我真的甚少在自己的 AngularJS 專案中用 jQuery 來取代 jqLite。我已經學會順應 jqLite 的情況，而我也建議你試著適應它。

15.6 小結

本章示範了如何建立基本的自訂指令，包含使用 directive 方法來定義新指令，並定義它的連結函式，接著透過指令來處理表達式並監控作用範圍中的變化。本章還介紹了 jqLite，它是 jQuery 的精簡版，內建於 AngularJS 中以供指令使用。如有需要，你仍然可以使用 jQuery 來取代 jqLite。雖然我更鼓勵你先試著使用 jqLite，因此這樣可以減少你的應用程式所依賴的 JavaScript 數量，也使指令更易於被不同的應用程式所使用。下一章，我將示範一些進階技巧來建立出更複雜的指令。

第 16 章

建立複雜指令

前一章示範了建立一個自訂指令所需的技術，其中包含使用了 jqLite 來操作及管理 HTML 元素。而在本章裡，我則將示範更多的技巧，使你能夠對自訂指令做更多控制。或許你並不會總是需要這些技巧（第 15 章的內容已足以應付多數的狀況），然而當你需要做些更複雜的事情時，它們就會變得很有價值了。此外本章所介紹的技巧還能夠與第 17 章裡的進階技巧相互搭配。表 16-1 為本章摘要。

表 16-1　本章摘要

問　　題	解決方案	列　　表
定義一個複雜指令	從指令的工廠函式中回傳一個定義物件	1
指定指令的套用方式	設定 restrict 屬性	2～6
以 HTML 的方式來呈現指令內容（而非使用 jqLite）	設定 template 屬性	7～8
使用外部範本檔案	設定 templateUrl 屬性	9～12
指定範本內容是否會取代掉指令所套用到的元素	設定 replace 屬性	13～15
為指令的各個實例建立個別的作用範圍	設定 scope 屬性為 true	16～19
避免指令的作用範圍會繼承其父作用範圍的物件和屬性	建立一個孤立作用範圍	20
在一個孤立作用範圍裡建立一個單向綁定	對作用範圍物件新增一個以@為前綴的屬性值	21～22
在一個孤立作用範圍裡建立一個雙向綁定	對作用範圍物件新增一個以=為前綴的屬性值	23
在父作用範圍的上下文中計算一個表達式	對作用範圍物件新增一個以&為前綴的屬性值	24

16.1　準備範例專案

我在本章將延續先前在第 15 章中曾建立的 unorderedList 指令。在開始之前，要先讓這個指令回到更基本的狀態，並移除對完整 jQuery 函式庫的依賴，如列表 16-1 所示。

列表 16-1 準備 directives.html 檔案

```
<html ng-app="exampleApp">
<head>
    <title>Directives</title>
    <script src="angular.js"></script>
    <link href="bootstrap.css" rel="stylesheet" />
    <link href="bootstrap-theme.css" rel="stylesheet" />
    <script>
        angular.module("exampleApp", [])
            .directive("unorderedList", function () {
                return function (scope, element, attrs) {
                    var data = scope[attrs["unorderedList"]];
                    var propertyExpression = attrs["listProperty"];
                    if (angular.isArray(data)) {
                        var listElem = angular.element("<ul>");
                        element.append(listElem);
                        for (var i = 0; i < data.length; i++) {
                            var itemElement = angular.element("<li>")
                                .text(scope.$eval(propertyExpression, data[i]));
                            listElem.append(itemElement);
                        }
                    }
                }
            }).controller("defaultCtrl", function ($scope) {
                $scope.products = [
                    { name: "Apples", category: "Fruit", price: 1.20, expiry: 10 },
                    { name: "Bananas", category: "Fruit", price: 2.42, expiry: 7 },
                    { name: "Pears", category: "Fruit", price: 2.02, expiry: 6 }
                ];
            })
    </script>
</head>
<body ng-controller="defaultCtrl">
    <div class="panel panel-default">
        <div class="panel-heading">
            <h3>Products</h3>
        </div>
        <div class="panel-body">
            <div unordered-list="products" list-property="price | currency"></div>
        </div>
    </div>
</body>
</html>
```

16.2 定義複雜指令

在先前的第 15 章裡，曾示範如何使用一個回傳連結函式的工廠函式，來建立自訂指令。這是一種最簡單的辦法，不過這也表示指令的許多可用選項都是使用預設值。若要自訂這些選項，工廠函式必須回傳一個 JavaScript 物件作為定義物件，來定義表 16-2 中的部份或者全部屬性。在下面各節中，我將示範如何套用其中的部份屬性，來控制自訂指令的運作。至於其他未介紹到的部份則將於第 17 章中說明。

表 16-2　由指令定義物件所定義的屬性

名　稱	說　明
compile	指定一個編譯函式，請見第 17 章
controller	為指令建立一個控制器函式，請見第 17 章
link	為指令指定連結函式，請見本章第 16.2.1 節
replace	指定範本內容是否會取代指令所套用到的元素，請見本章第 16.3.4 節
require	宣告對某個控制器的依賴，請見第 17 章
restrict	指定指令的套用方式，請見本章第 16.2.1 節
scope	為指令建立一個新的作用範圍或孤立作用範圍，請見本章第 16.4 節
template	指定一個將被插入到 HTML 文件中的範本，請見本章第 16.3 節
templateUrl	指定一個將被插入到 HTML 文件中的外部範本，請見本章第 16.3 節
transclude	指定指令是否會用於包裹任意內容，請見第 17 章

定義指令的套用方式

當你只回傳一個連結函式時，所建立的指令只能以屬性的形式做套用。雖然這是大多數 AngularJS 指令的套用方式，不過你也可以使用 restrict 屬性來修改預設設定，使指令能夠以其他方式做套用。在列表 16-2 中，你可以看到如何更新 unorderedList 指令，使其包含一個定義物件，並使用 restrict 屬性。

列表 16-2　在 directives.html 檔案中設定 restrict 選項

```
...
<script>
    angular.module("exampleApp", [])
        .directive("unorderedList", function () {
            return {
                link: function (scope, element, attrs) {
                    var data = scope[attrs["unorderedList"] || attrs["listSource"]];
                    var propertyExpression = attrs["listProperty"] || "price | currency";
                    if (angular.isArray(data)) {
                        var listElem = angular.element("<ul>");
                        if (element[0].nodeName == "#comment") {
                            element.parent().append(listElem);
                        } else {
                            element.append(listElem);
                        }
                            for (var i = 0; i < data.length; i++) {
                                var itemElement = angular.element("<li>")
                                    .text(scope.$eval(propertyExpression, data[i]));
                                listElem.append(itemElement);
                            }
                     }
```

```
            },
            restrict: "EACM"
        }

    }).controller("defaultCtrl", function ($scope) {
        $scope.products = [
            { name: "Apples", category: "Fruit", price: 1.20, expiry: 10 },
            { name: "Bananas", category: "Fruit", price: 2.42, expiry: 7 },
            { name: "Pears", category: "Fruit", price: 2.02, expiry: 6 }
        ];
    })
</script>
...
```

連結函式與編譯函式的分野

嚴格地說，一個設定了 compile 屬性的編譯函式，應該只用於修改 DOM，而連結函式則僅用於監控器的建立，和設定事件處置器等任務。對編譯/連結做出區隔，有助於改善特別複雜，或者需要處理大量資料的指令效能。然而我在自己的專案裡，基本上都是使用連結函式，而我也建議你這麼做。我只在建立類似於 ng-repeat 指令這樣的功能時，才會使用編譯函式，對此，我將在第 17 章做示範。

我修改了工廠函式以便讓它回傳一個物件，也就是我的定義物件，而不僅僅只有連結函式。當然，這個指令還是需要一個連結函式，所以我將連結函式指派給了定義物件的 link 屬性，正如表 16-2 中所描述的。下一處修改則是為定義物件增加了 restrict 屬性，其值是藉由英文字母，指定了這個自訂指令可用的四種使用方式，如表 16-3 所示。

表 16-3　用於設定 restrict 定義選項的字母

字　母	說　明
E	指令能夠以元素形式套用
A	指令能夠以屬性形式套用
C	指令能夠以類別形式套用
M	指令能夠以註解套用

我在列表 16-2 中指定了所有四個字母，這表示我的自訂指令能夠以全部四種方式做套用，分別是元素、屬性、類別和註解。你可以在後續的小節中，看到該指令將以這四種方式做套用。

提示：在真實的專案中，很少會有指令容許以全部四種方式做套用，最常見的 restrict 屬性值是 A（指令僅能作為屬性形式）、E（指令僅能作為元素形式）、或 AE（指令可作為元素或屬性）。正如我在接下來的小節中會說明的，C 和 M 選項其實很少會被使用到。

1．以元素形式套用指令

AngularJS 的慣例是將那些透過 template 和 templateUrl 屬性來管理範本的指令，當作元素來使用，對此，我將在第 16.3 節中說明這兩個屬性。但儘管如此，這也只是一種習慣，只要你有需要，任何自訂指令都能夠以元素的形式做套用，只需在 restrict 定義屬性的值中包含字母 E 即可。你可以在列表 16-3 中，可以看到如何將範例中的指令作為元素來套用。

列表 16-3　在 directives.html 檔案中以元素的形式套用指令

```
...
<div class="panel-body">
    <unordered-list list-source="products" list-property="price | currency" />
</div>
...
```

我將指令作為一個 unordered-list 元素來套用，並在元素上透過屬性進行設定。這項作法會需要我對指令的連結函式做變更，因為資料來源必須以一個新屬性做定義。我選擇了 list-source 作為新屬性的名稱，你可以從下列程式碼中看到，如果沒有可用的 unordered-list 屬性值，便會檢查新屬性的值：

```
...
var data = scope[attrs["unorderedList"] || attrs["listSource"]];
...
```

2．以屬性形式套用指令

AngularJS 的慣例是將大多數指令都當作屬性使用，這也是為什麼我在第 15 章是透過此種方式進行示範。不過為了本章說明上的完整性，列表 16-4 還是示範了將自訂指令作為屬性的作法。

列表 16-4　在 directives.html 檔案中以屬性形式來套用指令

```
...
<div class="panel-body">
    <div unordered-list="products" list-property="price | currency"></div>
</div>
...
```

你不需要對連結函式做任何修改，就能夠支援此種套用指令的方式，當然，這是因為原來的程式碼就是照這種方式寫的。

3．以類別屬性值的形式套用指令

只要可行，你都應該以元素或屬性的形式來套用指令，尤其是因為這些方式能夠使人更容易瞭解得知指令所套用之處。但儘管如此，你還是能夠將指令以類別屬性值的形式來套用。當你需要將 AngularJS 整合到 HTML 中，然而該 HTML 卻是產生自一個不容易修改的應用程式時，這種方式就尤其有用。列表 16-5 展示了如何透過類別屬性來套用指令。

列表 16-5　在 directives.html 檔案中以類別屬性值的形式套用指令

```
...
<div class="panel-body">
    <div class="unordered-list: products" list-property="price | currency"></div>
</div>
...
```

這裡我將類別的屬性值設定為指令名稱，同時由於我想為指令提供一個設定值，因此在指令名稱後又接著一個冒號（:）以及該設定值。AngularJS 在呈現這項資訊時，將如同元素上有一個名為 unordered-list 的屬性，就像將指令作為一個屬性來使用那樣。

這項範例有一點作弊嫌疑，我在指令所套用的元素上又定義了一個 list-property 屬性。當然，如果能夠在真實的專案中這麼做的話，我就不需要在一開始的地方，使用類別屬性來套用指令了。在真實的專案中，我應該要這麼做：

```
...
<div class="panel-body">
    <div class="unordered-list: products, price | currency"></div>
</div>
...
```

這會使得 AngularJS 將 unorderedList 屬性的值「products, price | currency」提供給連結函式，而我就得在連結函式中剖析這個值。然而，之所以未深入實作下去，是因為我希望將焦點放在 AngularJS 本身；而非為了一項實際上我並不建議你採用的方案，而投入在 JavaScript 的字串剖析上。

4．以註解形式套用指令

最後一個選項是以 HTML 註解的形式來套用指令。這是最後手段了，而你應盡可能使用其他選項。以註解形式來套用指令，會形成讓他人更難以理解的 HTML，因為不太有人會預料到註解竟然會對應用程式的功能產生影響。同時，這也會對某些建構工具造成問題，因為工具可能會為了縮減檔案體積而去除註解。你可以在列表 16-6 中看到如何以註解的形式來套用自訂指令。

列表 16-6　在 directives.html 檔案中以註解形式套用指令

```
...
<div class="panel-body">
    <!-- directive: unordered-list products  -->
</div>
...
```

這個註解必須以單字 directive 作為開頭，接著是冒號、指令名稱以及選擇性的設定參數。如同前一節裡的說明，我不想陷入字串剖析的泥沼，所以我使用了選擇性的參數，來指定資料來源，並更新連結函式以設定屬性表達式的預設值，如下所示：

```
...
var propertyExpression = attrs["listProperty"] || "price | currency";
...
```

為了支援註解形式，我必須修改連結函式的運作方式。若是其他的形式，我會對指令所套用之元素加入內容，但對於註解就無法這麼做了。相反地，我使用 jqLite 來取得並操作註解元素的父元素，如下所示：

```
...
if (element[0].nodeName == "#comment") {
    element.parent().append(listElem);
} else {
    element.append(listElem);
}
...
```

這段程式碼有點不太正規，由於 jQuery/jqLite 物件是以 HTMLElement 物件陣列的形式來呈現的，也就是瀏覽器對於 HTML 元素的 DOM 表現形式。所以我可以使用陣列索引 0 得到 jqLite 物件中的第一個元素並呼叫其 nodeName 屬性，使我能夠得知套用指令的元素之類型。如果這是一個註解，就會使用 jqLite 的 parent 方法取得包含了這個註解的元素，並對其加入我的 ul 元素。這是一種相當醜陋的作法，而這也是為什麼應避免以註解形式來套用指令的另一個原因。

16.3 使用指令範本

到目前為止，我的自訂指令都是使用 jqLite 或 jQuery 來產生元素。雖然此舉可行，但本質上這是用命令式的方式來產生宣告式的內容。而此種不協調性，將會在複雜的專案裡變得更加明顯，因為 jqLite 述句將會變得越加複雜，導致難以閱讀及維護。

一種替代方案是從一個 HTML 範本取得內容，以取代指令所套用之元素的內容。你可以在列表 16-7 中看到，如何使用 template 定義屬性來建立一個簡單的範本。

列表 16-7 在 directives.html 檔案中使用範本產生內容

```
<html ng-app="exampleApp">
<head>
    <title>Directives</title>
    <script src="angular.js"></script>
    <link href="bootstrap.css" rel="stylesheet" />
    <link href="bootstrap-theme.css" rel="stylesheet" />
    <script>
        angular.module("exampleApp", [])
            .directive("unorderedList", function () {
                return {
                    link: function (scope, element, attrs) {
                        scope.data = scope[attrs["unorderedList"]];
                    },
                    restrict: "A",
                    template: "<ul><li ng-repeat='item in data'>"
                        + "{{item.price | currency}}</li></ul>"
                }
            }).controller("defaultCtrl", function ($scope) {
                $scope.products = [
                    { name: "Apples", category: "Fruit", price: 1.20, expiry: 10 },
                    { name: "Bananas", category: "Fruit", price: 2.42, expiry: 7 },
```

```
                { name: "Pears", category: "Fruit", price: 2.02, expiry: 6 }
            ];
        })
    </script>
</head>
<body ng-controller="defaultCtrl">
    <div class="panel panel-default">
        <div class="panel-heading">
            <h3>Products</h3>
        </div>
        <div class="panel-body">
            <div unordered-list="products">
                This is where the list will go
            </div>
        </div>
    </div>
</body>
</html>
```

結果會得到一個更加簡單的指令。無論是使用哪一種程式語言，若以撰寫程式碼的方式來產生 HTML，都會顯得有些繁瑣，即使是使用像 jQuery/jqLite 這樣目標單純的函式庫，可能也都是如此。在本列表中有兩處修改。首先是建立了一個名為 data 的作用範圍屬性，用於設定資料來源，而其值則是從指令屬性中取得。（為了保持範例的簡潔，我變更了 restrict 定義屬性為 A，使指令僅能以屬性的形式做套用，這表示我就不用再為了取得資料來源而檢查不同的屬性名稱。）

以上就是連結函式所需做的動作，它不用再負責產生 HTML 元素，來向使用者展示資料。而是使用 template 定義屬性來指定一段 HTML 片段，作為指令所套用之元素的內容，如下所示：

```
...
template: "<ul><li ng-repeat='item in data'>{{item.price | currency}}</li></ul>"
...
```

在該列表中，我是將兩個字串拼接在一起來產生範本，但這只是為了讓程式碼能夠妥善置入於本書的頁面中。我的 HTML 程式碼片段是由一個 ul 元素和一個 li 元素所組成，並且在 li 元素上套用了 ng-repeat 指令以及一個行內綁定表達式。

當 AngularJS 套用自訂指令時，便會將 div 元素的內容取代為 template 定義屬性中，由其他 AngularJS 指令和表達式所計算出的新內容。因此，div 元素便會從這樣：

```
...
<div unordered-list="products">
    This is where the list will go
</div>
...
```

變成這樣：

```
...
<div unordered-list="products">
    <ul><!-- ngRepeat: item in data -->
        <li ng-repeat="item in data" class="ng-scope ng-binding">$1.20</li>
        <li ng-repeat="item in data" class="ng-scope ng-binding">$2.42</li>
        <li ng-repeat="item in data" class="ng-scope ng-binding">$2.02</li>
    </ul>
</div>
...
```

16.3.1 使用函式作為範本

我在前面一節裡，是使用一個字串來表示範本內容，但是 template 屬性也可以指定為一個函式來產生範本化的內容。該函式將被傳入兩個參數（指令所套用到的元素以及屬性集合）並回傳將被插入到文件中的 HTML 片段。

警告：不要使用範本函式功能來產生程式化的內容。對於這類需求請使用連結函式，如第 15 章和本章開頭所示範的那樣。

這項功能對於將範本內容從指令的其餘部份分離出來是十分有用的。你可以在列表 16-8 中看到，如何建立一個包含範本的腳本元素，並將函式指派給 template 屬性，使指令能夠取得內容。

列表 16-8 在 directives.html 檔案中分離範本內容

```
...
<head>
    <title>Directives</title>
    <script src="angular.js"></script>
    <link href="bootstrap.css" rel="stylesheet" />
    <link href="bootstrap-theme.css" rel="stylesheet" />
    <script type="text/template" id="listTemplate">
        <ul>
            <li ng-repeat="item in data">{{item.price | currency}}</li>
        </ul>
    </script>
    <script>
        angular.module("exampleApp", [])
            .directive("unorderedList", function () {
                return {
                    link: function (scope, element, attrs) {
                        scope.data = scope[attrs["unorderedList"]];
                    },
                    restrict: "A",
                    template: function () {
                        return angular.element(
                            document.querySelector("#listTemplate")).html();
                    }
```

```
            }
        }).controller("defaultCtrl", function ($scope) {
            $scope.products = [
                { name: "Apples", category: "Fruit", price: 1.20, expiry: 10 },
                { name: "Bananas", category: "Fruit", price: 2.42, expiry: 7 },
                { name: "Pears", category: "Fruit", price: 2.02, expiry: 6 }
            ];
        })
    </script>
</head>
...
```

我新增了一個腳本元素，其內包含了要使用的範本內容，然後又設定了 template 定義物件函式。由於 jqLite 並未支援以 id 屬性來選取元素（而我也不想為此動輒使用完整的 jQuery 函式庫），所以我使用了 DOM API 來取得腳本元素並將其包裝在一個 jqLite 物件中，如下所示：

```
...
return angular.element(document.querySelector("#listTemplate")).html();
...
```

我使用了 jqLite 的 html 方法來取得範本元素的 HTML 內容，並作為範本函式的結果進行回傳。雖然我並不打算涉入太多像這樣的 DOM API，然而當 jqLite 無法提供所需的功能來滿足基本需要時，這並不是一個太壞的選項。

提示：你也可以只使用 DOM 來取得元素內容，在第 17 章有相關的範例。

16.3.2 使用外部範本

儘管藉由腳本元素已經能夠有效分離出範本內容，但元素本身仍然是 HTML 文件的一部分。如果在一個複雜的專案裡，你想要讓範本能夠在應用程式各部份之間，甚至是跨應用程式之間自共用，那麼一個更理想的方式，是在一個單獨的檔案中定義範本內容，並使用 templateUrl 定義物件屬性來指定檔案的名稱。因此，我在 angularjs 資料夾下新增了一個名為 itemTemplate.html 的 HTML 檔案，列表 16-9 為其內容。

列表 16-9 itemTemplate.html 檔案的內容

```
<p>This is the list from the template file</p>
<ul>
    <li ng-repeat="item in data">{{item.price | currency}}</li>
</ul>
```

這個檔案包含了我在先前範例中所使用的簡單範本，並加上一些額外的文字來註明其內容。我在列表 16-10 中設定了 templateUrl 定義屬性來參照這個檔案。

列表 16-10　在 directives.html 檔案中指定一個外部範本檔案

```
...
<script>
    angular.module("exampleApp", [])
        .directive("unorderedList", function () {
            return {
                link: function (scope, element, attrs) {
                    scope.data = scope[attrs["unorderedList"]];
                },
                restrict: "A",
                templateUrl: "itemTemplate.html"
            }
        }).controller("defaultCtrl", function ($scope) {
            $scope.products = [

                { name: "Apples", category: "Fruit", price: 1.20, expiry: 10 },
                { name: "Bananas", category: "Fruit", price: 2.42, expiry: 7 },
                { name: "Pears", category: "Fruit", price: 2.02, expiry: 6 }
            ];
        })
</script>
...
```

16.3.3　透過函式來選擇外部範本

templateUrl 屬性可設定為一個函式，來指定指令所使用的 URL，使指令可以根據所套用到的元素，動態地選擇範本。為了示範這是如何運作的，我在 angularjs 資料夾下新增了一個名為 tableTemplate.html 的 HTML 檔案，檔案內容如列表 16-11 所示。

列表 16-11　tableTemplate.html 檔案的內容

```
<table>
    <thead>
        <tr><th>Name</th><th>Price</th></tr>
    </thead>
    <tbody>
        <tr ng-repeat="item in data">
            <td>{{item.name}}</td>
            <td>{{item.price | currency}}</td>
        </tr>
    </tbody>
</table>
```

這個範本是基於一個表格元素展開的，以便區隔出不同的範本檔案。你可以在列表 16-12 中看到，如何為 templateUrl 屬性使用一個函式，是基於指令所套用之元素的一個屬性，來選擇範本。

列表 16-12 在 directives.html 檔案中動態選擇範本檔案

```
<html ng-app="exampleApp">
<head>
    <title>Directives</title>
    <script src="angular.js"></script>
    <link href="bootstrap.css" rel="stylesheet" />
    <link href="bootstrap-theme.css" rel="stylesheet" />
    <script>
        angular.module("exampleApp", [])
            .directive("unorderedList", function () {
                return {
                    link: function (scope, element, attrs) {
                        scope.data = scope[attrs["unorderedList"]];
                    },
                    restrict: "A",

                    templateUrl: function (elem, attrs) {
                        return attrs["template"] == "table" ?
                            "tableTemplate.html" : "itemTemplate.html";
                    }
                }
            }).controller("defaultCtrl", function ($scope) {
                $scope.products = [
                    { name: "Apples", category: "Fruit", price: 1.20, expiry: 10 },
                    { name: "Bananas", category: "Fruit", price: 2.42, expiry: 7 },
                    { name: "Pears", category: "Fruit", price: 2.02, expiry: 6 }
                ];
            })
    </script>
</head>
<body ng-controller="defaultCtrl">
    <div class="panel panel-default">
        <div class="panel-heading">
            <h3>Products</h3>
        </div>
        <div class="panel-body">
            <div unordered-list="products">
                This is where the list will go
            </div>
        </div>

        <div class="panel-body">
            <div unordered-list="products" template="table">
                This is where the list will go
            </div>
        </div>
    </div>
</body>
</html>
```

指派給 templateUrl 屬性的函式會被傳入一個 jqLite 物件，代表指令所套用到的元素，同時也傳入了該元素所定義的屬性集合。我接著檢查了 template 屬性，如果該屬性值存在且內容為 table，便回傳 tableTemplate.html 檔案的 URL。如果沒有 template 這個屬性，或者屬性值為其他任何值，則回傳 itemTempalte.html 檔案的 URL。在 directives.html 檔案的 body 區域裡，我將指令套用在兩個 div 元素上，其中一個即具有我所需要的屬性值。圖 16-1 展示了其結果。

16.3.4 取代元素

在預設情況下，範本的內容會插入到指令所套用之元素。你已經可以從先前的範例裡看到這樣的結果：插入的 ul 元素會成為 div 元素的子元素。然而 replace 定義屬性能夠變更此行為，使範本可以直接取代整個元素。不過在我示範 replace 屬性的效果之前，我會先對指令做一些簡化，並增加了一些 CSS 樣式，以便突顯其效果。列表 16-13 即是修改後的 directives.html 檔案。

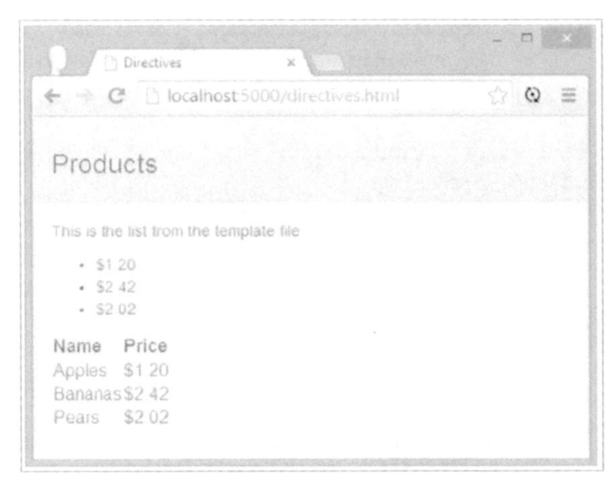

圖 16-1 在指令中動態地選擇範本

列表 16-13 在 directives.html 檔案中為 replace 屬性做預先準備

```
<html ng-app="exampleApp">
<head>
    <title>Directives</title>
    <script src="angular.js"></script>
    <link href="bootstrap.css" rel="stylesheet" />
    <link href="bootstrap-theme.css" rel="stylesheet" />
    <script>
        angular.module("exampleApp", [])
            .directive("unorderedList", function () {
                return {
                    link: function (scope, element, attrs) {
                        scope.data = scope[attrs["unorderedList"]];
                    },
                    restrict: "A",
```

```
                templateUrl: "tableTemplate.html"
            }
        }).controller("defaultCtrl", function ($scope) {
            $scope.products = [
                { name: "Apples", category: "Fruit", price: 1.20, expiry: 10 },
                { name: "Bananas", category: "Fruit", price: 2.42, expiry: 7 },
                { name: "Pears", category: "Fruit", price: 2.02, expiry: 6 }
            ];
        })
    </script>
</head>
<body ng-controller="defaultCtrl">
    <div class="panel panel-default">
        <div class="panel-heading">
            <h3>Products</h3>
        </div>
        <div class="panel-body">
            <div unordered-list="products" class="table table-striped">
                This is where the list will go
            </div>
        </div>
    </div>
</body>
</html>
```

我修改了 templateUrl 屬性，使其總是使用 tableTemplate.html 檔案，並對指令所套用到的 div 元素增加了一個類別屬性。div 元素加入了兩個 Bootstrap 樣式：table 和 table-striped。你可以從圖 16-2 中其看到效果。

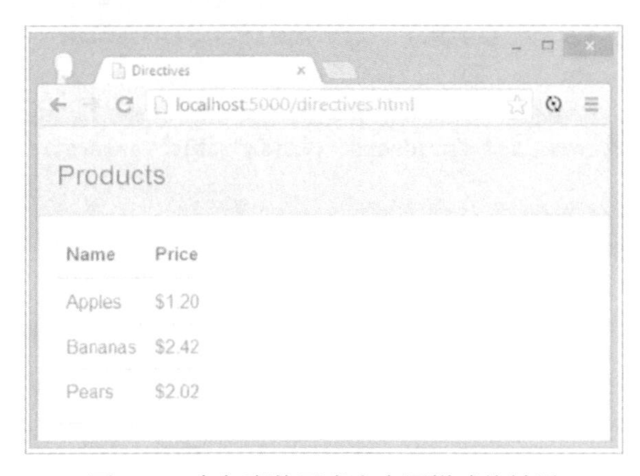

圖 16-2　在包裹的元素上套用樣式的結果

table 樣式之所以能夠運作，是因為 Bootstrap 容許它不用直接套用在表格元素上也可以運作，但 table-striped 樣式就不是這樣，所以我的表格列還缺少了對比色。以下即是指令所產生的 HTML 開頭：

```
...
<div class="panel-body">
    <div unordered-list="products" class="table table-striped">
        <table>
            <thead>
                <tr><th>Name</th><th>Price</th></tr>
        </thead>
...
```

你可以在列表 16-14 中看到如何套用 replace 屬性。

列表 16-14　在 directives.html 檔案中套用 replace 屬性

```
...
.directive("unorderedList", function () {
    return {
        link: function (scope, element, attrs) {
            scope.data = scope[attrs["unorderedList"]];
        },
        restrict: "A",
        templateUrl: "tableTemplate.html",
        replace: true
    }
...
```

設定 replace 屬性為 true 後的結果，是範本內容將會取代掉指令所套用到的 div 元素。現在指令所產生的 HTML 開頭會變成：

```
...
<div class="panel-body">
    <table unordered-list="products" class="table table-striped">
        <thead>
            <tr><th>Name</th><th>Price</th></tr>
        </thead>
...
```

replace 屬性不僅僅是用範本取代了元素，原本的元素屬性也都會繼續保持在範本中。這表示 table 和 table-striped 這兩個 Bootstrap 樣式都會被套用到表格元素上，其結果如圖 16-3 所示。

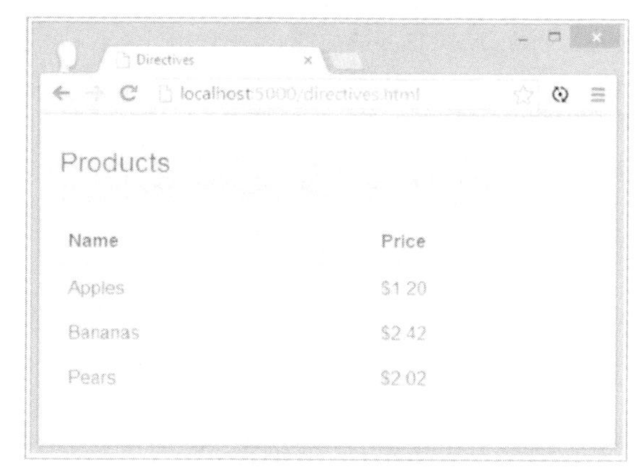

圖 16-3　透過 replace 定義屬性轉移樣式

這是一項很有用的技巧，使指令產生的內容可以被指令所套用之處的上下文所設定。例如，我可以將自訂指令套用到應用程式的各個地方，卻能夠使用不同的 Bootstrap 樣式，就像此項範例中的表格一樣。

你還可以利用這項功能，將其他的 AngularJS 指令直接轉移到某個指令的範本內容中。你可以在列表 16-15 中看到，如何將 ng-repeat 指令套用到範例中的 div 元素。

列表 16-15　在 directives.html 檔案中使用 replace 定義屬性來轉移指令

```
...
<div class="panel-body">
    <div unordered-list="products" class="table table-striped"
            ng-repeat="count in [1, 2, 3]">
        This is where the list will go
    </div>
</div>
...
```

此舉的效果，就如同於在範本檔案中將 ng-repeat 指令套用到表格元素上，能夠一連產生三個表格元素。

16.4　管理指令的作用範圍

當你想建立一個能夠被整個應用程式重複使用的指令，你就必須留意指令及其作用範圍之間的關係。在預設情況下，連結函式會傳入控制器的作用範圍，而控制器所管理的檢視則會包含指令所套用到的元素。或許乍聽之下有一點錯綜複雜，但只要思考一下就會明白 AngularJS 應用程式裡，幾個主要元件之間的關係。一個簡單的範例勢必有助於加強你的理解，因此我在 angularjs 資料夾裡新增了一個名為 directiveScopes.html 的檔案，列表 16-16 為其內容。

列表 16-16 directiveScopes.html 檔案的內容

```
<!DOCTYPE html>
<html ng-app="exampleApp">
<head>
    <title>Directive Scopes</title>
    <script src="angular.js"></script>
    <link href="bootstrap.css" rel="stylesheet" />
    <link href="bootstrap-theme.css" rel="stylesheet" />
    <script type="text/javascript">
        angular.module("exampleApp", [])
            .directive("scopeDemo", function () {
                return {
                    template:
                        "<div class='panel-body'>Name: <input ng-model=name /></div>",
                }
            })
        .controller("scopeCtrl", function ($scope) {
            // do nothing - no behaviours required
        });
    </script>
</head>
<body>
    <div ng-controller="scopeCtrl" class="panel panel-default">
        <div class="panel-body" scope-demo></div>
        <div class="panel-body" scope-demo></div>
    </div>
</body>
</html>
```

這是一個如此簡單的指令，我甚至無須定義連結函式，只需要一個範本，其內包含了一個套用 ng-model 指令的輸入框元素。ng-model 指令會對名為 name 的作用範圍屬性建立雙向綁定，接著我則在文件的 body 區域裡，將指令套用在兩個 div 元素上。

儘管該指令有兩個實例，但它們都會在 scopeCtrl 控制器上更新同一個 name 屬性。如果將 directivesScopes.html 檔案載入到瀏覽器中，並在各個輸入框元素中都輸入一些字元，就會印證以下結果：雙向資料綁定確保兩個輸入框元素是處於同步的，如圖 16-4 所示。

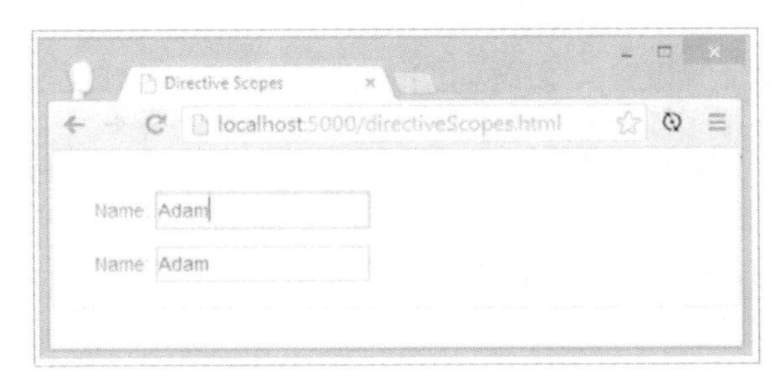

圖 16-4 一個指令的兩個實例會更新相同的作用範圍

此種行為可能會很有用，表示當有需要時，作用範圍可以保持元素之間的協調一致，以取得及顯示相同的資料。然而，更多時候你會想要重複使用相同的指令，但卻是需要取得及顯示不同的資料，而這正是需要對作用範圍進行管理之處。

指令和作用範圍可被設定的方式各形各色，要完全理解它們可能並不容易，所以我打算利用圖表來說明本章後續的各式設定。你可以在圖 16-5 中看到，由列表 16-16 所得到的結果，也就是輸入框元素被編輯前和編輯後的效果。

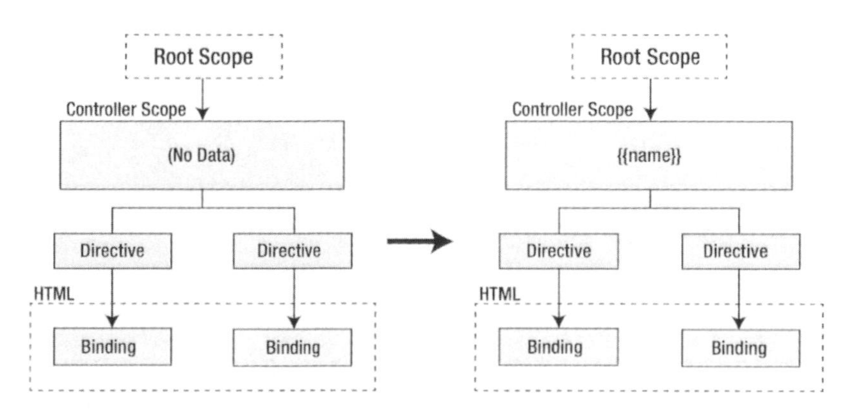

圖 16-5　一個指令的多個實例在控制器作用範圍中運作

在這項範例的應用程式剛開始執行時，還不存在所謂的作用範圍資料。不過因為我在指令範本裡加入了 ng-model 指令，表示 AngularJS 會在任一輸入框元素出現變更時，動態地建立一個 name 屬性。由於這項範例只有一個作用範圍（雖然事實上還有一個根作用範圍，但本章並不會直接使用到它），所以兩個指令都會綁定到同一個屬性，而這就是它們彼此會被同步的原因。

提示：本章只會針對我所建立的控制器和指令之作用範圍進行說明。但實際上，真正存在的作用範圍可能更多，因為指令也可以使用範本中的其他指令，甚至是明確地建立更多的作用範圍。雖然我僅將重點放在控制器及指令的作用範圍上，但同樣的規則和行為仍適用於整個作用範圍層次結構。

16.4.1 建立多個控制器

最簡單、但並不怎麼優雅的指令重複使用方式，是為指令的每個實例都建立單獨的控制器，如此一來每個實例就都有自己的作用範圍了。雖然這是一種不太優雅的技巧，但當你因故無法變更指令的原始碼來滿足需求時，這就是一個直接有用的方式。你可以在列表 16-17 中看到，如何向 directiveScopes.html 檔案加入額外的控制器。

列表 16-17　對 directiveScopes.html 檔案新增第二個控制器

```
<!DOCTYPE html>
<html ng-app="exampleApp">
<head>
    <title>Directive Scopes</title>
```

```
    <script src="angular.js"></script>
    <link href="bootstrap.css" rel="stylesheet" />
    <link href="bootstrap-theme.css" rel="stylesheet" />
    <script type="text/javascript">
        angular.module("exampleApp", [])
            .directive("scopeDemo", function () {
                return {
                    template:
                        "<div class='panel-body'>Name: <input ng-model=name /></div>",
                }
            })
        .controller("scopeCtrl", function ($scope) {
            // do nothing - no behaviours required
        })
        .controller("secondCtrl", function($scope) {
            // do nothing - no behaviours required
        });
    </script>
</head>
<body>
    <div class="panel panel-default">
        <div ng-controller="scopeCtrl" class="panel-body" scope-demo></div>
        <div ng-controller="secondCtrl" class="panel-body" scope-demo></div>
    </div>
</body>
</html>
```

使用兩個控制器的結果便是出現了兩個作用範圍，每個作用範圍都有一個自己的 name 屬性，使得各個輸入框元素都可以獨立運作。圖 16-6 展示了這項範例的作用範圍及資料是如何分佈的。

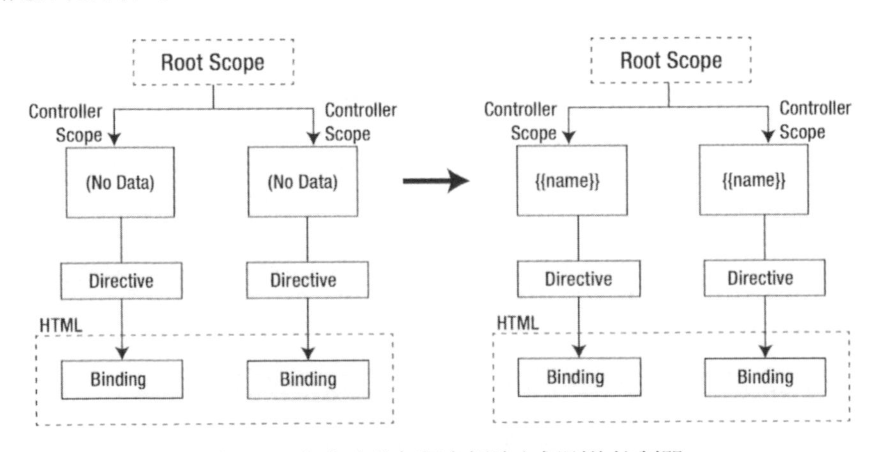

圖 16-6　為指令的每個實例建立個別的控制器

這裡有兩個控制器，在應用程式啟動時都並未包含任何資料。對輸入框元素的編輯動作，將會在作用範圍中動態地建立 name 屬性，而作用範圍則是來自於控制器，其包含了用於管理輸入框元素的指令實例。由於控制器分離的緣故，作用範圍也是分離的，所以屬性也都是彼此互不影響的。

16.4.2 為每個指令實例建立自己的作用範圍

不是只有為指令建立個別的控制器，才能夠讓指令擁有自己的作用範圍。另一種更優雅的方式，是設定 scope 定義物件屬性為 true，讓 AngularJS 為每個指令實例建立個別的作用範圍，如列表 16-18 所示。

列表 16-18 在 directiveScope.html 檔案中為每個指令實例建立一個新的作用範圍

```
<!DOCTYPE html>
<html ng-app="exampleApp">
<head>
    <title>Directive Scopes</title>
    <script src="angular.js"></script>
    <link href="bootstrap.css" rel="stylesheet" />
    <link href="bootstrap-theme.css" rel="stylesheet" />
    <script type="text/javascript">
        angular.module("exampleApp", [])
            .directive("scopeDemo", function () {
                return {
                    template:
                        "<div class='panel-body'>Name: <input ng-model=name /></div>",
                    scope: true
                }
            })
        .controller("scopeCtrl", function ($scope) {
            // do nothing - no behaviours required
        });
    </script>
</head>
<body ng-controller="scopeCtrl">
    <div class="panel panel-default">
        <div class="panel-body" scope-demo></div>
        <div class="panel-body" scope-demo></div>
    </div>
</body>
</html>
```

設定 scope 屬性為 true，能夠讓我在同一個控制器裡重複使用這個指令，這表示我可以移除第二個控制器並簡化整個應用程式。由於這項範例本身就很簡單，所以它所形成的簡化程度並不是非常明顯。然而在更加複雜的大型專案中，你就無須再為了避免讓指令共用資料值，而建立大量的控制器，這是非常有意義的。

當 scope 屬性被設定為 true 時，所建立的作用範圍會成為第 13 章中曾提及的作用範圍層次結構中的一部份。這表示先前我所描述過，關於物件及屬性的繼承關係之規則仍然奏效，使你能夠對自訂指令實例所使用（或共用）的資料有很高的設定靈活性。作為一個快速的示範，我在列表 16-19 中擴充了先前的範例，以展示最為常見的變更方式。

列表 16-19 在 directiveScope.html 檔案中擴充範例指令

```
<!DOCTYPE html>
<html ng-app="exampleApp">
<head>
    <title>Directive Scopes</title>
    <script src="angular.js"></script>
    <link href="bootstrap.css" rel="stylesheet" />
    <link href="bootstrap-theme.css" rel="stylesheet" />
    <script type="text/ng-template" id="scopeTemplate">
        <div class="panel-body">
            <p>Name: <input ng-model="data.name" /></p>
            <p>City: <input ng-model="city" /></p>
            <p>Country: <input ng-model="country" /></p>
        </div>
    </script>
    <script type="text/javascript">
        angular.module("exampleApp", [])
            .directive("scopeDemo", function () {
                return {
                    template: function() {
                        return angular.element(
                            document.querySelector("#scopeTemplate")).html();
                    },
                    scope: true
                }
            })
        .controller("scopeCtrl", function ($scope) {
            $scope.data = { name: "Adam" };
            $scope.city = "London";
        });
    </script>
</head>
<body ng-controller="scopeCtrl">
    <div class="panel panel-default">
        <div class="panel-body" scope-demo></div>
        <div class="panel-body" scope-demo></div>
    </div>
</body>
</html>
```

由於使用字串作為範本已不再合適，所以這裡是使用腳本元素來定義所需的範本，並透過 template 函式來選取其內容，就像本章之前的第 16.3.1 節所描述的那樣。範本包括三個輸入元素，每一個都由 ng-model 指令綁定到作用範圍中的特定資料值。圖 16-7 展示了在這項範例裡，作用範圍和資料的分佈方式。

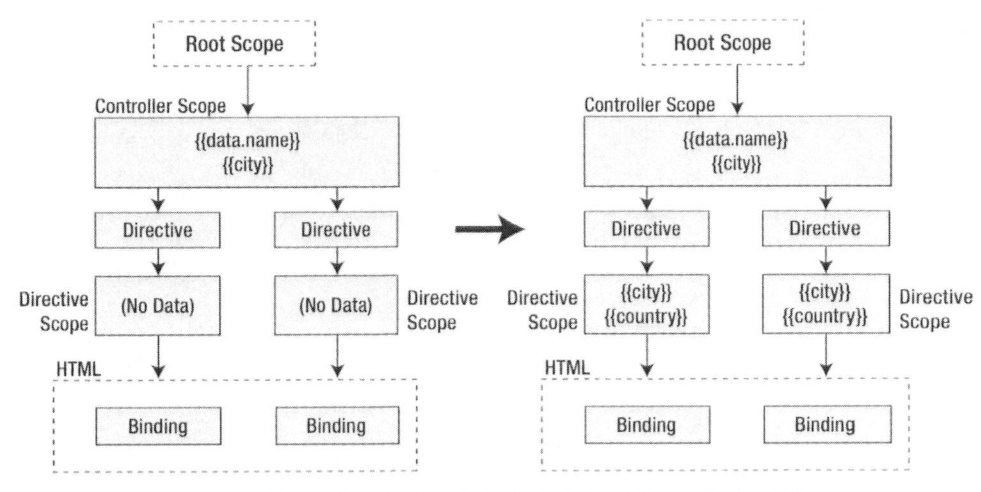

圖 16-7　在單一控制器裡為每個指令實例提供各自的作用範圍

這項範例裡的資料分佈又更複雜了一些，所以為了提供一些額外的詳細資訊，我在表 16-4 中說明了這三個資料值發生了什麼事。

表 16-4　directiveScopes.html 檔案中的資料屬性

名　稱	說　明
data.name	這個屬性是定義在一個物件上，表示其值會在指令的各個實例之間共用，而且所有綁定到此屬性的輸入框元素都將會保持同步
city	這個屬性是直接在控制器的作用範圍中指派值的，表示指令所有的作用範圍都會有一個相同的初始值。然而當輸入框元素出現變更時，便會在自己的作用範圍中建立自己的版本
country	這個屬性沒有被指派值。當輸入框元素出現變更時，相應的指令實例便會建立出自己的 country 屬性

16.4.3　建立孤立作用範圍

在先前的範例裡，你已看到如何為指令的每個實例建立各自的作用範圍，使我能夠移除多餘的控制器，並透過多種不同方式，來指定物件及屬性在作用範圍層次結構（參見第 13 章）上的繼承方式。

這種作法的優點是簡單，而且與 AngularJS 的其他部份相一致。但缺點是指令的行為可能會任由控制器擺佈，因為作用範圍預設的繼承規則一直都是有效的。這很容易會導致一種情況，假設有某個控制器定義了一個名為 count 的作用範圍屬性為 3，而另一個控制器卻將 count 定義為 Dracula。你可能根本不想繼承某個值，或者你也可能以不經意的方式變更了控制器的作用範圍——如果你變更了作用範圍物件的屬性，那麼其他開發者若想要使用你的指令，就有可能會發生問題。

而這個問題的解決方案則是建立一個孤立作用範圍，也就是讓 AngularJS 為指令的每個實例建立一個獨立的作用範圍，而且這個作用範圍並不會繼承控制器的作用範圍。如果你想要建立一個指令，是期望能夠在多種不同情況下重複使用，並且不會因為控制器（或任何作用範圍層次結構）所定義的資料物件或屬性，而受到干擾，那麼孤立作用範圍就會相當有用。當 scope 定義屬性被設定為一個物件時，就會建立一個孤立作用範圍。孤立作用範圍的最基本型態是呈現為一個沒有屬性的物件，如列表 16-20 所示。

列表 16-20　在 directiveScope.html 檔案中建立一個孤立作用範圍

```
...
<script type="text/javascript">
    angular.module("exampleApp", [])
        .directive("scopeDemo", function () {
            return {
                template: function() {
                    return angular.element(
                        document.querySelector("#scopeTemplate")).html();
                },
                scope: {}
            }
        })
    .controller("scopeCtrl", function ($scope) {
        $scope.data = { name: "Adam" };
        $scope.city = "London";
    });
</script>
...
```

將 directiveScopes.html 檔案載入到瀏覽器中，就可以看到孤立作用範圍的效果——儘管這項範例看起來有些索然無味，因為全部六個輸入框元素都是空的。不過這也正是孤立作用範圍的效果，由於沒有來自控制器作用範圍的繼承，因此 ng-model 指令所指定的屬性皆不會定義任何值。在編輯與指令相繫結的輸入框元素後，AngularJS 就會動態地建立這些屬性，不過這些屬性只會存在於指令的孤立作用範圍內。圖 16-8 展示了列表 16-20 中作用範圍的分佈，以便將孤立作用範圍與先前的範例做比較。

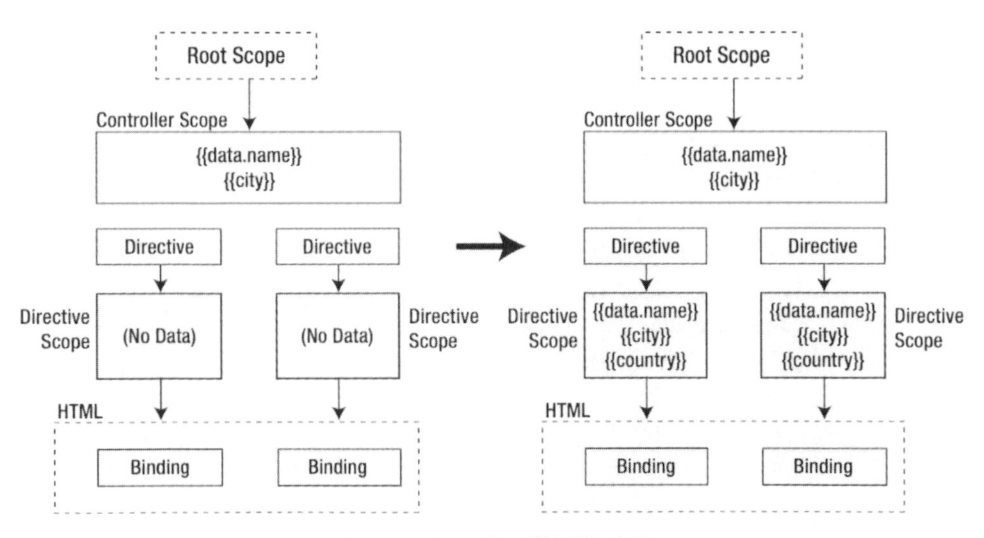

圖 16-8　孤立作用範圍的效果

現在，指令的每個實例都有自己的作用範圍，且並未從控制器作用範圍中繼承任何資料值。由於沒有繼承關係，當物件所定義的屬性出現變更時，就不會被傳播到控制器作用範圍中。簡而言之，孤立作用範圍會從整個作用範圍層次結構中分離出來。

1．透過屬性值做綁定

當你想要建立一個指令，是可以避免控制器作用範圍與指令之間，出現非預期的互動，使其能夠在多種不同情況中重複使用，那麼孤立作用範圍就會是相當有用。然而若完全隔絕一個指令也會使其難以輸入和輸出資料，所以 AngularJS 提供了一種機制，能夠突破隔離，進而在控制器作用範圍和指令之間建立可預期的互動。

孤立作用範圍容許你藉由指令所套用之元素的屬性，將資料值綁定到控制器作用範圍中。讓我們透過實際的範例來說明，你可以在列表 16-21 中看到，如何在控制器作用範圍和指令作用範圍之間建立了一個資料值的單向綁定。

列表 16-21　在 directiveScope.html 檔案中為孤立作用範圍建立單向綁定

```
<!DOCTYPE html>
<html ng-app="exampleApp">
<head>
    <title>Directive Scopes</title>
    <script src="angular.js"></script>
    <link href="bootstrap.css" rel="stylesheet" />
    <link href="bootstrap-theme.css" rel="stylesheet" />
    <script type="text/ng-template" id="scopeTemplate">
        <div class="panel-body">
            <p>Data Value: {{local}}</p>
        </div>
    </script>

    <script type="text/javascript">
        angular.module("exampleApp", [])
            .directive("scopeDemo", function () {
                return {
                    template: function() {
                        return angular.element(
                            document.querySelector("#scopeTemplate")).html();
                    },
                    scope: {
                        local: "@nameprop"
                    }
                }
            })
        .controller("scopeCtrl", function ($scope) {
            $scope.data = { name: "Adam" };
        });
    </script>
</head>
<body ng-controller="scopeCtrl">
    <div class="panel panel-default">
        <div class="panel-body">
```

```
            Direct Binding: <input ng-model="data.name" />
        </div>
        <div class="panel-body" scope-demo nameprop="{{data.name}}"></div>
    </div>
</body>
</html>
```

在這項範例中共有三處修改，結合起來便建立了一個控制器與指令作用範圍之間的綁定。第一處修改是在 scope 定義物件中，我對某個屬性設定了一個單向對應，如下所示：

```
...
scope: {
    local: "@nameprop"
}
...
```

我對 scope 定義物件指派了一個物件，其內含有一個名為 local 的屬性，用於指示 AngularJS 在指令作用範圍中按此名稱定義一個新的屬性。local 屬性值以一個@字元作為前綴，其內容表示屬性 local 的值應該透過單向綁定，從一個名為 nameprop 的屬性取得。

第二處修改是在套用了自訂指令的元素上定義 nameprop 屬性，如下所示：

```
...
<div class="panel-body" scope-demo nameprop="{{data.name}}"></div>
...
```

在 nameprop 屬性中提供一個 AngularJS 表達式，將會成為指令作用範圍中 local 屬性的值。雖然我在這裡是設為 data.name 屬性，但你可以使用任意的表達式。至於最後一處修改則是更新範本，以便顯示出 local 屬性的值：

```
...
<script type="text/ng-template" id="scopeTemplate">
    <div class="panel-body">
        <p>Data Value: {{local}}</p>
    </div>
</script>
...
```

我使用行內的綁定表達式來顯示屬性 local 的值。此外，我也新增了一個輸入框元素到檢視中，用於修改控制器作用範圍中的 data.name 屬性，你可以從圖 16-9 中看到其結果。

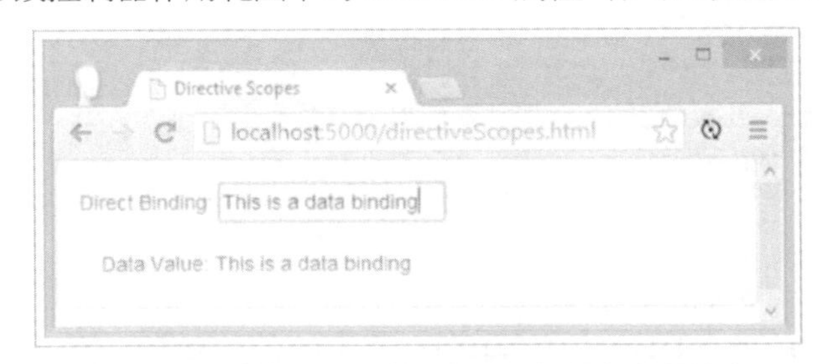

圖 16-9　對孤立作用範圍增加一個單向資料綁定

這項範例所發生的事情值得再重申一遍，因為這對進階的指令開發相當重要，也容易引起許多混淆。我使用了一個孤立作用範圍，使我的指令不會從控制器作用範圍繼承資料，以免抓取到非預期的資料——這是有可能發生的，因為當作用範圍若不是孤立的，你就沒辦法有效控制它與父作用範圍之間的資料繼承關係。

警告：在孤立作用範圍中的單向綁定都會被計算為字串值。如果你想存取一個陣列，就必須使用雙向綁定，即使你不打算修改它也是如此。我將在下一節說明雙向綁定的建立。

由於我的指令仍然需要存取控制器作用範圍中的資料值，所以我指示 AngularJS，建立一個在屬性值表達式與本地作用範圍屬性之間的單向綁定。圖 16-10 展示了這項範例中的作用範圍和資料是如何分佈的。

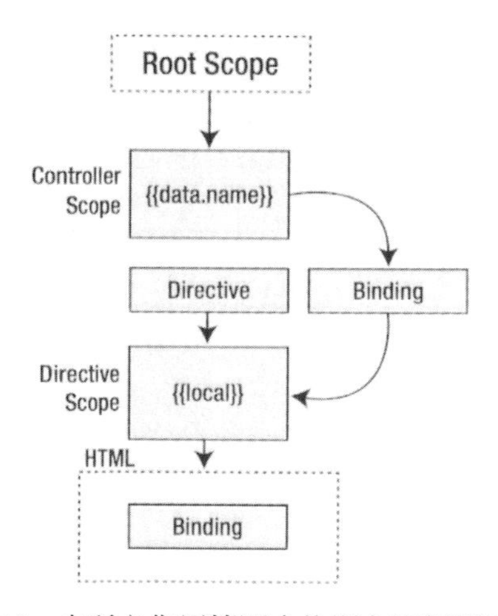

圖 16-10　在孤立作用範圍中的單向資料綁定效果

如這張圖所顯示的，一共存在兩個資料綁定。第一個資料綁定會將控制器作用範圍中的 data.name 屬性綁定至孤立作用範圍中的 local 屬性。第二個資料榜定則會將孤立作用範圍中的 local 屬性綁定至指令範本中的行內綁定表達式。AngularJS 讓一切井然有序，使 data.name 屬性的變化能夠更新 local 屬性的值。

警告：可以看到我從範本中移除了帶有 ng-model 指令的輸入框元素。這麼做是因為我建立的是單向資料綁定，這表示在控制器作用範圍中對 data.name 屬性的更新，將會更新指令作用範圍中的 local 屬性——而不是反過來。如果你需要指令能夠修改控制器作用範圍中的資料，那麼你會需要一個雙向綁定，對此，我將在下一節裡做說明。

這使我能夠對作用範圍的繼承做出條件式的設定，同時，額外的一項好處，是可以在指令套用時進行設定。因此我不需要變更任何程式碼或 HTML 標籤，就能夠讓指令以多種不同方式重複使用。你可以在列表 16-22 中看到一項關於重複使用性的範例。

列表 16-22 在 directiveScope.html 檔案中透過單向資料綁定重複使用一個指令

```
<!DOCTYPE html>
<html ng-app="exampleApp">
<head>
    <title>Directive Scopes</title>
    <script src="angular.js"></script>
    <link href="bootstrap.css" rel="stylesheet" />
    <link href="bootstrap-theme.css" rel="stylesheet" />
    <script type="text/ng-template" id="scopeTemplate">
        <div class="panel-body">
            <p>Data Value: {{local}}</p>
        </div>
    </script>
    <script type="text/javascript">
        angular.module("exampleApp", [])
            .directive("scopeDemo", function () {
                return {
                    template: function() {
                        return angular.element(
                            document.querySelector("#scopeTemplate")).html();
                    },
                    scope: {
                        local: "@nameprop"
                    }
                }
            })
        .controller("scopeCtrl", function ($scope) {
            $scope.data = { name: "Adam" };
        });
    </script>
</head>
<body ng-controller="scopeCtrl">
    <div class="panel panel-default">
        <div class="panel-body">
            Direct Binding: <input ng-model="data.name" />
        </div>
        <div class="panel-body" scope-demo nameprop="{{data.name}}"></div>
        <div class="panel-body" scope-demo nameprop="{{data.name + 'Freeman'}}"></div>
    </div>
</body>
</html>
```

我建立了自訂指令的第二個實例，並設定 nameprop 屬性來綁定到一個基於 data.name 屬性的表達式。在這項範例裡，重點不在於我做了什麼，而是在於我沒有做什麼。我不需要修改指令，而是僅僅只要變更元素屬性中的表達式，就能夠利用相同的功能來顯示不同的資料值。這是一項相當強大的技巧，而且對於複雜指令的建立是非常有價值的。

2．建立雙向綁定

在孤立作用範圍中建立雙向綁定的過程，與建立單向綁定是類似的，如列表 16-23 所示。

列表 16-23　在 directiveScope.html 檔案中建立一個雙向綁定

```
<!DOCTYPE html>
<html ng-app="exampleApp">
<head>
    <title>Directive Scopes</title>
    <script src="angular.js"></script>
    <link href="bootstrap.css" rel="stylesheet" />
    <link href="bootstrap-theme.css" rel="stylesheet" />
    <script type="text/ng-template" id="scopeTemplate">
        <div class="panel-body">
            <p>Data Value: <input ng-model="local" /></p>
        </div>
    </script>
    <script type="text/javascript">
        angular.module("exampleApp", [])
            .directive("scopeDemo", function () {
                return {
                    template: function() {
                        return angular.element(
                            document.querySelector("#scopeTemplate")).html();
                    },
                    scope: {
                        local: "=nameprop"
                    }
                }
            })
        .controller("scopeCtrl", function ($scope) {
            $scope.data = { name: "Adam" };
        });
    </script>
</head>
<body ng-controller="scopeCtrl">
    <div class="panel panel-default">
        <div class="panel-body">
            Direct Binding: <input ng-model="data.name" />
        </div>
        <div class="panel-body" scope-demo nameprop="data.name"></div>
    </div>
</body>
</html>
```

要建立一個雙向綁定，得在建立孤立作用範圍時將字元「@」取代為字元「=」，因此先前範例中的定義：

```
...
scope: { local: "@nameprop" }
...
```

就會變成：

```
...
scope: { local: "=nameprop" }
...
```

然而這還不是唯一的一處修改。在使用單向綁定時，綁定表達式是以{{}}做包裹，但在使用雙向綁定時，AngularJS 需要知道更新的屬性為何。所以該值必須設定為一個屬性名稱，如下所示：

```
...
<div class="panel-body" scope-demo nameprop="data.name"></div>
...
```

以上這些修改便建立出了雙向綁定，使我能夠更新指令範本，以便加入對資料值的變更功能。以這個簡單的範例來說，這表示我只需要加入一個使用 ng-model 指令的輸入框元素，如下所示：

```
...
<div class="panel-body" scope-demo nameprop="data.name"></div>
...
```

這項範例的結果，是作用範圍之間的資料更新將是雙向的，對控制器作用範圍中 data.name 屬性的更新，將會連帶更新孤立作用範圍中的 local 屬性；相反地，local 屬性的變化也會反應在 data.name 上，如圖 16-11 所示。由於單純一張圖片是無法精準體現這當中的關係，所以我會建議你將 directiveScopes.html 檔案載入到瀏覽器中，親自看看輸入框元素的內容是如何被同步的。

提示：這項範例的作用範圍分佈相同於圖 16-10，唯一的差別是雙向的資料綁定。

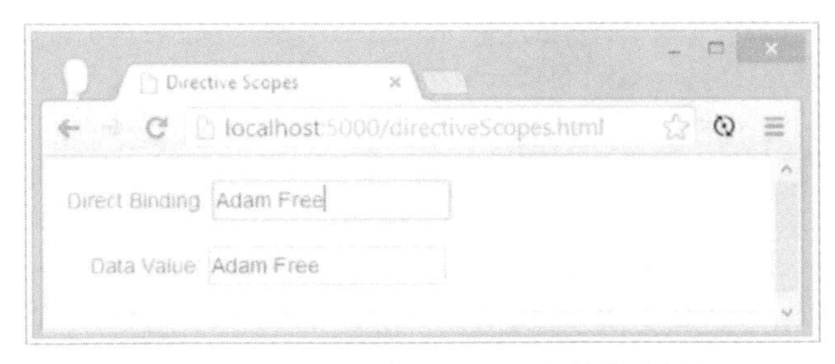

圖 16-11　對孤立作用範圍增加一個雙向資料綁定

3．計算表達式

孤立作用範圍所具備的最後一項功能，是能夠將表達式設為屬性，並在控制器作用範圍中進行計算。讓我們透過實際範例來理解這項功能，請見列表 16-24。

列表 16-24 在 directiveScope.html 檔案中的控制器作用範圍裡計算表達式

```
<!DOCTYPE html>
<html ng-app="exampleApp">
<head>
    <title>Directive Scopes</title>
    <script src="angular.js"></script>
    <link href="bootstrap.css" rel="stylesheet" />
    <link href="bootstrap-theme.css" rel="stylesheet" />
    <script type="text/ng-template" id="scopeTemplate">
        <div class="panel-body">
            <p>Name: {{local}}, City: {{cityFn()}}</p>
        </div>
    </script>
    <script type="text/javascript">
        angular.module("exampleApp", [])
            .directive("scopeDemo", function () {
                return {
                    template: function () {
                        return angular.element(
                            document.querySelector("#scopeTemplate")).html();
                    },
                    scope: {
                        local: "=nameprop",
                        cityFn: "&city"
                    }
                }
            })
        .controller("scopeCtrl", function ($scope) {
            $scope.data = {
                name: "Adam",
                defaultCity: "London"
            };

            $scope.getCity = function (name) {
                return name == "Adam" ? $scope.data.defaultCity : "Unknown";
            }
        });
    </script>
</head>
<body ng-controller="scopeCtrl">
    <div class="panel panel-default">
        <div class="panel-body">
            Direct Binding: <input ng-model="data.name" />
        </div>
```

```
            <div class="panel-body" scope-demo
                city="getCity(data.name)" nameprop="data.name"></div>
        </div>
    </body>
    </html>
```

這項技巧略有一點複雜，但解開其中的道理是值得的，因為這會非常有用，特別是當你需要一個指令，是能夠對控制器所定義的行為與資料，做出重複使用及可預期的控制。

我所做的第一項修改，是定義一個簡單的控制器行為，用於檢查 name 參數並回傳與之繫結的城市名稱，至於預設的城市名稱則是定義為一個作用範圍屬性。在這項範例裡，行為具體做了哪些動作並不重要，重要的是行為和資料都是定義在控制器作用範圍中，而預設情況下它們是無法被指令的孤立作用範圍所使用的。

行為的名稱是 getCity，為了使這個行為能夠為指令所用，我對指令所套用之元素增加了一個新的屬性，如下所示：

```
...
<div class="panel-body" scope-demo city="getCity(data.name)" nameprop="data.name"></div>
...
```

city 屬性的值是一個表達式，會呼叫 getCity 行為並傳入 data.name 屬性。為了讓這個表達式可用於孤立作用範圍中，我在 scope 物件上加入了一個新的屬性，如下所示：

```
...
scope: {
    local: "=nameprop",
    cityFn: "&city"
}
...
```

前綴「&」表示我想將指定的屬性值綁定到一個函式，也就是將 city 屬性綁定到一個名為 cityFn 的函式。至於剩下的工作則是在指令範本中呼叫函式來計算表達式，如下所示：

```
...
<div class="panel-body">
    <p>Name: {{local}}, City: {{cityFn()}}</p>
</div>
...
```

可以看到我在呼叫函式時還加上了圓括號，也就是 cityFn()，以計算屬性所指定的表達式。當表達式本身需要呼叫函式時，這是必需的寫法。你可以從圖 16-12 中看到結果：當 data.name 屬性的值為 Adam 時，範本中的資料綁定即顯示程式名稱為 London。

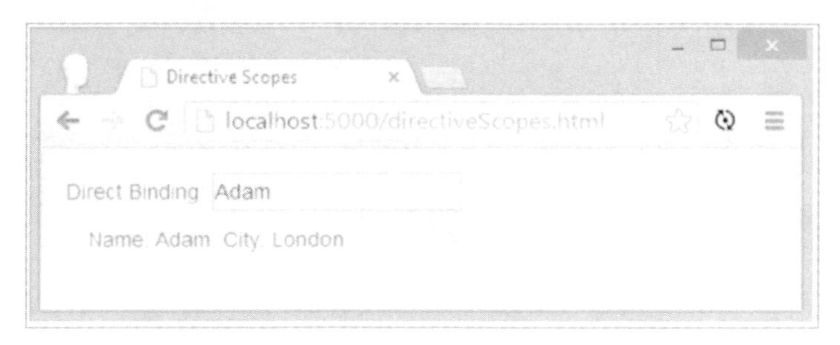

圖 16-12　在控制器作用範圍中計算一個表達式

4．使用孤立作用範圍的資料來計算一個表達式

前述技巧的一種變體，是讓你能夠將孤立作用範圍的資料，傳遞到控制器作用範圍中，作為表達式的一部份進行計算。對此，我修改了表達式，將一個未在控制器作用範圍中定義的屬性名稱傳遞給行為，如下所示：

```
...
<div class="panel-body" scope-demo city="getCity(nameVal)" nameprop="data.name"></div>
...
```

這裡我選擇了 nameVal 作為參數名稱。為了傳遞來自孤立作用範圍的資料，我更新了範本中會進行表達式計算的綁定，傳入一個物件來為表達式參數提供值，如下所示：

```
...
<div class="panel-body">
    <p>Name: {{local}}, City: {{cityFn({nameVal: local})}}</p>
</div>
...
```

結果會建立出一個資料綁定，是結合孤立作用範圍和控制器作用範圍中的資料，來進行表達式計算。不過你必須要小心，不要讓控制器作用範圍存在一個與表達式參數同名的屬性，否則來自孤立作用範圍的值將會被忽略。

16.5 小結

本章繼續介紹關於自訂指令的功能，從基礎上升到了更加進階的主題。包含如何搭配定義物件來建立指令、如何使用範本，以及如何建立及管理指令所使用的作用範圍。至於下一章則是關於指令功能的最終章，我將示範一些相當進階的功能，在一般情況下你很可能不會用到，但對於複雜的專案將是十分有用的。

第 17 章

進階的指令功能

本章將示範一些最為進階的功能，來結束關於自訂指令的介紹。雖然這些並非經常會用到的功能，但它們都相當強大且靈活，可以幫助你建構出複雜但卻是流暢的指令。表 17-1 為本章摘要。

表 17-1　本章摘要

問　　題	解決方案	列　　表
包裝元素	建立一個嵌入指令	1
重複被嵌入的內容	使用編譯函式	2
在指令之間進行通訊	使用指令控制器	3～5
建立自訂的表單元素	使用 ngModel 控制器	6
在自訂表單指令中處理外部資料的變化	重新定義$render 方法	7
在自訂表單指令中處理內部資料的變化	呼叫$setViewValue 方法	8
在自訂表單指令中格式化一個值	使用$formatters 陣列	9、10
在自訂表單指令中驗證一個值	使用$parsers 陣列並呼叫$setValidity 方法	11、12

注意：如果在第一次閱讀本章時還未弄懂所有這些技巧，也不用氣餒。你可以先自行實作幾個 AngularJS 應用程式，然後再回來閱讀本章，屆時你將能夠從過去的開發經驗中增強對於本章內容的理解。

17.1　準備範例專案

本章將繼續使用在第 15 章及第 16 章中持續累積內容的 angularjs 資料夾，並在本章各節中加入新的 HTML 檔案來示範各項功能。

17.2　使用嵌入

術語「嵌入」（transclusion）的意思是將文件的某個部份，以參照的方式插入到另一個文件中。當你想要建立一個可以包含任意內容的包裝器指令時，這將會十分有用。為了加以示範，我在 angularjs 資料夾裡新增一個名為 transclude.html 的 HTML 檔案，並在裡頭定義了如列表 17-1 所示的範例應用程式。

列表 17-1 transclude.html 檔案的內容

```
<!DOCTYPE html>
<html ng-app="exampleApp">
<head>
    <title>Transclusion</title>
    <script src="angular.js"></script>
    <link href="bootstrap.css" rel="stylesheet" />
    <link href="bootstrap-theme.css" rel="stylesheet" />
    <script type="text/ng-template" id="template">
        <div class="panel panel-default">
            <div class="panel-heading">
                <h4>This is the panel</h4>
            </div>
            <div class="panel-body" ng-transclude>
            </div>
        </div>
    </script>
    <script type="text/javascript">
        angular.module("exampleApp", [])
            .directive("panel", function () {
                return {
                    link: function (scope, element, attrs) {
                        scope.dataSource = "directive";
                    },
                    restrict: "E",
                    scope: true,
                    template: function () {
                        return angular.element(
                            document.querySelector("#template")).html();
                    },
                    transclude: true
                }
            })
            .controller("defaultCtrl", function ($scope) {
                $scope.dataSource = "controller";
            });
    </script>
</head>
<body ng-controller="defaultCtrl">
    <panel>
        The data value comes from the: {{dataSource}}
    </panel>
</body>
</html>
```

這項範例的目標是建立出一個指令，能夠用於將任意內容包裝成一組具有 Bootstrap 面板樣式的元素。我將這個指令命名為 panel，並使用 restrict 定義屬性將其設定為只能以元素的形式套用（這並不是使用嵌入所必須的，而只是一種個人習慣，當我撰寫用於包裝其他內容的指令時都會這麼做）。我想要將以下內容：

```
...
<panel>
    The data value comes from the: {{dataSource}}
</panel>
...
```

轉換為如下的 HTML 標籤：

```
...
<div class="panel panel-default">
    <div class="panel-heading">
        <h4>This is the panel</h4>
    </div>
    <div class="panel-body">
        The data value comes from the: controller
    </div>
</div>
...
```

之所以稱為「嵌入」，是因為 panel 元素裡的內容將會被插入到範本中。使用嵌入有兩個必需的步驟。首先是在建立指令時，將 transclude 定義屬性設定為 true，如下所示：

```
...
transclude: true
...
```

接著則是將 ng-transclude 指令套用到範本中，就放在想要插入被包裝元素之處。

提示：設定 transclude 為 true，會包裝指令所套用之元素的內容，而不是元素本身。如果你想要包含元素本身，則需要將 transclude 屬性設定為'element'。你可以在第 17.2.1 節看到相關的範例。

我希望將元素插入到範本中一個具有 panel-body 樣式的 div 元素下，如下所示：

```
...
<div class="panel panel-default">
    <div class="panel-heading">
        <h4>This is the panel</h4>
    </div>
    <div class="panel-body" ng-transclude>
    </div>
</div>
...
```

因此，任何被 panel 元素所包裹的內容，都將被插入到該 div 元素中，你可以從圖 17-1 中看到結果。

圖 17-1　使用嵌入來包裝任意內容

可以看到我在嵌入的內容中包含了一個行內的資料綁定：

```
...
The data value comes from the: {{dataSource}}
...
```

這麼做是為了突顯嵌入功能的一個重要面向，也就是嵌入內容中的表達式是在控制器作用範圍裡進行計算，而不是在指令的作用範圍裡。我在控制器的工廠函式裡和指令的連結函式裡，都定義了 dataSource 屬性值，然而 AngularJS 卻能夠明智地從控制器取得該值。這表示被嵌入的內容並不需要知道它的資料是定義在哪個作用範圍中，你可以任意在嵌入中撰寫表達式，讓 AngularJS 自己去進行計算出結果。

但如果在計算嵌入的表達式時，你確實想要使用指令的作用範圍，那麼你需要將 scope 屬性設定為 false，如下所示：

```
...
restrict: "E",
scope: false,
template: function () {
...
```

此舉會確保指令是在自己的作用範圍中操作，任何定義在連結函式中的值都將會影響嵌入的表達式。你可以從圖 17-2 中看到這項修改的結果，展示了行內綁定表達式中的值，是來自連結函式裡所定義的值。

圖 17-2　在嵌入中共用一個作用範圍

使用編譯函式

在先前的第 16 章裡，我曾經說明過，當指令特別複雜或者需要處理大量資料時，那麼使用編譯函式來操作 DOM，讓連結函式去負責執行其他任務，是比較好的作法。雖然我實際上很少使用編譯函式，因為我傾向於透過程式碼的簡化，或者對資料進行最佳化來解決效能問題。但儘管如此，我還是打算運用一節的篇幅，對編譯函式的運作進行說明。

除了效能考量外，使用編譯函式還有一項好處，就是可以使用嵌入來重複產生內容，就像 ng-repeat 所做的那樣。你可以在列表 17-2 中看到一項範例，是來自 angularjs 資料夾中新增的 compileFunction.html 檔案。

列表 17-2　compileFunction.html 檔案的內容

```
<!DOCTYPE html>
<html ng-app="exampleApp">
<head>
    <title>Compile Function</title>
    <script src="angular.js"></script>
    <link href="bootstrap.css" rel="stylesheet" />
    <link href="bootstrap-theme.css" rel="stylesheet" />
    <script type="text/javascript">
        angular.module("exampleApp", [])
            .controller("defaultCtrl", function ($scope) {
                $scope.products = [{ name: "Apples", price: 1.20 },
                    { name: "Bananas", price: 2.42 }, { name: "Pears", price: 2.02 }];

                $scope.changeData = function () {
                    $scope.products.push({ name: "Cherries", price: 4.02 });
                    for (var i = 0; i < $scope.products.length; i++) {
                        $scope.products[i].price++;
                    }
                }
            })
            .directive("simpleRepeater", function () {
                return {
                    scope: {
                        data: "=source",
                        propName: "@itemName"
                    },
                    transclude: 'element',
                    compile: function (element, attrs, transcludeFn) {
                        return function ($scope, $element, $attr) {
                            $scope.$watch("data.length", function () {
                                var parent = $element.parent();
                                parent.children().remove();
                                for (var i = 0; i < $scope.data.length; i++) {
                                    var childScope = $scope.$new();
                                    childScope[$scope.propName] = $scope.data[i];
```

```
                    transcludeFn(childScope, function (clone) {
                        parent.append(clone);
                    });
                }
            });
        }
    }
}
});
</script>
</head>
<body ng-controller="defaultCtrl" class="panel panel-body" >
    <table class="table table-striped">
        <thead><tr><th>Name</th><th>Price</th></tr></thead>
        <tbody>
            <tr simple-repeater source="products" item-name="item">
                <td>{{item.name}}</td><td>{{item.price | currency}}</td>
            </tr>
        </tbody>
    </table>
    <button class="btn btn-default text" ng-click="changeData()">Change</button>
</body>
</html>
```

這項範例包含了一個名為 simpleRepeater 的指令，會使用嵌入為陣列中的每個物件重複產生一組元素，就像是 ng-repeat 的簡化版本。雖然真正的 ng-repeat 指令會竭盡全力避免對 DOM 新增或移除元素，然而此範例僅僅是取代所有的被嵌入元素，因此並沒有那麼的有效率。以下即是對 HTML 元素套用指令的方式：

```
...
<tbody>
    <tr simple-repeater source="products" item-name="item">
        <td>{{item.name}}</td><td>{{item.price | currency}}</td>
    </tr>
</tbody>
...
```

其中 source 屬性是用於指定資料物件的來源，至於 item-name 屬性則是用於指定在嵌入範本中對當前物件的參照名稱。我對前述兩個屬性分別傳入了由控制器所建立的 products 陣列，以及 item 這個名稱(以便在嵌入的內容中參照 item.name 和 item.currency)。

我的目標是對每個 product 物件重複產生 tr 元素，所以我將 transclude 定義屬性設為 element，這表示元素本身將被包含於嵌入中，而不是其內容。不過若將指令套用在 tbody 元素上，並設定 transclude 屬性為 true，也能夠有相同的結果。

由 compile 屬性所指定的編譯函式，即是這個指令的重點部份。編譯函式會被傳入三個參數：套用指令的元素、該元素的屬性、以及一個可用於建立嵌入元素複本的函式。

關於編譯函式，你需要認知一件事情，就是它會回傳一個連結函式 (當使用 compile 屬性時，link 屬性就會被忽略)。雖然這聽起來可能有點古怪，但可別忘了，編譯函式的目的就是為了修改 DOM。所以從編譯函式回傳一個連結函式是很有用的，因為它能夠為指令提供簡單的內部資料傳遞方式。

由於編譯函式應該僅用於操作 DOM，所以並沒有為它提供作用範圍。不過編譯函式所回傳的連結函式則可以宣告對$scope、$element 和$attrs 參數的依賴，這些參數的作用就如同於一般連結函式的情形。

我使用編譯函式的原因，僅僅是為了得到一個具有作用範圍、並且能呼叫嵌入函式的連結函式。如果你一時之間還無法瞭解其中的意義，也不用擔心。正如你即將看到的，這對於製作出可重複產生內容的指令，是非常關鍵的組合。

理解編譯函式

以下即是編譯函式以及其中的連結函式：

```
...
compile: function (element, attrs, transcludeFn) {
    return function ($scope, $element, $attr) {
        $scope.$watch("data.length", function () {
            var parent = $element.parent();
            parent.children().remove();
            for (var i = 0; i < $scope.data.length; i++) {
                var childScope = $scope.$new();
                childScope[$scope.propName] = $scope.data[i];
                transcludeFn(childScope, function (clone) {
                    parent.append(clone);
                });
            }
        });
    }
}
...
```

我對連結函式做的第一件事，是在作用範圍中為 data.length 屬性設定監控器，以便在資料項目數出現變化時能做出回應。我使用了先前曾在第 13 章裡介紹過的$watch 方法。（無須擔心資料物件的個別屬性，因為它們將是綁定在嵌入範本中的資料。）

我在監控器函式裡使用了 jqLite 來取得指令所套用之元素的父元素，然後移除其所有子元素。之所以針對父元素，是因為我設定了 transclude 屬性為 element，這表示我想要新增及移除指令元素的複本。

下一個步驟是列舉資料物件。我藉由呼叫$scope.$new 方法建立了一個新的作用範圍，使我能夠對嵌入內容的每一個實例，指派不同的物件給它的 item 屬性，具體的複製方式如下：

```
...
transcludeFn(childScope, function (clone) {
    parent.append(clone);
});
...
```

這是此範例最重要的部份。對於每個資料物件，我呼叫了傳遞給編譯函式的嵌入函式。第一個參數是包含了 item 屬性的子作用範圍，而 item 屬性即是當前的資料項目。至於第二個參數則是一個傳入了嵌入內容複本的函式，我使用 jqLite 將複本加入到父元素下。結果是每個資料物件都會建立一個新的作用範圍，讓嵌入內容可以透過 item 參照到當前資料物件，並產生一個 tr 元素（及其內容）的複本，加入至指令所套用到的元素中。

如此一來，就能夠測試指令對於資料變化的回應了。我新增了一個 Change 按鈕，它會呼叫控制器中的 changeData 行為，而這個行為則會對資料陣列增加一個項目，並將所有資料物件的 price 屬性值加 1。你可以在圖 17-3 中看到點擊 Change 按鈕後的效果。

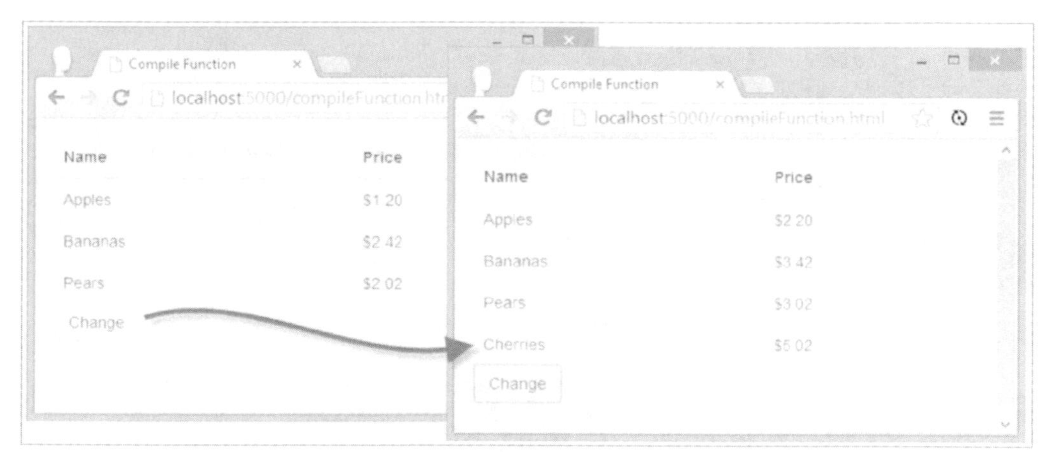

圖 17-3　使用嵌入和一個編譯函式來複製內容

17.3 在指令中使用控制器

指令可建立出被其他指令所用的控制器，使多個指令能夠組合起來建立出更複雜的元件。為了示範這項功能，我在 angularjs 資料夾裡新增了一個名為 directiveControllers.html 的 HTML 檔案，用於定義如列表 17-3 所示的 AngularJS 應用程式。

列表 17-3　directiveControllers.html 檔案的內容

```
<!DOCTYPE html>
<html ng-app="exampleApp">
<head>
    <title>Directive Controllers</title>
    <script src="angular.js"></script>
    <link href="bootstrap.css" rel="stylesheet" />
    <link href="bootstrap-theme.css" rel="stylesheet" />
    <script type="text/ng-template" id="productTemplate">
        <td>{{item.name}}</td>
        <td><input ng-model='item.quantity' /></td>
```

```
        </script>
        <script>
            angular.module("exampleApp", [])
            .controller("defaultCtrl", function ($scope) {
                $scope.products = [{ name: "Apples", price: 1.20, quantity: 2 },
                    { name: "Bananas", price: 2.42, quantity: 3 },
                    { name: "Pears", price: 2.02, quantity: 1 }];
            })
            .directive("productItem", function () {
                return {
                    template: document.querySelector("#productTemplate").outerText
                }
            })
            .directive("productTable", function () {
                return {
                    transclude: true,
                    scope: { value: "=productTable", data: "=productData" },
                }
            });
        </script>
    </head>
    <body ng-controller="defaultCtrl">
        <div class="panel panel-default">
            <div class="panel-body">
                <table class="table table-striped" product-table="totalValue"
                       product-data="products" ng-transclude>
                    <tr><th>Name</th><th>Quantity</th></tr>
                    <tr ng-repeat="item in products" product-item></tr>
                    <tr><th>Total:</th><td>{{totalValue}}</td></tr>
                </table>
            </div>
        </div>
    </body>
    </html>
```

這項範例是由兩個指令所構成的，首先，productTable 指令是套用於 table 元素，並使用了嵌入來包裝一系列的 tr 元素，其中一個 tr 元素會包含對 totalValue 值的行內綁定。至於另一個指令 productItem 則是套用在表格內，並使用 ng-repeat 指令來為標準 AngularJS 控制器所定義的每個資料物件產生表格列，不過這並非指令控制器的特色，而只是一般常見的功能。

結果是得到了一個包含有多個 productItem 指令實例的表格，而每個實例都會與相對應資料項目的 quantity 屬性建立雙向綁定。你可以從圖 17-4 中看到其效果。

本節的目標是擴充 productTable 指令，使它能夠提供一個函式，讓 productItem 指令實例能夠在輸入框元素的值發生變化時做出反應。由於我們是使用 AngularJS，自然有許多種方式可以做到這一點，而我想要實行的方案，是對 productTable 指令新增一個控制器，並在 productItem 指令中使用它，如列表 17-4 所示。

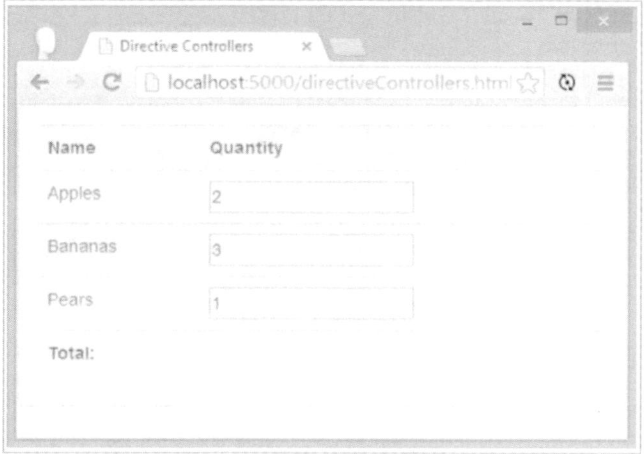

圖 17-4　範例應用程式的初始狀態

列表 17-4　在 directiveControllers.html 檔案中加入一個指令控制器

```
<!DOCTYPE html>
<html ng-app="exampleApp">
<head>
    <title>Directive Controllers</title>
    <script src="angular.js"></script>
    <link href="bootstrap.css" rel="stylesheet" />
    <link href="bootstrap-theme.css" rel="stylesheet" />
    <script type="text/ng-template" id="productTemplate">
        <td>{{item.name}}</td>
        <td><input ng-model='item.quantity' /></td>
    </script>
    <script>
        angular.module("exampleApp", [])
        .controller("defaultCtrl", function ($scope) {
            $scope.products = [{ name: "Apples", price: 1.20, quantity: 2 },
                { name: "Bananas", price: 2.42, quantity: 3 },
                { name: "Pears", price: 2.02, quantity: 1 }];
        })
        .directive("productItem", function () {
            return {
                template: document.querySelector("#productTemplate").outerText,
                require: "^productTable",
                link: function (scope, element, attrs, ctrl) {
                    scope.$watch("item.quantity", function () {
                        ctrl.updateTotal();
                    });
                }
            }
        })
```

```
        .directive("productTable", function () {
            return {
                transclude: true,
                scope: { value: "=productTable", data: "=productData" },
                controller: function ($scope, $element, $attrs) {
                    this.updateTotal = function() {
                        var total = 0;
                        for (var i = 0; i < $scope.data.length; i++) {
                            total += Number($scope.data[i].quantity);
                        }
                        $scope.value = total;
                    }
                }
            }
        });
    </script>
</head>
<body ng-controller="defaultCtrl">
    <div class="panel panel-default">
        <div class="panel-body">
            <table class="table table-striped" product-table="totalValue"
                product-data="products" ng-transclude>
                <tr><th>Name</th><th>Quantity</th></tr>
                <tr ng-repeat="item in products" product-item></tr>
                <tr><th>Total:</th><td>{{totalValue}}</td></tr>
            </table>
        </div>
    </div>
</body>
</html>
```

在這段程式碼裡，controller 定義物件屬性是用於為指令建立一個控制器，這個函式可以宣告多個依賴，分別是作用範圍（即$scope）、指令所套用到的元素（即$element）、以及該元素的屬性（即$attrs）。我用控制器定義了一個名為 updateTotal 的函式，該函式會計算各個資料項目中的 quantity 屬性之總和。至於 require 定義物件屬性則是用於宣告對控制器的依賴，我將該屬性加到了 productItem 指令上，如下所示：

```
...
require: "^productTable",
...
```

該屬性的值是由指令名稱和一個選擇性的前綴所組成，如表 17-2 所示。

表 17-2 可用於 require 屬性值的前綴

前　綴	說　明
無	假定兩個指令都是套用在相同的元素上
^	在指令所套用之元素的父元素上尋找另一個指令
?	如果找不到指令將不會回報錯誤——請謹慎使用這項功能

我將名稱設為 productTable（也就是擁有該控制器的指令名稱），並加上前綴「^」，這是因為 productTable 指令是套用於 productItem 指令所套用之元素的父元素上。

為了使用控制器所定義的功能，我在連結函式上加入了一個額外的參數，如下所示：

```
...
link: function (scope, element, attrs, ctrl) {
...
```

由於控制器參數並非是依賴注入，所以你可以使用任意的名稱，而我個人的習慣是將其稱為 ctrl。做了這些修改後，我就可以呼叫控制器中的函式了，就像它們是定義在本地指令中一樣：

```
...
ctrl.updateTotal();
...
```

我呼叫一個控制器方法，來執行一段運算過程，其中並不需要任何參數。不過你還是可以在控制器之間傳遞資料，對此，你只需要謹記一項概念：傳遞給控制器函式的$scope 參數，它所代表的作用範圍是來自定義了該控制器的指令，而不是來自索取該控制器的指令。

17.3.1 加入另一個指令

定義控制器函式的價值，是來自於對功能進行分離和重複使用的能力，進而無須建構出單一且龐大的元件，更不用對這樣的元件進行測試。在先前的範例裡，productTable 控制器對 productItem 控制器的設計及實作一無所知，這表示我可以對它們做個別的獨立測試，並能夠任意做出修改，只要 productTable 控制器有持續提供 updateTotal 函式即可。

此種作法也使你能夠整合各種指令功能，進而在應用程式裡建立出不同的功能組合。為了示範這一點，我新增了一個指令到 directiveControllers.html 檔案中，如列表 17-5 所示。

列表 17-5　在 directiveControllers.html 檔案中新增一個指令

```
<!DOCTYPE html>
<html ng-app="exampleApp">
<head>
    <title>Directive Controllers</title>
    <script src="angular.js"></script>
    <link href="bootstrap.css" rel="stylesheet" />
    <link href="bootstrap-theme.css" rel="stylesheet" />
    <script type="text/ng-template" id="productTemplate">
        <td>{{item.name}}</td>
        <td><input ng-model='item.quantity' /></td>
    </script>
    <script type="text/ng-template" id="resetTemplate">
        <td colspan="2"><button ng-click="reset()">Reset</button></td>
    </script>
    <script>
        angular.module("exampleApp", [])
        .controller("defaultCtrl", function ($scope) {
```

```
            $scope.products = [{ name: "Apples", price: 1.20, quantity: 2 },
                { name: "Bananas", price: 2.42, quantity: 3 },
                { name: "Pears", price: 2.02, quantity: 1 }];
        })
        .directive("productItem", function () {
            return {
                template: document.querySelector("#productTemplate").outerText,
                require: "^productTable",
                link: function (scope, element, attrs, ctrl) {
                    scope.$watch("item.quantity", function () {
                        ctrl.updateTotal();
                    });
                }
            }
        })
        .directive("productTable", function () {
            return {
                transclude: true,
                scope: { value: "=productTable", data: "=productData" },
                controller: function ($scope, $element, $attrs) {
                    this.updateTotal = function () {
                        var total = 0;
                        for (var i = 0; i < $scope.data.length; i++) {
                            total += Number($scope.data[i].quantity);
                        }
                        $scope.value = total;
                    }
                }
            }
        })
        .directive("resetTotals", function () {
            return {
                scope: { data: "=productData", propname: "@propertyName" },
                template: document.querySelector("#resetTemplate").outerText,
                require: "^productTable",
                link: function (scope, element, attrs, ctrl) {
                    scope.reset = function () {
                        for (var i = 0; i < scope.data.length; i++) {
                            scope.data[i][scope.propname] = 0;
                        }
                        ctrl.updateTotal();
                    }
                }

            }
        });
    </script>
</head>
```

```
<body ng-controller="defaultCtrl">
    <div class="panel panel-default">
        <div class="panel-body">
            <table class="table table-striped" product-table="totalValue"
                   product-data="products" ng-transclude>
                <tr><th>Name</th><th>Quantity</th></tr>
                <tr ng-repeat="item in products" product-item></tr>
                <tr><th>Total:</th><td>{{totalValue}}</td></tr>
                <tr reset-totals product-data="products" property-name="quantity"></tr>
            </table>
        </div>
    </div>
</body>
</html>
```

新指令名為 resetTotals，它會對表格新增一個 Reset 按鈕，用於將所有的數目歸零。其中，資料陣列及屬性名稱是透過孤立作用範圍中的資料綁定取得。在值被重設之後，resetTotals 指令便會呼叫由 productTable 指令所提供的 updateTotal 方法。

雖然這是一項很小的範例，但已能充分展現出，productTable 既不知道也不在乎是否有任何指令使用了它的控制器。你可以建立多個 productTable 實例，並內含任意數量的 resetTotals 和 productItem 指令實例，卻無須做出任何修改就能使一切如常運作。

17.4 建立自訂的表單元素

在先前的第 10 章及第 12 章裡，我曾藉由雙向資料綁定、以及 HTML 表單的相關示範，說明過 ng-model 指令。ng-model 指令特有的組織方式，使你能夠跨越標準表單元素的限制，以任何你想要的方式來取得輸入資料，藉此建構出完全符合你需求的元件。作為示範，我在 angularjs 資料夾下，新增了一個名為 customForms.html 的檔案，用於建立如列表 17-6 所示的範例。

列表 17-6 customForms.html 檔案的內容

```
<!DOCTYPE html>
<html ng-app="exampleApp">
<head>
    <title>CustomForms</title>
    <script src="angular.js"></script>
    <link href="bootstrap.css" rel="stylesheet" />
    <link href="bootstrap-theme.css" rel="stylesheet" />
    <script type="text/ng-template" id="triTemplate">
        <div class="well">
            <div class="btn-group">
                <button class="btn btn-default">Yes</button>
                <button class="btn btn-default">No</button>
                <button class="btn btn-default">Not Sure</button>
```

```
                </div>
            </div>
        </script>
        <script>
            angular.module("exampleApp", [])
            .controller("defaultCtrl", function ($scope) {
                $scope.dataValue = "Not Sure";
            })
            .directive("triButton", function () {
                return {
                    restrict: "E",
                    replace: true,
                    require: "ngModel",
                    template: document.querySelector("#triTemplate").outerText,
                    link: function (scope, element, attrs, ctrl) {
                        var setSelected = function (value) {
                            var buttons = element.find("button");
                            buttons.removeClass("btn-primary");
                            for (var i = 0; i < buttons.length; i++) {
                                if (buttons.eq(i).text() == value) {
                                    buttons.eq(i).addClass("btn-primary");
                                }
                            }
                        }
                        setSelected(scope.dataValue);
                    }
                }
            });
        </script>
    </head>
    <body ng-controller="defaultCtrl">
        <div><tri-button ng-model="dataValue" /></div>
        <div class="well">
                Value:
                <select ng-model="dataValue">
                    <option>Yes</option>
                    <option>No</option>
                    <option>Not Sure</option>
                </select>
        </div>
    </body>
    </html>
```

這個列表定義了自訂的表單元素結構，但還沒有真的使用到任何新東西。我首先將說明其中的控制項是如何運作的，然後再加入一些新技術。我建立了一個名為 triButton 的指令，該指令能夠以元素的形式做套用，至於其作用則是呈現三個帶有 Bootstrap 樣式的按鈕元素。接著，我宣告了對 ngModel 控制器的依賴（由 ng-model 指令所定義，不過 AngularJS 會自動做名稱對應），並且對連結函式增加了 ctrl 參數。

我在連結函式裡定義了一個名為 setSelected 的函式，用於突顯與表單選取值相同的按鈕元素。這是藉由使用 jqLite 加入和移除 Bootstrap 樣式做到的，你可以從圖 17-5 中看到其效果。

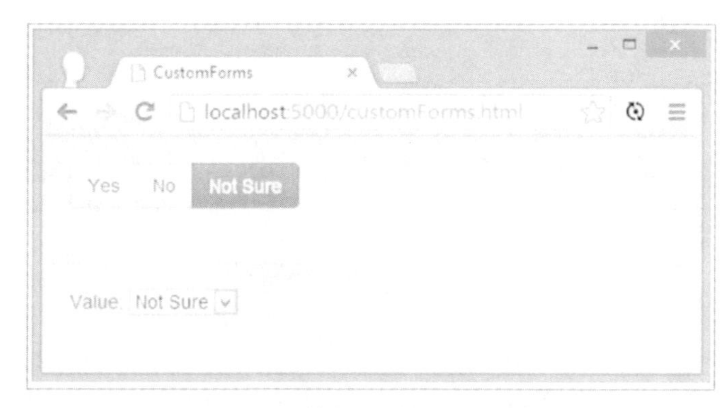

圖 17-5　範例程式的初始狀態

可以看到我在自訂的 tri-buttion 元素上套用了 ng-model 指令，如下所示：

```
...
<div><tri-button ng-model="dataValue" /></div>
...
```

這會在自訂元素的作用範圍裡設定一個對 dataValue 屬性的雙向綁定，目的是為了使用 ngModel 控制器的 API，在 triButton 指令實作該綁定。

我還加入了一個綁定至 dataValue 屬性的下拉式列表元素。雖然這並非自訂指令的一部份，但由於我正在實作雙向資料綁定，所以我需要能夠展示出，使用者透過自訂指令變更 dataValue 值的效果；以及如何獲悉及處理該值在其他地方的變化。

17.4.1 處理外部變化

我準備要加入的第一項功能，是當 dataValue 屬性從指令以外的地方被修改時，能夠變更突顯的按鈕。而在這項範例裡，所謂指令以外的地方，就是使用下拉式列表元素進行選擇時。你可以從列表 17-7 中看到我對連結函式所做的修改。

列表 17-7　在 customForms.html 檔案中處理資料值的變化

```
...
link: function (scope, element, attrs, ctrl) {

    var setSelected = function (value) {
        var buttons = element.find("button");
        buttons.removeClass("btn-primary");
        for (var i = 0; i < buttons.length; i++) {
            if (buttons.eq(i).text() == value) {
                buttons.eq(i).addClass("btn-primary");
            }
```

```
            }
        }

        ctrl.$render = function () {
            setSelected(ctrl.$viewValue || "Not Sure");
        }
    }
    ...
```

修改不大，但影響卻是不小。我將原本由 ngModel 控制器所定義的$render 函式，替換為呼叫 setSelected 函式。當值在指令以外的地方出現變更，並且需要更新顯示內容時，$render 方法便會被 ng-model 指令呼叫。至於新值則是從$viewValue 屬性取得。

提示：可以看到我移除了列表 17-5 中對 setSelected 的明確呼叫。當應用程式初次執行時，ngModel 控制器會呼叫$render 函式，使你可以設定指令的初始狀態。如果你使用動態定義的屬性，則$viewValue 的值將會是 undefined。因此，比較好的作法是提供一個若值為 undefined，則會取而代之的預設值，就像本列表所做的那樣。

將 customForms.html 載入到瀏覽器中，並使用下拉式列表元素修改 dataValue 屬性的值，就可以看到如圖 17-6 所示的效果。其中，值得留意的是，我的指令程式碼並沒有直接參照 dataValue 屬性，資料綁定和資料屬性都是透過 NgModel 控制器 API 來管理的。

圖 17-6　從自訂指令以外的地方修改 dataValue 屬性

雖然$render 方法和$viewValue 屬性已是 NgModel 控制器 API 的重點，但是我仍然會在表 17-3 中列出完整的基本方法及屬性列表。之所以說「基本」，是因為還有一些與表單驗證相關的內容，不會列在這裡，而是陳述於稍後的小節裡。

表 17-3　NgModel 控制器所提供的基本方法與屬性

名　稱	說　明
$render()	當資料綁定的值發生變化時，由 NgModel 控制器呼叫以更新 UI 的函式。通常會被自訂指令所覆寫
$setViewValue(value)	更新資料綁定的值

名　稱	說　明
$viewValue	回傳應當被指令顯示的已格式化值
$modelValue	從作用範圍回傳未格式化值
$formatters	將$modelValue 轉換成$viewValue 的格式化函式陣列

我將在接下來的小節中對還未示範過的方法和屬性進行示範。

17.4.2 處理內部變化

這裡打算要對自訂指令增加的第二項功能，是當使用者點擊其中一個按鈕時，能夠將變化透過 ng-model 指令傳播到作用範圍。你可以在列表 17-8 中看到具體的實作內容。

列表 17-8 在 customForms.html 檔案中加入對傳播變化的支援

```
...
link: function (scope, element, attrs, ctrl) {
    element.on("click", function (event) {
        setSelected(event.target.innerText);
        scope.$apply(function () {
            ctrl.$setViewValue(event.target.innerText);
        });
    });

    var setSelected = function (value) {
        var buttons = element.find("button");
        buttons.removeClass("btn-primary");
        for (var i = 0; i < buttons.length; i++) {
            if (buttons.eq(i).text() == value) {
                buttons.eq(i).addClass("btn-primary");
            }
        }
    }

    ctrl.$render = function () {
        setSelected(ctrl.$viewValue || "Not Sure");
    }
}
...
```

我使用了 jqLite 的 on 方法（曾在第 15 章中說明過），為指令範本中的按鈕元素的 click 事件註冊一個處置器函式。當使用者點擊其中一個按鈕時，將會透過呼叫 $setViewValue 方法來通知 NgModel 控制器，如下所示：

```
...
scope.$apply(function () {
    ctrl.$setViewValue(event.target.innerText);
});
...
```

我曾在第 13 章介紹過$scope.$apply 方法，並說明它是用於將更新推送到資料模型。在第 13 章裡，我是對$apply 方法傳入一個表達式，讓作用範圍對其進行計算。然而在這項範例裡，我則是使用一個函式作為參數，作用範圍將會執行該函式並更新狀態。藉由函式的執行，我就能夠將變更傳達給 NgModel 控制器，使作用範圍只需一個步驟就能更新其狀態。

為了更新資料綁定的值，我呼叫了$setViewValue 方法，該方法會接收新的值作為參數。以這項範例來說，我是點擊按鈕的文字內容中取得值，例如點擊 Yes 按鈕便會將 dataValue 屬性設為 Yes。

警告：呼叫$setViewValue 方法並不會使 NgModel 控制器去呼叫$render 方法。這表示你需要自行更新指令元素的狀態以反映新值，這也是為什麼我會在 click 事件處置器中呼叫 setSelected 函式的原因。

17.4.3 格式化資料值

NgModel 控制器提供了一種簡單的機制，能夠對資料模型中的值進行格式化，使其能夠被指令所顯示。這些格式化程式是以函式形式呈現，能夠將$modelValue 屬性轉換成$viewValue（我已在表 17-3 中提及了這兩個屬性）。列表 17-9 展示了格式化程式的使用，用於將下拉式列表所定義的附加值對應到指令中的按鈕。

列表 17-9　在 customForms.html 檔案中使用一個格式化程式

```
...
link: function (scope, element, attrs, ctrl) {

    ctrl.$formatters.push(function (value) {
        return value == "Huh?" ? "Not Sure" : value;
    });

    // ...other statements omitted for brevity...
}
...
```

$formatters 屬性是一組依序套用的函式陣列。前一個格式化程式的結果會作為參數傳入，而函式則會再回傳進一步的格式化結果。在這個實例中建立的格式化程式會將一個新的值「Huh?」對應到「Not Sure」。為了使用這個格式化程式，我對下拉式列表元素新增了一個值，如列表 17-10 所示。

列表 17-10　在 customForms.html 檔案中對下拉式列表元素新增一個值

```
...
<div class="well">
    Value: <select ng-model="dataValue">
        <option>Yes</option>
        <option>No</option>
        <option>Not Sure</option>
        <option>Huh?</option>
    </select>
</div>
...
```

你可以從圖 17-7 中看到其效果。當下拉式列表元素是選取「Huh?」時，我的自訂指令所突顯的卻是「Not Sure」按鈕。其中，$viewValue 屬性內含的是格式化的值；但如果有需要的話，則可以從$modelValue 屬性取得未格式化的值。

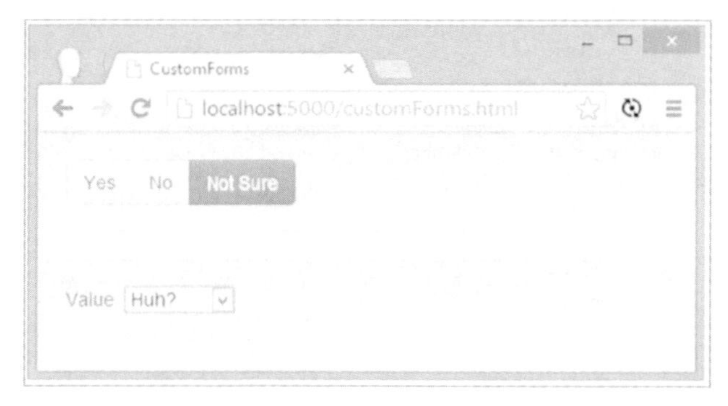

圖 17-7 使用格式化程式的效果

17.4.4 驗證自訂的表單元素

ngModel 控制器還能夠將自訂指令整合到 AngularJS 的表單驗證系統中。為了示範這是如何運作的，我在列表 17-11 中更新了 triButton 指令，使有效的驗證值被限定為「Yes」和「No」值。

列表 17-11 在 customForms.html 檔案中加入驗證

```
<!DOCTYPE html>
<html ng-app="exampleApp">
<head>
    <title>CustomForms</title>
    <script src="angular.js"></script>
    <link href="bootstrap.css" rel="stylesheet" />
    <link href="bootstrap-theme.css" rel="stylesheet" />
    <style>
        *.error { color: red; font-weight: bold; }
    </style>
    <script type="text/ng-template" id="triTemplate">
        <div class="well">
            <div class="btn-group">
                <button class="btn btn-default">Yes</button>
                <button class="btn btn-default">No</button>
                <button class="btn btn-default">Not Sure</button>
            </div>
            <span class="error" ng-show="myForm.decision.$error.confidence">
                You need to be sure
            </span>
        </div>
    </script>
    <script>
        angular.module("exampleApp", [])
```

```
        .controller("defaultCtrl", function ($scope) {
            $scope.dataValue = "Not Sure";
        })
        .directive("triButton", function () {
            return {
                restrict: "E",
                replace: true,
                require: "ngModel",
                template: document.querySelector("#triTemplate").outerText,
                link: function (scope, element, attrs, ctrl) {

                    var validateParser = function (value) {
                        var valid = (value == "Yes" || value == "No");
                        ctrl.$setValidity("confidence", valid);
                        return valid ? value : undefined;
                    }

                    ctrl.$parsers.push(validateParser);
                    element.on("click", function (event) {
                        setSelected(event.target.innerText);
                        scope.$apply(function () {
                            ctrl.$setViewValue(event.target.innerText);
                        });
                    });

                    var setSelected = function (value) {
                        var buttons = element.find("button");
                        buttons.removeClass("btn-primary");
                        for (var i = 0; i < buttons.length; i++) {
                            if (buttons.eq(i).text() == value) {
                                buttons.eq(i).addClass("btn-primary");
                            }
                        }
                    }

                    ctrl.$render = function () {
                        setSelected(ctrl.$viewValue || "Not Sure");
                    }
                }
            }
        });
    </script>
</head>
<body ng-controller="defaultCtrl">
    <form name="myForm" novalidate>
        <div><tri-button name="decision" ng-model="dataValue" /></div>
    </form>
</body>
</html>
```

這個列表的多數修改都是標準的表單驗證技術（我曾在第 12 章介紹過）。我對指令範本新增了一個 span 元素，該元素的可見性是取決於一個名為 confidence 的驗證錯誤屬性。此外我還新增了一個表單元素，將 triButton 指令包裹起來並套用 name 屬性。

為了執行驗證，我定義了一個名為 validateParser 的新函式，如下所示：

```
...
var validateParser = function (value) {
    var valid = (value == "Yes" || value == "No");
    ctrl.$setValidity("confidence", valid);
    return valid ? value : undefined;
}
...
```

剖析器函式會傳入資料綁定的值，並負責檢查該值是否有效。該值的有效性是透過呼叫$setValidity 方法（定義於 NgModel 控制器中）進行設定的，其傳入參數分別是鍵（用於顯示驗證資訊）和驗證狀態（以布林值表示）。此外，剖析器函式也需要對無效值回傳 undefined。藉由將函式加入$parsers 陣列（NgModel 控制器所定義）中，便會註冊該剖析器，如下所示：

```
...
ctrl.$parsers.push(validateParser);
...
```

一個指令可以擁有多個剖析器函式，就像可以擁有多個格式化程式一樣。將 customForms.html 檔案載入到瀏覽器上，並點擊 Yes 按鈕，然後再點擊 Not Sure 按鈕，就可以看到如圖 17-8 所示的驗證結果。

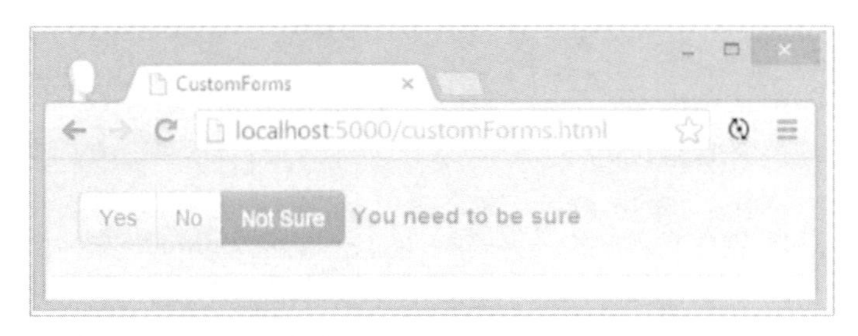

圖 17-8 在自訂的表單控制項上進行驗證

NgModel 控制器提供了多個方法和屬性，可用於將自訂指令整合到驗證程序中，如表 17-4 所示。

你也許想知道為什麼在點擊 Not Sure 按鈕以顯示驗證訊息之前，必須先點擊 Yes 按鈕。這是因為驗證是在使用者與指令 UI 發生互動後才會被執行（或者更精確地說，是當一個新值被傳遞給 NgModel 控制器時），所以剖析器在模型出現變化之前是不會產生作用的。

表 17-4 NgModel 控制器所提供的驗證方法與屬性

名 稱	說 明
$setPristine()	將驗證狀態重設為初始狀態，進而阻止驗證的執行
$isEmpty()	可以設定給指令以檢查控制項是否沒有值，其預設實作是在標準表單元素中尋找空字串、null 或 undefined 等值
$parsers	用於驗證模型值的函式陣列
$error	回傳一個物件，其屬性對應於各種驗證錯誤
$pristine	如果控制項還沒有被使用者修改過，回傳 true
$dirty	如果控制項已被使用者修改過，回傳 true
$valid	如果模型值有效，回傳 true
$invalid	如果模型值無效，回傳 true

但這種互動方式並不理想，對我的範例指令來說更是如此。一種解決方案是在 $render 函式中明確地呼叫剖析器函式，如列表 17-12 所示。

列表 17-12 在 customForms.html 檔案中明確地呼叫一個剖析器函式

```
...
ctrl.$render = function () {
    validateParser(ctrl.$viewValue);
    setSelected(ctrl.$viewValue || "Not Sure");
}
...
```

這有點不太正規，但卻是有用的。只要一載入 HTML 檔案，驗證訊息就會顯示出來。

17.5 小結

我示範了一些最為進階的功能，來結束對自訂 AngularJS 指令的說明。其中包含如何使用嵌入來包裝內容、並搭配編譯函式來產生重複性的內容、以及如何透過控制器讓指令相互溝通。除此之外，還有我最喜歡的功能──藉由NgModel 控制器 API 來建立自訂的表單元素。接下來，在本書的第 3 部份，我將介紹模組和服務，包括一系列由 AngularJS 所提供的內建服務。

第 3 部份

AngularJS 服務

第 18 章

使用模組與服務

本章將扼要概述模組在 AngularJS 中所扮演的角色，並展示如何在應用程式中使用模組來組織元件。我將介紹服務元件，展示建立及使用服務的多種不同方式，並簡短地說明 AngularJS 所內建的諸多服務。在本書後續章節中，我則將深入說明內建服務的細節。表 18-1 為本章摘要。

表 18-1　本章摘要

問　題	解決方案	列　表
將應用程式切分成多個檔案	擴充現有的模組或建立新模組	1～5
透過物件的定義來建立服務	使用 Module.factory 方法	6～8
透過建構子的定義來建立服務	使用 Module.service 方法	9～10
建立一個可透過提供器進行設定的服務	使用 Module.provider 方法	11～13

18.1　為何以及何時應使用（及建立）服務與模組

服務是用於在應用程式中封裝想要重複使用、卻不是很切合模型-檢視-控制器（Model-View-Controller，MVC）模式的功能。服務通常被用於實作橫切關注點（cross-cutting concerns），也就是會影響多個元件或被多個元件所影響的功能。典型的例子有日誌、安全性和網路連線等。它們並非模型的一部份（除非負責的業務正是日誌、安全性或網路連線）；而它們也不屬於控制器，因為它們並不回應使用者操作或是在模型上執行作業；此外它們也不是檢視或指令的一部份，因為它們並不負責為使用者呈現模型。總之，如果你想建立的功能其實是無處可容，那麼就為它建立一個服務。

模組在 AngularJS 中有兩個角色。首先是用於定義應用程式的功能，以便透過 ng-app 指令套用於 HTML 元素上。事實上，我在本書的每個範例應用程式裡都是這麼做的，因為 AngularJS 應用程式開發的起始點，都是先定義一個模組。其次是使用模組來定義諸如服務、指令和過濾器等功能，使之容易在不同的應用程式中重複使用。表 18-2 總結了為何以及何時應建立服務和模組。

表 18-2 為何以及何時應建立模組和服務

為何建立	何時應建立
服務及模組都是讓你包裝可重複使用的功能，前者是使之能夠在應用程式的不同區段中使用，至於後者則是能夠在不同的應用程式中使用	當所需功能不屬於 MVC 模式中任何一個建構組塊，而是所謂的「橫切關注點」時，便應該建立服務。若需要在不同的應用程式中使用相同的功能時，則可以將功能包裝成模組

AngularJS 已內建了許多提供重要功能的模組服務，對此我將會在後續章節中做深入介紹。不過在此之前，本章將先示範建立（及使用）模組與服務的多種不同方式。

18.2 準備範例專案

為了進行本章的示範，我刪除了 angularjs 資料夾下的內容，並依循第 1 章的說明安裝了 angular.js、bootstrap.css、以及 bootstrap-theme.css 檔案。然後建立了一個名為 example.html 的檔案，如列表 18-1 所示。

列表 18-1 example.html 檔案的內容

```
<!DOCTYPE html>
<html ng-app="exampleApp">
<head>
    <title>Services and Modules</title>
    <script src="angular.js"></script>
    <link href="bootstrap.css" rel="stylesheet" />
    <link href="bootstrap-theme.css" rel="stylesheet" />
    <script>
        angular.module("exampleApp", [])
        .controller("defaultCtrl", function ($scope) {
            $scope.data = {
                cities: ["London", "New York", "Paris"],
                totalClicks: 0
            };

            $scope.$watch('data.totalClicks', function (newVal) {
                console.log("Total click count: " + newVal);
            });
        })
        .directive("triButton", function () {
            return {
                scope: { counter: "=counter" },
                link: function (scope, element, attrs) {
                    element.on("click", function (event) {
                        console.log("Button click: " + event.target.innerText);
                        scope.$apply(function () {
                            scope.counter++;
                        });
                    });
```

```
                }
            }
        });
    </script>
</head>
<body ng-controller="defaultCtrl">
    <div class="well">
        <div class="btn-group" tri-button
             counter="data.totalClicks" source="data.cities">
            <button class="btn btn-default"
                    ng-repeat="city in data.cities">
                {{city}}
            </button>
        </div>
        <h5>Total Clicks: {{data.totalClicks}}</h5>
    </div>
</body>
</html>
```

這項範例是圍繞在三個按鈕元素上，這些按鈕元素是使用 ng-repeat 指令，從控制器作用範圍中的一個城市名稱列表裡產生出來的。此範例還有一個 triButton 指令，會處理按鈕元素的點擊事件，並更新由控制器所定義的計數器，其資料綁定是透過一個孤立的作用範圍。

這項範例本身並沒有什麼意義，但它存在一些關鍵特徵，讓我能夠在後續小節中示範一些重要功能。你可以在圖 18-1 中看到此範例於瀏覽器上的顯示結果。

圖 18-1　三個按鈕和一個計數器的簡單範例

每當有按鈕被點擊時，控制器及指令便會將訊息寫入 JavaScript 主控台（你可以透過瀏覽器的 F12 開發者工具來查看），如下所示：

```
Button click: London
Total click count: 1
```

其中，總點擊數也會透過 HTML 標籤中的行內綁定表達式顯示出來（如圖 18-1 所示）。

提示：當應用程式初次載入於瀏覽器上時，控制器也會將一則訊息寫入到主控台中。這是因為我使用了作用範圍的$watch 方法（我曾在第 13 章介紹過），它的處置器函式會在監控器首次建立時觸發。

18.3 使用模組來建構應用程式

正如我曾在第 3 章所說明的，AngularJS 的特點是能夠用於實作複雜的應用程式，這表示 AngularJS 應用程式擁有諸多彼此協作的元件，例如控制器、指令、過濾器及服務等。雖然本書多數的示範案例，是將所有的程式碼及 HTML 標籤都寫在單一的 HTML 檔案中，但真實的專案可不是這樣的。若全部都寫在單一檔案裡不僅笨拙，也會使得多名開發者很難同時在專案中工作。

解決方案是將應用程式的元件拆分為個別的檔案，並使用 script 元素在主 HTML 檔案中參照那些檔案。你可以任意對檔案做組織及命名，只要在專案結構中是合理的就行。常見的作法是將相同類型的元件都放在一起（所有控制器是放在同一個檔案裡，所有指令也是放在同一個檔案裡），或是將具關聯性的元件放在一起（使用者管理元件皆是放在同一個檔案裡，內容管理元件也都是放在同一個檔案裡）。

提示：你也可以將應用程式中的 HTML 標籤拆分為個別的檔案，然後在應用程式執行時載入所需的片段。對此，我會在第 22 章進行說明。

若是針對更為龐大的應用程式，則經常不只是拆分為個別檔案而已，還會藉助資料夾來進行組織，並將具共同性質的多個檔案放置在同一個資料夾裡。不過，無論你是採取了哪種作法，你都會需要使用模組來組織程式碼。因此，在接下來的段落裡，我會為你展示使用模組來建構應用程式的兩種作法。

提示：如果你是初次接觸 AngularJS，那麼我會建議你先按照元件的類型來進行組織，因為這是最直覺的作法，與你構思程式碼內容的思維是相切合的。你可以在熟悉了 AngularJS 的運作後，再轉換到其他的組織方式。

18.3.1 維護單一模組

將某個元件轉移到其他檔案裡的最簡單方式，是在同一個模組做這樣的操作。為了進行示範，我建立了一個名為 directive.js 的檔案，並將列表 18-1 中的 triButton 指令移動至此，如列表 18-2 所示。

列表 18-2 directive.js 檔案的內容

```
angular.module("exampleApp")
.directive("triButton", function () {
    return {
        scope: { counter: "=counter" },
        link: function (scope, element, attrs) {
            element.on("click", function (event) {
                console.log("Button click: " + event.target.innerText);
                scope.$apply(function () {
                    scope.counter++;
                });
            });
```

```
            }
        }
    });
```

我呼叫了 angular.module 方法，並傳入於 example.html 的 script 元素中所定義的模組名稱。我在這裡是使用單一參數來呼叫 module 方法，這表示 AngularJS 會去取得已定義的模組（以一個 Module 物件的形式呈現），而非重新建立一個新模組。接著，我們就可以在該物件上呼叫方法，例如呼叫 directive 以定義新功能。我已經在本書多次提及 Module 物件所定義的方法，而本章還將說明其餘的部份。作為提醒，表 18-3 為 Module 方法的清單。

表 18-3　Module 物件的成員

名　稱	說　明
animation(name, factory)	動畫功能，我將在第 23 章做說明
config(callback)	註冊一個可用於在模組載入時進行設定的函式，詳情請見第 9 章
constant(key, value)	定義一個會回傳常數的服務，詳情請見第 9 章
controller(name, constructor)	建立一個控制器，詳情請見第 13 章
directive(name, factory)	建立一個指令，詳情請見第 15 章至第 17 章
factory(name, provider)	建立一個服務，詳情請見本章稍後的「18.4.1 使用 factory 方法」一節
filter(name, factory)	建立一個用於進行資料格式化的過濾器，詳情請見第 14 章
provider(name, type)	建立一個服務，詳情請見本章稍後的「18.4.3 使用 provider 方法」一節
name	回傳模組名稱
run(callback)	註冊一個函式，會在 AngularJS 完成所有模組的載入及設定後被呼叫
service(name, constructor)	建立一個服務，詳情請見本章稍後的「18.4.2 使用 service 方法」一節
value(name, value)	定義一個會回傳值的服務，詳情請見第 9 章

提示：constant 和 value 方法都會建立出服務，只不過這些服務是限制於特定的作用。然而這背後的細節並不影響你使用這些方法的方式，只是讓你瞭解在 AngularJS 裡，服務可說是無所不在。

為了將這個新的 JavaScript 檔案整合到應用程式中，我在 example.html 檔案新增了一個 script 元素，如列表 18-3 所示。

列表 18-3　新增 script 元素到 example.html 檔案中

```
...
<head>
    <title>Services and Modules</title>
    <script src="angular.js"></script>
    <link href="bootstrap.css" rel="stylesheet" />
    <link href="bootstrap-theme.css" rel="stylesheet" />
    <script>
        angular.module("exampleApp", [])
```

```
            .controller("defaultCtrl", function ($scope) {
                $scope.data = {
                    cities: ["London", "New York", "Paris"],
                    totalClicks: 0
                };

                $scope.$watch('data.totalClicks', function (newVal) {
                    console.log("Total click count: " + newVal);
                });
            });
    </script>
    <script src="directives.js"></script>
</head>
...
```

用於匯入 directives.js 檔案的 script 元素，必須安插於行內 script 元素之後，因為前者所內含的指令，是用於擴充 example.html 檔案裡所定義的模組。反之如果 directives.js 檔案是在 exampleApp 模組被定義前做匯入，則 AngularJS 將會回報錯誤。

18.3.2 建立一個新模組

對於簡單的應用程式來說，把所有東西都放在單一模組裡並沒有什麼問題。然而若是更加複雜的應用程式，則定義多個模組會是比較好的作法，尤其當你希望能夠在不同的專案中重複使用這些功能時，更是如此。你可以在列表 18-4 中看到如何修改 directives.js 檔案，使指令是定義在一個新模組中。

列表 18-4 在 directives.js 檔案中定義一個新模組

```
angular.module("customDirectives", [])
.directive("triButton", function () {
    return {
        scope: { counter: "=counter" },
        link: function (scope, element, attrs) {
            element.on("click", function (event) {
                console.log("Button click: " + event.target.innerText);
                scope.$apply(function () {
                    scope.counter++;
                });
            });
        }
    }
});
```

其中的差別在於呼叫 angular.module 方法的方式。現在我提供了兩個參數，指示 AngularJS 建立一個新模組。第一個參數是新模組的名稱，也就是 customDirectives；第二個參數則是一個陣列，用於存放新模組所依賴的模組名稱。我使用了空陣列以表示這個模組沒有依賴。你可以在列表 18-5 中看到，如何在 example.html 檔案裡使用這個新模組。

列表 18-5　在 example.html 檔案中使用新模組

```
...
<head>
    <title>Services and Modules</title>
    <script src="angular.js"></script>
    <script src="directives.js"></script>
    <link href="bootstrap.css" rel="stylesheet" />
    <link href="bootstrap-theme.css" rel="stylesheet" />
    <script>
        angular.module("exampleApp", ["customDirectives"])
        .controller("defaultCtrl", function ($scope) {
            $scope.data = {
                cities: ["London", "New York", "Paris"],
                totalClicks: 0
            };

            $scope.$watch('data.totalClicks', function (newVal) {
                console.log("Total click count: " + newVal);
            });
        });
    </script>
</head>
...
```

為了在 directives.js 檔案中使用指令，我將 customDirectives 模組加入到 exampleApp 模組的依賴裡。之所以需要宣告此依賴，是因為在 defaultCtrl 控制器所管理的檢視中，有元素套用了新模組裡的指令。

提示： 儘管我在列表中移動了用於匯入 directives.html 檔案的 script 元素，但即便是像列表 18-3 中，將它置於 head 元素的最後面也沒有關係。因為 AngularJS 會先載入所有模組，然後才開始處理依賴。只有在進行模組的擴充時，你才會需要留意 script 元素的放置順序。

18.4　建立和使用服務

AngularJS 模組定義了三個用於定義服務的方法，分別是 factory、service 和 provider。使用這些方法的結果都是相同的，會得到一個為整個 AngularJS 應用程式提供功能的服務物件。然而這些方法在服務物件的建立及管理方式上也都有一些差異，因此，我將在接下來的段落裡做說明及示範。

18.4.1　使用 factory 方法

建立服務的最簡單方式，就是使用 Module.factory 方法，並對其傳入服務名稱，以及一個會回傳服務物件的工廠函式。為了進行示範，我在 angularjs 資料夾中建立了一個名為 services.js 的新檔案，以便建立一個模組並定義某個服務。你可以在列表 18-6 中看到 services.js 檔案的內容。

列表 18-6 services.js 檔案的內容

```
angular.module("customServices", [])
    .factory("logService", function () {
        var messageCount = 0;
        return {
            log: function (msg) {
                console.log("(LOG + " + messageCount++ + ") " + msg);
            }
        };
    });
```

我定義了一個名為 customServices 的新模組，並呼叫 factory 方法建立了一個名為 logService 的服務。這個服務工廠函式會回傳一個定義了 log 函式的物件，它可以接受訊息並寫入到主控台中。

提示：我所建立的是一個自訂的日誌服務，但你也可以使用 AngularJS 內建的$log 服務，對此，我將在第 19 章裡做說明。

工廠函式所回傳的是一個服務物件，並將以 logService 的名稱為應用程式所用。當應用程式需要此服務時，工廠函式便會被呼叫一次，並回傳一個物件，以供整個應用程式使用。因此，常見的錯誤是假定服務的每個取用者都會接收到不同的服務物件，並假定其中的變數（例如計數器等）只會被單一 AngularJS 元件變更。

警告：在建立服務時，小心別使用了重複的服務名稱，否則原有的同名服務就會被取代。本書後續章節會介紹的內建服務，都是以$作為名稱的開頭，而原因之一就是為了解決命名衝突。不過在第 19 章，我則會示範如何將一個內建服務替換為自訂的實作，但除了這種特別考量外，你都應該讓服務名稱彼此不相重複。

我定義了一個名為 messageCount 的變數，它將包含在寫入至 JavaScript 主控台的訊息中，以突顯服務物件是一個單例物件。這個變數是一個計數器，會在每次將訊息寫入主控台時遞增，以便展示出我們所建立的物件只有一個實例。我很快就會測試這個服務，讓你可以看到計數器的效果。

提示：可以看到我是在工廠函式中定義 messageCount 變數，而不是作為服務物件的一部份。由於我不想讓服務的取用者有修改計數器的能力，所以將其置於服務物件之外，也就無法被取用者所存取。

在建立服務後，接著我就可以將其套用在主應用程式模組上，如列表 18-7 所示。

列表 18-7 在 example.html 檔案中取用服務

```
<!DOCTYPE html>
<html ng-app="exampleApp">
<head>
    <title>Services and Modules</title>
    <script src="angular.js"></script>
```

```
        <script src="directives.js"></script>
        <script src="services.js"></script>
        <link href="bootstrap.css" rel="stylesheet" />
        <link href="bootstrap-theme.css" rel="stylesheet" />
        <script>
            angular.module("exampleApp", ["customDirectives", "customServices"])
            .controller("defaultCtrl", function ($scope, logService) {
                $scope.data = {
                    cities: ["London", "New York", "Paris"],
                    totalClicks: 0
                };

                $scope.$watch('data.totalClicks', function (newVal) {
                    logService.log("Total click count: " + newVal);
                });
            });
        </script>
    </head>
    <body ng-controller="defaultCtrl">
        <div class="well">
            <div class="btn-group" tri-button
                 counter="data.totalClicks" source="data.cities">
                <button class="btn btn-default"
                        ng-repeat="city in data.cities">
                    {{city}}
                </button>
            </div>
            <h5>Total Clicks: {{data.totalClicks}}</h5>
        </div>
    </body>
    </html>
```

為了使服務可用，我在 HTML 文件中新增了一個 script 元素來匯入 services.js 檔案。接著，我只需要在控制器的工廠函式裡，加入一個參數來宣告對該服務的依賴。參數名稱必須相同於建立服務時所使用的名稱，因為 AngularJS 會根據工廠函式的參數來進行依賴注入。這因此表示參數的順序是無須固定的，但你也無法使用任意的參數名稱。我可以在自訂指令中取用服務，如列表 18-8 所示。

列表 18-8　在 directives.js 檔案中取用服務

```
angular.module("customDirectives", ["customServices"])
    .directive("triButton", function (logService) {
        return {
            scope: { counter: "=counter" },
            link: function (scope, element, attrs) {
                element.on("click", function (event) {
                    logService.log("Button click: " + event.target.innerText);
                    scope.$apply(function () {
                        scope.counter++;
                    });
```

```
                });
            }
        }
    });
```

在宣告對模組及服務的依賴後，我呼叫了由服務所提供的 logService.log 方法。如果在瀏覽器上載入範例 HTML 檔案並點擊按鈕，便會在 JavaScript 主控台中看到如下輸出結果：

```
(LOG + 0) Total click count: 0
(LOG + 1) Button click: London
(LOG + 2) Total click count: 1
(LOG + 3) Button click: New York
(LOG + 4) Total click count: 2
```

你可能會疑惑，相較於原先範例裡直接呼叫 console.log 的方式，使用服務究竟有哪些益處？首先，這使我只需在 services.js 檔案中註解掉一行程式碼，就能夠停用整個應用程式的日誌記錄，而不用在應用程式中一一尋找各個 console.log 的出現之處。雖然這在簡單的範例應用程式裡並不是什麼大問題，但在真實的大型專案裡，當有著大量且複雜的檔案數目時，就會變得很有幫助。

其次是服務的取用者無須知悉（或依賴）服務的實作細節。這項範例的控制器及指令只知道 logService 及其 log 方法的存在，如此而已。這表示著我可以任意變更日誌記錄的實作方式，卻無須更動服務物件以外的任何部份。

除此之外，這還使我能夠利用第 25 章裡的技術，將日誌記錄功能自應用程式中分離出來以進行單獨測試。

總之，服務能夠讓你建構出通用功能，卻無須破壞 MVC 模式（隨著專案越加複雜，守住此模式的挑戰也會越來越大）。不僅如此，正如你即將學習到的，還有一些重要的 AngularJS 功能也是透過內建服務提供的。

18.4.2 使用 service 方法

Module.service 方法也能夠建立服務物件，但具體的方式略有不同。factory 方法所建立的服務物件是直接由工廠函式回傳的；至於 service 方法的服務物件則是使用建構子（constructor）及 new 關鍵字建立的。

JavaScript 的 new 關鍵字在使用上並不是非常廣泛，但一旦被使用時，就容易造成許多誤解。因為大多數開發者比較熟悉如 C#和 Java 等語言的類別（class）繼承，而不是 JavaScript 的原型（prototype）繼承。因此，有必要在此說明 new 關鍵字的作用，並示範如何用於 Module.service 方法中。在列表 18-9 中，我更新了 services.js 檔案的內容以示範 service 方法。

列表 18-9 在 services.js 檔案中使用 service 方法

```
var baseLogger = function () {
    this.messageCount = 0;
    this.log = function (msg) {
       console.log(this.msgType + ": " + (this.messageCount++)  + " " + msg);
    }
};

var debugLogger = function () { };
debugLogger.prototype = new baseLogger();
debugLogger.prototype.msgType = "Debug";

var errorLogger = function () { };
errorLogger.prototype = new baseLogger();
errorLogger.prototype.msgType = "Error";

angular.module("customServices", [])
    .service("logService", debugLogger)
    .service("errorService", errorLogger);
```

首先我建立了一個建構函式，其基本上是作為新物件的一個範本。這個建構函式名為 baseLogger，它定義了一個 messageCount 變數以及你已經見過的 log 方法。log 方法會將一個尚未定義的 msgType 變數傳遞給 console.log 方法，而該變數則會在稍後使用 baseLogger 建構函式時進行設定。

接下來的步驟是建立另一個名為 debugLogger 的建構函式，並將它的 prototype 設定為一個新物件（使用 new 關鍵字和 baseLogger）。new 關鍵字會建立新物件，並將來自建構函式的屬性及函式複製到新物件中。將其指派給 prototype 屬性則能夠確保 debugLogger 建構子是從 baseLogger 建構子繼承屬性和方法，此外我也在這裡定義了 msgType 屬性。

使用建構子的意義是你可以在範本中定義共同功能，然後套用在多個物件上。於是我運用了相同的程序，建立了第三個建構函式 errorLogger。借助於 new 關鍵字使我只需要定義 messageCount 屬性和 log 方法一次，就能夠為多個物件所用，也就是此處由 debugLogger 和 errorLogger 建構子所建立的物件。在這項範例的最後，我將 debugLogger 和 errorLogger 建構子註冊為服務，如下所示：

```
...
angular.module("customServices", [])
    .service("logService", debugLogger)
    .service("errorService", errorLogger);
...
```

可以看到我將兩個建構子傳遞給 service 方法，而 AngularJS 將會使用 new 來建立這些服務物件。只需要單純地將 example.html 檔案載入於瀏覽器上，就能夠測試這些新服務。我不需要對控制器或指令做任何改動，因為從取用者的角度來看，這些服務物件都是一樣的，而其中的實作細節則是被隱藏起來的。如果點擊 city 按鈕，將會看到如下輸出：

```
...
Debug: 0 Total click count: 0
Debug: 1 Button click: London
Debug: 2 Total click count: 1
Debug: 3 Button click: New York
Debug: 4 Total click count: 2
...
```

正如我先前所描述的，new 關鍵字並不常見，而原型繼承也可能會造成一些困惑，所以我只是在此做了最淺顯的說明。總之，此處所示範的作法，讓我只需要定義一次 log 方法，就能夠用在兩個服務中。至於缺點是程式碼較多，而且對許多 JavaScript 程式設計師來說，可能不是很容易理解。

你不一定要在 services 方法中使用原型，而是比照如同 factory 方法的作法。如果你是初次接觸 AngularJS，那麼我就會建議你這麼做，因為如此一來你就不用去記得兩者的實作差異。你可以在列表 18-10 中看到，如何修改 services.js 檔案，以不使用 JavaScript 原型的方式來操作 service 方法。

列表 18-10　在 services.js 檔案中未使用原型的 service 方法。

```
angular.module("customServices", [])
    .service("logService", function () {
        return {
            messageCount: 0,
            log: function (msg) {
                console.log("Debug: " + (this.messageCount++) + " " + msg);
            }
        };
    });
```

此種作法略為降低了 service 方法的操作彈性，不過 AngularJS 仍然會在背後使用 new 關鍵字。從這裡可以看到，service 方法與 factory 方法是可以彼此互換的，然而前者的名稱似乎更加直覺。

18.4.3 使用 provider 方法

Module.provider 方法能夠讓你對服務物件的建立及設定做更多的控制。你可以在列表 18-11 中看到，如何修改日誌服務，以使用這個 provider 方法。

列表 18-11　在 services.js 檔案中使用 provider 方法來定義服務

```
angular.module("customServices", [])
    .provider("logService", function() {
        return {
            $get: function () {
                return {
                    messageCount: 0,
                    log: function (msg) {
                        console.log("(LOG + " + this.messageCount++ + ") " + msg);
                    }
```

```
                };
            }
        }
    });
```

provider 方法的參數是服務名稱以及一個工廠函式。其中，工廠函式必須回傳定義了$get 方法的提供器物件，而該方法接著必須回傳一個服務物件。

當需要此服務時，AngularJS 會呼叫工廠方法以取得提供器物件，接著再呼叫$get 方法以取得服務物件。使用 provider 方法並沒有改變服務的使用方式，因此我就無須對控制器或指令做任何變更。它們仍然是宣告對 logService 服務的依賴，並呼叫其中的 log 方法。

使用 provider 方法的好處，是可以對服務物件加入設定功能，而這最好是透過範例來進行說明。在列表 18-12 中，我對提供器物件新增了兩個函式，一個是用於控制日誌訊息是否會包含訊息計數；而另一個則是控制日誌訊息本身的輸出與否。

列表 18-12　在 services.js 檔案中，對提供器物件新增函式

```
angular.module("customServices", [])
    .provider("logService", function () {
        var counter = true;
        var debug = true;
        return {
            messageCounterEnabled: function (setting) {
                if (angular.isDefined(setting)) {
                    counter = setting;
                    return this;
                } else {
                    return counter;
                }
            },
            debugEnabled: function(setting) {
                if (angular.isDefined(setting)) {
                    debug = setting;
                    return this;
                } else {
                    return debug;
                }
            },
            $get: function () {
                return {
                    messageCount: 0,
                    log: function (msg) {
                        if (debug) {
                            console.log("(LOG"
                                + (counter ? " + " + this.messageCount++ + ") " : ") ")
                                + msg);
                        }
```

```
                }
            };
        }
    }
});
```

首先我定義了兩個設定變數 counter 和 debug，用於控制 log 方法的輸出。接著對提供器物件新增了 messageCounterEnabled 和 debugEnabled 函式，以揭示這些變數。一般來說，提供器物件方法的設計，是傳入參數時會進行設定，若未傳入參數則會進行查詢。此外，進行設定的結果通常會回傳一個提供器物件，使多個設定呼叫能夠串連在一起。

在 AngularJS 裡，提供器物件是能夠做依賴注入的，只要在服務的名稱上加上「Provider」即可。因此在這項範例裡，可以藉由宣告對 logServiceProvider 的依賴來取得提供器物件。至於提供器物件的取得及使用，最常見的作法則是寫在傳入 Module.config 方法的函式裡。正如我們先前在第 9 章裡曾提及的，當 AngularJS 載入應用程式中的所有模組時，該函式就會被執行。你可以在列表 18-13 中看到，如何使用 config 方法來取得日誌服務的提供器物件，並變更其中的設定。

列表 18-13　在 example.html 檔案中透過提供器來設定服務

```
<script>
    angular.module("exampleApp", ["customDirectives", "customServices"])
    .config(function (logServiceProvider) {
        logServiceProvider.debugEnabled(true).messageCounterEnabled(false);
    })
    .controller("defaultCtrl", function ($scope, logService) {
        $scope.data = {
            cities: ["London", "New York", "Paris"],
            totalClicks: 0
        };
        $scope.$watch('data.totalClicks', function (newVal) {
            logService.log("Total click count: " + newVal);
        });
    });
</script>
...
```

不一定要使用 Module.config 方法來設定服務，但這是比較合理的作法。請記得服務物件是單例，在應用程式執行後對服務物件所做的任何變更，都會對所有正在使用該服務的元件產生影響，而這有時會導致非預期的行為。

18.5　使用內建模組和服務

針對常見的任務，AngularJS 內建了一系列的服務，對此，我會在後續章節一一深入說明。不過在此之前，以下的表 18-4 是一個快速參考表，簡要概述了它們的用途，以及可以在哪一章取得更多資訊。

表 18-4 內建的 AngularJS 服務

名　稱	說　明
$anchorScroll	捲動瀏覽器視窗至指定的錨點，參見第 19 章
$animate	處理內容轉變的動畫，參見第 23 章
$compile	處理一個 HTML 片段，以建立可用於產生內容的函式，參見第 19 章
$controller	$injector 服務的封裝以實例化控制器，參見第 25 章
$document	提供包含 DOM window.document 物件的 jqLite 物件，參見第 19 章
$exceptionHandler	處理應用程式中的異常，參見第 19 章
$filter	提供對過濾器的存取，如第 14 章所述
$http	建立及管理 Ajax 請求，參見第 20 章
$injector	建立 AngularJS 元件實例，參見第 24 章
$interpolate	處理一個內含綁定表達式的字串，以建立可用於產生內容的函式，參見第 19 章
$interval	對 window.serInterval 函式的增強型封裝，參見第 19 章
$location	對瀏覽器 location 物件的封裝，參見第 19 章
$log	對全域 console 物件的封裝，參見第 19 章
$parse	處理一個表達式，以建立可用於產生內容的函式，參加第 19 章
$provide	實作由 Module 所揭示的諸多方法，參見第 24 章
$q	提供延遲物件/約定，參見第 20 章
$resource	提供對 RESTful API 的支援，參見第 21 章
$rootElement	提供對 DOM 根元素的存取，參見第 19 章
$rootScope	提供對頂層作用範圍的存取，如第 13 章所述
$route	基於瀏覽器的 URL 路徑來變更檢視內容，參見第 23 章
$routeParams	提供關於 URL 路由的資訊，參見第 23 章
$sanitize	將危險的 HTML 字元取代為可安全地顯示的內容，參見第 19 章
$sce	從 HTML 字串中移除危險的元素和屬性，使其能夠安全地顯示，參見第 19 章
$swipe	識別滑動手勢，參見第 23 章
$timeout	對 window.setTimeout 函式的增強型封裝，參見第 23 章
$window	提供對 DOM window 物件的參照，參見第 19 章

18.6 小結

本章簡單說明了模組在 AngularJS 應用程式中所扮演的角色，並示範如何運用模組來組織程式碼中的元件。此外，我也說明了服務的角色，以及三種建立服務的方式。在下一章裡，我則將開始介紹 AngularJS 的內建服務。

第 19 章

全域物件、錯誤和表達式的相關服務

本章將針對全域物件的存取、異常處理、顯示危險資料以及表達式的處理等方面，來介紹 AngularJS 的內建服務。我們將使用到一些極為有用的服務，來控制先前曾經示範過的基本 AngularJS 功能。表 19-1 為本章摘要。

表 19-1　本章摘要

問　　題	解決方案	列　表
以利於單元測試的方式來存取全域物件	使用$document、$interval、$log、$timeout、$window、$location 和$anchorScroll 服務	1～9
處理異常	重新定義$exceptionHandler 服務	11～13
顯示危險的資料	使用 ng-bind-html 綁定	14～16
明確地消除資料值中的風險	使用$sanitize 服務	16
對資料值表示信任	使用$sce 服務	17
處理表達式	使用$parse、$interpolate 和$compile 服務	18～22

19.1　準備範例專案

本章將繼續使用先前在第 18 章中所建立的檔案。我將新增更多的 HTML 檔案來示範各種功能，同時也會對原先的範例應用程式進行補強。

19.2　存取 DOM API 的全域物件

在 AngularJS 中，最單純的內建服務，應該要算是那些用於揭示瀏覽器 DOM API 的服務，目的是為了形成與 AngularJS 或 jqLite 相一致的操作方式。表 19-2 即列出了這些服務。

表 19-2　揭示 DOM API 功能的服務

名　　稱	說　　明
$anchorScroll	捲動瀏覽器視窗至指定的錨點
$document	提供包含 DOM window.document 物件的 jqLite 物件
$interval	對 window.serInterval 函式的增強型封裝

名　稱	說　明
$location	提供對 URL 的存取
$log	對 console 物件的封裝
$timeout	對 window.setTimeout 函式的增強型封裝
$window	提供對 DOM window 物件的參照

19.2.1 為何以及何時應使用全域物件服務

AngularJS 提供這些服務的主要原因，是為了使測試更簡單。關於測試的部份，我會在第 25 章進行說明。不過現階段你可以先知道，單元測試的一項重點，是要能夠將欲測試的程式碼區段隔離起來，而無須測試它所依賴的元件，換句話說，就是所謂的焦點測試。由於 DOM API 是透過例如 document 和 window 這類全域物件來揭示介面，所以會很難將程式碼與全域物件分離以進行單元測試。但如果藉助例如$document 這樣的服務，則能夠讓 AngularJS 無須直接使用 DOM API 的全域物件。如此一來，我們就可以使用 AngularJS 的測試服務來設定特定的測試場景。

19.2.2 存取 window 物件

$window 服務很容易使用，宣告對它的依賴，能夠讓你取得全域 window 物件的封裝。由於 AngularJS 並未對全域 window 物件的 API 做補強或變更，所以$window 服務所提供的方法，就跟直接使用 DOM API 的方法是一樣的。為了示範這個服務（以及稍後的其他同類型服務），我在 angularjs 資料夾裡，新增了一個名為 domApi.html 的 HTML 檔案，如列表 19-1 所示。

列表 19-1　domApi.html 檔案的內容

```
<!DOCTYPE html>
<html ng-app="exampleApp">
<head>
    <title>DOM API Services</title>
    <script src="angular.js"></script>
    <link href="bootstrap.css" rel="stylesheet" />
    <link href="bootstrap-theme.css" rel="stylesheet" />
    <script>
        angular.module("exampleApp", [])
        .controller("defaultCtrl", function ($scope, $window) {
            $scope.displayAlert = function(msg) {
                $window.alert(msg);
            }
        });
    </script>
</head>
<body ng-controller="defaultCtrl" class="well">
    <button class="btn btn-primary" ng-click="displayAlert('Clicked!')">Click Me</button>
</body>
</html>
```

在宣告了對$window 服務的依賴後，我就能夠讓控制器行為去呼叫 alert 方法。這個行為會在點擊 button 元素時，透過 ng-click 指令做呼叫，如圖 19-1 所示。

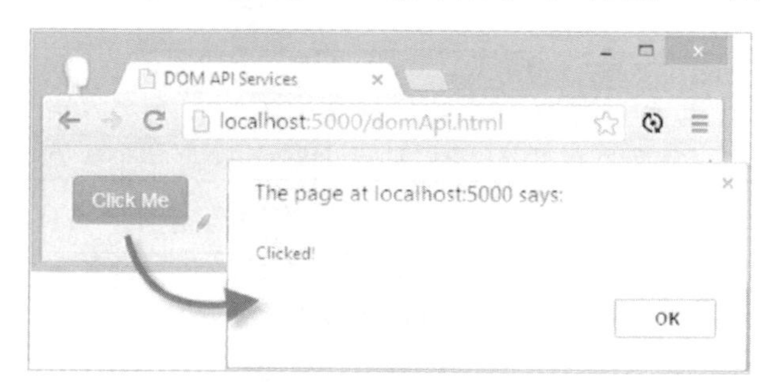

圖 19-1　使用$window 服務

19.2.3　存取 document 物件

$document 服務是一個 jqLite 物件，其內含有 DOM API 的全域 window.document 物件。由於此服務是以 jqLite 的形式呈現，所以你可以利用先前曾在第 15 章中說明過的方法來查詢 DOM。你可以在列表 19-2 中看到$document 服務的使用方式。

列表 19-2　在 domApi.html 檔案中使用$document 服務

```
<!DOCTYPE html>
<html ng-app="exampleApp">
<head>
    <title>DOM API Services</title>
    <script src="angular.js"></script>
    <link href="bootstrap.css" rel="stylesheet" />
    <link href="bootstrap-theme.css" rel="stylesheet" />
    <script>
        angular.module("exampleApp", [])
        .controller("defaultCtrl", function ($scope, $window, $document) {
            $document.find("button").on("click", function (event) {
                $window.alert(event.target.innerText);
            });
        });
    </script>
</head>
<body ng-controller="defaultCtrl" class="well">
    <button class="btn btn-primary">Click Me</button>
</body>
</html>
```

19.2.4　運用間隔與逾時

$interval 和$timeout 服務分別提供了對 window.setInterval 和 window.setTimeout 函式的存取，還包含了一些增強功能，使其能夠更易於在 AngularJS 中使用。表 19-3 列出了傳遞給這些服務的參數。

表 19-3 $interval 和$timeout 服務的參數

參　數	說　明
fn	欲延遲執行的函式
delay	fn 執行前的毫秒數
count	延遲/執行循環的重複次數，預設是 0，意為沒有限制。只有$interval 有此參數
InvokeApply	當設定為 true（這是預設值）時，fn 將透過 scope.$apply 方法執行

這兩個函式的運作方式大致上是相同的，它們都是在指定的時間內延遲函式的執行。而差異在於，$timeout 服務對於函式的延遲與執行函式只會發生一次，至於$interval 則是週期性的重複。列表 19-3 展示了$interval 服務的使用方式。

列表 19-3 在 domApi.html 檔案中使用$interval 服務

```
<!DOCTYPE html>
<html ng-app="exampleApp">
<head>
    <title>DOM API Services</title>
    <script src="angular.js"></script>
    <link href="bootstrap.css" rel="stylesheet" />
    <link href="bootstrap-theme.css" rel="stylesheet" />
    <script>
        angular.module("exampleApp", [])
        .controller("defaultCtrl", function ($scope, $interval) {
            $interval(function () {
                $scope.time = new Date().toTimeString();
            }, 2000);
        });
    </script>
</head>
<body ng-controller="defaultCtrl">
    <div class="panel panel-default">
        <h4 class="panel-heading">Time</h4>
        <div class="panel-body">
            The time is: {{time}}
        </div>
    </div>
</body>
</html>
```

提示：當這些傳遞給服務的函式發生異常時，異常將會被傳遞給$exceptionHandler 服務。對此，我會在稍後的「19.3 異常處理」一節中做說明。

這裡我使用了$interval 服務來執行函式，該函式會每隔兩秒將當前時間更新到作用範圍變數中。除此之外，我則省略了最後的兩個參數，表示這些參數將會維持預設值。

19.2.5 存取 URL

$location 服務封裝了全域 window 物件的 location 屬性，以提供對當前 URL 的存取。$location 服務僅會操作第一個井號後面的 URL 部份，這表示它是針對當前文件的導覽行為，而不會導覽到不同的文件中。你可能一時之間想不到這麼做的目的，但別忘了，如果讓使用者跳出主文件，則將會導致 Web 應用程式被卸載，而當前的資料及狀態也會被丟棄。以下即是典型的 AngularJS 應用程式 URL：

```
http://mydomain.com/app.html#/cities/london?select=hotels#north
```

表 19-4 列出了$location 服務所提供的方法。

表 19-4 $location 服務所定義的方法

名　稱	說　明
absUrl()	回傳當前文件的完整 URL，也就是包含第一個井號之前的部份（http://mydomain.com/app.html#/cities/london?select=hotels#north）
hash() hash(target)	取得或設定 URL 的雜湊（#north）
host()	回傳 URL 的主機名稱（mydomain.com）
path() path(target)	取得或設定 URL 的路徑（/cities/london）
port()	回傳連接埠號，http 預設為 80
protocol()	回傳 URL 的通訊協定（http）
replace()	當在 HTML5 瀏覽器中呼叫時，URL 的變化會取代瀏覽器歷史記錄中的最新記錄，而不是建立一條新記錄
search() search(term, params)	取得或設定搜尋項（select=hotels）
url() url(target)	取得或設定路徑、查詢字串和雜湊（/cities/london?select=hotels#north）

提示：這些 URL 有一點凌亂，對此，我會在「使用 HTML5 的 URL」一節中，示範利用 HTML5 功能的解決方案。

除了上述的方法外，$location 服務還定義了兩個事件，使你可以在 URL 出現變化時收到通時，無論變化是來自於使用者互動或程式化的手法。我將這兩個事件列於表 19-5 中。這些事件的處置器函式，是使用作用範圍的$on 方法（我曾在先前的第 15 章說明過），並傳入事件物件、新 URL 以及舊 URL，來進行註冊的。

表 19-5 $location 服務所定義的事件

名　稱	說　明
$locationChangeStart	會在 URL 完成變更前觸發，因此，你可以在 Event 物件中呼叫 preventDefault 方法來阻止 URL 的變更
$locationChangeSuccess	會在 URL 完成變更後觸發

你可以在列表 19-4 中看到，我更新了 domApi.html 檔案來示範$location 服務的使用方式。這項範例使用了所有的讀寫方法，使你能看到 URL 的變更是如何被套用的。

列表 19-4 在 domApi.html 檔案中使用$location 服務

```
<!DOCTYPE html>
<html ng-app="exampleApp">
<head>
    <title>DOM API Services</title>
    <script src="angular.js"></script>
    <link href="bootstrap.css" rel="stylesheet" />
    <link href="bootstrap-theme.css" rel="stylesheet" />
    <script>
        angular.module("exampleApp", [])
        .controller("defaultCtrl", function ($scope, $location) {

            $scope.$on("$locationChangeSuccess", function (event, newUrl) {
                $scope.url = newUrl;
            });

            $scope.setUrl = function (component) {
                switch (component) {
                    case "reset":
                        $location.path("");
                        $location.hash("");
                        $location.search("");
                        break;
                    case "path":
                        $location.path("/cities/london");
                        break;
                    case "hash":
                        $location.hash("north");
                        break;
                    case "search":
                        $location.search("select", "hotels");
                        break;
                    case "url":
                        $location.url("/cities/london?select=hotels#north");
                        break;
                }
            }
        });
    </script>
</head>
<body ng-controller="defaultCtrl">
    <div class="panel panel-default">
        <h4 class="panel-heading">URL</h4>
        <div class="panel-body">
            <p>The URL is: {{url}}</p>
            <div class="btn-group ">
                <button class="btn btn-primary" ng-click="setUrl('reset')">Reset</button>
                <button class="btn btn-primary" ng-click="setUrl('path')">Path</button>
                <button class="btn btn-primary" ng-click="setUrl('hash')">Hash</button>
```

```
            <button class="btn btn-primary"
                ng-click="setUrl('search')">Search</button>
            <button class="btn btn-primary" ng-click="setUrl('url')">URL</button>
        </div>
    </div>
</div>
</body>
</html>
```

這項範例有多個按鈕，可讓你設定四個 URL 部份，分別是路徑、雜湊、查詢字串和 URL。你可以看到這些部份是如何被改變的；同時你也會注意到，當井號後面的內容出現變更時，瀏覽器並沒有因此重新載入文件。

1．使用 HTML5 的 URL

前一節所見的標準 URL 格式有些凌亂，因為它是一律在井號之後寫入指定的 URL 部份，為的是讓瀏覽器不會對 HTML 文件做重新載入。

所幸 HTML5 的 History API 則提供了更加優雅的方式。目前，所有主流瀏覽器的近期版本應該都已支援了 History API，你可以在 AngularJS 應用程式裡透過$location 服務的提供器$locationProvider 來啟用此 API，如列表 19-5 所示。

列表 19-5　在 domApi.html 檔案中啟用 HTML5 的 History API

```
...
<script>
    angular.module("exampleApp", [])
    .config(function($locationProvider) {
        $locationProvider.html5Mode(true);
    })
    .controller("defaultCtrl", function ($scope, $location) {

        $scope.$on("$locationChangeSuccess", function (event, newUrl) {
            $scope.url = newUrl;
        });

        $scope.setUrl = function (component) {
            switch (component) {
                case "reset":
                    $location.path("");
                    $location.hash("");
                    $location.search("");
                    break;
                case "path":
                    $location.path("/cities/london");
                    break;
                case "hash":
                    $location.hash("north");
                    break;
                case "search":
                    $location.search("select", "hotels");
```

```
                    break;
                case "url":
                    $location.url("/cities/london?select=hotels#north");
                    break;
            }
        }
    });
</script>
...
```

警告：History API 是較新的規格，在各瀏覽器中的實作可能並不一致。因此，若要使用此功能請謹慎並加以測試。

呼叫 html5Mode 方法並傳入 true，即能啟用 HTML5 的功能，並使$location 服務方法的操作結果出現變化。在表 19-6 中，我總結了在這項範例裡，依序按下按鈕時，瀏覽器導覽列中所顯示的 URL。

表 19-6 在範例中按下按鈕的 URL 結果

名　稱	結　果
Reset	http://localhost:5000
Path	http://localhost:5000/cities/london
Hash	http://localhost:5000/cities/london#north
Search	http://localhost:5000/cities/london?select=hotels#north
URL	http://localhost:5000/cities/london?select=hotels#north

從上表可以看到，URL 結構變得清晰許多，然而這是借助於 HTML5 的功能，因此無法在陳舊的瀏覽器中使用。如果在未支援 History API 的瀏覽器上，意圖啟用$location 的 HTML5 模式，則會造成應用程式錯誤。因此，你可以先對 History API 進行測試，具體作法可以使用 Modernizr 這類的函式庫，或是自行撰寫如列表 19-6 所示的判斷。

列表 19-6 在 domApi.html 檔案中測試 History API 是否存在

```
...
<script>
    angular.module("exampleApp", [])
    .config(function ($locationProvider) {
        if (window.history && history.pushState) {
            $locationProvider.html5Mode(true);
        }
    })
    .controller("defaultCtrl", function ($scope, $location) {
...
```

我需要直接存取兩個全域物件，因為只有常數和提供器能夠注入到 config 函式中，也就是說，我無法使用$window 服務。如果瀏覽器有定義 window.history 物件和 history.pushState 方法，那麼就啟用$location 服務的 HTML5 模式，來獲得更清晰的 URL 結構；反之，則不啟用 HTML5 模式，並保持相對複雜的 URL 結構。

2．捲動到$location 雜湊的位置

$anchorScroll 服務能夠將瀏覽器視窗捲動至其 id 值與$location.hash 方法回傳值相一致的元素。$anchorScroll 服務使用起來很便利，你無須存取全域的 document 及 window 物件，就能夠找到需要顯示的元素並捲動至該處。列表 19-7 展示如何使用$anchorScroll 服務，在篇幅較長的文件中顯示某個元素。

列表 19-7　在 domApi.html 檔案中使用$anchorScroll 服務

```
<!DOCTYPE html>
<html ng-app="exampleApp">
<head>
    <title>DOM API Services</title>
    <script src="angular.js"></script>
    <link href="bootstrap.css" rel="stylesheet" />
    <link href="bootstrap-theme.css" rel="stylesheet" />
    <script>
        angular.module("exampleApp", [])
        .controller("defaultCtrl", function ($scope, $location, $anchorScroll) {
            $scope.itemCount = 50;
            $scope.items = [];

            for (var i = 0; i < $scope.itemCount; i++) {
                $scope.items[i] = "Item " + i;
            }

            $scope.show = function(id) {
                $location.hash(id);
            }
        });
    </script>
</head>
<body ng-controller="defaultCtrl">
    <div class="panel panel-default">
        <h4 class="panel-heading">URL</h4>
        <div class="panel-body">
            <p id="top">This is the top</p>
            <button class="btn btn-primary" ng-click="show('bottom')">
                Go to Bottom</button>
            <p>
                <ul>
                    <li ng-repeat="item in items">{{item}}</li>
                </ul>
            </p>
            <p id="bottom">This is the bottom</p>
            <button class="btn btn-primary" ng-click="show('top')">Go to Top</button>
        </div>
    </div>
</body>
</html>
```

在這項範例裡，我使用 ng-repeat 指令來產生多個 li 元素，使得 id 值分別為 top 和 bottom 的兩個 p 元素，無法同時在螢幕上看到。button 元素使用了 ng-click 指令來呼叫一個名為 show 的控制器行為，其內會傳入元素的 id 並藉此呼叫$location.hash 方法。

$anchorScroll 服務的特別之處，在於無須操作它的服務物件，而是只要宣告對它的依賴即可。當服務物件被建立後，就會開始監控$location.hash 值，然後在該值出現變化時自動捲動。你可以在圖 19-2 中看到使用此服務的效果。

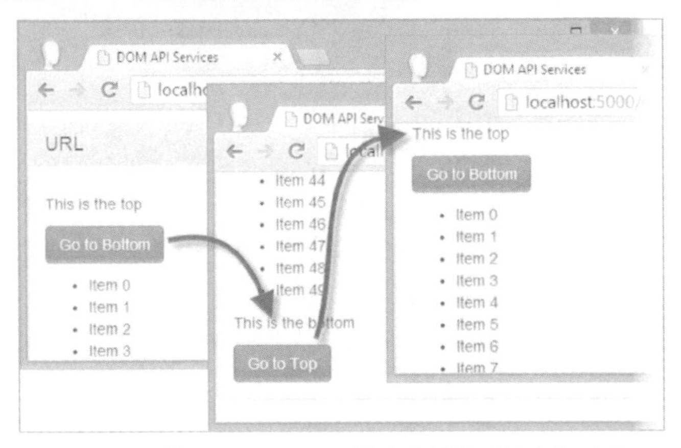

圖 19-2　使用$anchorScroll 服務來捲動至特定的元素

你也可以透過服務提供器來停用自動捲動，然後將$anchorScroll 服務作為函式來呼叫，以形成更明確的控制，如列表 19-8 所示。

列表 19-8　在 domApi.html 檔案中做明確的捲動控制

```
...
<script>
    angular.module("exampleApp", [])
    .config(function ($anchorScrollProvider) {
        $anchorScrollProvider.disableAutoScrolling();
    })
    .controller("defaultCtrl", function ($scope, $location, $anchorScroll) {

        $scope.itemCount = 50;
        $scope.items = [];

        for (var i = 0; i < $scope.itemCount; i++) {
            $scope.items[i] = "Item " + i;
        }
        $scope.show = function(id) {
            $location.hash(id);
            if (id == "bottom") {
                $anchorScroll();
            }
        }
    });
```

```
</script>
...
```

這裡我呼叫了 Module.config 方法（我曾在第 9 章中說明過），並在裡頭呼叫$anchorScrollProvider 的 disableAutoScrolling 方法，來停用自動捲動。如此一來，$location.hash 值的變化將不會再觸發自動捲動。而為了要明確地進行捲動，我會在傳遞給 show 行為的參數為 bottom 時，呼叫$anchorScroll 服務函式。以上作法會使瀏覽器在按下 Go to Bottom 按鈕時進行捲動；反之，若是按下 Go to Top 按鈕則不會有反應。

19.2.6 進行日誌記錄

我在先前的第 18 章中，曾建構過一個簡單的日誌服務，不過事實上 AngularJS 已提供了一個$log 服務，它是全域 console 物件的封裝。$log 服務定義了 debug、error、info、log 和 warn 方法，皆是對應於 console 物件所定義的方法。正如第 18 章裡所描述的，你並不一定要使用$log 服務，但它能夠使單元測試更加容易。你可以在列表 19-9 中看到，如何修改先前自訂的日誌服務，轉而使用$log 服務來輸出訊息。

列表 19-9 在 services.js 檔案中使用$log 服務

```
angular.module("customServices", [])
    .provider("logService", function () {
        var counter = true;
        var debug = true;
        return {
            messageCounterEnabled: function (setting) {
                if (angular.isDefined(setting)) {
                    counter = setting;
                    return this;
                } else {
                    return counter;
                }
            },
            debugEnabled: function (setting) {
                if (angular.isDefined(setting)) {
                    debug = setting;
                    return this;
                } else {
                    return debug;
                }
            },
        $get: function ($log) {
            return {
                messageCount: 0,
                log: function (msg) {
                    if (debug) {
                        $log.log("(LOG"
                            + (counter ? " + " + this.messageCount++ + ") " : ") ")
                            + msg);
```

```
                    }
                }
            };
        }
    }
});
```

可以看到我在$get 函式裡宣告了對服務的依賴。這是針對提供器函式的特別用法，你不會在服務或工廠方法中見到。作為對照，我在列表 19-10 中，示範如何將$log 服務運用於曾在第 18 章裡透過 factory 方法所建立的自訂服務。

列表 19-10 在 services.html 檔案中，將$log 運用在透過工廠方法所定義的服務裡

```
ılar.module("customServices", [])
.factory("logService", function ($log) {
    var messageCount = 0;
    return {
        log: function (msg) {
            $log.log("(LOG + " + this.messageCount++ + ") " + msg);
        }
    };
});
```

提示：$log 服務的預設行為並非是呼叫 debug 方法，不過你可以設定$logProvider.debugEnabled 屬性為 true 來啟用除錯。關於如何設定提供器屬性，請參閱第 18 章。

19.3 異常處理

AngularJS 是使用$exceptionHandler 服務，來處理應用程式執行時所發生的任何異常。預設的實作是呼叫$log 服務的 error 方法，而該方法接著則會呼叫全域的 console.error 方法。

19.3.1 為何以及何時應使用異常服務

就某個角度而言，所謂的異常可以粗分為兩類。首先是在程式開發及測試過程中出現的異常；至於另外一類則是那些在你將應用程式發佈後，使用者所遇到的異常。

雖然應對這兩類異常的方式可能有所不同，但無論如何你都需要對異常的捕捉，採取一致的作法，使其能夠對異常做出回應，甚至是加以記錄以供日後分析。而這就是$exceptionHandler 服務的有用之處，它在預設情況下會單純地將異常細節寫入到 JavaScript 主控台中，並保持應用程式繼續執行（如果可以的話）。不過你也會在稍後看到，它也可以執行更為複雜的任務，藉此確保應用程式的使用者不會受到異常的干擾。

提示：$exceptionHandler 服務僅會處理未捕捉的異常。所以如果你使用 JavaScript 的 try...catch 區塊來捕捉某個異常，那麼該異常就不會再交由服務處理。

19.3.2 關於異常的示範

為了示範$exceptionHandler 服務，我在 angularjs 資料夾裡新增了一個名為 exceptions.html 的 HTML 檔案，如列表 19-11 所示。

列表 19-11　exceptions.html 檔案的內容

```
<!DOCTYPE html>
<html ng-app="exampleApp">
<head>
    <title>Exceptions</title>
    <script src="angular.js"></script>
    <link href="bootstrap.css" rel="stylesheet" />
    <link href="bootstrap-theme.css" rel="stylesheet" />
    <script>
        angular.module("exampleApp", [])
        .controller("defaultCtrl", function ($scope) {
            $scope.throwEx = function () {
                throw new Error("Triggered Exception");
            }
        });
    </script>
</head>
<body ng-controller="defaultCtrl">
    <div class="panel panel-default">
        <div class="panel-body">
            <button class="btn btn-primary" ng-click="throwEx()">Throw Exception</button>
        </div>
    </div>
</body>
</html>
```

這項範例內含一個按鈕元素，是使用 ng-click 處置器來觸發一個名為 throwEx 的控制器行為，而該行為將會拋出一個異常。如果在瀏覽器中載入 exceptions.html 檔案並點擊按鈕，將會在 JavaScript 主控台中看到如下輸出：

```
Error: Triggered Exception
```

除此之外，你可能也會看到一段堆疊追蹤記錄，其內會列出 throw 述句所在的檔名及行號。

19.3.3 直接使用異常服務

雖然 AngularJS 會自動將異常傳遞給$exceptionHandler 服務，但你也可以直接使用此服務，來提供進一步的控制。你可以在列表 19-12 中看到，如何宣告對$exceptionHandler 服務的依賴，使我能夠將異常直接傳遞給服務。

列表 19-12　在 exceptions.html 檔案中直接使用$exceptionHandler 服務

```
<!DOCTYPE html>
<html ng-app="exampleApp">
<head>
    <title>Exceptions</title>
    <script src="angular.js"></script>
    <link href="bootstrap.css" rel="stylesheet" />
    <link href="bootstrap-theme.css" rel="stylesheet" />
    <script>
        angular.module("exampleApp", [])
        .controller("defaultCtrl", function ($scope, $exceptionHandler) {
            $scope.throwEx = function () {
                try {
                    throw new Error("Triggered Exception");
                } catch (ex) {
                    $exceptionHandler(ex.message, "Button Click");
                }
            }
        });
    </script>
</head>
<body ng-controller="defaultCtrl">
    <div class="panel panel-default">
        <div class="panel-body">
            <button class="btn btn-primary" ng-click="throwEx()">Throw Exception</button>
        </div>
    </div>
</body>
</html>
```

$exceptionHandler 服務物件是一個函式，具有兩個參數：異常和一個選擇性的字串，用於描述異常的起因。由於在這項範例裡，異常的起因只有一個，所以作為起因的參數並沒有什麼實用性。然而，如果你是在一個處理資料項目的迴圈過程中捕捉到異常，那麼在起因裡列出資料項目的細節就會很有幫助。以下是當範例中的按鈕被點擊時，主控台的輸出結果：

```
Triggered Exception Button Click
```

19.3.4　實作自訂的異常處置器

在先前的第 18 章裡，我曾經提醒你避免使用同名的服務名稱，以防覆寫掉那些由 AngularJS 或其他函式庫所定義的服務。然而在本節，為了定義自訂的異常處理策略，我將刻意地覆寫 AngularJS 所實作的$errorHandler 服務，如列表 19-13 所示。

列表 19-13　在 exceptions.html 檔案中取代$errorHandler 服務

```
<!DOCTYPE html>
<html ng-app="exampleApp">
<head>
    <title>Exceptions</title>
    <script src="angular.js"></script>
    <link href="bootstrap.css" rel="stylesheet" />
    <link href="bootstrap-theme.css" rel="stylesheet" />
    <script>
        angular.module("exampleApp", [])
        .controller("defaultCtrl", function ($scope, $exceptionHandler) {
            $scope.throwEx = function () {
                try {
                    throw new Error("Triggered Exception");
                } catch (ex) {
                    $exceptionHandler(ex, "Button Click");
                }
            }
        })
        .factory("$exceptionHandler", function ($log) {
            return function (exception, cause) {
                $log.error("Message: " + exception.message + " (Cause: " + cause + ")");
            }
        });
    </script>
</head>
<body ng-controller="defaultCtrl">
    <div class="panel panel-default">
        <div class="panel-body">
            <button class="btn btn-primary" ng-click="throwEx()">Throw Exception</button>
        </div>
    </div>
</body>
</html>
```

藉由曾在第 18 章中介紹過的 factory 方法，我重新定義了$errorHandler 服務物件，使其對異常訊息有更好的呈現。

提示：雖然你可以用更加複雜的行為來取代預設的行為，但請謹慎小心。因為用於處理錯誤的程式碼是最不容許有任何閃失的，如果它本身就存在錯誤，你可能就無法得知真實的運作狀況。因此，最簡單的錯誤處理方案通常就是最好的方案。

如果在瀏覽器中載入 exceptions.html 檔案並點擊按鈕，將會看到以下的格式化輸出訊息：

```
Message: Triggered Exception (Cause: Button Click)
```

19.4 處理危險資料

一種對 Web 應用程式的常見攻擊手法，是透過表單將程式碼提交到應用程式裡，而結果可能會致使應用程式暴露出不應公開的資訊，或是進一步造成應用程式的其他使用者也接收到惡意的內容。這類攻擊經常是使用 JavaScript 程式碼，並且可能也會涉及到 CSS 樣式的變造，以變更應用程式的外觀，來矇混應用程式的使用者。對此，AngularJS 內建了一些不錯的方案，能夠降低這類攻擊的風險，我將在本節進行說明及示範。表 19-7 列出了 AngularJS 為處理危險資料而提供的服務。

表 19-7 操作危險資料的服務

名　稱	說　明
$sce	從 HTML 中移除危險的元素和屬性
$sanitize	將 HTML 中的危險字元取代為相應的跳脫字元

19.4.1 為何以及何時應使用危險資料服務

AngularJS 已經有不錯的預設策略來處理潛在的危險內容，然而當你想要擁有更高的靈活性時，那麼你就會需要直接操作本節所介紹的服務。常見的應用情境，是當應用程式容許使用者提交 HTML 內容（例如線上 HTML 編輯器），或是舊系統的 HTML 內容即混雜了 JavaScript 程式碼（老式的內容管理系統或入口網站很容易做出這種事），而需要加以分離時。

19.4.2 顯示危險資料

AngularJS 會使用一項名為嚴格上下文跳脫（strict contextual escaping，SCE）的功能，來防止不安全的值透過資料綁定呈現出來。這項功能預設便是啟用的，為了加以示範，我在 angularjs 資料夾新增了一個名為 htmlData.html 的 HTML 檔案，如列表 19-14 所示。

列表 19-14 htmlData.html 檔案的內容

```
<!DOCTYPE html>
<html ng-app="exampleApp">
<head>
    <title>SCE</title>
    <script src="angular.js"></script>
    <link href="bootstrap.css" rel="stylesheet" />
    <link href="bootstrap-theme.css" rel="stylesheet" />
    <script>
        angular.module("exampleApp", [])
        .controller("defaultCtrl", function ($scope) {
            $scope.htmlData
                = "<p>This is <b onmouseover=alert('Attack!')>dangerous</b> data</p>";
        });
    </script>
</head>
<body ng-controller="defaultCtrl">
    <div class="well">
```

```
        <p><input class="form-control" ng-model="htmlData" /></p>
        <p>{{htmlData}}</p>
    </div>
</body>
</html>
```

這項範例的控制器作用範圍包含了一個 input 元素，是綁定至 htmlData 屬性，而該屬性接著會透過行內綁定表達式顯示出來。我已將屬性內容設定為一個危險的 HTML 字串，使你無須在 input 元素中自行輸入。這裡會模擬攻擊者試圖透過 input 元素，來讓瀏覽器執行一些並非由應用程式提供的 JavaScript 程式碼。雖然在這個例子裡，程式碼只是企圖顯示一個警告對話框，但發生在真實世界裡的攻擊可就不是這樣了。攻擊者甚至可用來產生出一個偽造的介面，誘使應用程式的使用者提供重要資訊給錯誤的對象，或是構成其他類型的破壞性行為。

為了有助於降低風險，AngularJS 會自動將危險的字元（例如 HTML 內容裡的<和>）取代為能安全顯示的字元，如圖 19-3 所示。

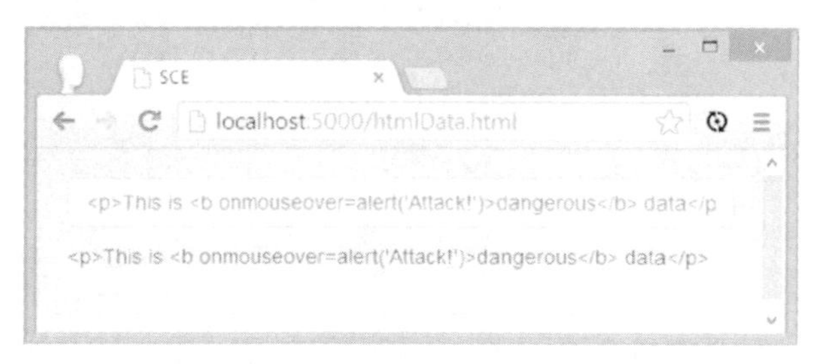

圖 19-3　AngularJS 會自動跳脫顯示在綁定中的資料值

AngularJS 會將 input 元素裡的原始 HTML 字串：

```
<p>This is <b onmouseover=alert('Attack!')>dangerous</b> data</p>
```

轉換為如下可安全顯示的字串：

```
&lt;p&gt;This is &lt;b onmouseover=alert('Attack!')&gt;dangerous&lt;/b&gt; data&lt;/p&gt;
```

從這裡可以看到，所有會被瀏覽器解讀成 HTML 標籤的字元，都會被轉換成安全的替代字元。

提示：跳脫程序並不會影響作用範圍中原有的值，而只是在顯示資料綁定值時自動做出一些調整。這表示你可以放心地操作原始的 HTML 資料，再交由 AngularJS 顯示出來。

大多數的應用程式，應該都會從 AngularJS 的預設行為獲益，也就是避免危險的資料被顯示出來。然而，如果你處於一些較罕見的情況，是需要顯示未被跳脫的 HTML 內容，那麼也是有一套相應的解決辦法。

19.4.3 使用不安全綁定

第一項技巧是使用 ng-bind-html 指令，它使你能夠指定某個資料值是可信任的，因此無須進行跳脫。由於 ng-bind-html 指令是依賴於 ngSanitize 模組，而 AngularJS 主函式庫並未包含該模組，因此你需要前往 http://angularjs.org，接著點擊 Download，再選擇你需要的版本（在本書撰寫之時，1.2.5 是最新版本），然後點擊視窗左下角的 Extras 連結，如圖 19-4 所示。

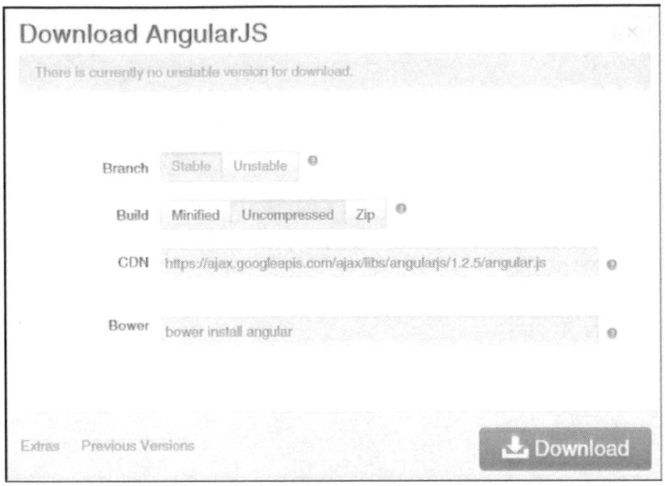

圖 19-4　下載選擇性的 AngularJS 模組

從中取得了 angular-sanitize.js 檔案後，便放置到 angularjs 資料夾裡。你可以在列表 19-15 中看到，如何加入對 ngSanitize 模組的依賴，並使用 ng-bind-html 指令來顯示危險的資料值。

列表 19-15　在 htmlData.html 檔案中顯示被信任的資料

```
<!DOCTYPE html>
<html ng-app="exampleApp">
<head>
    <title>SCE</title>
    <script src="angular.js"></script>
    <script src="angular-sanitize.js"></script>
    <link href="bootstrap.css" rel="stylesheet" />
    <link href="bootstrap-theme.css" rel="stylesheet" />
    <script>
        angular.module("exampleApp", ["ngSanitize"])
        .controller("defaultCtrl", function ($scope) {
            $scope.htmlData
                = "<p>This is <b onmouseover=alert('Attack!')>dangerous</b> data</p>";
        });
    </script>
</head>
```

```
<body ng-controller="defaultCtrl">
    <div class="well">
        <p><input class="form-control" ng-model="htmlData" /></p>
        <p ng-bind-html="htmlData"></p>
    </div>
</body>
</html>
```

這個 ng-bind-html 指令並未使用行內綁定表達式，而是作為 p 元素的屬性套用。你可以在圖 19-5 中看到其效果。

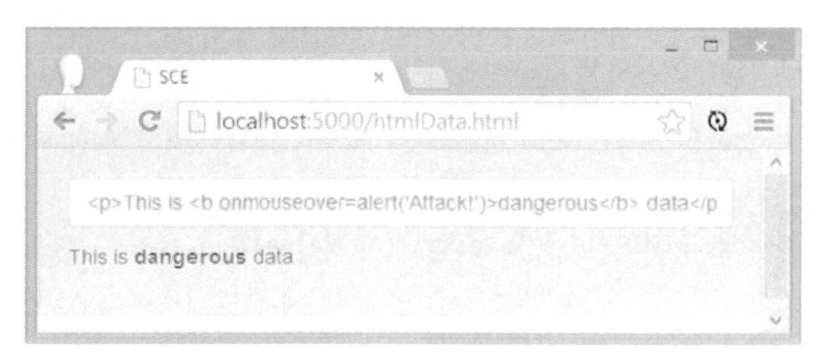

圖 19-5 ng-bind-html 指令的效果

這回 HTML 的粗體元素（<b></b>）會被解讀出來，並套用在顯示的結果上。不過 b 元素裡的 onmouseover 事件處置器則並未生效，這是因為還有第二道安全措施在此發揮作用，從 HTML 字串中剔除了危險的元素和屬性。在這項範例裡，htmlData 的值會轉換如下結果：

```
<p>This is <b>dangerous</b> data</p>
```

這道安全措施會移除 script 和 css 元素、以及行內 JavaScript 事件處置器和樣式屬性等各種可能構成風險的事物。此安全措施又稱為淨化（sanitization），是由 ngSanitize 模組的$sanitize 服務所提供。由於 ng-bind-html 指令會自動使用$sanitize 服務，所以我需要事先加入對 ngSanitize 模組的依賴。

直接執行淨化

你可以放心地讓 AngularJS 自動使用$sanitize 服務來處理欲顯示的值，除非你刻意停用了它（對此，我會在本章稍後進行說明）。然而，你可能也會想明確地對應用程式中儲存的值做淨化的動作。僅僅確保顯示出來的值是安全的固然不錯，但如果資料庫裡儲存的仍然是不安全的 HTML 內容，那麼你的應用程式就有可能會成為其他應用程式的安全風險（假設它們從你這邊讀取資料的方式，會跳過 AngularJS 的防護）。針對這類情境的解決方案，你可以在列表 19-16 中看到，如何對作用範圍中的 HTML 內容，直接使用$sanitize 服務加以淨化。

列表 19-16 在 htmlData.html 檔案中明確地淨化內容

```
<!DOCTYPE html>
<html ng-app="exampleApp">
<head>
    <title>SCE</title>
    <script src="angular.js"></script>
    <script src="angular-sanitize.js"></script>
    <link href="bootstrap.css" rel="stylesheet" />
    <link href="bootstrap-theme.css" rel="stylesheet" />
    <script>
        angular.module("exampleApp", ["ngSanitize"])
        .controller("defaultCtrl", function ($scope, $sanitize) {
            $scope.dangerousData
                = "<p>This is <b onmouseover=alert('Attack!')>dangerous</b> data</p>";

            $scope.$watch("dangerousData", function (newValue) {
                $scope.htmlData = $sanitize(newValue);
            });
        });
    </script>
</head>
<body ng-controller="defaultCtrl">
    <div class="well">
        <p><input class="form-control" ng-model="dangerousData" /></p>
        <p ng-bind="htmlData"></p>
    </div>
</body>
</html>
```

我變更了 input 元素上的 ng-model 指令，將其設定為 dangerousData 變數。接著在控制器中，我使用一個作用範圍監控器函式，來監控 defaultData 屬性的變化。當出現新值時，便使用$sanitize 服務物件來處理該值。$sanitize 物件是一個函式，它能去除潛在危險的值並回傳經淨化的結果。為了示範其效果，我轉而使用標準的 ng-bind 指令來顯示經淨化的 htmlData 值，如圖 19-6 所示。

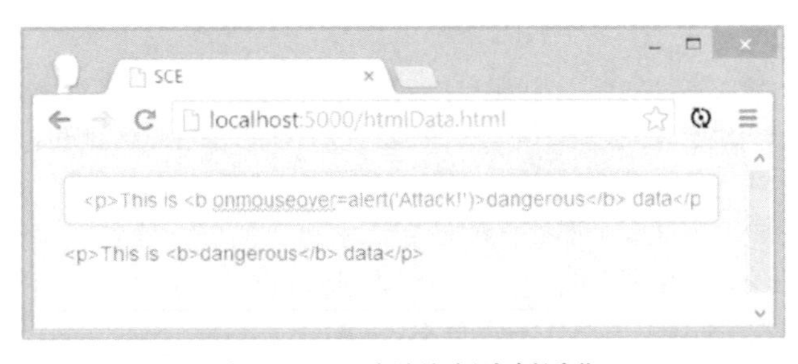

圖 19-6 明確地進行資料淨化

從中可以看到，淨化程序會將 JavaScript 事件處置器從 input 元素的字串裡移除。不過這時該值也同樣沒有顯示出 HTML 的粗體，這是因為 ng-bind 指令會對所有的危險字元做跳脫。

19.4.4 明確地信任資料

在某些（罕見的）情況下，你可能需要會顯示未經過跳脫或淨化的潛在危險內容。對此，你可以使用$sce 服務來宣告可信任的內容。

警告：多年以來，我參與過不計其數的 Web 應用程式專案，而其中真的需要我去顯示不安全資料值的次數則是屈指可數。在約莫 21 世紀的頭幾年時，曾存在一股製作入口網站的熱潮，而其中所儲存的內容往往都混雜著 JavaScript 和 CSS。當入口網站的熱潮結束後，取而代之的新網站則仍然需要能夠順利顯示資料庫裡的舊內容，而不能有任何的失誤。因此，這樣的需求可能就會需要停用 AngularJS 的 SCE 功能。不過一般來說，我都會盡可能的做出更積極的努力，即安全地跳脫應用程式將顯示出來的每一筆資料，特別是那些由使用者所提交的資料。總之，不要放任這些不乾淨的資料在應用程式中四處流竄，除非你有強烈的需求。

$sce 服務物件定義了 trustAsHtml 方法，它會回傳一個值，而該值將在 SCE 程序執行時顯示出來，如列表 19-17 所示。

列表 19-17　在 htmlData.html 檔案中顯示危險內容

```
<!DOCTYPE html>
<html ng-app="exampleApp">
<head>
    <title>SCE</title>
    <script src="angular.js"></script>
    <script src="angular-sanitize.js"></script>
    <link href="bootstrap.css" rel="stylesheet" />
    <link href="bootstrap-theme.css" rel="stylesheet" />
    <script>
        angular.module("exampleApp", ["ngSanitize"])
        .controller("defaultCtrl", function ($scope, $sce) {
            $scope.htmlData
                = "<p>This is <b onmouseover=alert('Attack!')>dangerous</b> data</p>";

            $scope.$watch("htmlData", function (newValue) {
                $scope.trustedData = $sce.trustAsHtml(newValue);
            });
        });
    </script>
</head>
<body ng-controller="defaultCtrl">
    <div class="well">
        <p><input class="form-control" ng-model="htmlData" /></p>
        <p ng-bind-html="trustedData"></p>
    </div>
</body>
</html>
```

這裡我使用一個監控器函式，將 trustedData 屬性設定為$sce.trustAsHtml 方法所回傳的結果。接著使用了 ng-bind-html 指令，將值以 HTML 的形式顯示出來，而不是顯示出被跳脫的文字。資料值經信任後會避免 JavaScript 的事件處置器被移除，而使用 ng-bind-html 指令則能夠避免字元跳脫。結果是瀏覽器不僅顯示了來自 input 元素的內容，而其中的 JavaScript 程式碼也是有效的。如果你移動滑鼠到粗體文字上，就會彈出一個警告視窗，如圖 19-7 所示。

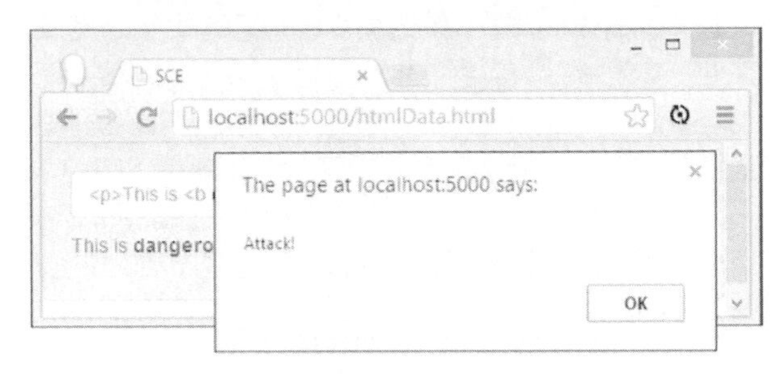

圖 19-7　顯示經過信任且未被跳脫的資料

19.5 處理 AngularJS 的表達式和指令

AngularJS 提供了多個用於處理 AngularJS 內容及綁定表達式的服務，我在表 19-8 中列出了這些服務。這些服務能夠將一段內容轉換為函式，使你可以在應用程式中進行呼叫。而這些內容可能是簡單的表達式，或是內含綁定及指令的 HTML 片段。

表 19-8　用於操作 AngularJS 表達式的服務

名　稱	說　明
$compile	將內含綁定及指令的 HTML 片段轉換為可呼叫的函式以產生內容
$interpolate	將內含行內綁定的字串轉換為可呼叫的函式以產生內容
$parse	將 AngularJS 表達式轉換為可呼叫的函式以產生內容

19.5.1 為何以及何時應使用表達式和指令服務

在撰寫指令時，這些服務能夠讓你明確地控制內容的產生和顯示。儘管你並不需要在基本的指令中使用這些服務，然而若需要對範本內容做準確的管理時，這些服務就會變得非常有用。

19.5.2 將表達式轉換為函式

$parse 服務能夠接收一個 AngularJS 表達式，並將其轉換為一個函式，使你能夠藉由作用範圍物件來求得表達式的值。此舉在自訂指令中相當有用，使表達式能夠透過屬性傳入並計算得出結果，而指令本身卻不需要知道表達式的細節。為了示範$parse 服務的使用，我在 angularjs 資料夾裡新增了一個名為 expressions.html 的 HTML 檔案，列表 19-18 為其內容。

列表 19-18 expressions.html 檔案的內容

```
<!DOCTYPE html>
<html ng-app="exampleApp">
<head>
    <title>Expressions</title>
    <script src="angular.js"></script>
    <link href="bootstrap.css" rel="stylesheet" />
    <link href="bootstrap-theme.css" rel="stylesheet" />
    <script>
        angular.module("exampleApp", [])
        .controller("defaultCtrl", function ($scope) {
            $scope.price = "100.23";
        })
        .directive("evalExpression", function ($parse) {
            return function(scope, element, attrs) {
                scope.$watch(attrs["evalExpression"], function (newValue) {
                    try {
                        var expressionFn = $parse(scope.expr);
                        var result = expressionFn(scope);
                        if (result == undefined) {
                            result = "No result";
                        }
                    } catch (err) {
                        result = "Cannot evaluate expression";
                    }
                    element.text(result);
                });
            }
        });
    </script>
</head>
<body ng-controller="defaultCtrl">
    <div class="well">
        <p><input class="form-control" ng-model="expr" /></p>
        <div>
            Result: <span eval-expression="expr"></span>
        </div>
    </div>
</body>
</html>
```

這項範例內含一個名為 evalExpression 的指令，其內設有一個作用範圍屬性，是用於存放將被$parse 服務求值的表達式。我將該指令套用於 span 元素中，並指定作用範圍屬性為 expr，也就是綁定在 input 元素上的相同屬性，這使得表達式可以動態輸入並求值。

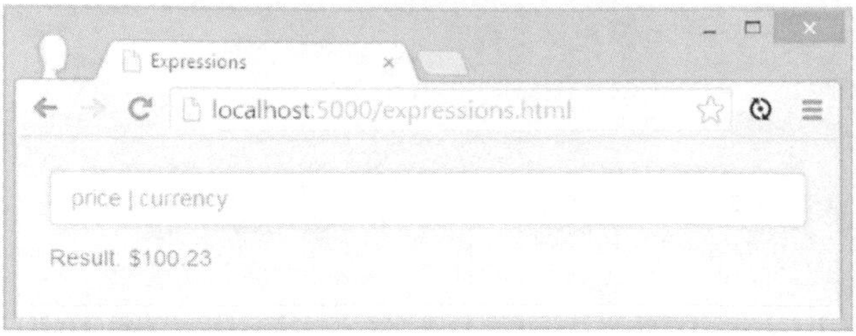

圖 19-8　使用$parse 服務對表達式進行求值

接著我們要加入欲處理的資料，這裡我使用控制器來新增一個名為 price 的作用範圍屬性，並將其設定為一個數值。從上圖可以看到，當我在 input 元素中輸入 price | currency 時，price 屬性會由 currency 過濾器進行處理，而結果則會顯示在套用了該指令的 span 元素上。

一般情況下，使用者不應該會在應用程式中輸入 AngularJS 表達式（稍後我會展示更普遍的$parse 使用方式）。然而此處只是為了突顯出，你甚至可以在外部變更 AngularJS 的表達式，而不僅僅是修改數值而已。

$parse 服務的運作相當單純，服務物件本身是個函式，其唯一的參數是欲求值的表達式；傳入表達式後，函式就會回傳具體執行計算的函式。換言之，$parse 服務本身並不計算表達式，而是一個函式工廠，用於輸出實際執行表達式計算的函式。以下是範例中使用$parse 服務物件的述句：

```
...
var expressionFn = $parse(scope.expr);
...
```

我將表達式（來自使用者在 input 元素中的輸入內容）傳入$parse 函式，並將回傳的函式指派給名為 expressionFn 的變數。接著我便呼叫該函式，並傳入作用範圍作為表達式的資料來源，如下所示：

```
...
var result = expressionFn(scope);
...
```

你並不一定要使用作用範圍作為表達式的資料來源，但這是常見的作法（至於在下一節裡，除了作用範圍外，我也將在表達式裡運用本地資料）。呼叫此函式的結果是得到經過計算的表達式，也就是由 currency 過濾器處理過的 price 屬性值，如圖 19-9 所示。

當你對使用者所提交的表達式進行求值時，你還需要設想到表達式無效的可能性。舉例來說，如果過濾器的名稱未輸入完整，那麼就會使得表達式找不到指定的過濾器。這時就會出現提示訊息，說明表達式無法進行計算。能夠有這樣的反應，是因為我捕捉了當表達式無效時所產生的異常。

除此之外，你還必須考量到表達式的計算結果可能會是 undefined，因為如果表達式所參照的資料值不存在時，就會有這樣的結果。雖然 AngularJS 的綁定指令能夠自動將 undefined 值顯示為空字串；但在直接使用$parse 服務時，你則需要自行處理這項問題。在此範例裡，當表達式的結果為 undefined 時，我會顯示出 No result，如下所示：

```
...
if (result == undefined) {
    result = "No result";
}
...
```

提供本地資料

先前的範例並非使用$parse 服務的常見方式，因為很少會需要使用者輸入表達式的內容。更為常見的情形，是將表達式定義在應用程式裡，而讓使用者僅僅能夠變更其中的資料值。你可以在列表 19-19 中看到，如何基於這類情形來修改 expression.html 檔案的內容。

列表 19-19 在 expressions.html 檔案中對使用者所輸入的值做計算

```
<!DOCTYPE html>
<html ng-app="exampleApp">
<head>
    <title>Expressions</title>
    <script src="angular.js"></script>
    <link href="bootstrap.css" rel="stylesheet" />
    <link href="bootstrap-theme.css" rel="stylesheet" />
    <script>
        angular.module("exampleApp", [])
        .controller("defaultCtrl", function ($scope) {
            $scope.dataValue = "100.23";
        })
        .directive("evalExpression", function ($parse) {
            var expressionFn = $parse("total | currency");
            return {
                scope: {
                    amount: "=amount",
                    tax: "=tax"
                },
                link: function (scope, element, attrs) {
                    scope.$watch("amount", function (newValue) {
                        var localData = {
                            total: Number(newValue)
                               + (Number(newValue) * (Number(scope.tax) /100))
                        }
                        element.text(expressionFn(scope, localData));
                    });
                }
            }
        });
    </script>
</head>
<body ng-controller="defaultCtrl">
    <div class="well">
        <p><input class="form-control" ng-model="dataValue" /></p>
```

```
        <div>
            Result: <span eval-expression amount="dataValue" tax="10"></span>
        </div>
    </div>
</body>
</html>
```

在這項範例裡，我使用定義物件（我曾在第 16 章裡說明過）來定義出較複雜的指令。表達式會由$parse 服務的工廠函式剖析為函式，因此，表達式只會被剖析一次，然後在每次 amount 屬性出現變化時呼叫函式來計算表達式的值。

這個表達式包含了對 total 屬性的參照，不過它並不存在於作用範圍裡，而是從監控器函式中透過兩個綁定至孤立作用範圍的屬性動態計算而成，如下所示：

```
...
var localData = {
    total: Number(newValue) + (Number(newValue) * (Number(scope.tax) /100))
}
element.text(expressionFn(scope, localData));
...
```

在以上述句裡，需要留意的重點，是我傳遞了一個含有 total 屬性的物件給表達式函式。此舉補足了缺少的資料，為表達式提供 total 的參照值。使你可以在 input 元素中輸入值，接著應用程式就會加入可設定的稅率，來計算出最後的總值。結果會顯示在套用了該指令的 span 元素上，如圖 19-9 所示。

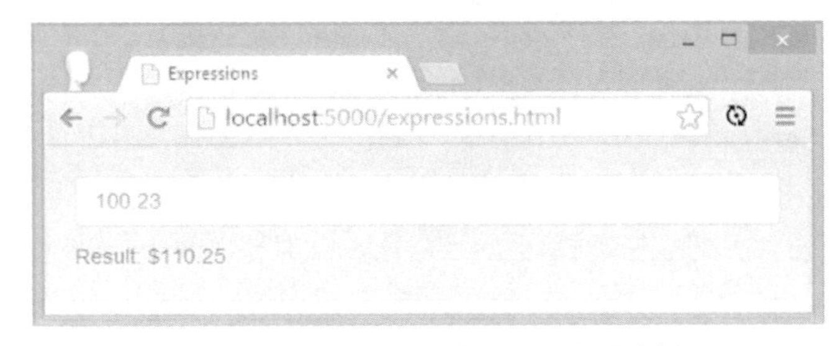

圖 19-9　在計算表達式時提供本地資料

19.5.3　內插字串

$interpolate 服務以及它的提供器$interpolateProvider，是用於設定 AngularJS 執行內插的方式，而所謂內插，指的是將表達式插入至字串裡。$interpolate 服務比$parse 更加靈活，因為它能夠接受包含表達式的字串，而不僅僅是接受表達式而已。你可以在列表 19-20 中看到，如何在 expressions.html 檔案裡使用$interpolate 服務。

列表 19-20　在 expressions.html 檔案中執行內插

```
<!DOCTYPE html>
<html ng-app="exampleApp">
<head>
    <title>Expressions</title>
    <script src="angular.js"></script>
```

```
    <link href="bootstrap.css" rel="stylesheet" />
    <link href="bootstrap-theme.css" rel="stylesheet" />
    <script>
        angular.module("exampleApp", [])
        .controller("defaultCtrl", function ($scope) {
            $scope.dataValue = "100.23";
        })
        .directive("evalExpression", function ($interpolate) {
            var interpolationFn
                = $interpolate("The total is: {{amount | currency}} (including tax)");
            return {
                scope: {
                    amount: "=amount",
                    tax: "=tax"
                },
                link: function (scope, element, attrs) {
                    scope.$watch("amount", function (newValue) {
                        var localData = {
                            total: Number(newValue)
                                + (Number(newValue) * (Number(scope.tax) /100))
                        }
                        element.text(interpolationFn(scope));
                    });
                }
            }
        });
    </script>
</head>
<body ng-controller="defaultCtrl">
    <div class="well">
        <p><input class="form-control" ng-model="dataValue" /></p>
        <div>
            <span eval-expression amount="dataValue" tax="10"></span>
        </div>
    </div>
</body>
</html>
```

如列表所示，使用$interpolate 服務很類似於使用$parse，但其中也有一些重要的差異。第一項差異（也是最明顯的差異），是$interpolate 服務所操作的字串，能夠混合非 AngularJS 內容及行內綁定。事實上，用來表示行內綁定的{{和}}字元也被稱為內插字元，由此可知它們和$interpolate 服務是緊密相關的。至於第二項差異，則是你無法將作用範圍和本地資料，分別傳遞給由$interpolate 服務所建立的內插函式。相反地，你必須確保，表達式所需的資料都已經被包含在單一物件裡，再傳遞給內插函式。

設定內插

AngularJS 並不是唯一使用{{和}}字元的函式庫，而如果你打算將 AngularJS 與其他的函式庫一同使用，那麼這就有可能會造成問題。所幸只要透過$interpolate 服務的提供器$interpolateProvider，並使用表 19-9 所列的方法，就能夠變更 AngularJS 用於內插的字元。

表 19-9　$interpolate 提供器所定義的方法

名　稱	說　明
startSymbol(符號)	設定起始符號，預設為{{
endSymbol(符號)	設定結束符號，預設為}}

在使用這些方法時必須小心謹慎，因為它們將會影響所有 AngularJS 的內插，包括 HTML 標籤中的行內資料綁定。列表 19-21 為變更內插字元的範例。

列表 19-21　在 expressions.html 檔案中變更內插字元

```
<!DOCTYPE html>
<html ng-app="exampleApp">
<head>
    <title>Expressions</title>
    <script src="angular.js"></script>
    <link href="bootstrap.css" rel="stylesheet" />
    <link href="bootstrap-theme.css" rel="stylesheet" />
    <script>
        angular.module("exampleApp", [])
        .config(function($interpolateProvider) {
            $interpolateProvider.startSymbol("!!");
            $interpolateProvider.endSymbol("!!");
        })
        .controller("defaultCtrl", function ($scope) {
            $scope.dataValue = "100.23";
        })
        .directive("evalExpression", function ($interpolate) {
            var interpolationFn
                = $interpolate("The total is: !!amount | currency!! (including tax)");
            return {
                scope: {
                    amount: "=amount",
                    tax: "=tax"
                },
                link: function (scope, element, attrs) {
                    scope.$watch("amount", function (newValue) {
                        var localData = {
                            total: Number(newValue)
                                + (Number(newValue) * (Number(scope.tax) / 100))
                        }
                        element.text(interpolationFn(scope));
                    });
                }
            }
        });
    </script>
```

```
</head>
<body ng-controller="defaultCtrl">
    <div class="well">
        <p><input class="form-control" ng-model="dataValue" /></p>
        <div>
            <span eval-expression amount="dataValue" tax="10"></span>
            <p>Original amount: !!dataValue!!</p>
        </div>
    </div>
</body>
</html>
```

我將起始與結束符號皆更改為!!，因此這個範例應用程式不會再將{{和}}視為行內綁定表達式，而只會針對我所設定的新字元組合，如下所示：

```
...
$interpolate("The total is: !!amount | currency!! (including tax)");
...
```

我在 expressions.html 檔案的 body 區域裡新增了一個行內表達式，使你可以看到，即便是未直接使用$interpolate 服務，先前的字元變更也仍然會發揮作用：

```
...
<p>Original amount: !!dataValue!!</p>
...
```

由於 AngularJS 都是使用$interpolate 服務來處理行內綁定，並且由於服務物件是單例的，因此任何設定的變更都會擴及整個應用程式。

19.5.4 編譯內容

$compile 服務能夠將內含綁定與表達式的 HTML 片段，轉換為可自作用範圍產生內容的函式。$compile 服務類似於$parse 和$interpolate 服務，但能夠以指令的方式使用。你可以在列表 19-22 中看到，使用$compile 服務比使用其他服務還要稍微複雜一些，但也只是稍微而已。

列表 19-22 在 expressions.html 檔案中編譯內容

```
<!DOCTYPE html>
<html ng-app="exampleApp">
<head>
    <title>Expressions</title>
    <script src="angular.js"></script>
    <link href="bootstrap.css" rel="stylesheet" />
    <link href="bootstrap-theme.css" rel="stylesheet" />
    <script>
        angular.module("exampleApp", [])
        .controller("defaultCtrl", function ($scope) {
            $scope.cities = ["London", "Paris", "New York"];
        })
        .directive("evalExpression", function($compile) {
```

```
            return function (scope, element, attrs) {
                var content = "<ul><li ng-repeat='city in cities'>{{city}}</li></ul>"
                var listElem = angular.element(content);
                var compileFn = $compile(listElem);
                compileFn(scope);
                element.append(listElem);
            }
        });
    </script>
</head>
<body ng-controller="defaultCtrl">
    <div class="well">
        <span eval-expression></span>
    </div>
</body>
</html>
```

這項範例的控制器定義了一組城市名稱的陣列。接著，自訂指令會使用$compile 服務來處理一個 HTML 片段，該片段內含一個 ul 元素，並使用了 ng-repeat 指令來填入城市資料。以下我會將使用$compile 服務的過程拆解為個別的述句，以便逐步說明。首先，我定義了一個 HTML 片段，並將其包裝在一個 jqLite 物件裡，如下所示：

```
...
var content = "<ul><li ng-repeat='city in cities'>{{city}}</li></ul>"
var listElem = angular.element(content);
...
```

雖然我在這項範例裡是使用簡單的片段，但你也可以透過範本元素來取得更複雜的內容，對此，你可以參閱先前第 15 章至第 17 章裡的說明。至於下一個步驟則是使用$compile 服務物件，它是一個函式，用於建立出可產生內容的函式：

```
...
var compileFn = $compile(listElem);
...
```

在擁有了編譯函式後，我就可以進行呼叫來處理片段裡的內容，這時，片段裡的表達式及指令就會被計算及執行。然而，需要留意的是，對編譯函式進行呼叫是沒有回傳值的：

```
...
compileFn(scope);
...
```

這是因為處理的結果會直接更新先前建立的 jqLite 物件，而我接下來只需要將該物件加入到 DOM 中就會形成新增元素的效果：

```
...
element.append(listElem);
...
```

如此一來，ul 元素內便會含有多個 li 元素，而其值則是來自於作用範圍裡的 cities 陣列，如圖 19-10 所示。

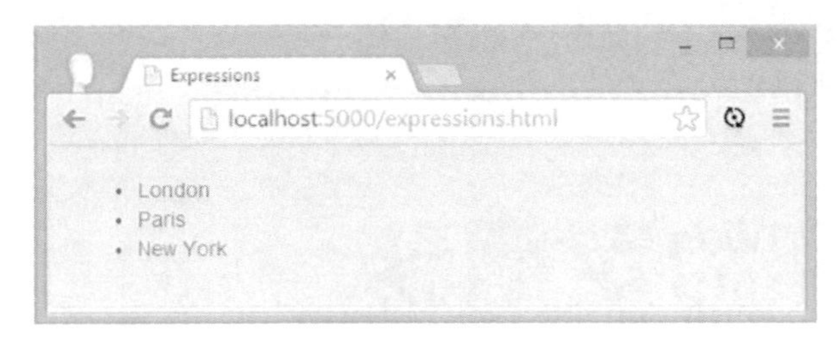

圖 19-10　編譯內容

19.6 小結

本章示範了可用於管理元素、處理錯誤、顯示危險資料和處理表達式的多種內建服務。這些服務不僅是作為 AngularJS 的運作基底，還能夠讓你控制應用程式的核心功能，以製作出實用的自訂指令。而在下一章裡，我則會說明如何利用服務來發出非同步 HTTP 請求，並且透過約定物件來處理回應。

第 20 章

Ajax 和約定服務

本章將介紹的內建 AngularJS 服務，是用於產生 Ajax 請求以及處理非同步的活動。這些服務相當重要，甚至在本書的後續幾章裡也將會繼續使用到。表 20-1 為本章摘要。

表 20-1　本章摘要

問　　題	解決方案	列　表
產生 Ajax 請求	使用$http 服務	1～3
接收來自 Ajax 請求的資料	使用 success、error 或 then 方法在$http 方法所回傳的物件上註冊回呼函式	4
處理非 JSON 的資料	透過 success 或 then 回呼函式來接收資料。若是 XML 資料，那麼可以使用 jqLite 來進行處理	5～6
設定請求或預先處理回應	使用轉換函式	7～8
變更 Ajax 請求的預設設定	使用$httpProvider	9
攔截請求或回應	使用$httpProvider 註冊一個攔截器工廠函式	10
設定一個會在未來某個時刻完成的活動	使用由延遲物件和約定物件所組成的約定	11
取得一個延遲物件	呼叫由$q 服務所提供的 defer 方法	12
取得一個約定物件	使用由延遲物件定義的 promise 值	13
將多個約定串連起來	使用 then 方法來註冊回呼，這個方法會回傳另一個約定，而該約定則會在執行回呼函式後解除	14
等待多個約定	使用$q.all 方法建立一個約定，當其內所有輸入的約定都解除後才會解除	15

20.1　為何以及何時應使用 Ajax 服務

Ajax 可說是現代 Web 應用程式的基礎設施，每當你需要與伺服器互動時，你就會需要使用本章所介紹的服務，以防瀏覽器在取得資料的同時，還重載了你的應用程式。

舉例來說，如果你需要自 RESTful API 取得資料，那麼你就會需要使用$resource 服務。我會在之後的第 21 章說明 REST 和$resource，然而實際上$resource 即是以本章所介紹的服務為基礎，只是包裝成更高階的 API，使其更易於執行常見的資料操作。

20.2 準備範例專案

為了進行本章的示範，我會在 angularjs 資料夾裡新增一個名為 productData.json 的資料檔，列表 20-1 為其內容。

列表 20-1 檔案 productData.json 的內容

```
[{ "name": "Apples", "category": "Fruit", "price": 1.20, "expiry": 10 },
{ "name": "Bananas", "category": "Fruit", "price": 2.42, "expiry": 7 },
{ "name": "Pears", "category": "Fruit", "price": 2.02, "expiry": 6 },
{ "name": "Tuna", "category": "Fish", "price": 20.45, "expiry": 3 },
{ "name": "Salmon", "category": "Fish", "price": 17.93, "expiry": 2 },
{ "name": "Trout", "category": "Fish", "price": 12.93, "expiry": 4 }]
```

這個檔案存放了一些以 JSON 格式表示的商品資訊（我曾在先前的第 5 章裡介紹過 JSON）。

JSON 是一種發源自 JavaScript、但實際上不侷限於特定語言的資料表示方法。它已經被廣泛採用，尤其是在 Web 應用程式中。雖然 XML 曾經是資料交換格式的首選（Ajax 中的 X 指的就是 XML），不過如今 JSON 已經在許多應用領域中取而代之，因為它更加簡潔，也更易於閱讀。不僅如此，由於 JavaScript 可以輕易地產生及剖析 JSON，而 AngularJS 更是能夠對 JSON 做自動化的處理，使得 JSON 特別有利於應用在 Web 應用程式中。

20.3 產生 Ajax 請求

$http 服務是用於產生和處理 Ajax 請求，而所謂 Ajax 請求其實就是非同步的標準 HTTP 請求。Ajax 對於現代 Web 應用程式來說至關重要，因為它能夠在背景中默默地請求內容和資料，讓使用者與應用程式其餘元件的互動可以不受干擾地進行，藉此形成流暢的使用者體驗。為了示範以$http 服務來產生 Ajax 請求，我建立了一個簡單、且並未含有任何資料的應用程式。列表 20-2 為 ajax.html 檔案的內容，它同樣是位於 angularjs 資料夾裡。

列表 20-2 在 ajax.html 檔案中，一個未內含資料的應用程式

```
<!DOCTYPE html>
<html ng-app="exampleApp">
<head>
    <title>Ajax</title>
    <script src="angular.js"></script>
    <link href="bootstrap.css" rel="stylesheet" />
    <link href="bootstrap-theme.css" rel="stylesheet" />
    <script>
        angular.module("exampleApp", [])
        .controller("defaultCtrl", function ($scope) {
            $scope.loadData = function () {
```

```
            }
        });
    </script>
</head>
<body ng-controller="defaultCtrl">
    <div class="panel panel-default">
        <div class="panel-body">
            <table class="table table-striped table-bordered">
                <thead><tr><th>Name</th><th>Category</th><th>Price</th></tr></thead>
                <tbody>
                    <tr ng-hide="products.length">
                        <td colspan="3" class="text-center">No Data</td>
                    </tr>
                    <tr ng-repeat="item in products">
                        <td>{{name}}</td>
                        <td>{{category}}</td>
                        <td>{{price | currency}}</td>
                    </tr>
                </tbody>
            </table>
            <p><button class="btn btn-primary"
                ng-click="loadData()">Load Data</button></p>
        </div>
    </div>
</body>
</html>
```

這項範例裡的表格存在一個佔位用的表格列，該表格列是使用 ng-hide 指令、並根據作用範圍裡的 products 陣列數目來控制其可見性。由於資料陣列並未被預先定義，所以這個表格列會先顯示出來。另一方面，表格也包含了一個套用了 ng-repeat 指令的表格列，它會在陣列被定義時，為每一個 product 資料物件產生一個表格列。

我加入了一個按鈕，它會使用 ng-click 指令來呼叫名為 loadData 的控制器行為。雖然該行為目前是一個空函式，但我會在稍後使用$http 服務來產生 Ajax 請求。你可以在圖 20-1 中看到這項範例的初始狀態，目前點擊該按鈕是不會有效果的。

圖 20-1　範例應用程式的初始狀態

之所以沒有在一開始就加入$http 服務，是因為我想要突顯出，只需要很少量的程式碼，就能夠產生 Ajax 請求及處理回應。列表 20-3 展示了使用$http 服務後的 ajax.html 檔案。

列表 20-3 在 ajax.html 檔案中使用$http 服務以產生 Ajax 請求

```
<!DOCTYPE html>
<html ng-app="exampleApp">
<head>
    <title>Ajax</title>
    <script src="angular.js"></script>
    <link href="bootstrap.css" rel="stylesheet" />
    <link href="bootstrap-theme.css" rel="stylesheet" />
    <script>
        angular.module("exampleApp", [])
        .controller("defaultCtrl", function ($scope, $http) {
            $scope.loadData = function () {
                $http.get("productData.json").success(function (data) {
                    $scope.products = data;
                });
            }
        });
    </script>
</head>
<body ng-controller="defaultCtrl">
    <div class="panel panel-default">
        <div class="panel-body">
            <table class="table table-striped table-bordered">
                <thead><tr><th>Name</th><th>Category</th><th>Price</th></tr></thead>
                <tbody>
                    <tr ng-hide="products.length">
                        <td colspan="3" class="text-center">No Data</td>
                    </tr>
                    <tr ng-repeat="item in products">
                        <td>{{item.name}}</td>
                        <td>{{item.category}}</td>
                        <td>{{item.price | currency}}</td>
                    </tr>
                </tbody>
            </table>
            <p><button class="btn btn-primary"
                    ng-click="loadData()">Load Data</button></p>
        </div>
    </div>
</body>
</html>
```

我宣告了對$http 服務的依賴，並加入了三行程式碼。以 AngularJS 而非 jQuery 的方式來操作 Ajax，能夠在伺服器的資料進入到作用範圍後，自動更新綁定的元素。而不像 jQuery 還需要額外撰寫用於處理資料及操作 DOM 的程式碼。但除此之外，兩者的 Ajax

運作機制就沒有太大的差異，都是分成兩個階段：產生請求與接收回應，而我會在接下來的小節裡加以說明。

20.3.1 產生 Ajax 請求

有兩種使用$http 服務以產生請求的方式。第一種方式（也是最常用的方式），是使用表 20-2 所列的快捷方法，它們能夠讓你使用常見的 HTTP 方法來產生請求。這些方法還可以傳入一個選擇性的設定物件，對此，我會在本章稍後的「20.3.3 設定 Ajax 請求」一節裡做說明。

表 20-2 由$http 服務所定義的方法，以便產生 Ajax 請求

名稱	說明
get(url, config)	對指定的 URL 執行 GET 請求
post(url, data, config)	對指定的 URL 執行 POST 請求以提交資料
delete(url, config)	對指定的 URL 執行 DELETE 請求
put(url, data, config)	對指定的 URL 執行 PUT 請求以更新資料
head(url, config)	對指定的 URL 執行 HEAD 請求
jsonp(url, config)	執行 GET 請求來取得某個 JavaScript 程式碼片段，並加以執行。JSONP 意為 JSON with Padding，是一種繞過瀏覽器 JavaScript 程式碼來源限制的方案。由於這項作法相當具危險性，所以我不會在此多做介紹，詳情請見 http://en.wikipedia.org/wiki/JSONP

至於另一種產生 Ajax 請求的方式，則是將$http 服務物件視為函式，並傳入一個設定物件，內含想要使用的 HTTP 方法。當你想要使用的 HTTP 方法並未存在相應的快捷方法時，你就會需要這麼做。我會在第 21 章說明如何以此方式來產生 Ajax 請求，然而在本章我會先針對第一種方式進行示範。

我在列表 20-3 裡產生了一個 GET 請求，如下所示：

```
...
$http.get("productData.json")
...
```

這裡我是將 URL 設為相對的 productData.json，也就是說我並不需要將通訊協定、主機名稱和連接埠號寫死在 URL 中。

GET 和 POST：做出正確的選擇

一項經驗法則，是 GET 請求應該僅用於唯讀性的資料取得，而 POST 請求則用於執行會變更應用程式狀態的操作。或者按照業界標準的說法，GET 請求是用於具安全性的互動（取得資料，而沒有任何其他副作用），至於 POST 請求則是用於不具安全性的互動（出現變更）。這些準則是由全球資訊網聯盟（W3C）所制訂，更多細節可參閱 www.w3.org/Protocols/rfc2616/rfc2616-sec9.html。

由於 GET 請求的所有資訊都是直接寫在 URL 中，所以如果有需要的話，它能夠以超連結的形式執行。然而，會變更狀態的請求不應該透過 GET 來完成，關於這點，好些年前曾經發生過一件慘痛的教訓。Google 曾在 2005 年發佈一款名為 Google

Web Accelerator 的應用程式，它會預先載入網頁中的每個連結內容。由於 GET 請求應該是安全的，所以這理應不會發生問題。但不幸的是，許多 Web 開發者並未遵循準則，而把像是「刪除項目」或「加入到購物車」這類功能設計為簡單的連結，放置在應用程式裡，而混亂就此發生。

曾有一間公司以為它們的內容管理系統遭遇了連續性的惡意攻擊，因為所有的內容都被刪除了。但後來卻發現，這是因為搜尋引擎的爬蟲程式抓到了後台管理程式的 URL，並抓取了所有用於進行刪除的連結，也就造成了連番的刪除行為。

20.3.2 接收 Ajax 回應

產生請求只是整個 Ajax 程序的第一部份，我接著還需要接收其回應。Ajax 中的 A 是代表非同步(asynchronous)，這表示請求在是在背景中執行的，並且在稍後的某個時刻，當從伺服器接收到回應時你將會被通知。

AngularJS 是使用一個名為「約定」(promise)的 JavaScript 機制，從非同步操作（例如 Ajax 請求）中取得結果。約定實際上是一個物件，其內所定義的方法能夠用於註冊函式，以便在操作完成時呼叫這些函式。我會在本章稍後介紹$q 服務時，再對約定做更深入的說明。目前你可以先查看表 20-3，瞭解由$http 方法所回傳的約定物件，定義了那些方法。

表 20-3 由$http 服務方法回傳的約定物件，所定義的方法

名　稱	說　明
sucess(fn)	當 HTTP 請求順利完成時，呼叫指定的函式
error(fn)	當請求未順利完成時，呼叫指定的函式
then(fn, fn)	註冊成功函式和錯誤函式

success 和 error 方法都會對它們的函式傳入伺服器回應的簡單結果。success 函式會被傳入伺服器所發送的資料，而 error 函式則會被傳入用於描述問題的字串。不僅如此，如果伺服器的回應是一筆 JSON 資料，則 AngularJS 將會自動剖析 JSON 來建立 JavaScript 物件，再傳遞給 success 函式。

在列表 20-3 中，我是利用以下的程式碼，來接收 productData.json 檔案的資料，並加入到作用範圍裡：

```
...
$http.get("productData.json").success(function (data) {
    $scope.products = data;
});
...
```

在這個 success 函式裡，我將 AngularJS 從 JSON 請求中建立的資料物件，指派給作用範圍裡的 products 屬性。此舉不僅會移除表格中的佔位列，還會觸發 ng-repeat 指令為每一個從伺服器接收到的項目，產生一個表格列，如圖 20-2 所示。

提示：由於 success 和 error 方法所回傳的結果也都是約定物件，因此也可以將多個方法串連在同一個述句裡做呼叫。

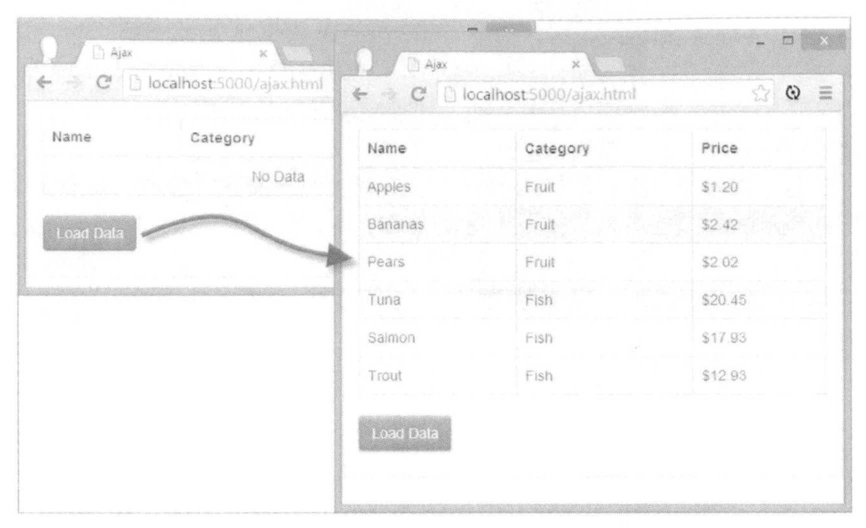

圖 20-2　藉由 Ajax 來載入 JSON 資料

1．取得更多的回應細節

你可以利用約定物件的 then 方法，一併註冊 success 和 error 函式。但更為重要的是，此舉能夠取得回應的更多細節。表 20-4 列出了 then 方法會傳遞給 success 和 error 函式的物件之屬性。

表 20-4　由 then 方法所傳入的物件之屬性

名　稱	說　明
data	回傳請求的資料
status	回傳伺服器的 HTTP 狀態碼
headers	回傳可透過名稱取得標頭的函式
config	用於產生請求的設定物件（詳情請見「20.3.3 設定 Ajax 請求」一節）

你可以在列表 20-4 中看到，如何使用 then 方法註冊 success 函式（error 函式是選擇性的），並寫入一些回應細節至主控台中。

列表 20-4　在 ajax.html 檔案中使用約定的 then 方法

```
...
<script>
    angular.module("exampleApp", [])
    .controller("defaultCtrl", function ($scope, $http) {
        $scope.loadData = function () {
            $http.get("productData.json").then(function (response) {
                console.log("Status: " + response.status);
                console.log("Type: " + response.headers("content-type"));
                console.log("Length: " + response.headers("content-length"));
                $scope.products = response.data;
            });
```

```
        }
    });
</script>
...
```

在這項範例裡，我分別將 HTTP 狀態碼、以及 Content-Type 和 Content-Length 的標頭寫入至主控台中。也就是當按鈕按下時，就會產生以下的輸出結果：

```
Status: 200
Type: application/json
Length: 434
```

在使用 then 方法時，AngularJS 依然會自動處理 JSON 資料，這表示我只需要將回應物件的 data 屬性值，指派給控制器作用範圍中的 products 屬性即可。

2．處理其他的資料類型

雖然 JSON 資料已是最常見的$http 服務回傳結果，但你仍有可能會遇到其他無法由 AngularJS 自動處理的資料格式。對此，你就得自行做資料的剖析。為了加以示範，我建立了一個簡單的 XML 檔案 productData.xml，其內含的商品資訊相同於先前的範例，只不過這回是採用 XML 格式。列表 20-5 為 productData.xml 檔案的內容。

列表 20-5　productData.xml 檔案的內容

```
<products>
  <product name="Apples" category="Fruit" price="1.20" expiry="10" />
  <product name="Bananas" category="Fruit" price="2.42" expiry="7" />
  <product name="Pears" category="Fruit" price="2.02" expiry="10" />
  <product name="Tuna" category="Fish" price="20.45" expiry="3" />
  <product name="Salmon" category="Fish" price="17.93" expiry="2" />
  <product name="Trout" category="Fish" price="12.93" expiry="4" />
</products>
```

上述 XML 片段定義了一個 products 元素，其內含有多個 product 元素，並利用多個屬性值描述商品資訊。事實上，在我過去處理老舊的內容管理系統時，就經常會遇到此種風格的 XML，也就是雖然未內含綱要（schema），但組織良好且產出一致。你可以在列表 20-6 中看到，如何更新 ajax.html 檔案，來請求及處理 XML 資料。

列表 20-6　在 ajax.html 檔案中處理 XML 片段

```
...
<script>
    angular.module("exampleApp", [])
    .controller("defaultCtrl", function ($scope, $http) {
        $scope.loadData = function () {
            $http.get("productData.xml").then(function (response) {
                $scope.products = [];
                var productElems = angular.element(response.data.trim()).find("product");
                for (var i = 0; i < productElems.length; i++) {
                    var product = productElems.eq(i);
                    $scope.products.push({
```

```
                    name: product.attr("name"),
                    category: product.attr("category"),
                    price: product.attr("price")
                });
            }
        });
    }
  });
</script>
...
```

XML 和 HTML 之間其實有很深的淵源，甚至有一項名為 XHTML 的規格是結合了 HTML 與 XML。由於兩者之間的相似性，因此事實上你可以使用 jqLite 來處理 XML 片段，就像它們是 HTML 一樣，而此範例就是這麼做的。

傳遞給 success 函式的物件 data 屬性內含了 XML 檔案的內容，接著我使用 angular.element 方法將其包裝在一個 jqLite 物件裡，然後藉由 find 方法找到 product 元素，再使用 for 迴圈列舉它們，並取出屬性值。關於 jqLite 方法，可參閱先前於第 15 章裡的範例。

20.3.3 設定 Ajax 請求

由$http 服務定義的方法，都可以接收一個選擇性的參數，也就是一個設定物件。在大多數情況下，你無須變更 Ajax 請求的預設設定。但如有必要，你則可以透過表 20-5 所列的物件屬性，來變更請求的細節。

表 20-5 $http 方法的設定屬性

名　稱	說　明
data	設定將發送給伺服器的資料。如果設為一個物件，則 AngularJS 會將它串輸為 JSON 格式
headers	設定請求的標頭。具體來說是設為一個物件，其內的屬性名稱及屬性值，就是欲加入到請求中的標頭及值
method	設定請求所使用的 HTTP 方法
params	用於設定 URL 參數。具體來說是設為一個物件，其屬性即相應於你想要加入的參數
timeout	指定請求逾期前的毫秒數
transformRequest	在發送到伺服器前對請求做轉換（稍後將做更多說明）
transformResponse	對來自伺服器的回應做轉換（稍後將做更多說明）
url	為請求設定 URL
withCredentials	當設為 true 時，會啟用底層瀏覽器請求物件的 withCredentials 選項，其中包含了驗證 cookie。我已在先前的第 8 章裡示範過這個屬性
xsrfHeaderName xsrfCookieName	這些屬性是用來傳送伺服器所要求的 XSRF（跨站請求偽造）token。詳情請見 http://en.wikipedia.org/wiki/Cross-site_request_forgery

其中，最值得加以說明的設定功能，是能夠分別對請求與回應做轉換的 transformRequest 和 transformResponse 屬性。AngularJS 內建了兩種轉換方式，首先是將傳出的資料串輸成 JSON；其次則是將傳入的 JSON 剖析成 JavaScript 物件。

1．對回應做轉換

你可以對設定物件的 transformResponse 屬性指派一個函式，以便對回應做轉換。轉換函式將收到回應的資料，以及一個用來取得標頭值的函式。通常，轉換函式的作用，是回傳原始資料的解串輸（deserialize）版本。你可以在列表 20-7 中看到，如何使用轉換函式，自動對 productData.xml 檔案裡的 XML 資料進行解串輸。

列表 20-7　在 ajax.html 檔案中對回應做轉換

```
...
<script>
    angular.module("exampleApp", [])
    .controller("defaultCtrl", function ($scope, $http) {
        $scope.loadData = function () {
            var config = {
                transformResponse: function (data, headers) {
                    if(headers("content-type") == "application/xml"
                            && angular.isString(data)) {
                        products = [];
                        var productElems = angular.element(data.trim()).find("product");
                        for (var i = 0; i < productElems.length; i++) {
                            var product = productElems.eq(i);
                            products.push({
                                name: product.attr("name"),
                                category: product.attr("category"),
                                price: product.attr("price")
                            });
                        }
                        return products;
                    } else {
                        return data;
                    }
                }
            }

            $http.get("productData.xml", config).success(function (data) {
                $scope.products = data;
            });
        }
    });
</script>
...
```

這裡我檢查了 Content-Type 標頭值，以確保我處理的是 XML 資料，並確認資料值為字串。由於有可能透過陣列來指派多個轉換函式（或是透過$http 服務的提供器，我將在本章稍後加以說明），所以必須確保轉換函式都是處理到正確的資料格式。

警告：我刻意簡化了這項範例的程式碼，而直接假定接收到的XML資料會包含product元素及其 name、category 和 price 屬性。然而這僅僅是一項範例，在真實的專案裡，你則應該小心謹慎，總是先檢查接收到的資料是否合乎預期。

在確認得到一段可用的 XML 資料後，我使用之前曾示範過的 jqLite 技巧，將 XML 轉換為一組 JavaScript 陣列物件，再回傳這組陣列作為轉換函式的結果。如此一來，我便無須在 success 函式中處理 XML 資料。

提示：可以看到，萬一回應並未含有 XML 資料，或資料並非是字串時，我便會回傳原始的資料。這是很重要的步驟，因為無論如何，success 處置器函式都應該要接收到資料。

2．對請求做轉換

你可以對設定物件的 transformRequest 屬性指派一個函式，以便對請求做轉換。轉換函式會被傳入將發送給伺服器的資料，以及一個用於回傳標頭值的函式（不過有許多標頭是在請求產生之際，由瀏覽器自行設定的）。通常，轉換函式的目的，是串輸資料給請求。你可以在列表 20-8 中看到，如何編寫轉換函式，以便將商品資料串輸為 XML。

提示：如果你想發送的是 JSON 資料，那麼就無須再使用轉換函式，因為 AngularJS 能夠自動將物件串輸為 JSON。

列表 20-8　在 ajax.html 檔案中套用請求轉換函式

```
<!DOCTYPE html>
<html ng-app="exampleApp">
<head>
    <title>Ajax</title>
    <script src="angular.js"></script>
    <link href="bootstrap.css" rel="stylesheet" />
    <link href="bootstrap-theme.css" rel="stylesheet" />
    <script>
        angular.module("exampleApp", [])
        .controller("defaultCtrl", function ($scope, $http) {

            $scope.loadData = function () {
                $http.get("productData.json").success(function (data) {
                    $scope.products = data;
                });
            }
            $scope.sendData = function() {
                var config = {
                    headers: {
                        "content-type": "application/xml"
                    },
                    transformRequest: function (data, headers) {
                        var rootElem = angular.element("<xml>");
```

```
                    for (var i = 0; i < data.length; i++) {
                        var prodElem = angular.element("<product>");
                        prodElem.attr("name", data[i].name);
                        prodElem.attr("category", data[i].category);
                        prodElem.attr("price", data[i].price);
                        rootElem.append(prodElem);
                    }
                    rootElem.children().wrap("<products>");
                    return rootElem.html();
                }
            }
            $http.post("ajax.html", $scope.products, config);
        }
    });
    </script>
</head>
<body ng-controller="defaultCtrl">
    <div class="panel panel-default">
        <div class="panel-body">
            <table class="table table-striped table-bordered">
                <thead><tr><th>Name</th><th>Category</th><th>Price</th></tr></thead>
                <tbody>
                    <tr ng-hide="products.length">
                        <td colspan="3" class="text-center">No Data</td>
                    </tr>
                    <tr ng-repeat="item in products">
                        <td>{{item.name}}</td>
                        <td>{{item.category}}</td>
                        <td>{{item.price | currency}}</td>
                    </tr>
                </tbody>
            </table>
            <p>
                <button class="btn btn-primary" ng-click="loadData()">Load Data</button>
                <button class="btn btn-primary" ng-click="sendData()">Send Data</button>
            </p>
        </div>
    </div>
</body>
</html>
```

我新增了一個按鈕元素，它會使用 ng-click 指令，在點擊時呼叫控制器行為 sendData。這個行為接著定義了一個設定物件，其內含有一個轉換函式，是使用 jqLite 從請求資料中產生 XML（注意，你仍然需要先點擊 Load Data 按鈕，才能取得用於發出請求的資料）。

使用 jqLite 來產生 XML

在真實的專案裡，你可能不會使用 jqLite 來產生 XML，因為還有一些不錯的 JavaScript 函式庫，是針對此需求而設計的。不過如果你只是需要建立少量的 XML，不想因此為專案增加新的依賴，那麼你的確可以使用 jqLite，並利用幾項技巧來加以實現。首先是你必須在建立新元素時，使用「<」和「>」符號將標籤名稱包裹起來，如下所示：

```
...
angular.element("<product>")
...
```

如果未包含「<」和「>」，則 jqLite 將會拋出異常，因為選擇器無法搜尋到元素。

至於在意圖取得 XML 資料時，則需要留意的是，雖然 jqLite 能夠輕易地取得元素內容，但並不包含元素本身。對此，一種解決方案是多建立一個元素，如下所示：

```
...
var rootElem = angular.element("<dummy>");
...
```

你可以任意給它一個名稱，這裡是命名為 dummy，而在列表 20-8 裡則是命名為 xml，這個元素並不會被包含在最終的輸出裡。此外，在最後的步驟裡，我使用 wrap 方法將所需的頂層元素插入其中，然後呼叫 html 方法以回傳最終的 XML 資料。

最終的 XML 資料會含有一個 products 元素，其內含有多個 product 元素。至於最外層的 xml 元素則不會包含在其中。

我使用$http.post 方法將資料提交到伺服器，並指向 ajax.html 作為 URL，不過伺服器並不會實際處理這些資料，而只會單純地回傳 ajax.html 檔案的內容。由於我並不打算對回傳的內容做任何動作，所以我並未指定 success（或 error）函式。

提示：可以看到我在設定物件中是明確地將 Content-Type 標頭設為 application/xml。由於 AngularJS 不會自動理解轉換函式所串輸的資料格式，所以你必須設定正確的標頭，否則伺服器可能不會正確地處理請求。

20.3.4 變更 Ajax 的預設設定

藉由$http 服務的提供器$httpProvider，你就能夠為 Ajax 請求定義預設的設定。該提供器所定義的屬性列於表 20-6 中。

表 20-6 $httpProvider 所定義的屬性

名　稱	說　明
defaults.headers.common	定義將用於所有請求的預設標頭
defaults.headers.post	定義將用於 POST 請求的標頭
defaults.headers.put	定義將用於 PUT 請求的標頭
defaults.transformResponse	將套用於所有回應的轉換函式陣列
defaults.transformRequest	將套用於所有請求的轉換函式陣列
interceptors	攔截器工廠函式的陣列。所謂攔截器是一種更為精巧的轉換函式，我會在下一節加以說明
withCredentials	為所有請求設定 withCredentials 選項。此屬性是用於處理需要驗證的跨來源請求，我已在先前的第 8 章裡示範過

提示：defaults 物件上所定義的諸多屬性，也可以透過$http.defaults 屬性進行存取，使全域的 Ajax 設定能夠透過服務做變更。

defaults.transformResponse 和 defaults.transformRequest 屬性，能夠將轉換函式套用在應用程式的所有請求上。由於這些屬性是以陣列的形式定義的，因此我需要使用 push 方法來加入轉換函式。你可以在列表 20-9 中看到，如何在$httpProvider 裡套用先前的 XML 解串輸函式。

列表 20-9　在 ajax.html 檔案中設定一個全域的回應轉換函式

```
...
<script>
    angular.module("exampleApp", [])
    .config(function($httpProvider) {
        $httpProvider.defaults.transformResponse.push(function (data, headers) {
            if (headers("content-type") == "application/xml"
                                    && angular.isString(data)) {
                products = [];
                var productElems = angular.element(data.trim()).find("product");
                for (var i = 0; i < productElems.length; i++) {
                    var product = productElems.eq(i);
                    products.push({
                        name: product.attr("name"),
                        category: product.attr("category"),
                        price: product.attr("price")
                    });
                }
                return products;
            } else {
```

```
                return data;
            }
        });
    })
    .controller("defaultCtrl", function ($scope, $http) {
        $scope.loadData = function () {
            $http.get("productData.xml").success(function (data) {
                $scope.products = data;
            });
        }
    });
</script>
...
```

20.3.5 使用 Ajax 攔截器

$httpProvider 也提供一項名為「請求攔截器」的功能，它是更為精巧的轉換函式替代方案。你可以在列表 20-10 中看到，如何在 ajax.html 檔案中使用攔截器。

列表 20-10 在 ajax.html 檔案中使用攔截器

```
<!DOCTYPE html>
<html ng-app="exampleApp">
<head>
    <title>Ajax</title>
    <script src="angular.js"></script>
    <link href="bootstrap.css" rel="stylesheet" />
    <link href="bootstrap-theme.css" rel="stylesheet" />
    <script>
        angular.module("exampleApp", [])
        .config(function ($httpProvider) {
            $httpProvider.interceptors.push(function () {
                return {
                    request: function (config) {
                        config.url = "productData.json";
                        return config;
                    },
                    response: function (response) {
                        console.log("Data Count: " + response.data.length);
                        return response;
                    }
                }
            });
        })
        .controller("defaultCtrl", function ($scope, $http) {
            $scope.loadData = function () {
                $http.get("doesnotexit.json").success(function (data) {
                    $scope.products = data;
                });
            }
        });
```

```
    </script>
</head>
<body ng-controller="defaultCtrl">
    <div class="panel panel-default">
        <div class="panel-body">
            <table class="table table-striped table-bordered">
                <thead><tr><th>Name</th><th>Category</th><th>Price</th></tr></thead>
                <tbody>
                    <tr ng-hide="products.length">
                        <td colspan="3" class="text-center">No Data</td>
                    </tr>
                    <tr ng-repeat="item in products">
                        <td>{{item.name}}</td>
                        <td>{{item.category}}</td>
                        <td>{{item.price | currency}}</td>
                    </tr>
                </tbody>
            </table>
            <p><button class="btn btn-primary"
                       ng-click="loadData()">Load Data</button></p>
        </div>
    </div>
</body>
</html>
```

$httpProvider.interceptor 屬性是一個陣列，你可以對其插入工廠函式，並使工廠函式回傳帶有表 20-7 所列屬性的物件。每一個屬性即代表不同類型的攔截器，而指派給這些屬性的函式則是用於對請求或回應進行變更。

表 20-7 攔截器所擁有的屬性

名　稱	說　明
request	此攔截器函式會在產生請求前被呼叫，它會被傳入一個設定物件，其屬性已列於表 20-5 中
requestError	此攔截器函式會在請求攔截器拋出錯誤時被呼叫
response	此攔截器函式會在收到請求時被呼叫，它會被傳入一個回應物件，其屬性已列於表 20-4 中
responseError	此攔截器函式會在回應攔截器拋出錯誤時被呼叫

在這項範例裡，工廠方法所產出的物件分別定義了 request 和 response 屬性。其中，指派給 request 屬性的函式，能夠強制將請求的 URL 變更為 productData.json，使傳遞給$http 服務方法的 URL 不再有實際作用。如果此攔截器並非陣列中的最後一個攔截器，則這個修改過 url 屬性的設定物件，便會再傳遞給下一個攔截器，反之則會直接產生請求。

至於回應攔截器的部份，則是用於輸出回應的相關資訊（這是我認為攔截器最有用的地方）。具體來說，我是在這裡將回應的物件數目給顯示出來。

由於在傳遞給回應攔截器之前，AngularJS 會自動將 JSON 資料剖析為物件，因此我可以在回應攔截器中操作物件陣列，而不是單單一個字串。

20.4 使用約定

約定是一種對未來將發生的事物進行註冊的方式，例如伺服器對 Ajax 請求的回應。約定並不是僅存在於 AngularJS 中，你也會在諸如 jQuery 等函式庫裡發現它們的蹤影，然而這些函式庫對於約定的具體實作可能會因設計哲學及開發者的偏好而異。

一個約定一共需要兩個物件，首先即是約定物件，用於接收關於未來結果的通知；以及延遲物件，是用於發送通知。在多數情況下，你可以單純地將約定想成是一種特殊類型的事件，其中延遲物件是用於發送事件，並透過約定物件來取得任務或活動的結果。

約定具有很高的靈活性，可以用來表述任何會在未來發生的事物。最好的展示方式即是透過範例，不過與其再牽涉到 Ajax 請求，這回我會單純透過按鈕點擊機制來進行示範。我在 angularjs 資料夾裡新增了一個 promises.html 檔案，列表 20-11 為其內容。雖然此時此刻它只是一般的 AngularJS 應用程式，不過我將會在稍後開始加入約定功能。

列表 20-11　promises.html 檔案的內容

```
<!DOCTYPE html>
<html ng-app="exampleApp">
<head>
    <title>Promises</title>
    <script src="angular.js"></script>
    <link href="bootstrap.css" rel="stylesheet" />
    <link href="bootstrap-theme.css" rel="stylesheet" />
    <script>
        angular.module("exampleApp", [])
        .controller("defaultCtrl", function ($scope) {

        });
    </script>
</head>
<body ng-controller="defaultCtrl">
    <div class="well">
        <button class="btn btn-primary">Heads</button>
        <button class="btn btn-primary">Tails</button>
        <button class="btn btn-primary">Abort</button>
        Outcome: <span></span>
    </div>
</body>
</html>
```

這是一個簡單的應用程式，內含 Heads、Tails 和 Abort 按鈕。我的目標是使用延遲物件與約定物件，來連接這些按鈕，使按鈕被點擊時將會輸出特定的文字。我將透過此範例的實作過程，來說明約定為何不同於一般事件。圖 20-3 為瀏覽器上開啟 promises.html 檔案的結果。

AngularJS 提供了$q 服務，使你能夠透過表 20-8 所列的方法來取得及管理約定。而在接下來的幾節裡，我便會示範如何藉助$q 服務來建構這個範例應用程式。

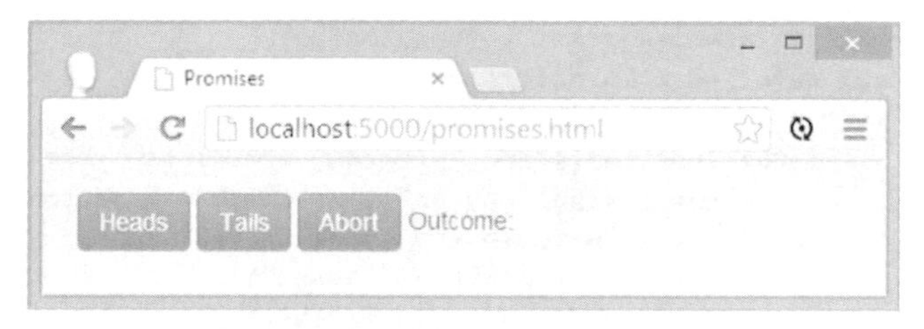

圖 20-3　範例應用程式的初始狀態

表 20-8　$q 服務所定義的方法

名　稱	說　明
all(promises)	當指定陣列中的所有約定皆解除、或其中任何一個被拒絕時，回傳一個約定
defer()	建立一個延遲物件
reject(reason)	回傳一個始終拒絕的約定
when(value)	將某值包裝在一個總是會解除的約定裡（該值即為結果）

20.4.1　取得及使用延遲物件

在這項範例裡，我將展示約定的兩個層面，首先是建立一個延遲物件，當使用者點擊其中一個按鈕時，將會透過該物件來回報最終結果。我使用$q.defer 方法來取得一個延遲物件，該物件定義了表 20-9 所示的方法和屬性。

表 20-9　延遲物件所定義的成員

名　稱	說　明
resolve(result)	以指定值回報延遲活動已完成
reject(reason)	以指定原因回報延遲活動失敗或無法完成
notify(result)	提供延遲活動的暫時性結果
promise	回傳一個會接收到前述方法執行結果的約定物件

基本的使用方式是取得一個延遲物件，然後呼叫 resolve 或 reject 方法來回報活動結果。除此之外，你也可以使用 notify 方法來提供暫時、而非最終的結果。你可以在列表 20-12 中看到，我在範例裡新增了一個指令，並在裡頭使用了一個延遲物件。

列表 20-12　在 promises.html 檔案中使用延遲物件

```
<!DOCTYPE html>
<html ng-app="exampleApp">
<head>
    <title>Promises</title>
    <script src="angular.js"></script>
    <link href="bootstrap.css" rel="stylesheet" />
    <link href="bootstrap-theme.css" rel="stylesheet" />
    <script>
        angular.module("exampleApp", [])
```

```
        .directive("promiseWorker", function($q) {
            var deferred = $q.defer();
            return {
                link: function(scope, element, attrs) {
                    element.find("button").on("click", function (event) {
                        var buttonText = event.target.innerText;
                        if (buttonText == "Abort") {
                            deferred.reject("Aborted");
                        } else {
                            deferred.resolve(buttonText);
                        }
                    });
                },
                controller: function ($scope, $element, $attrs) {
                    this.promise = deferred.promise;
                }
            }
        })
        .controller("defaultCtrl", function ($scope) {

        });
    </script>
</head>
<body ng-controller="defaultCtrl">
    <div class="well" promise-worker>
        <button class="btn btn-primary">Heads</button>
        <button class="btn btn-primary">Tails</button>
        <button class="btn btn-primary">Abort</button>
        Outcome: <span></span>
    </div>
</body>
</html>
```

這個新指令名為 promiseWorker，是依賴於$q 服務。我在工廠函式裡呼叫$q.defer 方法來取得一個新的延遲物件，以便在連結函式和控制器中使用它。

連結函式是使用 jqLite 來尋找 button 元素，並為 click 事件註冊了一個處置器函式。在收到該事件後，我會檢查被點擊元素的文字，如果是 Abort 便呼叫延遲物件的 reject 方法，反之則呼叫延遲物件的 resolve 方法。至於控制器則定義了一個 promise 屬性，我將其對應至延遲物件的 promise 屬性。藉由揭示該屬性，便能夠讓其他指令獲得與延遲物件相繫結的約定物件，進而取得活動的結果。

提示：你應該僅將約定物件揭示給應用程式的其他元件，使延遲物件保持在其他元件不可見的狀態下，否則就有可能會發生非預期的約定解除或拒絕。因此，你可以看到，我是在列表 20-12 中的工廠函式裡指派延遲物件，並僅僅將其中的 promise 屬性透過控制器揭示出來。

20.4.2 取用約定

到目前為此，這個範例應用程式已經能夠利用延遲物件，來回報使用者點擊按鈕的結果，但還沒有任何元件負責接收這些結果。因此，接下來我們要加入另一個指令，它會監控先前範例所建立的約定，並更新 span 元素的內容。你可以在列表 20-13 中看到，如何建立一個名為 promiseObserver 的指令。

列表 20-13 在 promises.html 檔案中取用約定

```
<!DOCTYPE html>
<html ng-app="exampleApp">
<head>
    <title>Promises</title>
    <script src="angular.js"></script>
    <link href="bootstrap.css" rel="stylesheet" />
    <link href="bootstrap-theme.css" rel="stylesheet" />
    <script>
        angular.module("exampleApp", [])
        .directive("promiseWorker", function($q) {
            var deferred = $q.defer();
            return {
                link: function(scope, element, attrs) {
                    element.find("button").on("click", function (event) {
                        var buttonText = event.target.innerText;
                        if (buttonText == "Abort") {
                            deferred.reject("Aborted");
                        } else {
                            deferred.resolve(buttonText);
                        }
                    });
                },
                controller: function ($scope, $element, $attrs) {
                    this.promise = deferred.promise;
                }
            }
        })
        .directive("promiseObserver", function() {
            return {
                require: "^promiseWorker",
                link: function (scope, element, attrs, ctrl) {
                    ctrl.promise.then(function (result) {
                        element.text(result);
                    }, function (reason) {
                        element.text("Fail (" + reason + ")");
                    });
                }
            }
        })
```

```
            .controller("defaultCtrl", function ($scope) {

            });
        </script>
    </head>
    <body ng-controller="defaultCtrl">
        <div class="well" promise-worker>
            <button class="btn btn-primary">Heads</button>
            <button class="btn btn-primary">Tails</button>
            <button class="btn btn-primary">Abort</button>
            Outcome: <span promise-observer></span>
        </div>
    </body>
    </html>
```

這個新指令會藉由 require 定義屬性，從其他指令取得控制器及約定物件。該物件定義了表 20-10 所列的方法。

表 20-10　約定物件所定義的方法

名　稱	說　明
then(success, error, notify)	對延遲物件的 resolve、reject 和 notify 方法，分別註冊相應的回應函式。而這些函式將接收到的內容，即是先前呼叫對應的延遲物件方法時，所傳入的內容
catch(error)	註冊一個錯誤處理函式，其接收到的內容，是來自延遲物件的 reject 方法
finally(fn)	註冊一個無論約定是解除還是拒絕都會被呼叫的函式。其接收到的內容，是來自於延遲物件的 resolve 或 reject 方法

提示：可以看到約定物件本身，實際上並未定義先前在 Ajax 範例裡，曾使用過的 success 和 error 方法，那些方法是由$http 服務特別封裝而成，以便形成更加便利的操作。

在列表中，我使用 then 方法來註冊多個函式，分別對應於延遲物件的 resolve 和 reject 方法。這兩個函式都會對指令所套用到的元素進行更新，你可以在圖 20-4 中看到，將 promises.html 檔案載入於瀏覽器中並點擊其中一個按鈕的效果。

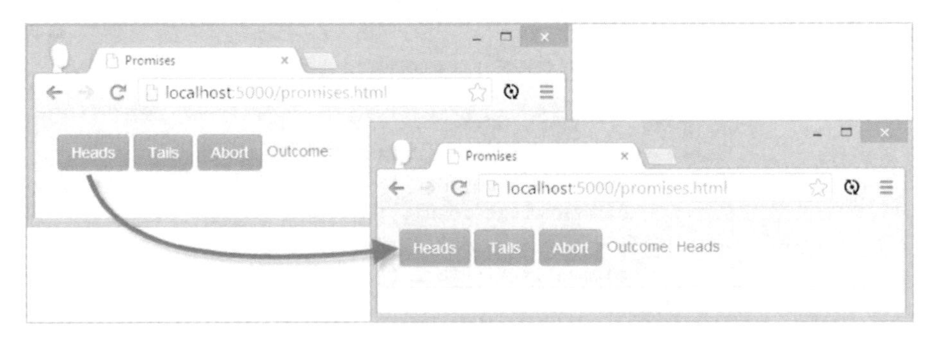

圖 20-4　延遲物件與約定的搭配

20.4.3 理解約定與一般事件的差異

此時，你可能會疑惑為什麼我需要大費周章使用延遲和約定物件，來完成只要透過一般的 JavaScript 事件處置器就可以完成的事物。

兩者之間確實有著相當類似的機制，它們都能夠用於註冊不會在當下被呼叫的函式，而是在未來發生某件事時才會被呼叫。因此，我的確可以使用一般事件來處理我的按鈕範例，或者是使用底層原理相同、但更加方便的 ng-click 指令。

然而，約定與事件之間，也確實有著細微的區別，以及各自的適用處境。對此，我會在接下來的小節裡加以說明。

1．一次性使用

約定是作為指定活動的單一實例，因此當它們被解除或拒絕後，就無法再被使用了。也就是說，當你在瀏覽器中載入 promises.html 檔案並點擊 Heads 按鈕時，頁面將出現變更；然而若接著點擊 Tails 按鈕，則不會再有效果。這是因為範例中的約定已經被解除，不會再產生作用。

這表示約定可以透露出這是「使用者第一次點擊其中一個按鈕」，反之若是使用一般 JavaScript 的 click 事件，它所透露出來的則僅僅是「使用者點擊了某個按鈕」。

這是一項很重要的差異，使約定更易於區隔出特定的活動。換言之，約定能夠更精確地抓取出某個使用者操作或 Ajax 回應。

2．區隔結果

事件會單純地反應有某個活動（例如按鈕點擊）發生了，然而約定則能夠更進一步地，區隔出活動的結果是成功還是失敗。若活動因故失敗便會呼叫延遲物件中的 reject 方法，它會接著觸發約定物件中的 error 回呼函式。例如，你可以在範例中看到，當點擊 Abort 按鈕後，就會呼叫 reject 方法，並輸出相應的提示訊息。

藉由對活動結果做出更具體的區隔，你就能夠進行更精確的控制。舉例來說，你就可以藉此在 Ajax 請求發生問題時做出通知。

20.4.4 將結果串連起來

由於約定物件所定義的方法（例如 then），都會再回傳另一個約定物件，而該物件接著會在回呼函式執行完畢時被解除。這使得你可以將約定串連起來，以形成更複雜的結果。你可以在列表 20-14 中看到，如何使用 then 方法將多個約定串連在一起。

列表 20-14　在 promises.html 檔案中串連約定

```
...
<script>
    angular.module("exampleApp", [])
    .directive("promiseWorker", function($q) {
        var deferred = $q.defer();
        return {
            link: function(scope, element, attrs) {
                element.find("button").on("click", function (event) {
```

```
                    var buttonText = event.target.innerText;
                    if (buttonText == "Abort") {
                        deferred.reject("Aborted");
                    } else {
                        deferred.resolve(buttonText);
                    }
                });
            },
            controller: function ($scope, $element, $attrs) {
                this.promise = deferred.promise;
            }
        }
    })
    .directive("promiseObserver", function() {
        return {
            require: "^promiseWorker",
            link: function (scope, element, attrs, ctrl) {
                ctrl.promise
                    .then(function (result) {
                        return "Success (" + result + ")";
                    }).then(function(result) {
                        element.text(result);
                    });
            }
        }
    })
    .controller("defaultCtrl", function ($scope) {

    });
</script>
...
```

在 promiseObserver 指令的 link 函式裡，我取得一個約定，並呼叫它的 then 方法來註冊一個回呼函式，它將在約定解除時呼叫。then 方法的結果會是另一個約定物件，它會在執行回呼函式後解除。對此，我再次使用 then 方法註冊回呼函式給第二個約定。

提示：出於簡化目的，我並未針對約定被拒絕的情形建立處置器，這表示此範例只會對 Heads 和 Tails 按鈕的點擊做出回應。

第一個回呼函式所回傳的內容，如下所示：

```
...
ctrl.promise.then(function (result) {
    return "Success (" + result + ")";
}).then(function(result) {
    element.text(result);
});
...
```

當你將約定串連在一起時，你就可以在前一個約定裡，修改要傳遞給下一個約定的內容。在這項範例裡，我對要輸出的字串做了一點簡單的格式化，然後傳遞給約定鏈中的下一個回呼函式。以下是使用者點擊 Heads 按鈕後的整個程序說明：

1．promiseWorker 的連結函式呼叫了延遲物件的 resolve 方法，並傳入 Heads 作為結果。

2．約定被解除並呼叫其 success 函式，同樣傳入 Heads。

3．回呼函式將 Heads 加入到一個格式化的字串裡並回傳。

4．第二個約定被解除並呼叫其 success 函式，該回呼函式會接收到先前格式化的字串。

5．回呼函式在 HTML 元素中顯示格式化的字串。

當你想建立這種骨牌效應般的動作時，你需要記得，每個動作都是依賴於先前動作的結果。雖然這項範例看起來並沒有太大的意義，但在實務上，當你需要發送 Ajax 請求來取得某個服務的 URL，接著還需要對該 URL 索取某些資料時，那麼約定鏈的使用就會變得非常有用，因為你可以將前一個約定的結果再發送給下一個約定。

20.4.5 群組化約定

雖然約定鏈很適合執行一系列的動作，但在某些情況下，你可能會想在多個活動都出現結果後，才接著執行某一個指定的動作。對此，你可以使用$q.all 方法，它會接收一組約定陣列，並回傳一個約定，該約定會在其內含的約定都解除後才會解除。你可以在列表 20-15 中看到一項使用 all 方法的範例。

列表 20-15 在 promises.html 檔案中將約定群組化

```
<!DOCTYPE html>
<html ng-app="exampleApp">
<head>
    <title>Promises</title>
    <script src="angular.js"></script>
    <link href="bootstrap.css" rel="stylesheet" />
    <link href="bootstrap-theme.css" rel="stylesheet" />
    <script>
        angular.module("exampleApp", [])
        .directive("promiseWorker", function ($q) {
            var deferred = [$q.defer(), $q.defer()];
            var promises = [deferred[0].promise, deferred[1].promise];
            return {
                link: function (scope, element, attrs) {
                    element.find("button").on("click", function (event) {
                        var buttonText = event.target.innerText;
                        var buttonGroup = event.target.getAttribute("data-group");
                        if (buttonText == "Abort") {
                            deferred[buttonGroup].reject("Aborted");
                        } else {
                            deferred[buttonGroup].resolve(buttonText);
                        }
```

```
                    });
                },
                controller: function ($scope, $element, $attrs) {
                    this.promise = $q.all(promises).then(function (results) {
                        return results.join();
                    });
                }
            }
        })
        .directive("promiseObserver", function () {
            return {
                require: "^promiseWorker",
                link: function (scope, element, attrs, ctrl) {
                    ctrl.promise.then(function (result) {
                        element.text(result);
                    }, function (reason) {
                        element.text(reason);
                    });
                }
            }
        })
        .controller("defaultCtrl", function ($scope) {

        });
    </script>
</head>
<body ng-controller="defaultCtrl">
    <div class="well" promise-worker>
        <div class="btn-group">
            <button class="btn btn-primary" data-group="0">Heads</button>
            <button class="btn btn-primary" data-group="0">Tails</button>
            <button class="btn btn-primary" data-group="0">Abort</button>
        </div>
        <div class="btn-group">
            <button class="btn btn-primary" data-group="1">Yes</button>
            <button class="btn btn-primary" data-group="1">No</button>
            <button class="btn btn-primary" data-group="1">Abort</button>
        </div>
        Outcome: <span promise-observer></span>
    </div>
</body>
</html>
```

在這項範例裡一共有兩組按鈕，使用者可以選擇 Heads/Tails 和 Yes/No。在 promiseWorker 指令中，我建立了一個延遲物件陣列，以及相應的約定物件陣列。至於透過控制器所揭示的約定，則是使用$q.all 方法建立的，如下所示：

```
...
this.promise = $q.all(promises).then(function (results) {
    return results.join();
});
...
```

呼叫 all 方法會回傳一個約定，它會在所有輸入的約定（也就是位於約定陣列中的約定）都解除後才會解除；但如果是其中任何一個約定被拒絕，則此約定就會立即被拒絕。這個約定物件會提供給 promiseObserver 指令，再由該指令對其註冊 success 和 error 回呼函式。為了看到前述程序的效果，你可以在瀏覽器上載入 promises.html 檔案，接著點擊 Heads 或 Tails 按鈕，然後再點擊 Yes 或 No 按鈕，這時便會顯示出結果，如圖 20-5 所示。

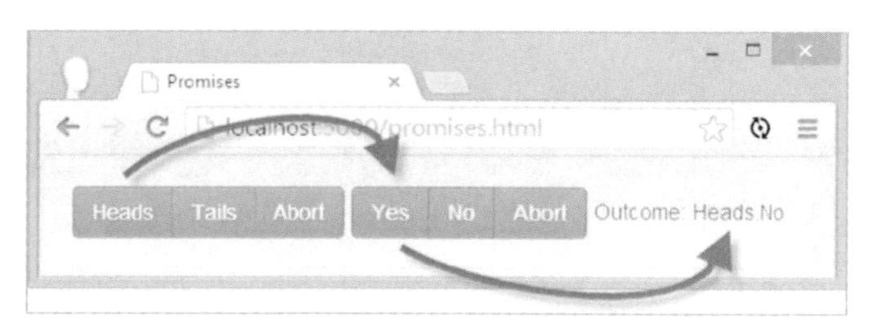

圖 20-5　將約定群組化

藉由$q.all 方法所建立的約定，其 success 函式會傳入一個陣列，是收納了每個約定的結果。由於陣列中的約定順序不變，因此 Heads/Tails 始終都會是第一項結果。我在這項範例裡，是使用標準 JavaScript 的 join 方法來合併結果，並將它們傳遞給約定鏈中的下一個約定。如果你仔細查看這項範例，你將會看到以下五個約定：

1．當使用者選擇 Heads 或 Tails 時，會被解除的約定。

2．當使用者選擇 Yes 或 No 時，會被解除的約定。

3．當約定（1）和（2）都被解除時，會被解除的約定。這個約定的回呼會使用 join 方法將結果合併起來。

4．其回呼會在 HTML 元素中顯示合併結果的約定。

我並不打算在此做過多的解釋，然而像這樣複雜的約定鏈，的確可能會造成許多困惑。因此以下我列出了這項範例的動作順序，及其相應的約定（這裡我假設使用者是先選擇 Heads/Tails；不過如果是先選擇 Yes/No，則其順序也是大同小異的）：

1．使用者點擊 Heads 或 Tails，約定（1）被解除。

2．使用者點擊 Yes 或 No，約定（2）被解除。

3．接著，約定（3）被解除，並傳入一個陣列至其 success 回呼函式，該陣列是約定（1）和（2）的結果。

4．success 函式使用 join 方法來建立經過合併的結果。

5．約定（4）被解除。

6．約定（4）的 success 回呼函式會更新 HTML 元素。

這裡可以看到，即使是一項簡單的範例，背後也可能存在著略為複雜的結構，以及長串的約定鏈。雖然乍看之下可能會有些繁雜，但在你習於使用約定後，你將會受益於它們的精確性與靈活性，這兩者在複雜的應用程式中都是至關重要的。

20.5 小結

本章說明了$http 和$q 服務，分別是用於產生 Ajax 請求和管理約定。由於 Ajax 請求的非同步性質，使得這兩個服務是緊密相關的，並且它們也是稍後會介紹到的高階服務之基礎。我將在下一章介紹，關於 RESTful 服務的存取。

第 21 章

REST 服務

本章將展示 AngularJS 對於 RESTful Web 服務的支援。所謂的 REST(Representational State Transfer) 是一種操作 HTTP 請求的 API 風格，我曾在第 3 章做過介紹。具體來說，其形式為 URL 是代表欲操作的資料，而 HTTP 方法則代表操作的類型。

至於 RESTful 則是用來形容遵循 REST 風格的 API，然而由於 REST 是一種 API 風格，而不是一項正式的規範，因此在定義何謂符合「RESTful」上自然有許多的爭論。但總之，AngularJS 能夠靈活地取用 RESTful 的 Web 服務，而以下我就會展示如何讓 AngularJS 整合特定的 REST 實作。

如果你對 REST 並不是很熟悉，或是未曾使用過 RESTful 的 Web 服務，也無須擔心。我將會先建構一個簡單的 REST 服務，並提供多項範例來幫助你瞭解它。表 21-1 為本章摘要。

表 21-1　本章摘要

問　　題	解決方案	列　　表
使用明確的 Ajax 請求取用 RESTful API	使用$http 服務從伺服器請求資料並對其執行操作	1～8
不使用明確的 Ajax 請求來取用 RESTful API	使用$resource 服務	9～14
修改$resource 服務的 Ajax 請求	使用自訂動作或修改預設值	15～16
建立可使用 RESTful 資料的元件	確認你可以啟用$resource 服務，並容許元件執行所需的動作	17～18

21.1　為何以及何處應使用 REST 服務

當你需要對某個 RESTful API 執行資料操作時，就可以使用本章所介紹的服務。你可能在一開始會傾向使用$http 服務來產生 Ajax 請求，尤其是如果你曾經接觸過 jQuery 的話。因此，我將先示範$http 的使用方式，然後說明其不足之處，最後則會介紹另一項替代方案，也就是使用$resource 服務。

21.2 準備範例專案

由於我需要一個後端服務，來示範 AngularJS 取用 RESTful Web 服務的不同方式，因此我會再次使用 Deployd。如果你尚未下載及安裝 Deployd，那麼請參閱第 1 章的說明。

警告：如果你曾經操作過本書在第 1 部份裡的 SportsStore 範例，那麼在進行本章接下來的步驟前，你需要先清除 Deployd 目錄。

21.2.1 建立 RESTful 服務

輸入以下命令以建立新服務：

```
dpd create products
```

接著便啟動這個新服務，輸入以下命令來啟動 Deployd 並執行服務主控台：

```
dpd -p 5500 products\app.dpd
dashboard
```

這時，Deployd 控制面板將顯示於瀏覽器中，如圖 21-1 所示。

1．建立資料結構

在建立了後端服務後，接下來的步驟則是加入資料結構。請點擊 Deployd 控制面板中的綠色按鈕，並在彈出選單中選擇 Collection。接著將集合名稱設為/products，如圖 21-2 所示，然後點擊 Create 按鈕。

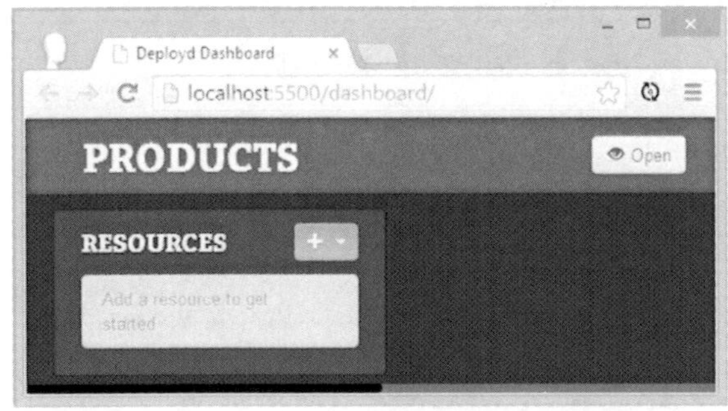

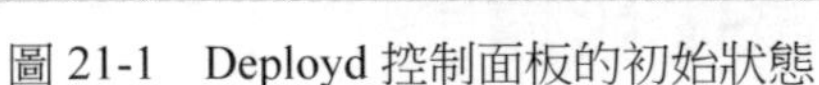
圖 21-1　Deployd 控制面板的初始狀態

圖 21-2　建立 products 集合

Deployd 會提示你定義集合中的物件屬性，這時請輸入表 21-2 所列的屬性。

表 21-2　products 集合所需的屬性

名　稱	類　型	需　要
name	字串	是
category	字串	是
price	數字	是

完成此步驟後，控制面板應該和圖 21-3 所示，請再次確認屬性的名稱及類型都是正確的。

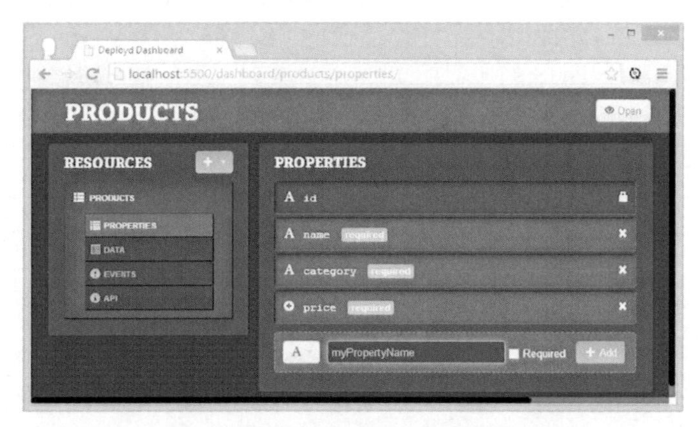

圖 21-3　Deployd 控制面板中的屬性設定

2．加入初始資料

接下來我要對 Deployd 填入一些初始資料，以便迅速地建置出簡單的範例。請點擊控制面板中 Resources 區塊的 Data 連結，並使用表格編輯器加入表 21-3 所列的資料項目。

表 21-3　初始的資料項目

名　　稱	分　　類	價　　格
Apples	Fruit	1.20
Bananas	Fruit	2.42
Pears	Fruit	2.02
Tuna	Fish	20.45
Salmon	Fish	17.93
Trout	Fish	12.93

在資料加入完畢後，控制面板應該如圖 21-4 所示。

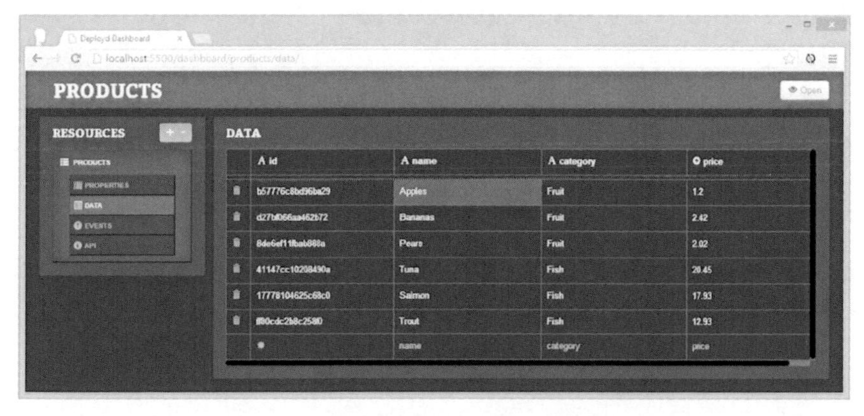

圖 21-4　加入資料

3．對 API 做測試

如果你點擊了 Deployd 控制面板上的 API 連結，你會看到一個表格，其內列出可用於操作資料的 URL 和 HTTP 方法，而這些即是 RESTful 服務的主體。至於本章的目標則是示範如何藉助 AngularJS 的多項功能，來操作這些 URL 和 HTTP 方法，以便取得及變更應用程式的資料。表 21-4 為這些 API 的重點資訊。

表 21-4　RESTful 服務所支援的 HTTP 方法和 URL

任　務	方　法	URL	接　收	回　傳
列出商品	GET	/products	無	一組物件陣列
建立物件	POST	/products	單一物件	儲存的物件
取得物件	GET	/products/<id>	無	單一物件
更新物件	PUT	/products/<id>	單一物件	儲存的物件
刪除物件	DELETE	/products/<id>	單一物件	無

提示：你都應該對 RESTful 服務的 API 做預先檢查，因為這些 HTTP 方法具體是執行哪些資料操作，並沒有統一的規範。舉例來說，某些服務是使用 PATCH 方法來更新物件的個別屬性，然而 Deployd 則是使用 PUT 方法。

由於我在啟動 Deployd 時，是將伺服器連接埠號設為 5500，這表示你可以開啟瀏覽器，並前往以下的 URL 來手動列出商品：

```
http://localhost:5500/products
```

嘗試開啟此 URL，Deployd 伺服器便會回傳一個 JSON 字串，其內含有先前在表 21-3 中所列的資料。如果你是使用 Google Chrome，則 JSON 字串將會直接顯示於瀏覽器視窗中；至於其他的瀏覽器，則可能會以檔案的形式下載。由 Deployd 所產出的 JSON，很類似於我在先前第 20 章裡手動建立的 JSON，不過還是有一項差異：由於資料是儲存在資料庫裡，所以每個商品物件都會被指派不同的 id 屬性值，用於在 RESTful URL 中指定商品物件，如表 21-4 所示。以下是 Deployd 針對其中一個商品物件，所產出的一段 JSON 字串：

```
...
{"name":"Apples",
 "category":"Fruit",
 "price":1.2,
 "id":"b57776c8bd96ba29"
}
...
```

id 值 b57776c8bd96ba29 是指向一個 name 屬性為 Apples 的商品物件。若要以 REST 的方式來刪除該物件，則我需要使用 HTTP 的 DELETE 方法來呼叫以下的 URL：

```
http://localhost:5500/products/b57776c8bd96ba29
```

21.2.2 建立 AngularJS 應用程式

現在 RESTful API 已經建置完畢，而我也在裡頭加入了一些資料。接下來我將要建立一個 AngularJS 應用程式的基礎結構，而此應用程式將能夠顯示內容，並提供使用者新增、修改和刪除商品物件的途徑。

首先我清除了 angularjs 目錄裡的內容，並重新安裝 AngularJS 和 Bootstrap 檔案（請參閱第 1 章的說明）。接著新增一個名為 products.html 的 HTML 檔案，你可以在列表 21-1 中看到其內容。

列表 21-1　products.html 檔案的內容

```
<!DOCTYPE html>
<html ng-app="exampleApp">
<head>
    <title>Products</title>
    <script src="angular.js"></script>
    <link href="bootstrap.css" rel="stylesheet" />
    <link href="bootstrap-theme.css" rel="stylesheet" />
    <script src="products.js"></script>
</head>
<body ng-controller="defaultCtrl">
    <div class="panel panel-primary">
        <h3 class="panel-heading">Products</h3>
        <ng-include src="'tableView.html'" ng-show="displayMode == 'list'"></ng-include>
        <ng-include src="'editorView.html'" ng-show="displayMode == 'edit'"></ng-include>
    </div>
</body>
</html>
```

我打算用多個較小型的檔案來組織這項範例，就像你在真實的專案中會採用的作法。products.html 檔案包含了用於匯入 AngularJS 的 script 元素，以及用於匯入 Bootstrap 的 link 元素。此應用程式的主要內容是分別放置在兩個檢視檔裡：tableView.html 和 editorView.html，我會在稍後建立這兩個檔案。我會使用 ng-include 指令將這些檔案匯入到 products.html 檔案中，並使用 ng-show 指令綁定至一個名為 displayMode 的作用範圍變數，來控制元素的顯示。

products.html 檔案還包含了用於匯入 products.js 檔案的 script 元素，該檔案的內容是用於定義應用程式所需的行為。我會先在裡頭使用暫時性的本地資料，而在本章稍後則會透過 REST 來取得正式的資料。列表 21-2 為 products.js 檔案的內容。

列表 21-2　products.js 檔案的內容

```
angular.module("exampleApp", [])
.controller("defaultCtrl", function ($scope) {

    $scope.displayMode = "list";
    $scope.currentProduct = null;
```

```
    $scope.listProducts = function () {
        $scope.products = [
            { id: 0, name: "Dummy1", category: "Test", price: 1.25 },
            { id: 1, name: "Dummy2", category: "Test", price: 2.45 },
            { id: 2, name: "Dummy3", category: "Test", price: 4.25 }];
    }

    $scope.deleteProduct = function (product) {
        $scope.products.splice($scope.products.indexOf(product), 1);
    }

    $scope.createProduct = function (product) {
        $scope.products.push(product);
        $scope.displayMode = "list";
    }

    $scope.updateProduct = function (product) {
        for (var i = 0; i < $scope.products.length; i++) {
            if ($scope.products[i].id == product.id) {
                $scope.products[i] = product;
                break;
            }
        }
        $scope.displayMode = "list";
    }
    $scope.editOrCreateProduct = function (product) {
        $scope.currentProduct =
            product ? angular.copy(product) : {};
        $scope.displayMode = "edit";
    }

    $scope.saveEdit = function (product) {
        if (angular.isDefined(product.id)) {
            $scope.updateProduct(product);
        } else {
            $scope.createProduct(product);
        }
    }

    $scope.cancelEdit = function () {
        $scope.currentProduct = {};
        $scope.displayMode = "list";
    }

    $scope.listProducts();
});
```

列表中的控制器定義了所有操作商品資料的功能。我所定義的行為可分為兩類，首先是那些操作作用範圍資料的行為，也就是 listProducts、deleteProduct、createProduct 和 updateProduct 函式，這些行為即是對應於表 21-4 中所列的 REST 操作。目前，應用程式會先使用一些暫時性的測試資料，為的是在開始與 RESTful 服務進行互動之前，先說明應用程式本身的運作方式。

至於其他的行為：editOrCreateProduct、saveEdit 和 cancelEdit，則是用於協助使用者介面的建置。你可以在列表 21-1 中看到，我使用 ng-include 指令來匯入兩個 HTML 檢視。第一個是 tableView.html，列表 21-3 為其內容。這個檢視除了用於顯示商品外，還提供按鈕，讓使用者可以重新載入商品，或是對商品做新增、刪除和修改。

列表 21-3 tableView.html 檔案的內容

```
<div class="panel-body">
    <table class="table table-striped table-bordered">
        <thead>
            <tr>
                <th>Name</th>
                <th>Category</th>
                <th class="text-right">Price</th>
                <th></th>
            </tr>
        </thead>
        <tbody>
            <tr ng-repeat="item in products">
                <td>{{item.name}}</td>
                <td>{{item.category}}</td>
                <td class="text-right">{{item.price | currency}}</td>
                <td class="text-center">
                    <button class="btn btn-xs btn-primary"
                            ng-click="deleteProduct(item)">
                        Delete
                    </button>
                    <button class="btn btn-xs btn-primary"
                            ng-click="editOrCreateProduct(item)">
                        Edit
                    </button>
                </td>
            </tr>
        </tbody>
    </table>
    <div>
        <button class="btn btn-primary" ng-click="listProducts()">Refresh</button>
        <button class="btn btn-primary" ng-click="editOrCreateProduct()">New</button>
    </div>
</div>
```

在這個檢視裡，我使用了多項曾在先前章節裡介紹過的 AngularJS 功能。首先我使用 ng-repeat 指令，為每個商品物件產生表格列；接著我使用 currency 過濾器，對商品物件的 price 屬性進行格式化。最後，我使用 ng-click 指令，來呼叫 products.js 檔案裡的控制器行為，以回應使用者的按鈕點擊動作。

至於第二個檢視檔則是 editorView.html，列表 21-4 為其內容。這個檢視是用於建立新的商品物件，或是用於修改現有的商品物件。

列表 21-4　editorView.html 檔案的內容

```
<div class="panel-body">
    <div class="form-group">
        <label>Name:</label>
        <input class="form-control" ng-model="currentProduct.name" />
    </div>
    <div class="form-group">
        <label>Category:</label>
        <input class="form-control" ng-model="currentProduct.category" />
    </div>
    <div class="form-group">
        <label>Price:</label>
        <input class="form-control" ng-model="currentProduct.price" />
    </div>
    <button class="btn btn-primary" ng-click="saveEdit(currentProduct)">Save</button>
    <button class="btn btn-primary" ng-click="cancelEdit()">Cancel</button>
</div>
```

此檢視是使用 ng-model 指令來建立對指定商品的雙向綁定，並使用 ng-click 指令在使用者點擊 Save 或 Cancel 按鈕時做出回應。

對應用程式進行測試

只需要在瀏覽器中載入 products.html 檔案，就能夠測試這個 AngularJS 應用程式。這時，你應該會看到一個資料列表，如圖 21-5 所示。

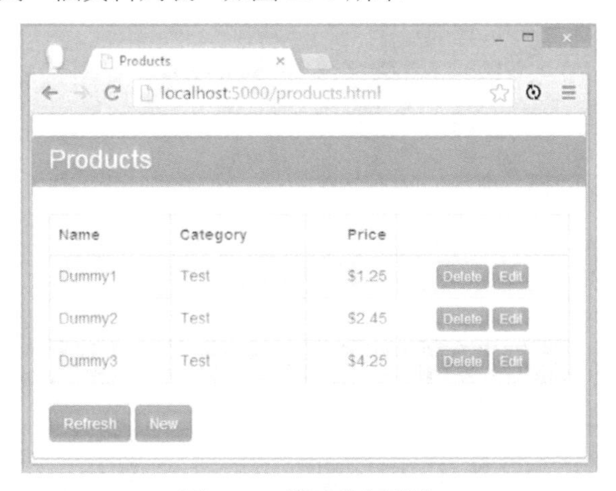

圖 21-5　顯示資料列表

如果點擊 Delete 按鈕，將會呼叫 deleteProduct，使該商品從資料陣列中移除；若點擊 Refresh 按鈕，則會呼叫 listProducts 行為，使資料被重設。這個資料重設的行為是暫時性的設計，稍後當我們開始使用 Ajax 請求時，就不會再有這樣的結果。

若點擊 Edit 或 New 按鈕將會呼叫 editOrCreateProduct 行為，接著便會顯示 editorView.html 檔案的內容，如圖 21-6 所示。

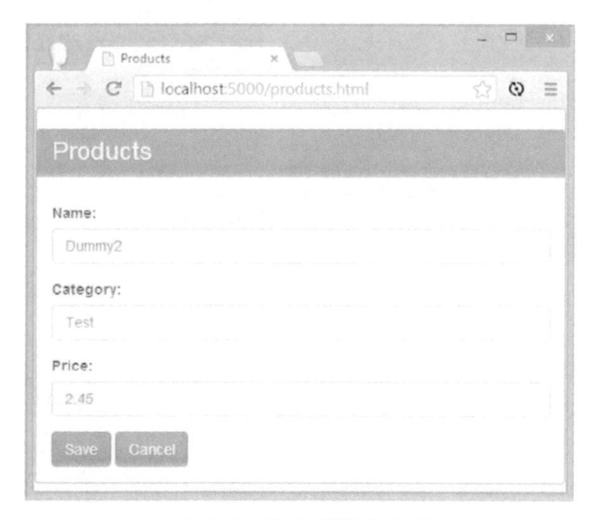

圖 21-6　修改或建立商品

如果點擊 Save 按鈕，便會根據資料物件是否已定義了 id 屬性，來決定是對當前的項目套用修改，或是建立新的項目。至於 Cancel 按鈕則是返回到列表檢視，而不儲存任何變更。由於在編輯介面裡操作的資料物件，是使用 angular.copy 方法建立的複本，所以未儲存的修改並不會產生任何影響。

注意：目前的實作有一項暫時性的缺陷，就是在建立新商品物件時並未加入 id 屬性。等我加入實際的網路請求後，RESTful 服務便會自動為新增的商品設定 id 值。

21.3　使用$http 服務

接下來，在這個範例應用程式裡，我首先要加入的服務是$http（曾在第 20 章介紹過）。RESTful 服務是使用標準的非同步 HTTP 請求進行互動，而$http 服務即提供了所有相應的功能，使你可以從伺服器取得資料，或是進行資料變更。在以下各小節裡，我將重寫每一個資料操作行為，以使用$http 服務。

21.3.1　列出商品資料

這些為了使用 Ajax 而施加的修改，並沒有什麼複雜性。你可以在列表 21-5 中看到，如何變更控制器工廠函式來新增依賴。

由於我並不想在應用程式裡，三不五時張羅 URL 的來源，因此我直接將根 URL 定義為一個名為 baseUrl 的常數（如果你使用了不同的連接埠號，或伺服器並非位在此電腦中，那麼你會需要變更這個 URL），然後宣告對 baseUrl 的依賴（此舉可行是因為，如我曾在第 18 章裡說明的，由 constant 方法所註冊的常數也會是一個服務）。

列表 21-5 在 products.js 檔案中宣告依賴並列出資料

```
angular.module("exampleApp", [])
.constant("baseUrl", "http://localhost:5500/products/")
.controller("defaultCtrl", function ($scope, $http, baseUrl) {

    $scope.displayMode = "list";
    $scope.currentProduct = null;

    $scope.listProducts = function () {
        $http.get(baseUrl).success(function (data) {
            $scope.products = data;
        });
    }

    $scope.deleteProduct = function (product) {
        $scope.products.splice($scope.products.indexOf(product), 1);
    }

    $scope.createProduct = function (product) {
        $scope.products.push(product);
        $scope.displayMode = "list";
    }

    $scope.updateProduct = function (product) {
        for (var i = 0; i < $scope.products.length; i++) {
            if ($scope.products[i].id == product.id) {
                $scope.products[i] = product;
                break;
            }
        }
        $scope.displayMode = "list";
    }

    $scope.editOrCreateProduct = function (product) {
        $scope.currentProduct =
            product ? angular.copy(product) : {};
        $scope.displayMode = "edit";
    }

    $scope.saveEdit = function (product) {
        if (angular.isDefined(product.id)) {
            $scope.updateProduct(product);
        } else {
            $scope.createProduct(product);
        }
    }
    $scope.cancelEdit = function () {
        $scope.currentProduct = {};
        $scope.displayMode = "list";
    }
```

```
    $scope.listProducts();
});
```

listProduct 方法的實作，是藉助於我曾在第 20 章裡提及的$http.get 方法。我呼叫了 URL，而正如先前表 21-4 所說明的，此舉會從伺服器取得商品物件的陣列。我使用 success 方法來接收資料，並指派給控制器作用範圍中的 products 屬性。

在控制器工廠函式的最後一個述句裡，我呼叫了 listProduct 行為，使應用程式在一開始執行時就會列出資料。你可以將 products.html 載入於瀏覽器中以檢閱其效果，也可以使用 F12 開發者工具，來查看產生的網路請求。在對 URL 發送 GET 請求後，所有資料將呈現於表格中，如圖 21-7 所示。

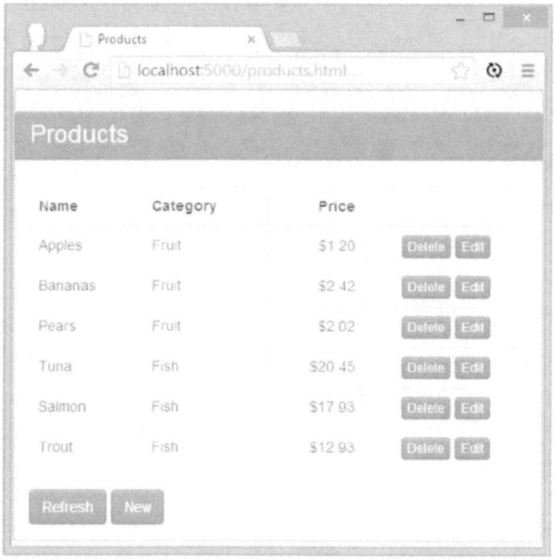

圖 21-7 使用 Ajax 從伺服器取得資料並加以顯示

提示：表格資料的顯示過程可能會有些微的延遲，因為伺服器還是需要一點時間來處理 Ajax 請求並做出回應。雖然在本地的測試環境下，回應過程可能會極其短暫，以致於難以察覺當中的延遲；但在真實的環境中，當網路或伺服器忙碌時，就有可能會變得更加明顯。對此，我會在第 22 章說明如何利用 URL 路由功能，在取得資料之前先隱藏檢視。

21.3.2 刪除商品

下一個要重新實作的是 deleteProduct 行為，如列表 21-6 所示。

列表 21-6 在 products.js 檔案中加入 Ajax 請求到 deleteProduct 函式裡

```
...
$scope.deleteProduct = function (product) {
    $http({
        method: "DELETE",
```

```
            url: baseUrl + product.id
        }).success(function () {
            $scope.products.splice($scope.products.indexOf(product), 1);
        });
    }
    ...
```

由於$http 並未提供相應的 HTTP DELETE 方法，所以我必須使用其他的辦法。我將一個設定物件傳遞給$http 服務物件（它也是一個函式），該設定物件帶有 method 和 url 屬性（更多關於設定物件屬性的說明，可參閱第 20 章）。

在設定 URL 時，我另外加上了欲刪除的商品之 id。$http 服務物件將會回傳一個約定，我在它的 success 方法裡，同樣刪除了相同的本地資料，使伺服器資料和本地資料保持一致。

如此一來，在點擊 Delete 按鈕時，就會分別從伺服器及客戶端裡移除相應的商品。你可以在 Deployd 控制面板中、或是在範例應用程式裡看到這些變化。

21.3.3 建立商品

建立新的商品需要使用 HTTP 的 POST 方法，對此，$http 有一個相應的方法。你可以在列表 21-7 中看到修改後的 createProduct 行為。

列表 21-7 在 products.js 檔案中建立商品

```
...
$scope.createProduct = function (product) {
    $http.post(baseUrl, product).success(function (newProduct) {
        $scope.products.push(newProduct);
        $scope.displayMode = "list";
    });
}
...
```

在發出請求給 RESTful 服務後，伺服器便會建立新的商品，並回傳一個物件。這裡需要留意的是，加入到商品陣列裡的物件是來自伺服器，而不是來自行為所傳入的參數。這是因為前者才具有 id 屬性，而這個屬性是進行物件修改或刪除所必須的。接著，在為陣列加入新物件後，我便設定 displayMode 變數，使應用程式顯示出列表檢視介面。

21.3.4 更新商品

最後一個需要修改的行為是 updateProduct，如列表 21-8 所示。

列表 21-8 在 product.json 檔案中修改 updateProduct 行為以使用 Ajax

```
...
$scope.updateProduct = function (product) {
    $http({
        url: baseUrl + product.id,
        method: "PUT",
        data: product
    }).success(function (modifiedProduct) {
```

```
            for (var i = 0; i < $scope.products.length; i++) {
                if ($scope.products[i].id == modifiedProduct.id) {
                    $scope.products[i] = modifiedProduct;
                    break;
                }
            }
            $scope.displayMode = "list";
        });
    }
    ...
```

更新已存在的商品物件，會需要使用 HTTP 的 PUT 方法，對此，$http 並無相應的方法，這表示我需要再次對$http 服務物件傳入帶有 method 和 url 屬性的設定物件。發送請求後，伺服器會回傳一個修改過的物件，我會根據 id 值將它放置在本地資料陣列裡。接著，在為陣列加入修改過的物件後，我便設定 displayMode 變數，使應用程式顯示出列表檢視介面。

從以上範例中，你可以看到，在應用程式裡實作 Ajax 呼叫以整合 RESTful 服務，並不怎麼困難。雖然我刻意忽略了一些在真實的應用程式裡，會需要注意的細節，例如表單驗證和錯誤處理。但你已經瞭解了整個概念，只要不粗心大意，藉由$http 服務來取用 RESTful 服務是很簡單的。

21.4 隱藏 Ajax 請求

使用$http 服務來存取 RESTful 服務相當簡單，並突顯出不同的 AngularJS 功能能夠彼此配合得很好。雖然$http 的功能本身並沒有什麼問題，但其所構築出來的應用程式，卻潛藏著風險。

由於本地資料與伺服器資料是分開操作的，所以需要時時確保它們彼此之間是同步的。這種情形違背了 AngularJS 的精神，也就是在應用程式裡的任何資料變更，都應該會透過作用範圍自動擴散出去。為了示範這項問題，我在 angularjs 資料夾裡新增了一個名為 increment.js 的檔案，它包含了如列表 21-9 所示的模組。

列表 21-9　increment.js 檔案的內容

```
angular.module("increment", [])
    .directive("increment", function () {
        return {
            restrict: "E",
            scope: {
                value: "=value"
            },
            link: function (scope, element, attrs) {
                var button = angular.element("<button>").text("+");
                button.addClass("btn btn-primary btn-xs");
                element.append(button);
                button.on("click", function () {
```

```
                    scope.$apply(function () {
                        scope.value++;
                    })
                })
            },
        }
    });
```

這個模組名為 increment，其內含有一個同名的指令，會在點擊按鈕時更新數值。此指令將以元素的形式套用，並使用孤立作用範圍中的雙向綁定來取得資料值（對此，我曾在第 16 章說明過）。為了使用此模組，我在 products.html 檔案裡新增了一個 script 元素，如列表 21-10 所示。

列表 21-10　在 products.html 檔案裡新增 script 元素

```
<!DOCTYPE html>
<html ng-app="exampleApp">
<head>
    <title>Products</title>
    <script src="angular.js"></script>
    <link href="bootstrap.css" rel="stylesheet" />
    <link href="bootstrap-theme.css" rel="stylesheet" />
    <script src="products.js"></script>
    <script src="increment.js"></script>
</head>
<body ng-controller="defaultCtrl">
    <div class="panel panel-primary">
        <h3 class="panel-heading">Products</h3>
        <ng-include src="'tableView.html'" ng-show="displayMode == 'list'"></ng-include>
        <ng-include src="'editorView.html'" ng-show="displayMode == 'edit'"></ng-include>
    </div>
</body>
</html>
```

此外我也需要在 products.js 檔案中，加入對該模組的依賴，如列表 21-11 所示。

列表 21-11　在 products.js 檔案中新增模組依賴

```
angular.module("exampleApp", ["increment"])
.constant("baseUrl", "http://localhost:5500/products/")
.controller("defaultCtrl", function ($scope, $http, baseUrl) {
...
```

最後，我需要在 tableView.html 檔案裡套用指令，使每個表格列都擁有一個遞增按鈕，如列表 21-12 所示。

列表 21-12　將遞增指令套用於 tableView.html 檔案中

```
...
<tr ng-repeat="item in products">
    <td>{{item.name}}</td>
    <td>{{item.category}}</td>
    <td class="text-right">{{item.price | currency}}</td>
    <td class="text-center">
        <button class="btn btn-xs btn-primary"
                ng-click="deleteProduct(item)">
            Delete
        </button>
        <button class="btn btn-xs btn-primary"
                ng-click="editOrCreateProduct(item)">
            Edit
        </button>
        <increment value="item.price" />
    </td>
</tr>
...
```

如圖 21-8 所示的效果，點擊「+」按鈕便會對商品物件的 price 屬性加 1。

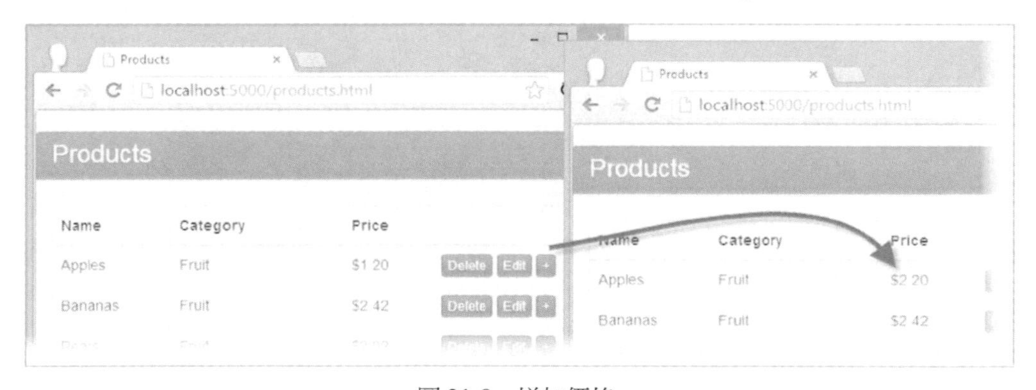

圖 21-8　增加價格

當點擊 Reload 按鈕時，問題便會浮現出來。這時，本地的商品資料，會被來自伺服器的資料所取代。increment 指令在遞增 price 屬性值時，並未進行 Ajax 更新，使本地資料與伺服器資料出現不同步的狀況。

儘管這看起來不過是人為疏失，但在使用由其他開發者所撰寫的指令時，這類錯誤可能會經常發生。即使 increment 指令的作者知道需要另外進行 Ajax 更新，他們也無法這麼做，因為 Ajax 的更新邏輯是位在控制器裡，無法由指令所存取，特別是當指令位於另一個模組時。

如果我們想要解決這項問題，將需要確保所有本地資料的變更，都會自動地觸發相應的 Ajax 請求。但如此一來，這表示任何操作資料的元件，都需要知悉如何發出 Ajax 請求以進行更新。

而在 AngularJS 裡，一種折衷的解決方案是藉由$resource 服務，將 Ajax 請求和 URL 格式的細節隱藏起來，使應用程式能夠更容易操作 RESTful 資料。對此，我會在接下來的小節裡，說明如何使用$resource 服務。

21.4.1 安裝 ngResource 模組

$resource 服務是來自於一個選擇性的 ngResource 模組，你需要將它下載到 angularjs 資料夾裡。請前往 http://angularjs.org，接著點擊 Download，再選擇你需要的版本（在本書撰寫之時，1.2.5 是最新版本），然後點擊視窗左下角的 Extras 連結，如圖 21-9 所示。

圖 21-9　下載一個選擇性的模組

將 angular-resource.js 下載到 angularjs 資料夾中。接著，你可以在列表 21-13 中看到，如何新增一個 script 元素，將該檔案加入至 products.html 裡。

列表 21-13　對 products.html 檔案新增參照

```
...
<head>
    <title>Products</title>
    <script src="angular.js"></script>
    <script src="angular-resource.js"></script>
    <link href="bootstrap.css" rel="stylesheet" />
    <link href="bootstrap-theme.css" rel="stylesheet" />
    <script src="products.js"></script>
    <script src="increment.js"></script>
</head>
...
```

21.4.2 使用$resource 服務

你可以在列表 21-14 中看到，如何在 products.js 檔案裡使用$resource 服務來管理資料，我仍舊是從伺服器取得資料，但這次並未直接建立 Ajax 請求。

列表 21-14 在 products.js 檔案中使用$resource 服務

```
angular.module("exampleApp", ["increment", "ngResource"])
.constant("baseUrl", "http://localhost:5500/products/")
.controller("defaultCtrl", function ($scope, $http, $resource, baseUrl) {

    $scope.displayMode = "list";
    $scope.currentProduct = null;

    $scope.productsResource = $resource(baseUrl + ":id", { id: "@id" });

    $scope.listProducts = function () {
        $scope.products = $scope.productsResource.query();
    }

    $scope.deleteProduct = function (product) {
        product.$delete().then(function () {
            $scope.products.splice($scope.products.indexOf(product), 1);
        });
        $scope.displayMode = "list";
    }

    $scope.createProduct = function (product) {
        new $scope.productsResource(product).$save().then(function(newProduct) {
            $scope.products.push(newProduct);
            $scope.displayMode = "list";
        });
    }
    $scope.updateProduct = function (product) {
        product.$save();
        $scope.displayMode = "list";
    }

    $scope.editOrCreateProduct = function (product) {
        $scope.currentProduct = product ? product : {};
        $scope.displayMode = "edit";
    }

    $scope.saveEdit = function (product) {
        if (angular.isDefined(product.id)) {
            $scope.updateProduct(product);
        } else {
            $scope.createProduct(product);
        }
    }

    $scope.cancelEdit = function () {
        if ($scope.currentProduct && $scope.currentProduct.$get) {
            $scope.currentProduct.$get();
        }
        $scope.currentProduct = {};
```

```
            $scope.displayMode = "list";
        }

        $scope.listProducts();
    });
```

這些行為的函式參數仍然如同以往，這表示我無須變更任何 HTML 元素的內容，就能夠使用$resource 服務。然而，每個行為的實作都變得不太一樣，不僅僅是因為取得資料的方式改變，資料的本質也出現了變化。由於在這個列表裡有許多值得留意之處，而且$resource 服務也可能會引起不少困惑，因此以下我將一步步地加以分解說明。

1．設定$resource 服務

首先，我勢必要設定$resource 服務，使其知悉如何與 RESTful 的 Deployd 伺服器互動，如下所示：

```
...
$scope.productsResource = $resource(baseUrl + ":id", { id: "@id" });
...
```

$resource 服務物件是一個函式，用於設定 URL 以存取 RESTful 服務。其中，以冒號作為前綴的文字片段，即是本章範例中唯一會出現變化的 URL 部分。我將其指定為商品物件的 id，這項資訊在刪除或修改物件時是必要的。第一個參數會使 baseUrl 常數與:id 結合起來，如下所示：

```
http://localhost:5500/products/:id
```

至於第二個參數則是一個設定物件，其內的 id 屬性即表示對應於 URL 中的:id，而屬性值便會成為:id 的具體內容。屬性值可以是一個固定值，或是一個變數，例如我在此範例裡便是藉由@符號前綴，將其指定為資料物件上的 id 屬性。

提示：實際上，多數的應用程式都會需要在 URL 裡加入多個會異動的部分，對此，你可以自行做增添。

$resource 服務函式會回傳一個存取物件（access object），它提供了表 21-5 所列的方法，可用於查詢及修改伺服器上的資料。

表 21-5　由存取物件所定義的預設動作

名　稱	HTTP	URL	說　明
delete(params, product)	DELETE	/products/<id>	根據 ID 來移除物件
get(id)	GET	/products/<id>	根據 ID 來取得單一物件
query()	GET	/products	以陣列形式取得所有物件
remove(params, product)	DELETE	/products/<id>	根據 ID 來移除物件
save(product)	POST	/products/<id>	根據 ID 儲存物件變更

提示：delete 和 remove 方法是完全相同的，可以彼此互換。

可以看到，表 21-5 中的 HTTP 方法和 URL 組合，與先前在表 21-4 中所列的 Deployd API 頗為相似，但並不完全相同，所幸 Deployd 的靈活性足以應付這些差異。不過在本章稍後，我也將說明如何自訂$resource 服務的設定，使兩者準確對應起來。

提示：在表中，我將 delete 和 remove 方法標示為需要 params 參數，該參數是一個物件，內含欲傳遞給伺服器的 URL 額外參數。實際上，表中的所有方法都可以在呼叫時加入此物件，但由於$resource 實作中的古怪之處，只有 delete 和 remove 方法是一定需要此物件（可以是空物件）。

如果你此時此刻還不太瞭解這些動作的作用，也無須擔心，因為很快就會變得清晰起來。

2．列出 REST 資料

我將$resource 服務物件所回傳的存取物件，指派給 productResource 變數，接著再透過它來取得伺服器的初始資料。以下即是 listProducts 行為的定義：

```
...
$scope.listProducts = function () {
    $scope.products = $scope.productsResource.query();
}
...
```

這個存取物件使我能夠對伺服器上的資料進行查詢和修改，但我仍需要下達具體的指示，因此我呼叫 query 方法，以便取得應用程式的初始資料。該方法會從 Deployd 伺服器的/products URL 索取所有資料物件。

query 方法的結果為一個集合陣列，它在一開始時是空的。$resource 服務會建立結果陣列，並使用$http 服務來產生 Ajax 請求。當 Ajax 請求完成後，集合內才會存在從伺服器取得的資料。由於這點非常重要，所以我會再重複提醒一次。

警告：query 方法所回傳的陣列在一開始時是空的，只有在非同步的 HTTP 請求完成後才會填入資料。

對資料載入做出回應

多數的應用程式，都能夠對非同步的資料載入，有良好的處置。在資料抵達後，便會觸發相應的作用範圍變化，使應用程式能夠正確地做出回應。儘管本章的範例相當簡單，但它仍基本上展現出多數 AngularJS 應用程式的運作結構：資料抵達，使作用範圍出現變化，更新資料綁定，最後顯示新資料於檢視中。

然而在某些情況下，你仍有可能會需要在資料抵達時，做出更直接的回應。對此，query 方法所回傳的集合陣列擁有一個$promise 屬性，其約定會在 Ajax 請求完成時解除。以下範例即是對約定註冊一個在成功時執行的處置器：

```
...
$scope.listProducts = function () {
    $scope.products = $scope.productsResource.query();
    $scope.products.$promise.then(function (data) {
        // do something with the data
    });
}
...
```

當結果陣列取得資料後，約定便會成功解除，這時你就可以在 success 函式中存取接收到的資料。有關約定的詳細說明請參閱第 20 章。

在取得資料後，資料綁定便會自動地進行更新。

3．修改資料物件

在 query 方法所回傳的集合陣列裡，會存在多個 Resource 物件，該物件擁有來自伺服器資料的屬性，以及一些方法，讓我們無須直接使用集合陣列就能夠操作資料。表 21-6 列出了 Resource 物件所定義的方法。

表 21-6　Resource 物件的方法

名　稱	說　明
$delete()	從伺服器刪除物件，等同於呼叫$remove()
$get()	從伺服器取得物件，任何未提交的本地變更都將會被覆蓋
$remove()	從伺服器刪除物件，等同於呼叫$delete()
$save()	儲存物件至伺服器

$save 方法相當簡單，於 updateProduct 行為裡的使用方式如下所示：

```
...
$scope.updateProduct = function (product) {
    product.$save();
    $scope.displayMode = "list";
}
...
```

所有的 Resource 物件方法都會執行非同步請求，並回傳約定物件，使你可以在請求完成或失敗時收到通知。

注意：出於簡化目的，我直接假設範例中的 Ajax 請求都會成功執行。然而在真實的專案裡，你都需要考量到發生錯誤的可能性。

$get 方法也相當直覺，我將其運用在 cancelEdit 行為裡，藉此廢棄當前未儲存的修改，如下所示：

```
...
$scope.cancelEdit = function () {
    if ($scope.currentProduct && $scope.currentProduct.$get) {
        $scope.currentProduct.$get();
```

```
    }
    $scope.currentProduct = {};
    $scope.displayMode = "list";
}
...
```

在我呼叫$get 方法前，我先檢查它是否可用，而呼叫後便會將當前正在修改的物件，復原為來自伺服器的物件。除此之外，請留意在這項範例的 editOrCreateProduct 行為裡，我不再複製本地資料。先前在使用$http 服務時，我需要多複製一份本地資料，才能夠返回到未變更的狀態。

4 · 刪除資料物件

$delete 和$remove 方法所發送的請求是完全相同的，然而它們在對伺服器發送刪除請求的同時，並不會自動地從集合陣列裡移除物件。這是有原因的，因為萬一請求未順利執行，而本地複本卻已被刪除，就會造成應用程式與伺服器不一致的狀況。

因此，我使用了方法所回傳的約定物件，註冊一個回呼處置器。使 deleteProduct 行為會在伺服器資料成功刪除後，再對本地資料做出相應的處置，如下所示：

```
...
$scope.deleteProduct = function (product) {
    product.$delete().then(function () {
        $scope.products.splice($scope.products.indexOf(product), 1);
    });
    $scope.displayMode = "list";
}
...
```

5 · 建立新物件

在存取物件上使用 new 關鍵字，便能夠對資料物件套用$resource 的方法，以便儲存至伺服器。我將這項技巧運用在 createProduct 行為中，使用$save 方法將新物件寫入到資料庫裡：

```
...
$scope.createProduct = function (product) {
    new $scope.productsResource(product).$save().then(function (newProduct) {
        $scope.products.push(newProduct);
        $scope.displayMode = "list";
    });
}
...
```

如同$delete 方法的狀況，當新物件儲存至伺服器時，$save 方法也不會對集合陣列進行更新。因此，我使用由$save 方法所回傳的約定，在 Ajax 請求成功時，對集合陣列新增一個物件。

21.4.3 設定$resource 服務動作

集合陣列所具備的 get、save、query、remove 和 delete 方法，以及個別 Resource 物件所具備的相應方法（以$作為前綴），都可被稱為「動作」(action)。其中由$resource 服務所定義的預設動作已列於表 21-5 中，而它們很容易就可以再進行設定，以便對應於伺服器所提供的 API。你可以在列表 21-15 中看到，如何變更動作以對應先前表 21-4 中所列的 Deployd API。

列表 21-15　在 products.js 檔案中修改$resource 的動作

```
...
$scope.productsResource = $resource(baseUrl + ":id", { id: "@id" },
        { create: { method: "POST" }, save: { method: "PUT" }});
...
```

$resource 服務物件函式在呼叫時，可以加入第三個參數來定義動作。這些動作是以物件屬性的形式定義的，而屬性名稱即為動作的名稱。

每個動作屬性的值都是一個設定物件，其中我只使用了一個 method 屬性，用於指定動作的 HTTP 方法。在列表中，我定義了一個新動作 create，是使用 POST 方法；接著我還重新定義了 save 動作，將其變更為使用 PUT 方法。這使得 productsResources 存取物件的動作與 Deployd API 更加一致，能夠將物件的修改請求與建立請求分離開來。表 21-7 列出了在定義動作時，可使用的設定屬性。

表 21-7　動作的設定屬性

名　稱	說　明
method	指定將被用於 Ajax 請求的 HTTP 方法
params	為 URL（$resource 服務函式的第一個參數）裡所含有的變數設定其值
url	替換掉預設的 URL
isArray	若為 true，則回應將是一個 JSON 資料陣列；至於預設值 false 則表示回應為一個物件

除此之外，你也可以使用以下屬性來設定動作的 Ajax 請求（具體效果請參閱第 20 章的說明）：transformRequst、transformResponse、cache、timeout、withCredentials、responseType 和 interceptor。

以此種方式定義的動作，其使用方式即如同預設的動作，你可以透過集合陣列或個別的 Resource 物件進行呼叫。你可以在列表 21-16 中看到，如何在 createProduct 行為裡，使用這個新的 create 動作。

列表 21-16　在 products.js 檔案中使用自訂動作

```
...
$scope.createProduct = function (product) {
    new $scope.productsResource(product).$create().then(function (newProduct) {
        $scope.products.push(newProduct);
        $scope.displayMode = "list";
    });
}
...
```

21.4.4 建立出可利用$resource 的元件

借助於$resource 服務，使我能夠製作出操作 RESTful 資料的元件，卻無須知悉其中的 Ajax 請求細節。你可以在列表 21-17 中看到，如何修改本章先前的 increment 指令，使其利用$resource 服務來取得資料。

避免非同步資料的陷阱

面對應用程式與 RESTful 資料的整合，$resource 服務僅是一種折衷的解決方案：儘管它隱藏了 Ajax 請求的細節，但操作資料的元件仍至少需要知道資料是 RESTful 的，並得選擇相應的方法，例如$save 和$delete 來進行操作。

為了解決這些不足之處，或許你會想要透過作用範圍監控器和事件處置器，將 RESTful 資料封裝起來，監控其變化，然後自動將變化傳遞給伺服器。

但請別這麼做，這是陷阱，它將不會順利運作，因為這表示你想要對使用資料的元件，隱藏 REST 背後的 Ajax 非同步請求特性。然而若程式碼不知道所操作的是 REST 資料，便會以為所有資料操作都會立即生效，而且不會有任何意外，但實情卻不是這樣。

若你對資料做出修改，並繼續往下執行，但伺服器卻在稍後回報錯誤，那麼資料狀態的不一致恐怕就會造成應用程式直接崩解。沒有解決這類錯誤的好方式，你無法安全地復原操作（因為程式碼可能已經往下執行了一段時間），而你也缺乏重新執行先前步驟的途徑（除非程式碼認知到非同步 Ajax 請求的存在）。因此你所能做的就僅僅是丟棄當前應用程式的狀態，並從伺服器重新載入資料，但此舉將會對使用者造成困擾。

因此，最好的處理方式，還是要讓元件能夠知悉並使用$resource 服務的方法，就像我對 increment 指令所做的修改那樣。

列表 21-17 在 increment.js 檔案中使用 RESTful 資料

```
angular.module("increment", [])
    .directive("increment", function () {
        return {
            restrict: "E",
            scope: {
                item: "=item",
                property: "@propertyName",
                restful: "@restful",
                method: "@methodName"
            },
            link: function (scope, element, attrs) {
                var button = angular.element("<button>").text("+");
                button.addClass("btn btn-primary btn-xs");
                element.append(button);
                button.on("click", function () {
                    scope.$apply(function () {
```

```
                    scope.item[scope.property]++;
                    if (scope.restful) {
                        scope.item[scope.method]();
                    }
                })
            })
        },
    }
});
```

當元件需要操作由$resource 服務所提供的資料時，你需要加入一些設定屬性，來啟用 RESTful 支援，並設定方法的來源。在這項範例裡，我使用 restful 屬性來設定是否啟用 REST 支援，並使用 method 屬性取得應該被呼叫的方法名稱。你可以在列表 21-18 中看到，如何在 tableView.html 檔案裡做出這些變更。

列表 21-18　在 tableView.html 檔案中加入設定屬性

```
<div class="panel-body">
    <table class="table table-striped table-bordered">
        <thead>
            <tr>
                <th>Name</th>
                <th>Category</th>
                <th class="text-right">Price</th>
                <th></th>
            </tr>
        </thead>
        <tbody>
            <tr ng-repeat="item in products">
                <td>{{item.name}}</td>
                <td>{{item.category}}</td>
                <td class="text-right">{{item.price | currency}}</td>
                <td class="text-center">
                    <button class="btn btn-xs btn-primary"
                            ng-click="deleteProduct(item)">
                        Delete
                    </button>
                    <button class="btn btn-xs btn-primary"
                            ng-click="editOrCreateProduct(item)">
                        Edit
                    </button>
                    <increment item="item" property-name="price" restful="true"
                        method-name="$save" />
                </td>
            </tr>
        </tbody>
    </table>
```

```
    <div>
        <button class="btn btn-primary" ng-click="listProducts()">Refresh</button>
        <button class="btn btn-primary" ng-click="editOrCreateProduct()">New</button>
    </div>
</div>
```

如此一來，當你點擊表格列中的+按鈕時，不僅本地數值會被更新，也會呼叫$save方法向伺服器發送更新。

21.5 小結

本章說明如何使用 RESTful 服務，其中包含如何藉由$http 服務來發送 Ajax 請求，並解釋資料的不一致如何對應用程式產生風險。對此，我接著示範如何使用$resource 服務來隱藏 Ajax 請求的細節。除此之外，我也說明不應該對元件隱藏 REST 資料的非同步特性。至於在下一章裡，我則會介紹關於 URL 路由的服務。

第 22 章

檢視服務

本章將說明 AngularJS 針對檢視所提供的服務。關於檢視，我已在第 10 章裡介紹過，並曾示範如何使用 ng-include 指令，將檢視匯入到應用程式中。至於本章則會示範如何使用 URL 路由，使應用程式擁有更加精密的檢視組織。URL 路由可能不是一項很容易理解的主題，所以我會在範例應用程式的建構過程中逐步示範，以循序漸進地介紹其功能。表 22-1 為本章摘要。

表 22-1　本章摘要

問　題	解決方案	列　表
在應用程式中啟用導覽	使用$routeProvider 來定義 URL 路由	1～4
顯示來自當前路由的檢視	套用 ng-view 指令	5
變更當前的檢視	使用$location.path 方法，或使用一個 a 元素，其 href 屬性對應於路由的路徑	6～7
透過路徑傳入資訊	使用路由 URL 中的路由參數，並使用$routeParams 服務來存取參數	8～10
將當前路由所顯示的檢視，繫結至一個控制器	使用 controller 設定屬性	11
為控制器定義依賴	使用 resolve 設定屬性	12～13

22.1　為何以及何時應使用檢視服務

本章所介紹的服務，能夠透過多個元件來控制使用者可見的內容，藉此有效簡化原本複雜的應用程式。因此在較小或較簡單的應用程式中，你是不需要這些服務的。

22.2　準備範例專案

本章將繼續使用先前第 21 章的範例，由於當時我是著重在示範 RESTful 資料的 Ajax 請求，因此你可能未曾注意到，範例中存在了一項不是很便利的作法，而我將在本章解決它。

理解問題

原先的應用程式包含了兩個檢視檔，分別為 tableView.html 和 editorView.html，我使用 ng-include 指令將其匯入至主檔案 products.html 裡。

tableView.html 檔案包含了應用程式的預設檢視，其內有一個 table 元素，會列出來自伺服器的資料。接著當使用者建立一個新商品，或編輯現有的商品時，我便切換到 editorView.html 檔案。然後在操作完成（或取消）時，再返回到 tableView.html 檔案。列表 22-1 為目前 products.html 檔案的內容。

列表 22-1　products.html 檔案的內容

```
<!DOCTYPE html>
<html ng-app="exampleApp">
<head>
    <title>Products</title>
    <script src="angular.js"></script>
    <script src="angular-resource.js"></script>
    <link href="bootstrap.css" rel="stylesheet" />
    <link href="bootstrap-theme.css" rel="stylesheet" />
    <script src="products.js"></script>
    <script src="increment.js"></script>
</head>
<body ng-controller="defaultCtrl">
    <div class="panel panel-primary">
        <h3 class="panel-heading">Products</h3>
        <ng-include src="'tableView.html'" ng-show="displayMode == 'list'"></ng-include>
        <ng-include src="'editorView.html'" ng-show="displayMode == 'edit'"></ng-include>
    </div>
</body>
</html>
```

我使用 ng-show 指令來控制元素的可見性，為了辨別哪一個檢視應該顯示給使用者，我檢查作用範圍變數 displayMode 是否為指定的值，如下所示：

```
...
<ng-include src="'tableView.html'" ng-show="displayMode == 'list'"></ng-include>
...
```

至於 displayMode 的值則是在 products.js 檔案裡進行設定的，我在列表 22-2 中突顯了所有設定 displayMode 的地方。

列表 22-2　在 products.js 檔案中設定 displayMode 的值

```
angular.module("exampleApp", ["increment", "ngResource"])
.constant("baseUrl", "http://localhost:5500/products/")
.controller("defaultCtrl", function ($scope, $http, $resource, baseUrl) {

    $scope.displayMode = "list";
    $scope.currentProduct = null;
```

```
    $scope.productsResource = $resource(baseUrl + ":id", { id: "@id" },
            { create: { method: "POST" }, save: { method: "PUT" } });

    $scope.listProducts = function () {
        $scope.products = $scope.productsResource.query();
    }

    $scope.deleteProduct = function (product) {
        product.$delete().then(function () {
            $scope.products.splice($scope.products.indexOf(product), 1);
        });
        $scope.displayMode = "list";
    }

    $scope.createProduct = function (product) {
        new $scope.productsResource(product).$create().then(function (newProduct) {
            $scope.products.push(newProduct);
            $scope.displayMode = "list";
        });
    }

    $scope.updateProduct = function (product) {
        product.$save();
        $scope.displayMode = "list";
    }

    $scope.editOrCreateProduct = function (product) {
        $scope.currentProduct = product ? product : {};
        $scope.displayMode = "edit";
    }

    $scope.saveEdit = function (product) {
        if (angular.isDefined(product.id)) {
            $scope.updateProduct(product);
        } else {
            $scope.createProduct(product);
        }
    }

    $scope.cancelEdit = function () {
        if ($scope.currentProduct && $scope.currentProduct.$get) {
            $scope.currentProduct.$get();
        }
        $scope.currentProduct = {};
        $scope.displayMode = "list";
    }

    $scope.listProducts();
});
```

此種方式雖然可行，但卻存在著問題：任何需要改變應用程式佈局的元件，都需要存取 displayMode 變數，而該變數是位於控制器作用範圍中。儘管這在一個簡單的應用程式裡（檢視始終由單一控制器管理），並不是什麼太大的問題。但若有額外的元件想要控制檢視時，就會造成困難。

因此，我們需要將檢視的選擇，與控制器分離，讓應用程式的內容可以由任何元件提供，而這就是本章所要進行的工作。

22.3 使用 URL 路由

AngularJS 具備一項名為「URL 路由」的功能，會使用$location.path 方法所回傳的值，來載入並顯示檢視檔，而無須在應用程式中多次使用字串實值。在接下來的小節裡，我將示範如何安裝並使用$route 服務，來取得 URL 路由功能。

22.3.1 安裝 ngRoute 模組

$route 服務是來自於一個選擇性的 ngRoute 模組，你需要將它下載到 angularjs 資料夾裡。請前往 http://angularjs.org，接著點擊 Download，再選擇你需要的版本（在本書撰寫之時，1.2.5 是最新版本），然後點擊視窗左下角的 Extras 連結，如圖 22-1 所示。

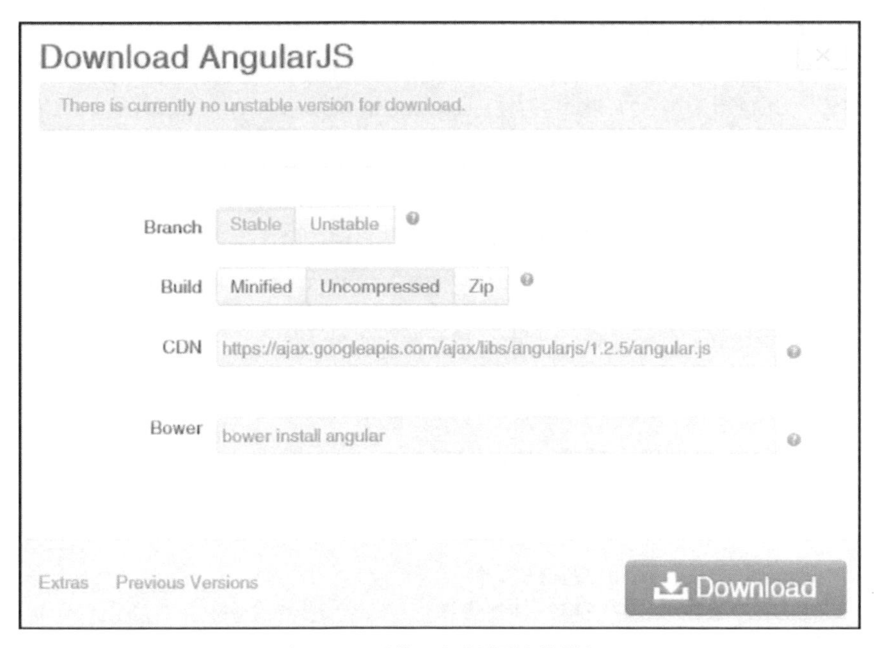

圖 22-1　下載一個選擇性的模組

將 angular-route.js 下載到 angularjs 資料夾中。接著，你可以在列表 22-3 中看到，如何新增一個 script 元素，將該檔案加入至 products.html 裡。

列表 22-3　對 products.html 檔案新增參照

```
<!DOCTYPE html>
<html ng-app="exampleApp">
<head>
    <title>Products</title>
    <script src="angular.js"></script>
    <script src="angular-resource.js"></script>
    <script src="angular-route.js"></script>
    <link href="bootstrap.css" rel="stylesheet" />
    <link href="bootstrap-theme.css" rel="stylesheet" />
    <script src="products.js"></script>
    <script src="increment.js"></script>
</head>
<body ng-controller="defaultCtrl">
    <div class="panel panel-primary">
        <h3 class="panel-heading">Products</h3>
        <ng-include src="'tableView.html'" ng-show="displayMode == 'list'"></ng-include>
        <ng-include src="'editorView.html'" ng-show="displayMode == 'edit'"></ng-include>
    </div>
</body>
</html>
```

22.3.2　定義 URL 路由

$route 服務的核心機制，是 URL 與檢視檔之間的對應關係，而這就是所謂的 URL 路由（或著，更簡短的說法，就是路由）。當$location.path 方法所回傳的值，符合其中一組對應關係時，相應的檢視檔就會被載入並顯示。至於對應關係的定義，則是透過$route 服務的提供器$routeProvider。列表 22-4 展示了如何定義範例應用程式的路由。

列表 22-4　在 product.js 檔案中定義路由

```
angular.module("exampleApp", ["increment", "ngResource", "ngRoute"])
.constant("baseUrl", "http://localhost:5500/products/")
.config(function ($routeProvider, $locationProvider) {

    $locationProvider.html5Mode(true);

    $routeProvider.when("/list", {
        templateUrl: "/tableView.html"
    });

    $routeProvider.when("/edit", {
        templateUrl: "/editorView.html"
    });
    $routeProvider.when("/create", {
        templateUrl: "/editorView.html"
    });
```

```
        $routeProvider.otherwise({
            templateUrl: "/tableView.html"
        });

    })
    .controller("defaultCtrl", function ($scope, $http, $resource, baseUrl) {
        // ...controller statements omitted for brevity...
    });
```

我加入了對 ngRoute 模組的依賴，並新增一個 config 函式，用於定義路由。這個 config 函式宣告了對$route 和$location 服務提供器的依賴，其中後者是用於啟用 HTML5 的 URL。

提示：我將在本章使用 HTML5 的 URL，因為它們更加簡潔，而且我所使用的瀏覽器也已經支援了 HTML5 的 History API。關於$location 服務對 HTML5 的支援、如何偵測瀏覽器功能、以及一些注意事項，請參閱第 19 章。

我使用$routeProvider.when 方法來定義路由。其中第一個參數是路由所套用的 URL，而第二個參數則是路由的設定物件。這裡所定義的路由都算是最簡單的形式，URL 是靜態的，而設定資訊也相當少量。不過在本章稍後，就會有更加複雜的範例。我會在之後說明所有的設定選項，而目前為止，你只需要知道，templateUrl 設定選項是用於指定檢視檔，當瀏覽器的當前路徑符合 when 方法中的第一個參數時就會被套用。

提示：你都需要在 templateUrl 值的開頭加上「/」字元，否則 URL 將被視為$location.path 方法回傳值的相對路徑。由於該值理應是會經常變更的，所以若沒有「/」字元，則應用程式的導覽行為，很快就會出現找不到網頁的狀況。

至於 otherwise 方法則用於定義在無任一對應關係符合時，所使用的預設路由。在實務上，你都應該提供一個預設路由，這是比較好的作法。關於我所定義的路由列表，請見表 22-2。

表 22-2　在 products.js 檔案中定義的路由

URL 路徑	檢視檔
/list	tableView.html
/edit	editorView.html
/create	editorView.html
所有其他的 URL	tableView.html

提示：這裡可以看到，我不是非得為/list 定義路由不可，因為 otherwise 方法所定義的路由，已經能夠在未符合其他對應關係時顯示 tableView.html。然而我更傾向明確地定義出路由規則，因為它們可能會變得相當複雜，而你需要盡可能讓它們容易閱讀和理解。

22.3.3 顯示選擇的檢視

ngRoute 模組包含了 ng-view 指令，會在路由吻合$location 服務所回傳的當前 URL 路徑時，顯示該路由所指定的檢視檔。你可以在列表 22-5 中看到，如何在 products.html 檔案裡使用 ng-view 指令替換掉多個元素，並移除不是很方便的實值。

列表 22-5 在 products.html 檔案中使用 ng-view 指令

```
<!DOCTYPE html>
<html ng-app="exampleApp">
<head>
    <title>Products</title>
    <script src="angular.js"></script>
    <script src="angular-resource.js"></script>
    <script src="angular-route.js"></script>
    <link href="bootstrap.css" rel="stylesheet" />
    <link href="bootstrap-theme.css" rel="stylesheet" />
    <script src="products.js"></script>
    <script src="increment.js"></script>
</head>
<body ng-controller="defaultCtrl">
    <div class="panel panel-primary">
        <h3 class="panel-heading">Products</h3>
        <div ng-view></div>
    </div>
</body>
</html>
```

當$location.path 的回傳值出現變更時，$route 服務會根據其提供器所定義的路由，對 ng-view 指令所套用之元素的內容進行替換。

22.3.4 將程式碼和 HTML 內容銜接起來

接下來我們便要修改程式碼及 HTML，來促使 URL 出現變化，而不再使用 displayMode 變數來變更應用程式的佈局。在 JavaScript 程式碼中，這表示我需要使用 $location 服務的 path 方法，如列表 22-6 所示。

列表 22-6 在 products.js 檔案中使用$location 服務來變更檢視

```
angular.module("exampleApp", ["increment", "ngResource", "ngRoute"])
.constant("baseUrl", "http://localhost:5500/products/")
.config(function ($routeProvider, $locationProvider) {

    $locationProvider.html5Mode(true);

    $routeProvider.when("/list", {
        templateUrl: "/tableView.html"
    });
```

```
    $routeProvider.when("/edit", {
        templateUrl: "/editorView.html"
    });

    $routeProvider.when("/create", {
        templateUrl: "/editorView.html"
    });

    $routeProvider.otherwise({
        templateUrl: "/tableView.html"
    });

})
.controller("defaultCtrl", function ($scope, $http, $resource, $location, baseUrl) {

    $scope.currentProduct = null;

    $scope.productsResource = $resource(baseUrl + ":id", { id: "@id" },
            { create: { method: "POST" }, save: { method: "PUT" } });

    $scope.listProducts = function () {
        $scope.products = $scope.productsResource.query();
    }

    $scope.deleteProduct = function (product) {
        product.$delete().then(function () {
            $scope.products.splice($scope.products.indexOf(product), 1);
        });

        $location.path("/list");
    }

    $scope.createProduct = function (product) {
        new $scope.productsResource(product).$create().then(function (newProduct) {
            $scope.products.push(newProduct);
            $location.path("/list");
        });
    }
    $scope.updateProduct = function (product) {
        product.$save();
        $location.path("/list");
    }

    $scope.editProduct = function (product) {
        $scope.currentProduct = product;
        $location.path("/edit");
    }
```

```
    $scope.saveEdit = function (product) {
        if (angular.isDefined(product.id)) {
            $scope.updateProduct(product);
        } else {
            $scope.createProduct(product);
        }
        $scope.currentProduct = {};
    }

    $scope.cancelEdit = function () {
        if ($scope.currentProduct && $scope.currentProduct.$get) {
            $scope.currentProduct.$get();
        }
        $scope.currentProduct = {};
        $location.path("/list");
    }

    $scope.listProducts();
});
```

程式碼的變化並不是很大，我新增了對$location 服務的依賴，並將所有設法變更 dislayMode 值的程式碼，替換為呼叫$location.path 方法。然而，其中還有一項較為特別的變更：我將 editOrCreateProduct 行為修改成更加簡化的 editProduct 行為。以下是舊的行為：

```
...
$scope.editOrCreateProduct = function (product) {
    $scope.currentProduct = product ? product : {};
    $scope.displayMode = "edit";
}
...
```

新的行為則如下所示：

```
...
$scope.editProduct = function (product) {
    $scope.currentProduct = product;
    $location.path("/edit");
}
...
```

原有的行為是同時作為修改程序與建立程序的起點，並透過 product 參數加以區隔。如果 product 參數不為 null，便將該物件指派給 currentProduct 變數，並接著將資料填入到 editorView.html 檢視的欄位裡。

提示：在列表中還有一項變更，是修改了 saveEdit 行為來重設 currentProduct 變數的值。若無這項修改，則當前編輯行為所留下的值，將會在稍後建立新商品時（如果你這麼做的話），繼續顯示出來。不過這只是一項暫時性的問題，我會在本章後續擴充應用程式的路由功能時解決它。

之所以可以對行為做出簡化，是因為我只需要變更 URL，就能夠藉助於路由功能，啟動建立新商品物件的程序。你可以在列表 22-7 中看到，我對 tableView.html 檔案所做的變更。

列表 22-7　在 tableView.html 檔案加入路由機制

```
<div class="panel-body">
    <table class="table table-striped table-bordered">
        <thead>
            <tr>
                <th>Name</th>
                <th>Category</th>
                <th class="text-right">Price</th>
                <th></th>
            </tr>
        </thead>
        <tbody>
            <tr ng-repeat="item in products">
                <td>{{item.name}}</td>
                <td>{{item.category}}</td>
                <td class="text-right">{{item.price | currency}}</td>
                <td class="text-center">
                    <button class="btn btn-xs btn-primary"
                            ng-click="deleteProduct(item)">
                        Delete
                    </button>
                    <button class="btn btn-xs btn-primary" ng-click="editProduct(item)">
                        Edit
                    </button>
                    <increment item="item" property-name="price" restful="true"
                               method-name="$save" />
                </td>
            </tr>
        </tbody>
    </table>
    <div>
        <button class="btn btn-primary" ng-click="listProducts()">Refresh</button>
        <a href="create" class="btn btn-primary">New</a>
    </div>
</div>
```

在列表的末段，我將原先透過 ng-click 指令來呼叫舊行為的 button 元素，取代為一個 a 元素，其 href 屬性內的 URL，是對應至 editorView.html 的路由。雖然 button 和 a 是不同的元素，但由於我套用了相同的 Bootstrap 類別，所以兩者看起來並無二致。總之，當 a 元素被點擊時，URL 會變更為 create，並且顯示 editorView.html 的內容，如圖 22-2 所示。

為了查看效果，請在瀏覽器上載入 products.html 檔案並點擊 New 按鈕。這時，瀏覽器的 URL 將從 http://localhost:5000/products.html 變更為 http://localhost:5000/create。藉助於 HTML5 URL 的神奇力量（來自 History API），使得 editorView.html 會被顯示出來。

接著，當你輸入新商品的詳細資訊，並點擊 Save 按鈕（或 Cancel 按鈕），便會返回到 http://localhost:5000/list，並顯示 tableView.html 的內容。

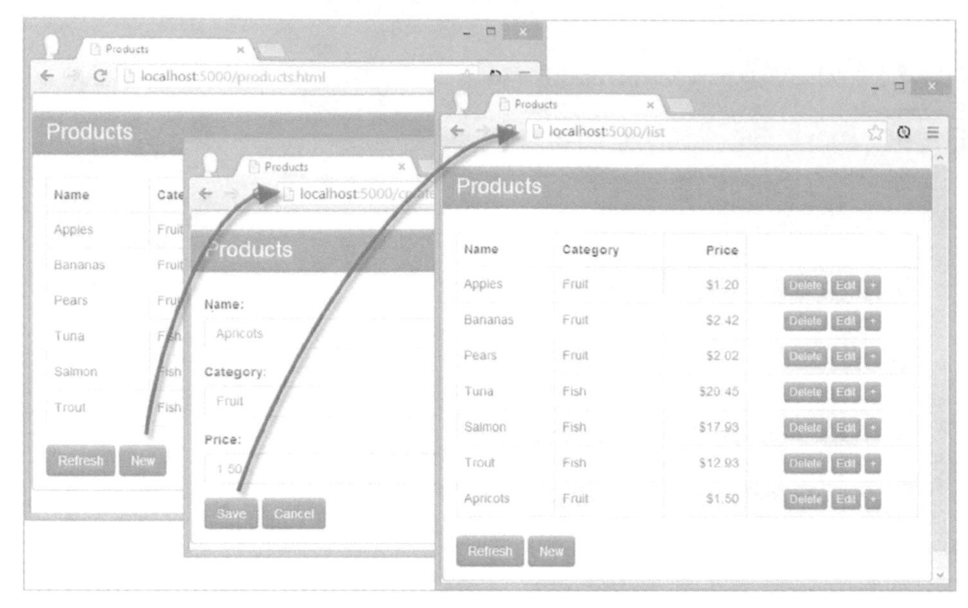

圖 22-2　應用程式中的導覽動作

警告：只有當 URL 的變化是來自於應用程式時，路由才會產生作用；如果 URL 是使用者直接變更的，那麼路由就無法發揮作用了。這是因為瀏覽器會將使用者輸入的 URL，都視為對伺服器的直接檔案請求。

22.4　使用路由參數

在上一節裡，我是使用固定且靜態的 URL 來定義路由，也就是說，傳遞給 $location.path 方法的值，或是 a 元素上的 href 屬性值，都必須完全相符於 $routeProvider.when 方法的值，才會產生作用。回想一下，以下是我定義的其中一個路由：

```
...
$routeProvider.when("/create", {
    templateUrl: "editorView.html"
});
...
```

此路由僅會在 URL 路徑符合/create 時才會產生作用。這是最基本的路由設定方式，但也是最不靈活的方式。

路由 URL 能夠加入所謂的路由參數，來比對路徑中的個別片段。所謂片段是指兩個「/」符號之間的字串，例如 URL http://localhost:5000/users/adam/details 中的片段就分別為 users、adam 和 details。至於路由參數則有兩種類型，分別是「保守」(conservative) 和「貪婪」(eager)。保守的路由參數只會比對一個片段，而貪婪的路由參數則會比對盡可能多的片段。為了加以示範，我修改了 products.js 檔案中的路由，如列表 22-8 所示。

列表 22-8　在 products.js 檔案中定義路由及路由參數

```
...
.config(function ($routeProvider, $locationProvider) {

    $locationProvider.html5Mode(true);

    $routeProvider.when("/list", {
        templateUrl: "/tableView.html"
    });

    $routeProvider.when("/edit/:id", {
        templateUrl: "/editorView.html"
    });

    $routeProvider.when("/edit/:id/:data*", {
        templateUrl: "/editorView.html"
    });

    $routeProvider.when("/create", {
        templateUrl: "/editorView.html"
    });

    $routeProvider.otherwise({
        templateUrl: "/tableView.html"
    });
})
...
```

第一段被突顯的路由 URL，/edit/:id，包含了一個保守的路由參數。該變數是由冒號(:)和名稱(這裡是 id)所組成的，這表示路由會吻合諸如/edit/1234 這樣的路徑，並將 1234 這個值指派給名為 id 的路由參數(我會在稍後介紹$routeParams 服務以存取路由參數)。

僅僅使用靜態片段和保守路由參數的路由，只能吻合片段數目一致的 URL 路徑。舉例來說，只有當 URL 一共為兩個片段，並且第一個片段為 edit 時，才會吻合/edit/:id。片段更多或更少的路徑，或是第一個片段不是 edit，都將不會符合該路由的要求。

不過，你也可以加入貪婪路由參數，來延展路由 URL 的路徑，如下所示：

```
...
$routeProvider.when("/edit/:id/:data*", {
...
```

貪婪路由參數的形式，大致上就類似於保守路由參數，只是在最後面加上一個星號。如此一來，該路由會符合三個或更多的片段。第一個片段仍要求必須是 edit；第二個片段會指派給路由參數 id；至於其餘的片段則會一併指派給路由參數 data。

提示： 如果你一時之間還無法瞭解片段變數及路由參數，也無須擔心。你會在接下來的範例實作過程裡，逐漸認識到它們的運作方式。

存取路由及路由參數

上一節所使用的 URL，會處理路徑並將片段內容指派給路由參數，使其可以在程式碼中存取。而在本節裡，我將會示範如何使用$route 和$routeParams 服務（皆包含在 ngRoute 模組裡），來存取路由參數的值。首先我會在 tableView.html 檔案裡，變更編輯商品物件的按鈕，如列表 22-9 所示。

列表 22-9　在 tableView.html 檔案中使用路由來觸發編輯

```
<div class="panel-body">
    <table class="table table-striped table-bordered">
        <thead>
            <tr>
                <th>Name</th>
                <th>Category</th>
                <th class="text-right">Price</th>
                <th></th>
            </tr>
        </thead>
        <tbody>
            <tr ng-repeat="item in products">
                <td>{{item.name}}</td>
                <td>{{item.category}}</td>
                <td class="text-right">{{item.price | currency}}</td>
                <td class="text-center">
                    <button class="btn btn-xs btn-primary"
                            ng-click="deleteProduct(item)">
                        Delete
                    </button>
                    <a href="/edit/{{item.id}}" class="btn btn-xs btn-primary">Edit</a>
                    <increment item="item" property-name="price" restful="true"
                               method-name="$save" />
                </td>
            </tr>
        </tbody>
    </table>
    <div>
        <button class="btn btn-primary" ng-click="listProducts()">Refresh</button>
        <a href="create" class="btn btn-primary">New</a>
    </div>
</div>
```

我將 button 元素更換為 a 元素，其 href 屬性會吻合列表 22-8 中所定義的其中一個路由。實際的屬性值是使用一個標準的行內綁定表達式，並透過 ng-repeat 指令傳入多筆資料。如此一來，每個表格列都會含有一個 a 元素，例如以下這行：

```
<a href="/edit/18d5f4716c6b1acf" class="btn btn-xs btn-primary">Edit</a>
```

在點擊該連結時，列表 22-8 中所定義的路由參數 id 將被指派為 18d5f4716c6b1acf，也就是商品物件的 id 屬性值。接著，你可以在列表 22-10 中看到，我對 products.js 檔案中的控制器也做出了相應的修改。

列表 22-10 在 products.js 檔案中存取路由參數

```
...
.controller("defaultCtrl", function ($scope, $http, $resource, $location,
    $route, $routeParams, baseUrl) {

    $scope.currentProduct = null;

    $scope.$on("$routeChangeSuccess", function () {
        if ($location.path().indexOf("/edit/") == 0) {
            var id = $routeParams["id"];
            for (var i = 0; i < $scope.products.length; i++) {
                if ($scope.products[i].id == id) {
                    $scope.currentProduct = $scope.products[i];
                    break;
                }
            }
        }
    });

    $scope.productsResource = $resource(baseUrl + ":id", { id: "@id" },
            { create: { method: "POST" }, save: { method: "PUT" } });

    $scope.listProducts = function () {
        $scope.products = $scope.productsResource.query();
    }
    $scope.deleteProduct = function (product) {
        product.$delete().then(function () {
            $scope.products.splice($scope.products.indexOf(product), 1);
        });

        $location.path("/list");
    }

    $scope.createProduct = function (product) {
        new $scope.productsResource(product).$create().then(function (newProduct) {
            $scope.products.push(newProduct);
            $location.path("/list");
        });
    }

    $scope.updateProduct = function (product) {
        product.$save();
        $location.path("/list");
```

```
    }
    $scope.saveEdit = function (product) {
        if (angular.isDefined(product.id)) {
            $scope.updateProduct(product);
        } else {
            $scope.createProduct(product);
        }
        $scope.currentProduct = {};
    }

    $scope.cancelEdit = function () {
        if ($scope.currentProduct && $scope.currentProduct.$get) {
            $scope.currentProduct.$get();
        }
        $scope.currentProduct = {};
        $location.path("/list");
    }

    $scope.listProducts();
});
...
```

被特別突顯的程式碼裡，有許多值得留意的部份。所以我將進行分解，並在接下來的小節裡逐一說明。

注意：我在控制器裡移除了 editProduct 行為，該行為先前是用於起始編輯程序，並顯示 editorView.html，但如今這些動作是由更進階的路由機制所觸發的。

1．回應路由變化

我在列表 22-10 裡加入了對$route 的依賴，以便管理當前選取的路由。表 22-3 為$route 服務所定義的方法和屬性。

表 22-3　$route 服務所定義的方法和屬性

名　稱	說　明
current	回傳一個物件，其內含有當前路由的資訊。該物件具備一個 controller 屬性，會回傳路由所繫結之控制器（參見「22.5.1 在路由中使用多個控制器」一節）；以及一個 locals 屬性，會回傳控制器的依賴集合（參見「22.5.2 對路由新增依賴」一節）。由 locals 屬性所回傳的集合，也包含了$scope 和$template 屬性，分別會回傳控制器作用範圍和檢視內容
reload()	對檢視做重新載入，即使 URL 路徑並未變更
routes	回傳$routeProvider 所定義的路由集合

雖然我並未使用表 22-3 中所列的任何一個成員，但我仍然依賴於$route 服務所提供的事件（參見表 22-4），用於知悉當前路由中的變化。我使用作用範圍的$on 方法（曾在第 15 章介紹過），來註冊這些事件的處置器。

其實$route 服務所提供的多數事物，並不是這麼有用。基本上你只需要取得兩件事物的資訊：路由何時改變以及新路徑是什麼。而$routeChangeSuccess 事件即提供了第一項資訊，至於$location 服務（注意，不是$route 服務）則提供了第二項資訊。你可以在以下 products.js 檔案的節錄段落中，看到具體的實作方式：

```
...
$scope.$on("$routeChangeSuccess", function () {
    if ($location.path().indexOf("/edit/") == 0) {
        // ...statements for responding to /edit route go here...
    }
});
...
```

表 22-4　$route 服務所定義的事件

名　稱	說　明
$routeChangeStart	在路由變更前觸發
$routeChangeSuccess	在路由變更後觸發
$routeUpdate	在路由更新後觸發，此事件相關於 reloadOnSearch 設定屬性（我會在稍後的「設定路由」一節加以說明）
$routeChangeError	在路由無法變更時觸發

我註冊了一個處置器函式，會在當前路由出現變更時呼叫，並且使用$location.path 方法取得當前應用程式的狀態。如果路徑為/edit/，即表示這是一項編輯操作。

2．取得路由參數

在處理/edit/路徑時，我需要藉由路由參數 id 的值，獲取指定的商品物件，才能將資料填入到 editorView.html 檔案的欄位裡。參數值是透過$routeParams 服務，以索引的方式進行存取，如下所示：

```
...
$scope.$on("$routeChangeSuccess", function () {
    if ($location.path().indexOf("/edit/") == 0) {
        var id = $routeParams["id"];
        for (var i = 0; i < $scope.products.length; i++) {
            if ($scope.products[i].id == id) {
                $scope.currentProduct = $scope.products[i];
                break;
            }
        }
    }
});
...
```

我取得 id 參數值，並藉此進一步取得使用者想要修改的物件。

警告：出於簡化目的，在這項範例裡，我假設 id 路由參數值的格式都是正確的，且符合資料陣列中的物件 id 值。然而在真實的專案裡，你則應該小心謹慎，始終對接收到的值進行檢驗。

22.5 設定路由

到目前為止，我都只對路由設定 templateUrl 屬性，用於設定檢視檔的 URL。然而它只是其中一個可用屬性，完整的設定選項請見表 22-5。而我將在接下來的小節裡，說明當中最重要的兩個屬性：controller 和 resolve。

表 22-5 路由的設定選項

名 稱	說 明
controller	為路由的檢視指定控制器，參見「22.5.1 在路由中使用多個控制器」一節
controllerAs	指定控制器的別名
template	指定檢視的內容，可以是 HTML 字串實值，或是一個回傳 HTML 內容的函式
templateUrl	指定路由的檢視檔 URL，可以是字串或回傳字串的函式
resolve	指定控制器的依賴集合，參見「22.5.2 對路由新增依賴」一節
redirectTo	指定一個路徑，會在路由符合時重定向至該路徑，可以是字串或函式
reloadOnSearch	當設為 true 時（此為預設值），則只有在$location 的 search 或 hash 方法的回傳值出現變化時，路由才會重新載入
caseInsensitiveMatch	當設為 true 時（此為預設值），則路由的比對將不再區分大小寫（例如，/Edit 和/edit 會視為是相同的）

22.5.1 在路由中使用多個控制器

如果應用程式存在大量的檢視，而你卻仍然使用同一個控制器來處理它們（本章目前為止都是這麼做的），那麼將會造成管理和測試的麻煩。對此，controller 設定選項能夠讓你為檢視指定一個控制器（該控制器已透過 Module.controller 方法進行註冊），使不同檢視能夠有不同的控制器邏輯，如列表 22-11 所示。

列表 22-11 在 products.js 檔案中將檢視與控制器配對起來

```
angular.module("exampleApp", ["increment", "ngResource", "ngRoute"])
.constant("baseUrl", "http://localhost:5500/products/")
.config(function ($routeProvider, $locationProvider) {

    $locationProvider.html5Mode(true);

    $routeProvider.when("/edit/:id", {
        templateUrl: "/editorView.html",
        controller: "editCtrl"
    });

    $routeProvider.when("/create", {
        templateUrl: "/editorView.html",
        controller: "editCtrl"
    });

    $routeProvider.otherwise({
        templateUrl: "/tableView.html"
```

```
    });
})
.controller("defaultCtrl", function ($scope, $http, $resource, $location, baseUrl) {
    $scope.productsResource = $resource(baseUrl + ":id", { id: "@id" },
            { create: { method: "POST" }, save: { method: "PUT" } });

    $scope.listProducts = function () {
        $scope.products = $scope.productsResource.query();
    }

    $scope.createProduct = function (product) {
        new $scope.productsResource(product).$create().then(function (newProduct) {
            $scope.products.push(newProduct);
            $location.path("/list");
        });
    }

    $scope.deleteProduct = function (product) {
        product.$delete().then(function () {
            $scope.products.splice($scope.products.indexOf(product), 1);
        });

        $location.path("/list");
    }

    $scope.listProducts();
})
.controller("editCtrl", function ($scope, $routeParams, $location) {

    $scope.currentProduct = null;

    if ($location.path().indexOf("/edit/") == 0) {
        var id = $routeParams["id"];
        for (var i = 0; i < $scope.products.length; i++) {
            if ($scope.products[i].id == id) {
                $scope.currentProduct = $scope.products[i];
                break;
            }
        }
    }

    $scope.cancelEdit = function () {
        if ($scope.currentProduct && $scope.currentProduct.$get) {
            $scope.currentProduct.$get();
        }
        $scope.currentProduct = {};
        $location.path("/list");
    }
```

```
        $scope.updateProduct = function (product) {
            product.$save();
            $location.path("/list");
        }
        $scope.saveEdit = function (product) {
            if (angular.isDefined(product.id)) {
                $scope.updateProduct(product);
            } else {
                $scope.createProduct(product);
            }
            $scope.currentProduct = {};
        }
    });
```

我新增了一個名為 editCtrl 的控制器，並將針對 editorView.html 檢視的程式碼，從 defaultCtrl 控制器轉移過去。然後使用 controller 設定屬性，將這個控制器繫結至 editorView.html 所屬的路由。

當每次顯示 editorView.html 檢視時，便會建立一個新的 editCtrl 控制器實例。這表示我不再需要透過$route 服務事件來監控 URL 變化，因為當 URL 出現變化時，便會自動執行指定的控制器。

此種作法的其中一項好處，是我可以受益於曾在第 13 章中介紹的標準繼承規則，一旦 editCtrl 是巢套進 defaultCtrl 時，就能夠存取後者作用範圍中的資料和行為。這表示我可以在頂層控制器中定義共用的資料和功能，然後在下一層的控制器裡，定義專屬於特定檢視的功能。

22.5.2 對路由新增依賴

resolve 設定屬性能夠讓你對 controller 屬性指定的控制器注入依賴。這些依賴可以是所謂的服務，然而 resolve 屬性更適合用於執行檢視的初始化工作。這是因為你可以回傳約定物件作為依賴，而路由會在約定被解除後才會實例化控制器。你可以在列表 22-12 中看到，如何在範例中加入新控制器，並利用 resolve 屬性從伺服器載入資料。

列表 22-12　在 products.js 檔案中使用 resolve 設定屬性

```
angular.module("exampleApp", ["increment", "ngResource", "ngRoute"])
.constant("baseUrl", "http://localhost:5500/products/")
.factory("productsResource", function ($resource, baseUrl) {
    return $resource(baseUrl + ":id", { id: "@id" },
            { create: { method: "POST" }, save: { method: "PUT" } });
})
.config(function ($routeProvider, $locationProvider) {

    $locationProvider.html5Mode(true);

    $routeProvider.when("/edit/:id", {
        templateUrl: "/editorView.html",
        controller: "editCtrl"
```

```
    });

    $routeProvider.when("/create", {
        templateUrl: "/editorView.html",
        controller: "editCtrl"
    });
    $routeProvider.otherwise({
        templateUrl: "/tableView.html",
        controller: "tableCtrl",
        resolve: {
            data: function (productsResource) {
                return productsResource.query();
            }
        }
    });
})
.controller("defaultCtrl", function ($scope, $location, productsResource) {

    $scope.data = {};

    $scope.createProduct = function (product) {
        new productsResource(product).$create().then(function (newProduct) {
            $scope.data.products.push(newProduct);
            $location.path("/list");
        });
    }

    $scope.deleteProduct = function (product) {
        product.$delete().then(function () {
            $scope.data.products.splice($scope.data.products.indexOf(product), 1);
        });

        $location.path("/list");
    }
})
.controller("tableCtrl", function ($scope, $location, $route, data) {
    $scope.data.products = data;

    $scope.refreshProducts = function () {
        $route.reload();
    }
})
.controller("editCtrl", function ($scope, $routeParams, $location) {

    $scope.currentProduct = null;

    if ($location.path().indexOf("/edit/") == 0) {
        var id = $routeParams["id"];
        for (var i = 0; i < $scope.data.products.length; i++) {
            if ($scope.data.products[i].id == id) {
```

```
                $scope.currentProduct = $scope.data.products[i];
                    break;
                }
            }
        }
        $scope.cancelEdit = function () {
            $location.path("/list");
        }

        $scope.updateProduct = function (product) {
            product.$save();
            $location.path("/list");
        }

        $scope.saveEdit = function (product) {
            if (angular.isDefined(product.id)) {
                $scope.updateProduct(product);
            } else {
                $scope.createProduct(product);
            }
            $scope.currentProduct = {};
        }
    });
```

這份列表裡有大量的修改，以下我會一步步地加以說明。首先最重要的是，我變更了/list 路由的定義，它現在會使用 controller 和 resolve 屬性，如下所示：

```
...
$routeProvider.otherwise({
    templateUrl: "/tableView.html",
    controller: "tableCtrl",
    resolve: {
        data: function (productsResource) {
            return productsResource.query();
        }
    }
});
...
```

我將路由的控制器指定為 tableCtrl，並使用 resolve 屬性來建立對 data 的依賴。data 屬性是一個函式，會在建立 tableCtrl 控制器前執行，並將結果傳遞給控制器的 data 參數。

在這項範例裡，我使用$resource 存取物件來取得伺服器資料，這表示在載入資料以前，控制器將不會被實例化，與此同時，tableView.html 也不會顯示出來。

為了能夠從路由依賴取得存取物件，我必須建立一個新服務，如下所示：

```
...
.factory("productsResource", function ($resource, baseUrl) {
    return $resource(baseUrl + ":id", { id: "@id" },
            { create: { method: "POST" }, save: { method: "PUT" } });
})
...
```

此處的程式碼，相同於我在先前建立 productResource 物件時所使用的程式碼。差異在於這裡是透過 factory 方法（參見第 18 章），從控制器轉移到一個服務裡，以便輕易地在應用程式中的各處使用。

tableCtrl 控制器相當簡單，如下所示：

```
...
.controller("tableCtrl", function ($scope, $location, $route, data) {

    $scope.data.products = data;

    $scope.refreshProducts = function () {
        $route.reload();
    }
})
...
```

伺服器的商品資訊是透過 data 參數取得，然後將其指派給$scope.data.products 屬性。如同我在先前曾說明過的，控制器的作用範圍繼承規則，同樣適用於路由的控制器。因此當我對 data 屬性新增資料時，則應用程式中的所有控制器都能夠存取該筆資料，而不僅僅是 tableCtrl 控制器。

對路由新增依賴後，我接著在 defaultCtrl 控制器裡，移除了不再需要的 listProducts 行為。不過，由於此舉會使 tableView.html 檢視中的 Refresh 按鈕失效，所以我定義了一個新行為 refreshProducts，它會使用表 22-3 中所列的$route.reload 方法。至於最後一項 JavaScript 變更，則是簡化 cancelEdit 行為。當編輯操作取消時，將不再需要從伺服器重新載入單一商品物件，因為/list 路由會直接更新所有的資料：

```
...
$scope.cancelEdit = function () {
    $scope.currentProduct = {};
    $location.path("/list");
}
...
```

為了配合控制器的變更，我需要修改 tableView.html 檔案，如列表 22-13 所示。

列表 22-13 修改 tableView.html 檔案以配合控制器的變更

```
<div class="panel-body">
    <table class="table table-striped table-bordered">
        <thead>
            <tr>
                <th>Name</th>
                <th>Category</th>
                <th class="text-right">Price</th>
                <th></th>
            </tr>
        </thead>
        <tbody>
            <tr ng-repeat="item in data.products">
```

```
                    <td>{{item.name}}</td>
                    <td>{{item.category}}</td>
                    <td class="text-right">{{item.price | currency}}</td>
                    <td class="text-center">
                        <button class="btn btn-xs btn-primary"
                                ng-click="deleteProduct(item)">
                            Delete
                        </button>
                        <a href="/edit/{{item.id}}" class="btn btn-xs btn-primary">Edit</a>
                        <increment item="item" property-name="price" restful="true"
                                   method-name="$save" />
                    </td>
                </tr>
            </tbody>
        </table>
        <div>
            <button class="btn btn-primary" ng-click="refreshProducts()">Refresh</button>
            <a href="create" class="btn btn-primary">New</a>
        </div>
    </div>
```

這裡有兩項簡單的修改，首先我修改了 ng-repeat 指令，以順應新的資料結構（來自作用範圍的繼承）。其次是修改了 Refresh 按鈕，使其呼叫 refreshProducts 行為而非 listProducts 行為。本節修改的總體效果，是資料會在切換到/list 檢視時，自動從伺服器取得，有效簡化了應用程式的複雜性。

22.6 小結

本章示範了 AngularJS 為 URL 路由所提供的內建服務。這些是較為進階的技巧，適用於大型且複雜的應用程式。至於在下一章，我則會說明關於內容動畫和觸控事件的服務。

第 23 章

動畫和觸控服務

本章將介紹 AngularJS 為文件物件模型（Document Object Model，DOM）中的動畫內容和觸控事件所提供的服務。表 23-1 為本章摘要。

表 23-1　本章摘要

問　　題	解決方案	列　表
動畫內容轉換	宣告對 ngAnimate 模組的依賴，並使用特殊的命名結構來定義動畫及轉換的 CSS 樣式，然後在管理內容的指令上套用這些類別	1～4
偵測滑動手勢	使用 ng-swipe-left 和 ng-swipe-right 指令	5

23.1　準備範例專案

本章將延續先前第 22 章的範例，也就是一個透過 RESTful API，自 Deployd 伺服器取得資料的應用程式。雖然本章所要介紹的服務，與 RESTful 資料或 Ajax 請求並無根本的關聯性。但延續先前的範例，能夠為新功能的示範提供便利的基礎。

23.2　動畫元素

$animate 服務能夠讓你在新增、移除或移動 DOM 元素時，提供轉換效果。然而 $animate 服務本身並未定義任何動畫，而是仰賴 CSS3 的動畫及轉換功能。不過關於 CSS3 的動畫及轉換，已超出本書的範圍，對此，你可以參閱我的另一部著作《The Definitive Guide to HTML5》，也是 Apress 出版的。

注意：不幸的是，動畫的本質使得它們不可能在靜態擷圖中展現出來。為了瞭解它們的運作方式，你將需要親眼看到它們的效果。不過你並不需要親自輸入每一行程式碼，因為你可以從 www.apress.com 取得本書的所有程式碼。

23.2.1 為何以及何處應使用動畫服務

動畫能夠幫助使用者注意到重要的佈局變更，並且使應用程式的狀態轉變更加流暢，而不致讓人產生突兀感。

然而許多開發者會將動畫視為提昇應用程式美感的萬靈丹，僅可能的在各種地方置入動畫。但結果可能會適得其反，例如在一些用於操作日常業務的應用程式裡，使用者的操作流程可能會密集地重複；若再從中插入動畫效果，則反而會對使用者造成更大的困擾。

動畫應該是細微、簡短且快速的，其目的是讓使用者注意到變更的事物，如此而已。因此，請在動畫的使用上保持一致、謹慎，以及更重要的是——節制使用。

23.2.2 安裝 ngAnimation 模組

$animation 服務是來自於一個選擇性的 ngAnimate 模組，你需要將它下載到 angularjs 資料夾裡。請前往 http://angularjs.org，接著點擊 Download，再選擇你需要的版本（在本書撰寫之時，1.2.5 是最新版本），然後點擊視窗左下角的 Extras 連結，如圖 23-1 所示。

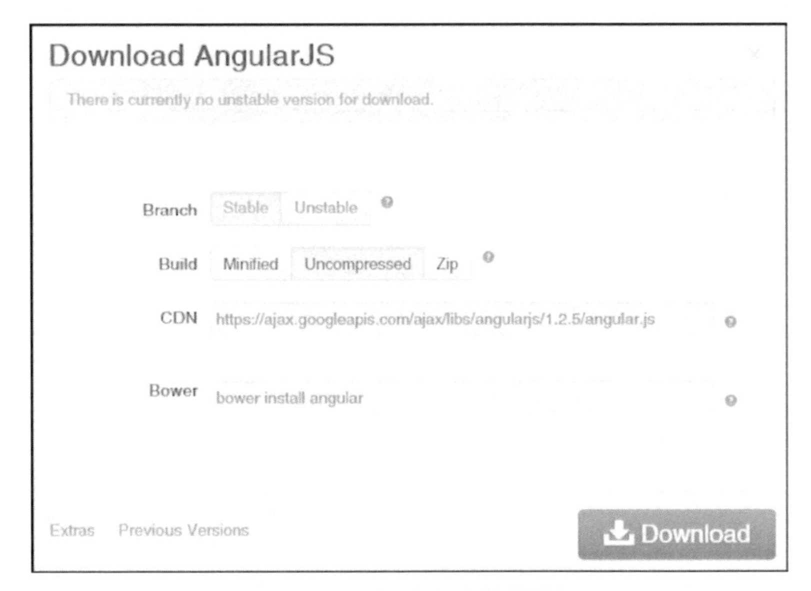

圖 23-1 下載一個選擇性的模組

將 angular-animate.js 下載到 angularjs 資料夾中。接著，你可以在列表 23-1 中看到，如何新增一個 script 元素，將該檔案加入至 products.html 裡。

列表 23-1 對 products.html 檔案新增參照

```
<!DOCTYPE html>
<html ng-app="exampleApp">
<head>
    <title>Products</title>
```

```
    <script src="angular.js"></script>
    <script src="angular-resource.js"></script>
    <script src="angular-route.js"></script>
    <script src="angular-animate.js"></script>
    <link href="bootstrap.css" rel="stylesheet" />
    <link href="bootstrap-theme.css" rel="stylesheet" />
    <script src="products.js"></script>
    <script src="increment.js"></script>
</head>
<body ng-controller="defaultCtrl">
    <div class="panel panel-primary">
        <h3 class="panel-heading">Products</h3>
        <div ng-view></div>
    </div>
</body>
</html>
```

你可以在列表 23-2 中看到，我在 products.js 檔案裡新增了對 ngAnimate 模組的依賴。

列表 23-2 在 products.js 檔案中新增模組依賴

```
angular.module("exampleApp", ["increment", "ngResource", "ngRoute", "ngAnimate"])
.constant("baseUrl", "http://localhost:5500/products/")
.factory("productsResource", function ($resource, baseUrl) {
    return $resource(baseUrl + ":id", { id: "@id" },
            { create: { method: "POST" }, save: { method: "PUT" } });
})
.config(function ($routeProvider, $locationProvider) {
...
```

23.2.3 定義及套用動畫

其實動畫功能並不是直接在$animate 服務上操作的，而是使用特殊的 CSS 命名規則來定義動畫或轉換，然後再將這些類別套用至含有 AngularJS 指令的元素上。列表 23-3 即是一項實際範例，其內展示了我對 products.html 檔案所做的變更，以便在檢視的轉換之間呈現動畫效果。

列表 23-3 在 products.html 檔案中為檢視的轉換加入動畫

```
<!DOCTYPE html>
<html ng-app="exampleApp">
<head>
    <title>Products</title>
    <script src="angular.js"></script>
    <script src="angular-resource.js"></script>
    <script src="angular-route.js"></script>
    <script src="angular-animate.js"></script>
    <link href="bootstrap.css" rel="stylesheet" />
    <link href="bootstrap-theme.css" rel="stylesheet" />
    <script src="products.js"></script>
```

```
        <script src="increment.js"></script>
        <style type="text/css">
            .ngFade.ng-enter { transition: 0.1s linear all;  opacity: 0; }
            .ngFade.ng-enter-active { opacity: 1; }
        </style>
    </head>
    <body ng-controller="defaultCtrl">
        <div class="panel panel-primary">
            <h3 class="panel-heading">Products</h3>
            <div ng-view class="ngFade"></div>
        </div>
    </body>
    </html>
```

理解這項範例的一項重要背景知識，是知道有哪些指令支援了動畫功能。表 23-2 即列出了那些指令以及所支援的動畫名稱。

表 23-2　支援動畫的內建指令及其可用的動畫名稱

指　令	名　稱
ng-repeat	enter、leave、move
ng-view	enter、leave
ng-include	enter、leave
ng-switch	enter、leave
ng-if	enter、leave
ng-class	add、remove
ng-show	add、remove
ng-hide	add、remove

其中 enter 是在顯示內容時使用，而 leave 則是在隱藏內容時使用。至於 move 是在移動內容時使用，以及 add 和 remove 是分別在新增和移除內容時使用。

一旦對照了表 23-2 後，你自然就會瞭解範例中的 style 元素內容：

```
...
<style type="text/css">
    .ngFade.ng-enter { transition: 0.1s linear all;  opacity: 0; }
    .ngFade.ng-enter-active { opacity: 1; }
</style>
...
```

這裡我定義了兩個 CSS 類別，分別是 ngFade.ng-enter 和 ngFade.ng-enter-active。這些類別的名稱相當重要，其中的第一部份（也就是 ngFade），是用於對元素套用指定的動畫或轉換，如下所示：

```
...
<div ng-view class="ngFade"></div>
...
```

> **提示：**雖然我對頂層的類別名稱加上了前綴 ng，但這並不是一項強制的措施，我只是想要避免與其他的 CSS 類別發生衝突。由於我在範例中所定義的轉換效果，會讓元素淡入到檢視中，因此將其命名為 fade 似乎很合理。然而，我在範例中也使用到了 Bootstrap，它就有一個名為 fade 的 CSS 類別。因此，為了避免命名衝突所引發的潛在風險，我都會對 AngularJS 動畫類別加上前綴 ng。

至於名稱的第二部份，則是用於指示 CSS 樣式的使用時機。範例中有兩個名稱，分別是 ng-enter 和 ng-enter-active。前綴 ng-是必要的，否則 AngularJS 不會對其進行動畫處理。從表 23-2 中可以看到，ng-view 指令能夠在顯示或隱藏內容時，呈現動畫效果。而 ng-enter 所設定的樣式，即會在顯示內容時產生作用。

我一共設定了兩個樣式，分別作為 ng-view 指令轉換效果的起始點和結束點。首先 ng-enter 樣式設定了轉換的細節與起始狀況，我將 CSS 的 opacity 屬性設為 0（表示檢視一開始是透明且不可見的），並且將轉換的時間長度設定為十分之一秒（我曾經說過，動畫應該簡短，而我可是認真的）。至於 ng-enter-active 樣式則是設定轉換效果在結束時的狀況，這時我將 CSS 的 opacity 設為 1，表示檢視將變成完全可見的狀態。

如此一來，當檢視出現變更時，ng-view 指令便會對新的檢視套用 CSS 類別，藉此呈現出檢視從透明變為可見的效果，換言之，就是淡入的效果。

23.2.4 避免平行動畫的危險

分別為舊內容的消逝與新內容的顯現加入動畫，似乎是很合理的設想，但這當中也可能會造成一些麻煩。在一般的情況下，ng-view 指令會先新增檢視至 DOM 中，然後再移除舊的檢視。因此，如果你為檢視的顯示與隱藏都加入了動畫效果，那麼新舊檢視就會在某個時段同時可見。列表 23-4 展示了我對 products.html 檔案所做的修改，以突顯這項問題。

列表 23-4　加入 leave 動畫到 products.html 檔案中

```
<!DOCTYPE html>
<html ng-app="exampleApp">
<head>
    <title>Products</title>
    <script src="angular.js"></script>
    <script src="angular-resource.js"></script>
    <script src="angular-route.js"></script>
    <script src="angular-animate.js"></script>
    <link href="bootstrap.css" rel="stylesheet" />
    <link href="bootstrap-theme.css" rel="stylesheet" />
    <script src="products.js"></script>
    <script src="increment.js"></script>
    <style type="text/css">
        .ngFade.ng-enter { transition: 0.1s linear all;  opacity: 0; }
        .ngFade.ng-enter-active { opacity: 1; }
        .ngFade.ng-leave { transition: 0.1s linear all; opacity: 1;  }
```

```
            .ngFade.ng-leave-active { opacity: 0; }
        </style>
    </head>
    <body ng-controller="defaultCtrl">
        <div class="panel panel-primary">
            <h3 class="panel-heading">Products</h3>
            <div ng-view class="ngFade"></div>
        </div>
    </body>
    </html>
```

結果是兩個檢視會短暫地同時可見，這可不是一個好現象，而且會讓使用者感到困惑。由於 ng-view 指令不會重疊檢視的位置，因此新內容會直接顯示在舊內容的下方，如圖 23-2 所示。

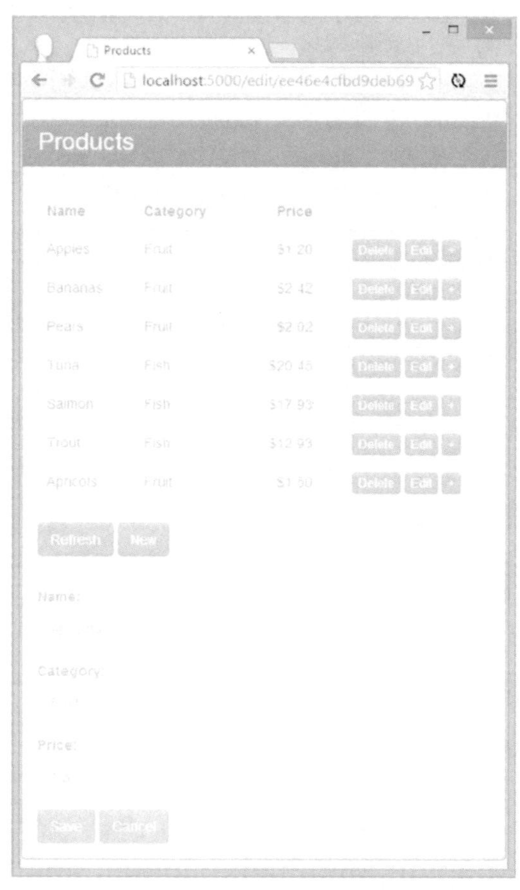

圖 23-2　平行動畫的結果

若仔細查看截圖，應該可以看出內容有淡化的效果，因為此圖是我在轉換的中途、並且兩個兩個檢視的 opacity 值大約都是 0.5 時擷取的。由此可見，你應該僅僅使用 enter 來處理即將顯示的檢視。雖然效果細微，但並不會令人感到突兀，而且還是能夠讓使用者注意到變化。

23.3 支援觸控事件

ngTouch 模組包含了$swipe 服務，可用於改善基本事件（請參閱第 11 章）所未涵蓋到的觸控螢幕支援。ngTouch 模組中的事件，能夠為滑動手勢發出通知，並提供一項 ng-click 指令的替代品，藉此為觸控裝置上的一個常見事件問題提供解決方案。

23.3.1 為何以及何時應使用觸控事件

當你想要改善觸控螢幕的支援時，滑動手勢便會很有用。ngTouch 的滑動事件能夠偵測從左到右以及從右到左的滑動手勢。然而，為了避免造成使用者的困惑，你必須確保你對這類動作所設定的反應，與底層平台的操作習慣是一致的，或者，至少要與平台的預設瀏覽器一致。舉例來說，如果從右到左的手勢，在網頁瀏覽器中是代表「返回」，那麼你的應用程式就不應該出現與之相反的操作結果。

ng-click 指令的替代品，在支援觸控的瀏覽器中相當有用。由於這些瀏覽器為了顧及滑鼠事件的相容性，通常會在使用者觸碰螢幕後等待 300 毫秒，看是否有另一次觸碰發生。如果沒有第二次觸碰，則瀏覽器便會產生觸控事件，同時代表觸碰和滑鼠的點擊事件。然而 300 毫秒的延遲已足以讓使用者感到停頓，甚至讓應用程式反應遲鈍。因此，若藉助 ngTouch 模組的 ng-click 替代品，則無須等待第二次觸碰，並以更快的速度發出點擊事件。

23.3.2 安裝 ngTouch 模組

ngTouch 模組需要從 http://angularjs.org 下載，請依循本章先前關於 ngAnimate 模組的安裝流程，但這次是選擇 angular-touch.js 檔案，將其下載到 angularjs 資料夾裡。

23.3.3 處理滑動手勢

為了示範滑動手勢的處理，我在 angularjs 資料夾裡新增了一個名為 swipe.html 的 HTML 檔案。列表 23-5 為該檔案的內容。

列表 23-5 swipe.html 檔案的內容

```
<!DOCTYPE html>
<html ng-app="exampleApp">
<head>
    <title>Swipe Events</title>
    <script src="angular.js"></script>
    <script src="angular-touch.js"></script>
    <link href="bootstrap.css" rel="stylesheet" />
    <link href="bootstrap-theme.css" rel="stylesheet" />
    <script>
        angular.module("exampleApp", ["ngTouch"])
        .controller("defaultCtrl", function ($scope, $element) {
```

```
                $scope.swipeType = "<None>";
                $scope.handleSwipe = function(direction) {
                    $scope.swipeType = direction;
                }
            });
        </script>
    </head>
    <body ng-controller="defaultCtrl">
        <div class="panel panel-default">
            <div class="panel-body">
                <div class="well"
                     ng-swipe-right="handleSwipe('left-to-right')"
                     ng-swipe-left="handleSwipe('right-to-left')">
                    <h4>Swipe Here</h4>
                </div>
                <div>Swipe was: {{swipeType}}</div>
            </div>
        </div>
    </body>
    </html>
```

我首先宣告對 ngTouch 模組的依賴，接著，事件處置器是透過 ng-swipe-left 和 ng-swipe-right 指令來套用。我將這兩個指令都套用一個 div 元素上，並透過行內綁定表達式，讓它們呼叫指定的控制器行為，以便更新特定的作用範圍屬性。

在支援觸控的裝置上操作，或是單純地使用滑鼠，都能夠產生滑動手勢事件。雖然若能夠在觸控裝置上測試是最好不過了，但如果你手邊沒有這樣的裝置，那麼你可以使用 Google Chrome。只需要點擊 F12 工具視窗右下角的齒輪圖示，選擇 Overrides 標籤頁並啟用 Emulate Touch Events 選項。不過由於 Google 可能會不時修改 F12 工具，所以若出現變化，你可能會需要自行找出正確的選項。一旦啟用觸控事件後，你就可以使用滑鼠做左右滑動的動作，而瀏覽器便會產生相應的觸控事件，如圖 23-3 所示。

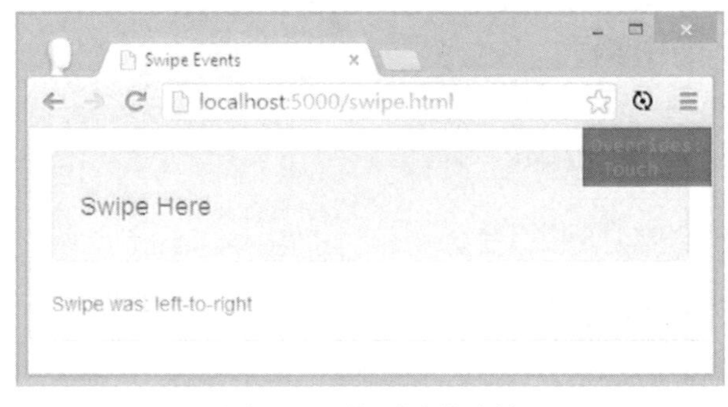

圖 23-3　偵測滑動手勢

23.3.4　使用 ng-click 指令的替代品

事實上，我無須在此示範 ng-click 指令的替代品，因為它就如同於我曾在第 11 章示範過的自訂指令。

23.4 小結

本章分別說明了 AngularJS 為元素動畫效果和偵測手勢所提供的服務。至於在下一章，我則會說明一些在 AngularJS 內部所使用的服務，來為單元測試奠定基礎。

第 24 章

供應與注入服務

本章將介紹的服務，能夠讓 AngularJS 註冊元件並進行注入以解決依賴。雖然這些並非你在日常專案中會使用到的功能，但它們仍值得一提，因為它們不僅透露出 AngularJS 背後的運作原理，而且還能夠用於進行單元測試（這將是第 25 章的主題）。表 24-1 為本章摘要。

表 24-1　本章摘要

問　題	解決方案	列　表
對服務進行修飾	使用$provider.decorator 方法	1
發掘函式所宣告的依賴	使用$injector 服務	2～5
以未宣告依賴的方式，取得$injector 服務	使用$rootElement.injector 方法	6

24.1　為何以及何時應使用供應和注入服務

你無須直接使用這些服務，因為它們的功能已體現在 Module 物件的方法（請參閱第 18 章）裡，或是由 AngularJS 在背後默默地使用。以下對於這些服務的介紹，僅僅是為了更加瞭解 AngularJS 的運作方式，以便進行單元測試。

24.2　準備範例專案

我在本章再次重設了 angularjs 資料夾的內容，重新安裝 AngularJS 核心函式庫和 Bootstrap，具體流程請參閱第 1 章。

24.3　註冊 AngularJS 元件

$provider 服務是用於註冊諸如服務等元件，使它們可被注入以滿足依賴。至於實際的注入則是由$injector 服務執行的，對此，我將在本章稍後的「24.4 管理注入」小節裡加以說明。雖然多數由$provider 服務所定義的方法，都可以透過 Module 類型進行存取；不過其中仍有一個方法，無法透過 Module 存取，但卻在某些情況下相當有用。表 24-2 列出了由$provider 服務所定義的方法。

表 24-2　由$provider 服務所定義的方法

名　稱	說　明
constant(name, value)	定義常數，如第 9 章所述
decorator(name, service)	定義服務修飾器，會在稍後說明
factory(name, service)	定義服務，如第 18 章所述
provider(name, service)	定義服務，如第 18 章所述
service(name, provider)	定義服務，如第 18 章所述
value(name, value)	定義值服務，如第 9 章所述

其中，未透過 Module 類型揭示的方法便是 decorator，它可以攔截對服務的請求，以便加入不同或額外的功能。為了加以示範，我在 angularjs 資料夾裡，新增了一個名為 components.html 的 HTML 檔案。你可以在列表 24-1 中看到，如何在裡頭使用 decorator 來變更$log 服務的行為。

列表 24-1　components.html 檔案的內容

```
<!DOCTYPE html>
<html ng-app="exampleApp">
<head>
    <title>Components</title>
    <script src="angular.js"></script>
    <link href="bootstrap.css" rel="stylesheet" />
    <link href="bootstrap-theme.css" rel="stylesheet" />
    <script>
        angular.module("exampleApp", [])
        .config(function($provide) {
            $provide.decorator("$log", function ($delegate) {
                $delegate.originalLog = $delegate.log;
                $delegate.log = function (message) {
                    $delegate.originalLog("Decorated: " + message);
                }
                return $delegate;
            });
        })
        .controller("defaultCtrl", function ($scope, $log) {
            $scope.handleClick = function () {
                $log.log("Button Clicked");
            };
        });
    </script>
</head>
<body ng-controller="defaultCtrl">
    <div class="well">
       <button class="btn btn-primary" ng-click="handleClick()">Click Me!</button>
    </div>
</body>
</html>
```

這個範例應用程式包含了一個按鈕，是使用ng-click指令來觸發一個名為handleClick的作用範圍行為，該行為接著會使用我曾在第 19 章介紹過的$log 服務，以便寫入訊息至主控台中。

我特別突顯了範例中的重點部份，也就是傳遞給 Module.config 方法（請參閱第 9 章）的函式。這個設定函式宣告了對$provider 服務的依賴，使我能夠呼叫 decorator 方法。

傳遞給 decorator 方法的參數，首先是一個字串實值，用於指定想要進行修飾的服務名稱；接著則是一個依賴於$delegate 的修飾函式，其中$delegate 即代表原始的服務。

提示：decorator 方法的第一個參數必須使用字串值，也就是"$log"而不僅僅是$log。這個參數是用於指出想要修飾的服務，而不是用於宣告依賴。

在這項範例裡，我將第一個參數設為"$log"，這表示我想要修飾的服務，是曾在第 19 章裡介紹過的$log 服務。因此，AngularJS 將實例化$log 服務物件，並以$delegate 的名稱傳遞給修飾函式。接著在修飾函式裡，我就可以自由地對$delegate 物件做出修改並回傳。如此一來，當應用程式的任何地方使用到$log 服務時，實際上便會使用修改過的$log 服務。

提示：修飾函式必須回傳一個物件，否則應用程式在意圖解析對該服務的依賴時，將會得到 undefined 的結果。

以下是我對該服務所做的修飾：

```
...
$provide.decorator("$log", function ($delegate) {
    $delegate.originalLog = $delegate.log;
    $delegate.log = function (message) {
        $delegate.originalLog("Decorated: " + message);
    }
    return $delegate;
});
...
```

我先將原始的 log 方法更名為 originalLog，再建立一個新的 log 方法，該方法會在日誌訊息的開頭置入 Decorated 一字。當你執行應用程式，並點擊按鈕，便能夠在 JavaScript 主控台的輸出中看到以下訊息：

```
Decorated: Button Clicked
```

雖然你可以自由地修改服務，但你仍需要確保，修飾函式所回傳的物件，其外在特徵與原始的服務並無二致。舉例來說，如果你將$log 服務的 log 方法更名為 detailedLog，卻因此使得 log 方法消失的話，那麼依賴於$log 服務的元件將會無所適從，因為這超出了它們所預期的狀況。總之，修飾服務較適用於附加性的修改，例如在呼叫服務方法時，寫入額外的訊息至 JavaScript 主控台，以便分析問題的原因。

24.4 管理注入

$injector 服務是負責解析函式所宣告的依賴，表 24-3 列出了$injector 服務所定義的方法。

表 24-3 $injector 服務所定義的方法

名　稱	說　明
annotate(fn)	取得指定函式的參數，包括那些無關服務的參數
get(name)	取得指定服務名稱的服務物件
has(name)	如果指定名稱的服務存在，便回傳 true
invoke(fn, self, locals)	呼叫指定函式，傳入指定的 this，以及指定的非服務參數值

由於$injector 服務位居 AngularJS 函式庫的核心，因此很少會需要直接操作它，但它可用於理解或是自訂 AngularJS 的運作方式。然而，對其加以自訂是需要謹慎小心並充分測試的。

提示：$controller 服務也與此相關，它是用於建立控制器的實例。不過，你只有在撰寫單元測試時，才會需要直接透過$controller 來建立控制器，對此，我會在第 25 章進行示範。

24.4.1 判定函式依賴

JavaScript 是一門動態語言，雖然有許多優點，但同時也缺乏為函式下標註的能力，來管理函式的執行與行為。諸如 C#等其他語言，則能夠對函式添加屬性，來作為函式的說明資訊。

缺乏標註能力使得 AngularJS 必須花費許多心力來實作依賴注入，也就是將函式參數的名稱，與服務對應起來。通常函式的參數名稱會被認為是可以任意設定的，但參數名稱在 AngularJS 中另有其他的作用。由$injector 服務所定義的 annotate 方法，是用於取得函式所宣告的依賴，如列表 24-2 所示。

列表 24-2 在 components.html 檔案中取得函式依賴

```
<!DOCTYPE html>
<html ng-app="exampleApp">
<head>
    <title>Components</title>
    <script src="angular.js"></script>
    <link href="bootstrap.css" rel="stylesheet" />
    <link href="bootstrap-theme.css" rel="stylesheet" />
    <script>
        angular.module("exampleApp", [])
        .controller("defaultCtrl", function ($scope, $injector) {
            var counter = 0;

            var logClick = function ($log, $exceptionHandler, message) {
                if (counter == 0) {
```

```
                    $log.log(message);
                    counter++;
                } else {
                    $exceptionHandler("Already clicked");
                }
            }

            $scope.handleClick = function () {
                var deps = $injector.annotate(logClick);
                for (var i = 0; i < deps.length; i++) {
                    console.log("Dependency: " + deps[i]);
                }
            };
        });
    </script>
</head>
<body ng-controller="defaultCtrl">
    <div class="well">
        <button class="btn btn-primary" ng-click="handleClick()">Click Me!</button>
    </div>
</body>
</html>
```

在這項範例裡，我定義了一個名為 logClick 的函式，它依賴於 $log 和 $exceptionHandler 服務，以及一個名為 message 的普通參數。我並未在控制器工廠函式中宣告對這些服務的依賴，而是刻意將依賴直接提供給 logClick 函式。

提示：這並非你在真實的專案中會需要做的事情，我僅僅是想要示範$injector 服務，以及 AngularJS 的內部運作方式。所以，如果你想專注在日常技巧上，那麼你可以自由地跳過這些範例。

首先我使用$injector.annotate 方法來取得函式的依賴集合，如下所示：

```
...
var deps = $injector.annotate(logClick);
for (var i = 0; i < deps.length; i++) {
    console.log("Dependency: " + deps[i]);
}
...
```

annotate 方法所傳入的參數即是想要進行分析的函式，而回傳結果是一組函式參數陣列，我接著將其寫入到 JavaScript 主控台裡，來產生以下的輸出訊息：

```
Dependency: $log
Dependency: $exceptionHandler
Dependency: message
```

正如輸出訊息所顯示的，我收到了函式的完整參數列表。當然，它們並不全都是服務依賴，所以我可以接著使用$injector.has 方法來檢查服務是否已被註冊，如列表 24-3 所示。

列表 24-3 在 components.html 檔案裡過濾函式參數以找出服務

```
...
<script>
    angular.module("exampleApp", [])
    .controller("defaultCtrl", function ($scope, $injector) {
        var counter = 0;

        var logClick = function ($log, $exceptionHandler, message) {
            if (counter == 0) {
                $log.log(message);
                counter++;
            } else {
                $exceptionHandler("Already clicked");
            }
        }

        $scope.handleClick = function () {
            var deps = $injector.annotate(logClick);
            for (var i = 0; i < deps.length; i++) {
                if ($injector.has(deps[i])) {
                    console.log("Dependency: " + deps[i]);
                }
            }
        };
    });
</script>
...
```

has 方法的呼叫結果反映出$log 和$exceptionHandler 都是可用的服務，至於 message 參數則不是服務，如以下的輸出訊息所示：

```
Dependency: $log
Dependency: $exceptionHandler
```

24.4.2 取得服務實例

我可以使用$injector.get 方法，傳入服務名稱以取得所需的服務物件。接著，再提供一個非服務的參數值，我就可以執行 logClick 函式，如列表 24-4 所示：

列表 24-4 在 components.html 檔案中取得服務物件並執行函式

```
...
<script>
    angular.module("exampleApp", [])
    .controller("defaultCtrl", function ($scope, $injector) {
        var counter = 0;
```

```
        var logClick = function ($log, $exceptionHandler, message) {
            if (counter == 0) {
                $log.log(message);
                counter++;
            } else {
                $exceptionHandler("Already clicked");
            }
        }

        $scope.handleClick = function () {
            var deps = $injector.annotate(logClick);
            var args = [];
            for (var i = 0; i < deps.length; i++) {
                if ($injector.has(deps[i])) {
                    args.push($injector.get(deps[i]));
                } else if (deps[i] == "message") {
                    args.push("Button Clicked");
                }
            }
            logClick.apply(null, args);
        };
    });
</script>
...
```

我建立了一個執行函式所需的參數陣列，將多個服務和 message 參數值納入其中。然後使用 JavaScript 的 apply 方法，藉此在呼叫函式時，使用陣列的內容作為其參數。

提示：你可能未曾使用過 apply 方法，因為它並不常見（儘管很有用）。其中第一個參數是函式執行時會指派給 this 的物件，至於第二個參數則是傳遞給函式的參數陣列。

如果將 components.html 載入於瀏覽器中，並點擊按鈕兩次，你就會在主控台裡分別看到來自$log 和$exceptionHandler 服務的輸出結果，如下所示：

```
Button Clicked
Already Clicked
```

24.4.3 簡化呼叫程序

前幾節所示範的函式呼叫，實際上還可以再做簡化，因為$injector.invoke 方法即能夠協助取得所需服務，並管理執行函式所需的額外參數。你可以在列表 24-5 中看到，如何使用 invoke 方法。

列表 24-5 在 components.html 檔案中使用 invoke 方法

```
...
<script>
    angular.module("exampleApp", [])
```

```
    .controller("defaultCtrl", function ($scope, $injector) {
        var counter = 0;

        var logClick = function ($log, $exceptionHandler, message) {
            if (counter == 0) {
                $log.log(message);
                counter++;
            } else {
                $exceptionHandler("Already clicked");
            }
        }

        $scope.handleClick = function () {
            var localVars = { message: "Button Clicked" };
            $injector.invoke(logClick, null, localVars);
        };
    });
</script>
...
```

傳遞給 invoke 方法的參數，依序是欲呼叫的函式、this 值、以及一個物件，其屬性即為函式的非服務參數。

24.4.4 從根元素中取得$injector 服務

$rootElement 服務能夠用於存取 ng-app 指令所套用到的 HTML 元素，也就是 AngularJS 應用程式的根元素。由於$rootElement 服務是一個 jqLite 物件，這表示你可以使用 jqLite 方法來尋找元素或修改 DOM（請參閱第 15 章）。然而，針對本章的主題，$rootElement 服務物件還有一個名為 injector 的附加方法，能夠回傳$injector 服務物件。你可以在列表 24-6 中看到，如何將$injector 服務替換為$rootElement 服務。

列表 24-6　在 components.html 檔案中使用$rootElement 服務

```
...
<script>
    angular.module("exampleApp", [])
    .controller("defaultCtrl", function ($scope, $rootElement) {
        var counter = 0;

        var logClick = function ($log, $exceptionHandler, message) {
            if (counter == 0) {
                $log.log(message);
                counter++;
            } else {
                $exceptionHandler("Already clicked");
            }
        }

        $scope.handleClick = function () {
            var localVars = { message: "Button Clicked" };
```

```
            $rootElement.injector().invoke(logClick, null, localVars);
        };
    });
</script>
...
```

提示：其實並沒有什麼充分的理由，需要使用$rootElement 的$injector 服務，此處的介紹只是出於完整性的考量。

24.5 小結

本章所介紹的服務，是用於管理服務的依賴與注入。雖然這些並非你在日常工作中會操作到的服務，但能夠藉此瞭解 AngularJS 的運作方式。下一章，也就是最後一章，我會說明 AngularJS 為單元測試所提供的解決方案。

第 25 章

單元測試

本章將介紹 AngularJS 為單元測試所提供的解決方案，具體來說就是一些能夠將特定程式碼，與 AngularJS 其餘元件隔離開來的服務，以便促成完整且一致的測試。表 25-1 為本章摘要。

表 25-1　本章摘要

問　題	解決方案	列　表
撰寫基本的 Jasmine 單元測試	使用 Jasmine 的 describe、befireEach、it 和 expect 函式	1～4
準備 AngularJS 測試	使用 angular.mock.module 方法來載入欲測試的模組，並使用 angular.mock.inject 方法來解析依賴	5
仿造 HTTP 請求	使用 ngMock 模組中的$httpBackend 服務	6～7
仿造逾時和間隔	使用 ngMock 模組中的$interval 和$timeout 服務	8～9
測試日誌記錄	使用 ngMock 模組中的$log 服務	10～11
測試過濾器	使用$filter 服務來實例化過濾器	12～13
測試指令	使用$compile 服務來建立一個函式，該函式能夠根據作用範圍參數產生可使用 jqLite 方法的 HTML	14～15
測試服務	使用 angular.mock.inject 方法來解析受測服務的依賴	16～17

25.1　為何以及何時應進行單元測試

單元測試是將一小塊功能分離出來，使之自外於應用程式其餘元件，並對其進行測試的技巧。若能夠謹慎地進行，則單元測試能夠有效減少軟體的缺陷，以防問題在開發過程的後期，甚至是在軟體交付後才爆發出來。

當開發團隊擁有良好的設計能力，並且對產品的目標對象有很好的理解時，單元測試才能發揮最大效益。如果沒有這樣的能力和知識，則單元測試就會變得狹隘，過於強調每一塊磚頭的品質，而損及了房屋起先規劃的整體結構。最常見的單元測試環境，其實也是最糟糕的環境：一項大型的軟體開發專案，並有著數以千計的開發者參與其中。在這類專案裡，每一位開發者除了擁有一些最籠統的知識外，對於整體目標可說是所知甚少。因此使得儘快通過各項單元測試，便成了唯一的品質指標。於是開發者可能會自行假設各種外部因素來進行測試，而結果是即使單元測試通過了，但卻在整合測試的階段陷入困境，因為當初設想的外部因素都被發現存在缺陷。

即便如此，只要謹慎地使用再加上正確的認知，單元測試仍是一項強大的工具。單元測試會促使開發者特別專注於自身的工作範疇，因此通過單元測試，並不代表這些單元就可以順利整合在一起。除此之外，單元測試也可以作為整個端對端（end-to-end）測試的一環，對此，AngularJS 建議使用 Protractor 進行端對端測試，更多的相關資訊請前往 https://github.com/angular/protractor。

25.2 準備範例專案

為了進行本章的範例，我再次清空了 angularjs 資料夾的內容，並重新安裝 AngularJS 和 Bootstrap 的相關檔案，具體流程請參閱第 1 章的說明。

警告：在先前的章節裡，你基本上都可以忽略這些關於清空 angularjs 資料夾內容的指示。然而，這道程序在本章是很重要的，否則你將不會得到正確的結果。

25.2.1 安裝 ngMock 模組

AngularJS 有一個名為 ngMock 的選擇性模組，內含單元測試的相關工具。請前往 http://angularjs.org，接著點擊 Download，再選擇你需要的版本，然後點擊視窗左下角的 Extras 連結，如圖 25-1 所示。

圖 25-1 下載一個選擇性的模組

請將 angular-mock.js 檔案下載到 angularjs 資料夾中。

25.2.2 建立測試設定

先前在第 1 章的準備階段裡，我已安裝了 Karma 測試執行器。Karma 需要針對專案進行設定，請在 angularjs 資料夾裡執行以下命令：

```
karma init karma.config.js
```

由於在 Karma 的設定過程裡，將會詢問許多問題。因此，請參閱表 25-2 以便做出針對本章需求的回應。

表 25-2 Karma 設定問題

問　題	回　應	說　明
使用哪一款測試框架？	Jasmine	Karma 內建三種常見測試框架的支援，分別是 Jasmine、Mocha 和 QUnit。我將在本章使用 Jasmine，但其餘兩者也都有其愛好者
是否使用 Require.js？	no	Require.js 函式庫能夠用於管理瀏覽器的 JavaScript 檔案載入動作，並處理其依賴。詳情請參閱我的另一部著作《Pro JavaScript for Web Apps》，也是由 Apress 出版
是否自動抓取某個瀏覽器？	Chrome	Karma 能夠自動透過瀏覽器執行測試程式碼。雖然我在本章僅會使用 Google Chrome，但你也可以指向多種瀏覽器，藉此發掘任何可能的實作問題，特別是那些發生在舊款瀏覽器上的問題
程式碼與測試檔案之位置？	angular.js angular-mock.js *.js tests/*.js	這是指示 Karma 去何處取得應用程式的程式碼和單元測試。在使用萬用字元匯入其他檔案前，你必須先特別指出 AngularJS 函式庫和 ngMock 模組的檔名路徑。此外，雖然會有關於 test/*.js 不存在的警告訊息，但無須擔心，我稍後就會建立 tests 資料夾
是否有檔案需要排除？	<空字串>	這個選項能夠讓你對 Karma 載入的檔案進行過濾，不過本章並不需要此選項
是否讓 Karma 監視所有檔案，並在出現變化時執行測試？	yes	Karma 將對檔案進行監控，並在出現任何變化時執行單元測試

這道設定程序會建立一個名為 karma.config.js 的檔案，其內含有前述的設定選項。如果你想要確保所使用的設定，與本章範例完全一致，那麼你可以從 www.apress.com 取得本書的程式碼。

25.2.3 建立範例應用程式

我需要一個範例應用程式來進行本章的測試。首先，我在 angularjs 資料夾裡新增了一個名為 app.html 的檔案，列表 25-1 為該檔案的內容。

列表 25-1 app.html 檔案的內容

```
<!DOCTYPE html>
<html ng-app="exampleApp">
<head>
    <title>Example</title>
    <script src="angular.js"></script>
    <script src="app.js"></script>
    <link href="bootstrap.css" rel="stylesheet" />
    <link href="bootstrap-theme.css" rel="stylesheet" />
</head>
```

```
<body ng-controller="defaultCtrl">
    <div class="panel panel-default">
        <div class="panel-body">
            <p>Counter: {{counter}}</p>
            <p>
                <button class="btn btn-primary"
                    ng-click="incrementCounter()">Increment</button>
            </p>
        </div>
    </div>
</body>
</html>
```

我在本章所建立的測試系統，有一項限制，就是它無法用於測試 HTML 檔案中的行內 script 元素之內容，而是只能測試獨立的 JavaScript 檔案，因此我並未在 app.html 檔案中加入 AngularJS 程式碼。不過這不是一項很大的問題，因為在 HTML 裡混合行內 JavaScript 程式碼本來就不常見於真實的專案中。本書先前這麼做只是出於簡化目的，而實際上你應該更傾向將 HTML 與 JavaScript 分離成不同的檔案，以方便管理。於是，我接著在 angularjs 資料夾裡新增了一個名為 app.js 的檔案，從列表 25-2 中可以看到，其內就包含了 AngularJS 的程式碼。

列表 25-2 app.js 檔案的內容

```
angular.module("exampleApp", [])
    .controller("defaultCtrl", function ($scope) {

        $scope.counter = 0;

        $scope.incrementCounter = function() {
            $scope.counter++;
        }
    });
```

如列表所示，我會從一些簡單的地方開始。這項範例的控制器，在其作用範圍中分別定義了一個 counter 變數，以及一個 incrementCounter 行為。在先前的 HTML 檔案裡，按鈕上的 ng-click 指令便會呼叫該行為。你可以在圖 25-2 中看到其結果。

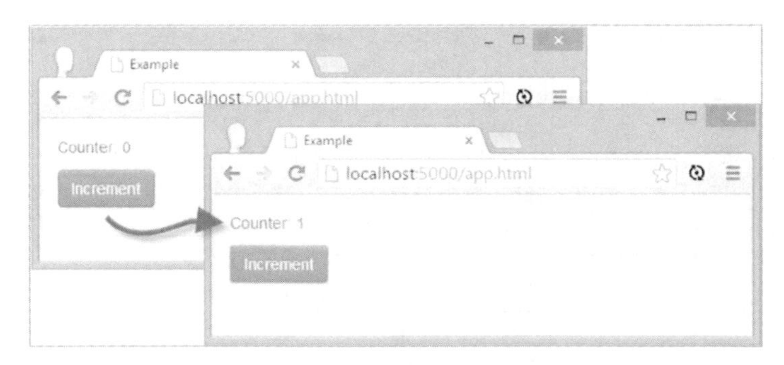

圖 25-2 範例應用程式

25.3 使用 Karma 和 Jasmine

為了確保測試設定能夠順利運作，我將以完全不使用 AngularJS 的方式，建立一個簡單的單元測試。如此一來，我才能在開始介紹 ngMock 模組的測試功能前，先確定 Karma 和 Jasmine 已能夠正常執行。

你可以自由地放置專案的測試檔案，只要在建立 Karma 設定檔時，正確指定測試檔案的位置即可。我個人的偏好是將測試放置在名為 tests 的資料夾內，這是相當清晰的組織方式，不會干擾到原先的應用程式檔案。雖然這是我在本章所採取的方式，但這並非寫死的規定，你可以自行做出合適的選擇。

Jasmine 測試也是由 JavaScript 寫成的，首先，我建立 angularjs/tests 資料夾，並在其中新增一個名為 firstTest.js 的檔案，列表 25-3 中為其內容。

列表 25-3　firstTest.js 檔案的內容

```
describe("First Test", function () {

    // Arrange (set up a scenario)
    var counter;

    beforeEach(function () {
        counter = 0;
    });

    it("increments value", function () {
        // Act (attempt the operation)
        counter++;
        // Assert (verify the result)
        expect(counter).toEqual(1);
    })

    it("decrements value", function () {
        // Act (attempt the operation)
        counter--;
        // Assert (verify the result)
        expect(counter).toEqual(0);
    })
});
```

提示：眼尖的讀者會發現，這項單元測試有一個明顯的問題。這是刻意的，為的是突顯出 Karma 執行 Jasmine 測試的反應，我會在列表 25-4 中修復這項問題。

我所撰寫的單元測試，是依循「準備/行動/斷言」(arrange/act/assert，A/A/A) 模式。所謂「準備」指的是建立測試情境、「行動」指的是執行測試，至於「斷言」則是檢查測試結果是否正確。

由於 Jasmine 測試是使用 JavaScript 函式編寫而成，因此它與撰寫應用程式並無二致。這項範例一共使用了五個 Jasmine 函式，請參閱表 25-3 的說明。

表 25-3　在 firstTest.js 檔案中的 Jasmine 函式

名　稱	說　明
describe	將多項測試組織起來（非必要，但有助於測試程式碼的管理）
beforeEach	在每項測試前執行的函式（通常是用在測試的「準備」階段）
it	執行測試的函式（也就是測試的「行動」階段）
expect	識別測試的結果（測試的「斷言」階段）
toEqual	比較測試的結果與期望值（同樣也屬於測試的「斷言」階段）

如果你是初次涉入單元測試，並且對這些函式名稱不甚熟悉也無須擔心，你很快就會在範例中逐漸熟悉它們。需要留意的基本順序，是先使用 it 函式來執行測試函式，才能讓 expect 和 toEqual 函式接著做結果的評估。toEqual 函式只是 Jasmine 進行結果評估的其中一種方式，更多可用函式請參閱表 25-4。

表 25-4　用於評估測試結果的 Jasmine 函式

名　稱	說　明
expect(x).toEqual(val)	斷言 x 與 val 的值相等（但可以是不同的物件）
expect(x).toBe(obj)	斷言 x 與 obj 是相同的物件
expect(x).toMatch(regexp)	斷言 x 符合指定的正規表達式
expect(x).toBeDefined()	斷言 x 已被定義
expect(x).toBeUndefined()	斷言 x 未被定義
expect(x).toBeNull()	斷言 x 是 null
expect(x).toBeTruthy()	斷言 x 是 true 或等同於 true
expect(x).toBeFalsy()	斷言 x 是 false 或等同於 false
expect(x).toContain(y)	斷言 x 是包含 y 的字串
expect(x).toBeGreaterThan(y)	斷言 x 大於 y

提示：你也可以使用 not 來測試這些方法的相反狀況。舉例來說，expect(x).not.toEqual(val)即斷言 x 的值不同於 val。

執行測試

我在本章先前所做的 Karma 設定，會監控 angularjs 和 angularjs/test 資料夾裡的 JavaScript 檔案，並在它們出現變化時執行所有 Jasmine 測試。你可以在命令行中，切換到 angularjs 資料夾，並輸入以下命令來啟動 Karma：

```
karma start karma.config.js
```

Karma 會載入設定檔，並啟動一個 Chrome 的實例，藉此執行所有偵測到的 Jasmine 測試，然後產生諸如以下的輸出結果：

```
C:\angularjs>karma start karma.config.js
INFO [karma]: Karma v0.10.6 server started at http://localhost:9876/
INFO [launcher]: Starting browser Chrome
INFO [Chrome 31.0.1650 (Windows)]: Connected on socket G7kAD8HkusX5AF4ZDQtb
Chrome 31.0.1650 (Windows) First Test decrements value FAILED
        Expected -1 to equal 0.
        Error: Expected -1 to equal 0.
            at null.<anonymous> (C:/angularjs/tests/firstTest.js:21:25)
Chrome 31.0.1650 (Windows): Executed 2 of 2 (1 FAILED) (0.141 secs / 0.015 secs)
```

雖然瀏覽器視窗已開啟，不過輸出訊息則是顯示在命令行上。Karma 會藉由顏色來標明問題，顯示紅色的文字，就表示發生問題了。

1．理解測試問題

在 firstTest.js 檔案中一共有兩項單元測試。首先是對計數器做遞增，如下所示：

```
...
it("increments value", function () {
    // Act (attempt the operation)
    counter++;
    // Assert (verify the result)
    expect(counter).toEqual(1);
})
...
```

這項測試名為「increments value」（也就是 it 函式的第一個參數），我使用++運算子來增加 counter 變數的值。然後我使用 expect 和 toEqual 來確認其值為 1。至於另一項測試則是對計數器做遞減，如下所示：

```
...
it("decrements value", function () {
    // Act (attempt the operation)
    counter--;
    // Assert (verify the result)
    expect(counter).toEqual(0);
})
...
```

這項測試名為「decrements value」，我使用--運算子來減少 counter 的值，然後使用 expect 和 toEqual 函式來確認其值為 0。而其中的問題（也是很常見的問題），是肇因於我使用了 beforeEach 函式來設定 counter 變數的值，如下所示：

```
...
beforeEach(function () {
    counter = 0;
});
...
```

在每項測試執行前，都會先執行傳遞給 beforeEach 的函式，這表示第一項測試所產生的值，並不會延續到第二項測試，而是會在第二項測試執行前重設為 0。因此，你才會看到以下的 Karma 輸出訊息：

```
...
Chrome 31.0.1650 (Windows) First Test decrements value FAILED
        Expected -1 to equal 0.
        Error: Expected -1 to equal 0.
...
```

由於測試的名稱、期望值以及實際值都包含在輸出訊息中，所以你可以知道是哪一項測試失敗了，以及其細節。

2．修復問題

只要對 counter 變數設想出正確的初始值，就能夠修復該項測試的問題，如列表 25-4 所示。

列表 25-4　修復 firstTest.js 檔案中的問題

```
...
it("decrements value", function () {
    // Act (attempt the operation)
    counter--;
    // Assert (verify the result)
    expect(counter).toEqual(-1);
})
...
```

修改檔案並儲存後，Karma 便會自動再次執行測試，並產生以下的輸出結果：

```
Chrome 31.0.1650 (Windows): Executed 2 of 2 SUCCESS (11.999 secs / 7.969 secs)
```

現在你已經知道如何撰寫一個簡單的 Jasmine 測試，並透過 Karma 加以執行。接下來我將介紹 AngularJS 為測試應用程式元件所提供的功能。

25.4　理解仿造物件

所謂的仿造（mocking），是建立物件來替換應用程式中的重要元件，藉此進行有效的單元測試。想像一下，如果你需要測試一個使用$http 服務來發出 Ajax 請求的控制器行為。該行為需要依賴為數不少的元件，例如控制器所屬的 AngularJS 模組、$http 服務、處理請求的伺服器、以及資料庫等等。而在一般情況下，當測試失敗時，其實你無法直接肯定問題是出自於欲測試的控制器行為，還是一些其他的元件。例如，伺服器崩潰或資料庫無法連線。

因此，你可以先將測試對象所依賴的元件，替換為仿造物件（mock object）。這些物件外表上仍然實作了測試對象所需的 API，但內在的機制是經過變造的，以提供可靠且穩定的結果。你可以任意修改仿造物件的行為，來為測試對象建立各種不同的測試情境，卻無須重新設定真實的伺服器、資料庫及網路等元件。

仿造物件和 API

本節會列出由 AngularJS 所提供的仿造物件，以及一些附加功能，以便在本章稍後建立出高效且扼要的單元測試。表 25-5 首先列出了來自 ngMock 模組的仿造物件，可用於替換 AngularJS 元件。

表 25-5　ngMock 模組所提供的仿造物件

名　稱	說　明
angular.mock	用於建立仿造模組並解析依賴
$exceptionHandler	$exceptionHandler 服務的仿造實作，它會拋出接收到的異常
$interval	$interval 服務的仿造實作，它能夠將時間提前以觸發排程中的函式。詳情請見「仿造時間週期」一節
$log	$log 服務的仿造實作，它擁有多個對應於真實$log 服務方法的附加屬性，來儲存訊息。詳情請見「測試日誌記錄」一節
$timeout	$timeout 服務的仿造實作，它能夠直接讓計時器逾期，以觸發相關的函式。詳情請見「仿造時間週期」一節

多數的仿造物件都相當簡單，但已能夠形塑出單元測試的良好基礎。我將在後續的小節裡，示範如何透過這些物件，來測試多種不同類型的 AngularJS 元件。

angular.mock 物件所提供的方法，能夠在單元測試中載入模組並解析依賴。請參閱表 25-6 的說明。

表 25-6　angular.mock 物件所提供的方法

名　稱	說　明
module(name)	載入指定模組，詳情請見「25.5.1 準備測試」一節
inject(fn)	解析依賴並注入至函式。詳情請見 25.5.1 中的「解析依賴」小節
dump(object)	串輸 AngularJS 物件（例如服務物件）

除了 ngMock 模組外，AngularJS 還提供了一些可用於單元測試的方法及服務，如表 25-7 所示。

表 25-7　能夠用於單元測試的附加方法和服務

名　稱	說　明
$rootScope.new()	建立新的作用範圍
$controller(name)	建立指定控制器的新實例
$filter(name)	建立指定過濾器的新實例

25.5　測試控制器

我將從控制器的測試開始示範，這是一項簡單的任務，可以讓我藉此介紹一些 AngularJS 仿造物件的基本功能。我在 angularjs/tests 資料夾裡新增一個名為 controllerTest.js 的檔案，並定義了如列表 25-5 所示的測試內容。

列表 25-5 controllerTest.js 檔案的內容

```
describe("Controller Test", function () {
    // Arrange
    var mockScope = {};
    var controller;

    beforeEach(angular.mock.module("exampleApp"));

    beforeEach(angular.mock.inject(function ($controller, $rootScope) {
        mockScope = $rootScope.$new();
        controller = $controller("defaultCtrl", {
            $scope: mockScope
        });
    }));

    // Act and Assess
    it("Creates variable", function () {
        expect(mockScope.counter).toEqual(0);
    })

    it("Increments counter", function () {
        mockScope.incrementCounter();
        expect(mockScope.counter).toEqual(1);
    });
});
```

由於這是對 AngularJS 功能的第一項測試，所以我會在接下來的小節裡，逐一拆解說明。

瞭解受測之物為何

請記得控制器是透過作用範圍為檢視提供資料和行為，這些事物都是在控制器的工廠函式裡設定的。這表示控制器的建立，是發生在測試的「準備」階段，至於「行動」和「斷言」則是在控制器的作用範圍中執行的。

準備測試

我需要兩件事物來執行這項測試：一個控制器的實例，以及傳遞給控制器工廠函式的作用範圍。因此，我得先做些準備。首先是載入內含控制器的模組，如下所示：

```
...
beforeEach(angular.mock.module("exampleApp"));
...
```

只有 AngularJS 的預設模組會預先被載入，所以如果你的測試中還需要使用其他的模組，例如 ngResource 和 ngAnimate（分別曾於第 21 章和第 23 章裡介紹過），那麼你就需要呼叫 module 方法。由於我想要測試的控制器是位於 exampleApp 模組，所以我只需要載入該模組。

提示：angular.mock.module 前綴不是必要的寫法，由於 angular.mock 物件的方法是全域定義的，所以實際上你可以將 angular.mock.module("exampleApp") 縮短為 module("exampleApp")。不過我會更傾向於使用較長的形式，因為這樣可以明確表示出方法的來源。

1．解析依賴

本書內容多次透露出，依賴注入之於 AngularJS 的重要性，因此表示單元測試也需要能夠解析依賴才行。對此，angular.mock.inject 方法能夠為傳入的函式解析其依賴，使測試能夠存取所需的服務，如下所示：

```
...
beforeEach(angular.mock.inject(function ($controller, $rootScope) {
    mockScope = $rootScope.$new();
    controller = $controller("defaultCtrl", {
        $scope: mockScope
    });
}));
...
```

傳遞給 inject 方法的函式，宣告了對$controller 和$rootScope 服務的依賴。一般來說，inject 方法是用於準備單元測試，所傳入的函式會建立測試變數，以便稍後用於 Jasmine 的 it 呼叫中。

這個函式會建立一個新的作用範圍，並將其傳遞給範例應用程式的控制器實例，使應用程式能夠定義行為和資料。$rootScope 服務定義了一個$new 方法，能夠用於建立新的作用範圍，至於$controller 服務則是用於實例化控制器物件。傳遞給$controller 服務函式的參數，分別是控制器的名稱（也就是 defaultCtrl），以及一個物件，其屬性會用於解析由控制器工廠函式所宣告的依賴。雖然這個簡單的控制器只需要為工廠函式提供作用範圍；但若是更加複雜的控制器，則會需要更多的服務（你可以透過 inject 方法取得）。

當函式傳遞給 inject 方法後，控制器便完成實例化，而其工廠函式便會運作在我所建立的作用範圍中。我將作用範圍物件指派給一個名為 mockScope 的變數，以便在測試的「行動」和「斷言」階段中使用它。

2．執行和評估測試

建立作用範圍及實例化控制器，已是這項測試最重要的部分。至於測試的本身則相對簡單，我只需要確認作用範圍擁有一個 counter 屬性，並且若呼叫 incrementCounter 行為即能夠得到正確的變化：

```
...
it("Creates variable", function () {
    expect(mockScope.counter).toEqual(0);
})

it("Increments counter", function () {
    mockScope.incrementCounter();
    expect(mockScope.counter).toEqual(1);
});
...
```

當你儲存 controllerTest.js 檔案後，Karma 便會執行測試並回報結果，如下所示：

```
Chrome 31.0.1650 (Windows): Executed 4 of 4 SUCCESS (25 secs / 17.928 secs)
```

報告中顯示一共有四項測試，這是因為 Karma 仍會執行 firstTest.js 檔案裡的測試。如果你希望 Karma 只回報 AngularJS 測試，那麼你可以移除該檔案，因為本章後續內容不會再使用到它了。

提示：如果發生錯誤，告知有某些測試失敗了，那麼請先確認你已在 angularjs 資料夾裡，徹底清除先前章節的檔案。

25.6 使用仿造物件

在示範完如何測試一個簡單的控制器後，接下來我將示範如何運用表 25-5 所列的各種仿造物件。

25.6.1 仿造 HTTP 回應

用於產生 Ajax 請求的$http 服務，以及更上層的$resource 服務，它們其實都依賴於一個更加底層的$httpBackend 服務。在這樣的原理下，ngMock 模組即提供了一個仿造的 $httpBackend 服務，以便模擬伺服器的回應，使程式碼單元能夠自外於真實（且變化多端）的伺服器和網路狀況。首先，你可以在列表 25-6 中看到，如何修改 app.js 檔案，使控制器能夠產生 Ajax 請求。

列表 25-6 在 app.js 檔案中加入 Ajax 請求

```
angular.module("exampleApp", [])
    .controller("defaultCtrl", function ($scope, $http) {

        $http.get("productData.json").success(function (data) {
            $scope.products = data;
        });

        $scope.counter = 0;

        $scope.incrementCounter = function() {
            $scope.counter++;
```

```
    }
});
```

控制器會對 productData.json 發出請求，並使用 success 函式來接收回應，然後將資料指派給名為 products 的作用範圍屬性。為了測試這項功能，我接著修改了 tests/controllerTest.js 檔案，如列表 25-7 所示。

列表 25-7　在 controllerTest.js 檔案裡新增測試

```
describe("Controller Test", function () {

    // Arrange
    var mockScope, controller, backend;

    beforeEach(angular.mock.module("exampleApp"));

    beforeEach(angular.mock.inject(function ($httpBackend) {
        backend = $httpBackend;
        backend.expect("GET", "productData.json").respond(
        [{ "name": "Apples", "category": "Fruit", "price": 1.20 },
        { "name": "Bananas", "category": "Fruit", "price": 2.42 },
        { "name": "Pears", "category": "Fruit", "price": 2.02 }]);
    }));

    beforeEach(angular.mock.inject(function ($controller, $rootScope, $http) {
        mockScope = $rootScope.$new();
        $controller("defaultCtrl", {
            $scope: mockScope,
            $http: $http
        });
        backend.flush();
    }));
    // Act and Assess
    it("Creates variable", function () {
        expect(mockScope.counter).toEqual(0);
    })

    it("Increments counter", function () {
        mockScope.incrementCounter();
        expect(mockScope.counter).toEqual(1);
    });

    it("Makes an Ajax request", function () {
        backend.verifyNoOutstandingExpectation();
    });

    it("Processes the data", function () {
        expect(mockScope.products).toBeDefined();
        expect(mockScope.products.length).toEqual(3);
    });
```

```
        it("Preserves the data order", function () {
            expect(mockScope.products[0].name).toEqual("Apples");
            expect(mockScope.products[1].name).toEqual("Bananas");
            expect(mockScope.products[2].name).toEqual("Pears");
        });
    });
```

仿造的$httpBackend 服務能夠對指定的$http 服務請求，回傳一個固定的結果。更多關於仿造的$httpBackend 服務所定義的方法，請參閱表 25-8。

表 25-8　由$httpBackend 所定義的方法

名　稱	說　明
expect(method, url, data, headers)	透過方法和 URL（以及選擇性的資料和標頭）的對照，定義預期的請求
flush() flush(count)	發送回應（也可以加上選擇性參數來指定發送的次數）
resetExpectations()	重設預期的請求
verifyNoOutstandingExpectation()	檢查是否接收到所有預期的請求
respond(data) response(status, data, headers)	為預期的請求定義回應內容

提示：出於閱讀上的便利性，表中也包含了 respond 方法，不過它是套用在 expect 方法的結果上。

使用$httpBackend 仿造服務的流程相當簡單，簡述如下：

1．定義預期會接收到的請求及其回應。

2．發送回應。

3．檢查是否收到所有預期的請求。

4．評估結果。

而以下小節將會逐一說明每個步驟。

1．定義預期的請求和回應

expect 方法是用於定義受測元件預期會產生的請求。所需的參數分別是 HTTP 方法和請求的 URL，但除此之外你也可以提供資料和標頭，藉此形成更精確的請求對應關係：

```
...
beforeEach(angular.mock.inject(function ($httpBackend) {
    backend = $httpBackend;
    backend.expect("GET", "productData.json").respond(
    [{ "name": "Apples", "category": "Fruit", "price": 1.20},
    { "name": "Bananas", "category": "Fruit", "price": 2.42},
    { "name": "Pears", "category": "Fruit", "price": 2.02}]);
}));
...
```

在這項範例單元測試中，我使用了 inject 方法來取得$httpBackend 服務，以便呼叫 expect 方法。我不需要做出任何的特殊步驟來取得仿造物件，因為 ngMock 模組的內容會直接覆蓋預設的服務實作。

提示：注意，雖然名稱相同，但$httpBackend 仿造服務所定義的 expect 方法，與 Jasmine 的 expect 函式是完全不相干的東西。

這裡的$httpBackend 預期會收到一個請求，是使用 HTTP 的 GET 方法，並且 URL 為「productData.json」，也就是在 app.js 檔案裡，由控制器所產生的請求。

expect 方法會回傳一個物件，它擁有一個可呼叫 respond 的方法。對於 respond，我採取的是最基本的使用方式，透過單一參數傳入資料，來模擬伺服器的回應內容。我在這裡加入了一些先前章節曾使用過的商品資料。此外，你可以看到我並不需要將資料寫成 JSON 字串，它會自動地為我處理。

2．發送回應

為表現出 Ajax 請求的非同步特性，$httpBackend 仿造服務直到呼叫 flush 方法時，才會發送回應，這使你可以做出延遲或逾時的機制。但由於在這項測試裡，我想要儘速發送回應，所以我在執行控制器工廠函式後，接著便立即呼叫 flush 方法，如下所示：

```
...
beforeEach(angular.mock.inject(function ($controller, $rootScope, $http) {
    mockScope = $rootScope.$new();
    $controller("defaultCtrl", {
        $scope: mockScope,
        $http: $http
    });
    backend.flush();
}));
...
```

呼叫 flush 方法便會解除由$http 服務所回傳的約定，並執行由控制器定義的 success 函式。請注意我需要使用 inject 方法來取得$http 服務，以便透過$controller 服務將其傳入給工廠函式。

3．檢查是否接收到預期的請求

$httpBackend 服務會對個別的 expect 方法呼叫，預期接收到個別的 HTTP 請求，這使你可以檢查出受測程式碼是否已產生了所有預期的請求。雖然我的程式碼只會產生一次請求，但我仍然在 Jasmine 的 it 函式裡，藉由呼叫 verifyNoOutstandingExpectation 方法，來檢查是否收到了所有預期的請求，如下所示：

```
...
it("Makes an Ajax request", function () {
    backend.verifyNoOutstandingExpectation();
});
...
```

如果並非所有預期的請求都順利接收到，則 verifyNoOutstandingExpectation 方法便會拋出異常，因此我並不需要使用 Jasmine 的 expect 函式。

4．評估結果

最後的一個步驟，是評估測試結果。由於我的測試目標是控制器，所以我是在先前建立的作用範圍物件上進行測試，如下所示：

```
...
it("Processes the data", function () {
    expect(mockScope.products).toBeDefined();
    expect(mockScope.products.length).toEqual(3);
});
it("Preserves the data order", function () {
    expect(mockScope.products[0].name).toEqual("Apples");
    expect(mockScope.products[1].name).toEqual("Bananas");
    expect(mockScope.products[2].name).toEqual("Pears");
});
...
```

這些都是相當簡單的測試，只是要確認控制器沒有對資料造成破壞。雖然在真實的專案裡，HTTP 測試更多是著重在請求層面，而不是在資料處理上。

25.6.2 仿造時間週期

$interval 和$timeout 的仿造服務定義了額外的方法，能夠讓你直接觸發受測程式所註冊的回呼函式。首先，你可以在列表 25-8 中看到，如何在 app.js 檔案裡使用真正的服務。

列表 25-8 在 app.js 檔案裡加入間隔和逾時

```
angular.module("exampleApp", [])
    .controller("defaultCtrl", function ($scope, $http, $interval, $timeout) {

        $scope.intervalCounter = 0;
        $scope.timerCounter = 0;

        $interval(function () {
            $scope.intervalCounter++;
        }, 5000, 10);

        $timeout(function () {
            $scope.timerCounter++;
        }, 5000);

        $http.get("productData.json").success(function (data) {
            $scope.products = data;
        });

        $scope.counter = 0;
```

```
        $scope.incrementCounter = function() {
            $scope.counter++;
        }
    });
```

我定義了兩個變數，分別是 intervalCounter 和 timerCounter，至於傳遞給$interval 和 $timeout 服務的函式，則會分別增加前述兩個變數的數值。由於這些函式是在延遲五秒後呼叫，當需要常態性執行大量單元測試、而且還需要儘快得到結果時，就勢必會造成一些不便。對此，表 25-9 列出了由仿造服務所提供的附加方法。

表 25-9　由$timeout 和$interval 仿造服務所定義的附加方法

服　務	方　法	說　明
$timeout	flush(millis)	以指定的毫秒數將計時器提前
$timeout	verifyNoPendingTasks()	檢查是否有尚未呼叫的回呼
$interval	flush(millis)	以指定的毫秒數將計時器提前

flush 方法可用於將時間提前，為了示範這項功能，我修改了 tests/controllerTest.js 檔案，如列表 25-9 所示。

列表 25-9　在 controllerTest.js 檔案裡新增測試

```
describe("Controller Test", function () {

    // Arrange
    var mockScope, controller, backend, mockInterval, mockTimeout;

    beforeEach(angular.mock.module("exampleApp"));

    beforeEach(angular.mock.inject(function ($httpBackend) {
        backend = $httpBackend;
        backend.expect("GET", "productData.json").respond(
        [{ "name": "Apples", "category": "Fruit", "price": 1.20 },
        { "name": "Bananas", "category": "Fruit", "price": 2.42 },
        { "name": "Pears", "category": "Fruit", "price": 2.02 }]);
    }));

    beforeEach(angular.mock.inject(function ($controller, $rootScope,
            $http, $interval, $timeout) {
        mockScope = $rootScope.$new();
        mockInterval = $interval;
        mockTimeout = $timeout;
        $controller("defaultCtrl", {
            $scope: mockScope,
            $http: $http,
            $interval: mockInterval,
            $timeout: mockTimeout
        });
        backend.flush();
```

```
    }));

    // Act and Assess
    it("Creates variable", function () {
        expect(mockScope.counter).toEqual(0);
    })

    it("Increments counter", function () {
        mockScope.incrementCounter();
        expect(mockScope.counter).toEqual(1);
    });

    it("Makes an Ajax request", function () {
        backend.verifyNoOutstandingExpectation();
    });

    it("Processes the data", function () {
        expect(mockScope.products).toBeDefined();
        expect(mockScope.products.length).toEqual(3);
    });

    it("Preserves the data order", function () {
        expect(mockScope.products[0].name).toEqual("Apples");
        expect(mockScope.products[1].name).toEqual("Bananas");
        expect(mockScope.products[2].name).toEqual("Pears");
    });

    it("Limits interval to 10 updates", function () {
        for (var i = 0; i < 11; i++) {
            mockInterval.flush(5000);
        }
        expect(mockScope.intervalCounter).toEqual(10);
    });

    it("Increments timer counter", function () {
        mockTimeout.flush(5000);
        expect(mockScope.timerCounter).toEqual(1);
    });
});
```

25.6.3 測試日誌記錄

$log 的仿造服務能夠記錄所接收的日誌訊息，並能夠透過 logs 屬性加以調閱。這些 logs 屬性是依附在真實服務方法的名稱下，例如 log.logs、debug.logs 及 warn.logs 等等。你可以藉由這些屬性來測試單元程式碼是否記錄了正確的訊息。作為示範，我在 app.js 檔案裡新增了$log 服務，如列表 25-10 所示。

列表 25-10 在 app.js 檔案裡新增日誌記錄

```
angular.module("exampleApp", [])
    .controller("defaultCtrl", function ($scope, $http, $interval, $timeout, $log) {

        $scope.intervalCounter = 0;
        $scope.timerCounter = 0;

        $interval(function () {
            $scope.intervalCounter++;
        }, 5, 10);

        $timeout(function () {
            $scope.timerCounter++;
        }, 5);
        $http.get("productData.json").success(function (data) {
            $scope.products = data;
            $log.log("There are " + data.length + " items");
        });

        $scope.counter = 0;

        $scope.incrementCounter = function() {
            $scope.counter++;
        }
    });
```

每當$interval 服務所註冊的回呼函式被呼叫時，我就會記錄一則訊息。接著，你可以在列表 25-11 中看到，如何藉由$log 仿造服務，確認產出的日誌訊息數目是正確的。

列表 25-11 在 controllerTest.js 檔案中使用仿造的$log 服務

```
describe("Controller Test", function () {

    // Arrange
    var mockScope, controller, backend, mockInterval, mockTimeout, mockLog;

    beforeEach(angular.mock.module("exampleApp"));

    beforeEach(angular.mock.inject(function ($httpBackend) {
        backend = $httpBackend;
        backend.expect("GET", "productData.json").respond(
        [{ "name": "Apples", "category": "Fruit", "price": 1.20 },
        { "name": "Bananas", "category": "Fruit", "price": 2.42 },
        { "name": "Pears", "category": "Fruit", "price": 2.02 }]);
    }));

    beforeEach(angular.mock.inject(function ($controller, $rootScope,
            $http, $interval, $timeout, $log) {
        mockScope = $rootScope.$new();
        mockInterval = $interval;
        mockTimeout = $timeout;
```

```
        mockLog = $log;
        $controller("defaultCtrl", {
            $scope: mockScope,
            $http: $http,
            $interval: mockInterval,
            $timeout: mockTimeout,
            $log: mockLog
        });
        backend.flush();
    }));

    // Act and Assess
    it("Creates variable", function () {
        expect(mockScope.counter).toEqual(0);
    })
    it("Increments counter", function () {
        mockScope.incrementCounter();
        expect(mockScope.counter).toEqual(1);
    });

    it("Makes an Ajax request", function () {
        backend.verifyNoOutstandingExpectation();
    });

    it("Processes the data", function () {
        expect(mockScope.products).toBeDefined();
        expect(mockScope.products.length).toEqual(3);
    });

    it("Preserves the data order", function () {
        expect(mockScope.products[0].name).toEqual("Apples");
        expect(mockScope.products[1].name).toEqual("Bananas");
        expect(mockScope.products[2].name).toEqual("Pears");
    });

    it("Limits interval to 10 updates", function () {
        for (var i = 0; i < 11; i++) {
            mockInterval.flush(5000);
        }
        expect(mockScope.intervalCounter).toEqual(10);
    });

    it("Increments timer counter", function () {
        mockTimeout.flush(5000);
        expect(mockScope.timerCounter).toEqual(1);
    });

    it("Writes log messages", function () {
        expect(mockLog.log.logs.length).toEqual(1);
```

```
        });

    });
```

當控制器工廠函式接收到 Ajax 請求的回應時，便會對$log.log 方法寫入一則訊息。因此，在單元測試裡，我會讀取$log.log.logs 陣列的長度，該陣列即是$log.log 方法的訊息儲存處。除了 logs 屬性以外，$log 仿造服務還定義了如表 25-10 所列的方法。

表 25-10 $log 仿造服務所定義的方法

名　稱	說　明
assertEmpty()	若存在日誌訊息便會拋出異常
reset()	清除儲存的訊息

25.7 測試其他元件

先前的幾項測試都是針對控制器進行的，然而在其他章節裡，我們也認識到，AngularJS 應用程式還有著其他不同類型的元件。因此，在接下來的小節裡，我會示範如何針對這些元件撰寫簡單的單元測試。

25.7.1 測試過濾器

如第 14 章曾說明過的，你可以藉由$filter 服務來取得某個過濾器的實例。在列表 25-12 裡，你可以看到我對 app.js 檔案新增了一個過濾器。

列表 25-12 在 app.js 檔案裡新增一個過濾器

```
angular.module("exampleApp", [])
    .controller("defaultCtrl", function ($scope, $http, $interval, $timeout, $log) {

        $scope.intervalCounter = 0;
        $scope.timerCounter = 0;

        $interval(function () {
            $scope.intervalCounter++;
        }, 5, 10);

        $timeout(function () {
            $scope.timerCounter++;
        }, 5);

        $http.get("productData.json").success(function (data) {
            $scope.products = data;
            $log.log("There are " + data.length + " items");
        });

        $scope.counter = 0;
```

```
    $scope.incrementCounter = function() {
        $scope.counter++;
    }
})
.filter("labelCase", function () {
    return function (value, reverse) {
        if (angular.isString(value)) {
            var intermediate = reverse ? value.toUpperCase() : value.toLowerCase();
            return (reverse ? intermediate[0].toLowerCase() :
                intermediate[0].toUpperCase()) + intermediate.substr(1);
        } else {
            return value;
        }
    };
});
```

這是我曾在第 14 章建立過的自訂過濾器。接著，列表 25-13 為 tests/filterTest.js 檔案的內容，用於對過濾器進行測試。

列表 25-13　filterTest.js 檔案的內容

```
describe("Filter Tests", function () {

    var filterInstance;

    beforeEach(angular.mock.module("exampleApp"));

    beforeEach(angular.mock.inject(function ($filter) {
        filterInstance = $filter("labelCase");
    }));

    it("Changes case", function () {
        var result = filterInstance("test phrase");
        expect(result).toEqual("Test phrase");
    });

    it("Reverse case", function () {
        var result = filterInstance("test phrase", true);
        expect(result).toEqual("tEST PHRASE");
    });

});
```

我首先使用 inject 方法來取得$filter 服務的實例，然後進一步取得過濾器的實例，將其指派給名為 filterInstance 的變數。由於我是在 beforeEach 函式裡取得過濾器物件，因此表示每次測試都會得到一個新實例。

25.7.2 測試指令

因指令套用及修改 HTML 的方式而異，對指令進行測試可能會有些複雜。指令的單元測試需要仰賴 jqLite 和$compile 服務，關於這兩者的細節可分別參閱第 15 章和第 19 章的說明。我在列表 25-14 裡，對 app.js 檔案新增了一個指令。

列表 25-14　在 app.js 檔案裡新增一個指令

```
angular.module("exampleApp", [])
    .controller("defaultCtrl", function ($scope, $http, $interval, $timeout, $log) {

        $scope.intervalCounter = 0;
        $scope.timerCounter = 0;

        $interval(function () {
            $scope.intervalCounter++;
        }, 5, 10);

        $timeout(function () {
            $scope.timerCounter++;
        }, 5);
        $http.get("productData.json").success(function (data) {
            $scope.products = data;
            $log.log("There are " + data.length + " items");
        });

        $scope.counter = 0;

        $scope.incrementCounter = function () {
            $scope.counter++;
        }
    })
    .filter("labelCase", function () {
        return function (value, reverse) {
            if (angular.isString(value)) {
                var intermediate = reverse ? value.toUpperCase() : value.toLowerCase();
                return (reverse ? intermediate[0].toLowerCase() :
                    intermediate[0].toUpperCase()) + intermediate.substr(1);
            } else {
                return value;
            }
        };
    })
    .directive("unorderedList", function () {
        return function (scope, element, attrs) {
            var data = scope[attrs["unorderedList"]];
            if (angular.isArray(data)) {
                var listElem = angular.element("<ul>");
                element.append(listElem);
                for (var i = 0; i < data.length; i++) {
```

```
                listElem.append(angular.element('<li>').text(data[i].name));
            }
        }
    }
});
```

這是一個曾在第 15 章裡建立過的指令，它會從作用範圍取得一組陣列值，藉此產生出未標號的列表。列表 25-15 為 tests/directiveTest.js 檔案的內容，說明了測試該指令的方式。

列表 25-15 directiveTest.js 檔案的內容

```
describe("Directive Tests", function () {

    var mockScope;
    var compileService;

    beforeEach(angular.mock.module("exampleApp"));

    beforeEach(angular.mock.inject(function($rootScope, $compile) {
        mockScope = $rootScope.$new();
        compileService = $compile;
        mockScope.data = [
            { name: "Apples", category: "Fruit", price: 1.20, expiry: 10 },
            { name: "Bananas", category: "Fruit", price: 2.42, expiry: 7 },
            { name: "Pears", category: "Fruit", price: 2.02, expiry: 6 }];
    }));

    it("Generates list elements", function () {

        var compileFn = compileService("<div unordered-list='data'></div>");
        var elem = compileFn(mockScope);

        expect(elem.children("ul").length).toEqual(1);
        expect(elem.find("li").length).toEqual(3);
        expect(elem.find("li").eq(0).text()).toEqual("Apples");
        expect(elem.find("li").eq(1).text()).toEqual("Bananas");
        expect(elem.find("li").eq(2).text()).toEqual("Pears");
    });

});
```

我首先使用 inject 方法來取得$rootScope 和$compile 服務，接著建立新的作用範圍，將指令所需使用的資料指派給 data 屬性。此外我也新增了對$compile 服務的參照，以便在測試中使用它。

依循我曾在第 19 章裡說明過的作法，我對指令所套用之 HTML 片段進行編譯，指定其資料來源為作用範圍的 data 陣列。此舉會產出一個函式，我接著將仿造的作用範圍傳入其中，便會取得指令的 HTML 輸出結果。至於對結果的評估，則是藉由 jqLite 來檢查元素結構及順序。

25.7.3 測試服務

取得服務實例來進行測試一點也不困難，因為可以使用 inject 方法，就像在先前各項測試中用於取得真實或仿造服務的作法。我在 app.js 檔案裡新增了一個簡單的服務，如列表 25-16 所示。

列表 25-16 在 app.js 檔案裡新增一個服務

```
angular.module("exampleApp", [])
    .controller("defaultCtrl", function ($scope, $http, $interval, $timeout, $log) {

        $scope.intervalCounter = 0;
        $scope.timerCounter = 0;

        $interval(function () {
            $scope.intervalCounter++;
        }, 5, 10);

        $timeout(function () {
            $scope.timerCounter++;
        }, 5);
        $http.get("productData.json").success(function (data) {
            $scope.products = data;
            $log.log("There are " + data.length + " items");
        });

        $scope.counter = 0;
        $scope.incrementCounter = function () {
            $scope.counter++;
        }
    })
    .filter("labelCase", function () {
        return function (value, reverse) {
            if (angular.isString(value)) {
                var intermediate = reverse ? value.toUpperCase() : value.toLowerCase();
                return (reverse ? intermediate[0].toLowerCase() :
                    intermediate[0].toUpperCase()) + intermediate.substr(1);
            } else {
                return value;
            }
        };
    })
    .directive("unorderedList", function () {
        return function (scope, element, attrs) {
            var data = scope[attrs["unorderedList"]];
            if (angular.isArray(data)) {
                var listElem = angular.element("<ul>");
                element.append(listElem);
                for (var i = 0; i < data.length; i++) {
                    listElem.append(angular.element('<li>').text(data[i].name));
```

```
                }
            }
        }
    })
    .factory("counterService", function () {
        var counter = 0;
        return {
            incrementCounter: function () {
                counter++;
            },
            getCounter: function() {
                return counter;
            }
        }
    });
```

我使用曾在第 18 章裡介紹過的 factory 方法來定義服務，該服務內含一個計數器，並分別定義了增加和回傳計數器值的方法。這不是一個特別有用的服務，僅僅是為了示範如何對服務進行測試。列表 25-17 為 tests/serviceTest.js 檔案的內容。

列表 25-17 serviceTest.js 檔案的內容

```
describe("Service Tests", function () {

    beforeEach(angular.mock.module("exampleApp"));

    it("Increments the counter", function () {
        angular.mock.inject(function (counterService) {
            expect(counterService.getCounter()).toEqual(0);
            counterService.incrementCounter();
            expect(counterService.getCounter()).toEqual(1);
        });
    });
});
```

我稍做了一些變化，將用於取得服務物件的 inject 函式，寫於 Jasmine 的 it 函式內。接著我便測試計數器值、增加它、然後再測試一次。由於 AngularJS 所提供的單元測試工具，已相當切合實例化的服務，因此測試工作相當簡單。

25.8 小結

本章示範了 AngularJS 的單元測試工具，其中我說明了使用方式，以及對 AngularJS 應用程式各項主要元件的基礎測試方案。

至此，我已經教授完所有你應該要知道的 AngularJS 知識。我從建立一個簡單的應用程式開始，帶你導覽了框架中的各式元件，並示範如何使用、自訂甚至是取代這些元件。我期望你能夠跟我一樣，不僅享受本書的內容，也能夠運用其中的知識，實現成功的 AngularJS 開發專案。

凱南．著

Kaohsiung x Kenan

凱南帶路遊高雄

玩進**林園**、**甲仙**、**岡山**、**前鎮**與**新興**，
吃喝玩樂5大路線**全攻略！**

【作者序】

嗨！我是凱南Kenan，我的第一本書《凱南帶路遊高雄：玩進林園、甲仙、岡山、前鎮與新興，吃喝玩樂5大路線全攻略！》終於出版囉！

本書不再只是為了追隨爆紅景點或高人氣美食而寫；完全依照著大高雄各個分區規劃出區域式的高雄旅遊路線，絕對能省去非常多路程交通時間，玩起來更加豐富充實。

這次一共收錄了林園區、甲仙區、岡山區、前鎮區和新興區五條行程，超過20個景點，以及多達15家以上的美食小吃，有熱門也有冷門的，就是要帶您看看最真實的高雄面。

而且，這不單單只是本旅遊書，每段旅程都是我生活的一部分，途中，會以旅遊日記的方式呈現，記錄著生活、感情、體驗、回憶和說不完的點點滴滴，希望當每個人翻閱時，也能一同感受到在這些故事裡不斷醞釀的溫度，享受屬於我最深刻的高雄旅途記憶。

謝謝所有一起為這本書付出時間與心力的每位同仁，同時也很感謝出版社和負責單位的肯定，願意讓我繼續著手撰寫下一本《凱南帶路遊高雄：玩進林園、甲仙、岡山、前鎮與新興，吃喝玩樂5大路線全攻略！》，有機會成為高雄旅遊系列書；因此，現在的我依舊帶著滿滿的能量與熱情，每到週末，背起包包、相機，馬不停蹄地走往大高雄不同區域，與家人、與朋友開心出遊去。閒暇之餘，不妨請大家先跟著我的腳步，拿起這本書，將林園區、甲仙區、岡山區、前鎮區和新興區通通玩過一遍吧！

Contents
目次

Chapter 2 來去高雄甲仙住一晚

體驗年年舉辦的地方盛事甲仙芋筍節活動，
文化路特產街周邊景點走透透

Chapter 3 一日岡山超值玩法

軍事主題、滷味文化、眷村市集、觀光工廠
一票暢遊，闔家大小出遊安排首選！

Chapter 4 週末夏日樂遊提案．到高雄前鎮區找趣味

逛假日花市、品嚐銅板小吃、拍港都地標，
每年必來看展覽！

Chapter 01
高雄林園比你想得更好玩

歷史古蹟、文化遺址、廢墟建築和百年古厝一次享有，
在地老特色一日遊

先拋開大家對高雄林園就是台灣石化工業區發展重鎮的這個刻板印象，其實林園地區擁有很豐富的歷史資產和珍貴獨特的地質景觀，濃厚人文特色也為這座純樸小鎮添上幾分魅力，尤其在地好吃好玩的更是遠比想像的多！就用白天時間實際走訪，先從老字號「蘭姐鴨肉飯」開始吃起，一碗只要10塊錢的鴨油飯物超所值！

第二站前進菜市場尋找飄香50年的古早味麵線糊，沒有醒目招牌和店名，但只要問起附近街坊鄰居都知道；漫遊林園老街──福興街，必遊高雄市定古蹟「原頂林仔邊警察官吏派出所」，百年日式官署建築拍不停；因電視劇《一把青》取景而聲名大噪的熱門IG打卡景點「安樂樓」，輕鬆拍出你想要的廢墟風格照片；接著再去「合春圓仔」吃碗當地人熟悉的圓仔湯；午後的小點心首推會爆漿的牛舌餅；跟著林半仙傳奇故事尋找到「蔣家古厝」，社區裡的彩繪牆面是旅途小驚喜；將百年古厝群「港埔江夏黃氏古厝」、地方重要國定遺址「鳳鼻頭文化遺址」和珊瑚礁石灰岩構成的「清水巖風景區」通通走過一遍，最後旅程結束在清水巖清水寺旁的低調50年老攤子，吃幾顆會讓人回味無窮的柴燒茶葉蛋吧！

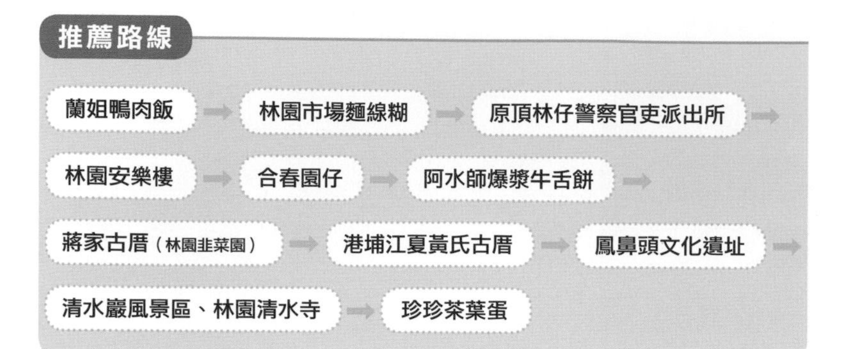

初見林園，精彩可期！

每年除了春節連假外，一家人要聚在一起的機會真的很少，難得這週姐姐和妹妹都排出假回家幾天，想好好把握這段幸福時光！前一晚睡前花點時間規劃出幾條旅遊路線，由爸爸開車，我們一家五口開開心心出門，展開一日家庭小旅行。

行經高屏大橋，豔陽高照，好天氣與車裡的電台音樂此時勾勒出旅途中的愉快心情。彎進台29線旗甲公路，往林園方向。會想來林園旅遊算是「嘗鮮」的概念，雖然從沒來過或許陌生，但卻有幾分熟悉，因為爸爸過去工作時常會來這裡一趟。

「到了！前面岔路口有座銅像，有看到嗎？」爸爸手指著前方說著，我們面對銅像也越來越靠近，他繼續說，「那是林園有名的剪刀穴。」

說到底，爸爸和林園地區幾乎可說僅止於工作關係而已，但還是多多少少聽說過當地流傳許久的傳奇事蹟，和名堪輿師林半仙關聯極深的「剪刀穴」就是其一。有人說林半仙曾葬在「剪刀穴」底下，至於可信度……？我自己是打個問號。不可否認，一談到這位早期南台灣盛名的地理風水師的故事，確實可為林園地方增添濃濃的傳奇神祕色彩。除此，小鎮上的在地美食魅力不容忽視，吸引力十足。我這次安排的店家多為老店小吃，打算品嘗看看在地人從小吃到大的口味和喜好。

車子停在林園區衛生所附近，我們徒步走進老街，逛逛上午才有的菜市場。時間接近正中午，決定先去「蘭姐鴨肉飯」用餐，為這條行程揭開美味且精彩的序幕。

在車水馬龍的林園北路與文化街交界處為「剪刀穴」，豎立一尊蔣公銅像。

蘭姐鴨肉飯

創立於1963年的在地老字號。
用料實在，價錢親民，
一碗招牌飯配湯50元有找！

INFO

店家資訊

地址：高雄市林園區林園里文化街143號
電話：07-643-1563
營業時間：09:30~20:00（賣完為止，不定休）
推薦：招牌飯、鴨肉、鴨心、鴨肝湯、下水湯

超過50年歷史的「蘭姐鴨肉飯」，資歷深厚，名聲響亮，是來到林園區不可錯過的在地美食之一。嚴選新鮮現宰鴨肉食材且用料實在，點盤香嫩鮮美的鴨肉和鴨內臟類是基本。另外，人氣必推的還有招牌飯，其實就是大家常說的鴨油飯，須以人力拌炒白飯、

老店從市場遷移至現址後，環境空間往上升級，停車變得方便。就算曾經搬過家，林園人始終緊緊跟隨不變心。

鴨油和蒜酥，不僅得耐高溫，拌炒過程中力道拿捏掌控更是重要；嚐起來米粒香Q彈牙，柔潤的鴨油香氣滿盈口中，越吃越香，十分涮嘴；尤其看到價錢又更吸引人，小碗10元，大碗也只要20元，再搭配一碗鴨肝湯或鴨心湯，才50元銅板有找！難怪會獲得當地人一致好評，而且以老店來說，提供相當舒適乾淨的用餐環境，古早味依舊還在。

①煙燻鴨肉幾乎每桌客人必吃，新鮮甜美吃得出來，肉質軟嫩多汁，煙燻香氣每口伴隨，不須沾醬味道也足夠。
拌合著鴨油的米飯，口感油嫩香Q，蒜酥香陣陣傳來，若要我單吃這碗招牌飯也沒問題耶！
②下水湯給料毫不手軟，湯頭爽口不油膩，喝完意猶未盡。
③沾上以薑末和醬油膏調製而成的醬料，味道更是古早傳統。

①②
③

林園麵線糊

INFO

店家資訊

地址：高雄市林園區福興街102巷2號（郵局旁巷內）

電話：07-641-2755

營業時間：06:00~16:00

推薦：麵線糊

在菜市場一賣50年的古早味麵線糊，濃厚勾芡，湯汁酸甜對味。

靠著麵線糊單一味，已在林園菜市場飄香50載，第一代林老闆仍堅守在崗位上為每位饕客盛著一碗碗傳統美味的麵線糊。除了調整改良口味之外，到現在還是遵循早期向老一輩人習得的古早製作方式，湯頭勾芡濃稠，風味偏甜帶酸，添入彈牙的魚丸和軟嫩紮實的豬肉塊，撒點香菜提味，與細滑麵線一同入口，這滋味實在讓人欲罷不能；再加些桌上的辣椒醬，吃來又會是另一番獨到風味。

①店面低調，沒有醒目招牌和店名，連網路地圖定位位置都不太清楚，但只要說到林園菜市場麵線糊，附近居民和當地老饕都知道。

②牆上保存一支外觀特殊的手形勾杓，話題性十足，是本店歷史的見證。

③從1970年開業至今，賣的就只有麵線糊這一樣古早味小吃，甘甜料多，夏天來吃很開胃。

原頂林仔邊警察官吏派出所

百年歲月醞釀的日式官署建築，
空間再利用帶您認識林園歷史人文。

INFO

景點資訊

地址：高雄市林園區福興街97號

電話：07-642-8600

開放時間：平日10:00~17:00
假日09:00~18:00
（週一休館）

設立於1898年的「原頂林仔邊警察官吏派出所」位於福興街上，緊鄰早市，為林園小鎮內最早的官吏派出所，如今它列為高雄市定古蹟；廳舍內部規劃文史展覽空間，除了對本棟建築構造、各時期空間配置和發展歷程等等史料詳細記載之外，還展示出多張彌足珍貴的老照片供後人追憶。如果不趕時間的話，很推薦待上一會兒慢慢走慢慢看，會對林園地方特產、歷史背景、名勝景點、宗教信仰及人文特色有更深入的認識，我認為是個學習價值性很高的林園歷史教室。

林園地區保存修護最完整的日式歷史建築，而入口前那條福興街就是當年日治時期熱鬧的頂林仔邊街。

經過修建維護的建築主體依然是欣賞重點，融合磚瓦、木材的建築構造，工法細膩，維持著日治時期的樣貌美感。在廣達一千四百多坪的占地上，往後方走有一片寬敞平坦的庭園草地，其中所長宿舍、水井、咕咾石結構的防空洞各據一區，既然都來了那就不要客氣，通通拍下來收進旅程的回憶裡吧。

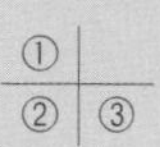

① 這裡有張詳盡的林園導覽地圖對於旅途很實用，想去哪些景點可以大致順個路線。
②③林園文史展示介紹，有助於地方觀光發展，達到空間活化再利用。

④「原頂林仔邊警察官吏派出所」是鳳山警察署管轄範圍，從牆上斑剝脫落的字跡依稀可證明。

⑤由咕咾石、紅磚拱門及磚柱砌建的壁牆，外觀相當堅固。

④
⑤

走！我們往林園廢墟祕境探險去！

準備離開「原頂林仔邊警察官吏派出所」之前，我先拿好手機開啟地圖，搜尋下一個景點的方向路線。

「你確定是往這裡走嗎？」姐姐問。

我們一家人剛轉進菜市場巷子裡，我走在最前面帶路。「應該吧……地圖是帶這個方向沒錯。」我說。

不一會兒，連妹妹也一臉疑問：「你真的知道路嗎？」

「嗯……還要找找……」我回答，沒那麼肯定。

先是遠遠看到小門後方的樓梯，視線放大才清楚瞧見這棟歷經80年歷史洗滌後的古樸老屋矗立在前方。

我帶著探險般的心情走進紅磚牆與
水泥外牆構築出來的小道路中。

穿過菜市場來到另一頭的林園北路，右轉繼續走，此時我的視線專心放在右邊林立的每一戶房子上。走沒幾分鐘，終於發現兩屋中間有條毫不起眼的靜謐小徑，「到了！」我往前探了探頭，發現到目標物——樓梯。

初次要來「安樂樓」並不好找，不過可以認林園北路上那家麗嬰房，斜對面就能找到通往「安樂樓」的路囉。

我會建議白天前往。當下正值中午，這棟殘敗脱落的建築廢墟所散發出來那股幽然荒涼的氣息給人感到十分強烈……，若是一個人來，説真的我會害怕。不過，我身為《一把青》電視劇的忠實戲迷，有機會到劇中拍攝場景一遊，內心仍舊難掩激動之情！

既擔心又期待的心情，聽起來還真是矛盾，對吧？

安樂樓

保留斑剝滄桑的階梯是通往二樓的唯一方式。

INFO

景點資訊

地址：高雄市林園區林園北路91號旁巷子內
（找麗嬰房斜對面）

開放時間：24小時（建議白天前往）

隱藏在林園市區裡的廢墟風IG爆紅景點！
重現電視劇一把青拍攝場景。

幾架戰機從上空呼嘯而過，即將展開危險空戰，飛行員的妻子們神情擔憂地仰望著……。追過這部電視劇《一把青》的戲迷，腦海中是不是特別有畫面呢？這一段場景其實就是在「安樂樓」拍攝的，也讓這殘破凋零如廢墟般的巴洛克式建築形式遺址順勢爆紅，變成林園地區最熱門的外拍景點，好一陣子常看到周遭朋友在IG、臉書上打卡分享，就連婚紗業者也會安排準新人來此拍攝廢墟風格的婚紗照耶！

「安樂樓」從日治中期就存在於這裡，約築於民國20年（1931）間，昔日林園因作為商政重要樞紐繁榮一時，而這裡當年可是金迷紙醉的風月場所，不知多少政商名流、尋芳賓客聚集於此數也數不清。曾被強徵為日本軍士官招待所，之後又改經營酒家、旅店，隨時代變遷下逐漸被人淡忘，荒廢閒置多年，直到電視劇《一把青》取景而再次吸引注目。我們循著住宅旁的小路進入，筆直穿過小門後，頓時有種穿越時空隧道回到過去繁華年代

的錯覺。一樓兩側房間換上鐵門或用鐵皮封住，廁所、廊柱、窗框、牆面、樓梯等多處早已褪色生苔。走上二樓同樣老舊不堪，環境年久失修，卻也符合要拍出廢墟照的必需元素。

①｜②
③｜④

① 由日治時代建立至今的巴洛克式建築，走過八十多年來受盡風吹日曬雨淋，看似斷垣殘壁的建築外觀卻又不失優雅占典的質感。

② 以廢棄的老建築為背景的照片怎麼拍都很有感覺。

③④也許一面牆，也許一扇窗，在古老建築裡處處充滿故事，發人思古幽情。

散遊林園老街，品味懷古老街屋的年華風采

大概停留「安樂樓」約15～20分鐘左右，我們回到街上。

比我預估的時間還早結束，於是我提議不妨慢慢散步林園老街，欣賞小鎮上的老街屋風景。

和暖的午後時光，確實很適合在林園老街區走走。林園北路是日據時代再造的第二條鬧街，又稱「新街」。

①福興街這一帶上午會有早市，儼然形成一個小型商圈，居民習慣來這裡採買和覓食，中午過後街邊商家陸陸續續收攤休息。

②福興街正是林園老街區精華地段，飄散著濃濃古老氛圍的舊建築林立街道上，彷彿穿越時空隧道。

③林園北路，林園人所說的「新街」，是日治末期再造的第二條街道，熱鬧程度不比福興舊街，還是有零星的老店身處其中。

至於舊街所指的就是「原頂林仔邊警察官吏派出所」前面那條福興街，算是林園老街最主要的區域路段，在當地開發得早；而白天會有早市，整條馬路熙來攘往，景象熱鬧沸騰，看著各家攤販業者和買菜的婆婆媽媽們寒暄互動，是在菜市場才感受得到的濃濃人情味。

很多人對林園區的第一印象多半停留在石化重工業發展的地區，我也一樣；但親自走過一次，真的會翻轉這種想法，也才發現鎮上處處充滿驚喜，其中林園老街就是個例子，每走個幾步路就會看見古色古香的老房子出現在眼前，昔日的風華美感歷歷在目，經過時代淬鍊之下，古樸韻味更顯得濃厚，值得細細品味。

中午過後，當市場攤販漸漸收攤離開，福興街上的喧鬧聲稍歇，走在街道兩旁，終於不必時時刻刻為了閃躲擁擠穿梭的車潮，搞得提心吊膽；相比之下，走在隔壁條的林園北路反而會容易許多，也同樣能感受老建築之美。福興街與東林西路交岔路口，轉角處有家年代久遠的「三角窗冰果室」，原本是我安排的下一個行程，但當天店家沒開門營業，我們撲了個空。

日治時期到現在仍保存良好的水泥樓房述說著早年的風采韻味。

合春圓仔（林園店）

林園一甲子消暑滋味，
大份量剉冰必吃！
純手工製作白圓仔現搓現煮。

INFO

店家資訊

地址：高雄市林園區福興街25號

電話：07-641-7866

營業時間：12:00~23:00（週三公休）

推薦：雞蛋牛奶冰、圓仔湯

陪伴林園鄉親走過一甲子的「合春圓仔」，據老闆說，最早是推車在廟前擺攤，後來搬到福興街，有了屬於自己的店面，轉眼至今已傳承到第三代，屬於阿公年代的古早味也一直延續下來堅

位在林園早期發展較早的福興街上，從西元1951年一賣至今，是林園人共同的消暑記憶。

持不改變。店裡的配料有紅豆、綠豆、大豆、薏仁、寒天、土鳳梨、蜜芋頭、杏仁、小湯圓等豐富選擇，每天新鮮手工煮製；其中白圓仔用的是純糯米漿製成，食材天然，講求現搓現捏現煮，口感綿柔Q軟，來店必吃。

點碗綜合冰CP值最高，各種傳統自製配料都會加進去，淋上熬煮到甜膩適中的糖水，整碗大份量吃完好滿足，還能依個人口味喜好加古早味麵茶、雞蛋或煉乳，讓吃法有更多種變化。不想吃冰的話，店家推薦圓仔湯，香醇爽甜的桂圓湯底，味道濃郁，會放入更多圓仔及多樣配料，每一口都是享受。

①剉冰堆得像一座小山丘，價錢絕對便宜划算，澆淋濃稠香甜的糖水，上頭還加顆雞蛋，清涼解暑氣，越吃越過癮。
②圓仔湯會放入滿滿豐富的配料，又Q又軟綿的圓仔一口接一口，慢慢品嚐手工揉捏的溫度，配上自熬的桂圓湯，老滋味擄獲人心。
③手工捏出每一顆圓仔，丟入鍋中現煮，品質有口皆碑。

阿水師爆漿牛舌餅

INFO

店家資訊

地址：高雄市林園區忠孝西路4號

電話：07-642-1089

營業時間：13:30～19:00

推薦：爆漿牛舌餅

會爆漿的牛舌餅一賣長紅30多年，是在地下午茶時間的人氣小點心。

林園在地獨特點心首選，內餡爆漿的美味驚喜！

光從外觀就能看出這家賣的牛舌餅跟外面很不一樣，厚實乾爽的外表，咬下去口感偏軟又帶點紮實度，隨後溫熱香甜的內餡傾流而出，口味特殊，驚豔程度得打上滿分！也讓「爆漿牛舌餅」的誘人封號不脛而走。沒有招牌的小店從民國74年（1985）創立，深植許多從小吃到大的林園人對牛舌餅既有的印象，連外縣市慕名而來的遊客都被這美味所征服。人氣熱賣的還有古早味樸實的台式漢堡，份量大又不貴，誠意滿滿，這次沒吃到覺得很可惜。

林園韭菜園 蔣家古厝

看古厝聽聽當地人流傳至今的神祕故事，文賢社區彩繪牆就在一旁巷道入口！

INFO

景點資訊

地址：高雄市林園區文賢南路105巷2號（文賢社區內）

剛進入小巷，先看到了文賢社區那幅以地方特色韭菜園為主題的藝術彩繪牆，轉個彎便抵達「蔣家古厝」的所在之處。除了在這裡一睹百年古厝的傳統工藝之美，更因為林半仙傳奇故事增添神祕話題，特殊地理風水豬巢穴的傳說流傳年代久遠，真要問起蔣氏後輩子孫，知道的可能也沒幾個人吧。

雖然有些房舍牆壁刷過油漆，但從清代興建留下來的歷史老宅建築主體完好保存，倘若旅途不趕時間，可以花個十來分鐘，稍微停留一下「蔣家古厝」。

當天碰到一位在文賢社區發展協會服務的大姐，問我們怎麼會找到這裡，我說剛才在「原頂林仔邊警察官吏派出所」看到林園傳奇人物林半仙的事蹟介紹，莫名對這戶「蔣家古厝」很感興趣，於是順遊過來拍拍照片。稍微聊了幾句，聽她簡短敍述比較耳熟能詳有關林半仙之於林園地區的幾則小故事，她也說自己是從老一輩人口中聽來的，至於是否真有其人其事……？至今眾說紛紜。

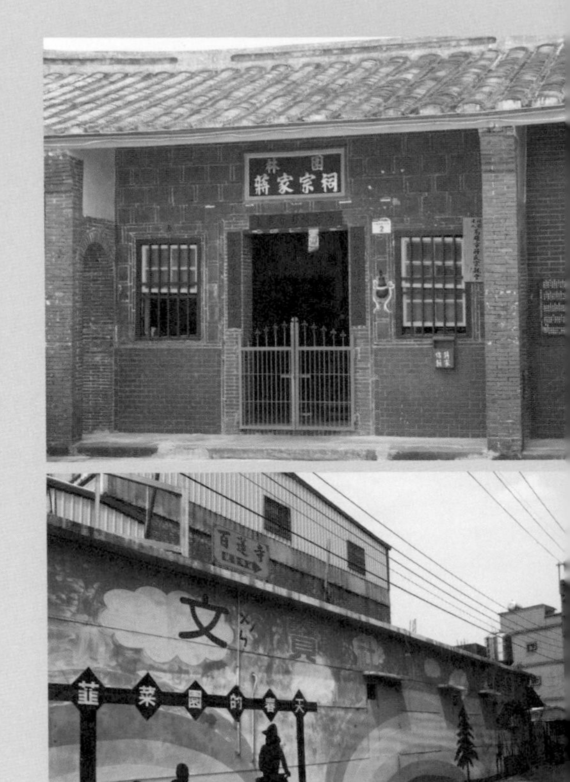

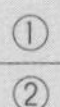

①傳說發生在早期蔣氏家族和林園地方傳奇人物-林半仙地理風水師之間的奇談趣事，民間流傳許久，也為一磚一瓦添上層層想像空間。
②蔣家古厝其中一端出路口的屋牆，畫了一整面的彩繪圖案，讓林園地區原有樣貌點綴上藝術活力，同時展現在地韭菜園特色。

港埔江夏黃氏古厝

INFO

景點資訊

地址：高雄市林園區港埔一路78號

電話：07-222-5136

開放時間：全天開放（建議白天前往）

穿越時空的百年古厝建築之美，老屋控絕對值得一訪！

旅途中，能欣賞到古色古香的老房子對我來說會是很大的樂趣，車子剛停在「港埔江夏黃氏古厝」前的大埕，我已被這座規模格局廣大的古厝建築群深深吸引，彷彿一瞬間闖入古早風情的舊時光裡，近距離親見百年歷史風華。大家如果也很喜歡看看老房子，那麼「港埔江夏黃氏古厝」非常值得一遊。

歷時13年整修之下，於2016年完工並開放免費參觀，中央平行坐

①「港埔江夏黃氏古厝」是林園最具代表性的古厝建築群，扮演著供世人見證地方歷史的重要角色。
②雖然大半屋宅幾乎閒置，卻與當下幽幽靜靜的訪古氛圍，感到毫無違和感。

落著五進廳堂，第一進正廳作為供奉祖先的祭祀空間，建築主體保留完整，從左右兩側擴建多道護龍群及占地範圍如此廣闊來看，得以想像黃氏宗族當年具有一定的名望地位，而且還是人口眾多的大戶人家。屋頂上的「燕尾翹脊」型態、紅磚屋瓦、磚雕裝飾、洗石子壁面和樑柱、壁堵石塑、木造屋門、書卷形窗頭和各種帶有寓意的圖案題字等等，走在老屋群的巷道間，一隅一景充滿陳舊韻味，給人濃濃的古樸氣息，耐人尋味。

①
②
③

①看似凌亂不堪，但其實也表現出獨特的秩序美感，那是歲月給予的魅力。
②值得注意的是每一進建築本體所用的建材、外觀格局、牆上泥雕等等都不太一樣喔！感覺得出來是不同時期的產物。
③走過160餘年經歷多個時代的老厝，因後人妥善修復有成，展現原汁原味的老風貌。

鳳鼻頭文化遺址

走入歷史課本認識林園重要國定遺址，
奠定台灣西南部史前遺址代表性地位！

INFO

景點資訊

位置：高雄市林園區中門里中坑門聚落北側約350公尺處

還記得歷史課本上寫過的「鳳鼻頭文化遺址」就在高雄林園區嗎？我們走進課本裡的景點，重回學生時期的記憶，上一堂充實的室外實地歷史課，讓旅遊時也能達到寓教於樂的良效。「鳳鼻頭文化遺址」又稱「中坑門遺址」，最早於1940年代被日人發現，後人挖掘出大量的陶器、玉器、石器、貝殼、獸骨，年代距今約2000～3500年歷史之間，範圍涵蓋新石器時代早期到晚期的多個文化層，文化資產豐富度極高，具有相當重要的保存價值。

設置了簡介立牌，記錄著遺址年代、發展與研究等等文獻資料。其實上述簡短介紹也是從立牌中得知，但如果想多了解遺址相關的內涵細節，我真心認為需要透過導覽解說的方式會較為清楚。遺址約9.7公頃的龐大占地面積，此台地地形多為農地果園之用，往上小路分支，綠草茂盛，若藉由考古研究專業人士帶領前往，會更熟悉其中動線和看頭，也能使我們對史前人類生活模式及各文化時期特色的學習好奇心得到滿足。這是林園區值得被關注的重要國定遺址，我很期待它在未來能受到更完善的規劃與保護。

①
②

①介紹看牌的設置，讓遊客能初步認識遺址豐厚的文化地層資料和出土標本珍物等。

②此遺址多為私人用地，以至於觀光發展受限，現階段以保護區的方法保存，讓後人好好緬懷數千年遺留下來的歷史軌跡。

清水巖風景區、林園清水寺

INFO

景點資訊

地址：高雄市林園區清水岩路214號

電話：07-642-0248

開放時間：風景區全天候免費參觀
（清水寺06:00~21:00）

「清水巖清水寺」是當地歷史最悠久的古老廟宇，流傳著傳奇神蹟。

高雄八景之一，豐富珊瑚礁石灰岩質構成特殊奇景，當地信仰百年老廟必遊。

曾享有「高雄八景之一」美名的「清水巖風景區」，不僅是當地居民休息乘涼的良好場域，更是許多登山老手最推薦初學者練習的一條爬山路線，也很適合一家人一起來健走運動。清水巖的地質多為珊瑚礁石灰岩，是海底隆起後造就的奇岩地貌，景致特殊自然，林木成蔭，將幾處大型獨特礁岩以水濂洞、觀音馴鰲、午睡鸚鵡、三腳蟾蜍等主題命名，通往山上沿途會看見從日治時期遺留下來的廢棄碉堡和洞穴隧道，充滿探險趣味，登高還可眺望整個林園小鎮的市景風情。

從清水巖景觀導覽地圖上算了一下，才知道偌大的風景區當中存在二十幾個大大小小的景點，名勝古剎「清水巖清水寺」屬於最

具代表性的其一景點。進入牌樓後，寺前的大片空地停車方便，擁有上百年歷史的古老廟宇，歷經多次擴建修整，格局外觀宏偉闊氣，殿內氣氛肅穆莊嚴，主要供奉釋迦牟尼佛和觀世音菩薩，終年香火鼎盛，一直是林園人和大寮人的信仰中心。實際停留此地，除了感受當地宗教文化之美，亦虔誠祈求旅途回程能夠平安順利。但比較可惜的一點是，當天來的時間不早了，沒有辦法將「清水巖風景區」內所有景點全部看過一遍，約走了20分鐘後天色漸漸暗下來，決定於步道半途折返。

① ② ③
④
⑤

① 風景區登山處的其中一條入口步道，拾階而上便可清楚看見礁岩山形景觀。
② 寺廟後方規劃出寬闊挑高的休息所，涼爽愜意的休息空間，如果外頭炎熱，可以選擇在此稍作休息，十分閒適。
③ 各區域會有不同主題命名，沿途隨處可見綠色立牌。
④⑤踩著石階步道往上前進，親近自然奇景，龍蟠洞、桃源洞、念佛洞等等都是其中必拍景點。

珍珍茶葉蛋

INFO

店家資訊

地址：高雄市林園區清水岩路225號
（林園清水巖清水寺旁）

電話：07-642-4634

營業時間：06:00~19:00（有時最晚會到20:00）

推薦：柴燒茶葉蛋

柴燒茶葉蛋低調熱賣50年，清水巖風景區周邊美食首推！

林園清水巖清水寺旁有個賣柴燒茶葉蛋出了名的小攤子，作風十分低調不起眼，婆婆堅持傳統爐灶燒柴火，並放入有著獨特祕方茶包的大鍋裡長時間燜煮入味，口味甘甜帶點清清淡淡的柴燒香氣，保有濕潤感，每一口蛋香濃郁，蛋白又Q軟又彈牙，蛋黃口感綿密，不乾不澀，吃完齒頰留香。

當天先買3顆茶葉蛋當作嚐鮮，很快吃完竟忍不住又回頭多買了3顆帶走，這滋味會烙印人心。很多登山遊客或廟裡拜拜的香客，還有附近營區的阿兵哥一放假，都會過來買幾顆茶葉蛋吃，讓小生意維持很穩定，但婆婆笑著補一句：「雖然在這邊賣了50年，還是有許多在地林園人都不知道喔！」

①
②

①簡陋小攤子前擺著一座很有年份的古早爐灶，燒著柴火熬煮茶葉蛋，吸引饕客聞香光顧。
②茶葉蛋沒有期待中柴燒香氣那麼濃，但價格便宜而口感又好，吃了會想再回訪。

Chapter 02 來去高雄甲仙住一晚

體驗年年舉辦的地方盛事甲仙芋筍節活動，文化路特產街周邊景點走透透

假日漫遊高雄甲仙區這座風景秀麗的「芋頭故鄉」，享負盛名的各種芋頭小吃當然不能錯過，而一年一度的甲仙芋筍節盛會也一定要親身參與一次；活動內容規劃豐富精彩，搭配許多好看的舞台表演秀更加分，還能品嚐芋筍包、筍粥等多樣道地美食。這次難得住上一晚，從晚玩到早，同時體驗在地人的作息生活與少有的夜晚樂趣：下午先去「三冠王芋冰城」回味朝思暮想的現煎芋粿，再來必拍風災後重新整建的甲仙大橋，入夜會亮起七彩炫麗的燈光喔！隔天早上就在甲仙早餐街上大啖一碗讓在地人誇讚全甲仙最好吃的炸肉圓，而對面正是人氣拍照打卡景點「貓巷」，拍拍貓咪彩繪超殺時間和相機底片；若不趕行程可將「百年老樟樹」和「甲仙公園」順道一遊。旅途中，給自己短暫休息片刻的時間，我們到「好好 Good Days」喝杯咖啡吧。基本上這段旅程多圍繞在文化路特產街周圍一帶，景點和景點間的距離皆步行幾分鐘就可以到，玩起來特別輕鬆愜意。

滿心期待參與甲仙芋筍節活動的在地人

大學時期認識了一位個性豪爽的好朋友小黑，他也是我的朋友群之中唯一一位道道地地的甲仙在地人，好幾次邀請我參加甲仙舉辦的芋筍節路跑活動，但每年活動日期總會剛好有事而一再錯過。直到畢業後等兵單那年8月份，確定能安排出時間，當下立刻和他相約，終於有機會如願一睹甲仙芋筍節熱鬧盛況，感受豔陽下參賽選手們熱情釋放著汗水的熱血畫面。

過去往往和家人開車到甲仙一遊，這是第一次獨自搭乘客運前往，還算滿新鮮的旅遊經驗。一大早從屏東搭火車到高雄車站，出了車站先在超商買些小餅乾和飲料，才慢慢往高雄客運站移動。等

①｜②　①②從高雄車站旁的高雄客運搭車前往甲仙，客運站位置好找，且假日搭車的人很多！

車時間比我預期還短，當公車即將進站前，已經先看見車站內排出長長一排準備上車的乘客。我跟著排在倒數幾位並撥通電話給好友小黑，告訴他一聲我的搭車時間，接著又拍張這班客運滿座的照片給他看。「假日搭車的人本來就很多，而且明天是芋筍節活動，一定會有更多甲仙人回來幫忙啦。」他接著又說：「你現場還買得到車票真的很幸運耶！」我心想：還好！如果剛剛待在超商多吹一下冷氣或看看雜誌，說不定就要等下一班車了。

路途中會停靠旗山轉運站，乘客們會趁這時趕快上個廁所。我也下車透透氣，讓身體動一動，不然人滿為患的車內空氣真的好悶，加上到甲仙還有一段長路，查過手機地圖，距離顯示起碼要再坐個50分鐘車程跑不掉。

③ | ④

③高雄客運甲仙站設置在林森路上，轉個彎就能直走到文化路特產街上，位置很便利。
④假日中午往來甲仙的人潮數量很可觀。

三冠王芋冰城

INFO

店家資訊

地址：高雄市甲仙區文化路47號

電話：07-675-1316

營業時間：07:30~20:30

推薦：芋粿

①民國60年創立的「三冠王芋冰城」至今仍持續研發出多元化的芋頭產品。

②小攤車上清楚標示著價錢，小盒的有5片芋粿只賣40元銅板價！

顧客讚不絕口的人氣芋粿，現點現煎，皮酥內軟芋香可口！

既然來到擁有「芋頭之鄉」美名的高雄甲仙，一定要品嚐芋頭冰、芋粿、芋泥餅、芋湯圓等等各種由芋頭製成的特產才不虛此行。「三冠王芋冰城」頂著紅色亮眼招牌的店面位在文化路上很是明顯，論名聲、悠久歷史和店面規模在當地可是數一數二的；門口前設置的小攤車正油煎著焦黃酥香的芋粿，深受客人喜愛，我自己可是每來必吃喔。今天同樣點了一份芋粿，等待過程中，看著煎台上滋滋作響的每一塊芋粿，表皮逐漸轉變成油亮焦黃色，越看越好吃，恨不得趕快夾起一塊放嘴裡。店家對品質有一定要求，經上選過的芋頭所做出來的產品有口皆碑。

店旁附設大型停車場，不過假日常常停滿車，可見生意之好。一進門口，右側是甲仙地方名產販賣區，可挑些送禮自用兩相宜的伴手禮盒、香脆零嘴帶回家；左方則提供許多美味的冷熱食；而更往前走，寬敞明亮的用餐區域整理得還算乾淨。來過多次，對這裡印象一直都很好，如果外頭天氣炎熱，坐在這裡品嚐各種芋頭美食，休息避暑也滿不錯的。

③ 芋粿現點現煎，每一塊充滿厚度，一口咬下不至於太單薄，芋頭餡泥非常飽口。
④ 油油亮亮的芋粿，外皮酥脆可口，內裡香嫩柔軟，滿是芋頭自然的清香，沾上鹹甜醬料更是一絕。
⑤⑥店內環境一景，走道寬，燈光明亮，桌椅張數非常多。

增添繽紛印象的甲仙夜晚，精彩行程才正要開始！

以往最常在這條文化路（甲仙大街）上品嚐美食，又被稱作是「甲仙特產街」，林立著加美、世欣、雅雪、小奇、三冠王、第一家、統帥這麼多遠近馳名的店家，芋粿、脆梅、脆筍、芋冰讓尋香而來的饕客們百吃不膩，有時候離開甲仙會帶個幾罐芋頭豆腐乳回家慢慢享用。吃過芋粿之後，中下午時間，好友小黑因為有工作在身暫時走不開，於是請他妹妹先帶我去他家放行李。我待在小黑房間稍微睡個半小時，將手機充飽了電，背個小包包和相機就出門到街上走走。

漫無目的地遊晃，拍了甲仙公園前的小花，筆直走到甲仙大橋上。擁有四線道寬敞路面，橋身長達300公尺，橫跨楠梓仙溪，3座拱型鋼樑。許多遊客來到甲仙的第一件事，就是先跟甲仙大橋合照一張，表示到此一遊；大橋旁有個甲仙代表性山產芋頭的形象造景，相信也不會遺漏掉才對。

即將入夜的文化路上，攤販店家的招牌霓虹燈紛紛亮起，此時遊客身影逐漸減少了。身為甲仙人的小黑騎著機車出現，將要帶著我見識我從沒看過的甲仙另一面。

①	②
③	④
⑤	⑥

① 因2009年莫拉克風災重創的甲仙大橋，如今以淺紫色系的壯闊姿態重現，是進入高雄甲仙區的第一門面。
② 剛過甲仙大橋有顆大型芋頭雕塑，象徵著甲仙是芋頭的故鄉。
③ 甲仙大橋另一邊有間小廟「甲仙福德宮」。
④ 從溪旁的停車場望向甲仙大橋的側身，3座拱形橋身看起來像條巨龍！
⑤⑥改建後的甲仙國小變得格外美麗，因建置在文化路特產街上，順道經過可以拍張照，欣賞校園旁的小花小草。

甲仙大橋

芋之鄉

甲仙
福德宮
甲仙大橋

晚上再次經過甲仙大橋時，彷彿看到一場華麗的露天燈光秀，堪稱全台最大的LED景觀燈橋就在眼前觸手可及的近距離位置，以超過20種色彩變化的LED燈閃亮著光芒魅力，此時的甲仙，比我想像中的還要美得多。

①來甲仙必經甲仙形象商圈，各種遠近馳名的農特產小吃聚集在這條街上。
②夜晚的甲仙大橋迷人不已，三拱橋身閃爍著絢麗七彩燈光，引人注目美得令人嘆為觀止！

芋筍節路跑活動前晚，參賽選手們填飽肚子面對隔日賽事！

當晚吃完晚餐就到「甲仙地方文化館」，準備隔天活動現場要販售的美味佳餚，誘人口慾的芋頭筍包一顆顆排滿桌面，等待放涼。我和好友小黑還在吞嚥著各自手中那顆芋頭筍包，他又興奮拋出一句：「還有好料的，你等我一下！」接著飛快往小門外跑去，一溜煙端來一碗熱呼呼的……粥？

他說這叫芋筍粥，說是芋筍飯湯也一樣，每個甲仙人共同的美食記憶，他從小吃到大，也是他大學4年求學在外最想念的家鄉味，回鄉必吃上好幾碗才能滿足。「快趁熱吃完，等等我爸媽煮好

①│②

①甲仙地方文化館平時作為活動中心之用，是當地人舉辦活動的場地之一。
②有一群為活動默默付出的居民，我和好友小黑協助準備超過百顆的芋頭筍包和待會兒要送去給路跑選手當宵夜的芋筍粥。

3大鍋芋筍粥之後，我們要載去廟裡給那些路跑選手吃宵夜。」他邊說，又再拿了一顆芋頭筍包大口嗑掉。後來我把芋筍粥帶在路上吃，因為現煮的非常燙口，而且好友小黑給我裝了滿滿一大碗，一點也沒在客氣，結果撐到我連睡前都感覺肚子好飽……

①香噴噴、熱騰騰的芋頭筍包用料好實在，要放涼才能裝袋。
②提供接駁車和免費住宿給外縣市參加路跑活動的選手群。
③準備3大鍋芋筍粥讓這些選手們補充戰力，好好面對明天重要的路跑賽事。

跟著當地筍農採收竹筍初體驗，我在甲仙最棒的清晨回憶。

鬧鐘響起我睜開眼，一旁好友小黑已經換好服裝，我簡單套件外套跟著他出門。清晨4點半，天空漆黑一片，外頭濕冷的空氣有下過雨的痕跡，他爸爸開著小貨車載著我們兩人往山上移動。大學時期就知道他們家在甲仙是種竹筍的，從阿公那一輩就是筍農，剛好這段時間是竹筍盛產期，特別拜託他要帶我去體驗採筍過程。起初他拒絕我，說：「採收竹筍的工作很辛苦啦，很早就要爬起床，你還是多睡一點吧。」但我很堅持要當跟屁蟲，這種機會多麼難得！

①｜②

①清晨天還未亮，熟睡中的文化路僅剩遠遠的7-11超商依舊亮著招牌，開始筍農一天的作息。

②每到竹筍盛產期間，好友小黑的爸爸清晨就得起床上山採竹筍。

身為甲仙三寶其中之一的竹筍，其實有不同品種，我們這次採收的是麻竹筍。好友小黑一邊為我示範採收方式，一邊介紹竹筍品種及產季：「今年氣候影響，梅雨季來得慢，所以竹筍的產期有往後延；然後麻竹筍口味偏苦，不適合涼拌，我會建議煮湯或熱炒料理，會比較好吃。」我聽聽學學，笨拙模仿著他的採收動作進行，不知過了多久天色亮了，剛採收下來的竹筍也裝了滿滿一車，這才收拾工具，打道回府。

回程途中，小黑說他們家最早期芋頭、竹筍和梅子都有在種，要更往上進到高海拔的深山中，以前阿公家就住在那裡，一大片山地種滿梅子，小時候他們都會去幫忙採收。「那現在呢？」我好奇一問。「早就沒啦，『八八風災』那時候全沖毀了，現在連上去都有困難。」他比出大拇指對我說：「以前種梅完全不噴農藥，每次去都會看到梅樹上爬著比大拇指還大的毛毛蟲，沒騙你，超大隻！」我聽完皺著眉頭，無法想像。

①｜②

①竹筍和梅子、芋頭並稱甲仙三大特產，這裡每株竹筍看起來又粗又長，堆滿小貨車。
②看著他們手腳俐落地採下成熟的麻竹筍，為了不影響工作進度，我後來只負責搬上車就好。

高雄季節活動必玩甲仙，一年一度芋筍節地方盛事！

甲仙芋筍節一屆比一屆還精彩，盛大活動以行銷地方特色農產品為主軸，提倡全民健康運動的態度精神，活動結合路跑賽事或騎乘自行車欣賞甲仙風光美景，每年吸引大批外縣市民眾到此共襄盛舉，聽說每屆參加人數至少上千人！而且還有全台首創「千人共享飯湯」活動，讓大家免費品嚐到當地特色美食。

早晨6點，路跑選手們早已經在集合地點開始做起暖身操，為接下來的路跑賽事做好萬全準備。

活動內容豐富有趣，除了路跑活動和首創「千人共享飯湯」特色活動外，街頭藝人和地方特色表演團帶來的精彩舞台秀也是重頭戲，手繪屬於自己的明信片、芋筍趣味競賽等等，莫不融入地方特色表現，有助於帶動甲仙農特產品行銷。每年到了甲仙農產採收季節的時候，有沒有人和我一樣開始期待著要安排一趟甲仙芋筍節活動之旅了呢！

①
②
③

①②從甲仙大橋橋頭前起跑，在氣候宜人的甲仙地區，和緩的坡度，飽覽山林之美，非常適合路跑運動。

③ 好友小黑隨選手們站上起跑線，看似充滿信心、神情放鬆，但他其實很緊張。

甲仙市區有條早餐街，第一次在甲仙吃頓早餐。

甲仙街區的林森路與和安街交岔口路段是早晨最熱鬧的「早餐街」，清晨4、5點開始，早餐店與小吃攤陸續開門營業，道路兩旁可見煎餃、小籠包、土司、漢堡、肉圓、肉粽、雞肉絲飯、海產粥等，算算至少數十家早餐店，選擇性豐富的餐點品項，提供當地早起居民、學生和上班族飽足一頓，帶著滿滿的活力迎接一天的開始。

甲仙早餐街上有許多開了多年的老字號店家，一直是大家尋覓早餐的好地方。

而在甲仙早餐街品嚐完美味早餐後，可愜意步行附近幾處景點，例如貓巷、陳家祖厝、百年老樟樹、甲仙公園、甲仙大橋，或是再到甲仙形象商圈內吃吃由芋頭、筍子、梅子製成的道地特產美食，體會甲仙風情、人文歷史，同時也能滿足味蕾。

路跑活動開始後，我一個人優哉游哉晃到一間「仙埔會館」等待好友小黑路跑結束。坐在會館民宿大廳和親切和藹的阿公阿嬤聊聊天，還意外地招待我喝一小杯古法精釀的養生水果醋，並從他們口中打聽到早餐街上有個外地人不太會知道的隱藏版美食，是個賣炸肉圓的小攤子。很巧的是，過沒多久，剛跑完2.8公里的好友小黑和我一碰面，一開口就說他跑步跑到快餓死了，要帶我去吃他從小吃到大的家鄉味早餐。「全甲仙最好吃的肉圓，你一定也會喜歡！」他自信說著，原來和民宿老闆介紹的就是同一家店耶!?

黑輪肉丸碗粿嫂

INFO

店家資訊

地址：高雄市甲仙區林森路31號（貓巷巷口正對面）

營業時間：06:00~09:00／14:00~16:00

推薦：油炸肉圓

①
②

①貓巷巷口的人氣肉圓攤曾接受過電視節目採訪，好友小黑說麵線糊和肉燥飯也超好吃。

②醬料色澤層次豐富，肉圓外酥內軟，好吃到吃一碗都覺得不太夠。

早餐激推，全甲仙最好吃的低調隱藏版炸肉圓！

早餐街上有家賣著黑輪、米血、肉丸、麵線糊、碗粿和肉燥飯的小攤子，並沒有店名，招牌也不明顯，有人直接將它命名為「黑輪肉丸碗粿嫂」；也因位置剛好就在貓巷對面，就被大家直呼「貓巷對面無名肉圓攤」。透過民宿老闆和老闆娘推薦下有幸品嚐到這家低調隱藏版的炸肉圓，食材自產自銷，肉圓經過炊蒸與油煎的過程，外皮香酥焦脆，皮內的餡料軟嫩飽滿，火候恰到好處，再淋上店家調製的獨門醬料香氣四溢，鹹甜鹹甜的滋味百分百打動人心，每日提供的數量有限，沒吃到也別覺得可惜，吃些黑輪、米血再配碗暖呼呼的熱湯，我相信也會很讚啦！

早餐後遊覽時間，快來貓巷拍照打卡留念！

來過甲仙N遍的我，多半時候總在最多農特產、小吃聚集的文化路段上、較熱鬧的商圈區域短暫停留後便匆匆離開，倒是第一次深入社區街道內，只為找尋這一條融入各式各樣可愛又繽紛的貓咪彩繪的小巷弄。甲仙走過「八八風災」的創傷後，透過各級政府的持續努力與電影《拔一條河》記錄真實故事吸引話題，將高雄甲仙區昔日的觀光榮景逐漸找回來。

2015年時為結合芋筍節觀光活動，甲仙區公所透過當地藝術家指導甲仙居民們共同合作完成這條以貓咪為彩繪主題的巷弄藝術，每幅創作品將延續在地故事，成功活絡社區發展也帶動地方觀光熱潮，而這條全台唯一的彩繪貓巷儼然成為甲仙旅遊新地標；更在隔年，甲仙郵局打造出一座高雄首創也是全國唯一僅有的「橘貓信差」造型郵筒，萌味滿分，可愛模樣超級吸睛，相信貓迷們一定會拍到停不下來。

當天遇見在貓巷散步的當地居民說：「現在假日有很多遠道而來的遊客搶著要跟它拍照，如果你們下午才來，想拍可能還要排隊。」「橘貓信差」郵筒無疑是貓巷內人氣最高的拍照指標；不光是可以留影，郵筒其實真的有郵寄功用，郵差每天會來這裡收信。從當地居民口中也得知，舉辦高雄甲仙芋筍節時也結合貓咪郵筒推出投遞明信片的主題活動，增添親筆寫信投郵的樂趣，讓貓巷多了幾分玩味。

①跟隨著七彩繽紛貓咪腳印的腳步一探這條長約100公尺的靜謐巷弄。
②貓巷內最吸睛的非這個可愛的貓咪郵筒莫屬，只有在甲仙才看得到喔！

長約百多公尺的貓巷，由當地社區居民、學校師生共同彩繪創作而成，還營造出許多小巧思，如：童趣十足的橘貓郵筒、沿巷一排排彩色小傘高掛著、斗大醒目的台灣俚語、地上多彩的貓腳印、與貓咪們在甲仙車站站牌下等公車……，都是大家最愛拍照討論的幾個亮點，一起輕鬆漫步貓巷發現它們吧！

貓巷

INFO

景點資訊

地址：高雄市甲仙區林森路40巷（甲仙郵局旁巷子內）

開放時間：全天候

①
②
③

①貓巷是一條隱身在甲仙郵局旁的小巷子，結合社區資源進行藝術彩繪，賦予老巷子另一番新風采，吸引許多遊客駐足欣賞。

②街巷兩旁隨處可見幸福洋溢的貓咪彩繪塗鴉，家家戶戶的牆面、窗戶、地板都變得活潑有趣、充滿魅力。

③還能遇見老師貓、啦啦貓、總鋪師貓等，各種職業扮演的貓咪彩繪。

活潑有趣熱門拍照景點，
巷弄內彩繪藝術獨具特色。

長達百多公尺的貓巷內，每走幾步就能發現小驚喜，像是尋寶似地拍下一張又一張各式各樣彩繪貓咪的逗趣身影，有郵差貓、總鋪師貓、土水貓、考古貓、蹲在花旁的貓、協力拔河的貓群、奮力打擊樂器的貓、玩著跳繩的貓、水桶旁躲雨的貓，還有融入甲仙在地特產特色的採芋貓及掛筍貓，童年記憶裡熟悉的電視卡通角色加菲貓、湯姆貓也都在這裡一一出現，將巷內的窗框、水管、洗衣機、小花雜草融入彩繪背景裡，令人會心一笑。這些滿布貓咪塗鴉的可愛

情景，有許多可以讓遊客互動拍照的創作巧思，例如跳繩、拔河、躲貓貓、拔河，拍起來好趣味。遊覽貓巷才不到幾分鐘時間，玩心徹底被點燃了呢！

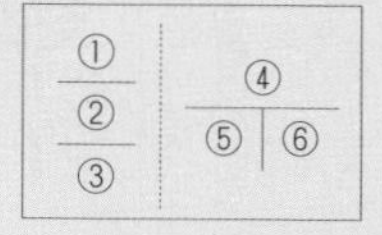

①老舊平凡的巷子裡有非常多隻彩繪貓陪伴，從巷頭走至巷尾驚喜連連絕無冷場。

②快把心儀的對象帶來這裡拍張照，讓天賜良緣貓為你們牽一條紅線吧！

③一隻小黑貓愛慕著那隻慵懶的大肥貓，這兩隻貓正窩在一塊兒曬日光浴。走在貓巷裡，每幅畫作都讓人很自然會發揮想像力看圖說故事呢！

④最後走到巷尾時，一定要在充滿童話色彩般的甲仙車站站牌下演演等公車的場景。有趣的是，有隻龍貓正笑咪咪地陪伴在一旁唷！

⑤把色彩繽紛掛滿半天空的雨傘、貓咪壁畫、常民街景拍在一起便成貓巷裡最美視角，漫步其中心情陶醉。

⑥巷子口的紅磚牆上寫著「狗來富，貓來起大厝」這句俚語，展現台灣風土民情與古早氣息，小花貓、黑貓白貓塗鴉接連出現。

8032
甲仙車站
[西安里]

甲仙百年樟樹

INFO

景點資訊

地址：高雄市甲仙區和安街42號（高雄市政府警察局旗山分局甲仙分駐所前庭）

電話：07-675-1204

開放時間：全天候

3棵百年老樟樹存活在甲仙分駐所前庭院，喜愛老樹的遊客們來看看吧！

和安老街上屹立不搖的百年老樟樹群

剛從貓巷離開，走著走著，發現不遠處三兩遊客聚集在甲仙分駐所前拍照。湊近一看，才知道他們拍的是種植在前庭的那3棵挺拔高大的老樟樹；每棵樹齡平均都達百年以上，要說是甲仙當地最資深的老地標之一絕不為過，極具重要的產業價值地位與歷史文化。日治時期，甲仙、六龜等高雄偏鄉地區擁有遍野的樟樹，為台灣樟腦重要產地，曾被日人大量砍伐利用其樟樹資源。起初在1907年共移植了4棵樟樹過來，但其中一棵樟樹因生長空間受限和蛀蟲害影響導致枯死已被砍除。如今留下3棵百年老樟樹挺過了歷史洪流，見證多件著名的抗日事件，也讓人不禁遙想那段悲愴過往。

甲仙公園

INFO

景點資訊

位置：高雄市甲仙區文化路接南橫公路段

電話：07-675-1002（甲仙區公所）

開放時間：不限

①｜②

①甲仙公園海拔不高，規模並不大，頂端平台這座紀念碑是在民國68年設置的。運動之餘，也能緬懷昔日抗日英雄的奮勇精神。
②來甲仙公園的遊客並不多，卻是當地居民喜愛休憩運動的場域之一。

攝影迷的私房拍照景點，
運動健行兼訪當地歷史代表性的紀念碑。

沿文化路特產街直直走到正前方的甲仙公園，登上又陡又長的彩繪階梯，看看在地人推薦能清楚眺望甲仙市區最棒的高處視野，來此取景拍照也一直被許多專業攝影迷默默私藏著。緩緩爬著階梯往上，如果累了可先在一旁的小涼亭休息片刻。置身甲仙公園內其實感受涼快，樹蔭遮住了部分陽光，呼吸起來有清新舒服的好空氣，而公園高處平台豎立一塊「甲仙埔抗日志士紀念碑」供後世悼念，當年的英勇事蹟仍是台灣歷史不可抹滅的重要血淚篇章。若從高處往下俯瞰整條甲仙區街景，含括前方淺紫色的甲仙大橋，鋼造拱橋造型同樣清楚顯眼，堪稱甲仙鎮上最佳的觀賞角度。

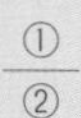

①公園內靜謐清閒，品味短暫遠離都市的那股愜意感，很適合放鬆心情。
②站在甲仙公園居高臨下清楚望見甲仙最熱鬧的文化路特產街，絕對是來到甲仙不可錯過的私房視野。

幸運碰上全台首創「千人共享飯湯」特色活動！

看完路跑頒獎，接近中午時間回到活動中心，我負責在人山人海中找空位坐，好友小黑則去領取活動免費供應的芋筍飯湯。無奈當下連一張沒人坐的塑膠椅都找不到，我們兩人索性就在活動中心大門口階梯上吃了起來。他說甲仙芋筍節首次舉辦免費品嚐芋筍飯湯的活動都被我遇到了，直誇我運氣真好。我只是笑笑，不停呼嚕呼嚕大口吃著飯湯，儘管昨晚吃過一次，現在再吃還是感到意猶未盡。

①特邀在地社區團隊與廚師一同製作飯湯，地方媽媽們盛裝一碗碗懷舊滋味的芋筍粥，路過民眾人手一碗。
②飯湯超級好吃！裡頭加了好多料，尤其結合甲仙在地出產食材，筍子和芋頭放了好多！
③憑餐券可以免費享用飯湯熱食，現場的服務人員十分熱心。

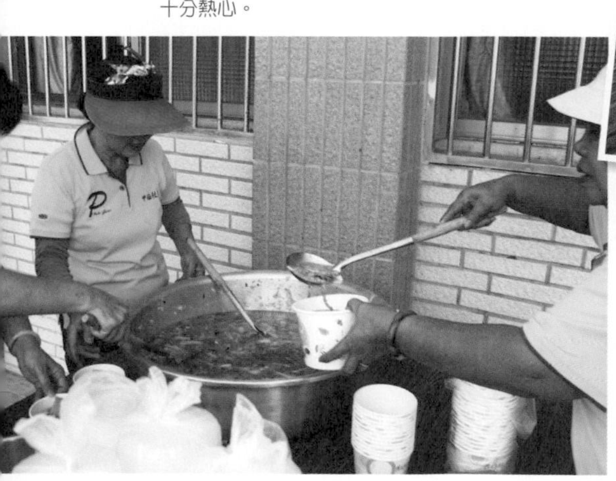

我在好友小黑家的販售攤位待上一陣子，有事沒事就走去一旁市集逛逛拍些照，而這次芋筍節活動體驗之旅差不多就到這邊告一段落。「謝謝你！我的好朋友小黑，讓我擁有一段珍貴的甲仙旅遊新篇章。」當時未說的話，如今寫下來與您共憶其中的點點滴滴。

兩側攤販林立，躲太陽逛小吃，這時候看到冰淇淋攤是不是很吸引人啊！

甲仙好好 Good days

INFO

店家資訊

地址：高雄市甲仙區忠孝路2號

電話：07-675-3838

營業時間：週一至週五11:00~19:00
週六日10:00~19:00

推薦：咖啡

充滿質感的木作裝潢，自然樸實色系呈現，讓溫暖氛圍營造於店內外每個角落。

甲仙也有文青風咖啡！
藝文空間展覽帶您認識地方故事。

薰衣草森林集團旗下品牌「好好Good Days」在高雄甲仙駐點，為當地注入一番新氣象，木質色調與綠色盆栽植物相互襯托，宛如自然森林系的韻味在此醞釀，感到療癒而有文青氣息。小店裡不定期會舉辦展覽和講座，展示著鄉土民情的老照片，分享甲仙在地故事與小鎮人情味，並和當地小農合作反饋於這塊土地。不妨來這裡喝杯咖啡，或是不同季節會喝到不同水果口味的鮮榨蔬果汁，也許來自一份用心製作的精美餐點，讓人好好享受一段幸福時光。

①	②
③	④
⑤	⑥
⑦	

①②薰衣草森林品牌商品在這裡也有販售，此外，還有賣些在地小農的農特產品。

③ 小店舖格局型態，開放式平台，結合藝術策展、食堂、閱讀、活動體驗等空間。

④ 用餐空間寬敞乾淨，而且有許多書籍可以閱讀。

⑤⑥來到二樓，同樣擺設木製桌椅，空間設置簡約舒服。

⑦ 喝著熱拿鐵，好好休息片刻，好好回味著這次的甲仙之旅。

甲仙夜市

INFO

景點資訊

位置：高雄市甲仙區忠孝路段（甲仙大橋旁）

營業時間：約17:30～21:30（週四限定）

**擁有最美夜景的夜市，
甲仙居民週四享有的
夜晚樂趣。**

你們知道嗎？甲仙竟然也有夜市可以逛耶！位於甲仙忠孝路上的甲仙夜市是當地人夜晚少有的休閒娛樂之一，規模不大，僅一條路的夜市提供吃喝玩樂多元選擇，一邊逛夜市還能一邊欣賞到光彩奪目的甲仙大橋。也難怪連在地人都驕傲地介紹說這是全高雄擁有最美夜景的夜市。

①
②

①每週只有星期四會在忠孝路上擺攤，夜市裡攤位數不多，但吃的穿的玩的樣樣不會少。
②夜市沒有特別擁擠的人潮，多為甲仙在地居民和附近村落的人來逛，一旁看得到閃耀著璀璨光彩的甲仙大橋夜景。

Chapter 03
一日岡山超值玩法

軍事主題、滷味文化、眷村市集、觀光工廠一票暢遊，
闔家大小出遊安排首選！

國境之南
紹興系列

高雄岡山區是個旅遊主題性非常豐富的城市，深厚的空軍軍史發展、滷味文化、老眷村等多元特色，對於喜愛軍事之旅的人尤其感興趣。自2016年開放的「航空教育展示館」話題爆紅，館內展示四十多架我國各式軍機，飛彈武器、航太裝備通通看得到，龐大規模的展示內容足夠讓您待上半天時間沒問題！再搭配鄰近的「空軍軍史館」及「軍機展示場」成為一套完整軍事主題行程，而途中串連著得意中華食品公司附設的觀光工廠「台灣滷味博物館」，認識滷味文化的同時也能大啖享譽國際的滷味產品。難得來到岡山地區，趁這機會好好挖掘當地人的美食喜好：早餐就要去品嚐特色十足的木瓜醬烤吐司，而中午時間轉往市場裡那家「阿三麵」，不管是乾麵或湯麵都好厲害！在地消暑聖品首推「小溝頂木瓜牛奶」，是民國37年（1948）開業的果汁老店；晚餐則安排一家位於老街上的「阿志鮮蝦湯餃」，盡興品嚐飽滿厚實的蝦餃美食。

新源發早餐店

INFO

店家資訊

地址：岡山區平和路154號

電話：07-621-5246

營業時間：06:30～12:00（週二公休）

推薦：雞肉蛋吐司、豬肉蛋吐司

①店面位置剛好在轉角處，每天早上大家車子一停，很習慣在這買份早餐。
②呈現焦黃色澤的烤吐司，外層塗抹奶油而裡層會加自製木瓜醬，香香甜甜的味道令人愛不釋「口」，吃過一次便留下深刻印象。

老字號早餐新亮點，獨特美味木瓜醬抹烤吐司！

在岡山平和路上有家超過60年歷史的老店「新源發早餐店」，多年來一直是深受在地人喜愛的早餐選擇，最大特色絕對要提到獨家自製的木瓜醬，每一片吐司都會先塗抹上木瓜果醬，之後再熱烤過；有非常多種吐司口味，而且都跟木瓜醬超搭！金黃色的吐司外層帶著討喜的奶香，裡面有木瓜醬微甜的氣味，慢慢品嚐會讓人停不下來一口接一口，這獨特絕佳的「木瓜醬烤吐司」還真的沒在其他地方吃過呢！而且我會願意專程來一趟岡山，只為了在早餐時間吃一份吐司，點杯木瓜牛奶一起享受，也是極為推薦的組合唷。

航空教育展示館

INFO

景點資訊

地址：高雄市岡山區致遠路55號

電話：07-625-8111（團體預約專線）

參觀時間：08:00~17:00
（如遇特殊活動將延長營業時間）

「航教館」是目前全國佔地最廣、規模最大的軍機博物館。

價值非凡！
全台唯一懸吊飛機博物館，
親眼目睹多架國寶級軍機。

設置在高雄岡山區空軍官校旁的「航空教育展示館」斥資上億經費打造，於2016年正式開放給一般民眾參觀，不僅是全台唯一的懸吊飛機博物館，館內展示價值更可說是亞洲第一。全館規劃眾多展示區，主要分為一樓地面展示區和二樓懸掛展示區，亦有二樓武器裝備區、二樓發動機區、多媒體劇場等，超過十個展示主題，結合教育、航太、科技與文化宗旨，珍藏多架我國各個時期的退役軍機，絕對是軍事迷、飛機迷的天堂；而這裡還能近距離一睹軍事飛彈武器和歷史文物史料，深具軍事教育意義與遊玩樂趣，適合大小朋友一起來體驗拍照。

①	②
③	④
⑤	

①館內珍藏超過40架空軍國寶級軍機，眼前宛如一座大型停機棚。

②B-720中美號從民國61年起服役擔任總統座機，接送過蔣中正、蔣經國等4任總統，放了這4任總統的Q版人形立牌貼近遊客，成了館內拍照熱點之一。

③懸吊於天花板的各架軍機彷彿正翱翔空中，展現磅礡氣勢。

④行程時間充裕的話，可申請預約導覽，若由館內導覽人員專業解說之下，更能了解每架軍機過去歷史背景、機種性能及用途價值。

⑤二樓的展示間有模擬機區和武器及裝備區，可以看看飛機模型和模擬機、發動機引擎、飛彈武器等等。

本館除了飛機、武器、裝備等空軍機械展示外，更在一樓的主題特展區精心策畫，加入當地人文、地理元素而成的「眷村文化館」，把懷舊眷村主題搬進展覽館內，藉此介紹高雄岡山當年18個眷村文化，而一些台灣早期可見的復古物件，像是古董摩托車、鐵馬、竹製嬰兒床、老電視機和磚瓦房等，將長長的走道兩旁營造出早期岡山籃籗會的市集樣貌，不僅能喚醒老一輩岡山人的共同回憶，也讓人深刻感受到館方人員對於經營上的用心。

⑥
⑦

⑥商品販售區，每一個販售區域都以一個岡山早期眷村來命名，手中的門票千萬不要弄丟喔！因為這裡賣的東西可以用門票抵小部分消費。
⑦營造出濃濃的老眷村主題背景。

①│②

①親切和藹的香腸伯正為我們烤香腸。眷村香腸超美味，而且攤子旁還有讓小朋友玩到不亦樂乎的傳統彈珠台，復古感十足！

②感謝得意中華陳秀卿董事長百忙中仍撥空協助這次導覽

一票在手，暢遊岡山最超值！

不得不介紹這條行程最物超所值的部分，在「航空教育展示館」購票入場，這張票券千萬不要馬上丟掉，因為上頭的抵用券可以在館內折抵消費，買些涼水或是吃個冰，當然也能在商品販售區買童玩折抵部分費用，另一部分可以持兌換券到「台灣滷味博物館」兌換精美禮品乙份，這也是我們安排的下一個景點。

接著還有呢！只要持本票根可於7日內，免費參觀「空軍軍史館」，這種「一票三享」的旅遊概念非常經濟實惠啊！

應邀參加了「航空教育展示館」團體導覽體驗，跟著專業資深的導覽大哥帶領講解，聽到不少連解說牌上都沒有記錄的私房內容，幾架退役軍機的輝煌經歷說來何其生動震撼，煞是回味無窮。

親身操作互動模擬機的設施體驗，走進B-720中美號（總統專機）滿足想像，機器人互動體驗區儼然就是小朋友們最愛的遊戲天堂，配合著專人解說，其實短短一個上午很快就過去了。

當天導覽結束時，深感榮幸能和陳秀卿董事長拍張合照，她也補充一段關於「航教館」的故事，甚至提到不久前有位退役的空戰老師伯伯來到展覽館內，看到自己過去年輕時曾駕駛過的幾架軍機，在伯伯臉上浮出無數個回憶，當下內心難掩激動，直接流下男兒淚，而那一幕也讓陪同在他身旁的家人們和導覽工作人員眼眶泛紅，我心想著：「或許，這就是航教館之所以存在的重要意義吧。」

預計參加「台灣滷味博物館」的黃金蛋DIY活動體驗，提前報名下午2點的場次。在這之前，我們決定先去岡山市區吃午餐。走出大門前，陳董事長不忘提醒我們，票根留著可再到鄰近的「空軍軍史館」免費入場走走。

入館票券很有特色，附抵用券和兌換券當然都要用掉才值得囉！

小溝頂木瓜牛奶

INFO

店家資訊

地址：高雄市岡山區開元街84號

電話：07-621-1369

營業時間：12:30~23:00（不定休）

推薦：木瓜牛奶

①
②
③

①冰櫃上的老「扛棒」是歷史的記憶，許多慕名而來的饕客會先拍張照留個紀念。

②走過70年的懷舊老店紅遍大街小巷，現打果汁天天吸引眾多老饕光臨。

③外帶一杯木瓜牛奶在路上慢慢走慢慢喝，木瓜給得多，加上比例適中的牛奶調味，又香又濃郁，口感滑順帶點厚度。

民國37年賣水果起家，現打果汁紅遍大街小巷！

炎熱天氣當前，我們到【小溝頂】喝杯新鮮現打果汁吧！點了一杯去糖少冰的招牌木瓜牛奶，等待同時也和老闆聊了幾句。原來老闆的父親70年前是賣水果起家，直到民國五十幾年那時花費大手筆買進果汁機，開始提供一杯又一杯真材實料的果汁，陪伴岡山在地人從小到大度過好多個消暑時光。不加糖的木瓜牛奶也很有味道喔！甜味對我來説反而剛剛好，新鮮現打的濃順口感，入口滿滿的木瓜果香與奶香完美融合，不會互相搶味，用料紮實，一喝完仍意猶未盡。店裡的西瓜牛奶、蘋果牛奶、香蕉牛奶、蔬菜水果汁等等，可都是人氣選項，旅遊岡山不妨安排個半小時來這感受樸實道地的果汁飲品，或是吃份古早味十足的水果切盤，一定不會失望的。

阿三麵

INFO

店家資訊

地址：高雄市岡山區維新路2-2號（文賢菜市場靠近岡山路口）

電話：07-621-6930

營業時間：07:30~17:00

推薦：乾麵、湯麵

市場私房麵店，在地人從小吃到大的古早味乾麵。

網路查到高雄岡山區有間隱藏在文賢菜市場裡的「阿三麵」立刻勾起我的食慾，小小的店面碰上用餐時間很容易客滿要排隊。由於從一早7點半開門營業，聽聞許多在地岡山人連早餐都很愛來這裡吃；主要就是賣乾麵和湯麵兩種，有特大碗、大碗和小碗之分，還可以加肉或加菜。光是乾麵已讓我一吃成主顧，用醬油和現炸豬油調和醬汁淋在麵條上頭，耐心攪拌醬汁後，讓麵條根根入味，單看色澤就能迷倒人！吃起來口感濕潤，鹹香味十足，稍粗的麵條略帶咬勁，真的好吃啊！

①
②
③

①中午用餐時間生意很好，看阿姨們手邊動作沒停下來過，將一碗又一碗美味好吃的乾麵、湯麵端上桌。

②傳統簡單卻又十分獨到的乾麵，醬汁是以陳年醬油與豬油做調味，配料有豆芽菜和瘦肉片，其中瘦肉片有用老滷汁處理過，不僅入味還不會乾柴。

③麵的湯頭也不是蓋的，若在麵裡加些岡山特產的豆瓣醬，又會是另一種層次的美味了。

台灣滷味博物館

INFO

景點資訊

地址：高雄市岡山區本洲產業園區本工一路25號

電話：07-622-9100

營業時間：08:00~17:00

「台灣滷味博物館」是全台第一座以滷味為主題的觀光工廠。

全台第一座滷味主題式觀光工廠！
動手DIY黃金蛋好玩又有得吃。

回憶二十多年前的夜市攤販一直到創立品牌並成為國內知名企業的故事，將原本生產工廠轉型為觀光工廠「台灣滷味博物館」，招牌產品鐵蛋化身成Q版鐵蛋娃娃，帶領我們體驗這段滷味文化的精彩滋味。結合懷舊性、教育意義、地方特色及在地產業，設有生產製程介紹、品質認證區，從透明玻璃內可親眼看見滷味生產製程和生產設備，再慢慢認識「得意中華」食品公司的各項事蹟與認證，以及如何從一個夜市小攤賣到外銷國際的時光歷程。更用心規劃出展現岡山在地特色的「籮奮會」市集，不光是透過專人導覽解說，也能預約DIY體驗，互動趣味十足。

①
②

①館外的小庭院有許多可愛逗趣的人形立牌和布置造景。
②品牌吉祥物頑皮鐵蛋公仔人氣超旺，大小朋友每到這裡先搶著跟它合照。

①一一介紹「得意中華」的各項事蹟與歷程，以滷味故事館為主題打造。
②展售區絕對是滷味控的尋寶之地！有賣種類豐富的滷味產品，像是鐵蛋系列、豆干系列、滷味系列等等，口味變化也很多。
③二樓主要是用餐區，可以嚐嚐香氣四溢的滷味和牛肉麵，另有懷舊傳統的古早味玩物販售處。

大小朋友同樂，體驗手作黃金蛋DIY活動。

親身參與全台每家觀光工廠的「DIY活動」一直是我的旅遊清單中想完成的目標，透過自己動手體驗好吃又好玩的DIY課程，也能更快更有效加深對各產業的認識，此種寓教於樂的旅遊方式非常適合安排在親子之旅。而目前「台灣滷味博物館」規劃出黃金蛋、彩繪蛋、環保天燈、環保袋、環保風車這幾項DIY課程，假日固定場次是上午11點和下午2點兩個時段，非假日的話要事先預約喔！

只參觀完館內一樓，我們就先到集合地點休息等待。過後不久，看見家長們也帶著小朋友陸陸續續來報到。活動開始之前我和我的朋友都不太懂DIY黃金蛋體驗是要玩些什麼，等到解說人員發放材料和工具時，分享有關蛋的各種小知識和學習煮蛋的小撇步，

上：將敲出一點點裂痕的蛋放入加了鹽的熱水中，約煮7～10分鐘再放到冷水冷卻，是其中一道步驟。
下：同桌的妹妹正小心翼翼的把自己的蛋夾到袋子裡去。

才知道黃金蛋其實很像糖心蛋的做法，外表是煮熟蛋白而內裡呈現軟綿膏狀，美味可口。從選蛋、敲蛋、煮蛋……，到加入滷汁後封口，各個步驟都有其訣竅。活動中還有一段帶動跳的趣味互動，解說人員說只要跳完，蛋就會變得更好吃，結果惹來大人小孩一陣哈哈大笑。

同桌的可愛妹妹很熱心協助我這位笨手笨腳的大哥哥完成好幾個步驟，解說人員從旁細心指導，孩子們與家長互動實作的畫面十分溫馨，感受得到有一股溫暖而充滿歡樂的氛圍正包覆著我們。能跟不認識的人一起參加活動，彼此分工合作、互相幫忙完成一件事情，人與人之間的互動原來可以很單純很無私……，啊！彷彿找到自己會這麼喜歡參加觀光工廠「DIY活動」的原因了。「哥哥！蛋蛋要裝進袋子裡，要不要幫忙你？」同桌那位可愛的妹妹小聲地問，拿給我看她剛裝好的蛋，接著又說：「我、我會裝喔……」

不只是教學黃金蛋DIY，活動最後還贈送豆干、鐵蛋給參加體驗的大小朋友，整體CP值好高啊！

「哇！妳好厲害喔！」我露出驚豔的表情並誇讚著她，同時兩手撐開我的袋子示意她幫我夾蛋，「好啊，那妳幫哥哥裝，謝謝妳。」黃金蛋DIY體驗活動結束後，我將「航空館」票券兌換到的小豆干送給了她，還不忘得意地看著她幫我裝好的黃金蛋完成品，想讓她知道我有多麼感謝她的幫忙，我很開心，真的。

空軍軍史館

INFO

景點資訊

地址：高雄市岡山區介壽西路西首1號

電話：07-627-1222

營業時間：08:00~17:00（週一公休）

既然是高雄岡山軍事主題行程，豈有不來「空軍軍史館」和「軍機展示場」看一看的道理！這兩個景點分別坐落於岡山空軍官校大門口兩側，「空軍軍史館」為永續發揚筧橋精神，館內共分成兩層樓，展示文物比我想像中更豐富，主要是空軍建軍以來的歷史沿革、重要人物史料記載、空戰事蹟、老照片的縮影回顧等等，結合一些現代科技的元素呈現，讓人深刻體悟到航空國防對於我國的重要性。在這裡也會看見舊時代的空間陳設，尤其當大門一打開，眼前停著一台悠久古老的閱兵車抓住我的目光，彷彿置身電影場景般給足想像空間。

空軍軍史館的設立，敘寫著空軍健兒的記憶篇章，讓後人不忘那些年走下的悲壯戰事歷史。

空軍軍機展示場

INFO

景點資訊

位置：空軍軍史館對面

電話：07-625-4141

營業時間：08:00~17:00（除夕公休）

走到對面的「軍機展示場」參觀，露天式的除役軍機陳設展覽，雖然軍機數量不比「航教館」來得多，可同樣具有重要的歷史意義，而且最大的吸引力就是免門票！不用花錢就能和展示區裡的所有軍機大拍特拍，可以說是飛機愛好者的首選拍照聖地，也能藉由展示立牌快速認識每一架飛機。由藍天、軍機和濃濃的空軍文化構築出來的一道景色，是岡山旅遊才可享有、也是最迷人的部分。

①露天開放的軍機展示場免費參觀，可以從不同角度欣賞宏偉軍機。
②快來和各架退役軍機近距離合照個幾張照片吧！

有一段回憶，只停留在岡山空軍官校裡。

看著如巴黎凱旋門外形的這座白色大拱門，是空軍官校正門口，也是我和她相遇的地方。

回想那年，我24歲，從成功嶺新訓完分發到各單位，我和一群素未謀面的同梯搭著大巴士抵達空軍官校門口，各自排排站好。我們都一樣頂著一顆近乎光頭的髮型，身背數公斤重的大黑袋，等著大門憲兵檢查通過。也就在那時候，我看見了她，穿著憲兵服裝，肩扛一把槍，直挺挺地站立著，頭盔底下是一雙圓圓大眼時而眨呀眨的，稍微有點嬰兒肥的白皙臉蛋，被西下夕陽曬得兩頰隱隱泛紅，目測她的身高跟我差不多；只是穿越大門的幾秒鐘時間，我已對她留下深刻印象。

起初偶爾會在餐廳公差事務上碰面，進而有機會聊天，從空軍官校服役的第一天算起的三個月後，我和她正式交往。一起回營，一起放假，一起打羽球，一起吃飯，一起公差打掃，遠遠地陪著她站哨下哨，相約在熱食部一起吃著不加沙茶的鍋燒意麵，晚上10點熄燈後，我們仍各自偷偷躲在被子裡電話聊天⋯⋯，還有好多好多說不完的那一年，回想著依然很幸福。但這一切就只停在當兵那一年了⋯⋯

在「阿志鮮蝦湯餃」店裡吃完晚餐後，送朋友回岡山車站坐車，我一人開著車駛往回家路上。這一條路，也是我們曾經放假回家一起走的路。妳記得嗎？每當放假，我會在「軍機展示場」鐵門前等妳牽機車出來，我載著妳慢慢騎上台一線，每次視線瞥過麥當勞，我們期待那道彩虹橋墩的出現，那是橫跨台一線省道的捷運高架橋柱。還記得我們穿過那一段色彩之間時，會一起興奮地對著迎面而來的風放聲大喊，現在想起來還真好笑。

退伍後，這段回憶停下來了。一年多的時間，我們從走入彼此的生命到走出對方的生命，看似短暫卻已在我服役那年青春裡留下永恆，我很珍惜也很熱愛這段感情，妳一定要過得更好，更一定要，過得幸福！

這一天來到「空軍軍史館」和「軍機展示場」時，我一直很注意空軍官校大門口的位置，總是還在期待著能看見些什麼⋯⋯

阿志鮮蝦湯餃

INFO

店家資訊

地址：高雄市岡山區平和路139號

電話：07-622-1687

營業時間：10:30～15:00／17:00～20:00

鮮美可口蝦餃美食，
網路搜尋熱度高人氣店。

被美食節目報導過的「阿志鮮蝦湯餃」在岡山人心目中具有舉足輕重的美食地位，風味獨特的現做蝦餃搭配各式麵食，成了岡山經典的家鄉味。一口咬下厚實濃郁的蝦餃，可以嚐到Q滑外皮和鮮美飽滿的內餡，蝦肉的鮮味在嘴裡自然化開，口感紮實有咬勁，香氣足又好吃。只要中午或是晚上用餐時間走進岡山平和路上，就能清楚看見這家店門口站滿了等餐客人，想品嚐到他們家的招牌蝦餃美食可得耐心等等囉！

①
②
③

①提到岡山美食或是網路搜尋一定會出現這家「阿志鮮蝦湯餃」，十分有人氣。

②蝦餃乾拉麵是我排行第一名，帶有Q勁的拉麵麵條，攪拌著乾菜脯、肉燥、碎蔥末、豆芽菜和醬汁，整體感偏清爽而有層次。

③鮮蝦湯餃給得好多顆！豐滿厚實的蝦餃都是現包的，滑Q外皮也能感受到厚度，一咬開內餡的肉質鮮美，怪不得在地人這麼推薦。

Chapter 04
週末夏日樂遊提案，到高雄前鎮區找趣味

逛假日花市、品嚐銅板小吃、拍港都地標，
每年必來看展覽！

IKEA FAMILY
卡友獨享多更多

把握週休二日出門旅遊吧！想規劃一條屬於高雄前鎮區的假日避暑行程可以照著玩：早上搭乘高雄捷運至獅甲站出站便是「勞工公園」，我們將在公園附近這一帶度過整個上午時光。早餐先跟著當地人吃碗粿和土魠魚焿最地道，再回到公園人行道上；只有週末六日兩天固定會出現的假日花市此時正熱鬧，散步於樹蔭下享受一派悠閒，逛逛小花小草，心情特別放鬆；而路邊人氣小攤販「朱爺爺QQ蛋」早已大排長龍，一粒賣1元的QQ蛋便宜又好吃！往「勞工公園」內走，會看到全國第一間以「袋包」為主題的「袋寶觀光工場」，館內竟有比人還高大的包包，一定要來拍照！

正值盛夏出遊，下午安排室內景點為主，連著「IKEA宜家家居（高雄店）」、「高雄展覽館」和「思想粒子的空間」一起遊覽，好避開豔陽洗禮。別忘了要順道品嚐IKEA的10元排隊人氣霜淇淋，再來展覽館每年會舉辦許多場不同類型的活動。出發前建議先上網查詢各展期活動時間，吹吹冷氣看些展覽，心情好不快意。最後行程再加碼，高雄輕軌近在眼前，若不親自搭乘一次豈不是太可惜了。

路線推薦 1

大高雄肉焿土魠魚焿老店 → 勞工公園假日花市 → 朱爺爺QQ蛋 → R7創藝所在：袋寶觀光工場 → IKEA宜家家居（高雄店） → 三樓宜家家居餐廳吃午餐 → 高雄展覽館 → 思想粒子的空間 → 高雄輕軌試乘體驗

路線推薦 2

大高雄肉焿土魠魚焿老店 → 勞工公園假日花市 → 朱爺爺QQ蛋 → R7創藝所在：袋寶觀光工場 → R7 Cafe吃午餐 → IKEA宜家家居（高雄店） → 高雄展覽館 → 思想粒子的空間 → 高雄輕軌試乘體驗 → IKEA高雄店三樓宜家家居餐廳吃晚餐

大高雄肉焿 土魠魚焿老店

INFO

店家資訊

地址：高雄市前鎮區復興三路119號

電話：07-331-0461

營業時間：07:00~14:00

推薦：土魠魚焿、碗粿

土魠魚焿配碗粿的絕妙早餐組合，高雄勞工公園旁知名老店。

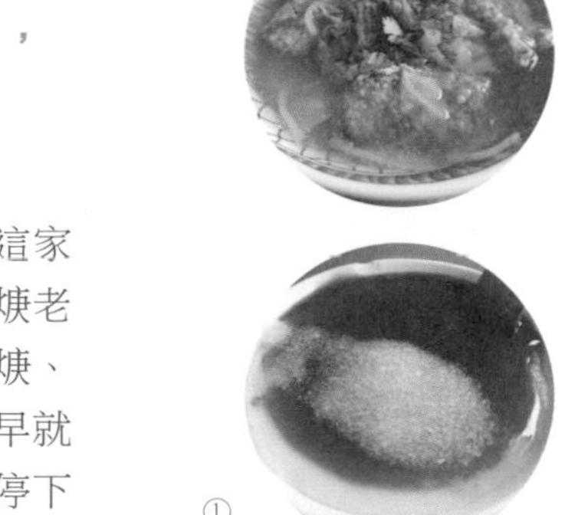

①
②
③

①一整個上午湧進不少饕客，想吃可要多點耐心等待囉！

②甜而不膩的土魠魚焿湯頭，撒些香菜，咬勁紮實的大塊土魠魚肉，忍不住會想一吃再吃。

③碗粿入口的綿密感，伴隨著清爽香濃的淋醬，絕配啊！而裡頭吃得到大塊肉塊，真材實料。

搜尋勞工公園周邊美食，找到這家復興三路上的「大高雄肉焿土魠魚焿老店」，賣的是碗粿、肉焿、土魠魚焿、米糕等等幾樣傳統小吃。小店裡一早就聚集人潮，早餐時間到中午生意沒停下來過。土魠魚焿口味偏甜，卻不會太甜膩。新鮮現炸的土魠魚肉，肉質鮮甜結實，一點腥味也沒有，好合我的胃口。碗粿則是另一項熱門招牌，口感軟綿帶些Q度，淋上的醬汁和蒜泥味道恰如其分，鹹香適中，吃到下層碗底竟然藏有一大塊紮實彈牙的肉塊，讓人感到意外驚喜！點一碗土魠魚焿和一碗碗粿當作早餐，好吃又飽足！

勞工公園假日花市

INFO

景點資訊

地址：高雄市前鎮區一德路79號
（復興三路與一德路交叉口）

營業時間：週六至週日09:00～18:00

假日一到，琳瑯滿目的盆栽植物將勞工公園一隅變成了繽紛美麗的小花園似的。

假日免費賞花趣，貼近花草樹木放鬆壓力。

和高雄捷運獅甲站3號出口相鄰的「勞工公園」，顧名思義就是以勞工為主題，並設立全台第一座工殤紀念碑。公園周圍交通方式便捷，園內有壘球場、游泳池、文創空間等設施，成片綠草地和一棵棵高大綠樹覆蓋，一直是前鎮居民們很喜歡的休閒運動區域。倘若天氣太熱，可先到勞工局勞工教育生活中心內的「袋寶觀光工場」逛逛，不趕時間的話，也能放輕鬆待在「R7 Cafe」喝杯咖啡或用餐，而假日會有花卉市集讓人盡情欣賞，這座「勞工公園」所能擁有的旅遊樂趣還真多。

①這種仙人掌小盆栽讓人越看越覺得療癒，
總能吸引我停下腳步欣賞片刻。
②攤販們用心栽種修護的花花草草長得美麗
又燦爛，每盆都好值得入手。

每逢週末六日兩天限定的假日花市，範圍沿復興三路與一德路兩段公園人行道上擺設攤位，如果您也對花草植物非常感興趣，那真的不能錯過。舉凡各式栽種賞心悅目的花卉與小草小樹、種子、土壤肥料等品項種類充足，就連園藝用品像是盆栽、植栽造景在這裡應有盡有，商品販售價錢也比預期中划算很多，無論想裝飾家裡、美化辦公室環境還是在自己的店面營造出綠意自然的氛圍，很適合來此挑挑看，說不定能有個不錯的收穫。

朱爺爺 QQ 蛋

INFO

店家資訊

地址：高雄市前鎮區復興三路129-8號（勞工公園旁）

電話：0932-765-764

營業時間：平日12:30~19:00
假日09:30~19:00

推薦：QQ蛋、芝麻球

高雄捷運獅甲站距離「朱爺爺QQ蛋」步行不到5分鐘，很方便品嚐到的人氣美味。等待過程中，欣賞油鍋裡的QQ蛋慢慢膨脹成形，被勺子一把一把舀起，倒入鐵盤裡的畫面也十分享受。

超便宜銅板價！
一粒1元大家搶著買，獅甲捷運站周邊美食首選。

眾多小吃攤販聚集在勞工公園旁的復興三路一帶，這當中有一攤位「朱爺爺QQ蛋」，以一粒1元的QQ蛋闖出名堂，每天開賣不久，已慢慢拉出一條長長的等待隊伍，大家都期待著能吃到剛炸好起鍋的熱騰騰QQ蛋。之所以會這麼吸引人的原因，除了超佛心的便宜價錢之外，真材實料的美味也很重要，每一粒QQ蛋金黃飽滿，膨脹得好圓好大，一咬下去，酥香軟Q的好口感一次享有，香甜不膩，越吃會越涮嘴。

①│②

過去第一代創始老闆朱爺爺曾被媒體報導採訪過，儘管現在小攤子上不見當年朱爺爺賣力揉麵團、炸QQ蛋的熟悉身影，但很多吃習慣的老主顧還是會願意緊緊跟隨這個好味道。不光QQ蛋是必吃推薦，這裡賣的芝麻球和薯條同樣受歡迎，全部吃過一輪也不傷荷包喔！始終列入我的高雄前鎮美食名單中CP值最高的小點心，每回經過勞工公園附近，總忍不住停車下來買個幾包，解解嘴饞。

①芝麻球的價格平易近人，吃得到濃濃芝麻粒香氣，大人小孩和老人家都愛

②剛炸好的QQ蛋呈圓球形，酥酥的外表與蓬鬆軟Q的內餡融合出完美口感，吃再多也不會太甜膩，放冷了也一樣好吃！

R7 創藝所在：袋寶觀光工場

INFO

景點資訊

地址：高雄市前鎮區中山三路132號（勞工教育大樓一樓）

電話：07-332-0546

營業時間：09:00~17:30（每月最後一個週二固定休館；如遇營運需求調整營業時間，將另行公告）

R7 Cafe營業時間：09:00~18:00（最後點餐至15:00）

豐富台灣包袋傳統產業知識，
欣賞時尚設計和創新藝術的小天地。

「R7創藝所在」提供培育創意設計專業人才的最佳舞台，不僅成功活化高雄市勞工教育生活中心的內部舊有空間，更為高雄在地注入文創時尚產業的力量和資源，將有更多意想不到的創新作品經由設計師們的發想與巧手孕育而生。位於「R7創藝所在」內的「袋寶觀光工場」，是全國第一間以「袋包」產業為主題的展示體驗館，可提前報名預約DIY手作課程，並透過專人導覽介紹，如此一來，絕對會加深對「袋包」這項文化產業的認識。

袋寶觀光工場的門前有座紅通通的「袋」字裝置藝術，一看就知道主題是跟「袋子」有關。

①｜②
③

①②親和力十足的吉祥物「阿柒獅」出現在館內的每個角落，帶動活力朝氣。一進入館內，我就先被入口旁那個號稱「全台最大的包包」所吸引。全館分類出八大展區，從追憶包包的歷史起源、製包的材料、技法、印花、皮革和稀有皮的了解等等，搭配圖文說明，慢慢參觀可獲得不少知識。其中我對展示著台灣早期的懷舊古早味包袋的區域特別感興趣，有種和過去年代記憶連結的想像空間。

③ 現場還有商品販售區，不妨逛一逛，門票能折抵當天館內消費，所以如果有找到自己很喜歡的設計商品就趕緊入手別猶豫了啦！
玩到餓了，乾脆就在館內的「R7 Cafe」度過午餐時光。

①｜②
③

①②「R7 Cafe」供應簡餐輕食、咖啡飲品，玩完袋寶觀光工場可順道在此用餐休息。
③　建築主體另一側有幅搶眼的彩繪藝術牆，到此一遊別忘了和它拍張照。

IKEA 宜家家居
（高雄店）

INFO

店家資訊

地址：高雄市前鎮區中華五路1201號

電話：02-412-8869 轉5

營業時間：10:00~22:00

餐廳供應時間：早餐09:00~10:30
熱食主餐11:00~21:00

居家布置最佳尋寶之地，
逛傢俱大啖人氣霜淇淋。

凡逛過一次「IKEA宜家家居」真的會愛上！既然來到高雄前鎮區，免不了要順遊IKEA高雄店，偌大的賣場區會將沙發、手扶椅、寢具床組、衛浴設備、收納櫃／盒、戶外園藝、家飾布置用品等等，琳瑯滿目的居家商品做一個規劃明確的區域分類，還會針對臥房、客廳、浴室、廚房等搭配出整套的空間布置。很棒的是，挑選現場的展示傢俱都可以摸或拿起來看看，床具、椅子部分也很歡迎試坐試躺，更能感受到IKEA的好品質與舒適度。

大家都知道，一定要品嚐一下這裡的瑞典風味美食，位於三樓的IKEA宜家家居餐廳，每到假日用餐時間鐵定一位難尋。相信很多人和我一樣，是衝著一支10元超便宜的霜淇淋而來，從一樓就能清楚看到綿延而超出大門口外的排隊人潮，不難想像人氣火紅程度；期間還推出季節限定的抹茶霜淇淋，每支銅板價20元，綿滑細膩，散發濃郁的抹茶風味，網路評價CP值很高喔！

①
②
③

①照著簡單的操作步驟，投入銅板後就能輕鬆使用這台「自助式霜淇淋機」囉！
②一支只要10元的原味霜淇淋令人驚喜！口感好綿密，香甜度很剛好不會太膩，喜歡吃冰的朋友絕不能錯過！
③「IKEA宜家家居（高雄店）」霜淇淋排隊排得好誇張啊！

IKEA北歐瑞典風味餐廳，早午晚三餐一次全包了！

講老實話，規劃這條前鎮區旅遊路線時，我最期待的行程就是在IKEA高雄店的三樓宜家家居餐廳享用餐點，比起逛傢俱，我反而對餐廳供應的瑞典美食更感興趣。

有一年在高雄岡山服兵役，若當週只放一天假就不會回家，搭著捷運去高雄IKEA找老朋友吃個飯，附近逛逛走一走，便回營區。我是這麼認定的，喜歡上IKEA附設餐廳是從這時候開始。好就好在這裡早餐、中餐或晚餐時段皆有提供餐點，其中銅板價位的早餐最超值，供應時間從上午9點到10點半，自己吃過幾次，評價給得頗高。

過去常假日光顧，桌椅數量配置雖然很多，但不開玩笑，每次來都必須碰運氣找位子坐。餐廳環境空間有著IKEA渾然天成的舒適質感，採用木色系的建材搭配比例居多，點綴著綠色植物盆栽，氛圍清新簡約。或許是良好的用餐環境和美食當前的魅力，人

①｜②　①餐點以瑞典美食為主，夾了鱈魚條、蔬菜馬鈴薯餅、炸薯條、培根雞肉卷、瑞典切片蔬菜披薩和檸檬派甜點，滿滿一盤好豐盛。
②結完帳，飲料可無限續飲，供應冷熱飲、咖啡。

潮來來往往經過身旁多次，我依然享有安心自在的品味節奏，不受打擾。自助式的點餐方式，推台小推車沿著動線前進，拿托盤再拿飲料杯，冰箱裡的甜點蛋糕和沙拉可自取，接著主餐部分則是以口頭點餐，再轉往下一區的副食類同樣讓客人自取，想吃什麼就夾什麼，結帳後，趕緊挑個好位子，盡情享受這一餐囉！

因為有喝飲料的習慣，照慣例，我會等自助飲料區附近的空位。通常我一個人來吃不會點瑞典烤肉丸，儘管被公認是人氣必吃餐點的第一名，但一份有10粒，光要我獨自全部吃完，口味上實在太膩了，我還是喜歡品嚐多種餐點。偶爾和朋友或和家人一起來的話，那當然就要吃到瑞典烤肉丸才不枉到過IKEA瑞典風味餐廳，是吧？

胃口好一點，我可以吃下鱈魚條、蔬菜馬鈴薯餅、炸薯條、培根雞肉卷；只想解解嘴饞，吃個小點心，我只會選擇瑞典切片蔬菜披薩，加上飲料可以無限量喝到飽，這種餐點組合不用一張百元鈔票，沉浸於有冷氣的舒服空間裡，整體感容易給人美好的味蕾記憶。熱飲咖啡其實也很受我青睞，不過往往會特意選在白天時候喝；當然，對於晚上喝咖啡也不會影響睡眠的人，那就另當別論了。

高雄展覽館

高雄港灣必訪國際級地標景點，
南部旅人最愛的高雄旅展盛會。

INFO

景點資訊

地址：高雄市前鎮區成功二路39號

電話：07-213-1188

營業時間：10:00~18:00

往年因工作需要，我一定會來「高雄展覽館」參觀南台灣最具指標性的國際旅展。在寬敞挑高的大坪數展場空間內擺放布置出上百個旅遊相關產業的攤位，含括飯店業、旅行社、航空公司、台灣觀光局、觀光工廠、休閒農場、度假村、各地知名美食伴手禮等，在此共襄盛舉，搭配餐券、住宿券、泡湯券和國內外旅遊行程推出促銷優惠，有旅遊計畫的旅人們，勢必要趁旅展期間來這裡搜尋最新的國內外旅遊資訊，也能因此拿到不少活動好康大獎喔！

於2014年打造出全新的亞洲大型會展中心的「高雄展覽館」，是高雄海港旅遊必訪的國際級地標，臨海港而建，採用輕量化鋼骨結構，並融入綠建築概念。從外觀來看，建築主體呈現波浪高低起伏的獨特造型，顯現出這座海洋之都的特質意象，數以萬計的三角拼貼裝扮美麗外表。展場空

①｜②
③｜④

①斥資台幣近30億元建設，為亞洲新灣區代表性的一大建築地標。展館旁有片占地超大的停車場，找停車位不成問題。

②中央走道通廊，左右兩側分別為南、北兩展館。

③進入內部展區更容易感受到建築設計感，挑高空間，採光度極佳。國際旅展總是人滿為患，堪稱南台灣人氣最旺的大規模旅遊盛會。

④各展區呈現不同風格和主題，建議可以先索取DM簡章參考，多多比較才不吃虧。

上：幾次參加旅展的經驗就是展館結合各地人氣美食、伴手禮推廣一同展出，咖啡、鳳梨酥、蛋糕、麻花捲都曾出現過。
下：不得不說，逛旅展還能試吃美食，非常吸引人。

間分成南、北兩館，另有會議室、宴會廳和戶外展場，從開幕至今，已舉行過無數大大小小的重要會議，也為各式各樣音樂會、展示會、喜慶宴席及表演活動提供完善專業的場地。

高雄輕軌興建後，想到「高雄展覽館」又更加便捷囉！而周邊鄰近星光水岸公園、高雄新光碼頭、高雄市立圖書館總館、高雄85大樓、集盒KUBIC貨櫃園區、IKEA高雄店、MLD台鋁眾多知名景點，信手拈來就會是一條很棒的高雄旅遊路線。

「放視大賞設計展」高雄登場，到場力挺堂妹畢業設計成果展。

前往高雄展覽館的路途中，我和姑姑兩人始終難掩興奮的情緒，畢竟這是我們初次參與國內盛大的設計展覽，這一屆意義又特別重要，我們家族中唯一念設計相關科系的堂妹即將在今年從南應大畢業，此次也是她的畢業設計成果展，理應要排出時間到場力挺支持一下囉！

年年舉辦的「放視大賞」設計展覽，為當屆來自全台各地大專院校的設計科系準畢業生們提供創作設計的大型展示平台，以競賽

展覽的模式，讓每支參展團隊能盡全力爭取這份榮譽。聽堂妹說，每屆「放視大賞設計展」會有很多業界廠商來挖掘設計人才，若展示作品被看上的話，當下直接獲得工作機會的可能性也是有的。

「放視大賞」在高雄展覽館一樓展覽空間的北館內展出，入口先拿了一張展覽簡章，知道堂妹要忙設計展的事，我和姑姑自行照著簡章上標示位置的方向慢慢找到台南應用科技大學的展示區。周圍繞了半圈就發現堂妹正站在自己的設計作品前比手畫腳地說明著，專心面對幾位參觀者分享其作品《寄伴》的創作理念和背後故事。我故作調皮地走到那些人後方假裝聽她說話，彼此剛對到眼瞬間，我禁不住笑了，她則愣了幾秒鐘才笑笑示意我先到一旁，並小聲地說：「你們等我一下，很快就好，你們可以先在附近看一看。」接著轉回身繼續介紹。

《寄伴》是一部3分鐘半的偶動畫。製作動畫很不簡單，要知道動畫裡的一秒鐘需要畫上8張圖，可想而知這部作品從設計發想到製作完成須花費多少時間心血！很幸運的是，後來她們團隊如願得到國外單位邀請出國參展的大好機會，整個家族的人都好替她開

將《寄伴》偶動畫裡的場景製作成品展示，透過創作者的故事敘述，體會更深。

心。4月底開始在青春影展、南應大文創中心、新一代設計展和放視大賞等場合參展，跨足北中南地區，更一口氣獲得青春影展動畫類銀獎、大會特別獎、成果展第一名等多個獎項，她的畢業履歷頓時變得格外亮眼。

台南應用科技大學這屆共有十幾部畢業作品參展，堂妹堅持百忙之中仍要帶我們參觀過一輪，順便認識她的學校同學。過程中的閒談交流就不多加贅述，倒是有部真人真事改編拍攝的微電影，給我深刻印象；因為影片中的女主角就站在我們面前親自介紹，形容不出當下的微妙感，也知道她是堂妹很要好的朋友之一。

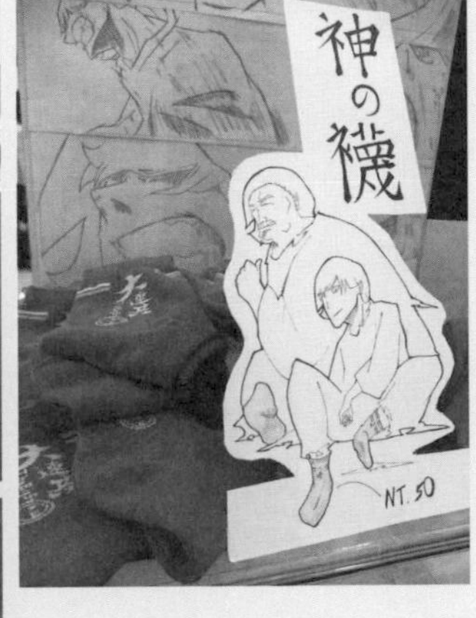

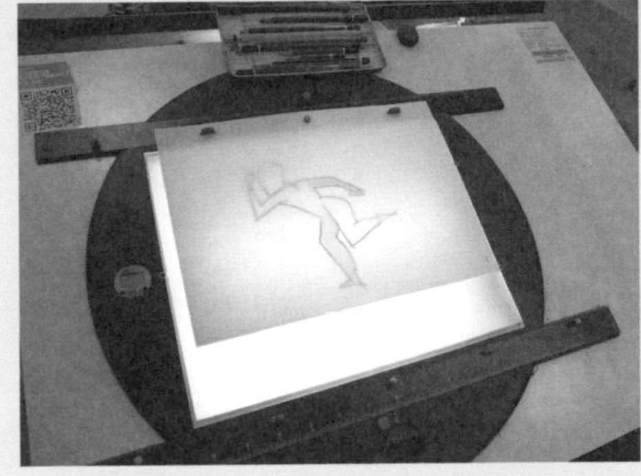

①展覽結合很多互動體驗設施，大大增加看展的趣味性。
②自己動手畫畫看。
③有些創作團隊除展示作品外，也會搭配周邊商品販售。

很快過了一個多小時，充分地閱覽各學校的設計作品，直到接近姑姑晚班工作時間，這才和她一起離開。高雄展覽館為期4天的畢業展辦得順利圓滿，設計領域的年輕新秀們無不把握住曝光機會，在此好好大展身手，揮灑屬於自己的夢想藍圖。寫到這裡我停頓半晌，拿出手機，點開姑姑的LINE聊天室後輸入：「我們明年再去看一次設計展，好嗎？」當晚睡覺前收到了回覆。

結果和我想的一樣，2020年的放視大賞設計展，我們約好囉！

思想粒子的空間

INFO

景點資訊

地址：高雄市前鎮區復興四路8號

電話：0970-771-404

開館時間：週一至週五14:00~18:00

週六日09:30~18:00

閉館至2020年1月1日

高雄文藝新亮點！
中華墨字藝術的創作殿堂。

有一群人自願性地到全球各個國家傳達「終生只送不賣」的良善信念，始終實踐著毫無所得的「給予」行為，盼能引起更多人的內在共鳴，拋開出生後就被套入的既定思維，找回每個人最根本純粹的真誠與信任，原本看似不可能的一件事，卻已在這個世界上播下許多種子並發了芽……

「思想粒子的空間」第一座據點設立於大陸北京，而第二個據點選在高雄軟體科技園區辦公大樓內，一層樓約400坪大的展示空間，開放免費參觀。走上門口，我對「終生只送不賣」幾個字深感好奇。剛進入館內，就有人上前招呼，帶著我們參觀並談起有關「思想粒子的空間」成立初衷，甚至分享了過去曾走訪和受邀到各個國家延續「給」的活動理念，也讓底蘊深厚的中華墨字文化得以在更多國家被看見，此舉意義非凡，聽到這裡，有許多感動溢於言表。

每幅墨字作品呈現不同老師們的書寫特色，展出充滿正向力量的字句及話語，如「積極」、「捨給」、「惜語」等等，帶給每位欣賞者心靈上的溫度。

① ② / ③ ④

① 秉持「終生只送不賣」的理念精神，找回人與人之間最純粹的那份信任感。
② 書寫的老師們不斷創作出發人省思的墨字畫，欣賞文化藝術的過程裡也能思考每句話所想表達的意念。
③④吊掛在牆上的每幅墨字畫，不斷贈送給幸運者，絕不做任何販售行為，而新作品會持續供應展示。

台灣第一條輕軌列車在高雄，城市旅遊便利性大升級！

幾年前，高雄輕軌剛進入試營運階段，開放遊客免費試乘體驗的新聞消息一出，我趁著某次到高雄展覽館看展時，親自搭乘過。

試營運期間開放C1籬仔內站到C4凱旋中華站，沿途風景極其熟悉，但坐在舒適平穩的車廂裡，任由輕軌列車帶領我們移動，如換上一種方式窺探這座城市，縱使景色依舊，感受卻讓人新鮮驚喜。

流線型車身造型時尚登場，緩緩駛進候車月台內，以白與綠兩色塗裝的分明色彩，強調綠色環保的概念意象。踏入車廂，一體成形的L型座椅材質和捷運相同，陳設兩人靠窗對坐、4人靠窗對坐，還有背窗長排座椅。我找了離人群較遠的位子坐下，靜靜獨享高雄蛻變的美好時刻。

換上旅人視角，翻閱著高雄的一頁創舉，隨著國內第一條「高雄輕軌」出現，我的高雄旅遊路線多了全新編排形式，玩法更加多元，交通便利性有所突破。

①高雄輕軌帶動城市美學新時尚。走進車廂，竟和高雄捷運有八分相似聯想。乘客持票卡於手扶竿上設置的驗票機輕觸感應後，即可搭乘。
②輕盈不快的車速，平穩的移動過程，沿線優哉游哉慢賞車窗外的馬路風景
③當C8的高雄展覽館站通車後，想到高雄展覽館、高雄新光碼頭、高雄圖書總館或85大樓等周邊景點又更方便了。

Chapter 05 逛翻高雄新興區商圈．朝聖最美捷運站！

吃商圈周邊美食、逛熱門觀光夜市、從白天逛到深夜！

玩高雄新興區的第一個重點非「新堀江商圈」莫屬，絕對合理！主軸就是逛、再逛、繼續逛啦！第一站想去吃高雄老饕都知道的一甲子老店「老江紅茶牛奶」，招牌紅茶牛奶配烤吐司的經典搭配太好吃了！接下來務必要停留全球最美捷運站其一的「美麗島捷運站」，車站大廳內有座堪稱國際級藝術傑作的《光之穹頂》，怎麼拍都漂亮。重點行程從下午開始，大逛特逛「新堀江商圈」和「原宿玉竹商圈」，周邊美食強推一家主賣甜不辣和涼麵的「錦衣味」，是逛街下午茶美食；再來還有人氣超高的「Happy Day快樂魔法屋」，平價又好吃的義大利麵沒第二家可比了。晚上再回到捷運美麗島站拍幾張圓環出入口夜景，而晚餐大可不必安排，順逛「南華觀光購物街」和「六合觀光夜市」足夠讓您飽餐到宵夜。準備好用自己的雙腳和嘴巴將這些商圈夜市景點逛遍遍、吃透透了嗎？

路線推薦 1

老江紅茶牛奶 → 高雄捷運美麗島站—光之穹頂 → 新堀江奧斯卡影城 → 錦衣味（台北甜不辣）→ 新堀江商圈、原宿玉竹商圈 → Happy Day快樂魔法屋 → 捷運美麗島站夜拍 → 南華觀光購物街 → 六合觀光夜市

路線推薦 2

高雄捷運美麗島站—光之穹頂 → 老江紅茶牛奶 → 南華觀光購物街 → 新堀江奧斯卡影城 → 錦衣味（台北甜不辣）→ 新堀江商圈、原宿玉竹商圈 → Happy Day快樂魔法屋 → 六合觀光夜市 → 捷運美麗島站夜拍

準備逛翻高雄新興區商圈，四人小旅行展開前的會合時分！

火車飛快地駛過高屏溪，往北方向，再過十幾分鐘左右的車程，就快抵達高雄車站了。

透過車窗往外望著萬里晴空，陽光熱情揮灑出一段旅程最需要的養分，在這個1月天裡，溫度格外舒爽，心想：今天的好天氣確實很適合出門遊玩！視線剛離開鳳山車站，聽到姐姐示意著我和妹妹可以先往車門移動，準備等待下車。沒多久，手機LINE傳來二姑姑的訊息，問我們到哪裡了。「下一站就是高雄車站。」我回覆，接著又補上一句：「等等見囉。」

幾分鐘過去，火車這時進入一陣滿激烈的搖晃……

高雄是一座讓我情有獨鍾、想一來再來探訪旅遊的城市。我們將用一整天的時間，暢遊高雄都會區一帶，看看捷運地標，看看藝術之美。

我的二姑姑是家族裡最常率先主動提議出遊的領頭角色，每當她一出聲，也將無條件啟動我的功用。二姑說：「想幾個好玩的地方，你幫大家規劃一下行程吧！要快喔！」我很習慣她這麼說了。兩週前再度接收到她傳來這項「任務」，當天就先放下手邊工作，速速排出這條高雄新興區旅遊路線並將行程表丟回LINE群組。結

果，姐姐和妹妹兩人有默契似地秒讀完訊息，近乎同一時間說要參加，一個遠從林口、一個從台中特地回來。可想而知，「逛街血拚」的慾望在她們心中如何蠢蠢欲動呀！

連原本看完行程還想再討論的二姑姑都被姐妹倆說服。就這樣，兩週後的今天，加上我，一共4人的小旅行正式啟程。

火車剛進站月台，等待車門開啟時，我從包包拿出事先影印好的行程表，目光再次看到自己在第一行開頭寫下的：「逛翻高雄新興區商圈吧！」真想不到比這更好、更貼切的行程標題了呢。

面臨抉擇的行程第一站　餓著肚子也想先與《光之穹頂》藝術拍照

很好！才第一個行程就出現變化⋯⋯

和二姑姑在美麗島捷運站內碰面後，我們四人正籠罩於《光之穹頂》大廳的華麗氣場下，空曠的大廳中央或站或坐三三兩兩正在拍照的觀光客，發現背著大包小包行李前來的外國遊客還真不少，可想而知這座《光之穹頂》大型藝術的吸引力有多大。

要說「美麗島捷運站」是高雄捷運的最佳藝術代表作，這點毫不為過。

尤其是，對我們這行人的吸引力又更明顯了！有20分鐘……不不不！整整半個小時，4人之中沒有任何一人踏出過大廳一步。行程安排的第一站毫無懸念地從吃早餐變成《光之穹頂》拍照？當然可以，反正行程本來就很彈性，時間允許隨時做出調整。我基本上算是搭捷運玩高雄的老手了，多次經過美麗島捷運站；但姐妹兩人就不一樣了，她們是第一次來到這裡，從她們的表情就能感受到我自己初次見識到這座藝術作品時的那份震撼情緒。那一刻，我決定跟隨配合，不想掃興，二姑姑自然也舉雙手贊成。

公共藝術逐漸融入了高雄人的生活中，周遭市景隨處一瞥，竟是一番綺麗而迷人的藝術創作與景觀設計，用美學的色彩豐富著人們的視野。

好像說行程安排「面臨抉擇」似乎言重了些，不過我的確有認真思考一下，畢竟我的肚子很餓，大家也還沒吃到今天的第一餐，早餐本應是第一優先；是我太小看《光之穹頂》與生俱來的傲人魅力了，這時候，先拍照再說吧。

①乘手扶梯往捷運站出口，隨手一拍，構成韻味獨到的小景象。
②透過高雄美景的洗滌下，你我都很難不這麼開心地笑著，一次次旅遊高雄，越是著迷。
③位在中正四路與南台路十字路口的「老江紅茶牛奶」靠近捷運美麗島站，招牌清楚好認。

老江紅茶牛奶

INFO

店家資訊

電話：07-287-7317

地址：高雄市新興區南台路51號
（近南台路與中正路口）

營業時間：24小時全天候供應

推薦：紅茶、紅茶牛奶、火腿吐司、
火腿蛋吐司、火腿蛋餅

高雄人必吃早餐，老店熱賣60年，紅茶牛奶稱經典。

從捷運美麗島站1、2號出口沿中正四路步行約3分鐘，來到南台路口便能看見「老江紅茶牛奶」。若碰到假日，有時在捷運站口就能清楚搜尋到堪稱誇張的排隊人潮了，找都不用找。開創於西元1953年，聞名大高雄超過一甲子時間，以一樣招牌紅茶牛奶打遍天下無敵手，上門顧客幾乎都點這一味。初期曾有過24小時全天候營業，現在則從早上7點半賣到凌晨3點，但這樣的營業

①老江紅茶牛奶目前開了多家分店，我還是對總店情有獨鍾。
②不論假日還是平常日，騎樓下擺放的座椅總是一位難求。

①│②│③

①吐司塗抹上奶油，烤得酥軟適中，內層撒上濃郁胡椒粉，口感、香氣滿是層次。
②供不應求的蛋餅，想吃可要耐心等候喔。
③超熱銷的人氣招牌紅茶牛奶，論茶香是一流，喝起來十足濃郁醇香不苦澀，口感溫潤，甜味還相當舒服。特別的是，還讓人喝出一股不俗的咖啡香氣唷！

時間也是可以讓人從早到晚甚至宵夜場都能來光顧，許多高雄在地人只要一有空、突然想到就會跑來喝上一杯好喝的紅茶牛奶。

紅茶製作遵循古法，自選數種獨門茶葉搭配，經沖泡多個小時，最後以冰鎮方式放涼冷藏，更能長久保存飲品的原始風味和好口感，而將紅茶加進滿滿一整瓶高雄牧場的牛奶即是店裡最暢銷的招牌紅茶牛奶；至今仍照著第一代江漢森老闆傳承下來的比例調配，入口茶香濃烈，完全不苦澀，口味甜美獨特且用料實在，無添加化學香料，讓顧客喝得滿意也喝得放心。此外，店裡還有一台當年從美國軍艦上拆下來組裝而成的烤麵包機，保存依舊完好，看不出來已經有40年以上的古董資歷，烤出來的吐司麵包又軟又香，口感鬆綿細緻；也因為每片吐司內層塗滿了奶油，吃進嘴裡，散發出來的奶香味濃郁四溢，凡吃過很容易上癮。

早餐不僅要吃飽也要吃好，「老江紅茶牛奶」所賣的紅茶牛奶已是大多數人公認到高雄必喝的茶飲之一；另外，招牌烤吐司、蛋餅餐點也絕對不容錯過啦！

高雄捷運美麗島站

INFO

景點資訊

地址：高雄市新興區中山一路115號
（與中正三路交叉路口圓環）

電話：07-793-8888

開放時間：依高雄捷運官網公布時刻為準

最美捷運站！
《光之穹頂》國際藝術巨作．
細心感受美麗島站磅礡氣勢！

說起高雄必拍打卡的捷運站，「美麗島站」絕對名列第一。位處高雄捷運橘線與紅線的十字路網中心交會點，也是兩線轉乘必經捷運車站，往來人次與朝聖遊客數密集。車站大廳內的公共藝術巨作《光之穹頂》，像極高雄捷運的一顆心臟，讓一次次闖入這片耀眼華麗景象裡的我們，傾聽正在綻放生命力色彩的心跳聲，生動不已，是為名副其實的高雄「捷運之心」。

《光之穹頂》是一座大型圓頂玻璃鑲嵌藝術作品，由義大利知名玻璃藝術家Narcissus Quagliata（水仙大師）進行創作，共有4500片玻璃窗面，搭配光影效果與生動彩繪，在總面積多達660平方公尺的穹頂玻璃上刻畫出「水、土、光、火」四大主題區域，環繞著海洋、土地、月亮、太陽的意象詮釋，蘊藏著對西方神話故事的想像和它們各自代表的寓意，還須細心體會觀察。

①｜②｜③

①在這片玻璃鑲嵌藝術空間底下，每一次抬頭，都會感受到磅礡張力。
②當我們不再只是單純「看」，而是用心體會《光之穹頂》背後的創作背景及藝文理念，每一段故事寓意深遠，除了驚豔，更多感動溢於言表。
③對於這座豔麗璀璨的《光之穹頂》，驚嘆是必然的。

而「美麗島站」不僅多次被評選為全世界最美捷運站之一，還曾登上美國CNN頭版和國際新聞網站《PolicyMic》報導，美名遠播海內外各地，成為高雄市中心最具國際級水準的捷運車站地標，話題討論度很高，吸引旅人們駐足留影。車站內還規劃了人權學堂、藝術小舖、高雄捷運商品館、3D立體地景畫、美麗島會廊、造型獨特的出入口……等等，快來通通走過一遍，會玩得更徹底喔！

①|②|③

①連一旁販賣機都融入《光之穹頂》的時尚主題，頓時變得好有質感。

②「藝術小舖」有攤商市集，集合各領域的藝術創作者，販賣手工製作而成的文創藝品，紀念價值高。

③可以在商品館買到不錯的文創小物和結合捷運主題的特色商品，增加旅程回憶。

除了享受高雄捷運的便利之外，偶爾停下腳步，深入賞遊每個捷運站點各有的特色及公共藝術，更多體會是對這座城市的願景期許。其實，捷運可以不再只是扮演交通工具這麼單純的角色，每座捷運站儼然能獨立成為文化理念的傳遞窗口。

位於中正三路與中山一路十字路口圓環的四座車站出入口建築，具獨特韻味，出自日本籍建築大師高松伸的設計，外觀潔淨透明，呈現貝殼狀的造型，有如雙手合十的手勢貌，代表「祈禱」的意思，紀念與承載美麗島事件地的歷史記憶；但換個角度看，又像一艘即將入港的大船；然而，也曾聽人形容它像座教堂。總之，這4座藝術建築，令人百看不厭，欣賞久了還真耐人尋味！隨著天色漸黑，出入口站體閃耀著璀璨燈光，有著不同於白天的夜間魅力。

①	②
③	④

①捷運美麗島站圓環4座出入口建築散發強烈魅力，別具設計美感。
②捷運站出入口的建築設計也同樣讓人眼睛為之一亮。
③4座扇形車站出入口依圓環而立，到了夜晚更是光輝耀眼，華麗非凡。
④就連捷運站出入口都能是高雄的一大特色美景。

重溫大學時期的逛街回憶
高雄新興區各商圈開逛啦！

問我多久沒逛「新堀江商圈」就知道我大學畢業多久了。

走在新堀江街頭，我的4年大學生活中的逛街回憶漸漸浮現：和班上同學約逛、和宿舍室友約逛、和社團朋友約逛、和認識的高雄在地人好友約逛……，那4年裡經常在假日出沒新堀江，逛街逛得可瘋了！要知道，還是有很多男生會喜歡逛街的，我身邊那群大學朋友就是活生生的例子；只是，畢業後各自回鄉打拚，不常聯絡，加上距離遠和工作忙碌，彼此就沒再約過了。

自捷運中央公園站2號出口出站，很習慣先過馬路到對面的「新堀江商圈」開始逛起；大部分店家約從中午12點或1點過後才營業，假使去得早，也能先在「奧斯卡影城」看個電影，消磨兩個小時左右的時間。一如往常，過了下午3點，逛街人潮陸陸續續地

出現，街上變得熱鬧滾滾。「走，下午茶時間，帶你們去吃一家我每次來新堀江一定要吃的一間店。」我步伐輕快地走在前頭。

「錦衣味（原台北甜不辣）」搬了家，但依然位在同一條玉竹二街上。

店內裝潢環境很簡單，以小吃攤來講非常乾淨，桌椅置於室內靠牆兩旁，每張桌子上放有菜單、餐具、調味料。貼心的是，店家還在牆上貼著餐點照片及吃的方式，點餐結帳完會拿到一張號碼牌，接著等待叫號取餐。

記得是大學一年級，找幾個大學同學來逛街時第一次吃到，此後自己常光臨。我與老闆娘閒聊過，還不到很熟識的地步，卻也知道我們兩人都是屏東人，當下是種來自同鄉人的親切感蔓延，每句對談很微妙地輕觸著味蕾，每一口美食感受著熟悉味道，心情一次又一次愉悅不已。

夏天會點盤涼麵，而招牌甜不辣始終好吃。喜歡甜不辣醬料，更喜歡吃完後將醬料搭高湯品嘗的吃法。如果您還沒吃過，下次逛「新堀江商圈」記得一探究竟。

美食過後，再繼續開逛！

甜不辣（附湯）和涼麵是店裡的兩大招牌。

新堀江商圈、原宿玉竹商圈

INFO

景點資訊

地址：高雄市新興區五福二路與中山一路口附近一帶

電話：07-241-0177（依各店家不同）

營業時間：13:00~24:00（依各店家為準）

新堀江購物商場可讓人在室內尋寶挑好物，如遇雨天也不至於敗興而返。

高雄都會時尚潮流新指標，
挖寶平價流行商品的好去處。

自高雄捷運開通之後，前往新堀江商圈、原宿玉竹商圈也更加便捷了呢！「新堀江商圈」是南台灣最為大型又新潮的逛街購物聖地，地位媲美台北西門町，多以青少年消費層為主力定位，商圈內結合購物休閒、流行文化、攤販飲食等元素，販售各式流行服飾和時尚精品為主，舉凡能展現時髦特色的服飾鞋包、精品配件、珠寶鐘錶、運動商品、化妝品等，在這裡通通買得到，提供相當豐富多元且物美價廉的購買選擇。

尤其走進文橫二路、文化路的幾條小街小巷中，還能尋訪到幾家充滿個性特色的質感小店。再跨越五福二路就到「原宿玉竹商圈」，同樣人潮川流不息，吸引年輕男男女女來此購物血拚。猶如日本原宿街頭的時尚風情，主要販售來自日韓等異國系列流行商品，就近還有複合式多方位經營的「大統五福店」，引進多家連鎖餐飲業品牌，包括花月嵐拉麵、和民居食屋、銀湯匙泰式火鍋、洋城義大利餐廳等，讓眾多饕客指名嚐鮮。

①	②	③
	④	⑤

①走一趟「新堀江商圈」便能獲得時下流行新知，享受逛街購物的樂趣。商場可讓人在室內尋寶挑好物，如遇雨天也不至於敗興而返。
②普遍平價又多樣化的潮流商品滿足年輕消費族群的需求。
③街道兩側可見各式各樣的小吃攤販，聽聞許多創意特色美食都是發跡於新堀江商圈。
④有幾攤排隊美食依舊不減人氣！
⑤亦有當地深耕已久的奧斯卡影城進駐，逛街之餘，看一場熱映電影也不錯！

錦衣味（台北甜不辣）

時常來逛街的朋友一定會對「錦衣味」的店面留有深刻印象。

INFO

店家資訊

總店地址：高雄市新興區玉竹二街14號

電話：07-261-1193

營業時間：週一17:00~22:00
週二至週日12:00~22:00

推薦：甜不辣、涼麵

原宿玉竹商圈逛街頭號美食，
熱湯配甜不辣醬汁的人氣吃法。

又名「台北甜不辣」的「錦衣味」，小攤子在商家攤位林立的原宿玉竹商圈顯得不太起眼，卻相當具知名度。店裡主賣甜不辣和涼麵兩種小吃，特選手工麵條製作涼麵，搭配新鮮的小黃瓜絲與紅蘿蔔，並淋上獨家醬汁和些許花生粉，不僅賣相很漂亮，清爽度也打滿分，美味可口又開胃。而一碗綜合甜不辣有菜頭、黑輪、蛋丸、魚丸、米血、油豆腐等等食材，經過店家嚴選，讓顧客吃得安心且口感都非常好，沾著研發改良多次而成的特調獨門醬汁，甜味

①
②
③
④

①麵條涼度讓人滿意，粗細適中，口感滑順Q彈，攪拌後醬汁香氣融入其中，滋味有酸有甜。
②吃甜不辣會附帶裝著高湯的茶壺，這也是「錦衣味」特別的地方。
③擁有獨特醬料調味過的甜不辣，每來必吃，從不會膩！
④熱呼呼的高湯混著醬料和些許香菜，口味一絕呀！

明顯，帶點稠度的層次感頗驚喜；吃完甜不辣還要將附湯加進碗裡連著醬汁一起喝，風味會特別濃郁喔。

Happy Day 快樂魔法屋

INFO

店家資訊

地址：高雄市新興區忠孝一路94巷23號

電話：07-216-0088

營業時間：11:00~21:00

推薦：番茄肉醬松阪豬義麵、奶油松阪豬義麵

逛完新堀江商圈不妨再多走幾步路到「Happy Day快樂魔法屋」，晚餐時間就在這兒解決吧！

高CP值的平價義式料理，竟吃得到百元有找的美味義大利麵！

「Happy Day快樂魔法屋」是在民國99年（2010）9月9日開幕，也意味著店家希望能賣得長長久久；不同於市面上精緻高檔價位的義大利麵餐廳，反倒以溫馨平價路線打響名氣，只需100元上下就可以吃到義大利麵或燉飯主餐，味美價廉，份量充足。我每次來必定搭配超值套餐，一次享有飲料、麵包和濃湯這三種組合，完全就是個可以省荷包又能品嚐美味義式料理的好去處，怪不得這麼受到附近學區的學生和上班族的喜愛，也一直是新堀江商圈周邊推薦美食之一。

價格比起前幾年有些許調漲，但店家用心維持住成本與利潤平衡，也因此，現在還有88元的義大利麵主餐，尤其口味選擇比以往更豐富了。這邊要推薦松阪豬義大利麵系列，選用豬隻中最珍貴的豬頸肉部位，肉質口感極佳帶Q勁，不膩不澀，搭配上奶油白醬、松子青醬和番茄肉醬三種口味義麵，醬香濃郁，蹦出不同於以往的新層次，吃過一次便會想再回訪。

①
②
③
④

① 招牌番茄肉醬是經典口味，沾附松阪豬肉和玉米筍配料都能凸顯美味，滿足味蕾。
② 奶油松阪豬義大利麵是店家人氣前三名，奶油白醬的香氣非常到位，若換成雞肉或蛤蜊配料同樣好吃！
③④招牌上的字體與插圖俏皮活潑，店名好像有種魔力可以讓人卸下一身疲倦與壓力，只想帶著輕鬆快樂的心情進到餐廳裡用餐。

南華觀光購物街

INFO

景點資訊

地址：高雄市新興區南華路

開放時間：每天（依各店家為準）

位在捷運美麗島站5號出口旁的「南華觀光購物街」，隱藏衆多高雄老味道，等著各位饕客尋訪。

昔為新興市場的傳統氛圍商圈，品嚐高雄老味就到這吧！

聽當地老高雄人所說的新興市場、新興夜市或南華夜市，其實就是現在的「南華觀光購物街」，雖為高雄都市商圈，可外表談不上華麗，反倒感覺像一條樸實傳統型態經營的商店街；在這裡可以用很親民的價錢，購買到自己喜歡的服飾、鞋包商品，其中又以女性衣物飾品為主要販售。也因南華觀光購物街增設棚頂，不論碰到下雨或是想避開燦爛的陽光，絕對適合當成行程中的備案景點。

也因為這區的市場商圈發展較早，成就出好多悠久歷史的在地老店，動輒超過十幾二十年以上的小

街道上加設遮雨天棚，增添逛街購物的舒適度。

吃攤位一攤接著一攤。這幾年我常為了吃一碗美味涼爽的愛玉冰而來，另外還有讓我念念不忘的小辣椒滷味、兩回熟傳統豆花、萬里鄉白糖粿、老李排骨酥湯、博義師燒肉飯、老牌烤玉米、吳家土魠魚羹……，銅板好料多到說不完！一邊享受逛街樂趣，也別忘了找個幾家老字號美食打打牙祭。

六合觀光夜市

INFO

景點資訊

地址：高雄市新興區六合二路

電話：07-285-6786

開放時間：每天（依各攤商為準）

高雄味老夜市人流不息，百多個攤位逛到不亦樂乎！

因高雄市享譽國際盛名的「六合觀光夜市」鄰近高雄捷運美麗島站，不少遊客總會順道遊覽。範圍含括中山一路到自立二路之間的六合二路路段，沿筆直馬路兩旁林立

每晚夜市會設立交通管制，供遊客行人徒步專用，逛得較安全。

著為數眾多、五花八門的攤位，以常民小吃居多，蚵仔煎、肉粽、擔仔麵、米粉、土魠魚羹、烤肉、烤魷魚、飲料、冰品應有盡有，其中少不了饕客們愛戴的老字號人氣店家喔！下回若有到美麗島捷運站周邊旅遊，晚餐計畫毫不考慮，直接就在六合夜市裡大吃大喝一頓，盡情嚐遍各攤的美食吧！

夜燈挑起，六合夜市逐漸湧進大批觀光人潮，頓時熱鬧滾滾。

釀旅人43　PE0173

凱南帶路遊高雄：

玩進林園、甲仙、岡山、前鎮與新興，吃喝玩樂5大路線全攻略！

作　　者　凱南
審　　編　比爾
責任編輯　喬齊安
圖文排版　莊皓云
封面設計　蔡瑋筠

出版策劃　釀出版
策劃公司　傑拉德有限公司、腦震盪有限公司
製作發行　秀威資訊科技股份有限公司
114 台北市內湖區瑞光路76巷65號1樓
電話：+886-2-2796-3638　傳真：+886-2-2796-1377
服務信箱：service@showwe.com.tw
http://www.showwe.com.tw
郵政劃撥　19563868　戶名：秀威資訊科技股份有限公司
展售門市　國家書店【松江門市】
104 台北市中山區松江路209號1樓
電話：+886-2-2518-0207　傳真：+886-2-2518-0778
網路訂購　秀威網路書店：https://store.showwe.tw
國家網路書店：https://www.govbooks.com.tw
法律顧問　毛國樑　律師
總 經 銷　聯合發行股份有限公司
231新北市新店區寶橋路235巷6弄6號4F
電話：+886-2-2917-8022　傳真：+886-2-2915-6275

出版日期　2019年11月　BOD一版
定　　價　380元

Printed in Taiwan

國家圖書館出版品預行編目

凱南帶路遊高雄：玩進林園、甲仙、岡山、前鎮與新興,吃喝玩樂5大路線全攻略! / 凱南著. -- 一版. -- 臺北市 : 釀出版, 2019.11
面；　公分. -- (釀旅人 ; 43)
BOD版
ISBN 978-986-445-364-1(平裝)

1. 旅遊 2. 高雄市

733.9/133.6　　108018368

讀者回函卡

感謝您購買本書，為提升服務品質，請填妥以下資料，將讀者回函卡直接寄回或傳真本公司，收到您的寶貴意見後，我們會收藏記錄及檢討，謝謝！如您需要了解本公司最新出版書目、購書優惠或企劃活動，歡迎您上網查詢或下載相關資料：http:// www.showwe.com.tw

您購買的書名：＿＿＿＿＿＿＿＿＿＿＿＿＿＿＿＿＿＿＿＿

出生日期：＿＿＿＿＿年＿＿＿＿＿月＿＿＿＿＿日

學歷：□高中（含）以下　□大專　□研究所（含）以上

職業：□製造業　□金融業　□資訊業　□軍警　□傳播業　□自由業

□服務業　□公務員　□教職　□學生　□家管　□其它＿＿＿

購書地點：□網路書店　□實體書店　□書展　□郵購　□贈閱　□其他

您從何得知本書的消息？

□網路書店　□實體書店　□網路搜尋　□電子報　□書訊　□雜誌

□傳播媒體　□親友推薦　□網站推薦　□部落格　□其他＿＿＿＿＿

您對本書的評價：（請填代號　1.非常滿意　2.滿意　3.尚可　4.再改進）

封面設計＿＿　版面編排＿＿　內容＿＿　文／譯筆＿＿　價格＿＿

讀完書後您覺得：

□很有收穫　□有收穫　□收穫不多　□沒收穫

對我們的建議：＿＿＿＿＿＿＿＿＿＿＿＿＿＿＿＿＿＿＿＿

＿＿＿＿＿＿＿＿＿＿＿＿＿＿＿＿＿＿＿＿＿＿＿＿＿＿

＿＿＿＿＿＿＿＿＿＿＿＿＿＿＿＿＿＿＿＿＿＿＿＿＿＿

＿＿＿＿＿＿＿＿＿＿＿＿＿＿＿＿＿＿＿＿＿＿＿＿＿＿

請貼
郵票

11466
台北市內湖區瑞光路 76 巷 65 號 1 樓
秀威資訊科技股份有限公司 收
BOD 數位出版事業部

（請沿線對折寄回，謝謝！）

姓　　名：＿＿＿＿＿＿＿＿　年齡：＿＿＿＿　性別：□女　□男

郵遞區號：□□□□□

地　　址：＿＿＿＿＿＿＿＿＿＿＿＿＿＿＿＿

聯絡電話：(日)＿＿＿＿＿＿＿＿（夜）＿＿＿＿＿＿＿＿

E-mail：＿＿＿＿＿＿＿＿＿＿＿＿＿＿＿＿